# LE COURS DE PHYSIQUE DE FEYNMAN

Richard Feynman | Robert Leighton | Matthew Sands

NOUVELLE ÉDITION

## ÉLECTROMAGNÉTISME 1

# LE COURS DE PHYSIQUE DE FEYNMAN

Richard Feynman | Robert Leighton | Matthew Sands

NOUVELLE ÉDITION

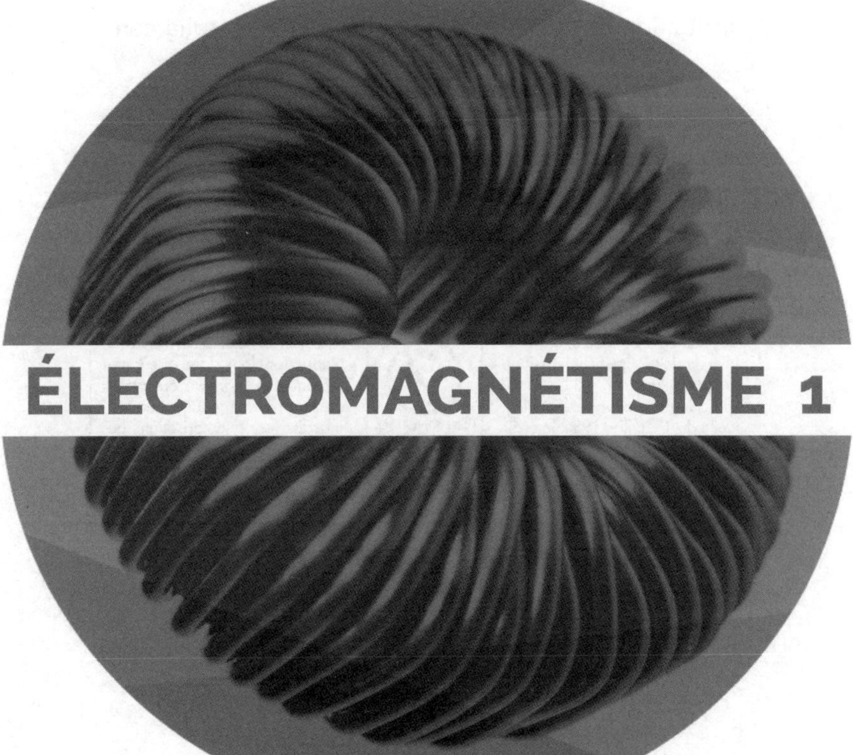

## ÉLECTROMAGNÉTISME 1

DUNOD

*First published in the United States by basic Books a member of the Perseus Books Group.*
L'édition originale de cet ouvrage a été publiée aux États-Unis
par Basic Books, un membre du groupe Perseus Books, sous le titre :
*The Feynman Lectures on Physics*



Version française de Annette Crémieu, Marie-Louise Duboin
et Julien Randon-Furling (chapitre 42).
Coordination de Bernard Jancovici et François Lurçat.
Nouvelle édition révisée par Julien Leroiy

Illustration de couverture : © Salita 2010 – Fotolia.com

Maquette de couverture : Raphaël Tardif



ISBN 978-2-10-058999-9

# PRÉFACE À LA NOUVELLE ÉDITION

Près de cinquante ans se sont écoulés depuis que Richard Feynman donna, à Caltech, son cours d'introduction à la physique, duquel sont nés ces volumes : *Le cours de physique de Feynman*. Au fil de ces cinquante ans, notre compréhension du monde physique a considérablement changé, mais *Le cours de physique de Feynman* a tenu bon. Les cours de Feynman gardent aujourd'hui la même force qu'au jour de leur première publication, grâce aux qualités uniques qui étaient celles de Feynman, tant sur le plan de la compréhension de la physique que sur celui de la pédagogie. Des débutants aussi bien que des physiciens confirmés, du monde entier, ont étudié ce cours ; il a été traduit au moins dans une douzaine de langues et plus d'1,5 millions d'exemplaires en langue anglaise ont été vendus. Sans doute aucune autre série de livres de physique n'a laissé une empreinte aussi grande, ni aussi durable.

Cette nouvelle édition ouvre une nouvelle ère pour *Le cours de physique de Feynman* (*CPF*) : l'ère de l'édition numérique, celle du XXIe siècle. Le *CPF* est devenu l'*eCPF*, le texte et les équations ont été convertis dans le langage typographique électronique LaTeX, et toutes les figures ont été refaites à l'aide de logiciels modernes.

Les conséquences pour la version papier de cette édition ne sont pas spectaculaires ; elle a presque la même allure que les livres connus et appréciés des étudiants en physique depuis des décennies. Les différences principales sont un index étendu et amélioré, la prise en compte des erreurs signalées par des lecteurs durant les années écoulées depuis la précédente édition, et l'aisance avec laquelle les éventuelles coquilles repérées par les futurs lecteurs pourront être corrigées.

## *Souvenirs des cours de Feynman*

Ces volumes forment un tout pédagogique et complet. Ils sont aussi la trace historique des cours de physique de premier cycle donnés par Feynman entre 1961 et 1964 à tous les étudiants et étudiantes de premières années à Caltech, quelle qu'ait été leur matière principale.

Les lecteurs se demanderont peut-être, en tout cas je me le suis demandé, quelle impression les cours de Feynman ont laissé aux étudiants qui les suivirent. Feynman, dans sa propre préface, exprimait une opinion plutôt négative : « Je ne crois pas avoir eu beaucoup de succès auprès des étudiants », écrivait-il. Matthew Sands, dans son texte paru avec les *Feynman's Tips on Physics*, a exprimé un point de vue nettement plus positif. Par curiosité, au cours du printemps 2005, j'ai envoyé un message ou parlé à un ensemble quasi-aléatoire de 17 étudiants (sur environ 150) ayant suivi les cours de

Feynman entre 1961 et 1963 – certains les avaient suivis avec difficulté, d'autres avec aisance, les matières principales allant de la biologie aux mathématiques en passant par la chimie, l'ingénierie, la géologie, l'astronomie et aussi la physique.

Les années ont peut-être teinté leurs souvenirs d'une certaine euphorie, mais environ 80 pour cent se souvenaient des cours de Feynman comme de grands moments dans leurs années universitaires. « C'était comme aller à la messe. » Les cours constituaient « une véritable expérience », « l'expérience de toute une vie, sans doute la chose la plus importante que j'ai retirée de mon passage à Caltech ». « J'étudiais la biologie en matière principale, mais les cours de Feynman ressortent comme un moment fort de mes années de premier cycle... même si je dois avouer que je n'arrivais pas à faire les exercices à l'époque et j'en rendais donc très peu. » « J'étais l'un des étudiants les moins prometteurs dans ce cours, et pourtant je ne ratais jamais une séance... je me souviens et peux encore même ressentir la joie de la découverte qu'avait Feynman... Ses cours avaient un impact émotionnel qui s'est probablement perdu dans la version papier. »

Par contre, plusieurs des étudiants avaient des souvenirs négatifs, principalement dus à deux problèmes : (a) « On ne pouvait pas apprendre à résoudre les exercices en suivant le cours. Feynman était trop lisse – il connaissait les astuces et savait quelles approximations pouvaient être faites, et il avait une intuition, du recul ainsi que du génie ; toutes choses qu'un étudiant débutant ne possède pas. » Feynman et ses collègues, conscients de ce problème, y remédièrent en partie avec les suppléments désormais inclus dans les *Feynman's Tips on Physics* : trois séances de travaux dirigés données par Feynman et un ensemble d'exercices corrigés réunis par Robert B. Leighton et Rochus Vogt.

(b) « Le malaise suscité par le fait de ne pas savoir ce qui allait être traité au cours suivant, l'absence de manuel ou de références bibliographiques en lien direct avec le contenu du cours, et de ce fait l'impossibilité de préparer le cours suivant, étaient des aspects très frustrants. Je trouvais les cours passionnants et compréhensibles dans l'amphithéâtre, mais c'était du chinois après coup [lorsque j'essayais de les reprendre en détail]. » Ce problème bien sûr fut résolu par la parution du présent ouvrage, la version papier du *Cours de physique de Feynman*. Ce livre devint le manuel des étudiants de Caltech pendant de nombreuses années, et il demeure aujourd'hui un des joyaux que nous a légués Feynman.

## *Remerciements*

De la part de Caltech, je tiens à remercier toutes les personnes qui ont rendu possible cette nouvelle édition. En particulier celles qui ont joué des rôles clés : Ralph Leighton, Michael Gottlieb, Tom Tombrello, Michael Hartl, Rudolf Pfeiffer, Henning Heinze, Adam Cochran, Carver Mead, Nate Bode, Shelley Erwin, Andrew Lange, Tom Soifer, Ike Williams et les 50 personnes qui ont signalé des erreurs (leurs noms sont sur www.feynmanlectures.info). Et je remercie également Michelle Feynman (la fille de Richard Feynman) pour son soutien sans faille et ses conseils, Alan Rice pour l'aide en coulisses et ses conseils à Caltech, Stephan Puchegger et Calvin Jackson pour l'aide et les conseils apportés à Pfeiffer concernant la conversion du *CPF* en LaTeX,

Michael Figl, Manfred Smolik et Andreas Stangl pour les discussions relatives aux corrections et coquilles ; et toute l'équipe de Perseus/Basic Books et (pour les éditions précédentes) celle de Addison Wesley.

Kip S. Thorne

Professeur émérite de Physique théorique,
Titulaire de la chaire Feynman au *California Institute of Technology*

# Table des matières

# PRÉFACE DE RICHARD FEYNMAN

Voici les cours de physique que j'ai donnés l'année dernière et l'année précédente aux élèves de première et de deuxième année de l'université de Caltech. Ces cours ne rapportent pas mots pour mots ce qui fut dit — ils ont été édités quelquefois dans leur intégralité et quelquefois un peu moins. Ces leçons ne forment qu'une partie du cours complet. Tout le groupe des 180 étudiants se rassemblait dans une grande salle de cours, deux fois par semaine, pour écouter ces cours et puis se divisait en petits groupes de 15 à 20 étudiants dans des sections de travaux dirigés sous la direction d'un assistant. Il y avait de plus une séance de laboratoire une fois par semaine.

Le problème particulier que nous avons essayé de résoudre avec ces leçons était de maintenir l'intérêt des étudiants, très enthousiastes et assez brillants, qui venaient de sortir des écoles secondaires et rentraient à Caltech. Ils avaient entendu beaucoup de choses sur les aspects intéressants et excitants de la physique — la théorie de la relativité, la mécanique quantique et d'autres idées modernes. Après avoir suivi deux années de nos cours précédents, beaucoup se seraient sentis découragés parce qu'on ne leur aurait présenté que très peu d'idées modernes grandes et nouvelles. Ils auraient étudié les plans inclinés, l'électrostatique, etc., et au bout de deux ans cela est passablement ridicule. Le problème était de savoir si, oui ou non, nous pouvions faire un cours qui pourrait ménager les étudiants les plus en avance et les plus enthousiastes en maintenant leur enthousiasme.

Les cours qui suivent ici ne sont pas du tout considérés comme un survol, mais sont très sérieux. J'ai pensé les adresser à ceux qui étaient les plus intelligents de la classe et je fis en sorte, dans la mesure du possible, que même l'étudiant le plus intelligent ne fut pas capable de saisir complètement tout ce qui se trouvait dans les cours — en suggérant un développement des idées et des concepts dans diverses directions s'écartant de la principale ligne d'attaque. Pour cette raison, j'ai essayé avec beaucoup d'attention de rendre les énoncés aussi précis que possible, d'indiquer dans chaque cas l'endroit où les équations et les idées trouvaient leur place dans l'ensemble de la physique et comment — lorsqu'ils en apprendraient davantage — les choses se modifieraient. J'ai pensé également que pour de tels étudiants, il est important d'indiquer ce qu'ils doivent — s'ils sont suffisamment intelligents — être capables de comprendre par déduction de ce qui a été dit précédemment et ce qui est introduit comme quelque chose de nouveau. Lorsque de nouvelles idées apparaissaient, j'ai essayé soit de les déduire, quand on pouvait le faire, ou d'expliquer que *c'était* une nouvelle idée qui ne s'exprimait pas en fonction des choses qu'ils avaient apprises jusqu'alors, qu'on ne pouvait pas la démontrer — mais qu'elle était simplement ajoutée.

Pour le début de ces cours, j'ai supposé que l'étudiant connaissait certaines choses en science lorsqu'il sortait de l'école secondaire — des choses telles que l'optique géométrique, les idées de chimie élémentaire, etc. Je n'ai pas vu qu'il y ait de raison particulière pour faire les cours dans un ordre défini au sens où je ne me serais pas permis de mentionner une chose jusqu'au moment où je serais prêt à la discuter en détail. Il y a de nombreuses références à des choses à venir, sans discussions complètes. Ces discussions plus complètes venaient plus tard, lorsque la préparation était plus avancée. Des exemples en sont les discussions de l'induction et des niveaux d'énergie qui sont introduits une première fois d'une manière très qualitative et sont plus tard développés plus complètement.

En même temps que je m'efforçais d'intéresser les étudiants les plus actifs, je voulais également prendre soin de ceux pour lesquels les applications marginales et ces feux d'artifices supplémentaires sont simplement inquiétants et dont on ne peut attendre qu'ils apprennent la totalité du matériau dans chaque leçon. Pour de tels étudiants, je souhaitais qu'il y ait au moins un noyau central, une ossature, qu'ils *puissent* acquérir. Même s'ils ne comprenaient pas tout dans une leçon, j'espérais qu'ils ne se décourageraient pas. Je ne m'attendais pas à ce qu'ils comprennent tout, mais seulement les caractéristiques centrales et les traits les plus directs. Il fallait bien sûr une certaine intelligence de leur part pour voir quels sont les théorèmes centraux, les idées centrales et quelles sont les issues latérales plus avancées et les applications qu'ils pouvaient ne comprendre que dans les années à venir.

J'ai rencontré une difficulté sérieuse en donnant ces cours : selon la manière dont le cours était donné, il n'y avait aucune expression en retour venant des étudiants vers celui qui donnait le cours, pour indiquer comment les leçons étaient assimilées. Ceci est en effet une difficulté très sérieuse et je ne sais pas effectivement quelle est la qualité de ces cours. L'ensemble était essentiellement une expérience. Et si je devais le refaire je ne le ferais pas de la même manière — j'espère que je *n'aurai pas à* le refaire ! Je pense, cependant, que les choses se sont bien passées, pour autant que la physique soit concernée, durant la première année.

Pendant la deuxième année je ne fus pas aussi satisfait. Dans la première partie du cours traitant de l'électricité et du magnétisme, je n'ai pu considérer aucune manière réellement unique ou différente de les traiter — n'importe quelle autre manière qui serait particulièrement plus excitante que la manière habituelle de présentation. Aussi je pense que je n'ai pas apporté beaucoup dans ces cours sur l'électricité et le magnétisme. Je pensais initialement continuer à la fin de la deuxième année après l'électricité et le magnétisme, en donnant quelques cours supplémentaires sur les propriétés des matériaux, mais essentiellement en insistant sur des choses telles que les modes fondamentaux, les solutions de l'équation de diffusion, les systèmes vibratoires, les fonctions orthogonales, etc., développant les premières étapes de ce qu'on appelle habituellement « les méthodes mathématiques de la physique ». À y repenser, je considère que si je devais le refaire, je reviendrais à cette idée initiale. Mais comme il n'était pas prévu que je donnerais à nouveau ces leçons, on suggéra que cela serait une bonne idée que d'essayer de présenter une introduction de la mécanique quantique — ce que vous trouverez au volume 3.

Il est parfaitement clair que les étudiants qui s'orienteront vers la physique peuvent attendre jusqu'à leur troisième année pour étudier la mécanique quantique. D'un autre côté l'argument fut avancé que nombreux étaient les étudiants dans notre cours qui étudiaient la physique comme un bagage qui pourrait servir de complément à leurs préoccupations fondamentales dans d'autres domaines. Et la manière habituelle de traiter la mécanique quantique rend ce sujet presque inaccessible pour la plus grande partie des étudiants, parce qu'il leur faut trop de temps pour l'apprendre. De plus, dans ses applications réelles, spécialement dans ses applications les plus complexes telles que dans les techniques électriques et la chimie — le mécanisme complet de l'approche par l'équation différentielle n'est pas effectivement utilisé. Aussi j'ai essayé de décrire les principes de mécanique quantique d'une manière qui ne nécessite pas que l'on connaisse d'abord les mathématiques des équations différentielles partielles. Je pense que, même pour un physicien, c'est une chose intéressante à essayer — que de présenter la mécanique quantique de cette manière renversée — pour plusieurs raisons qui peuvent être apparentes dans les cours eux-mêmes. Cependant je pense que l'expérience, dans la partie de mécanique quantique, ne fut pas complètement un succès — pour une large part parce que je n'ai pas eu, à la fin, suffisamment de temps (j'aurais dû, par exemple, faire trois ou quatre cours en plus, de manière à traiter plus complètement des sujets tels que les bandes d'énergie et la dépendance spatiale des amplitudes). De plus je n'avais jamais auparavant présenté ce sujet de cette manière, ce qui fait que l'absence de réaction en retour fut particulièrement sérieuse. Je pense maintenant que la mécanique quantique devrait être enseignée plus tardivement. II se peut que j'aie un jour la chance de le refaire. Alors je le ferai correctement.

La raison pour laquelle il n'y a pas de cours sur la manière dont on résout les problèmes est qu'il y avait des sections de travaux dirigés. Bien que j'ai mis dans trois cours, en première année, ce qu'il faut savoir pour résoudre les problèmes, ceci n'est pas inclus ici. Il y avait également un cours sur le guidage par inertie qui se situe certainement après les cours sur les systèmes en rotation mais qui fut malheureusement omis. Les cinquième et sixième cours sont en réalité dus à Matthew Sands, car j'étais absent à cette époque.

La question est bien sûr de savoir comment cette expérience a réussi. Mon propre point de vue — qui cependant ne semble pas être partagé par la plus grande partie des personnes qui ont travaillé avec les étudiants — est pessimiste. Je ne pense pas que j'ai réellement bien travaillé avec les étudiants. Lorsque je considère la manière dont la majorité des étudiants traitaient les problèmes aux examens, je pense que le système est un échec. Bien entendu, mes amis m'ont fait remarquer qu'il y avait une ou deux douzaines d'étudiants qui — d'une manière très surprenante — comprenaient presque tous les cours et qui étaient très actifs, travaillant avec le contenu de ces leçons et se préoccupant des divers points d'une manière intéressée et passionnée. Ceux-ci ont maintenant, je le pense, un bagage fondamental de première qualité en physique — et ils sont après tout ceux auxquels je désirais m'adresser. Mais alors, « la puissance de l'instruction est rarement de grande efficacité à l'exception de ces dispositions heureuses où elle est pratiquement superflue » (Gibbons).

Toutefois je ne désirais laisser aucun étudiant complètement en arrière, comme peut-être je l'ai fait. Je pense qu'une manière par laquelle nous pourrions aider davantage les étudiants serait de faire plus d'efforts pour développer un ensemble de problèmes qui permettraient d'élucider certaines des idées dans les cours. Les problèmes donnent une bonne occasion d'utiliser les matériaux des leçons et de rendre plus réalistes, plus complètes et plus ancrées dans les esprits, les idées qui ont été exposées.

Je pense cependant qu'il n'y a aucune solution à ce problème d'éducation autre que de réaliser que le meilleur enseignement ne peut être obtenu que lorsqu'il y a une relation directe et individuelle entre un étudiant et un bon professeur — une situation dans laquelle l'étudiant discute les idées, pense sur les choses et parle des choses. Il est impossible d'en apprendre beaucoup simplement en assistant à un cours ou même simplement en faisant les problèmes qui sont demandés. Mais à notre époque moderne nous avons tellement d'étudiants à qui enseigner qu'il nous faut essayer de trouver quelques substituts à l'idéal. Peut-être mes cours pourront-ils apporter une certaine contribution. Peut-être, ça et là où se trouvent en nombre restreint des enseignants et des étudiants, pourront-ils tirer un peu d'inspiration ou quelques idées de ces cours. Peut-être auront-ils du plaisir à les lire et à y réfléchir ou à essayer de pousser plus loin le développement de certaines de ces idées.

RICHARD P. FEYNMAN

# INTRODUCTION

Pendant quelque quarante ans, Richard P. Feynman concentra sa curiosité sur les travaux mystérieux du monde de la physique, et plia son intelligence à chercher à mettre de l'ordre dans son chaos. Il a maintenant consacré deux années de son habileté et de son énergie à son Cours de Physique pour étudiants débutants. Il a distillé pour eux l'essence de son savoir et il a créé afin qu'ils puissent espérer saisir une image de l'univers des physiciens. Il a apporté à ces cours la clarté de son brillant esprit, l'originalité et la vitalité de son abord et l'enthousiasme contagieux de sa parole.

Le cours de première année constitue la base du premier volume de cet ensemble. Dans ce second volume, nous avons essayé de faire une espèce d'enregistrement d'une partie du cours de deuxième année professé aux étudiants de seconde année pendant l'année scolaire 1962-1963. Le reste des cours de seconde année formera le volume III[1].

Les deux premiers tiers de la seconde année de cours furent consacrés au traitement complet de la physique de l'électricité et du magnétisme. Sa présentation a été conçue dans une double intention. D'abord, nous espérions donner aux étudiants une vue complète de l'un des grands chapitres de la physique — depuis les premiers tâtonnements de Newton, en passant par la grande synthèse de Maxwell, jusqu'à la théorie de Lorentz des propriétés de la matière, et se terminant par les dilemnes toujours non résolus de l'énergie propre en électromagnétisme. Et deuxièmement nous espérions, en introduisant au début le calcul des champs de vecteurs, donner une introduction solide aux mathématiques de la théorie des champs. Pour renforcer l'utilité générale des méthodes mathématiques, on a parfois analysé en même temps que leurs correspondants en électricité, des sujets issus d'autres parties de la physique ayant un rapport avec eux. Nous nous sommes continuellement efforcés de nous ramener à des équations mathématiques générales. (« Les mêmes équations ont les mêmes solutions ».) Et nous avons mis l'accent là-dessus grâce au choix des exercices et des textes d'examen que nous avons donnés avec le cours.

Faisant suite à l'électromagnétisme, il y a deux chapitres sur l'élasticité et deux sur la mécanique des fluides. Dans chacun de ces deux couples de chapitres, le premier traite des aspects élémentaires et pratiques. Le second chapitre sur chacun de ces sujets s'efforce de donner un aperçu de tout l'ensemble complexe des phénomènes auxquels le sujet peut conduire. Ces quatre chapitres peuvent bien être sautés sans dommage, car ils ne constituent absolument pas une préparation nécessaire au volume III.

Le dernier quart, à peu près, de la seconde année, a été consacré à une introduction à la mécanique quantique. C'est la matière du troisième volume.

Dans cet enregistrement des cours de Feynman, nous avons souhaité faire mieux que transcrire ce qui avait été dit. Nous espérions faire de la version écrite un exposé aussi

1. Volume I de l'édition américaine : *Mécanique 1* et *2* pour l'édition française. Volume II : *Électromagnétisme 1* et *2* pour l'édition française. Volume III : *Mécanique quantique* pour l'édition française.

clair que possible des idées sur lesquelles les cours magistraux étaient basés. Pour certains des cours, ceci pouvait être fait avec seulement des additifs mineurs au texte de la transcription originale. Pour d'autres cours, il a été nécessaire de refaire, de réarranger le texte. Nous avons éprouvé parfois le besoin d'ajouter quelque chose de nouveau pour augmenter la clarté ou pour équilibrer la présentation. Nous avons bénéficié sans arrêt de l'aide continuelle et de l'avis du Professeur Feynman.

La traduction de plus d'un million de mots prononcés, en un texte cohérent, en un temps limité est une tâche immense, en particulier quand cela s'accompagne de nombreuses autres tâches coûteuses qui proviennent de la mise en route d'un cours nouveau – préparation de la division en leçons et des réunions d'étudiants, élaboration d'exercices et de sujets d'examen, leurs corrections, et ainsi de suite. De nombreuses mains – et de nombreux cerveaux – furent mis à contribution. Dans certains cas, nous avons été capables, je crois, de rendre une image fidèle – ou un portrait retouché avec délicatesse – du Feynman original. Dans d'autres cas nous sommes tombés bien loin de cet idéal. Nos succès sont dus à tous ceux qui nous ont aidés. Les défaillances, nous les regrettons.

Comme il est expliqué dans l'avant-propos du tome I, ces cours n'étaient qu'un aspect d'un programme mis en route et supervisé par le « Physics Course Revision Committee » (R.B. Leighton, Chairman, H.V. Neher, and M. Sands) à l'Institut technologique de Californie, et financé par la Fondation Ford. De plus, les personnes suivantes, J. Blue, G.F. Chapline, M.J. Clauser, R. Dolen, H.H. Hill, et A.M. Title, ont aidé sous un aspect ou sous un autre à la préparation du texte de ce second volume. D'autres y ont contribué indirectement par leur œuvre, T.K. Caughey, M.L. Clayton, J.B. Curcio, J.B. Hartle, T.W.H. Harvey, M.H. Israel, W.J. Karzas, R.W. Kavanagh, R.B. Leighton, J. Mathews, M.S. Plesset, F.L. Warren, W. Whaling, C.H. Wilts, et B. Zimmerman. Le professeur Gerry Neugebauer a contribué à tous les aspects de notre tâche avec une diligence et un dévouement bien au-delà des impératifs du devoir.

L'histoire de la physique que vous allez trouver ici n'aurait cependant pas existé sans l'habileté extraordinaire et le travail de Richard P. Feynman.

MATTHEW SANDS

*Mars 1964*

# Électromagnétisme 1

## 1.1 Forces électriques

Considérons une force analogue à la gravitation qui varie comme l'inverse du carré de la distance, mais qui soit environ un *milliard* de *milliards* de *milliards* de *milliards* de fois plus intense. Et avec une autre différence. Il y a deux espèces de « matière », que nous pouvons appeler positive et négative. Celles de même espèce se repoussent et celles d'espèces différentes s'attirent – contrairement au cas de la gravité où il y a seulement attraction. Que va-t-il se passer ?

Un amas d'éléments positifs se repousserait avec une force énorme et éclaterait dans toutes les directions. Un amas d'éléments négatifs en ferait autant. Mais un mélange égal d'éléments positifs et négatifs ferait quelque chose de tout à fait différent. Les éléments opposés seraient maintenus ensemble par des attractions énormes. Le résultat global serait que les forces terrifiantes s'équilibreraient entre elles presque parfaitement en formant des mélanges fins et serrés d'éléments positifs et négatifs, et entre deux amas d'un tel mélange, il n'y aurait pratiquement pas du tout d'attraction ni de répulsion.

Une telle force existe : c'est la force électrique. Et toute matière est un mélange de protons positifs et d'électrons négatifs qui s'attirent et se repoussent avec cette grande force. L'équilibre est si parfait cependant, que lorsque vous vous tenez près de quelqu'un d'autre, vous ne sentez aucune force. S'il y avait seulement un très léger déséquilibre vous le sauriez. Si vous vous teniez à un bras de distance de quelqu'un et que chacun de vous ait *un pour cent* d'électrons de plus que de protons, la force de répulsion serait incroyable. De quelle grandeur ? Suffisante pour soulever l'Empire State Building ? Non ! Pour soulever le Mont Everest ? Non ! La répulsion serait suffisante pour soulever un « poids » égal à celui de la Terre entière !

Avec des forces aussi énormes et aussi parfaitement équilibrées dans ce mélange intime, il n'est pas difficile de comprendre que la matière, essayant de garder ses charges positives et négatives dans le meilleur équilibre, puisse avoir une grande rigidité et une grande résistance. L'Empire State Building, par exemple, ne s'écarte que de 2,50 cm de son équilibre parce que les forces électriques maintiennent chaque électron et chaque proton plus ou moins à sa propre place. D'autre part, si nous regardons la matière à une échelle assez petite pour ne voir que quelque atomes, chaque petit morceau n'aura pas, en général, un nombre égal de charges positives et négatives ; par conséquent, il y aura d'intenses forces électriques résiduelles. Même quand il y a un nombre égal de charges de signes opposés dans deux petits morceaux voisins, il peut y avoir encore de grandes forces électriques globales, car les forces entre charges individuelles varient comme l'inverse du carré de la distance. Une force résultante peut se produire si une charge négative de l'un des morceaux est plus proche d'une charge positive que des charges négatives de l'autre. Les forces d'attraction peuvent ainsi être plus grandes que celles de répulsion et il peut y avoir une attraction résultante entre les deux petits morceaux sans qu'il y ait excès de charges. Les forces qui maintiennent les atomes entre eux ou les molécules entre elles, sont réellement des forces électriques agissant dans des régions où l'équilibre de charge n'est pas parfait, ou bien dans des régions aux dimensions très petites.

Vous savez évidemment que les atomes sont constitués de protons positifs dans le noyau et d'électrons à l'extérieur. Vous pouvez vous demander : « si cette force électrique est si terrifiante, pourquoi les protons et les électrons ne se collent-ils pas les uns sur les autres ? S'ils veulent former un mélange intime, pourquoi celui-ci n'est-il pas encore plus intime ? » La réponse fait intervenir les effets quantiques. Si nous essayons de placer nos électrons dans une région très proche des protons, alors, selon le principe d'incertitude, ils doivent avoir une impulsion dont le carré moyen est d'autant plus grand que nous essayons de les rapprocher davantage. C'est ce mouvement, exigé par les lois de la mécanique quantique, qui empêche l'attraction électrique de rapprocher davantage les charges les unes des autres.

Une autre question se pose : « Qu'est-ce qui maintient le noyau compact ? » Dans le noyau il y a plusieurs protons qui tous sont positifs. Pourquoi ne se repoussent-ils pas ? Il s'avère que dans le noyau il y a, en plus des forces électriques, des forces non électriques, appelées forces nucléaires, qui sont plus grandes que les forces électriques et qui sont capables de maintenir les protons ensemble malgré la répulsion électrique. Les forces nucléaires, cependant, sont à court rayon d'action – leur intensité décroît beaucoup plus rapidement que $1/r^2$. Et ceci a une conséquence importante. Si un noyau contient trop de protons, il devient trop gros, et il ne restera pas compact. Un exemple est fourni par l'uranium, avec 92 protons. Les forces nucléaires agissent principalement entre chaque proton (ou neutron) et son plus proche voisin, tandis que les forces électriques agissent sur de plus grandes distances, donnant une répulsion entre chaque proton et tous les autres protons du noyau. Plus il y a de protons dans le noyau, plus forte est la répulsion électrique, jusqu'à ce que, comme dans le cas de l'uranium, l'équilibre devienne si fragile que le noyau est presque prêt à éclater sous l'action de la force électrique de répulsion. Si un tel noyau est juste « heurté » légèrement (comme on peut le faire en le bombardant par un neutron lent), il se casse en deux morceaux, chacun avec une charge positive, et ces morceaux s'écartent par répulsion électrique. L'énergie qui est libérée est l'énergie de la bombe atomique. Cette énergie est couramment appelée énergie « nucléaire », mais c'est réellement l'énergie « électrique » libérée quand les forces électriques ont dépassé les forces nucléaires d'attraction.

Nous pouvons enfin nous demander ce qui maintient la cohésion d'un électron chargé négativement (puisqu'il ne possède pas de forces nucléaires). Si un électron est tout entier fait d'une seule sorte de substance, chaque partie devrait repousser les autres. Pourquoi, alors, n'éclate-t-il pas ? Mais l'électron a-t-il des « parties » ? Peut-être devrions-nous dire que l'électron est un point et que les forces électriques agissent seulement entre *différentes* charges ponctuelles, si bien que l'électron n'agit pas sur lui-même. Peut-être. Tout ce que nous pouvons dire est que la question de savoir ce qui maintient la cohésion de l'électron a provoqué de nombreuses difficultés dans la tentative d'élaborer une théorie complète de l'électromagnétisme. La question n'a jamais reçu de réponse. Nous reviendrons encore sur ce sujet dans de prochains chapitres.

Tableau des lettres grecques minuscules et majuscules couramment utilisées.

| | | | |
|---|---|---|---|
| $\alpha$ | alpha | $\nu$ | nu |
| $\beta$ | beta | $\xi$ $\Xi$ | xi (ksi) |
| $\gamma$ $\Gamma$ | gamma | o | omicron |
| $\delta$ $\Delta$ | delta | $\pi$ $\Pi$ | pi |
| $\epsilon$ | epsilon | $\rho$ | rho |
| $\zeta$ | zeta | $\sigma$ $\Sigma$ | sigma |
| $\eta$ | eta | $\tau$ | tau |
| $\theta$ $\Theta$ | theta | $\upsilon$ $\Upsilon$ | upsilon |
| $\iota$ | iota | $\phi$ $\Phi$ | phi |
| $\kappa$ | kappa | $\chi$ | chi (khi) |
| $\lambda$ $\Lambda$ | lambda | $\psi$ $\Psi$ | psi |
| $\mu$ | mu | $\omega$ $\Omega$ | omega |

Comme nous l'avons vu, nous devrions nous attendre à ce que ce soit une combinaison des forces électriques et des effets quantiques qui détermine la structure détaillée des matériaux, et par conséquent, leurs propriétés. Certains matériaux sont durs, d'autres sont mous. Certains sont « conducteurs » de l'électricité – parce que leurs électrons sont libres de se déplacer ; d'autres sont des « isolants » – parce que leurs électrons sont liés rigidement à des atomes individuels. Nous verrons un peu plus tard l'origine de certaines de ces propriétés, mais ceci est un sujet très compliqué, aussi commencerons-nous par considérer les forces électriques seulement dans des cas simples. Nous commencerons par ne traiter que les lois de l'électricité – y compris le magnétisme, qui est en réalité une partie du même sujet.

Nous avons dit que la force électrique, comme une force de gravitation, décroît comme l'inverse du carré de la distance des charges. Cette relation est appelée la loi de Coulomb. Mais ce n'est pas précisément vrai quand les charges sont en mouvement – les forces électriques dépendent aussi des mouvements des charges d'une façon compliquée. Nous appelons force *magnétique* une partie de la force qui s'exerce entre des charges en mouvement. C'est vraiment un aspect d'un effet électrique. C'est pourquoi nous appelons le sujet « électromagnétisme ».

Il existe un principe général important qui permet de traiter les forces électromagnétiques d'une façon relativement simple. On trouve, expérimentalement, que la force qui agit sur une charge donnée – quelque soit le nombre des charges existantes ou la manière dont elles se déplacent – dépend seulement de la position de cette charge donnée, de la vitesse de cette charge, et de la valeur de cette charge. On peut écrire la force $\boldsymbol{F}$ agissant sur une charge $q$ se déplaçant à la vitesse $\boldsymbol{v}$ sous la forme

$$\boldsymbol{F} = q(\boldsymbol{E} + \boldsymbol{v} \times \boldsymbol{B}) . \tag{1.1}$$

On appelle $\boldsymbol{E}$ le *champ électrique* et $\boldsymbol{B}$ le *champ magnétique* au point où se trouve la charge. Ce qui est important, c'est que les forces électriques dues à toutes les autres charges de l'univers peuvent se réduire à la donnée de ces deux vecteurs. Leurs valeurs dépendront du *point* où se trouve la charge, et pourront varier avec le *temps*. De plus si l'on remplace cette charge par une autre, la force qui s'exerce sur la nouvelle charge sera proportionnelle à la valeur de la charge, dans la mesure où toutes les autres charges dans le monde ne changent ni de positions, ni de mouvements. (Dans les cas concrets, évidemment, chaque charge crée des forces sur toutes les autres charges voisines et peut provoquer leur mouvement, et ainsi, dans certains cas les champs *peuvent* changer si l'on remplace une chargée donnée, par une autre.)

Nous savons d'après le Vol. I comment trouver le mouvement d'une particule en connaissant la force qui s'exerce sur elle. L'équation (1.1) peut se combiner avec l'équation du mouvement pour donner

$$\frac{d}{dt}\left[\frac{m\boldsymbol{v}}{(1-v^2/c^2)^{1/2}}\right] = \boldsymbol{F} = q(\boldsymbol{E} + \boldsymbol{v} \times \boldsymbol{B}). \tag{1.2}$$

Ainsi, si $\boldsymbol{E}$ et $\boldsymbol{B}$ sont donnés, nous pouvons trouver les mouvements. Maintenant, nous avons besoin de savoir comment sont produits les champs $\boldsymbol{E}$ et $\boldsymbol{B}$.

L'un des principes simplificateurs les plus importants sur la façon dont les champs sont produits est le suivant : supposons qu'un certain nombre de charges, se déplaçant d'une certaine manière, produise un champ $\boldsymbol{E}_1$, et qu'un autre ensemble de charges produise un champ $\boldsymbol{E}_2$. Si les deux ensembles de charges sont en place au même instant, (conservant les mêmes positions et mouvements que lorsqu'ils étaient considérés séparément), alors le champ produit est juste la somme

$$\boldsymbol{E} = \boldsymbol{E}_1 + \boldsymbol{E}_2. \tag{1.3}$$

Ce fait est appelé *le principe de superposition* des champs. Il s'applique aussi aux champs magnétiques.

Ce principe signifie que si nous connaissons la loi selon laquelle les champs électrique et magnétique sont produits par une charge unique se déplaçant de façon arbitraire, nous connaissons complètement toutes les lois de l'électrodynamique. Si nous voulons connaître la force qui s'exerce sur la charge $A$, nous devons seulement calculer les champs $\boldsymbol{E}$ et $\boldsymbol{B}$ produits par chacune des charges $B$, $C$, $D$, etc., puis additionner les champs $\boldsymbol{E}$ et $\boldsymbol{B}$ dus à toutes les charges pour trouver les champs, et à partir d'eux, les forces agissant sur la charge $A$. Si seulement il s'était avéré que le champ produit par une charge unique était simple, ceci serait la façon la plus nette de décrire les lois de l'électrodynamique. Nous avons déjà donné une description de cette loi (chapitre 28, Vol. I) et elle est, malheureusement, plutôt compliquée.

Il s'avère que la forme sous laquelle les lois de l'électrodynamique sont les plus simples, n'est pas celle à laquelle vous pourriez vous attendre. Donner une formule pour la force qu'exerce une charge sur une autre, n'est *pas* ce qu'il y a de plus simple. Il est vrai que si les charges sont immobiles la loi de force coulombienne est simple, mais quand les charges sont en mouvement les relations sont compliquées, entre autres, par les retards et par les effets de l'accélération. En conséquence, nous ne souhaitons pas présenter l'électrodynamique seulement à partir des lois de forces qui s'exercent entre les charges ; nous trouvons qu'il est plus commode d'adopter un autre point de vue – celui qui apparemment rend le plus facile le maniement des lois de l'électrodynamique.

## 1.2 Champs électrique et magnétique

Nous devrons tout d'abord étendre quelque peu nos idées sur les vecteurs électrique et magnétique $\boldsymbol{E}$ et $\boldsymbol{B}$. Nous les avons définis en fonction des forces subies par une charge. Nous voulons maintenant parler de champs électrique et magnétique *en un point*, même s'il n'y a pas de charge en ce point. Nous disons en effet que, puisqu'il y a des forces « agissant » sur la charge, il y a encore « quelque chose » là où la charge a été retirée. Si une charge située au point $(x, y, z)$ à l'instant $t$ subit la force $\boldsymbol{F}$ donnée par l'Éq. (1.1), nous associons les vecteurs $\boldsymbol{E}$ et $\boldsymbol{B}$ à *ce point* de l'espace $(x, y, z)$. Nous pouvons considérer $\boldsymbol{E}(x, y, z, t)$ et $\boldsymbol{B}(x, y, z, t)$ comme responsables des forces que *subirait à* l'instant $t$, une charge située en $(x, y, z)$, avec la condition qu'en y plaçant la charge, cela *ne modifierait pas* les positions et les mouvements de toutes les autres charges responsables des champs.

Suivant cette idée, nous associons à *tout point* $(x, y, z)$ de l'espace, deux vecteurs $\boldsymbol{E}$ et $\boldsymbol{B}$, qui peuvent varier avec le temps. Les champs électrique et magnétique sont alors considérés comme des *fonctions vectorielles* de $x, y, z$, et $t$. Puisqu'un vecteur est caractérisé par ses composantes, chacun des champs $\boldsymbol{E}(x, y, z, t)$ et $\boldsymbol{B}(x, y, z, t)$ représente trois fonctions mathématiques de $x, y, z$ et $t$.

C'est précisément parce que $\boldsymbol{E}$ (ou $\boldsymbol{B}$) peut être défini en tout point de l'espace qu'on l'appelle un « champ ». Un « champ » est toute grandeur physique qui prend une valeur différente en tout point de l'espace. La température, par exemple, est un champ – dans ce cas, un champ scalaire – que nous écrivons $T(x, y, z)$. La température pourrait aussi varier avec le temps et nous dirions que le champ de température est fonction du temps, et nous écririons $T(x, y, z, t)$. Un autre exemple est le « champ des vitesses » d'un liquide en écoulement. Nous écrivons $\boldsymbol{v}\ (x, y, z, t)$ pour la vitesse du liquide en chaque point de l'espace à l'instant $t$. C'est un champ vectoriel.

Revenons aux champs électromagnétiques – bien qu'ils soient produits par des charges selon des formules compliquées –, ils ont la propriété caractéristique importante suivante : les relations entre les champs *en un point* et leurs valeurs *en un point voisin* sont très simples. Avec seulement quelques relations de ce genre écrites sous forme d'équations différentielles nous pouvons décrire complètement les champs. C'est sous la forme de telles équations que les lois de l'électrodynamique sont le plus simplement écrites.

Il y a eu de nombreuses inventions pour aider l'esprit à se représenter le comportement des champs. La plus correcte est aussi la plus abstraite : nous considérons tout simplement les champs comme des fonctions mathématiques de la position et du temps. Nous pouvons aussi essayer de donner une image du champ en traçant des vecteurs en beaucoup de points de l'espace, chacun d'eux donnant l'intensité et la direction du champ en ce point. C'est ce qu'illustre la Fig. 1.1. Nous pouvons pourtant aller plus loin et tracer des lignes qui sont en tout point tangentes aux vecteurs – qui, pour ainsi dire, suivent les flèches et enregistrent la direction du champ. Quand nous faisons cela, nous perdons la trace des *modules* des vecteurs, mais nous pouvons garder la trace de l'intensité du champ en traçant les lignes espacées quand le champ est faible, et serrées quand il est

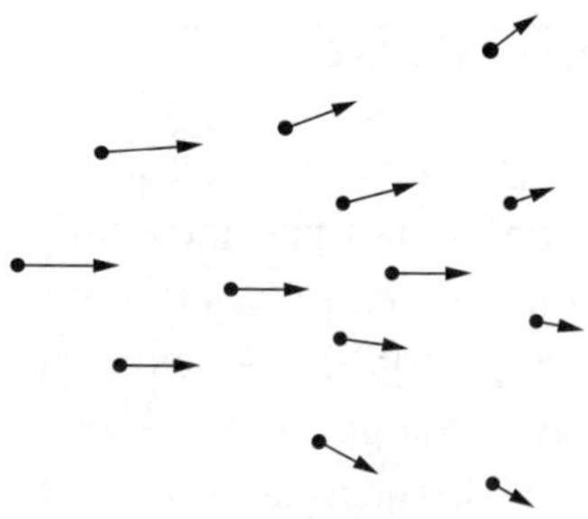

Figure 1.1 – Un champ de vecteurs peut être représenté en dessinant un ensemble de flèches dont les longueurs et les directions indiquent les valeurs du champ de vecteurs aux points d'origine des flèches dessinées.

fort. Nous adoptons la convention selon laquelle le *nombre de lignes par unité de surface*, compté sur la normale aux lignes, est proportionnel à *l'intensité du champ*. Ceci n'est évidemment qu'une approximation et il faudra en général, que de temps en temps de nouvelles lignes prennent naissance de façon à en garder un nombre en rapport avec l'intensité du champ. Le champ de la Fig. 1.1 est représenté par les lignes de champ de la Fig. 1.2.

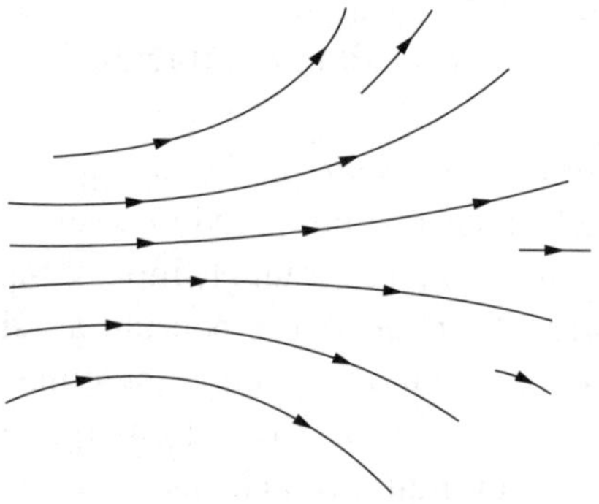

Figure 1.2 – Un champ de vecteurs peut être représenté en traçant des lignes qui sont tangentes à la direction du vecteur champ en tout point, avec une densité des lignes proportionnelle à l'intensité du vecteur champ.

## 1.3 Caractéristiques des champs de vecteurs

Il y a deux propriétés mathématiques importantes d'un champ de vecteurs dont nous ferons usage dans notre description des lois de l'électricité du point de vue du champ. Supposez qu'on imagine une surface fermée quelconque et qu'on se demande si on ne perd pas « quelque chose » de son intérieur ; c'est-à-dire, le champ a-t-il la propriété de « s'écouler vers l'extérieur » ? Par exemple, pour un champ de vitesses, nous pouvons nous demander si la vitesse est toujours dirigée vers l'extérieur de la surface, ou plus généralement, s'il y a plus de fluide sortant (par unité de temps) que rentrant. On appelle « flux de vitesse » sortant de la surface, la quantité totale de fluide sortant de la surface par unité de temps. L'écoulement à travers un élément de surface est exactement égal au produit de la composante de la vitesse normale à la surface, par l'aire de cette surface. Pour une surface fermée quelconque, *l'écoulement total* – ou *flux* – est le produit de la moyenne de la composante de la vitesse dirigée vers l'extérieur, par l'aire de la surface :

$$\text{Flux} = (\text{moyenne de la composante normale}) \cdot (\text{aire de la surface}). \quad (1.4)$$

Dans le cas d'un champ électrique, nous pouvons définir mathématiquement quelque chose de semblable à un écoulement, et là encore nous l'appelons le flux, mais évidemment ce n'est pas l'écoulement d'une substance, car le champ électrique n'est pas la vitesse de quelque chose. Il apparaît cependant que la grandeur mathèmàtique qui est la moyenne de la composante normale du champ a encore un sens utile. Nous parlerons donc, du *flux électrique* – défini aussi par l'Éq. (1.4). Enfin, il est aussi utile de parler de flux, non seulement à travers une surface fermée, mais à travers toute surface limitée. Comme précédemment, le flux à travers une telle surface est défini comme le produit de la moyenne de la composante normale d'un vecteur par l'aire de la surface. Ces idées sont illustrées sur la Fig. 1.3.

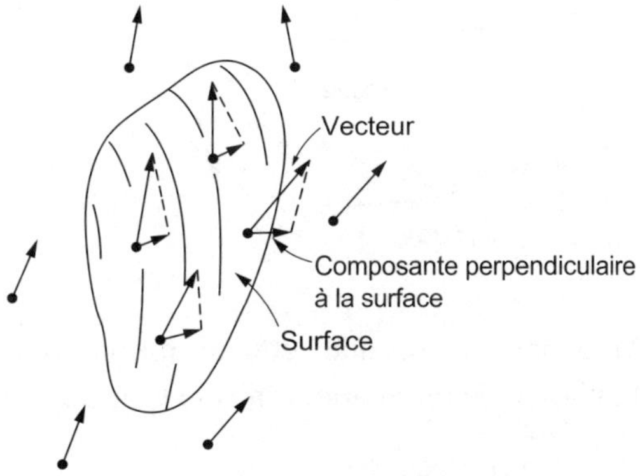


Figure 1.3 – Le flux d'un champ de vecteurs à travers une surface est défini comme le produit de la valeur moyenne de la composante normale du vecteur par l'aire de la surface.

Il y a une seconde propriété d'un champ de vecteurs qui se rapporte à une courbe plutôt qu'à une surface. Supposons encore que nous considérions un champ de vitesses, qui décrit l'écoulement d'un liquide. Nous pourrions nous poser cette question intéressante : le liquide circule-t-il ? Par ceci nous voulons dire : y a-t-il un mouvement de rotation global le long d'une boucle ? Supposons qu'à un instant donné on solidifie le liquide partout sauf dans un tube de section constante, qui forme une boucle fermée comme sur la Fig. 1.4. À l'extérieur du tube le liquide s'arrête, mais à l'intérieur du tube il peut continuer à se déplacer grâce à son impulsion – c'est-à-dire si l'impulsion dans un sens est plus grande que dans le sens inverse, dans le tube. Définissons une grandeur, appelée la *circulation,* comme le produit de la vitesse résultante du liquide dans le tube, par sa circonférence. Nous pouvons de nouveau étendre cette idée et définir la « circulation » pour tout champ de vecteurs (même quand il n'y a rien qui se meut). Pour tout champ de vecteurs, *la circulation le long d'une courbe fermée imaginaire quelconque* est définie comme la moyenne de la composante tangentielle du vecteur multipliée par la circonférence de la boucle (Fig. 1.5). (Les tangentes aux différents points de la courbe sont orientées de façon cohérente.)

$$\text{Circulation} = (\text{composante tangentielle moyenne}) \cdot (\text{distance le long}). \qquad (1.5)$$

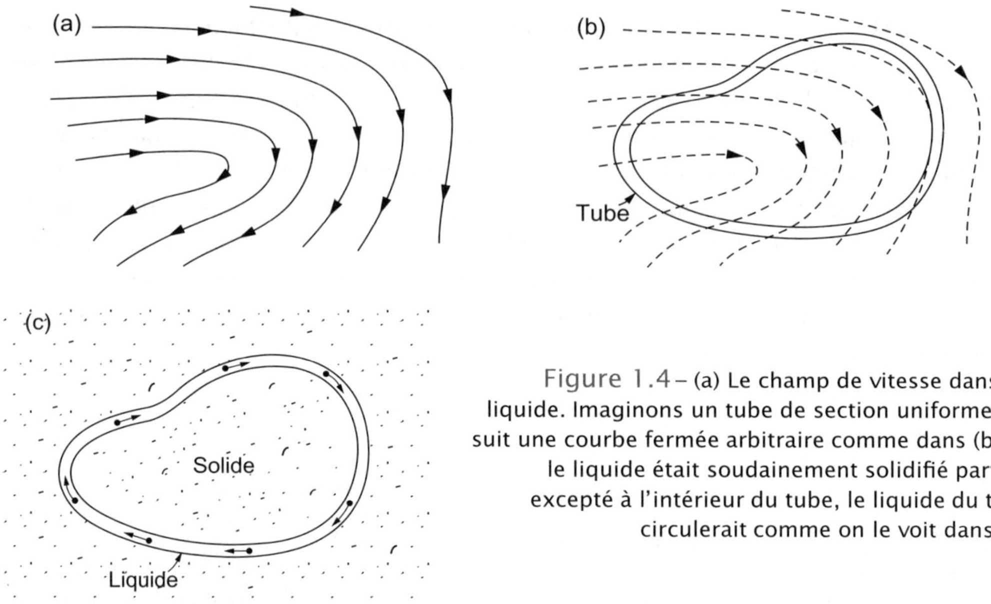


Figure 1.4 – (a) Le champ de vitesse dans un liquide. Imaginons un tube de section uniforme qui suit une courbe fermée arbitraire comme dans (b). Si le liquide était soudainement solidifié partout excepté à l'intérieur du tube, le liquide du tube circulerait comme on le voit dans (c).

Vous pouvez voir que cette définition donne un nombre qui est vraiment proportionnel à la vitesse de circulation dans le tube solidifié à un instant donné, décrit ci-dessus.

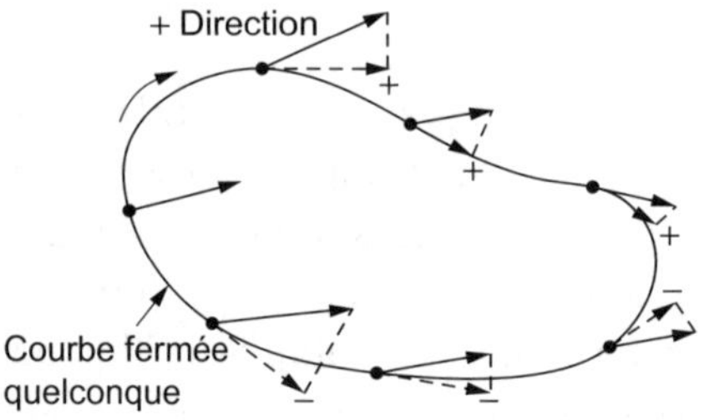


Figure 1.5 – La circulation d'un champ de vecteurs est le produit de la composante tangentielle moyenne du vecteur (avec une orientation cohérente des tangentes) par la circonférence de la boucle.

Avec seulement ces deux notions – flux et circulation – nous pouvons décrire d'un seul coup toutes les lois de l'électricité et du magnétisme. Il se peut que vous ne compreniez pas immédiatement le sens des lois, mais elles vous donneront une idée de la façon dont la physique de l'électromagnétisme sera finalement décrite.

## 1.4 Les lois de l'électromagnétisme

La première loi de l'électromagnétisme décrit le flux du champ électrique :

$$\text{le flux de } \boldsymbol{E} \text{ à travers toute surface fermée} = \frac{\text{la charge totale intérieure}}{\epsilon_0}, \tag{1.6}$$

où $\epsilon_0$ est une constante convenable. (La constante $\epsilon_0$ est généralement lue « epsilon-zéro ».) S'il n'y a pas de charges à l'intérieur de la surface, même s'il y a des charges au voisinage extérieur de la surface, la *moyenne* de la composante normale de $\boldsymbol{E}$ est nulle, donc, il n'y a pas de flux total à travers la surface. Pour montrer la puissance de ce genre d'énoncé, nous pouvons montrer que l'Éq. (1.6) est équivalente à la loi de Coulomb, à condition seulement d'ajouter que le champ dû à une charge unique possède la symétrie sphérique. Pour une charge ponctuelle, nous traçons une sphère centrée sur la charge. Alors la composante normale moyenne est exactement l'intensité de $\boldsymbol{E}$ en tout point, puisque le champ doit être radial et avoir même intensité en tout point de la sphère. Notre règle nous dit alors que le produit du champ à la surface de la sphère, par l'aire de la sphère – c'est-à-dire, le flux sortant – est proportionnel à la charge intérieure. Si nous augmentons le rayon de la sphère, l'aire augmente comme le carré du rayon. Le produit de la composante normale moyenne par l'aire de la sphère doit toujours être égal à la même charge intérieure, et ainsi, le champ doit décroître comme l'inverse du carré de la distance – nous obtenons un « champ en $1/r^2$ ».

Si nous considérons une courbe quelconque de l'espace et mesurons la circulation du champ électrique le long de cette courbe, nous trouvons qu'elle n'est en général pas égale à zéro (bien que ce soit le cas pour un champ coulombien). Plutôt, pour le champ électrique, il y a une seconde loi qui dit que : pour toute surface $S$ (non fermée) s'appuyant sur une courbe $C$,

$$\text{Circulation de } \boldsymbol{E} \text{ le long de } C = -\frac{d}{dt}(\text{flux de } \boldsymbol{B} \text{ à travers } S). \tag{1.7}$$

Nous pouvons compléter les lois du champ électromagnétique, en écrivant deux équations correspondantes pour le champ magnétique $\boldsymbol{B}$

$$\text{Flux de } \boldsymbol{B} \text{ à travers toute surface fermée} = 0. \tag{1.8}$$

Pour une surface $S$ s'appuyant sur une courbe $C$,

$$c^2\,(\text{circulation de } \boldsymbol{B} \text{ le long de } C) = \frac{d}{dt}(\text{flux de } \boldsymbol{E} \text{ à travers } S) + \frac{\text{flux du vecteur densité de courant à travers } S}{\epsilon_0}. \tag{1.9}$$

La constante $c^2$ qui figure dans l'Éq. (1.9) est le carré de la vitesse de la lumière. Elle apparaît parce que le magnétisme est en réalité un effet relativiste de l'électricité. La constante $\epsilon_0$ a été introduite pour permettre le choix d'une unité d'intensité de courant commode.

Les équations (1.6) à (1.9) jointes à l'Éq. (1.1) sont toutes les lois de l'électrodynamique[1]. Comme vous vous en souvenez, les lois de Newton étaient très simples à écrire, mais elles conduisaient à des tas de conséquences compliquées et il nous fallut longtemps pour apprendre à les connaître toutes. Les lois dont nous nous occupons maintenant, ne sont pas tout à fait aussi simples à écrire, ce qui signifie que leurs conséquences seront plus élaborées et il nous faudra beaucoup de temps pour les formuler toutes.

1. Nous devons seulement ajouter une remarque au sujet de certaines conventions pour le *signe* de la circulation.

Nous pouvons illustrer quelques-unes des lois de l'électrodynamique par une série de petites expériences qui montrent qualitativement les relations entre les champs électrique et magnétique. Vous avez expérimenté le premier terme de l'Éq. (1.1) en vous peignant, aussi nous ne le montrerons pas. On peut faire voir le second terme de l'Éq. (1.1) en faisant passer un courant dans un fil tendu au-dessus d'un aimant droit, comme le montre la Fig. 1.6. Le fil se déplace quand le courant est établi à cause de la force $\boldsymbol{F} = q\boldsymbol{v} \times \boldsymbol{B}$. Quand un courant passe, les charges à l'intérieur du fil se déplacent, donc elles ont une vitesse $\boldsymbol{v}$, et le champ magnétique dû à l'aimant exerce sur elles une force qui a pour effet de pousser le fil d'un côté.

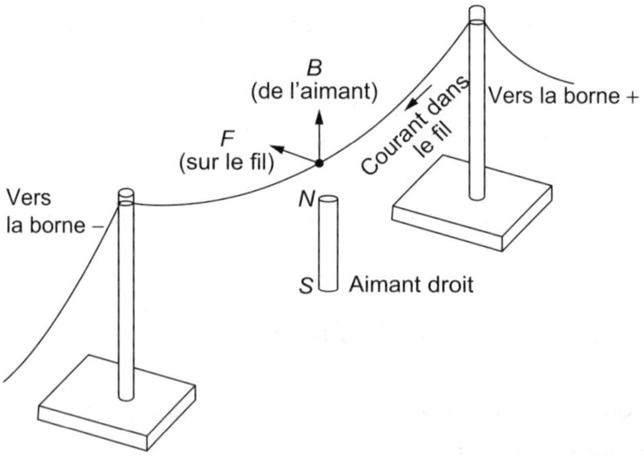


Figure 1.6 – Un aimant droit donne un champ $\boldsymbol{B}$ sur un fil. Quand un courant parcourt le fil, le fil se déplace à cause de la force $\boldsymbol{F} = q\boldsymbol{v} \times \boldsymbol{B}$.

Quand le fil est poussé vers la gauche, nous pourrions nous attendre à ce que l'aimant soit poussé vers la droite. (Autrement, nous pourrions mettre le tout dans un wagon et avoir un système propulsif qui ne conserve pas l'impulsion !) Bien que la force soit trop petite pour que le mouvement de l'aimant soit visible, un système magnétique plus sensible, comme l'aiguille d'une boussole, montre ce mouvement.

Comment le fil pousse-t-il l'aimant ? Le courant dans le fil produit lui-même un champ magnétique qui exerce des forces sur l'aimant. En accord avec le dernier terme de l'Éq. (1.9), un courant doit avoir une *circulation* de $\boldsymbol{B}$ – dans ce cas, les lignes de champ de $\boldsymbol{B}$ sont des cercles entourant le fil comme l'indique la Fig. 1.7. C'est le champ $\boldsymbol{B}$ qui est responsable della force qui s'exerce sur l'aimant.

L'équation (1.9) nous dit que, pour un courant donné dans le fil, la circulation de $\boldsymbol{B}$ est la même pour *toute* courbe qui entoure le fil. Pour des courbes – disons des cercles – qui sont plus éloignées du fil, la circonférence est plus grande, donc la composante tangentielle de $\boldsymbol{B}$ doit décroître. Vous voyez que nous devons nous attendre à ce que $\boldsymbol{B}$ décroisse linéairement avec la distance à un long fil rectiligne.

Donc, nous venons dire qu'un courant dans un fil produit un champ magnétique, et que, quand il y a un champ magnétique, il y a une force sur le fil où circule le courant. Alors, nous pourrions aussi nous attendre à ce que, si nous produisons un champ avec un fil parcouru par un courant, il exerce une force sur un autre fil parcouru aussi par un courant.

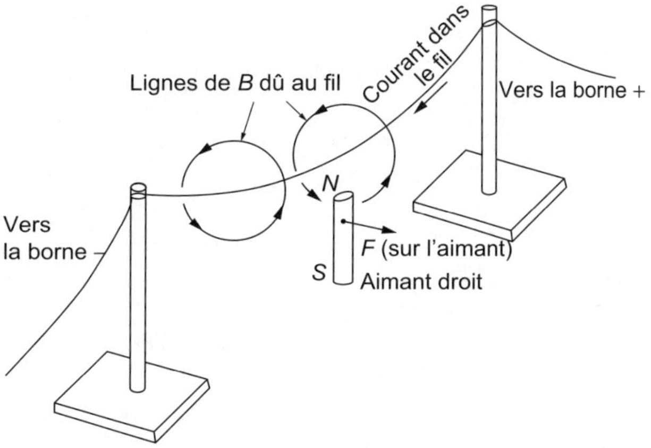


Figure 1.7 – Le champ magnétique du fil exerce une force sur l'aimant.

Ceci peut être montré en prenant deux fils tendus comme l'indique la Fig. 1.8. Quand les courants sont de même sens, les deux fils s'attirent, mais quand les courants sont de sens contraire, ils se repoussent.

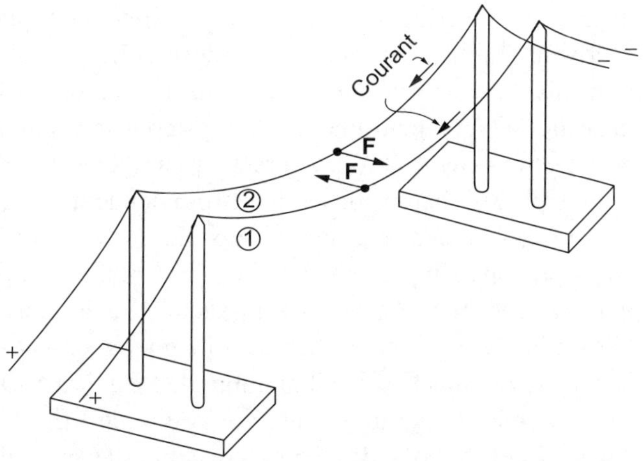


Figure 1.8 – Deux fils, parcourus par des courants, exercent des forces l'un sur l'autre.

En bref, les courants électriques, comme les aimants, créent des champs magnétiques. Mais, à propos, qu'est-ce qu'un aimant ? Si les champs magnétiques sont produits par des charges en mouvement, n'est-il pas possible que le champ magnétique dû à un morceau de fer soit réellement le résultat de courants ? C'est bien le cas. Nous pouvons remplacer l'aimant droit de notre expérience par une bobine de fil, comme sur la Fig. 1.9. Quand un courant circule dans la bobine – comme dans le fil tendu au-dessus d'elle – nous observons un mouvement du fil exactement comme avant, quand nous avions un aimant au lieu d'une bobine. En d'autres termes, le courant dans la bobine imite un aimant. Il apparaît donc qu'un morceau de fer agit comme s'il contenait un courant qui circulerait en permanence. Nous pouvons en fait considérer les aimants comme des courants permanents dans les atomes de fer. La force agissant sur l'aimant, Fig. 1.7, est due au second terme de l'Éq. (1.1).

D'où proviennent les courants ? Une réponse possible serait : du mouvement des électrons sur les orbites atomiques. En fait, ce n'est pas le cas pour le fer, quoique ce le soit

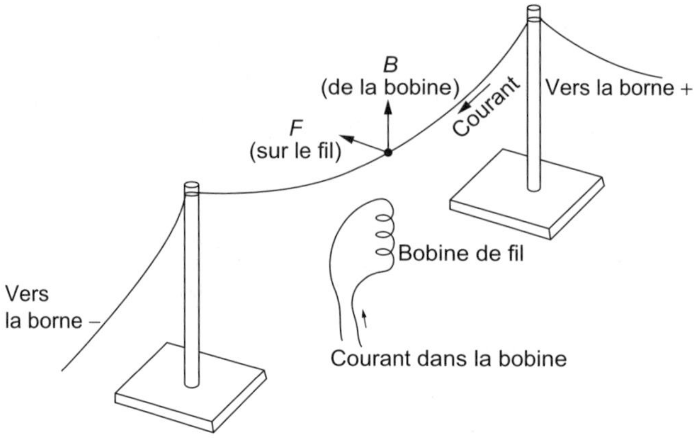


Figure 1.9 – L'aimant droit de la Fig. 1.6 peut être remplacé par une bobine parcourue par un courant électrique. Une force semblable s'exerce sur le fil.

pour certaines substances. En plus du mouvement orbital dans un atome, un électron pivote aussi autour de son propre axe – de façon quelque peu semblable à la rotation de la Terre sur elle-même – et c'est le courant dû à ce pivotement qui donne naissance au champ magnétique dans le fer. (Nous disons « quelque peu semblable à la rotation de la Terre » car le problème est si profondément quantique que les idées classiques ne décrivent vraiment pas si bien les choses.) Dans la plupart des substances, certains électrons pivotent dans un sens, et d'autres dans l'autre, si bien que le magnétisme s'annule, mais dans le fer – pour une raison mystérieuse que nous discuterons plus tard – plusieurs des électrons pivotent avec leurs axes parallèles, et telle est l'origine du magnétisme.

Puisque les champs des aimants proviennent des courants, nous n'avons donc aucun terme supplémentaire à ajouter aux Éq. (1.8) ou (1.9) pour tenir compte des aimants. Nous prenons simplement *tous* les courants, y compris les courants dus aux électrons qui pivotent, et ainsi, la loi est exacte. Remarquons aussi que l'Éq. (1.8) exprime le fait qu'il n'y a pas de « charges » magnétiques analogues aux charges électriques qui apparaissent dans le second membre de l'Éq. (1.6). On n'en a jamais trouvé.

Le premier terme du membre de droite de l'Éq. (1.9) a été découvert théoriquement par Maxwell et possède une grande importance. Il dit que des champs *électriques* variables produisent des effets magnétiques. En fait, sans ce terme, l'équation n'aurait aucun sens, puisque sans lui il ne pourrait pas y avoir de courants dans des circuits non fermés. Mais de tels courants existent, comme nous pouvons le voir dans l'exemple suivant. Imaginons un condensateur fait de deux plateaux. On le charge avec un courant qui circule vers un plateau et s'éloigne de l'autre, comme le montre la Fig. 1.10. Nous traçons une courbe $C$ autour d'un des fils, puis une surface de bord $C$ qui coupe le fil, comme la surface $S$, de la figure. D'après l'Éq. (1.9) la circulation de $\boldsymbol{B}$ le long de $C$ est donnée par le courant dans le fil (multiplié par $c^2$). Mais que devient-elle si nous prenons au lieu de $S_1$, une surface *différente* $S_2$ en forme de bol et qui passe entre les plateaux du condensateur, en ne coupant jamais le fil ? Il n'y a certainement aucun courant à travers cette surface. Mais évidemment, changer simplement la position d'une surface imaginaire, ne va certainement pas changer un champ magnétique réel ! La circulation de $\boldsymbol{B}$ doit être ce qu'elle était avant. Le premier terme du second membre de l'Éq. (1.9) donne bien en fait, combiné au second terme, le même résultat pour les deux surfaces $S_1$ et $S_2$.

Pour $S_2$, la circulation de $\boldsymbol{B}$ est donnée par la variation par unité de temps, du flux de $\boldsymbol{E}$ régnant entre les plateaux du condensateur. Et il se trouve que le champ variable $\boldsymbol{E}$ est relié au courant justement par la relation qu'il faut pour que l'Éq. (1.9) soit vérifiée. Maxwell vit que cette relation était nécessaire, et il fut le premier à écrire l'équation complète.

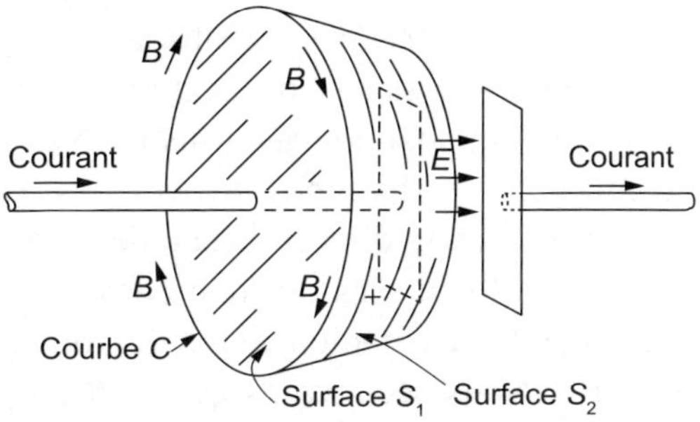


Figure 1.10 – La circulation de $\boldsymbol{B}$ le long de la courbe $C$ est donnée soit par le courant traversant la surface $S_1$, soit par la variation du flux de $\boldsymbol{E}$ à travers la surface $S_2$.

Avec le dispositif de la Fig. 1.6 nous pouvons démontrer une autre loi de l'électromagnétisme. Nous déconnectons les extrémites du fil de la batterie et nous les relions à un galvanomètre qui nous indique quand un courant passe dans le fil. Quand nous *poussons le* fil de côté dans le champ magnétique de l'aimant, nous observons un courant. Un tel effet est simplement une autre conséquence de l'Éq. (1.1) – les électrons du fil subissent la force $\boldsymbol{F} = q\boldsymbol{v} \times \boldsymbol{B}$. Les électrons ont une vitesse dans la direction et le sens du déplacement du fil, puisqu'ils se déplacent avec le fil. Ce $\boldsymbol{v}$ avec un $\boldsymbol{B}$ vertical dû à l'aimant, produit une force sur les électrons dirigée *le long* du fil, qui met les électrons en mouvement vers le galvanomètre.

Imaginons cependant qu'on abandonne le fil et qu'on déplace l'aimant. Nous devinons, à cause de la relativité, que ça ne doit pas faire de différence, et nous observons en effet un courant semblable dans le galvanomètre. Comment le champ magnétique produit-il des forces sur des charges au repos ? D'après l'Éq. (1.1) il doit y avoir un champ électrique. L'Éq. (1.7) exprime quantiativement comment cela se produit. Cette équation décrit de nombreux phénomènes d'un grand intérêt pratique, tels que ceux qui se produisent dans les générateurs électriques et dans les transformateurs.

La conséquence la plus remarquable de nos équations est que la combinaison de l'Éq. (1.7) et de l'Éq. (1.9) contient l'explication du rayonnement électromagnétique à grande distance. La raison est en gros, quelque chose comme ceci : imaginons qu'en un certain endroit nous ayons un champ magnétique qui augmente parce que, disons, un courant est établi soudainement dans un fil. Alors, d'après l'Éq. (1.7) il doit y avoir une circulation d'un champ électrique. À mesure que le champ électrique augmente pour produire sa circulation, d'après l'Éq. (1.9) une circulation magnétique est engendrée. Mais l'établissement de *ce* champ magnétique produira une nouvelle circulation du champ électrique, et ainsi de suite. Et c'est ainsi que les champs progressent dans l'espace sans recourir à des charges ou à des courants, sauf à la source. Et c'est ainsi que nous pouvons nous *voir* les uns les autres ! Tout se trouve dans les équations des champs électromagnétiques.

## 1.5 QUE SONT LES CHAMPS ?

Nous allons maintenant faire quelques remarques sur notre façon d'envisager ce sujet. Vous pouvez penser : « toutes ces histoires de flux et de circulations sont bien abstraites. Il y a des champs électriques en tout point de l'espace, et puis, il y a ces « lois ». Mais que se passe-t-il *réellement* ? Pourquoi ne pouvez-vous l'expliquer, par exemple, par ce qui se passe *réellement* entre les charges. » Et bien, cela dépend de vos préjugés. Beaucoup de physiciens disaient que l'action à distance, sans intermédiaire, était inconcevable. (Comment pouvaient-ils trouver une idée inconcevable, alors qu'elle avait déjà été conçue ?) Ils disaient : « voyez, les seules forces que nous connaissons sont celles de l'action directe d'un morceau de matière sur un autre. Il est impossible qu'il puisse y avoir une force sans quelque chose qui la transmette ! » Mais que se passe-t-il vraiment quand nous étudions « l'action directe » d'un morceau de matière en contact avec un autre ? Nous découvrons que ce n'est pas un morceau en contact avec un autre : ils sont légèrement séparés, et il y a des forces électriques agissant à une échelle minuscule. Ainsi nous trouvons que nous allons expliquer la soi-disant action directe de contact en faisant appel aux forces électriques. Ce n'est certainement pas raisonnable d'insister sur le fait qu'une force électrique doit ressembler à la vieille notion familière de force musculaire qui pousse ou qui tire, puisqu'il se trouve que les forces musculaires vont être interprétées comme des forces électriques ! La seule question raisonnable est de se demander quel est le moyen *le plus commode* pour d'écrire les effets électriques. Certains préfèrent les représenter comme une interaction à distance entre charges, et utiliser une loi compliquée. D'autres se passionnent pour les lignes de champ. Ils ne font que tracer des lignes de champ et pensent qu'écrire des $\boldsymbol{E}$ et des $\boldsymbol{B}$ est trop abstrait. Les lignes de champ, cependant, sont seulement une manière grossière de décrire un champ, et il est très difficile de donner les lois quantitatives correctes directement en termes de lignes de champ. De plus, les idées sur les lignes de champ ne contiennent pas le principe fondamental de l'électrodynamique, à savoir le principe de superposition. Même si nous connaissons l'allure des lignes de champ pour un ensemble de charges, et l'allure pour un autre ensemble, nous n'avons aucune idée sur l'allure des lignes de champ obtenues quand les deux ensembles de charges sont présents simultanément. Du point de vue mathématique par contre, la superposition est facile – nous additionnons simplement les deux vecteurs. Les lignes de champ ont l'avantage de donner une image vivante, mais elles ont aussi des inconvénients. L'interaction directe est une façon de voir qui a de grands avantages quand il s'agit de charges électriques au repos, mais a de grands inconvénients quand il s'agit de charges en mouvement rapide.

La meilleure façon est d'utiliser l'idée abstraite de champ. Que ce soit abstrait est bien malheureux mais nécessaire. Les tentatives pour essayer de représenter le champ électrique comme le mouvement des roues d'un engrenage, ou par des lignes de champ, ou comme des tensions dans une certaine substance, ont coûté plus d'efforts aux physiciens qu'il n'en aurait fallu simplement pour donner les réponses exactes au problème de l'electrodynamique. Il est intéressant de noter que les équations correctes du comportement de la lumière dans les cristaux avaient été trouvées par McCullough en 1843. Mais on lui a dit : « oui, mais il n'existe pas de substance réelle dont les propriétés mécaniques puissent satisfaire ces équations, et puisque la lumière est une oscillation qui doit vibrer dans *quelque chose,* nous ne pouvons pas croire à cette histoire d'équations abstraites. » Si les gens avaient eu l'esprit plus ouvert, ils auraient pu croire aux équations exactes du comportement de la lumière bien plus tôt qu'ils ne le firent.

En ce qui concerne le champ magnétique, nous pouvons faire la remarque suivante : supposons que nous ayons finalement réussi à dresser un tableau du champ magnétique au moyen de certaines lignes, ou de roues d'engrenage en mouvement dans l'espace. Alors, essayons d'expliquer ce qui se passe quand deux charges se déplacent dans l'espace, parallèlement et avec la même vitesse. Comme elles sont en mouvement, elles se comportent comme deux courants et elles ont un champ magnétique associé (comme les courants dans les fils de la Fig. 1.8). Un observateur qui se déplacerait avec les deux charges, cependant, verrait ces deux charges comme stationnaires et dirait qu'il *n'y a pas* de champ magnétique. Les « roues d'engrenage » ou les « lignes » disparaissent quand on se déplace avec l'objet ! Tout ce que nous avons réussi à faire est d'inventer un *nouveau* problème. Comment les roues d'engrenage, peuvent-elles disparaître ?! Les gens qui tracent des lignes de champ se heurtent aux mêmes difficultés. Non seulement il n'est pas possible de dire si les lignes de champ se déplacent ou non avec les charges – mais elles peuvent disparaître complètement dans certains systèmes de coordonnées.

Ce que nous disons donc, c'est que le magnétisme est réellement un effet relativiste. Dans le cas que nous venons de considérer, des deux charges qui se déplacent parallèlement, nous devons nous attendre à des corrections relativistes sur le mouvement, avec des termes de l'ordre de $v^2/c^2$. Ces corrections doivent correspondre à la force magnétique. Mais que dire de la force qui s'exerce entre les deux fils dans notre expérience (Fig. 1.8) ? Là, la force magnétique est la *seule* force. Elle n'avait pas l'air d'une « correction relativiste ». De plus, si nous évaluons les vitesses des électrons dans le fil, (vous pouvez faire cela vous-mêmes), nous trouvons que leur valeur moyenne le long du fil est eviron 0,01 centimètre par seconde. Ainsi $v^2/c^2$ vaut environ $10^{-25}$. Sûrement une « correction » négligeable. Mais non ! Quoique la force magnétique soit dans ce cas $10^{-25}$ fois la force électrique « normale » qui s'exerce entre les électrons en mouvement, rappelons-nous que les forces électriques « normales » ont disparu en raison de l'équilibre électrique presque parfait – car les fils ont le même nombre de protons et d'électrons. L'équilibre est bien plus précis que $1/10^{25}$ et le petit terme relativiste que nous appelons la force magnétique est le seul qui reste. Il devient le terme dominant.

C'est la compensation presque parfaite des effets électriques qui a permis d'étudier les effets relativistes (c'est-à-dire le magnétisme) et de découvrir les équations correctes – à l'ordre $v^2/c^2$ – bien que les physiciens n'aient pas su que c'était cela qui se passait. Et c'est pourquoi, quand la relativité fut découverte, les lois de l'électromagnétisme n'eurent pas besoin d'être changées. Contrairement aux lois de la mécanique, elles étaient correctes à la précision de $v^2/c^2$ près.

## 1.6 L'ÉLECTROMAGNÉTISME DANS LA SCIENCE ET LA TECHNOLOGIE

Terminons ce chapitre en remarquant que, parmi les nombreux phénomènes étudiés par les Grecs, il y en eut deux très étranges : en frottant un morceau d'ambre on pouvait soulever des petits morceaux de papyrus ; il y avait un étrange minerai de l'île de Magnésia qui attirait le fer. Il est étonnant de penser que c'était là les deux seuls phénomènes connus des Grecs dans lesquels les effets de l'électricité et du magnétisme apparaissaient. La raison pour laquelle ceux-ci étaient les deux seuls phénomènes connus est tout d'abord, la précision fantastique de l'équilibre des charges mentionné plus haut. Les savants qui vinrent après les Grecs découvrirent une série de phénomènes nouveaux qui étaient en réalité des aspects de ces effets de l'ambre ou de l'aimant. Maintenant nous comprenons que les phénomènes d'interaction chimique, et finalement de la vie elle-même, doivent être compris dans le cadre de l'électromagnétisme.

En même temps que se développait la compréhension de l'électromagnétisme, des possibilités techniques qui défiaient l'imagination des générations précédentes apparaissaient : il devint possible d'envoyer des signaux par télégraphe sur de longues distances, et de parler à quelqu'un à des kilomètres de distance sans aucune connection entre les deux, et de commander des systèmes d'une puissance énorme – une immense turbine hydraulique reliée par des filaments sur des centaines de kilomètres à un moteur qui tourne en liaison avec la turbine – plusieurs milliers de dérivations – dix mille moteurs à dix mille endroits différents, faisant marcher les machines des usines et des maisons – tous tournant grâce à la connaissance des lois de l'électromagnétisme.

Aujourd'hui nous mettons en application des effets encore plus subtils. Les forces électriques, aussi énormes qu'elles soient, peuvent aussi être très petites, et nous pouvons les contrôler et les utiliser de mille façons. Nos instruments sont si sensibles que nous pouvons dire ce que fait un homme, par la façon dont il agit sur les électrons d'une fine tige métallique, à des centaines de kilomètres. Tout ce que nous avons à faire est d'utiliser la tige, comme une antenne pour un récepteur de télévision !

Une longue revue de l'histoire de l'humanité – faite sur, disons, dix mille ans à partir de maintenant – montrera sans le moindre doute que la découverte par Maxwell des lois de l'électrodynamique est l'événement le plus important du XIX$^{e}$ siècle. La guerre de Sécession fera preuve d'une pâle insignifiance provinciale comparée à cet événement scientifique important de la même décennie.

# Calcul différentiel des champs de vecteurs

# 2

## 2.1 Comprendre la physique

Le physicien a besoin d'un outil commode pour étudier ses problèmes de plusieurs points de vue. L'analyse exacte des problèmes physiques réels est habituellement très compliquée, et toute situation physique particulière peut être trop compliquée pour être analysée directement en résolvant l'équation différentielle. Mais on peut se faire une très bonne idée du comportement d'un système si l'on sent plus ou moins quel est le caractère de la solution dans divers cas. Des notions telles que lignes de champ, capacité, résistance et inductance sont, à de telles fins, très utiles. Aussi consacrerons-nous beaucoup de temps à leur analyse. De cette façon, nous apprendrons à sentir ce qui peut arriver dans différentes situations électromagnétiques. Cependant, aucun des modèles heuristiques tels que les lignes de champ, n'est réellement adéquat et précis pour tous les cas. Il n'existe qu'une manière précise de présenter les lois, et c'est en utilisant les équations differentielles. Elles ont l'avantage d'être fondamentales et, pour autant que nous le sachions, précises. Si vous avez appris les équations différentielles vous pouvez toujours y revenir. II n'y a rien à désapprendre.

Il vous faudra quelque temps pour comprendre ce qui se passe dans différentes circonstances. Vous aurez à résoudre les équations. Chaque fois que vous résoudrez les équations, vous apprendrez quelque chose sur le caractère de leurs solutions. Pour vous rappeler ces solutions, il vous sera utile aussi d'étudier leur signification en termes de lignes de champ et d'autres concepts. C'est ainsi que vous « comprendrez » réellement les équations. Là est la différence entre les mathématiques et la physique. Les mathématiciens, ou les gens qui ont une tournure d'esprit très mathématique, s'égarent souvent quand ils « étudient » la physique parce qu'ils perdent de vue la physique. Ils disent : « Vous voyez, ces équations différentielles – les équations de Maxwell – c'est toute l'électrodynamique ; les physiciens reconnaissent qu'il n'y a rien qui ne soit contenu dans ces équations. Ces équations sont compliquées, mais après tout, ce ne sont que des équations mathématiques et si je les comprends mathématiquement dans tous les coins, je comprendrais la physique dans tous les coins ». Seulement ça ne marche pas comme ça. Les mathématiciens qui étudient la physique avec une telle conception – et il yen a eu beaucoup – n'apportent généralement qu'une faible contribution à la physique et, en fait, peu de chose aux mathématiques. Ils échouent parce que les situations physiques réelles dans le monde réel sont si complexes qu'il est nécessaire d'avoir une compréhension beaucoup plus large des équations.

Ce que signifie en fait comprendre une équation – c'est-à-dire plus qu'au sens strictement mathématique – a été décrit par Dirac. Il a dit : « Je comprends ce que signifie une équation si j'ai le moyen de comprendre les caractéristiques de sa solution sans la résoudre effectivement ». Ainsi si nous avons le moyen de savoir ce qui doit se passer dans des circonstances données sans résoudre effectivement les équations, nous « comprenons » alors les équations, telles qu'elles s'appliquent à ces circonstances. L'intelligence de la physique est une chose imprécise, tout à fait différente des mathématiques, mais absolument nécessaire à un physicien.

Habituellement, on fait un cours tel que celui-ci en développant graduellement les notions physiques – en partant de cas simples et en continuant par des cas de plus en plus compliqués. Ceci exige que vous oubliiez continuellement ce que vous avez appris auparavant – des choses qui sont vraies dans certains cas, mais qui ne sont pas vraies en général. Par exemple, la « loi » qui dit que la force électrique dépend du carré de la distance n'est pas *toujours* vraie. Nous préférons la démarche opposée. Nous préférons prendre d'abord les lois *complètes* et, revenant en arrière, les appliquer à des cas simples tout en développant chemin faisant les concepts physiques. Et c'est ce que nous allons faire.

Notre approche est totalement opposée à l'approche historique dans laquelle on développe le sujet en fonction des expériences qui ont fourni les informations. Mais la physique a été développée pendant ces deux cents dernières années par quelques personnes très ingénieuses, et comme nous n'avons qu'un temps limité pour acquérir nos connaissances, nous ne pouvons pas étudier tout ce qu'ils ont fait. Une des choses que nous aurons malheureusement tendance à perdre de vue dans ce cours, c'est le développement historique et expérimental. Nous espérons que vous pourrez combler quelques-unes de ces lacunes au laboratoire. Vous pourrez aussi voir ce que nous sommes obligés de laisser de côté en lisant l'Encyclopédie Britannique qui contient d'excellents historiques sur l'électricité et sur d'autres domaines de la physique. Vous trouverez aussi des renseignements historiques dans de nombreux manuels d'électricité et de magnétisme.

## 2.2 Champs scalaires et vectoriels – T et h

Nous allons maintenant aborder la théorie de l'électricité et du magnétisme d'un point de vue abstrait et mathématique. L'idée finale est d'expliquer le sens des lois énoncées au chapitre 1. Mais pour ce faire, nous devons d'abord expliquer la nouvelle notation particulière que nous voulons utiliser. Oublions donc pour le moment l'électromagnétisme et discutons les propriétés mathématiques des champs de vecteurs. C'est d'une très grande importance non seulement pour l'électromagnétisme mais aussi pour toutes sortes de domaines de la physique. Tout comme le calcul différentiel et intégral ordinaire, le calcul différentiel vectoriel est très important pour toutes les branches de la physique. Abordons le sujet.

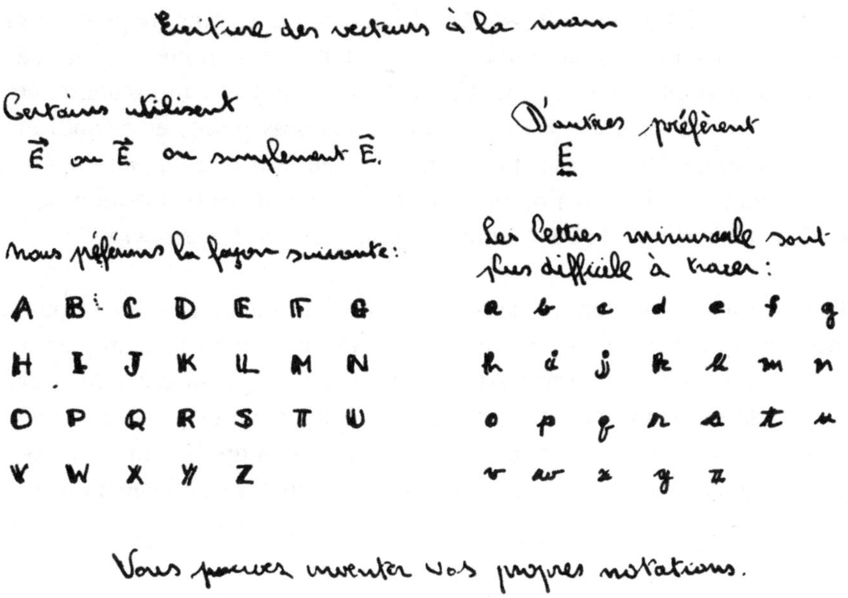


Quelques résultats de l'algèbre des vecteurs sont donnés ci-dessous. Nous supposons que vous les connaissez déjà.

$$\boldsymbol{A} \cdot \boldsymbol{B} = \text{scalaire } A_x B_x + A_y B_y + A_z B_z \tag{2.1}$$

$$\boldsymbol{A} \times \boldsymbol{B} = \text{vecteur} \tag{2.2}$$

$$(\boldsymbol{A} \times \boldsymbol{B})_z = A_x B_y - A_y B_x$$
$$(\boldsymbol{A} \times \boldsymbol{B})_x = A_y B_z - A_z B_y$$
$$(\boldsymbol{A} \times \boldsymbol{B})_y = A_z B_x - A_x B_z$$

$$\boldsymbol{A} \times \boldsymbol{A} = 0 \tag{2.3}$$

$$\boldsymbol{A} \cdot (\boldsymbol{A} \times \boldsymbol{B}) = 0 \tag{2.4}$$

$$\boldsymbol{A} \cdot (\boldsymbol{B} \times \boldsymbol{C}) = (\boldsymbol{A} \times \boldsymbol{B}) \cdot \boldsymbol{C} \tag{2.5}$$

$$\boldsymbol{A} \times (\boldsymbol{B} \times \boldsymbol{C}) = \boldsymbol{B}(\boldsymbol{A} \cdot \boldsymbol{C}) - \boldsymbol{C}(\boldsymbol{A} \cdot \boldsymbol{B}) \tag{2.6}$$

Nous utiliserons aussi les deux égalités suivantes déduites du calcul différentiel :

$$\Delta f(x, y, z) = \frac{\partial f}{\partial x} \Delta x + \frac{\partial f}{\partial y} \Delta y + \frac{\partial f}{\partial z} \Delta z, \tag{2.7}$$

$$\frac{\partial^2 f}{\partial x \partial y} = \frac{\partial^2 f}{\partial y \partial x}. \tag{2.8}$$

La première équation (2.7) n'est bien entendu vraie qu'à la limite où $\Delta z$, $\Delta y$ et $\Delta z$ tendent vers zéro.

Le champ physique le plus simple est un champ scalaire. Par champ, vous vous en souvenez, nous entendons une grandeur qui dépend de la position dans l'espace. Par *champ scalaire* nous désignons simplement un champ qui est caractérisé en chacun de ses points par un seul nombre – un scalaire. Bien entendu ce nombre peut varier au cours du temps, mais nous n'avons pas à nous en inquiéter pour le moment. Nous parlerons de l'aspect du champ à un instant donné. Comme exemple de champ scalaire, considérons un bloc solide de matériau qui a été chauffé en certains points et refroidi en d'autres, de sorte que la température varie d'un point à un autre d'une manière compliquée. La température sera alors une fonction de $x$, $y$, et $z$, coordonnées de position dans l'espace, mesurées dans un système de coordonnées rectangulaires. La température est un champ scalaire.

Une façon de se représenter un champ scalaire est d'imaginer des « contours » qui sont des surfaces imaginaires passant par tous les points en lesquels le champ prend la même valeur, tout comme sur une carte les lignes de niveau joignent des points ayant même altitude. Dans le cas d'un champ de température les contours sont appelés « surfaces isothermes » ou isothermes. La figure 2.1 illustre un champ de températures et montre comment varie $T$ en fonction de $x$ et $y$ quand $z = 0$. On a tracé plusieurs isothermes.

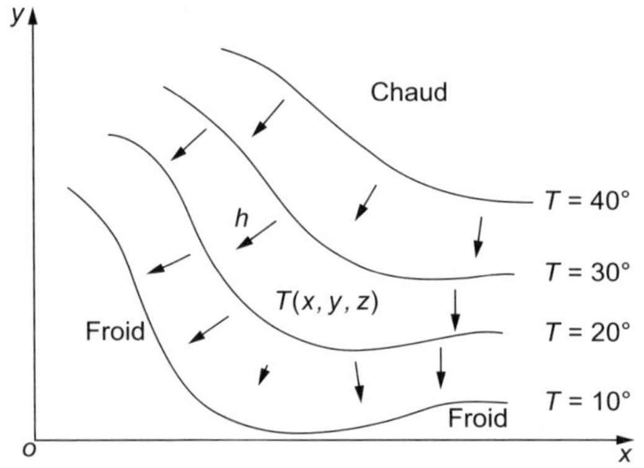


Figure 2.1 – La température est un exemple de champ scalaire. À chaque point $(x, y, z)$ de l'espace on associe un nombre $T(x, y, z)$. Tous les points de la surface marquée $T = 20°$ (représentée par une courbe pour $z = 0$) sont à la même température. Les flèches sont des échantillons du vecteur flux de chaleur $h$.

Il existe aussi des champs de vecteurs. L'idée est très simple. On se donne un vecteur en chaque point de l'espace. Ce vecteur varie de point en point. Considérons par exemple un corps en rotation. La vitesse du matériau qui constitue le corps en tout point est un vecteur fonction de la position du point (Fig. 2.2). Comme second exemple, considérons le flux de chaleur dans un bloc de matériau. Si la température dans le bloc est élevée

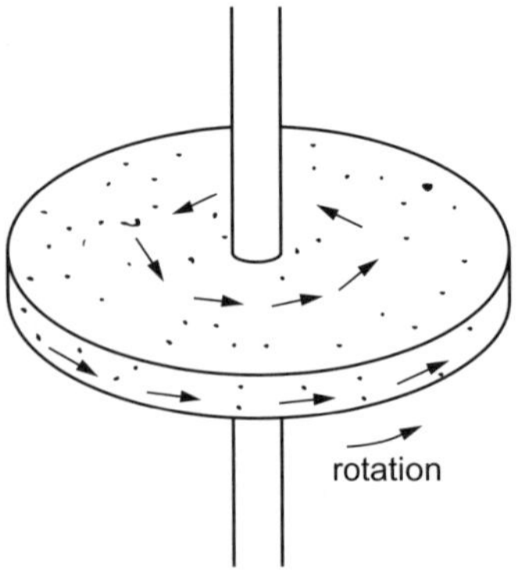


Figure 2.2 – La vitesse des atomes d'un corps en rotation est un exemple de champ de vecteurs.

en un point et basse en un autre, il y aura propagation de la chaleur des points chauds vers les points froids. La chaleur se propagera dans des directions différentes dans des parties différentes du bloc. Le flux de chaleur est une quantité directionnelle que nous appellerons $\boldsymbol{h}$. Sa grandeur mesure la quantité de chaleur qui s'écoule. Des exemples de vecteurs flux de chaleur sont donnés sur la Fig. 2.1.

Donnons une définition plus précise de $\boldsymbol{h}$ : la grandeur en un point du vecteur flux de chaleur est la quantité d'énergie thermique qui passe par unité de temps et de surface à travers un élément de surface infinitésimal perpendiculaire à la direction de propagation. Le vecteur est orienté dans le sens de la propagation (voir Fig. 2.3). Symboliquement : si $\Delta J$ est l'énergie thermique qui traverse pendant l'unité de temps l'élément de surface $\Delta a$, on a

$$\boldsymbol{h} = \frac{\Delta J}{\Delta a}\boldsymbol{e}_f, \tag{2.9}$$

où $\boldsymbol{e}_f$ est un *vecteur unité* orienté dans le sens de la propagation.

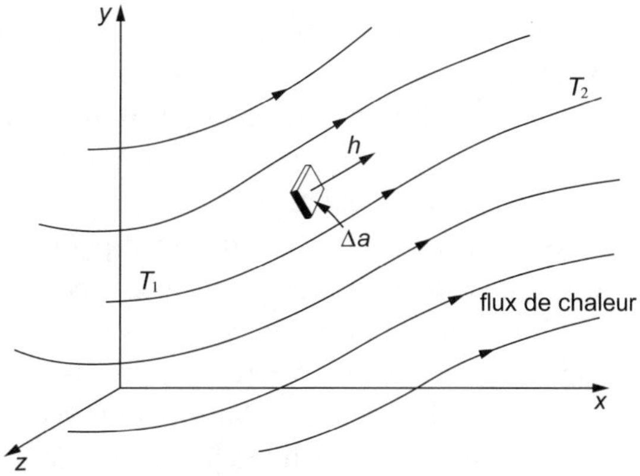


Figure 2.3 – Le flux de chaleur est un champ de vecteurs. Le vecteur $h$ est orienté dans le sens du flux. Sa grandeur représente l'énergie qui traverse par unité de temps un élément de surface orienté perpendiculairement au flux, divisée par raire de l'élément de surface.

On peut définir le vecteur $\boldsymbol{h}$ d'une autre façon – en fonction de ses composantes. Nous nous demandons quelle est la quantité de chaleur qui traverse une petite surface faisant un angle *quelconque* avec la direction de propagation. Sur la Fig. 2.4 nous montrons une petite surface $\Delta a_2$ inclinée par rapport à la surface $\Delta a_1$, qui est perpendiculaire à la direction de propagation. Le *vecteur unité* $\boldsymbol{n}$ est normal à la surface $\Delta a_2$. L'angle $\theta$ entre $\boldsymbol{n}$ et $\boldsymbol{h}$ est le même que l'angle que font les surfaces entre elles (puisque $\boldsymbol{h}$ est normal à

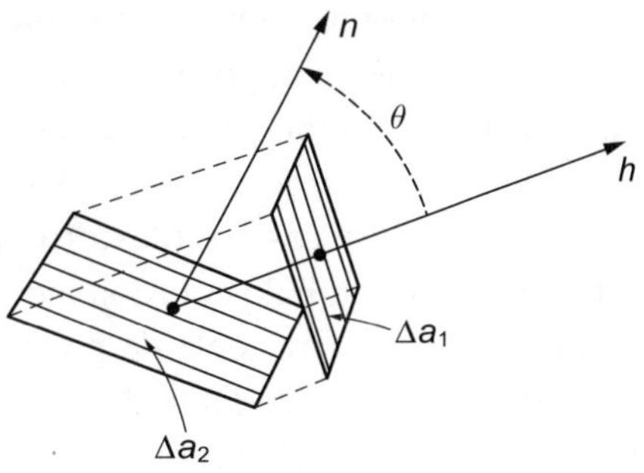


Figure 2.4 – Le flux de chaleur à travers $\Delta a_2$ est le même qu'à travers $\Delta a_1$.

$\Delta a_1$). Quel est maintenant le flux de chaleur *par unité de surface* qui traverse $\Delta a_2$ ? Le flux à travers $\Delta a_2$ est le même qu'à travers $\Delta a_1$ ; seules les aires sont différentes. En fait, $\Delta a_1 = \Delta a_2 \cos\theta$. Le flux de chaleur à travers $\Delta a_2$ est

$$\frac{\Delta J}{\Delta a_2} = \frac{\Delta J}{\Delta a_1} \cos\theta = \boldsymbol{h} \cdot \boldsymbol{n}. \tag{2.10}$$

Interprétons cette équation : le flux de chaleur (par unité de temps et unité de surface) à travers un élément de surface *quelconque*, dont le vecteur unité de la normale est $\boldsymbol{n}$, est donné par $\boldsymbol{h} \cdot \boldsymbol{n}$. Nous pourrions dire également : la composante du vecteur flux de chaleur perpendiculaire à l'élément de surface $\Delta a_2$ est $\boldsymbol{h} \cdot \boldsymbol{n}$. Nous pouvons, si l'on veut, considérer que ces énoncés *définissent* $\boldsymbol{h}$. Nous appliquerons les mêmes concepts à d'autres champs de vecteurs.

## 2.3 Les dérivées des champs – le gradient

Lorsque les champs varient au cours du temps nous pouvons décrire leurs variations en donnant leurs dérivées par rapport au temps. Nous voulons décrire de la même façon les variations en fonction de la position parce que nous nous intéressons, par exemple, à la relation qui existe entre la température en un certain point et la température en un point voisin. Comment allons-nous prendre la dérivée de la température par rapport à la position ? Différencierons-nous la température par rapport à $x$ ? Ou par rapport à $y$, ou $z$ ?

Les lois physiques utiles sont indépendantes de l'orientation du système de coordonnées. Elles doivent donc être écrites sous une forme telle que leurs deux membres soient ou des scalaires ou des vecteurs. Qu'est-ce que la dérivée d'un champ scalaire, $\partial T/\partial x$ par exemple ? Est-ce un scalaire, ou un vecteur, ou quoi ? Ce n'est ni un scalaire, ni un vecteur, comme vous pouvez facilement le constater, car si nous avions pris un axe des $x$ différent, $\partial T/\partial x$ aurait certainement pris une valeur différente. Mais attention : nous avons trois dérivées possibles : $\partial T/\partial x$, $\partial T/\partial y$, et $\partial T/\partial z$. Puisqu'il y a trois sortes de dérivées et que nous savons qu'il faut trois nombres pour former un vecteur, ces trois dérivées sont peut-être les composantes d'un vecteur :

$$\left(\frac{\partial T}{\partial x}, \frac{\partial T}{\partial y}, \frac{\partial T}{\partial z}\right) \stackrel{?}{=} \text{un vecteur}. \tag{2.11}$$

Bien entendu, il n'est généralement pas vrai que trois nombres *quelconques* constituent un vecteur. Cela n'est vrai que si, lorsque l'on effectue une rotation du système de coordonnées, les composantes du vecteur se transforment entre elles de façon correcte. Aussi est-il nécessaire d'examiner comment se transforment ces dérivées lors d'une rotation du système de coordonnées. Nous montrerons que (2.11) est effectivement un vecteur. Les dérivées se transforment bien de façon cpfrecte lorsque l'on effectue une rotation du système de coordonnées.

Nous pouvons voir cela de plusieurs çons. Un moyen est de poser une question dont la réponse est indépendante du systé de coordonnées, et d'essayer d'exprimer la réponse sous une forme « invariante ». Par exemple, si $S = \boldsymbol{A} \cdot \boldsymbol{B}$, et si $\boldsymbol{A}$ et $\boldsymbol{B}$ sont des vecteurs, nous savons – parce que nous l'avons prouvé au chapitre 11 du Vol. I – que $S$ est un scalaire. Nous *savons* que $S$ est un scalaire sans chercher s'il change lorsque l'on change le système de référence. Il *ne le peut pas*, parce que c'est le produit scalaire de deux vecteurs. De même, si pour tout vecteur $\boldsymbol{A}$ nous avons trois nombres $B_1$, $B_2$, et $B_3$, et que nous avons démontré que

$$A_x B_1 + A_y B_2 + A_z B_3 = S\,, \tag{2.12}$$

où $S$ garde la même valeur pour tout système de coordonnées, nous pouvons dire alors que les trois nombres $B_1$, $B_2$, $B_3$ *doivent* être les composantes $B_x$, $B_y$, $B_z$ d'un certain vecteur $\boldsymbol{B}$.

Considérons maintenant le champ de température. Supposez que nous prenions deux points $P_1$ et $P_2$, séparés par un petit intervalle $\Delta\boldsymbol{R}$. La température en $P_1$ est $T_1$ et $T_2$ en $P_2$, et leur différence est $\Delta T = T_2 - T_1$. Les températures en ces points physiques réels, ne dépendent certainement pas des axes que nous choisissons pour mesurer les coordonnées. En particulier, $\Delta T$ est un nombre indépendant du système de coordonnées. C'est un scalaire.

Si nous choisissons un système d'axes convenable, nous pouvons écrire $T_1 = T(x, y, z)$ et $T_2 = T(x + \Delta x, y + \Delta y, z + \Delta z)$, où $\Delta x$, $\Delta y$, et $\Delta z$ sont les composantes du vecteur $\Delta\boldsymbol{R}$ (Fig. 2.5). Si l'on se rappelle l'Éq. (2.7), on peut écrire

$$\Delta T = \frac{\partial T}{\partial x}\,\Delta x + \frac{\partial T}{\partial y}\,\Delta y + \frac{\partial T}{\partial z}\,\Delta z. \tag{2.13}$$

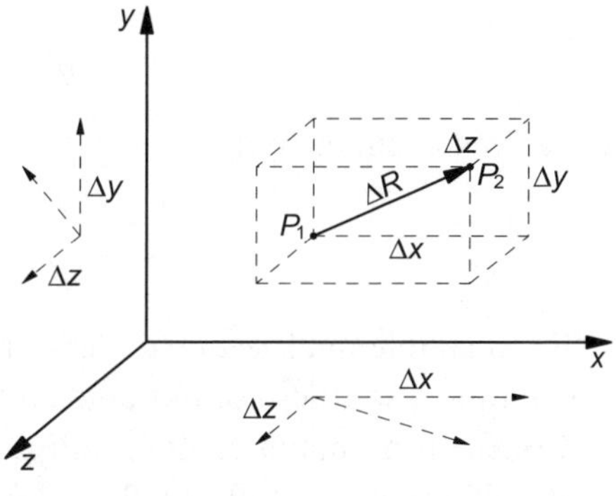


Figure 2.5 – Le vecteur $\Delta\boldsymbol{R}$ qui a pour composantes $\Delta x$, $\Delta y$ et $\Delta z$.

Le premier membre de l'Éq. (2.13) est un scalaire. Le second membre est la somme de trois produits de $\Delta x$, $\Delta y$, et $\Delta z$, qui sont les composantes d'un vecteur. On en déduit que les trois nombres

$$\frac{\partial T}{\partial x}, \frac{\partial T}{\partial y}, \frac{\partial T}{\partial z}$$

sont aussi les composantes $x$, $y$, et $z$ d'un vecteur. Nous écrivons ce nouveau vecteur à l'aide du symbole $\boldsymbol{\nabla} T$. Le symbole $\boldsymbol{\nabla}$ (appelé « del »)[1] est un $\Delta$ renversé, et doit nous

1. N.d.T. Appelé aussi « nabla ».

rappeler la différentiation. Les gens lisent $\nabla T$ de diverses façons : « nabla $T$ », ou « gradient de $T$ », ou « grad $T$ » ;

$$\operatorname{grad} T = \nabla T = \left(\frac{\partial T}{\partial x}, \frac{\partial T}{\partial y}, \frac{\partial T}{\partial z}\right).\ [2] \tag{2.14}$$

En utilisant cette notation, nous pouvons récrire l'Éq. (2.13) sous une forme plus compacte

$$\Delta T = \nabla T \cdot \Delta \boldsymbol{R}. \tag{2.15}$$

En clair, cette équation dit que la différence de température entre deux points voisins est le produit scalaire du gradient de $T$ et du vecteur déplacement qui joint ces deux points. La forme de l'Éq. (2.15) illustre aussi clairement la preuve donnée ci-dessus que $\nabla T$ est un vecteur.

Peut-être n'êtes-vous pas encore convaincus ? Montrons-le donc d'une manière différente. (Bien que si vous faites attention, vous pourrez voir que c'est en fait la même démonstration, sous une forme plus verbeuse !) Nous allons montrer que les composantes de $\nabla T$ se transforment de la même façon que les composantes de $\boldsymbol{R}$. S'il en est ainsi, $\nabla T$ est un vecteur d'après la définition d'un vecteur que nous avons donnée au chapitre 11 du Vol. I. Nous prenons un nouveau système d'axes $x'$, $y'$, $z'$, et dans ce nouveau système nous calculons $\partial T/\partial x'$, $\partial T/\partial y'$, et $\partial T/\partial z'$. Pour rendre les choses un peu plus simples, nous posons $z = z'$, de sorte que nous pouvons négliger la coordonnée $z$. (Vous pourrez traiter vous-mêmes le cas le plus général.)

Nous prenons un système $x'y'$ faisant un angle $\theta$ avec le système $xy$, comme dans la Fig. 2.6(a). Pour un point $(x, y)$ les coordonnées dans le nouveau système sont

$$x' = x\cos\theta + y\sin\theta, \tag{2.16}$$

$$y' = -x\sin\theta + y\cos\theta. \tag{2.17}$$

ou, en résolvant en $x$ et $y$,

$$x = x'\cos\theta - y'\sin\theta, \tag{2.18}$$

$$y = x'\sin\theta + y'\cos\theta. \tag{2.19}$$

Si un couple quelconque de nombres se transforme selon ces équations comme $x$ et $y$, ces nombres sont les composantes d'un vecteur.

Considérons maintenant la différence de température entre deux points voisins $P_1$ et $P_2$, choisis comme dans la Fig. 2.6(b). Si nous calculions dans le système de coordonnées $x$, $y$, nous pourrions écrire

$$\Delta T = \frac{\partial T}{\partial x}\Delta x \tag{2.20}$$

puisque $\Delta y$ est nul.

2. Avec nos notations, l'expression $(a, b, c)$ représente un vecteur de composantes $a$, $b$ et $c$. Si vous préférez utiliser les vecteurs unités $\boldsymbol{i}$, $\boldsymbol{j}$ et $\boldsymbol{k}$, vous pouvez écrire

$$\nabla T = \boldsymbol{i}\frac{\partial T}{\partial x} + \boldsymbol{j}\frac{\partial T}{\partial y} + \boldsymbol{k}\frac{\partial T}{\partial z}.$$

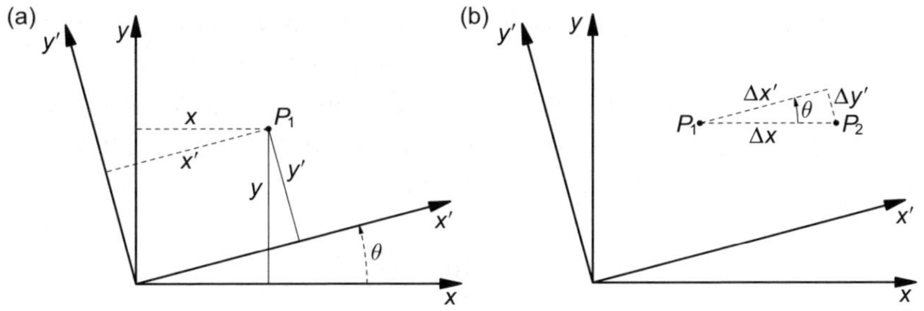


Figure 2.6 – (a) Transformation par rotation du système de coordonnées. (b) Cas particulier d'un intervalle $\Delta R$ parallèle à l'axe des $x$.

Que donnerait un calcul dans le système prime ? Nous écririons

$$\Delta T = \frac{\partial T}{\partial x'}\,\Delta x' + \frac{\partial T}{\partial y'}\,\Delta y'. \tag{2.21}$$

En regardant la Fig. 2.6(b), nous voyons que

$$\Delta x' = \Delta x \cos\theta \tag{2.22}$$

et que

$$\Delta y' = -\Delta x \sin\theta, \tag{2.23}$$

puisque $\Delta y'$ est négatif lorsque $\Delta x$ est positif. En substituant ces valeurs dans l'Éq. (2.21), nous trouvons

$$\Delta T = \frac{\partial T}{\partial x'}\,\Delta x \cos\theta - \frac{\partial T}{\partial y'}\,\Delta x \sin\theta \tag{2.24}$$

$$= \left(\frac{\partial T}{\partial x'}\cos\theta - \frac{\partial T}{\partial y'}\sin\theta\right)\Delta x. \tag{2.25}$$

En comparant les Éq. (2.25) et (2.20), nous voyons que

$$\frac{\partial T}{\partial x} = \frac{\partial T}{\partial x'}\cos\theta - \frac{\partial T}{\partial y'}\sin\theta. \tag{2.26}$$

Cette équation dit que $\partial T/\partial x$ s'obtient à partir de $\partial T/\partial x'$ et de $\partial T/\partial y'$, tout comme $x$ se déduit de $x'$ et $y'$ dans l'Éq. (2.18). $\partial T/\partial x$ est donc la composante $x$ d'un vecteur. Le même type de raisonnement montrerait que $\partial T/\partial y$ et $\partial T/\partial z$ sont des composantes $y$ et $z$. $\boldsymbol{\nabla} T$ est donc sans conteste un vecteur. C'est un champ vectoriel dérivé du champ scalaire $T$.

## 2.4 L'OPÉRATEUR ∇

Nous pouvons maintenant faire quelque chose d'extrêmement amusant et ingénieux – et caractéristique des choses qui rendent belles les mathématiques. Le raisonnement que nous avons fait pour montrer que grad $T$, ou $\nabla T$, est un vecteur, ne dépendait pas du champ de scalaire que nous différenciions. Tous les arguments seraient les mêmes si l'on remplacait $T$ par un *champ scalaire quelconque*. Puisque les équations de transformation sont les mêmes quoi que nous différencions, nous pouvons tout aussi bien omettre le $T$ et remplacer l'Éq. (2.26) par l'équation symbolique

$$\frac{\partial}{\partial x} = \frac{\partial}{\partial x'} \cos\theta - \frac{\partial}{\partial y'} \sin\theta. \tag{2.27}$$

Nous laissons, comme dit Jeans, les opérateurs « affamés de différencier quelque chose ».

Puisque les opérateurs différentiels eux-mêmes se transforment comme les composantes d'un vecteur, nous pouvons les appeler composantes d'un *vecteur opérateur*. Nous pouvons écrire

$$\nabla = \left(\frac{\partial}{\partial x}, \frac{\partial}{\partial y}, \frac{\partial}{\partial z}\right), \tag{2.28}$$

qui signifie, bien entendu,

$$\nabla_x = \frac{\partial}{\partial x}, \quad \nabla_y = \frac{\partial}{\partial y}, \quad \nabla_z = \frac{\partial}{\partial z}. \tag{2.29}$$

Nous avons séparé le gradient de $T$ – c'est ça l'idée formidable.

Vous devez toujours, bien entendu, vous souvenir que $\nabla$ est un opérateur. Seul, il ne signifie rien. Si $\nabla$ ne signifie rien par lui même, quel sens a-t-il si nous le multiplions par un scalaire – $T$ par exemple – de façon à obtenir le produit $T\nabla$ ? (On peut toujours multiplier un vecteur par un scalaire.) Ça ne signifie encore rien. Sa composante $x$ est

$$T\frac{\partial}{\partial x}, \tag{2.30}$$

qui n'est pas un nombre, mais qui est encore une sorte d'opérateur. Cependant, d'après l'algèbre des vecteurs, nous pourrions encore appeler $T\nabla$ un vecteur.

Multiplions à présent $\nabla$ par un scalaire de l'autre côté, de sorte que nous ayons le produit $(\nabla T)$. Dans l'algèbre ordinaire

$$T\boldsymbol{A} = \boldsymbol{A}T, \tag{2.31}$$

mais nous devons nous rappeler que l'algèbre des opérateurs est un peu différente de l'algèbre ordinaire des vecteurs. Avec les opérateurs nous devons toujours conserver le bon ordre, de façon à ce que les opérations aient le sens voulu. Vous n'aurez aucune difficulté si vous vous souvenez que l'opérateur $\nabla$ obéit tout simplement aux mêmes conventions que la notation différentielle. Ce qui doit être différencié doit être placé à droite de $\nabla$. L'ordre est important.

Gardant en tête ce problème d'ordre, nous comprenons que $T\nabla$ soit un opérateur, mais le produit $\nabla T$ n'est plus un opérateur affamé ; l'opérateur est complètement *satisfait*. C'est en effet un vecteur physique ayant un sens. Il représente la vitesse à laquelle $T$ varie dans l'espace. La composante $x$ de $\nabla T$ indique avec quelle vitesse $T$ change dans la direction des $x$. Quelle est la direction du vecteur $\nabla T$ ? Nous savons que la vitesse de variation de $T$ dans une direction quelconque est la composante de $\nabla T$ dans cette direction (voir Éq. (2.15)). On en déduit que la direction de $\nabla T$ est celle dans laquelle il a la plus grande composante – en d'autres termes, la direction dans laquelle $T$ varie le plus rapidement. Le gradient de $T$ a la direction de la pente la plus raide en montant (en $T$).

## 2.5 Opérations avec $\nabla$

Pouvons-nous faire d'autres opérations algébriques à l'aide de l'opérateur vectoriel $\nabla$ ? Essayons de le combiner à un vecteur. Nous pouvons combiner deux vecteurs en faisant un produit scalaire. Nous pourrions effectuer les produits

$$\text{(un vecteur)} \cdot \nabla, \quad \text{ou} \quad \nabla \cdot \text{(un vecteur)}.$$

Le premier ne signifie encore rien, puisque c'est encore un opérateur. Ce qu'il pourrait finalement vouloir dire dépend de ce sur quoi il est fait pour opérer. Le second produit est un certain champ scalaire. ($\boldsymbol{A} \cdot \boldsymbol{B}$ est toujours un scalaire).

Essayons le produit scalaire de $\nabla$ avec un champ vectoriel que nous connaissons, par exemple $\boldsymbol{h}$. Nous l'écrivons en fonction des composantes :

$$\nabla \cdot \boldsymbol{h} = \nabla_x h_x + \nabla_y h_y + \nabla_z h_z \tag{2.32}$$

ou

$$\nabla \cdot \boldsymbol{h} = \frac{\partial h_x}{\partial x} + \frac{\partial h_y}{\partial y} + \frac{\partial h_z}{\partial z}. \tag{2.33}$$

Cette somme est invariante lors d'une transformation des coordonnées. Si nous devions choisir un système différent (indiqué par des primes), nous aurions[3]

$$\nabla' \cdot \boldsymbol{h} = \frac{\partial h_{x'}}{\partial x'} + \frac{\partial h_{y'}}{\partial y'} + \frac{\partial h_{z'}}{\partial z'}, \tag{2.34}$$

qui est le *même* nombre que celui que l'on obtiendrait à partir de l'Éq. (2.33), bien qu'il paraisse différent. C'est-à-dire que

$$\nabla' \cdot \boldsymbol{h} = \nabla \cdot \boldsymbol{h} \tag{2.35}$$

en tout point de l'espace. $\nabla \boldsymbol{h}$ est donc un champ scalaire, qui doit représenter une certaine quantité physique. Vous devez vous rendre compte que la combinaison des dérivées dans $\nabla \cdot \boldsymbol{h}$ est assez spéciale. Il existe toutes sortes de combinaisons différentes comme $\partial h_y/\partial x$, qui ne sont ni des scalaires ni des composantes de vecteurs.

3. Nous concevons $\boldsymbol{h}$ comme une quantité *physique* qui dépend de la position dans l'espace, et non pas strictement comme une fonction mathématique de trois variables. Lorsque l'on « différencie » $\boldsymbol{h}$ par rapport à $x$, $y$ et $z$, ou par rapport à $x'$, $y'$ et $z'$, on doit tout d'abord exprimer l'expression mathématique de $\boldsymbol{h}$ en fonction des variables appropriées.

La quantité scalaire $\boldsymbol{\nabla}\cdot$(un vecteur) est extrêmement utile en physique. On lui a donné le nom de *divergence*. Par exemple,

$$\boldsymbol{\nabla}\cdot\boldsymbol{h} = \text{div}\,\boldsymbol{h} = \text{« divergence de } \boldsymbol{h}.\text{ »} \tag{2.36}$$

Comme nous l'avons fait pour $\boldsymbol{\nabla}T$, nous pouvons attribuer une signification physique à $\boldsymbol{\nabla}\cdot\boldsymbol{h}$. Nous remettrons cependant cela à plus tard.

Tout d'abord, nous voulons voir quelle cuisine on peut encore faire avec l'opérateur vectoriel $\boldsymbol{\nabla}$. Que penser d'un produit vectoriel ? Nous devons nous attendre à ce que

$$\boldsymbol{\nabla}\times\boldsymbol{h} = \text{un vecteur.} \tag{2.37}$$

C'est un vecteur dont nous pouvons écrire les composantes en utilisant les règles habituelles relatives au produit vectoriel (voir Éq. (2.2)) :

$$(\boldsymbol{\nabla}\times\boldsymbol{h})_z = \nabla_x h_y - \nabla_y h_x = \frac{\partial h_y}{\partial x} - \frac{\partial h_x}{\partial y}. \tag{2.38}$$

De même,

$$(\boldsymbol{\nabla}\times\boldsymbol{h})_x = \nabla_y h_z - \nabla_z h_y = \frac{\partial h_z}{\partial y} - \frac{\partial h_y}{\partial z} \tag{2.39}$$

et

$$(\boldsymbol{\nabla}\times\boldsymbol{h})_y = \nabla_z h_x - \nabla_x h_z = \frac{\partial h_x}{\partial z} - \frac{\partial h_z}{\partial x}. \tag{2.40}$$

La combinaison $\boldsymbol{\nabla}\times\boldsymbol{h}$ est appelée « le *rotationnel* de $\boldsymbol{h}$ ». Nous discuterons plus tard la raison de cette appellation et le sens physique de cette combinaison.

En résumé, nous avons trois types de combinaisons avec $\boldsymbol{\nabla}$ :

$$\begin{aligned}
\boldsymbol{\nabla}T &= \text{grad}\,T = \text{un vecteur},\\
\boldsymbol{\nabla}\cdot\boldsymbol{h} &= \text{div}\,\boldsymbol{h} = \text{un scalaire},\\
\boldsymbol{\nabla}\times\boldsymbol{h} &= \text{rot}\,\boldsymbol{h} = \text{un vecteur}.
\end{aligned}$$

En utilisant ces combinaisons, nous pouvons décrire les variations spatiales des champs d'une façon commode – d'une façon qui est générale, en ce sens qu'elle est indépendante du choix des axes.

À titre d'exemple de l'utilisation de notre opérateur différentiel $\boldsymbol{\nabla}$, nous allons écrire un ensemble des équations vectorielles qui décrit les mêmes lois de l'électromagnétisme que nous avons énoncées au chapitre 1. On les appelle les équations de Maxwell.

*Équations de Maxwell*

$$\begin{aligned}
&(1) \quad \boldsymbol{\nabla}\cdot\boldsymbol{E} = \frac{\rho}{\epsilon_0}\\
&(2) \quad \boldsymbol{\nabla}\times\boldsymbol{E} = -\frac{\partial\boldsymbol{B}}{\partial t}\\
&(3) \quad \boldsymbol{\nabla}\cdot\boldsymbol{B} = 0\\
&(4) \quad c^2\,\boldsymbol{\nabla}\times\boldsymbol{B} = \frac{\partial\boldsymbol{E}}{\partial t} + \frac{\boldsymbol{j}}{\epsilon_0}
\end{aligned} \tag{2.41}$$

où $\rho$ (rho), « densité de charge électrique », est la charge par unité de volume, et $\boldsymbol{j}$, « la densité de courant électrique », est la charge qui s'écoule à travers une surface unité en une seconde. Ces quatre équations renferment la théorie classique complète du champ électromagnétique. Vous voyez quelle forme élégamment simple nous pouvons obtenir avec notre nouvelle notation !

## 2.6 L'ÉQUATION DIFFÉRENTIELLE DE LA PROPAGATION DE LA CHALEUR

Donnons un autre exemple de loi physique écrite en notation vectorielle. Ce n'est pas une loi exacte, mais pour de nombreux métaux et un grand nombre d'autres substances conductrices de la chaleur, elle est très bien vérifiée. Vous savez que si vous prenez une plaque de matériau et que vous chauffez une de ses faces à la température $T_2$ et que vous refroidissez l'autre jusqu'à la température $T_1$, la chaleur s'écoule dans le matériau de $T_2$ vers $T_1$ [Fig. 2.7(a)]. Le flux de chaleur est proportionnel à la surface $A$ des faces et à la différence de température. Il est aussi inversement proportionnel à $d$, épaisseur de la plaque. (Pour une différence de température donnée, plus la plaque est mince et plus le flux de chaleur est grand.) Soit $J$ l'énergie thermique qui traverse la plaque par unité de temps, nous écrivons

$$J = \kappa(T_2 - T_1)\,\frac{A}{d}. \tag{2.42}$$

La constante de proportionnalité $\kappa$ (kappa) s'appelle la *conductivité thermique.*

Que se passera-t-il dans un cas plus compliqué ? Par exemple dans un bloc de matière de forme bizarre dans lequel la température varie d'une manière particulière ? Supposons que nous considérions une tranche mince du bloc et que nous imaginions une plaque telle que celle de la Fig. 2.7(a) mais à une toute petite échelle. Nous orientons ses faces parallèlement aux surfaces isothermes, comme sur la Fig. 2.7(b), de sorte que l'Éq. (2.42) est correcte pour la petite lame.

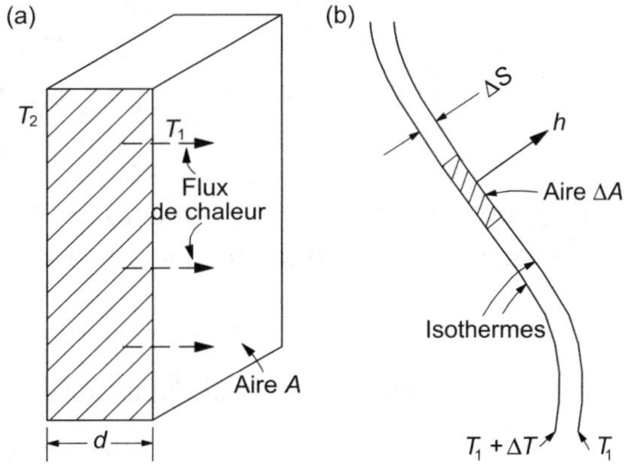


Figure 2.7 – (a) Flux de chaleur à travers une lame. (b) Lame infiniment mince parallèle à une surface isotherme dans un gros bloc.

Si l'aire de la petite lame est $\Delta A$, le flux de chaleur-par unité de temps est

$$\Delta J = \kappa\,\Delta T\,\frac{\Delta A}{\Delta s}, \tag{2.43}$$

où $\Delta s$ est l'épaisseur de la lame. Mais nous avons défini plus haut $\Delta J/\Delta A$ comme étant la grandeur de $\boldsymbol{h}$, dont la direction est celle du flux de chaleur. Le flux de chaleur sera dans le sens de $T_1 + \Delta T$ vers $T_1$, et sera donc perpendiculaire aux isothermes, comme le montre la Fig. 2.7(b). D'autre part, $\Delta T/\Delta s$ n'est autre que le taux de variation de $T$ en fonction de la position. Et puisque la variation de position est perpendiculaire aux isothermes, notre $\Delta T/\Delta s$ est le taux maximum de variation. C'est donc la grandeur de $\boldsymbol{\nabla} T$. Puisque le sens de $\boldsymbol{\nabla} T$ est opposé à celui de $\boldsymbol{h}$, nous pouvons écrire (2.43) sous forme d'équation vectorielle :

$$\boldsymbol{h} = -\kappa\,\boldsymbol{\nabla} T. \tag{2.44}$$

(Il faut un signe moins parce que la chaleur s'écoule en « descendant » les températures.) L'équation (2.44) est l'équation différentielle de la conduction de la chaleur dans les matériaux. Vous voyez que c'est une véritable équation vectorielle. Les deux membres sont des vecteurs si $\kappa$ est un nombre. C'est la généralisation pour des cas arbitraires de la relation particulière (2.42) relative à une plaque rectangulaire. Nous apprendrons plus tard à écrire toutes sortes de relations de physique élémentaire telles que (2.42) sous forme de notation vectorielle plus sophistiquée. Cette notation est utile non seulement parce qu'elle fait *paraître* les équations plus simples mais aussi parce qu'elle montre plus clairement le *contenu physique* de ces équations sans se référer à un système d'axes de coordonnées choisi arbitrairement.

## 2.7 Les dérivées secondes des champs de vecteurs

Jusqu'à présent nous n'avons eu affaire qu'à des dérivées premières. Pourquoi ne pas considérer des dérivées secondes ? Nous pourrions avoir plusieurs combinaisons :

$$\begin{aligned}
&\text{(a)}\quad \boldsymbol{\nabla}\cdot(\boldsymbol{\nabla} T)\\
&\text{(b)}\quad \boldsymbol{\nabla}\times(\boldsymbol{\nabla} T)\\
&\text{(c)}\quad \boldsymbol{\nabla}(\boldsymbol{\nabla}\cdot\boldsymbol{h})\\
&\text{(d)}\quad \boldsymbol{\nabla}\cdot(\boldsymbol{\nabla}\times\boldsymbol{h})\\
&\text{(e)}\quad \boldsymbol{\nabla}\times(\boldsymbol{\nabla}\times\boldsymbol{h})
\end{aligned} \tag{2.45}$$

Vous pourrez vérifier que ce sont là toutes les combinaisons possibles.

Considérons d'abord la seconde, (b). Elle est de la même forme que

$$\boldsymbol{A}\times(\boldsymbol{A}T) = (\boldsymbol{A}\times\boldsymbol{A})T = 0,$$

puisque $\boldsymbol{A}\times\boldsymbol{A}$ est toujours nul. Nous aurions aussi

$$\text{curl}(\text{grad}\,T) = \boldsymbol{\nabla}\times(\boldsymbol{\nabla} T) = 0. \tag{2.46}$$

Nous pouvons voir comment l'on arrive à cette équation si l'on utilise pour une fois les composantes :

$$\begin{aligned}[\nabla \times (\nabla T)]_z &= \nabla_x(\nabla T)_y - \nabla_y(\nabla T)_x \\ &= \frac{\partial}{\partial x}\left(\frac{\partial T}{\partial y}\right) - \frac{\partial}{\partial y}\left(\frac{\partial T}{\partial x}\right),\end{aligned} \tag{2.47}$$

qui est égale à zéro (d'après l'Éq. (2.8)). Il en est de même pour les autres composantes. Ainsi donc, $\nabla \times (\nabla T) = 0$, pour une distribution quelconque de température – en fait, pour une fonction scalaire *quelconque.*

Prenons maintenant un autre exemple. Voyons si nous pouvons trouver autre chose d'égal à zéro. Le produit scalaire d'un vecteur par un produit vectoriel, contenant ce vecteur, est nul :

$$\boldsymbol{A} \cdot (\boldsymbol{A} \times \boldsymbol{B}) = 0, \tag{2.48}$$

parce que $\boldsymbol{A} \times \boldsymbol{B}$ est perpendiculaire à $\boldsymbol{A}$, et donc n'a pas de composante dans la direction de $\boldsymbol{A}$. La même combinaison apparaît dans (d) de (2.45), de sorte que nous avons

$$\nabla \cdot (\nabla \times \boldsymbol{h}) = \operatorname{div}(\operatorname{curl} \boldsymbol{h}) = 0. \tag{2.49}$$

Il est à nouveau facile de montrer que c'est nul en faisant les opérations avec les composantes.

Nous allons maintenant énoncer deux théorèmes mathématiques que nous ne démontrerons pas. Ce sont des théorèmes très intéressants et très utiles à connaître pour des physiciens.

Dans un problème physique, nous trouvons fréquemment que le rotationnel d'une certaine quantité – du champ de vecteurs $\boldsymbol{A}$ par exemple – est nul. Mais nous avons vu (Éq. (2.46)) que le rotationnel d'un gradient est égal à zéro, ce qui est facile à retenir si l'on se rappelle comment opèrent les vecteurs. Cela pourrait bien vouloir dire alors que $\boldsymbol{A}$ est le gradient d'une certaine quantité, puisque son rotationnel est alors nécessairement nul. Le *théorème intéressant est que si* le rotationnel de $\boldsymbol{A}$ est nul, $\boldsymbol{A}$ est *toujours* le gradient de *quelque chose* – il existe un certain champ scalaire $\psi$ (psi) tel que $\boldsymbol{A}$ est égal à grad $\psi$. En d'autres termes, nous avons le

### Théorème

$$\begin{aligned} &\textit{Si} && \nabla \times \boldsymbol{A} = 0 \\ &\textit{il existe un} && \psi \\ &\textit{tel que} && \boldsymbol{A} = \nabla\psi. \end{aligned} \tag{2.50}$$

Il existe un théorème semblable lorsque la divergence de $\boldsymbol{A}$ est nulle. Nous avons vu dans l'Éq. (2.49) que la divergence du rotationnel de quelque chose est toujours nulle. Si vous rencontrez un champ de vecteurs $\boldsymbol{D}$ pour lequel div$\boldsymbol{D}$ est nulle, vous pouvez en conclure que $\boldsymbol{D}$ est le rotationnel d'un certain champ vectoriel $\boldsymbol{C}$.

**Théorème**

$$\begin{aligned} &\textit{Si} && \boldsymbol{\nabla}\cdot\boldsymbol{D}=0 \\ &\textit{il existe un} && \boldsymbol{C} \\ &\textit{tel que} && \boldsymbol{D}=\boldsymbol{\nabla}\times\boldsymbol{C}. \end{aligned} \tag{2.51}$$

En étudiant les combinaisons possibles de deux opérateurs $\boldsymbol{\nabla}$, nous avons trouvé que deux d'entre elles donnent toujours zéro. Étudions maintenant Celles qui *ne* sont *pas* nulles. Considérons la combinaison $\boldsymbol{\nabla}(\boldsymbol{\nabla}T)$ qui était la première de notre liste. En général, elle n'est pas nulle. Nous écrivons les composantes :

$$\boldsymbol{\nabla}T = \boldsymbol{i}\nabla_x T + \boldsymbol{j}\nabla_y T + \boldsymbol{k}\nabla_z T.$$

d'où

$$\begin{aligned} \boldsymbol{\nabla}\cdot(\boldsymbol{\nabla}T) &= \nabla_x(\nabla_x T) + \nabla_y(\nabla_y T) + \nabla_z(\nabla_z T) \\ &= \frac{\partial^2 T}{\partial x^2} + \frac{\partial^2 T}{\partial y^2} + \frac{\partial^2 T}{\partial z^2}, \end{aligned} \tag{2.52}$$

ce qui, en général, doit être égal à un certain nombre. C'est un champ scalaire.

Vous voyez que nous n'avons pas besoin de garder les parenthèses, mais que nous pouvons écrire, sans aucun risque de confusion,

$$\boldsymbol{\nabla}\cdot(\boldsymbol{\nabla}T) = \boldsymbol{\nabla}\cdot\boldsymbol{\nabla}T = (\boldsymbol{\nabla}\cdot\boldsymbol{\nabla})T = \nabla^2 T. \tag{2.53}$$

Nous considérons $\nabla^2$ comme un nouvel opérateur. C'est un opérateur scalaire. Parce qu'il apparaît souvent en physique, on lui a donné un nom spécial – le *Laplacien.*

$$\text{Laplacien} = \nabla^2 = \frac{\partial^2}{\partial x^2} + \frac{\partial^2}{\partial y^2} + \frac{\partial^2}{\partial z^2}. \tag{2.54}$$

Puisque le Laplacien est un opérateur scalaire, nous pouvons le faire agir sur un vecteur – nous entendons par cela effectuer la même opération sur chaque composante en coordonnées rectangulaires :

$$\nabla^2\boldsymbol{h} = (\nabla^2 h_x, \nabla^2 h_y, \nabla^2 h_z).$$

Étudions encore une possibilité : $\boldsymbol{\nabla}\times(\boldsymbol{\nabla}\times\boldsymbol{h})$ qui était (e) dans la liste (2.45). Le rotationnel du rotationnel peut s'écrire d'une manière différente si l'on utilise l'égalité vectorielle (2.6) :

$$\boldsymbol{A}\times(\boldsymbol{B}\times\boldsymbol{C}) = \boldsymbol{B}(\boldsymbol{A}\cdot\boldsymbol{C}) - \boldsymbol{C}(\boldsymbol{A}\cdot\boldsymbol{B}). \tag{2.55}$$

Pour utiliser cette formule, nous remplaçons $\boldsymbol{A}$ et $\boldsymbol{B}$ par l'opérateur $\boldsymbol{\nabla}$ et nous posons $\boldsymbol{C} = \boldsymbol{h}$. Si nous faisons cela, nous obtenons

$$\boldsymbol{\nabla}\times(\boldsymbol{\nabla}\times\boldsymbol{h}) = \boldsymbol{\nabla}(\boldsymbol{\nabla}\cdot\boldsymbol{h}) - \boldsymbol{h}(\boldsymbol{\nabla}\cdot\boldsymbol{\nabla})\ldots ???$$

Attendez une minute ! Il y a quelque chose de faux. Les deux premiers termes sont de bons vecteurs (les opérateurs sont rassasiés), mais le dernier terme ne ressemble à rien. C'est encore un opérateur. La difficulté vient de ce que nous n'avons pas suffisamment fait attention à l'ordre correct de nos termes. Si cependant vous regardez à nouveau l'Éq. (2.55), vous voyez que vous auriez pu tout aussi bien écrire

$$\boldsymbol{A} \times (\boldsymbol{B} \times \boldsymbol{C}) = \boldsymbol{B}(\boldsymbol{A} \cdot \boldsymbol{C}) - (\boldsymbol{A} \cdot \boldsymbol{B})\boldsymbol{C}. \tag{2.56}$$

L'ordre des termes parait meilleur. Faisons maintenant notre substitution dans (2.56). Nous obtenons

$$\boldsymbol{\nabla} \times (\boldsymbol{\nabla} \times \boldsymbol{h}) = \boldsymbol{\nabla}(\boldsymbol{\nabla} \cdot \boldsymbol{h}) - (\boldsymbol{\nabla} \cdot \boldsymbol{\nabla})\boldsymbol{h}. \tag{2.57}$$

Cette forme paraît bonne. Elle est effectivement correcte, comme vous pouvez le vérifier en calculant ses composantes. Le dernier terme est le Laplacien, de sorte que nous pouvons tout aussi bien écrire

$$\boldsymbol{\nabla} \times (\boldsymbol{\nabla} \times \boldsymbol{h}) = \boldsymbol{\nabla}(\boldsymbol{\nabla} \cdot \boldsymbol{h}) - \nabla^2 \boldsymbol{h}. \tag{2.58}$$

Nous avons eu quelque chose à dire sur toutes les combinaisons de notre liste de doubles $\boldsymbol{\nabla}$, sauf sur (c), $\boldsymbol{\nabla}(\boldsymbol{\nabla} \cdot \boldsymbol{h})$. C'est un champ vectoriel possible, mais il n'y a rien de particulier à en dire. Ce n'est qu'un certain champ vectoriel qui peut apparaître occasionnellement.

Il sera pratique de résumer nos conclusions dans un tableau :

$$\begin{array}{ll}
\text{(a)} & \boldsymbol{\nabla} \cdot (\boldsymbol{\nabla} T) = \nabla^2 T = \text{un champ scalaire} \\
\text{(b)} & \boldsymbol{\nabla} \times (\boldsymbol{\nabla} T) = 0 \\
\text{(c)} & \boldsymbol{\nabla}(\boldsymbol{\nabla} \cdot \boldsymbol{h}) = \text{un champ vectoriel} \\
\text{(d)} & \boldsymbol{\nabla} \cdot (\boldsymbol{\nabla} \times \boldsymbol{h}) = 0 \\
\text{(e)} & \boldsymbol{\nabla} \times (\boldsymbol{\nabla} \times \boldsymbol{h}) = \boldsymbol{\nabla}(\boldsymbol{\nabla} \cdot \boldsymbol{h}) - \nabla^2 \boldsymbol{h} \\
\text{(f)} & (\boldsymbol{\nabla} \cdot \boldsymbol{\nabla})\boldsymbol{h} = \nabla^2 \boldsymbol{h} = \text{un champ vectoriel}
\end{array} \tag{2.59}$$

Vous pouvez remarquer que nous n'avons pas essayé d'inventer un nouvel opérateur vectoriel $(\boldsymbol{\nabla} \times \boldsymbol{\nabla})$. Voyez-vous pourquoi ?

## 2.8 Pièges

Nous avons appliqué nos connaissances sur l'algèbre des vecteurs ordinaires aux calculs avec l'opérateur $\boldsymbol{\nabla}$. Nous devons cependant faire attention car il est possible de s'égarer. Il y a deux pièges que nous signalerons, bien qu'ils ne se présentent pas dans ce cours. Que diriez-vous de l'expression suivante, qui fait intervenir les deux fonctions scalaires $\psi$ et $\phi$ (phi) :

$$(\boldsymbol{\nabla}\psi) \times (\boldsymbol{\nabla}\phi)?$$

Vous pourriez être tentés de dire : cela doit être nul parce que c'est comme

$$(\boldsymbol{A}a) \times (\boldsymbol{A}b),$$

qui est nul parce que le produit vectoriel de deux vecteurs *égaux* $\boldsymbol{A} \times \boldsymbol{A}$ est toujours nul. Mais dans notre exemple les deux opérateurs $\boldsymbol{\nabla}$ ne sont pas égaux ! Le premier agit sur une fonction $\psi$ ; l'autre agit sur une fonction différente, $\phi$. De sorte que, bien que nous les représentions par le même symbole $\boldsymbol{\nabla}$, il faut les considérer comme deux opérateurs différents. La direction de $\boldsymbol{\nabla}\psi$ dépend manifestement de la fonction $\psi$, si bien qu'elle ne sera pas parallèle à $\boldsymbol{\nabla}\phi$.

$$(\boldsymbol{\nabla}\psi) \times (\boldsymbol{\nabla}\phi) \neq 0$$

Nous n'aurons heureusement pas à utiliser de telles expressions. (Ce que nous avons dit ne change pas le fait que $\boldsymbol{\nabla} \times \boldsymbol{\nabla}\psi = 0$ pour un champ scalaire quelconque, parce qu'ici les deux $\boldsymbol{\nabla}$ agissent sur la même fonction.)

Le piège numéro deux (que nous ne rencontrerons pas non plus dans notre cours) est le suivant : les règles que nous avons esquissées ici sont simples et élégantes tant que l'on utilise des coordonnées rectangulaires. Par exemple, si nous avons $\nabla^2 \boldsymbol{h}$ et que nous voulons sa composante $x$, c'est

$$(\nabla^2 \boldsymbol{h})_x = \left(\frac{\partial^2}{\partial x^2} + \frac{\partial^2}{\partial y^2} + \frac{\partial^2}{\partial z^2}\right) h_x = \nabla^2 h_x. \tag{2.60}$$

La même expression *ne* serait *pas* valable si nous cherchions la composante *radiale* de $\nabla^2 \boldsymbol{h}$. La composante radiale de $\nabla^2 \boldsymbol{h}$ n'est pas égale à $\nabla^2 \boldsymbol{h}_r$. La raison en est que, lorsque nous avons affaire à l'algèbre des vecteurs, les directions des vecteurs sont toutes parfaitement définies. Mais quand nous avons affaire aux champs vectoriels, leurs directions sont différentes en des points différents. Si nous essayons de décrire un champ vectoriel, par exemple, en coordonnées polaires, ce que nous appelôns la direction « radiale » varie de point en point. Nous pouvons ainsi avoir un tas d'ennuis lorsque nous nous mettons à différencier les composantes. Par exemple, même dans le cas d'un champ vectoriel *constant*, la composante radiale varie de point en point.

Il est habituellement plus sûr et plus simple de s'en tenir à des coordonnées rectangulaires et d'éviter ainsi les difficultés, mais il y a une exception utile à signaler : puisque le Laplacien $\nabla^2$, est un scalaire, nous pouvons l'écrire dans le système de coordonnées que nous voulons (par exemple en coordonnées polaires). Mais puisque c'est un opérateur différentiel, nous devons l'utiliser seulement avec des vecteurs dont les composantes ont des directions fixes – ce qui veut dire des coordonnées rectangulaires. Nous exprimerons donc tous nos champs vectoriels en fonction de leurs composantes $x$, $y$ et $z$ lorsque nous écrirons nos équations différentielles vectorielles en fonction des composantes.

# CALCUL VECTORIEL INTÉGRAL

# 3

## 3.1 INTÉGRALES VECTORIELLES ; L'INTÉGRALE CURVILIGNE DE $\nabla\Psi$

Nous avons vu au chapitre 2 qu'il y avait plusieurs façons de prendre les dérivées des des champs. Les unes donnent des champs de vecteurs ; les autres donnent des champs scalaires. Bien que nous ayons développé différentes formules, tout le chapitre 2 pourrait être résumé en une seule règle : les opérateurs $\partial/\partial x$, $\partial/\partial y$, et $\partial/\partial z$, sont les trois composantes d'un opérateur vectoriel $\nabla$. Nous aimerions maintenant saisir davantage la signification des dérivées des champs. Nous comprendrons alors mieux ce que représente une équation relative à un champ de vecteurs.

Nous avons déjà discuté du sens de l'opération gradient ($\nabla$ agissant sur un scalaire). Maintenant nous passons au sens des opérations divergence et rotationnel. L'interprétation de ces grandeurs est plus aisée en considérant certaines intégrales vectorielles et les équations qui relient de telles intégrales. Ces équations ne peuvent, malheureusement, être obtenues à partir de l'algèbre vectorielle par une simple substitution, donc vous devrez les apprendre comme quelque chose de nouveau. Parmi ces formules intégrales, l'une est pratiquement insignifiante, mais les deux autres ne le sont pas. Nous les démontrerons et expliquerons leurs conséquences. Les équations que nous allons étudier traduisent vraiment des théorèmes mathématiques. Elles seront utiles, non seulement pour interpréter le sens et le contenu de la divergence et du rotationnel, mais aussi pour établir des théories physiques générales. Ces théorèmes mathématiques sont à la théorie des champs ce qu'est le théorème de la conservation de l'énergie à la mécanique des particules. Des théorèmes généraux comme ceux-ci sont importants pour une plus grande compréhension de la physique. Vous trouverez cependant qu'ils ne sont pas très utiles pour résoudre des problèmes - sauf dans les cas les plus simples. Il est toutefois merveilleux de penser qu'au début de notre sujet il y aura de nombreux problèmes simples qui pourront être résolus par les trois formules intégrales que nous allons exposer. Nous verrons cependant que, lorsque les problèmes deviendront plus compliqués, nous ne pourrons plus utiliser ces méthodes simples.

Nous prenons d'abord une formule intégrale faisant intervenir le gradient. La relation contient une idée très simple : puisque le gradient représente le taux de variation d'une certaine grandeur du champ, en intégrant ce taux de variation, nous obtiendrons la variation totale. Soit le champ scalaire $\psi\ (x, y, z)$. En deux points quelconques (1) et (2) la fonction $\psi$ prendra les valeurs $\psi\ (1)$ et $\psi\ (2)$ respectivement. [Nous utilisons une notation pratique dans laquelle (2) représente le point $(x_2, y_2, z_2)$ et $\psi\ (2)$ signifie la même chose que $\psi\ (x_2, y_2, z_2)$. Si $\Gamma$ (gamma) est une courbe quelconque joignant (1) à (2), comme sur la Fig. 3.1, la relation suivante est vraie :

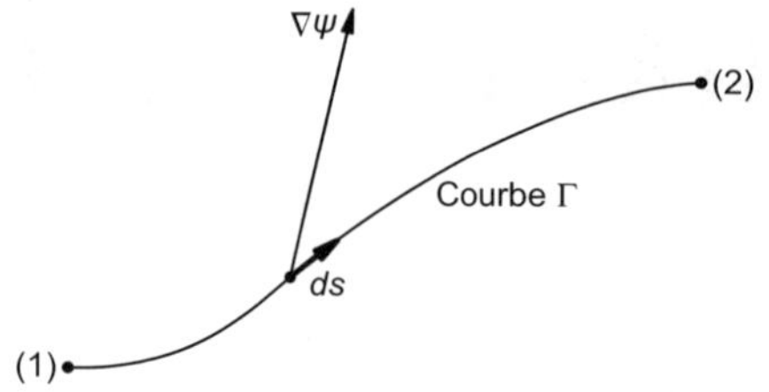


Figure 3.1 – Termes utilisés dans l'Éq. (3.1). Le vecteur $\nabla_\psi$ est calculé sur l'élément de courbe $ds$.

**Théorème 3.1**

$$\psi(2) - \psi(1) = \int_{(1) \atop \text{le long de } \Gamma}^{(2)} (\nabla\psi) \cdot ds. \tag{3.1}$$

L'intégrale est *l'intégrale curviligne,* prise entre (1) et (2) le long de la courbe Γ, du produit scalaire de $\nabla\psi$ – un vecteur – par $ds$ – un autre vecteur, qui est un élément de la courbe Γ (dirigé de [1] vers [2]).

Tout d'abord, revoyons ce qu'il faut entendre par intégrale curviligne. Considérons une fonction scalaire *f(x, y, e)*, et la courbe Γ Joignant deux points (1) et (2). Nous marquons sur la courbe différents points que nous joignons par des segments rectilignes, comme on le voit sur la Fig. 3.2. Chaque segment a pour longueur $\Delta s_i$, où i est un indice qui vaut 1, 2, 3... Par l'intégrale curviligne

$$\int_{(1) \atop \text{le long de } \Gamma}^{(2)} f\, ds$$

nous entendons la limite de la somme

$$\sum\nolimits_i f_i \Delta s_i,$$

où $f_i$ est la valeur de la fonction pour le ième segment. La valeur limite est ce vers quoi tend la somme quand nous augmentons de plus en plus le nombre de segments (de façon raisonnable, de sorte que le plus grand $\Delta s_i \to 0$).

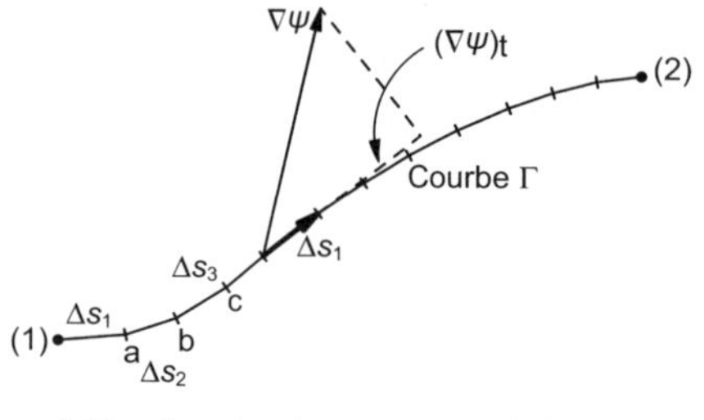


Figure 3.2 – L'intégrale curviligne est la limite d'une somme.

L'intégrale dans notre théorème, Éq. (3.1), a la même signification, bien qu'elle soit écrite un peu différemment. A la place de $f$, nous avons un autre scalaire, la composante de vyi dans la direction de As. Si nous écrivons $(\nabla\psi)$ pour cette composante tangentielle, il est clair que

$$(\nabla\psi)_t\, \Delta s = (\nabla\psi) \cdot \Delta \boldsymbol{s}. \tag{3.2}$$

L'intégrale qui figure dans l'Éq. (3.1) signifie la somme de tels termes.

Maintenant voyons pourquoi l'Éq. (3.1) est vraie. Au chapitre 2 nous avons montré que la composante de $\nabla\psi$ le long d'un petit déplacement $\Delta \boldsymbol{R}$ était le taux de variation de $\psi$ dans la direction de $\nabla \boldsymbol{R}$. Considérons le segment $\Delta s$ qui va de (1) au point $a$, Fig. 3.2. Selon notre définition,

$$(\boldsymbol{\nabla}\psi)_t \, \Delta s = (\boldsymbol{\nabla}\psi) \cdot \Delta \boldsymbol{s}. \tag{3.3}$$

Nous avons aussi

$$\psi(b) - \psi(a) = (\boldsymbol{\nabla}\psi)_2 \cdot \Delta \boldsymbol{s}_2, \tag{3.4}$$

où évidemment, $(\nabla\psi)$, est le gradient calculé sur le segment $\Delta s_1$, et $(\nabla\psi$, le gradient calculé sur le segment $\Delta s_2$. Si nous ajoutons les Éq. (3.3) et (3.4), nous obtenons

$$\psi(b) - \psi(1) = (\boldsymbol{\nabla}\psi)_1 \cdot \Delta \boldsymbol{s}_1 + (\boldsymbol{\nabla}\psi)_2 \cdot \Delta \boldsymbol{s}_2. \tag{3.5}$$

Nous voyons que, si nous continuons à sommer de tels termes, nous arrivons à

$$\psi(2) - \psi(1) = \sum_i (\boldsymbol{\nabla}\psi)_i \cdot \Delta \boldsymbol{s}_i. \tag{3.6}$$

Le premier membre ne dépend pas de la manière dont nous choisissons nos intervalles – si (1) et (2) sont toujours les mêmes – de sorte que nous pouvons prendre la limite du second membre. Nous avons ainsi démontré l'Éq. (3.1).

Nous pouvons voir d'après notre démonstration que, de même que l'égalité ne dépend pas de la façon dont nous choisissons les points $a, b, c \ldots$, de même elle ne dépend pas de ce que nous choisissons comme courbe $\Gamma$ joignant (1) à (2). Notre théorème est exact pour *toute* courbe joignant (1) à (2).

Une remarque sur l'écriture : nous verrons qu'il n'y a pas d'ambiguïté possible si nous écrivons, par commodité

$$(\boldsymbol{\nabla}\psi) \cdot d\boldsymbol{s} = \boldsymbol{\nabla}\psi \cdot d\boldsymbol{s}. \tag{3.7}$$

Avec cette écriture, notre théorème devient

**Théorème 3.2**

$$\psi(2) - \psi(1) = \underset{\substack{\textit{le long de toute courbe} \\ \textit{entre } (1) \textit{ et } (2)}}{\int_{(1)}^{(2)}} \boldsymbol{\nabla}\psi \cdot d\boldsymbol{s}. \tag{3.8}$$

## 3.2 Flux d'un champ vectoriel

Avant d'aborder le théorème suivant – théorème relatif à la divergence –, nous aimerions examiner une certaine notion dont le sens physique est facile à comprendre dans le cas de la propagation de la chaleur. Nous avons défini le vecteur $\boldsymbol{h}$, qui représente la quantité de chaleur qui traverse l'unité de surface par unité de temps. Supposons que dans un bloc de matière nous ayons une surface fermée $S$ limitant un volume $V$ (Fig. 3.3). Nous voulons connaître la quantité de chaleur sortant de ce *volume.* Nous pouvons évidemment la trouver en calculant le flux total de chaleur sortant de la *surface S*.

Soit $da$ l'aire d'un élément de surface. Ce symbole représente une différentielle à deux dimensions. Si, par exemple, la surface était dans le plan $xy$, nous l'écririons

$$da = dx\,dy.$$

Plus tard, nous aurons à considérer des intégrales de volume, pour lesquelles il faudra prendre un petit cube comme élément de volume. Ainsi quand nous écrirons $dV$, cela signifiera

$$dV = dx\,dy\,dz.$$

Certains préfèrent écrire $d^2a$ au lieu de $da$ pour se rappeler que c'est en quelque sorte une quantité du second ordre. Ils écriraient aussi $d^3V$ au lieu de $dV$. Nous utiliserons la notation la plus simple, en admettant que vous pouvez vous rappeler qu'une aire a deux dimensions et qu'un volume en a trois.

La quantité de chaleur sortant de l'élément de surface $da$ est le produit de l'aire par la composante de $\boldsymbol{h}$ normale à l'élément de surface. Nous avons déjà défini $\boldsymbol{n}$ comme le vecteur unitaire de la normale à la surface, orientée positivement vers l'extérieur de celle-ci (Fig. 3.3). La composante utile de $\boldsymbol{h}$ est donc

$$h_n = \boldsymbol{h} \cdot \boldsymbol{n}. \tag{3.9}$$

La quantité de chaleur sortant de $da$ est alors

$$\boldsymbol{h} \cdot \boldsymbol{n}\,da. \tag{3.10}$$

Pour avoir la quantité totale de chaleur sortant d'une surface quelconque nous som-

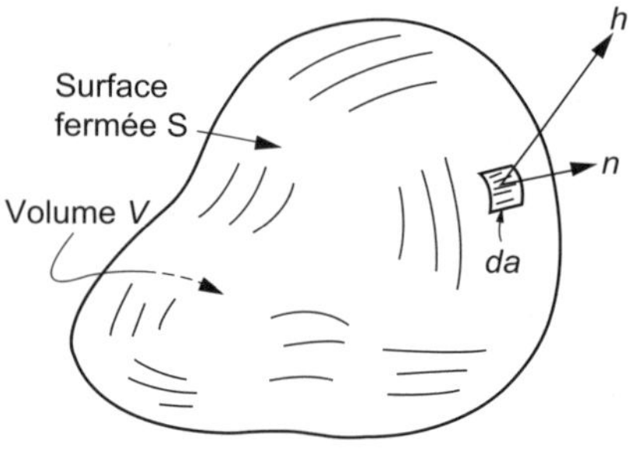


Figure 3.3 – La surface fermée $S$ définit le volume $V$. Le vecteur unitaire $\boldsymbol{n}$ est la normale extérieure à l'élément de surface $da$ et $\boldsymbol{h}$ est le vecteur flux de chaleur sur l'élément de surface.

mons les contributions dues à tous les éléments de surface. En d'autres termes nous intégrons (3.10) sur toute la surface :

$$\text{Quantité de chaleur totale sortant de } S = \int_S \boldsymbol{h} \cdot \boldsymbol{n}\,da. \tag{3.11}$$

Nous allons aussi appeler cette intégrale de surface »le flux de $\boldsymbol{h}$ à travers la surface« . A l'origine le mot flux signifiait écoulement, si bien que l'intégrale de surface représente bien l'écoulement de $\boldsymbol{h}$ à travers la surface. Nous pouvons encore dire : $\boldsymbol{h}$ est le vecteur »densité de courant« de l'écoulement de chaleur et son intégrale de surface est l'intensité totale du courant de chaleur dirigé vers l'extérieur de la surface ; c'est-à-dire, l'énergie calorifique par unité de temps (joules par seconde).

Nous aimerions généraliser cette notion au cas où le vecteur ne représente pas l'écoulement de quelque chose ; par exemple, il pourrait s'agir du champ électrique. Nous pouvons certainement encore intégrer la composante normale du champ électrique sur une surface. Et bien que ce ne soit pas l'écoulement de quelque chose, nous l'appellerons encore le « flux ». Nous dirons

$$\text{Flux de E à travers la surface } S = \int_S \boldsymbol{E} \cdot \boldsymbol{n}\, da. \tag{3.12}$$

Nous généralisons ainsi le sens du mot « flux » et l'appliquons à « l'intégrale de surface de la composante normale » d'un vecteur. Nous utiliserons aussi la même définition, quand la surface considérée ne sera pas fermée comme ici.

Revenant sur le cas particulier de la propagation de la chaleur, considérons le cas où il y a *conservation de la chaleur*. Par exemple, imaginons une substance qui, après avoir été chauffée initialement, ne fournit ni n'absorbe plus aucune énergie calorifique. Alors, s'il y a propagation de la chaleur vers l'extérieur d'une surface fermée, la quantité de chaleur contenue à l'intérieur du volume limité par cette surface doit décroître. Donc, dans le cas où il doit y avoir conservation de la chaleur, nous écrirons que

$$\int_S \boldsymbol{h} \cdot \boldsymbol{n}\, da = -\frac{dQ}{dt}, \tag{3.13}$$

où $Q$ est la quantité de chaleur contenue à l'intérieur de la surface. Le flux de chaleur sortant de $S$ est égal à la variation par unité de temps, changée de signe, de la quantité de chaleur totale $Q$ intérieure à $S$. Cette interprétation est possible parce que nous parlons de propagation de la chaleur, et parce que nous avons supposé qu'il y avait conservation de la chaleur. Nous ne pourrions évidemment pas parler de quantité de chaleur totale intérieure au volume si celle-ci était créée au sein même de ce volume.

Nous allons maintenant faire apparaître une propriété intéressante du flux d'un vecteur. Vous pouvez penser au vecteur $\boldsymbol{h}$ si vous voulez, mais ce qui suit est valable pour tout champ de vecteurs $\boldsymbol{C}$. Soit une surface fermée $\boldsymbol{S}$ entourant le volume $V$. Nous divisons le volume en deux parties par une « coupure » comme sur la Fig. 3.4. Nous avons alors deux surfaces fermées et deux volumes. Le volume $V$, est limité par la surface $S$, constituée par la surface d'origine $S$ et la surface de la coupure $S$. Le volume $V_1$ est limité par la surface $S_1$, constituée par le reste de la surface d'origine $S_b$ et la surface de la coupure $\boldsymbol{S}_{ab}$. Posons-nous alors la question suivante : supposons que nous calculions le flux sortant de la surface $S$, et que nous lui ajoutions le flux sortant de la surface $\boldsymbol{S}_2$. Cette somme sera-t-elle égale au flux sortant de toute la surface d'origine ? La réponse est oui. Le flux à travers les parties de la surface $S_{ab}$ communes à $S_1$ et $S_2$ s'annulent exactement. Pour le flux du vecteur $\boldsymbol{C}$ sortant de $V_1$ nous pouvons écrire

$$\text{Flux à travers } S_1 = \int_{S_a} \boldsymbol{C} \cdot \boldsymbol{n}\, da + \int_{S_{ab}} \boldsymbol{C} \cdot \boldsymbol{n}_1\, da, \tag{3.14}$$

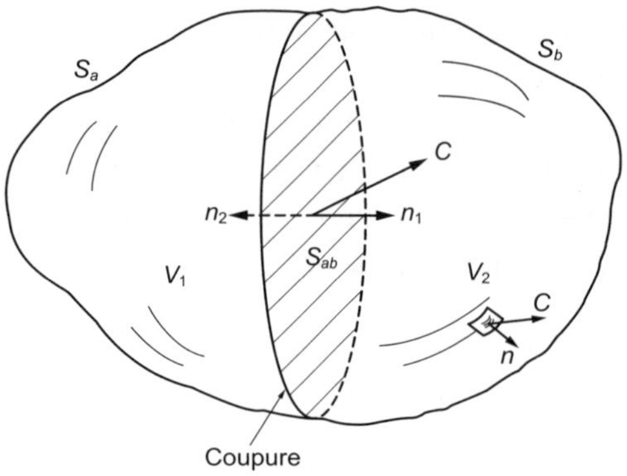


Figure 3.4 – Un volume $V$ contenu dans la surface $S$ est séparé en deux parties par une « coupure » suivant la surface $S_{ab}$. Nous avons maintenant le volume $V$, enfermé dans la surface $S_1 = S_a + S_{ab}$, et le volume $V_2$ enfermé dans la surface $S_2 = S_b + S_{ab}$.

et pour le flux sortant de $V_2$,

$$\text{Flux à travers } S_2 = \int_{S_b} \boldsymbol{C} \cdot \boldsymbol{n}\, da + \int_{S_{ab}} \boldsymbol{C} \cdot \boldsymbol{n}_2\, da. \tag{3.15}$$

Il est à remarquer que dans la seconde intégrale nous avons écrit $\boldsymbol{n}_1$, pour la normale orientée vers l'extérieur de $S_{ab}$ quand elle appartient à $S_1$, et $\boldsymbol{n}_2$ quand elle appartient à $S_2$, comme on le voit sur la Fig. 3.4. Évidemment, $\boldsymbol{n} = -\boldsymbol{n}_2$, si bien que

$$\int_{S_{ab}} \boldsymbol{C} \cdot \boldsymbol{n}_1\, da = -\int_{S_{ab}} \boldsymbol{C} \cdot \boldsymbol{n}_2\, da. \tag{3.16}$$

Et si enfin nous ajoutons les Éqs. (3.14) et (3.15), nous voyons que la somme des flux à travers $S_1$ et $S_2$ est exactement égale à la somme de deux intégrales qui, prises ensemble, donnent le flux à travers la surface d'origine $S = S_a + S_b$.

Nous voyons que le flux à travers la surface extérieure complète S peut être considéré comme la somme des flux à travers les deux parties en lesquelles on avait divisé le volume initial. Nous pouvons encore subdiviser ainsi – en coupant $V_1$ en deux parties, par exemple. Et nous voyons que les mêmes raisonnements s'appliquent. Ainsi *quelle que soit* la façon dont on divise le volume d'origine, il doit être vrai en général que le flux sortant de la surface extérieure, qui est l'intégrale considérée, est égal à la somme des flux sortant de tous les petits volumes intérieurs.

## 3.3 Flux sortant d'un cube ; théorème de Gauss

Considérons maintenant le cas particulier d'un petit cube[1] et établissons une formule intéressante pour le flux sortant. Considérons un cube dont les arêtes sont parallèles aux axes comme sur la Fig. 3.5. Supposons que les coordonnées du sommet le plus proche de l'origine soient $x, y, z$. Soit $\Delta x$ la longueur du cube dans la direction des $x$, $\Delta y$ la longueur dans la direction des $y$ et $\Delta z$ la longueur dans la direction des $z$. Nous voulons

1. Le développement suivant s'applique aussi bien à un parallélépipède quelconque.

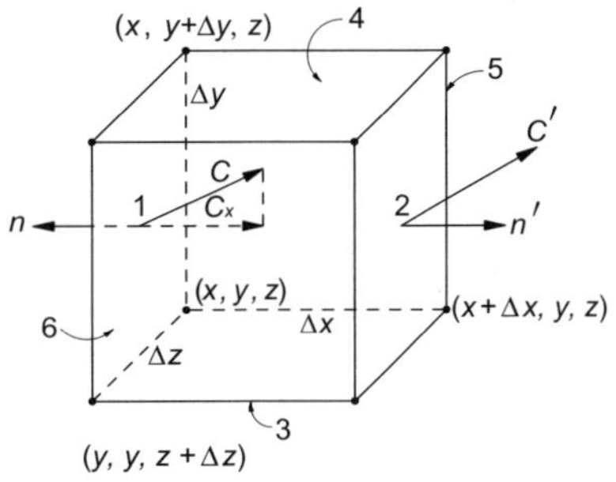


Figure 3.5 – Calcul du flux de C sortant d'un petit cube.

calculer le flux d'un champ de vecteur $\boldsymbol{C}$ sortant de la surface du cube. Pour ce calcul nous allons faire la somme des flux à travers chacune des six faces. Considérons d'abord la face marquée 1 sur la figure. Le flux *sortant* de cette face est la composante de $\boldsymbol{C}$ suivant l'axe des $x$, changée de signe et intégrée sur l'aire de cette face. Ce flux est

$$-\int C_x \, dy \, dz.$$

Puisque nous considérons un *petit* cube nous pouvons prendre comme valeur approchée de cette intégrale le produit de la valeur de $C_x$ au centre de la face – point que nous appelons l'aire de la face, $\Delta y \, \Delta z$ :

$$\text{Flux sortant de } 1 = -C_x(1) \, \Delta y \, \Delta z.$$

De même, pour le flux sortant de la face 2, nous écrirons

$$\text{Flux sortant de } 2 = C_x(2) \, \Delta y \, \Delta z.$$

De plus, $C_x$ (1) et $C_x$ (2) sont légèrement différents. Si $\Delta x$ est assez petit, nous pouvons écrire

$$C_x(2) = C_x(1) + \frac{\partial C_x}{\partial x} \Delta x.$$

Il y a évidemment encore d'autres termes, mais ils comporteront $(\Delta x)^2$ et des puissances de $\Delta x$ plus élevées, et seront donc négligeables si nous considérons seulement la limite des petits $\Delta x$. Donc, le flux à travers la face 2 sera

$$\text{Flux sortant de } 2 = \left[C_x(1) + \frac{\partial C_x}{\partial x} \Delta x\right] \Delta y \, \Delta z.$$

Sommant les flux à travers les faces 1 et 2, on a

$$\text{Flux sortant de 1 et } 2 = \frac{\partial C_x}{\partial x} \Delta x \, \Delta y \, \Delta z.$$

La dérivée doit être calculée au centre de la face 1, c'est-à-dire au point $[x, y+(\Delta y/2), z+(\Delta z/2)]$. Mais à la limite d'un cube infinitésimal, nous commettons une erreur négligeable en la calculant au sommet $(x, y, z)$.

$$\text{Flux sortant de 3 et } 4 = \frac{\partial C_y}{\partial y} \Delta x \, \Delta y \, \Delta z$$

et

$$\text{Flux sortant de 5 et 6} = \frac{\partial C_z}{\partial z}\,\Delta x\,\Delta y\,\Delta z.$$

Le flux total à travers toutes les faces est la somme de ces termes. Nous trouvons que

$$\int_{\text{surface du cube}} \boldsymbol{C}\cdot\boldsymbol{n}\,da = \left(\frac{\partial C_x}{\partial x} + \frac{\partial C_y}{\partial y} + \frac{\partial C_z}{\partial z}\right)\Delta x\,\Delta y\,\Delta z,$$

et la somme des dérivées est justement $\nabla\cdot\boldsymbol{C}$. D'autre part $\Delta x\Delta y\Delta z = \Delta V$, volume du cube. Ainsi nous pourrons dire que *pour un cube infinitésimal*

$$\int_{\text{surface du cube}} \boldsymbol{C}\cdot\boldsymbol{n}\,da = (\boldsymbol{\nabla}\cdot\boldsymbol{C})\,\Delta V. \tag{3.17}$$

Nous venons de démontrer que le flux sortant de la surface d'un cube infinitésimal est égal au produit de la divergence du vecteur par le volume du cube. Nous comprenons maintenant la « signification » de la divergence d'un vecteur. La divergence d'un vecteur au point $P$ est le flux – l'« écoulement » vers l'extérieur de $\boldsymbol{C}$ – *par unité de volume,* au voisinage de $P$.

Nous avons établi une relation entre la divergence de $\boldsymbol{C}$ et le flux de $C$ sortant de chaque volume élémentaire. Pour tout volume fini, nous pouvons utiliser la propriété démontrée plus haut - à savoir que le flux total sortant d'un volume est la somme des flux sortant de chacune de ses parties. Nous pouvons ainsi intégrer la divergence sur le volume entier. Et ceci nous conduit au théorème suivant : l'intégrale de la composante normale de tout vecteur prise sur une surface fermée quelconque peut aussi être écrite comme l'intégrale de la divergence du vecteur prise sur le volume limité par la surface. Ce théorème est appelé, le théorème de Gauss.

**Théorème De Gauss**

$$\int_S \boldsymbol{C}\cdot\boldsymbol{n}\,da = \int_V \boldsymbol{\nabla}\cdot\boldsymbol{C}\,dV, \tag{3.18}$$

où $S$ est une surface fermée quelconque et $V$ le volume qu'elle limite.

## 3.4 Conduction de la chaleur ; l'équation de la diffusion

Considérons une application de ce théorème, simplement pour nous familiariser avec lui. Reprenons le cas de la propagation de la chaleur dans un métal, par exemple. Admettons en outre pour simplifier, que toute la chaleur a été introduite au préalable et que le corps se refroidit. Il n'y a pas de sources de chaleur, si bien que la chaleur se conserve. Alors, quelle quantité de chaleur y a-t-il dans un volume donné à un instant quelconque ? Elle doit *diminuer* d'une quantité juste égale à celle qui s'écoule à travers la surface limitant ce volume. Si ce volume est un petit cube nous pourrons écrire d'après l'Éq. (3.17),

$$\text{chaleur sortante} = \int_{\text{surface du cube}} \boldsymbol{h} \cdot \boldsymbol{n}\, da = \boldsymbol{\nabla} \cdot \boldsymbol{h}\, \Delta V. \tag{3.19}$$

Mais ceci doit être égal au taux de décroissance de la quantité de chaleur dans le cube. Si $q$ est la quantité de chaleur par unité de volume, la quantité de chaleur contenue dans le cube est $q\Delta V$, et le taux de *décroissance* de la quantité de chaleur est

$$-\frac{\partial}{\partial t}(q\,\Delta V) = -\frac{\partial q}{\partial t}\,\Delta V. \tag{3.20}$$

Comparant (3.19) et (3.20), nous voyons que

$$-\frac{\partial q}{\partial t} = \boldsymbol{\nabla} \cdot \boldsymbol{h}. \tag{3.21}$$

Remarquez bien la forme de cette équation ; on en rencontre souvent de ce genre en physique. Elle exprime une loi de conservation – ici la conservation de la chaleur. Nous avons exprimé le même fait physique d'une autre façon dans l'Éq. (3.13). Ici nous avons la forme *différentielle* d'une équation de conservation, tandis que l'Éq. (3.13) est la forme *intégrale.*

Nous avons obtenu l'Éq. (3.21) en appliquant l'Éq. (3.13) à un cube infinitésimal. Nous pouvons aussi raisonner dans le sens inverse. Pour un grand volume $V$ limité par une surface $S$, le théorème de Gauss dit que

$$\int_S \boldsymbol{h} \cdot \boldsymbol{n}\, da = \int_V \boldsymbol{\nabla} \cdot \boldsymbol{h}\, dV. \tag{3.22}$$

Tenant compte de (3.21), on trouve que l'intégrale du membre de droite est justement $-dQ/dt$, et l'on retombe bien sur l'Éq. (3.13).

Considérons maintenant un autre cas. Imaginons un bloc de matière dans lequel est percé un tout petit trou où se produit une réaction chimique qui produit de la chaleur. Ou bien nous pourrions imaginer qu'il y a des fils qui aboutissent à une petite résistance chauffée par un courant électrique. Nous supposerons que la chaleur est pratiquement produite en un point et nous appellerons $W$ l'énergie libérée par seconde en ce point. Nous supposerons que dans tout le reste du volume, il y a conservation de la chaleur, et que la chaleur est produite depuis assez longtemps pour que maintenant la température ne varie plus nulle part. Le problème qui se pose est le suivant : comment se présente le vecteur flux de chaleur h en différents points du métal ? Quelle est la quantité de chaleur qui s'écoule en chaque point ?

Nous savons qu'en intégrant la composante normale de $\boldsymbol{h}$ sur une surface fermée entourant la source, nous aurons toujours $W$. Toute la chaleur engendrée au point source doit s'écouler à travers la surface, puisque nous avons supposé que nous sommes en régime permanent. Nous sommes devant le problème difficile de trouver un champ de vecteurs qui, intégré sur une surface quelconque, donne toujours $W$. Nous pouvons cependant trouver le champ facilement en prenant une surface un peu particulière. Prenons une sphère de rayon $R$, centrée sur la source, et admettons que la chaleur se propage radialement (Fig. 3.6). Notre intuition nous dit que $\boldsymbol{h}$ doit être radial, si le bloc de matière est grand et si nous ne nous approchons pas trop des bords, et doit avoir même valeur en tout point de la sphère. Vous voyez que pour trouver la réponse nous complétons nos mathématiques par un peu de divination, qu'on appelle couramment « intuition physique ».

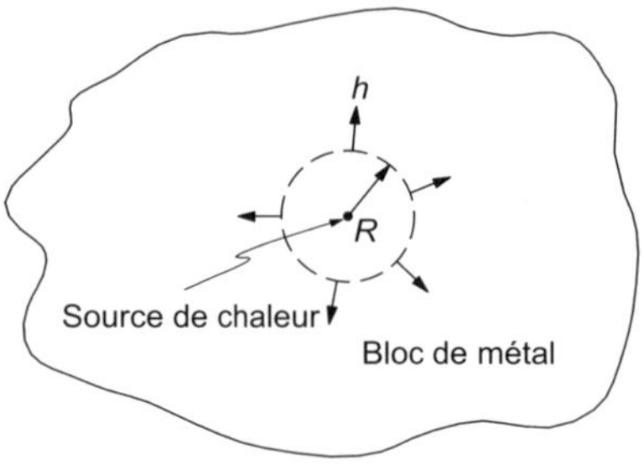


Figure 3.6 – Dans la région voisine d'un point source de chaleur, l'écoulement de chaleur est radial et dirigé vers l'extérieur.

Quand $\boldsymbol{h}$ est radial et à symétrie sphérique, l'intégrale de la composante normale de $\boldsymbol{h}$ sur la surface est très simple, puisque la composante normale est justement l'intensité de $\boldsymbol{h}$ et qu'elle est constante. L'aire sur laquelle nous intégrons est $4\pi R^2$ . Nous avons alors

$$\int_S \boldsymbol{h}\cdot\boldsymbol{n}\,da = h\cdot 4\pi R^2 \tag{3.23}$$

(où $h$ est l'intensité de $\boldsymbol{h}$). Cette intégrale doit être égale à $W$, quantité de chaleur produite par unité de temps au point source. Nous obtenons

$$h = \frac{W}{4\pi R^2},$$

ou

$$\boldsymbol{h} = \frac{W}{4\pi R^2}\,\boldsymbol{e}_r, \tag{3.24}$$

où, comme toujours, $\boldsymbol{e}_r$ est un vecteur unitaire radial. Notre résultat montre que $\boldsymbol{h}$ a une intensité proportionnelle à $W$ et varie comme l'inverse du carré de la distance à la source.

Le résultat que nous venons d'obtenir s'applique à la propagation de la chaleur au voisinage du point source. Essayons maintenant de trouver les équations valables pour la propagation de la chaleur dans le cas le plus général, en ne conservant que la condition de conservation de la chaleur. Nous nous occuperons uniquement de ce qui se passe en dehors de toute source ou absorbeur de chaleur.

L'équation différentielle de la conduction de la chaleur a été établie au chapitre 2. D'après l'Éq. (2.44),

$$\boldsymbol{h} = -\kappa\,\boldsymbol{\nabla} T. \tag{3.25}$$

(Rappelons que cette relation est approchée, mais que l'approximation est très bonne pour certains corps tels que les métaux.) Elle est seulement applicable, évidemment, dans les régions du matériau où il n'y a ni source ni absorption de la chaleur. Nous avons établi plus haut une autre relation, l'Éq. (3.21), valable quand il y a conservation de la chaleur. Si nous combinons cette équation avec (3.25), nous obtenons

$$-\frac{\partial q}{\partial t} = \boldsymbol{\nabla} \cdot \boldsymbol{h} = -\boldsymbol{\nabla} \cdot (\kappa \boldsymbol{\nabla} T),$$

ou

$$\frac{\partial q}{\partial t} = \kappa \boldsymbol{\nabla} \cdot \boldsymbol{\nabla} T = \kappa \nabla^2 T, \tag{3.26}$$

où $\kappa$ est une constante. Rappelons que $q$ est la quantité de chaleur contenue dans l'unité de volume et que $\nabla \cdot \nabla = \nabla^2$ est l'opérateur laplacien

$$\nabla^2 = \frac{\partial^2}{\partial x^2} + \frac{\partial^2}{\partial y^2} + \frac{\partial^2}{\partial z^2}.$$

Si maintenant nous faisons une hypothèse supplémentaire, nous obtenons une équation très intéressante. Supposons que la température du corps est proportionnelle à la quantité de chaleur contenue dans l'unité de volume – c'est-à-dire que le corps a une chaleur spécifique bien définie. Quand cette hypothèse est valable (comme c'est souvent le cas) nous pouvons écrire

$$\Delta q = c_v \, \Delta T$$

ou

$$\frac{\partial q}{\partial t} = c_v \frac{\partial T}{\partial t}. \tag{3.27}$$

Le taux de variation de la quantité de chaleur est proportionnel au taux de variation de la température. La constante de proportionnalité $c_v$ est, ici, la chaleur spécifique par unité de *volume* du corps. Appliquant les Éq. (3.27) et (3.26) nous obtenons

$$\frac{\partial T}{\partial t} = \frac{\kappa}{c_v} \nabla^2 T. \tag{3.28}$$

Nous trouvons que le taux de variation de $T$ avec le temps – en tout point – est proportionnel au Laplacien de $T$, qui est la dérivée seconde de $T$ par rapport aux coordonnées spatiales. Nous avons une équation différentielle – en $x$, $y$, $z$, et $t$ – pour la température $T$.

L'équation différentielle (3.28) est appelée *l'équation de diffusion de la chaleur*. On l'écrit souvent

$$\frac{\partial T}{\partial t} = D \nabla^2 T, \tag{3.29}$$

où $D$ est la constante de *diffusion* et est ici, égale à $\kappa / c_v$.

L'équation de diffusion intervient dans de nombreux problèmes de physique – dans la diffusion des gaz, dans la diffusion des neutrons et dans d'autres. Nous avons déjà traité l'aspect physique de certains de ces phénomènes au chapitre 43 du Vol. I. Maintenant nous avons l'équation complète décrivant la diffusion dans le cas le plus général possible. Un peu plus tard, nous trouverons des moyens pour résoudre l'équation de diffusion et savoir comment varie la température dans certains cas particuliers. Revenons maintenant aux théorèmes relatifs aux champs de vecteurs.

## 3.5 LA CIRCULATION D'UN CHAMP DE VECTEURS

Nous allons maintenant considérer le rotationnel un peu comme nous l'avons fait pour la divergence. Nous avons obtenu le théorème de Gauss en considérant une intégrale de surface, bien qu'il n'ait pas été évident a priori que nous allions avoir affaire à la divergence. Comment avons-nous su que nous devions intégrer *sur* une surface pour trouver la divergence ? Il n'était pas du tout clair que tel serait le résultat. De la même façon, et sans justification apparente, nous allons calculer une autre grandeur liée au vecteur et montrer qu'elle est reliée au rotationnel. Cette fois-ci, nous calculons ce que l'on appelle la circulation d'un champ de vecteurs. Soit $\boldsymbol{C}$ un champ de vecteurs quelconque, prenons sa composante le long d'une courbe, et calculons l'intégrale de cette composante tout le long d'une boucle complète. Cette intégrale est appelée la *circulation* du champ vectoriel le long de la boucle. Nous avons déjà vu l'intégrale curviligne de $\nabla\psi$ au début de ce chapitre. Maintenant nous opérons de la même manière pour un champ vectoriel *quelconque* $\boldsymbol{C}$.

Soit $\Gamma$ une courbe fermée quelconque de l'espace – imaginaire évidemment. On en a un exemple sur la Fig. 3.7. L'intégrale curviligne de la composante tangentielle de $\boldsymbol{C}$ le long de la courbe fermée s'écrit

$$\oint_{\Gamma} C_t\, ds = \oint_{\Gamma} \boldsymbol{C} \cdot d\boldsymbol{s}. \tag{3.30}$$

Il faut remarquer que cette intégrale est prise en faisant tout le tour de la courbe, et non pas entre deux points comme nous l'avions fait plus haut. Le petit cercle qui figure sur le signe intégrale rappelle qu'il faut prendre l'intégrale sur tout le tour. Cette intégrale est appelée la circulation du champ vectoriel le long de la courbe $T$. C'est l'étude de la circulation d'un liquide qui est à l'origine de ce nom. Mais le nom – comme pour le flux – s'applique par extension, à tout champ vectoriel même quand il n'y a pas « circulation » matérielle.

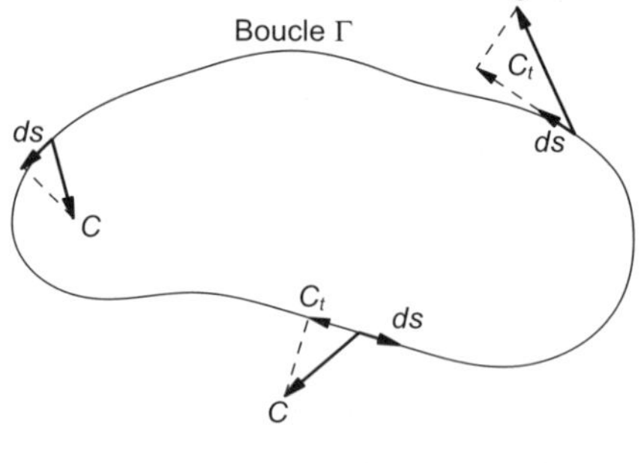


Figure 3.7 – La circulation de $\boldsymbol{C}$ le long de la courbe $\Gamma$ est l'intégrale curviligne de $C_t$, la composante tangentielle de $\boldsymbol{C}$.

En jouant le même jeu que pour le flux, nous pouvons montrer que la circulation le long d'une boucle est la somme des circulations le long de deux boucles partielles. Supposons que nous coupions notre courbe de la Fig. 3.7 en deux boucles, en joignant les deux points (1) et (2) pris sur cette courbe par une autre courbe qui la traverse comme sur la Fig. 3.8. Nous avons maintenant deux boucles $\Gamma_1$ et $\Gamma_2$. $\Gamma_1$ est faite de $\Gamma_a$ qui est la

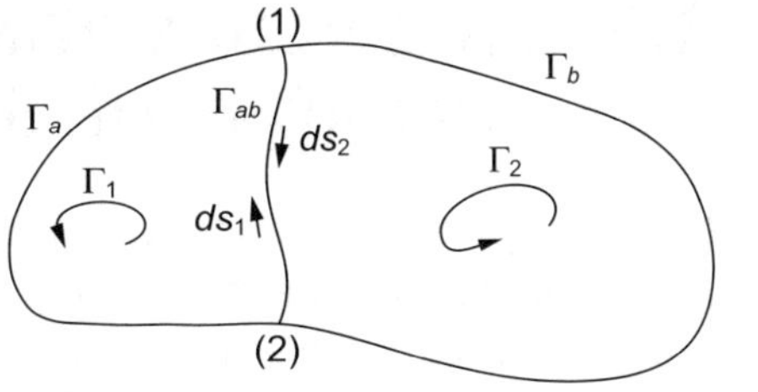


Figure 3.8 – La circulation le long de la boucle entière est la somme des circulations le long des deux boucles : $\Gamma_1 = \Gamma_a + \Gamma_{ab}$ et $\Gamma_2 = \Gamma_b + \Gamma_{ab}$.

partie de la courbe origine à gauche de (1) et (2), et de $\Gamma_{ab}$, le « raccourci ». $\Gamma_2$ est faite du reste de la courbe originale et du raccourci.

La circulation le long de Γ, est la somme d'une intégrale le long de $\Gamma_a$ et le long de $\Gamma_b$. De même la circulation le long de $\Gamma_2$ est la somme de deux parties, l'une le long de $\Gamma_b$ et l'autre le long de $\Gamma_{ab}$. L'intégrale le long de $\Gamma_{ab}$ aura, pour la courbe $\Gamma_2$ le signe opposé à celui qu'elle a pour $\Gamma_1$, car le sens de parcours est opposé – nous devons prendre nos deux intégrales curvilignes avec le même « sens » de rotation.

En suivant le même type de raisonnement qu'auparavant, nous voyons que la somme des deux circulations donnera exactement l'intégrale curviligne le long de la courbe originale Γ. Les parties dues a $\Gamma_{ab}$ se compensent. La circulation le long de la première partie, plus la circulation le long de la seconde partie égalent la circulation le long de la courbe extérieure. Nous pouvons continuer le processus de découpage de la boucle originale en un nombre quelconque de petites boucles. Quand nous sommons les circulations le long des petites boucles, les parties le long des tronçons adjacents s'annulent toujours, si bien que la somme est équivalente à la circulation le long de la boucle originale unique.

Supposons maintenant qu'une surface s'appuie sur la boucle originale. Il y a évidemment un nombre infini de surfaces qui s'appuient sur la boucle originale. Cependant nos résultats ne dépendront pas de la surface que nous choisissons. Tout d'abord nous découpons notre boucle originale en un certain nombre de petites boucles qui s'appuient toutes sur la surface choisie, comme sur la Fig. 3.9. Peu importe la forme de la surface car, si nous choisissons nos petites boucles suffisamment petites, nous pouvons admettre que chacune des petites boucles entourera une aire essentiellement plane. De plus, nous pouvons choisir nos petites boucles de façon que chacune soit pratiquement un carré. Maintenant, nous pouvons calculer la circulation le long de la grande boucle Γ en calculant la circulation le long de chacun des petits carrés, puis en en faisant leur somme.

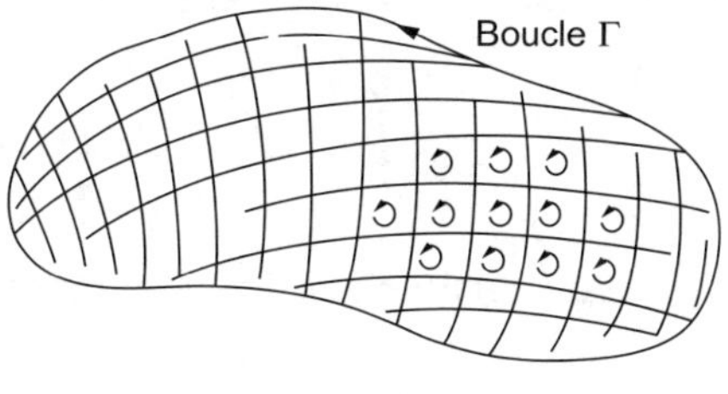


Figure 3.9 – On choisit une surface quelconque s'appuyant sur la boucle Γ. La surface est découpée en un certain nombre de petites aires, chacune approximativement un carré. La circulation de long de Γ est la somme des circulations le long des petites boucles.

# 3.6 La circulation le long d'un carré ; théorème de Stokes

Comment allons-nous trouver la circulation pour chaque petit carré ? Une question se pose, comment le carré est-il orienté dans l'espace ? Nous pourrions facilement faire le calcul s'il avait une orientation particulière. Par exemple, si nous étions dans un des plans de coordonnées. Puisque nous n'avons encore rien stipulé en ce qui concerne l'orientation des axes de coordonnées, nous pouvons tout aussi bien choisir les axes pour que le petit carré que nous considérons en ce moment soit contenu dans le plan des $xy$, comme sur la Fig. 3.10. Si notre résultat est exprimé sous forme vectorielle, nous pouvons dire qu'il sera inchangé quelle que soit l'orientation particulière du plan.

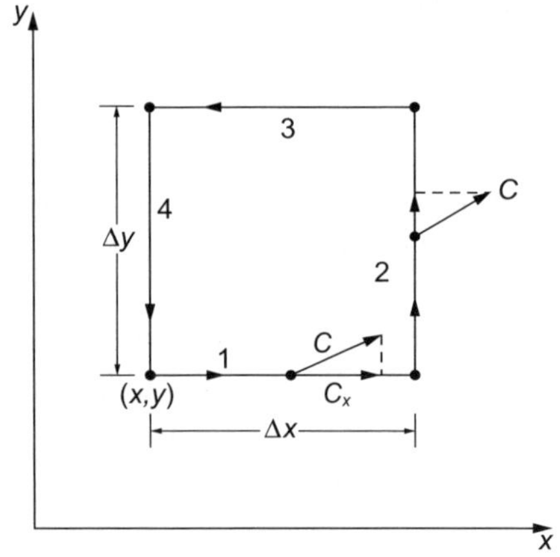


Figure 3.10 – Calcul de la circulation de $\boldsymbol{C}$ le long d'un petit carré.

Nous voulons maintenant trouver la circulation du champ $\boldsymbol{C}$ le long de notre petit carré. Il sera facile de calculer l'intégrale curviligne si nous prenons un carré assez petit pour que le vecteur $\boldsymbol{C}$ ne change qu'à peine le long de chaque côté du carré. (L'hypothèse est d'autant meilleure que le carré est plus petit, aussi nous parlons en réalité de carrés infinitésimaux.) Partant du point $(x, y)$ – le point gauche inférieur sur la figure – nous tournons dans le sens indiqué par les flèches. Le long du premier côté marqué (1) – la composante tangentielle est $C_x$ (1) et la distance est $\Delta x$. La première partie de l'intégrale est $C$ (1) $\Delta x$. Le long du second côté, nous obtenons $C_y$ (2) $\Delta y$. Le long du troisième, nous avons $- C_x$ (3) $\Delta x$ et le long du quatrième $- C_y$ (4) $\Delta y$. Les signes moins sont nécessaires car nous voulons la composante tangentielle dans le sens du parcours. L'intégrale curviligne complète est alors

$$\oint \boldsymbol{C} \cdot d\boldsymbol{s} = C_x(1)\,\Delta x + C_y(2)\,\Delta y - C_x(3)\,\Delta x - C_y(4)\,\Delta y. \tag{3.31}$$

Voyons maintenant les premier et troisième termes. Ensemble ils donnent

$$[C_x(1) - C_x(3)]\,\Delta x. \tag{3.32}$$

On pourrait penser qu'à notre approximation la différence est zéro. Cela est vrai en première approximation. Nous pouvons être plus précis, cependant, et tenir compte de la variation de $C_x$. Si nous faisons cela, nous écrirons

$$C_x(3) = C_x(1) + \frac{\partial C_x}{\partial y}\,\Delta y. \tag{3.33}$$

Si nous remontions à un ordre d'approximation plus élevé cela introduirait des termes en $(\Delta y)^2$, mais comme nous allons ensuite envisager la limite quand $\Delta y \to 0$, de tels termes peuvent être négligés. En portant (3.33) dans (3.32), nous trouvons

$$[C_x(1) - C_x(3)]\,\Delta x = -\frac{\partial C_x}{\partial y}\,\Delta x\,\Delta y. \tag{3.34}$$

La dérivée peut, à notre approximation, être calculée en $(x, y)$.

De même, pour les deux autres termes de la circulation, nous pouvons écrire

$$C_y(2)\,\Delta y - C_y(4)\,\Delta y = \frac{\partial C_y}{\partial x}\,\Delta x\,\Delta y. \tag{3.35}$$

La circulation le long de notre carré est alors

$$\left(\frac{\partial C_y}{\partial x} - \frac{\partial C_x}{\partial y}\right)\Delta x\,\Delta y, \tag{3.36}$$

ce qui est intéressant, car les deux termes entre parenthèses sont justement la composante suivant $Oz$ du rotationnel. De plus, nous remarquons que $\Delta x\ \Delta y$ ey est l'aire de notre carré. Donc nous pouvons écrire notre circulation (3.36) sous la forme

$$(\nabla \times \boldsymbol{C})_z\,\Delta a.$$

Mais la composante suivant $Oz$ représente en fait, la composante *normale*, à l'élément de surface. Nous pourrons, par conséquent, écrire la circulation le long d'un carré différentiel sous une forme vectorielle invariante :

$$\oint \boldsymbol{C}\cdot d\boldsymbol{s} = (\nabla \times \boldsymbol{C})_n\,\Delta a = (\nabla \times \boldsymbol{C})\cdot \boldsymbol{n}\,\Delta a. \tag{3.37}$$

Notre résultat est le suivant : la circulation de tout vecteur $\boldsymbol{C}$ le long d'un carré infinitésimal est le produit de la composante normale à la surface du rotationnel de $\boldsymbol{C}$ par l'aire du carré.

La circulation le long de toute boucle Γ peut maintenant être reliée facilement au rotationnel du champ de vecteurs. Nous emplissons la boucle par une surface $S$ convenable, comme sur la Fig. 3.11, et sommons les circulations le long d'une série de carrés infinitésimaux découpés sur cette surface. On peut écrire cette somme comme une intégrale. Notre résultat est un théorème très utile appelé théorème de Stokes (d'après M. Stokes).

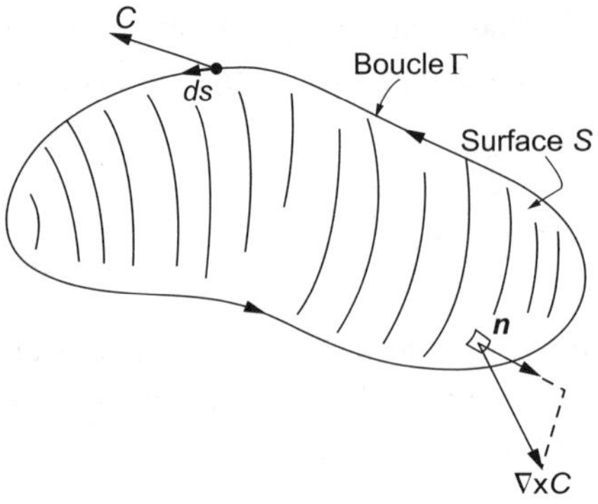


Figure 3.11 – La circulation de $C$ le long de Γ est l'intégrale de surface de la composante normale de $\nabla \times C$.

**Théorème de Stokes**

$$\oint_{\Gamma} \boldsymbol{C} \cdot d\boldsymbol{s} = \int_{S} (\boldsymbol{\nabla} \times \boldsymbol{C})_n \, da, \tag{3.38}$$

où $S$ est une surface s'appuyant sur Γ.

Nous devons aborder maintenant la convention de signes. Sur la Fig. 3.10 l'axe des $z$ pointe *vers* vous dans le cas d'un système d'axes « habituel », c'est-à-dire formant un trièdre direct. Quand nous avons calculé notre intégrale curviligne avec un sens « positif » de rotation, nous avons trouvé que la circulation était égale à la composante suivant $Oz$ de $\nabla \times \boldsymbol{C}$. Si nous avions tourné dans l'autre sens nous aurions trouvé le signe contraire. Alors, comment saurons-nous choisir dans le cas général, le sens positif de la composante « normale » de $\nabla \times \boldsymbol{C}$ ? La normale « positive » doit toujours être reliée au sens de rotation, comme sur la Fig. 3.10. Ce sens est indiqué dans le cas général sur la Fig. 3.11.

Un moyen de se souvenir de cette relation est d'appliquer « la règle de la main droite ». Si vous placez les doigts de votre main *droite* le long de la courbe Γ, le bout des doigts dans le sens positif de ds, alors votre pouce indique le sens *positif* de la normale à la surface $S$.

## 3.7 Champs à rotationnel et divergence nuls

Nous aimerions voir maintenant quelques conséquences de ces nouveaux théorèmes. Prenons d'abord le cas d'un vecteur dont le rotationnel est *partout* nul. Alors, le théorème de Stokes nous indique que la circulation le long de toute boucle est nulle. Donc si nous choisissons deux points (1) et (2) sur une courbe fermée (Fig. 3.12), il s'ensuit que l'intégrale curviligne de la composante tangentielle entre (1) et (2) est indépendante des deux chemins suivis. Nous pouvons en conclure que l'intégrale prise entre (1) et (2) ne peut dépendre que de la position de ces points – c'est-à-dire qu'elle est fonction de la seule position. Le même raisonnement a été utilisé au chapitre 14 du Vol. I, où nous avons démontré que si l'intégrale le long d'une boucle fermée d'une certaine grandeur est toujours nulle, alors cette intégrale peut être représentée par la différence d'une fonction de la position des deux extrémités. Ce résultat nous avait permis d'inventer la notion

Figure 3.12 – Si $\nabla \times \boldsymbol{C}$ est nul, la circulation le long de la courbe fermée est nulle. L'intégrale curviligne de $\boldsymbol{C}.\, d\boldsymbol{s}$ de (1) à (2) le long de *a* doit être la même que l'intégrale curviligne le long de *b*.

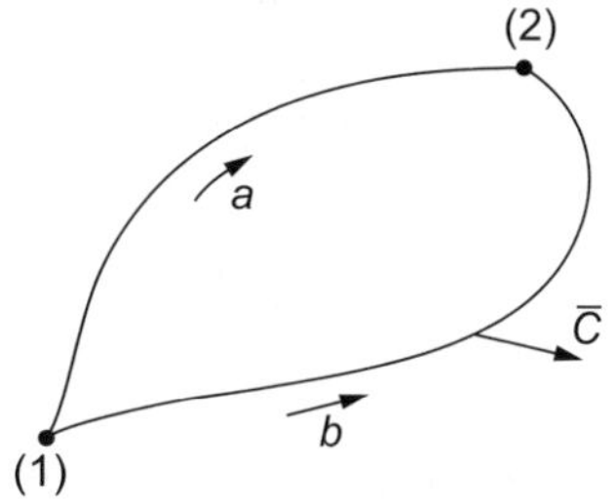


de potentiel. Nous avons montré de plus que le champ de vecteurs était le gradient de cette fonction potentielle (voir Éq. 14.13 du Vol. I).

Il s'ensuit que tout champ vectoriel dont le rotationnel est nul, est égal au gradient d'une fonction scalaire. C'est-à-dire que, si $\nabla \times \boldsymbol{C} = 0$ partout, il existe $\psi$ (psi) pour laquelle $\boldsymbol{C} = \nabla\psi$ – une idée très utile. Nous pouvons, si nous le voulons, décrire ce champ vectoriel particulier au moyen d'un champ scalaire.

Montrons encore quelque chose. Supposons que nous ayons un champ scalaire $\phi$ (phi) *quelconque*. Si nous calculons son gradient, $\nabla\phi$, l'intégrale de ce vecteur le long d'une boucle fermée quelconque doit être nulle. Son intégrale curviligne entre le point (1) et le point (2) est $[\phi(2) - \phi(1)]$. Si (1) et (2) sont confondus, notre théorème 1, Éq. (3.8), nous indique que l'intégrale curviligne est nulle :

$$\oint_{\text{boucle}} \boldsymbol{\nabla}\phi \cdot d\boldsymbol{s} = 0.$$

Appliquons le théorème de Stokes ; nous en concluons que

$$\int (\boldsymbol{\nabla} \times (\boldsymbol{\nabla}\phi))_n\, da = 0$$

sur *toute* surface. Mais si l'intégrale est nulle sur *toute* surface, la quantité sous le signe intégrale doit être nulle. Donc

$$\boldsymbol{\nabla} \times (\boldsymbol{\nabla}\phi) = 0, \quad \text{toujours}.$$

Nous avons montré ce même résultat au paragraphe 2-7 par l'algèbre vectorielle.

Examinons maintenant le cas particulier d'une *petite* boucle $\Gamma$ que nous emplissons d'une *grande* surface $S$, comme on le voit sur la Fig. 3.13. Nous voudrions voir, en fait, ce qui se passe quand la boucle se réduit à un point de telle sorte que le bord de la surface disparaît – la surface devient une surface fermée. Si le vecteur $\boldsymbol{C}$ est partout fini, l'intégrale curviligne le long de $\Gamma$ dit tendre vers zéro à mesure que la boucle rapetisse – l'intégrale est, en gros, proportionnelle à la circonférence de $\Gamma$, qui tend vers zéro. Selon le théorème de Stokes, l'intégrale de surface de $(\nabla \times \boldsymbol{C})_n$ doit aussi s'annuler. De quelque façon que ce soit, en fermant la surface nous introduisons des contributions qui annulent ce qu'il y avait avant. Donc nous avons un nouveau théorème :

$$\int_{\substack{\text{toute surface}\\ \text{fermée}}} (\boldsymbol{\nabla} \times \boldsymbol{C})_n\, da = 0. \tag{3.39}$$

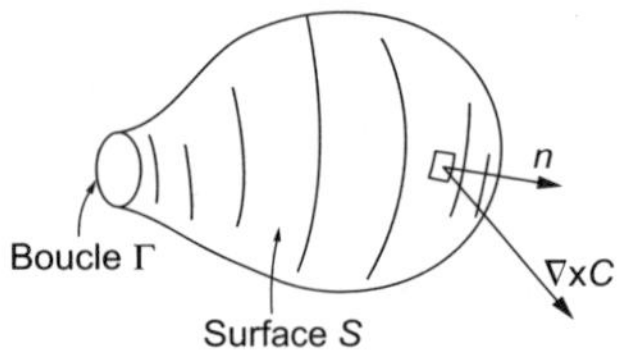


Figure 3.13 – Passant à la limite d'une surface fermée nous trouvons que l'intégrale de surface de $(\nabla \times C)_n$ doit s'annuler.

Or ceci est intéressant, car nous disposons déjà d'un théorème relatif à l'intégrale de surface d'un champ vectoriel. Une telle intégrale de surface est égale à l'intégrale de volume de la divergence du vecteur d'après le théorème de Gauss (Éq. 3.18). Le théorème de Gauss appliqué à $\nabla \times \boldsymbol{C}$, s'écrit

$$\int_{\substack{\text{surface}\\\text{fermée}}} (\boldsymbol{\nabla} \times \boldsymbol{C})_n \, da = \int_{\substack{\text{volume}\\\text{intérieur}}} \boldsymbol{\nabla} \cdot (\boldsymbol{\nabla} \times \boldsymbol{C}) \, dV. \tag{3.40}$$

Nous en concluons donc que la seconde intégrale doit être nul :

$$\int_{\substack{\text{tout}\\\text{volume}}} \boldsymbol{\nabla} \cdot (\boldsymbol{\nabla} \times \boldsymbol{C}) \, dV = 0, \tag{3.41}$$

et ceci est vrai pour n'importe quel champ vectoriel $\boldsymbol{C}$. Puisque l'Éq. (3.41) est vraie pour *tout volume,* il doit encore être vrai qu'en *tout point,* la quantité sous le signe intégrale est nulle. Nous avons

$$\boldsymbol{\nabla} \cdot (\boldsymbol{\nabla} \times \boldsymbol{C}) = 0, \quad \text{toujours}.$$

Mais ceci est le même résultat que celui obtenu par l'algèbre vectorielle au paragraphe 2-7. Nous commençons à voir comment tout ceci se tient.

# 3.8 RÉSUMÉ

Résumons ce que nous venons de trouver en calcul vectoriel. Voici les points essentiels des chapitres 2 et 3 :

**1.** Les opérateurs $\partial/\partial x$, $\partial/\partial y$, et $\partial/\partial z$ peuvent être considérés comme les composantes d'un opérateur vectoriel $\nabla$ et les formules qui se déduisent de l'algèbre vectorielle en traitant cet opérateur comme un vecteur sont exactes :

$$\boldsymbol{\nabla} = \left(\frac{\partial}{\partial x}, \frac{\partial}{\partial y}, \frac{\partial}{\partial z}\right).$$

**2.** La différence des valeurs d'un champ scalaire en deux points est égale à l'intégrale curviligne de la composante tangentielle du gradient de ce scalaire le long de n'importe quelle courbe, prise entre le premier et le second point :

$$\psi(2) - \psi(1) = \int_{(1)\ \text{tout courbe}}^{(2)} \boldsymbol{\nabla}\psi \cdot d\boldsymbol{s}. \tag{3.42}$$

**3.** L'intégrale de surface de la composante normale d'un vecteur quelconque sur une surface fermée est égale à l'intégrale de la divergence du vecteur étendue au volume intérieur à cette surface :

$$\int_{\substack{\text{surface}\\\text{fermée}}} \boldsymbol{C} \cdot \boldsymbol{n}\, da = \int_{\substack{\text{volume}\\\text{intérieur}}} \boldsymbol{\nabla} \cdot \boldsymbol{C}\, dV. \tag{3.43}$$

**4.** L'intégrale curviligne de la composante tangentielle d'un vecteur quelconque le long d'une boucle fermée est égale à l'intégrale de surface de la composante normale du rotationnel de ce vecteur sur toute surface s'appuyant sur cette boucle.

$$\int_{\text{boucle}} \boldsymbol{C} \cdot d\boldsymbol{s} = \int_{\substack{\text{surface}\\\text{intérieure}}} (\boldsymbol{\nabla} \times \boldsymbol{C}) \cdot \boldsymbol{n}\, da. \tag{3.44}$$

# ÉLECTROSTATIQUE 4

## 4.1 STATIQUE

Nous allons commencer maintenant notre étude détaillée de la théorie de l'électromagnétisme. Tout l'électromagnétisme est contenu dans les équations de Maxwell.

*Équations de Maxwell :*

$$\nabla \cdot \boldsymbol{E} = \frac{\rho}{\epsilon_0}, \tag{4.1}$$

$$\nabla \times \boldsymbol{E} = -\frac{\partial \boldsymbol{B}}{\partial t}, \tag{4.2}$$

$$c^2 \nabla \times \boldsymbol{B} = \frac{\partial \boldsymbol{E}}{\partial t} + \frac{\boldsymbol{j}}{\epsilon_0}, \tag{4.3}$$

$$\nabla \cdot \boldsymbol{B} = 0. \tag{4.4}$$

$$\begin{aligned} \epsilon_0 c^2 &= \frac{10^7}{4\pi} \\ \frac{1}{4\pi\epsilon_0} &\approx 9 \times 10^9 \\ [\epsilon_0] &= \text{coulomb}^2/\text{newton} \cdot \text{mètre}^2 \end{aligned}$$

Les situations que décrivent ces équations peuvent être très compliquées. Nous allons considérer d'abord des situations relativement simples, et apprendre à les manier avant d'en attaquer de plus compliquées. L'une des circonstances les plus faciles à traiter est celle dans laquelle rien ne dépend du temps. C'est le cas *statique*. Toutes les charges sont fixées de façon permanente dans l'espace, ou bien si elles se déplacent, elles se déplacent comme un courant continu dans un circuit (de sorte que $\rho$ et $\boldsymbol{j}$ sont constants). Dans ces conditions, tous les termes des équations de Maxwell qui sont des dérivées du champ par rapport au temps sont nuls. Dans ce cas, les équations de Maxwell deviennent :

*Électrostatique :*

$$\nabla \cdot \boldsymbol{E} = \frac{\rho}{\epsilon_0}, \tag{4.5}$$

$$\nabla \times \boldsymbol{E} = 0. \tag{4.6}$$

*Magnétostatique :*

$$\nabla \times \boldsymbol{B} = \frac{\boldsymbol{j}}{\epsilon_0 c^2}, \tag{4.7}$$

$$\nabla \cdot \boldsymbol{B} = 0. \tag{4.8}$$

Vous remarquerez une chose intéressante dans cet ensemble de quatre équations. Il peut être séparé en deux paires. Le champ électrique $\boldsymbol{E}$ n'apparaît que dans les deux premières, et le champ magnétique $\boldsymbol{B}$ n'apparaît que dans les deux autres. Les deux champs ne sont pas reliés entre eux. Cela signifie que *l'électricité et le magnétisme sont des phénomènes distincts aussi longtemps que les charges et les courants sont statiques.* L'interdépendance de $\boldsymbol{E}$ et $\boldsymbol{B}$ n'apparaît que lorsqu'il y a des changements dans les charges ou les courants, comme quand on charge un condensateur ou quand on déplace un aimant. Ce n'est que s'il y a des changements suffisamment rapides, de sorte que les dérivées par rapport au temps dans les équations de Maxwell deviennent importantes, que $\boldsymbol{E}$ et $\boldsymbol{B}$ dépendent l'un de l'autre.

Maintenant, si vous regardez les équations de la statique, vous allez voir que l'étude des deux sujets, que l'on appelle électrostatique et magnétostatique, est idéale pour apprendre les propriétés mathématiques des champs de vecteurs. L'électrostatique est un parfait exemple de champ à *rotationnel nul et à divergence donnée.* La magnétostatique est un parfait exemple de champ à *divergence nulle* et à *rotationnel donné.* La façon la plus courante – et vous pensez peut-être la plus satisfaisante – de présenter la théorie de l'électromagnétisme est de commencer par l'électrostatique et ainsi d'étudier la divergence. La magnétostatique et le rotationnel sont abordés après. Pour finir, l'électricité et le magnétisme sont réunis. Nous avons choisi de commencer par la théorie complète du calcul vectoriel. Nous allons l'appliquer maintenant au cas particulier de l'électrostatique, le champ $\boldsymbol{E}$ étant donné par la première paire d'équations.

Nous allons commencer par les situations les plus simples, celles dans lesquelles les positions de toutes les charges sont spécifiées. Si nous n'avions qu'à étudier l'électrostatique à ce niveau (comme nous le ferons dans les deux prochains chapitres), la vie serait simple – en fait elle serait presque insignifiante. Tout peut s'obtenir à partir de la loi de Coulomb et de quelques intégrations, comme vous allez le voir. Dans de nombreux problèmes électrostatiques réels, cependant, on ne *sait* pas initialement où sont les charges. On sait seulement qu'elles se sont réparties d'une façon qui dépend des propriétés de la matière. Les positions que prennent les charges dépendent du champ $\boldsymbol{E}$, qui à son tour dépend de la position des charges. Alors les choses peuvent se compliquer. Si, par exemple, un corps chargé est mis près d'un conducteur ou d'un isolant, les électrons et les protons dans le conducteur ou l'isolant vont se déplacer. On peut connaître une partie de la densité de charge $\rho$ dans l'Éq. (4.5), celle qui provient de la charge qu'on a apportée ; mais il peut y en avoir une autre partie qui provient des charges qui se sont déplacées dans le conducteur. Et il faut tenir compte de toutes les charges. On peut aboutir à des problèmes assez subtils et intéressants. Ainsi, bien que ce chapitre soit consacré à l'électrostatique, il ne couvrira pas les parties les plus belles et les plus subtiles du sujet. Il ne traitera que de cas dans laquelle on peut supposer que les positions de toutes les charges sont connues. Naturellement vous devez être capables de traiter ce cas avant d'essayer d'aborder les autres.

## 4.2 Loi de Coulomb : superposition

Il serait logique d'utiliser les Éq. (4.5) et (4.6) comme point de départ. Il va être cependant plus commode de commencer ailleurs, puis de revenir à ces équations. Les résultats seront équivalents. Nous allons commencer par une loi dont nous avons déjà parlé, appelée la loi de Coulomb, qui dit qu'entre deux charges au repos il s'exerce une force directement proportionnelle au produit des charges et inversement proportionnelle au carré de leur distance. La force est dirigée suivant la ligne qui joint les charges.

*Loi de Coulomb* :

$$\boldsymbol{F}_1 = \frac{1}{4\pi\epsilon_0} \frac{q_1 q_2}{r_{12}^2} \boldsymbol{e}_{12} = -\boldsymbol{F}_2. \tag{4.9}$$

$\boldsymbol{F}_1$ est la force *sur* la charge $q_1$, $\boldsymbol{e}_{12}$ est le vecteur unitaire dans la direction de $q_2$ vers $q_1$, et $r_{12}$ est la distance entre $q_1$ et $q_2$. La force $\boldsymbol{F}_2$ sur $q_2$ est égale et opposée à $\boldsymbol{F}_1$.

La constante de proportionnalité, pour des raisons historiques, s'écrit $1/4\pi\epsilon_0$. Dans le système d'unités que nous utilisons, – le système M K S – elle est définie comme étant $10^{-7}$ fois le carré de la vitesse de la lumière. Et comme la vitesse de la lumière vaut approximativement $3 \times 10^8$ mètres par seconde, la constante vaut approximativement $9 \times 10^9$, et l'unité est le newton-mètre$^2$ par coulomb$^2$ ou le volt-mètre par coulomb

$$\begin{aligned} \frac{1}{4\pi\epsilon_0} &= 10^{-7}c^2 \quad \text{(par définition)} \\ &= 9{,}0 \times 10^9 \quad \text{(résultat expérimental).} \end{aligned} \tag{4.10}$$

Unité : newton-mètre$^2$/coulomb$^2$, ou volt-mètre/coulomb.

Quand il y a plus de deux charges en présence – les seuls cas réellement intéressants – il faut ajouter à la loi de Coulomb un autre fait : la force sur une charge quelconque est la somme vectorielle des forces de Coulomb exercées par chacune des autres charges. Ce fait porte le nom de « principe de superposition ». C'est là toute l'électrostatique. La loi de Coulomb combinée avec le principe de superposition, il n'y a rien d'autre. Les équations (4.5) et (4.6) – les équations de l'électrostatique – ne disent rien de plus et rien de moins.

Quand on applique la loi de Coulomb, il est commode d'introduire l'idée de champ électrique. On dit que le champ $\boldsymbol{E}(1)$ est la force *par unité de charge* sur $q_1$ (due à toutes les autres charges). En divisant l'Éq. (4.9) par $q_1$, on a, pour une autre charge en plus de $q_1$,

$$\boldsymbol{E}(1) = \frac{1}{4\pi\epsilon_0} \frac{q_2}{r_{12}^2} \boldsymbol{e}_{12}. \tag{4.11}$$

Ainsi, on considère que $\boldsymbol{E}(1)$ décrit quelque chose qui se rapporte au point (1) même si $q_1$, n'est pas là – en supposant que toutes les autres charges gardent les mêmes positions. On dit : $\boldsymbol{E}(1)$ est le champ électrique *au* point (1).

Le champ électrique $\boldsymbol{E}$ est un vecteur, de sorte que l'Éq. (4.11) représente en réalité trois équations – une pour chaque composante. En écrivant explicitement la composante $x$, l'Éq. (4.11) signifie

$$E_x(x_1, y_1, z_1) = \frac{q_2}{4\pi\epsilon_0} \frac{x_1 - x_2}{[(x_1 - x_2)^2 + (y_1 - y_2)^2 + (z_1 - z_2)^2]^{3/2}}, \tag{4.12}$$

et de même pour les autres composantes.

S'il y a plusieurs charges en présence, le champ $\boldsymbol{E}$ en tout point (1) est la somme des contributions de chacune des autres charges. Chaque terme de la somme aura l'aspect de (4.11) ou (4.12). Soit $q_i$ la valeur de la $j$ème charge, et $r_{1j}$ le déplacement depuis $q_j$ jusqu'au point (1), nous écrivons

$$\boldsymbol{E}(1) = \sum_j \frac{1}{4\pi\epsilon_0} \frac{q_j}{r_{1j}^2} \boldsymbol{e}_{1j}. \tag{4.13}$$

ce qui signifie, évidemment,

$$E_x(x_1, y_1, z_1) = \sum_j \frac{1}{4\pi\epsilon_0} \frac{q_j(x_1 - x_j)}{\left[(x_1 - x_j)^2 + (y_1 - y_j)^2 + (z_1 - z_j)^2\right]^{3/2}}, \tag{4.14}$$

etc.

Il est souvent commode d'ignorer le fait que les charges se présentent en paquets comme les électrons et les protons, et de les considérer comme étalées continûment – ce qu'on appelle une « distribution ». Ça va aussi longtemps qu'on ne s'intéresse pas à ce qui se passe à une trop petite échelle. On décrit une distribution de charge par une « densité de charge », $\rho(x, y, z)$. Si la charge dans un petit volume $\Delta V_2$, situé au point (2) est $\Delta q_2$, $\rho$ est défini par

$$\Delta q_2 = \rho(2)\Delta V_2. \tag{4.15}$$

Pour utiliser la loi de Coulomb avec une telle description, on remplace les sommes des Éq. (4.13) ou (4.14) par des intégrales sur tous les volumes contenant des charges. On a alors

$$\boldsymbol{E}(1) = \frac{1}{4\pi\epsilon_0} \int_{\substack{\text{tout} \\ \text{l'espace}}} \frac{\rho(2)\boldsymbol{e}_{12}\, dV_2}{r_{12}^2}. \tag{4.16}$$

Certains préfèrent écrire

$$\boldsymbol{e}_{12} = \frac{\boldsymbol{r}_{12}}{r_{12}},$$

où $\boldsymbol{r}_{12}$ est le vecteur déplacement *de* (2) *vers* (1), comme le montre la Fig. 4.1. L'intégrale pour $\boldsymbol{E}$ s'écrit alors

$$\boldsymbol{E}(1) = \frac{1}{4\pi\epsilon_0} \int_{\substack{\text{tout} \\ \text{l'espace}}} \frac{\rho(2)\boldsymbol{r}_{12}\, dV_2}{r_{12}^3}. \tag{4.17}$$

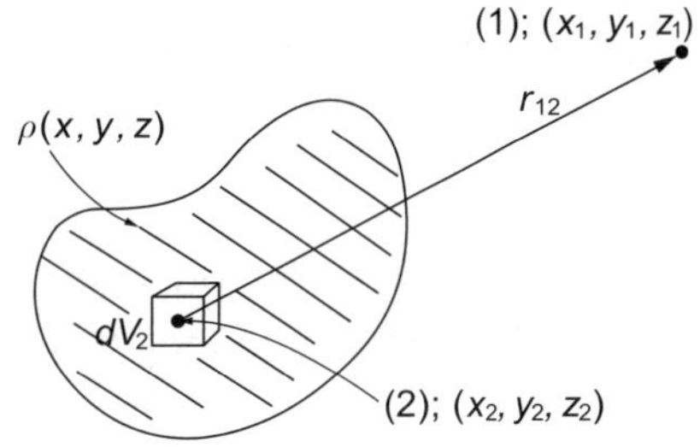


Figure 4.1– Le champ électrique $\boldsymbol{E}$ au point (1), dû à une distribution de charge, s'obtient en intégrant sur la distribution. Le point (1) pourrait aussi se trouver à l'intérieur de la distribution.

Quand on veut calculer quelque chose avec ces intégrales, il faut les écrire en détail. Pour la composante $x$ de chacune des Éq. (4.16) ou (4.17) on aurait

$$E_x(x_1, y_1, z_1) = \int_{\substack{\text{tout} \\ \text{l'espace}}} \frac{(x_1 - x_2)\rho(x_2, y_2, z_2)\, dx_2\, dy_2\, dz_2}{4\pi\epsilon_0[(x_1 - x_2)^2 + (y_1 - y_2)^2 + (z_1 - z_2)^2]^{3/2}}. \tag{4.18}$$

Nous n'allons pas beaucoup utiliser cette formule. Nous ne l'écrivons ici que pour souligner le fait que nous avons complètement résolu tous les problèmes d'électrostatique dans lesquels on connaît la position de toutes les charges. Les charges étant données, quels sont les champs ? *Réponse* : calculez cette intégrale. Il n'y a ainsi plus rien à dire sur le sujet, ce n'est plus qu'une question de calcul d'intégrales compliquées à trois dimensions réservé à une calculatrice !

Avec nos intégrales, nous pouvons trouver les champs produits par une couche de charges, par une ligne chargée, par une couche sphérique de charges, ou par toute distribution donnée. Il est important de se rendre compte, au moment où nous allons tracer des lignes de champ, parler de potentiels ou calculer des divergences, que nous avons déjà la réponse ici. La question est simplement qu'il est quelquefois plus facile de deviner la valeur d'une intégrale à l'aide d'une astuce que de la calculer effectivement. Pour deviner, il faut apprendre toutes sortes de choses étranges. Dans la pratique, il pourrait être plus facile de ne pas essayer d'être intelligent et de calculer toujours directement les intégrales au lieu d'être si malin. Nous allons cependant essayer d'être malins à ce sujet. Nous allons continuer en discutant quelques autres aspects du champ électrique.

## 4.3 Potentiel électrique

En premier lieu, nous abordons l'idée de potentiel électrique, qui est lié au travail accompli pour transporter une charge d'un point à un autre. Nous avons une distribution quelconque de charge qui produit un champ électrique. Nous nous demandons quel travail il faut pour amener une petite charge d'un endroit à un autre. Le travail accompli *contre* les forces électriques en amenant une charge le long d'un chemin est *l'opposé* de la composante de la force électrique dans la direction du mouvement, intégrée le long du chemin. Si on amène une charge d'un point $a$ à un point $b$,

$$W = -\int_a^b \boldsymbol{F} \cdot d\boldsymbol{s},$$

où $\boldsymbol{F}$ est la force électrique *sur* la charge en tout point, et $d\boldsymbol{s}$ est la différentielle du vecteur déplacement le long du chemin (Voir Fig. 4.2).

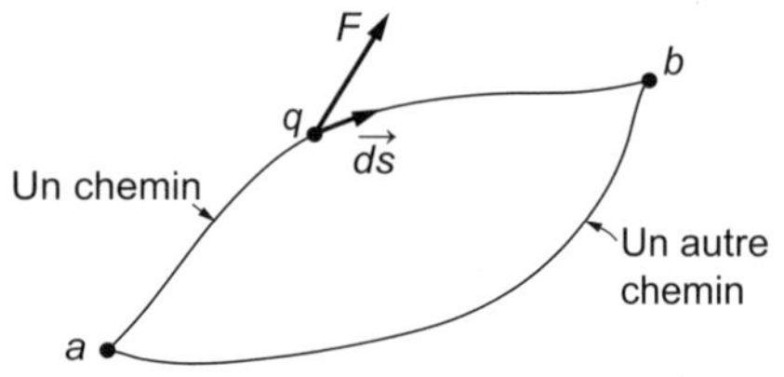


Figure 4.2 – Le travail accompli en transportant une charge de $a$ en $b$ est l'opposé de l'intégrale de $F \cdot ds$ le long du chemin suivi.

Il est plus intéressant, pour ce que nous nous proposons de faire, de considérer le travail qui serait fait pour transporter *une unité* de charge. La force sur la charge est alors numériquement la même que le champ électrique. Soit $W$ (unité) le travail accompli dans ce cas contre les forces électriques ; nous écrivons

$$W(\text{unité}) = -\int_a^b \boldsymbol{E} \cdot d\boldsymbol{s}. \tag{4.19}$$

En général, ce qu'on obtient avec ce genre d'intégrale dépend du chemin suivi. Mais si l'intégrale de (4.19) dépendait du chemin suivi de $a$ à $b$, on pourrait recueillir du travail de la part du champ en transportant la charge de $a$ vers $b$ le long d'un certain trajet, puis en revenant vers $a$ par un autre trajet. On irait vers $b$ par le trajet pour lequel $W$ est le plus petit et on *reviendrait* par l'autre, *recueillant* plus de travail qu'on en aurait *fourni.*

Il n'y a, en principe, rien d'impossible dans le fait de récolter de l'énergie de la part d'un champ. Nous rencontrerons d'ailleurs des champs pour lesquels c'est possible. Ce pourrait être dû au fait que lorsque vous déplacez une charge, vous produisez des forces sur l'autre partie de la « machine ». Si la « machine » se déplace dans le sens opposé à la force, elle perd de l'énergie, maintenant ainsi constante l'énergie totale de l'univers. Cependant, en *électrostatique*, il n'existe pas de telle « machine ». Nous savons ce que sont les forces de réaction sur les sources du champ. Ce sont les forces de Coulomb sur les charges responsables du champ. Si les autres charges ont une position fixe – comme on le suppose en *électrostatique* seulement – ces forces de réaction ne peuvent exercer aucun travail sur elles. Il n'y a pas moyen d'obtenir d'elles de l'énergie – pourvu, bien sûr, que le principe de conservation de l'énergie soit valable en électrostatique. Nous pensons bien qu'il est valable, mais nous allons montrer qu'il découle de la loi de force de Coulomb.

Considérons d'abord ce qui se passe dans le champ dû à une seule charge $q$. Supposons que le point $a$ est à la distance $r_a$ de $q$, et le point $b$ à $r_b$. Apportons maintenant de $a$ vers $b$ une charge différente, qu'on appellera la charge « d'épreuve », et que nous prendrons égale à l'unité. Commençons par le trajet le plus facile à calculer. Nous transportons notre charge d'épreuve d'abord le long d'un arc de cercle, puis le long d'un rayon, comme le montre la partie (a) de la Fig. 4.3. Pour ce trajet particulier, c'est un jeu d'enfant de trouver le travail accompli (autrement nous ne l'aurions pas choisi). D'abord il n'y a pas du tout de travail accompli sur le trajet de $a$ vers $a'$. Le champ est radial (d'après la loi de Coulomb), il est donc à angle droit de la direction du mouvement. Ensuite, sur le trajet de $a'$ à $b$, le champ est dans la direction du mouvement et varie comme $1/r^2$. Ainsi le travail effectué sur la charge d'épreuve, quand on l'a amenée de $a$ vers $b$, serait

$$-\int_a^b \boldsymbol{E}\cdot d\boldsymbol{s} = -\frac{q}{4\pi\epsilon_0}\int_{a'}^b \frac{dr}{r^2} = -\frac{q}{4\pi\epsilon_0}\left(\frac{1}{r_a}-\frac{1}{r_b}\right). \tag{4.20}$$

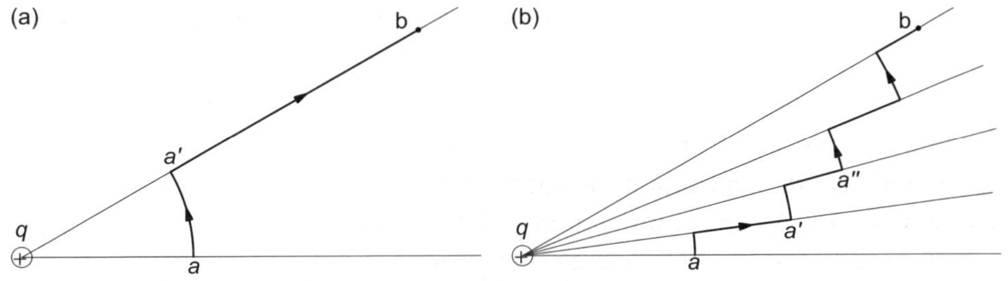


Figure 4.3 – En transportant une charge d'épreuve de $a$ vers $b$, le mémo travail est accompli le long de chacun des trajets.

Prenons maintenant un autre trajet facile. Celui, par exemple, représenté sur la partie (b) de la Fig. 4.3. Il est fait d'un petit arc de cercle, puis d'un petit morceau de rayon, puis à nouveau d'un arc de cercle, puis d'un morceau de rayon, et ainsi de suite. Sur les parties circulaires, on ne travaille pas. Sur les parties radiales, il faut seulement intégrer $1/r^2$. Le long du premier tronçon radial, on intègre de $r_{a'}$ à $r_{a''}$, puis le long du tronçon radial suivant de $r_{a'}$ à $r_{a''}$, et ainsi de suite. La somme de toutes ces intégrales a la même valeur qu'une seule intégrale directement de $r_a$ à $r_b$. On trouve le même résultat pour ce trajet que pour le premier trajet qu'on avait essayé. Il est clair qu'on obtiendrait la même réponse pour *n'importe quel* trajet fait d'un nombre arbitraire de morceaux de la même sorte.

Et pour des trajets curvilignes ? Aurions-nous obtenu le même résultat ? Nous avons discuté ce point précédemment dans le chapitre 13 du Vol. I. Utilisant les mêmes arguments qu'alors, on peut conclure que le travail accompli en transportant une charge unité de $a$ à $b$ est indépendant du trajet suivi.

$$\left.\begin{matrix} W(\text{unité}) \\ a \to b \end{matrix}\right\} = -\underset{\substack{\text{trajet}\\ \text{quelconque}}}{\int_a^b} \boldsymbol{E}\cdot d\boldsymbol{s}.$$

Comme le travail accompli ne dépend que des extrémités, il peut être représenté par la différence entre deux nombres. On peut voir cela de la façon suivante. Choisissons un point de référence $P_0$ et convenons d'évaluer notre intégrale en utilisant un trajet qui passe toujours *par le point* $P_0$. Soit $\phi(a)$ le travail accompli contre le champ en allant *du point* $P_0$ au point $a$, et soit $\phi(b)$ le travail accompli en allant *du point* $P_0$ au point $b$ (Fig. 4.4). Le travail pour aller *vers le point* $P_0$ à partir de $a$ (sur le trajet allant vers $b$) est l'opposé de $\phi(a)$, de sorte que

$$-\int_a^b \boldsymbol{E} \cdot d\boldsymbol{s} = \phi(b) - \phi(a). \tag{4.21}$$

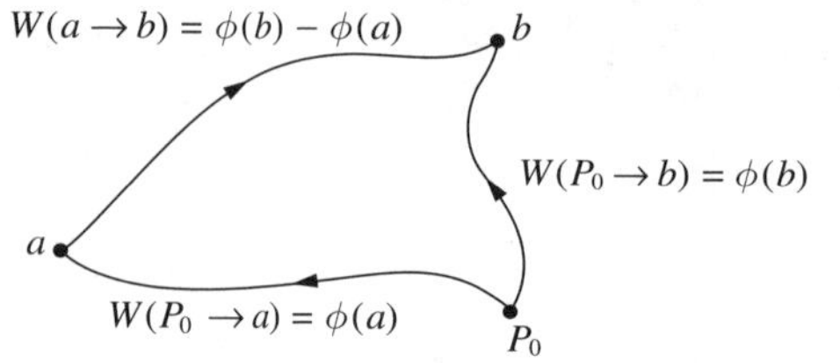


Figure 4.4 – Le travail accompli en suivant un trajet quelconque de $a$ vers $b$ est l'opposé du travail accompli en allant d'un point quelconque $P_0$ vers $a$, plus le travail en allant de $P_0$ vers $b$.

Comme on ne rencontre jamais que la différence des valeurs de la fonction $\phi$ aux deux points, on n'a pas vraiment besoin de spécifier la position de $P_0$. Mais une fois qu'on a choisi un point de référence, un nombre $\phi$ est déterminé pour *tout* point de l'espace ; $\phi$ est alors *un champ scalaire.* C'est une fonction de $x$, $y$, $z$. On appelle cette fonction scalaire *le potentiel électrostatique* en un point quelconque.

*Potentiel électrostatique* :

$$\phi(P) = -\int_{P_0}^{P} \boldsymbol{E} \cdot d\boldsymbol{s}. \tag{4.22}$$

Par commodité, nous prendrons souvent le point de référence à l'infini. Pour une charge unique à l'origine, d'après l'Éq. (4.20), le potentiel $\phi$ est alors donné en tout point $(x, y, z)$ par :

$$\phi(x, y, z) = \frac{q}{4\pi\epsilon_0}\,\frac{1}{r}. \tag{4.23}$$

Le champ électrique de plusieurs charges peut s'écrire comme la somme des champs électriques créés par la première, la seconde, la troisième, etc. Quand on intègre la somme pour trouver le potentiel on obtient une somme d'intégrales. Chacune des intégrales est le potentiel dû à l'une des charges. On en conclut que le potentiel $\phi$ dû à plusieurs charges est la somme des potentiels dus à toutes les charges individuelles. Il existe aussi un principe de superposition pour les potentiels. En utilisant le même genre de raisonnement que celui grâce auquel nous avons trouvé le champ électrique dû à un groupe de charges et à une distribution de charges, nous pouvons obtenir les formules donnant le potentiel $\phi$ au point que nous appelons (1) :

$$\phi(1) = \sum_j \frac{1}{4\pi\epsilon_0}\,\frac{q_j}{r_{1j}}, \tag{4.24}$$

$$\phi(1) = \frac{1}{4\pi\epsilon_0} \int_{\substack{\text{tout}\\ \text{l'espace}}} \frac{\rho(2)\,dV_2}{r_{12}}. \tag{4.25}$$

Rappelons que le potentiel $\phi$ a une signification physique : c'est l'énergie potentielle qu'aurait une charge unitaire si on l'amenait au point considéré de l'espace à partir d'un point de référence.

## 4.4 $E = -\nabla\phi$

Pour quoi faire, ce $\phi$ ? Les forces sur les charges sont données par $\boldsymbol{E}$, le champ électrique. L'intérêt est que $\boldsymbol{E}$ s'obtient facilement à partir de $\phi$ – c'est en effet aussi facile que de prendre une dérivée. Considérons-deux points, l'un en $x$ et l'autre en $(x + \Delta x)$, mais tous deux ayant le même $y$ et le même $z$, et cherchons quel travail on effectue quand on transporte une charge unitaire du premier point à l'autre. Le trajet se fait le long de la ligne horizontale de $x$ jusqu'à $x + \Delta x$. Le travail effectué est la différence de potentiel entre les deux points :

$$\Delta W = \phi(x + \Delta x, y, z) - \phi(x, y, z) = \frac{\partial\phi}{\partial x}\,\Delta x.$$

Mais le travail effectué contre le champ pour le même trajet est

$$\Delta W = -\int \boldsymbol{E}\cdot d\boldsymbol{s} = -E_x\,\Delta x.$$

On voit que

$$E_x = -\frac{\partial\phi}{\partial x}. \tag{4.26}$$

De même, $E_y = -\partial\phi/\partial y$, $E_z = -\partial\phi/\partial z$, ou, en résumant avec la notation de l'analyse vectorielle,

$$\boldsymbol{E} = -\boldsymbol{\nabla}\phi. \tag{4.27}$$

Cette équation est la forme différentielle de l'Éq. (4.22). Tout problème avec des charges données peut se résoudre en calculant le potentiel par (4.24) ou (4.25) et en utilisant (4.27) pour obtenir le champ. L'équation (4.27) est aussi en accord avec ce qu'on a trouvé par le calcul vectoriel : que pour tout champ scalaire $\phi$

$$\int_a^b \boldsymbol{\nabla}\phi\cdot d\boldsymbol{s} = \phi(b) - \phi(a). \tag{4.28}$$

D'après l'Éq. (4.25) le potentiel scalaire $\phi$ est donné par une intégrale à trois dimensions similaire à celle que nous avions pour $\boldsymbol{E}$. Y a-t-il un avantage à calculer $\phi$ plutôt que $\boldsymbol{E}$ ? Oui. Il n'y a qu'une intégrale pour $\phi$, tandis qu'il y a trois intégrales pour $\boldsymbol{E}$ – parce que c'est un vecteur. De plus, $1/r$ est en général un peu plus facile à intégrer que $x/r^3$. Il se trouve dans beaucoup de cas pratiques qu'il est plus facile de calculer $\phi$, puis d'en chercher le gradient pour trouver le champ électrique, que d'évaluer les trois intégrales pour $\boldsymbol{E}$. C'est simplement une question pratique.

Il existe aussi une signification physique plus profonde du potentiel $\phi$. Nous avons montré que $\boldsymbol{E}$ de la loi de Coulomb est obtenu à partir de $\boldsymbol{E} = -\operatorname{grad}\phi$, où $\phi$ est donné par (4.22). Mais si $\boldsymbol{E}$ est égal au gradient d'un champ scalaire, on sait par le calcul vectoriel que le rotationnel de $\boldsymbol{E}$ doit s'annuler :

$$\boldsymbol{\nabla} \times \boldsymbol{E} = 0. \tag{4.29}$$

Mais c'est justement notre seconde équation fondamentale de l'électrostatique, Éq. (4.6). Nous avons montré que la loi de Coulomb donne un champ $\boldsymbol{E}$ qui satisfait cette condition. Jusque-là, tout va bien.

Nous avions en fait prouvé que $\boldsymbol{\nabla} \times \boldsymbol{E}$ était nul avant de définir le potentiel. Nous avions montré que le travail accompli le long d'un trajet fermé est nul. C'est-à-dire que

$$\oint \boldsymbol{E} \cdot d\boldsymbol{s} = 0$$

pour *tout* trajet. Nous avons vu au chapitre 3 que pour un tel champ, $\boldsymbol{\nabla} \times \boldsymbol{E}$ doit être nul partout. Le champ électrique en électrostatique est un exemple de champ irrotationnel.

Vous pouvez vous exercer au calcul vectoriel en montrant que $\boldsymbol{\nabla} \times \boldsymbol{E}$ est nul d'une façon différente – en calculant les composantes de $\boldsymbol{\nabla} \times \boldsymbol{E}$ pour le champ créé par une charge ponctuelle, tel qu'il est donné par l'Éq. (4.11). Si vous trouvez zéro, le principe de superposition vous dit que vous obtiendriez zéro pour le champ de toute distribution de charge.

Nous devons souligner un point important. Pour une force *radiale* quelconque le travail effectué est indépendant du chemin suivi, et il existe un potentiel. Si vous y réfléchissez, tout le raisonnement que nous avons fait plus haut pour montrer que l'intégrale représentant le travail était indépendante du chemin suivi, ne dépendait que du fait que la force due à une charge unique était radiale et à symétrie sphérique. Il ne dépendait pas du fait que la fonction de la distance était en $1/r^2$ – il aurait pu y avoir n'importe quelle fonction de $r$. L'existence d'un potentiel, et le fait que le rotationel de $\boldsymbol{E}$ est nul, ne résultent en fait que de la symétrie et de la direction des forces éléctrostatiques. À cause de cela, l'Éq. (4.28) – ou (4.29) peut ne contenir qu'une partie des lois de l'électricité.

## 4.5 Le flux de *E*

Nous allons maintenant déduire une équation de champ qui dépend spécifiquement et directement du fait que la loi de force est en $1/r^2$. Le fait que le champ varie en raison inverse du carré de la distance semble, à certains, être « tout naturel », parce que « c'est ainsi que les choses se propagent à partir d'un point ». Prenez une source lumineuse : la quantité de lumière qui traverse une surface découpée par un cône dont le sommet est à la source, est la même, quelle que soit la distance à laquelle la surface est placée. Il faut qu'il en soit ainsi s'il doit y avoir conservation de l'énergie lumineuse. La quantité de lumière par unité de surface – l'intensité – doit varier en raison inverse de la surface découpée par le cône, c'est-à-dire comme l'inverse du carré de la distance à la source. Le champ électrique devrait certainement varier comme l'inverse du carré de la distance pour la même raison ! Mais « la même raison » n'existe pas ici. Personne ne peut dire que le champ électrique mesure la propagation de quelque chose comme la lumière, qui doit être conservée. *Si* nous avions un « modèle » du champ électrique dans lequel le vecteur champ électrique représenterait la direction et la vitesse – disons le courant – d'espèces de petites « balles » qui s'envoleraient, *et* si notre modèle demandait que ces balles se conservent, qu'aucune ne puisse disparaître après qu'elle ait été « tirée » par une charge, alors nous pourrions dire qu'on peut « voir » que la loi en $1/r^2$ est nécessaire. D'un autre côté, il y aurait nécessairement une façon mathématique d'exprimer cette idée physique. Si le champ électrique *était* semblable à l'émission de balles se conservant, il varierait en raison inverse du carré de la distance et nous serions capables de décrire ce comportement par une équation – ce qui est purement mathématique. Il n'y a pas de mal à penser de cette façon, à condition de ne pas dire que le champ électrique *est fait* de balles, mais de bien comprendre que nous utilisons un modèle pour nous aider à trouver le traitement mathématique correct.

Supposons, en effet, que nous imaginions pour un instant que le champ électrique représente bien l'écoulement de quelque chose qui est conservé – partout, sauf sur les charges. (Il faut qu'il parte de quelque part !) Nous imaginons que cet écoulement, quel qu'il soit, sort d'une charge vers l'espace alentour. Si $\boldsymbol{E}$ était le vecteur d'un tel écoulement (comme $\boldsymbol{h}$ l'est pour la propagation de la chaleur), il varierait en $1/r^2$ près d'une source ponctuelle. Nous allons maintenant utiliser ce modèle pour trouver le moyen d'établir la loi de l'inverse carré, d'une façon plus profonde ou plus abstraite, plutôt que de dire simplement « inverse carré ». (Vous devez vous demander pourquoi nous voulons éviter l'énoncé direct d'une loi aussi simple et pourquoi, au lieu de cela, introduire furtivement la même chose d'une façon différente. Patience ! Cela va se révéler utile.)

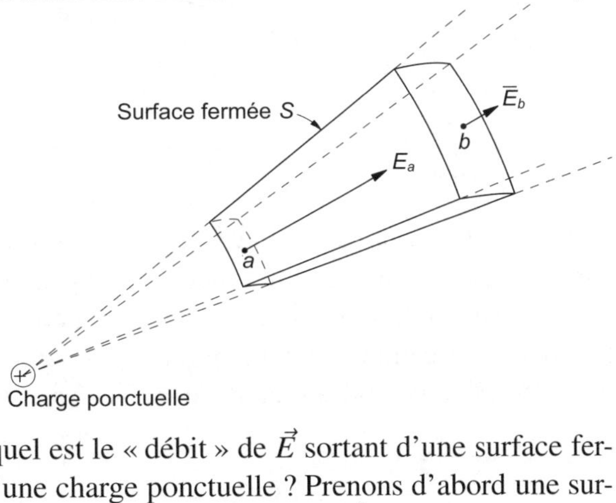


Figure 4.5 – Le flux sortant de $\boldsymbol{E}$ à travers la surface $S$ est nul.

Posons nous la question suivante : quel est le « débit » de $\vec{E}$ sortant d'une surface fermée quelconque située au voisinage d'une charge ponctuelle ? Prenons d'abord une surface simple : une boîte comme celle de la Figure 4.5. Si le champ $\vec{E}$ représente une sorte de débit, le débit total de cette boîte doit être nul. C'est ce qu'on obtient si par le « débit » sortant de cette surface nous entendons l'intégrale de surface de la composante normale de $\boldsymbol{E}$ – c'est-à-dire le flux de $\boldsymbol{E}$. Sur les faces radiales, la composante normale est nulle. Sur les faces sphériques, la composante normale $\boldsymbol{E}_n$ est précisément égale au module de $\boldsymbol{E}$ – avec le signe moins pour la plus petite face et le signe plus pour la plus grande. Le module de $\boldsymbol{E}$ décroît comme $1/r^2$, mais l'aire de la surface est proportionnelle à $r^2$, de sorte que le produit est indépendant de $r$. Le flux de $\boldsymbol{E}$ à travers la face $a$ est exactement compensé par le flux à travers la face $b$. Le flux total qui sort de $S$ est nul, ce qui signifie que pour cette surface

$$\int_S E_n\, da = 0. \tag{4.30}$$

Montrons maintenant que les deux surfaces terminales peuvent être inclinées par rapport au rayon sans changer l'intégrale (4.30). Bien que ce soit vrai en général, il est seulement nécessaire, pour notre propos, de montrer que c'est vrai quand les surfaces terminales sont petites, de sorte qu'elles sont vues sous un petit angle depuis la source – en fait sous un angle infiniment petit. Dans la Fig. 4.6 nous montrons une surface $S$ dont les « côtés » sont radiaux, mais dont les « bouts » sont inclinés. Les surfaces terminales ne sont pas petites sur la figure, mais vous devez imaginer la situation pour de très petites surfaces terminales. Le champ $\boldsymbol{E}$ sera alors suffisamment uniforme sur toute la surface pour qu'on puisse n'utiliser que sa valeur au centre. Quand on incline la surface d'un angle $\theta$, l'aire est multipliée par le facteur $1/\cos\theta$. Mais la composante de $\boldsymbol{E}$ normale à la surface $\boldsymbol{E}_n$, est divisée par le facteur $\cos\theta$. Le produit $\boldsymbol{E}_n \Delta a$ est inchangé. Le flux sortant à travers toute la surface $S$ est encore nul.

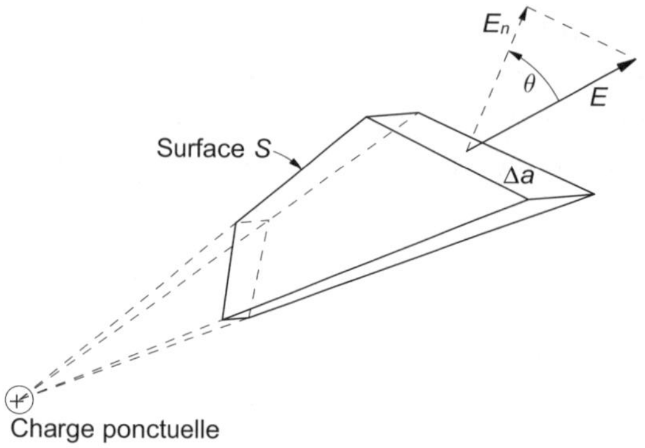


Figure 4.6 – Le flux sortant de $\boldsymbol{E}$ à travers la surface $S$ est nul.

Il est maintenant facile de voir que le flux sortant d'un volume fermé par *n'importe* quelle surface $S$ doit être nul. Tout volume peut être considéré comme fait de morceaux, comme ceux de la Fig. 4.6. La surface sera complètement divisée en paires de surfaces terminales, et comme les flux entrant et sortant de ces faces terminales se compensent par paires, le flux total sortant de la surface va être nul. L'idée est illustrée par la Fig. 4.7.

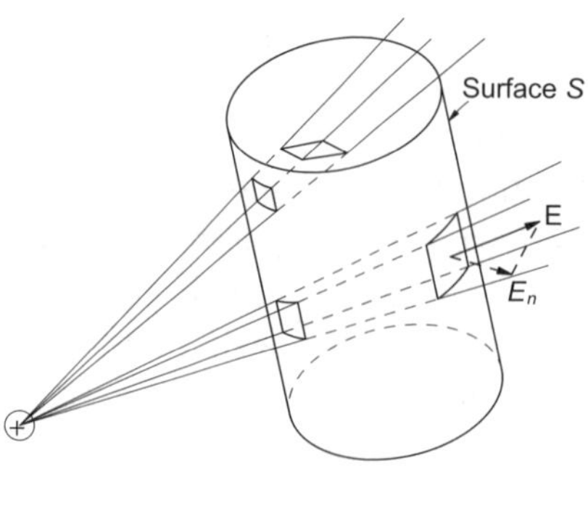


Figure 4.7 – Tout volume peut être considéré comme formé de cônes tronqués infinitésimaux. Le flux de $\boldsymbol{E}$ à travers une extrémité de chaque portion de cône est égal et opposé au flux à travers l'autre extrémité. Le flux total à travers la surface $S$ est donc nul.

Nous obtenons le résultat tout à fait général que le flux total de $\boldsymbol{E}$ sortant de *n'importe* quelle surface $S$ dans le champ d'une charge ponctuelle est nul.

Mais attention ! Notre démonstration n'est valable que si la surface $S$ *n'entoure pas* la charge. Qu'arriverait-il si la charge ponctuelle était à *l'intérieur* de la surface ? Nous pourrions encore diviser notre surface en paires de surfaces limitées par des rayons passant par la charge, comme le montre la Fig. 4.8. Les flux à travers les deux surfaces sont encore égaux – pour les mêmes raisons que précédemment – sauf que maintenant ils ont le *même* signe. Le flux sortant d'une surface qui *entoure* une charge n'est *pas* nul.

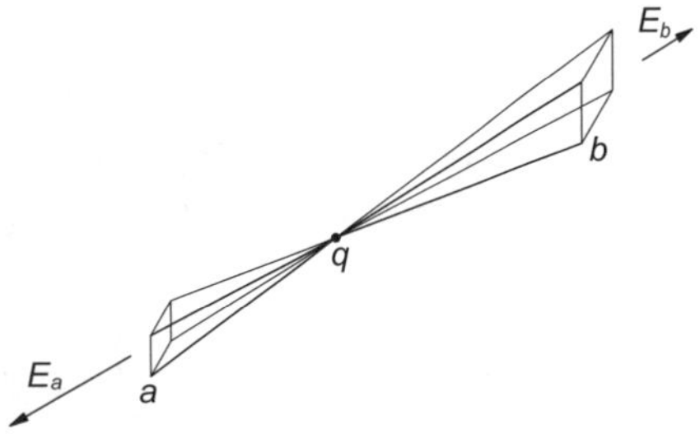


Figure 4.8 – S'il y a une charge à l'intérieur d'une surface, le flux sortant n'est pas nul.

Alors que vaut-il ? On peut le trouver par une petite astuce. Supposons qu'on « enlève » la charge de l'« intérieur » en entourant la charge par une petite surface $S'$ totalement intérieure à la surface primitive $S$, comme le montre la Fig. 4.9. Le volume contenu *entre* les deux surfaces $S$ et $S'$ ne contient plus de charge à l'intérieur. Le flux total sortant de ce volume (y compris celui à travers $S'$) est nul, pour les raisons que nous avons données ci-dessus. Ces raisons nous montrent, en fait, que le flux *entrant* dans le volume à travers $S'$ est le même que le flux sortant à travers $S$.

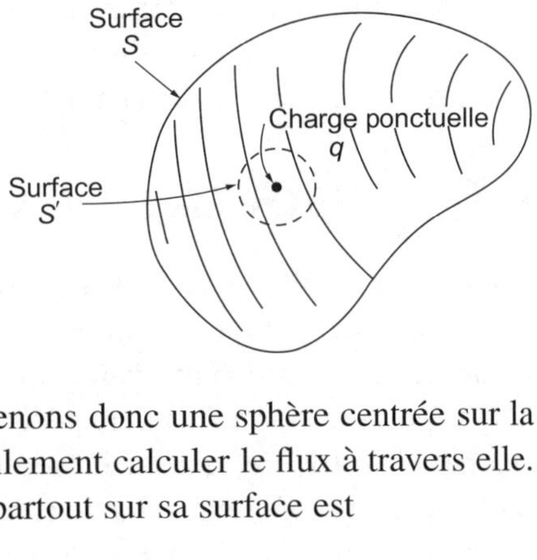


Figure 4.9 – Le flux à travers $S$ est le même que celui à travers $S'$.

On peut choisir la forme qu'on veut pour $S'$ ; prenons donc une sphère centrée sur la charge, comme dans la Fig. 4.10. On peut alors facilement calculer le flux à travers elle. Si le rayon de la petite sphère est $r$, la valeur de $\boldsymbol{E}$ partout sur sa surface est

$$\frac{1}{4\pi\epsilon_0}\frac{q}{r^2},$$

et est toujours dirigée normalement à la surface. On trouve le flux total à travers $S'$ en multipliant cette composante normale de $\boldsymbol{E}$ par la surface :

$$\text{Flux à travers la surface } S' = \left(\frac{1}{4\pi\epsilon_0}\frac{q}{r^2}\right)\left(4\pi r^2\right) = \frac{q}{\epsilon_0}, \tag{4.31}$$

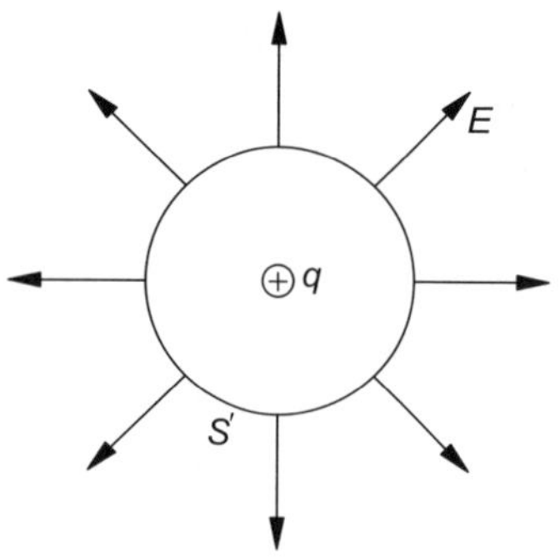


Figure 4.10 – Le flux à travers une surface sphérique contenant une charge ponctuelle $q$ est $q/\epsilon_0$.

nombre qui ne dépend pas du rayon de la sphère ! On sait alors que le flux sortant de $S$ est aussi $q/\epsilon_0$ – valeur indépendante de la forme de $S$ tant que la charge $q$ est intérieure.

On peut écrire nos conclusions comme suit :

$$\int_{\text{toute surface } S} E_n\, da = \begin{cases} 0; & q \text{ hors de } S \\ \dfrac{q}{\epsilon_0}; & q \text{ dans } S \end{cases} \tag{4.32}$$

Revenons à notre analogie avec des « balles » et voyons si elle a un sens. Notre théorème dit que le flux total de balles à travers une surface est nul si la surface ne contient pas le fusil qui tire les balles. Si le fusil est contenu dans une surface, quelles qu'en soient la grandeur et la forme, le nombre de balles qui passent à travers est le même – il est déterminé par la cadence à laquelle les balles sont tirées par le fusil. Tout cela semble très raisonnable pour des balles qui se conservent. Mais est-ce que ce modèle nous apporte quelque chose de plus que ce qu'on obtient en écrivant simplement l'Éq. (4.32) ? Personne n'a réussi à faire avec ces balles autre chose que de donner cette loi unique. Après quoi, elles ne produisent rien d'autre que des erreurs. C'est pourquoi on préfère aujourd'hui représenter le champ électromagnétique de façon purement abstraite.

## 4.6 Théorème de Gauss ; la divergence de *E*

Notre beau résultat, Éq. (4.32), a été démontré pour une seule charge ponctuelle. Supposons maintenant qu'il y ait deux charges, une charge $q_1$ en un point et une charge $q_2$ en un autre. Le problème paraît plus compliqué. Le champ électrique dont on intègre la composante normale pour calculer le flux est le champ dû à l'ensemble des deux charges. C'est-à-dire que, si $\boldsymbol{E}_1$ représente le champ électrique qui serait produit par $q_1$ seulement, et si $\boldsymbol{E}_2$ représente le champ électrique qui serait produit par $q_2$ seulement, le champ électrique total est $\boldsymbol{E} = \boldsymbol{E}_1 + \boldsymbol{E}_2$. Le flux à travers une surface fermée quelconque $S$ est

$$\int_S (E_{1n} + E_{2n})\, da = \int_S E_{1n}\, da + \int_S E_{2n}\, da. \tag{4.33}$$

Le flux, si les deux charges sont présentes, est le flux dû à une des charges plus le flux dû à l'autre charge. Si les charges sont toutes les deux à l'extérieur de $S$, le flux à travers $S$ est nul. Si $q_1$ est à l'intérieur de $S$ mais $q_2$ à l'extérieur, la première intégrale donne

$q/\epsilon_0$ et la seconde donne zéro. Si la surface contient les deux charges, chacune donne sa contribution et on a le flux $(q_1 + q_2)/\epsilon_0$. La règle générale est évidemment que le flux total sortant d'une surface fermée est égal à la charge totale *intérieure*, divisée par $\epsilon_0$.

Notre résultat est une importante loi générale du champ électrostatique, dite théorème de Gauss.

**Théorème de Gauss**

$$\int_{\substack{\text{surface}\\ \text{fermée } S}} E_n\, da = \frac{\text{somme des charges intérieures}}{\epsilon_0}, \tag{4.34}$$

*ou*

$$\int_{\substack{\text{surface}\\ \text{fermée } S}} \boldsymbol{E} \cdot \boldsymbol{n}\, da = \frac{Q_{\text{int}}}{\epsilon_0}, \tag{4.35}$$

*ou*

$$Q_{int} = \sum_{\text{intérieur de } S} q_i. \tag{4.36}$$

*Si on décrit la répartition des charges dans l'espace à l'aide d'une densité de charge $\rho$, on peut considérer que chaque élément de volume $dV$ contient une charge « ponctuelle » $\rho\, dV$. La somme sur toutes les charges est alors l'intégrale*

$$Q_{int} = \int_{\substack{\text{volume}\\ \text{intérieur à } S}} \rho\, dV. \tag{4.37}$$

Notre démonstration montre que le théorème de Gauss vient du fait que l'exposant dans la loi de Coulomb est exactement deux. Un champ en $1/r^3$, ou n'importe quel champ en $1/r^n$ avec $n \neq 2$, ne donnerait pas le théorème de Gauss. Ainsi le théorème de Gauss n'est qu'une expression, sous une forme différente, de la loi de Coulomb donnant les forces entre deux charges. En fait, on peut aller dans l'autre sens : à partir du théorème de Gauss, on peut déduire la loi de Coulomb. Les deux sont parfaitement équivalents tant qu'on garde à l'esprit le fait que les forces entre charges sont radiales.

Nous aimerions maintenant écrire le théorème de Gauss à l'aide de dérivées. Pour cela, nous appliquons le théorème de Gauss à une surface cubique infiniment petite. Nous avons montré au chapitre 3 que le flux de $\boldsymbol{E}$ à travers un tel cube est $\boldsymbol{\nabla} \cdot \boldsymbol{E}$ fois le volume $dV$ du cube. La charge à l'intérieur de $dV$, par définition de $\rho$, est égale à $\rho\, dV$, de sorte que le théorème de Gauss donne

$$\boldsymbol{\nabla} \cdot \boldsymbol{E}\, dV = \frac{\rho\, dV}{\epsilon_0},$$

ou

$$\boldsymbol{\nabla} \cdot \boldsymbol{E} = \frac{\rho}{\epsilon_0}. \tag{4.38}$$

La forme différentielle du théorème de Gauss est la première de nos équations fondamentales du champ électrostatique, Éq. (4.5). Nous avons montré que les deux équations de l'électrostatique, Éq. (4.5) et (4.6), sont équivalentes à la loi de force de Coulomb. Nous allons maintenant considérer un exemple d'utilisation du théorème de Gauss. (Nous verrons plus tard de nombreux autres exemples.)

## 4.7 Champ d'une sphère chargée

Un des problèmes difficiles que nous avons rencontré, lorsque nous avons étudié la théorie de l'attraction gravitationnelle, a été de montrer que la force produite par une sphère solide de matière est la même à la surface de la sphère que si toute la matière était concentrée au centre. Pendant plusieurs années, Newton ne rendit pas publique sa théorie de la gravitation parce qu'il ne pouvait pas être sûr que ce théorème était vrai. Nous avons démontré ce théorème au chapitre 13 du Vol. I en calculant le potentiel à l'aide d'une intégrale et en trouvant ensuite la force gravitationnelle à l'aide du gradient. Nous pouvons maintenant démontrer le théorème d'une façon très simple. Seulement, cette fois-ci nous démontrerons le théorème correspondant pour une répartition sphérique uniforme de charge électrique. (Puisque les lois de l'électrostatique sont les mêmes que celles de la gravitation, la même démonstration pourrait être faite pour le champ de gravitation.)

Question : quel est le champ électrique $\boldsymbol{E}$ en un point quelconque $P$ à l'extérieur d'une sphère contenant une distribution uniforme de charge ? Puisqu'il n'y a pas de direction « spéciale », nous pouvons supposer qu'en tout point la direction de $\boldsymbol{E}$ part du centre de la sphère. Nous considérons une surface imaginaire qui est sphérique et concentrique à la sphère chargée et qui passe par le point $P$ (Fig. 4.11). Pour cette surface le flux sortant est

$$\int E_n\,da = E \cdot 4\pi R^2.$$

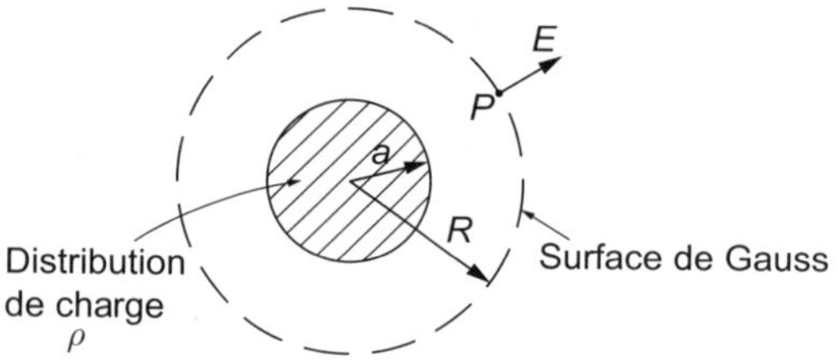


Figure 4.11 – Utilisation du théorème de Gauss pour trouver le champ créé par une répartition sphérique uniforme de charges.

Le théorème de Gauss nous dit que ce flux est égal à la charge totale $Q$ de la sphère (divisée par $\epsilon_0$) :

$$E \cdot 4\pi R^2 = \frac{Q}{\epsilon_0},$$

ou

$$E = \frac{1}{4\pi\epsilon_0}\frac{Q}{R^2}, \tag{4.39}$$

ce qui est la même formule que celle que nous aurions trouvée pour une charge ponctuelle $Q$. Nous avons résolu le problème de Newton plus facilement qu'en calculant l'intégrale. C'est, bien entendu, une fausse facilité. Cela vous a pris du temps d'arriver à comprendre le théorème de Gauss, vous pouvez donc penser que vous n'avez en fait pas gagné de temps. Mais lorsque vous aurez de plus en plus utilisé le théorème, cela deviendra payant. C'est une question d'efficacité.

## 4.8 LIGNES DE CHAMP ; SURFACES ÉQUIPOTENTIELLES

Nous voudrions donner maintenant une description géométrique du champ électrostatique. Les deux lois de l'électrostatique (le flux est proportionnel à la charge intérieure, et le champ électrique est le gradient d'un potentiel), peuvent aussi être représentées géométriquement. Nous illustrerons ceci par deux exemples.

Prenons d'abord le champ d'une charge ponctuelle. Dessinons des lignes dans la direction du champ – lignes qui sont toujours tangentes au champ, comme dans la Fig. 4.12. Ces lignes sont appelées *lignes de champ*. Elles indiquent partout la direction du vecteur champ électrique. Mais nous voulons aussi représenter la grandeur de ce vecteur. Nous pouvons adopter comme règle que l'intensité du champ électrique sera représentée par la « densité » des lignes. Par densité des lignes nous entendons le nombre de lignes par unité d'aire à travers une surface perpendiculaire aux lignes. Avec ces deux règles nous pouvons avoir une image du champ électrique. Pour une charge ponctuelle, la densité des lignes doit *décroître* en $1/r^2$. Mais l'aire d'une surface sphérique perpendiculaire aux lignes à une distance radiale $r$ quelconque, *augmente comme* $r^2$, donc si on garde toujours le même *nombre* de lignes pour *toutes* les distances à la charge, la *densité* restera proportionnelle à l'intensité du champ. Nous pouvons garantir qu'il y a le même nombre de lignes à chaque distance si nous insistons sur le fait que les lignes sont *continues* – que depuis le moment où une ligne commence à partir de la charge, elle ne finit jamais. En termes de lignes de champ, le théorème de Gauss dit que les lignes ne doivent commencer qu'aux charges plus et ne doivent s'arrêter qu'aux charges moins. Le nombre de lignes qui *quittent* une charge $q$ doit être égal à $q/\epsilon_0$.

Nous pouvons maintenant trouver une image géométrique semblable pour le potentiel $\phi$. La façon la plus facile de représenter le potentiel est de dessiner des surfaces sur lesquelles $\phi$ est constant. Nous les appelons surfaces *équipotentielles* – surfaces d'égal potentiel. Quelle est alors la relation géométrique entre les surfaces équipotentielles et les lignes de champ ? Le champ électrique est le gradient du potentiel. Le gradient dans la direction laquelle le potentiel varie le plus rapidement, et est par conséquent perpendiculaire à une surface équipotentielle. Si $\boldsymbol{E}$ n'était *pas* perpendiculaire à la surface, il aurait une composante *sur* la surface. Le potentiel changerait sur cette surface, mais alors ce ne serait pas une équipotentielle. Les surfaces équipotentielles doivent donc être partout à angle droit des lignes du champ électrique.

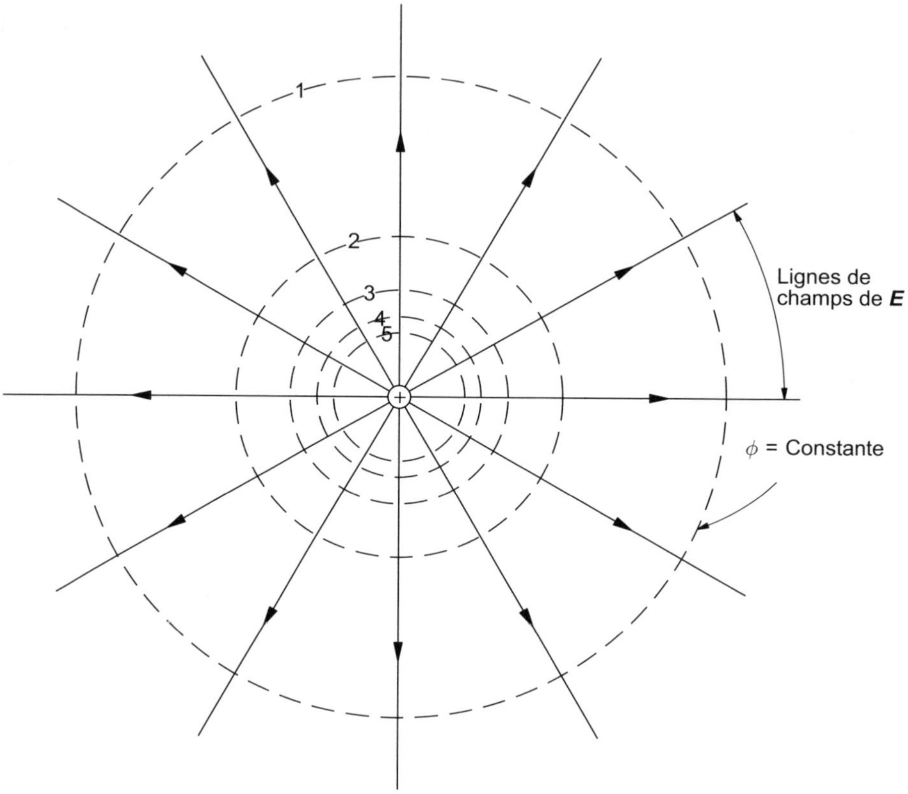


Figure 4.12 – Lignes de champ et surfaces équipotentielles pour une charge ponctuelle positive.

Pour une charge ponctuelle unique, les surfaces équipotentielles sont des sphères centrées sur la charge. Nous avons montré sur la Fig. 4.12 l'intersection de ces sphères avec un plan passant par la charge.

Comme second exemple, considérons le champ au voisinage de deux charges égales, une positive et une négative. Il est facile de trouver le champ. Le champ est la superposition des champs de chacune des deux charges. Nous pouvons donc prendre deux représentations comme sur la Fig. 4.12 et les superposer – impossible ! Nous aurions des lignes de champ se traversant les unes les autres, et cela n'est pas possible parce que $\boldsymbol{E}$ ne peut pas avoir *deux* directions au même point. L'inconvénient de la représentation par les lignes de champ est maintenant évident. Par des raisonnements géométriques il est impossible d'analyser d'une façon très simple comment sont les nouvelles lignes. À partir de deux représentations indépendantes, nous ne pouvons pas obtenir la représentation combinée. Le principe de superposition, principe simple et profond au sujet des champs électriques, n'a pas, dans l'image des lignes de champ, une représentation facile.

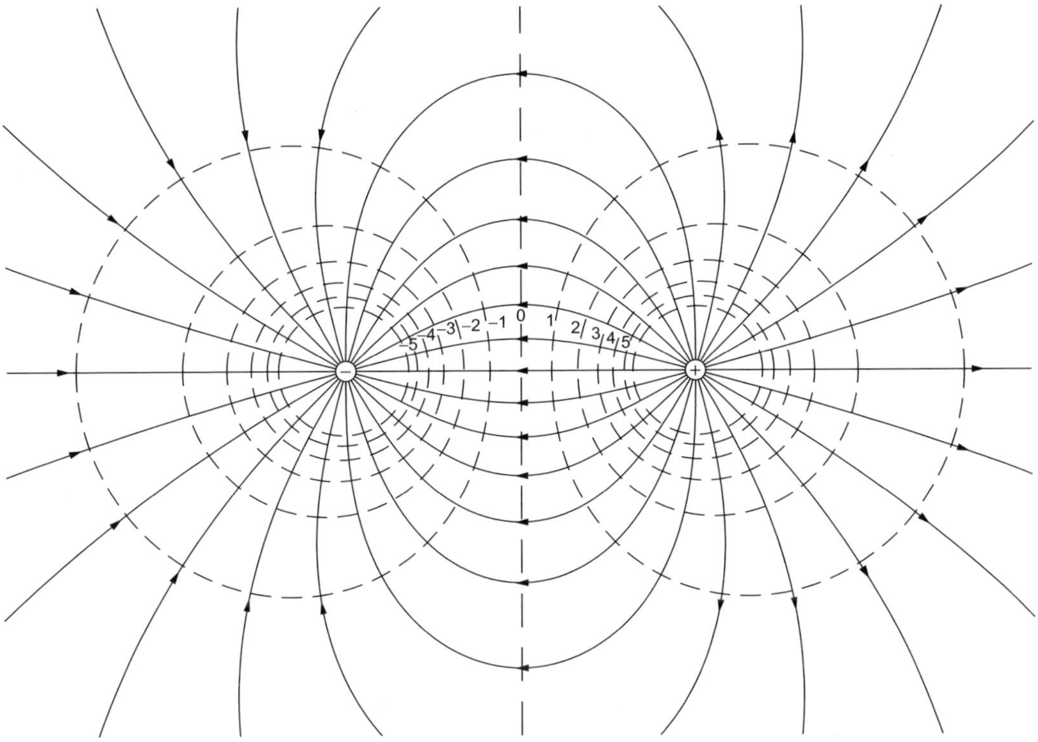


Figure 4.13 – Lignes de champ et équipotentielles pour deux charges ponctuelles égales et opposées.

L'image des lignes de champ a cependant son utilité ; aussi il peut être intéressant de dessiner cette image encore dans un autre cas, celui d'une paire de charges égales et opposées. Si nous calculons les champs à partir de l'Éq. (4.13) et les potentiels à partir de (4.23), nous pouvons dessiner les lignes de champ et les équipotentielles. La figure 4.13 montre le résultat. Mais nous avons dû résoudre d'abord le problème mathématiquement !

Note sur les unités

| Quantité | Unité |
|---|---|
| $F$ | newton |
| $Q$ | coulomb |
| $L$ | mètre |
| $W$ | joule |
| $\rho \sim Q/L^3$ | coulomb/mètre$^3$ |
| $1/\epsilon_0 \sim FL^2/Q^2$ | newton-mètre$^2$/coulomb$^2$ |
| $E \sim F/Q$ | newton/coulomb |
| $\phi \sim W/Q$ | joule/coulomb = volt |
| $E \sim \phi/L$ | volt/mètre |
| $1/\epsilon_0 \sim EL^2/Q$ | volt-mètre/coulomb |

# APPLICATION DU THÉORÈME DE GAUSS

# 5

## 5.1 L'ÉLECTROSTATIQUE C'EST LE THÉORÈME DE GAUSS, PLUS...

Il y a deux lois en électrostatique : le flux du champ électrique sortant d'un volume est proportionnel à la charge intérieure (théorème de Gauss), et la circulation du champ électrique est nulle (***E*** est un gradient). Toutes les prédictions de l'électrostatique découlent de ces deux lois. Mais, exprimer tout cela mathématiquement est une chose ; s'en servir facilement, et avec une certaine ingéniosité, en est une autre. Nous allons dans ce chapitre développer un certain nombre de calculs qui peuvent être effectués directement par application du théorème de Gauss. Nous allons démontrer certains théorèmes et décrire certains phénomènes, en particulier dans les conducteurs, que l'on peut très facilement comprendre à partir du théorème de Gauss. Le théorème de. Gauss à lui tout seul ne peut résoudre aucun problème, parce que l'autre loi doit aussi être vérifiée. Aussi quand nous appliquerons le théorème de Gauss pour résoudre certains problèmes particuliers, nous devrons y ajouter quelque chose. Par exemple, avoir à l'avance une idée de la forme du champ, en nous fondant sur des considérations de symétrie. Ou bien nous devrons introduire spécifiquement l'idée que le champ est le gradient d'un certain potentiel.

## 5.2 ÉQUILIBRE DANS UN CHAMP ÉLECTROSTATIQUE

Considérons d'abord la question suivante : quand une charge ponctuelle peut-elle être en équilibre mécanique stable dans le champ électrique d'autres charges ? Par exemple, imaginons trois charges négatives aux sommets d'un triangle équilatéral dans un plan horizontal. Est-ce qu'une charge positive placée au centre du triangle, pourrait y rester ? (Il sera plus simple, pour l'instant, de ne pas tenir compte de la gravité, quoique si nous en tenions compte cela ne changerait pas le résultat.) La force agissant sur la charge positive est nulle. Mais est-ce que l'équilibre est stable ? Est-ce que la charge reviendrait à sa position d'équilibre si elle en était légèrement écartée ? La réponse est non.

Il n'y a *aucun* point d'équilibre stable dans *aucun* champ électrostatique sauf juste au même point qu'une autre charge. Nous allons voir pourquoi, en appliquant le théorème de Gauss. Tout d'abord, pour qu'une charge soit en équilibre en un point donné $P_0$, le champ doit être nul. Ensuite, pour que cet équilibre soit stable, il faut qu'en écartant la charge de $P_0$ dans *n'importe quelle* direction, il y ait une force de rappel de sens opposé à celui du déplacement. Le champ électrique en *tous* les points voisins doit être dirigé vers le point $P_0$. Mais ceci est en désaccord avec le théorème de Gauss, s'il n'y a pas de charge en $P_0$, comme il est facile de voir.

Soit une petite surface imaginaire entourant $P_0$ comme sur la Fig. 5.1. Si le champ électrique en tout point voisin est dirigé vers $P_0$, l'intégrale de surface de la composante normale n'est certainement pas nulle. Pour le cas de la figure, le flux à travers la surface doit être un nombre négatif. Mais, d'après le théorème de Gauss on sait que le flux à travers une surface est proportionnel à la charge intérieure totale. S'il n'y a pas de charge en $P_0$, le champ que nous avons imaginé n'obéit pas au théorème de Gauss. Il est impossible d'équilibrer une charge positive placée dans l'espace vide, en un point où il n'y a pas une certaine charge négative. Une charge positive *peut* être en équilibre si elle est placée au sein d'une distribution négative de charges. Bien entendu, la distribution de charges négatives devrait être maintenue en place par des forces autres que les forces électriques !

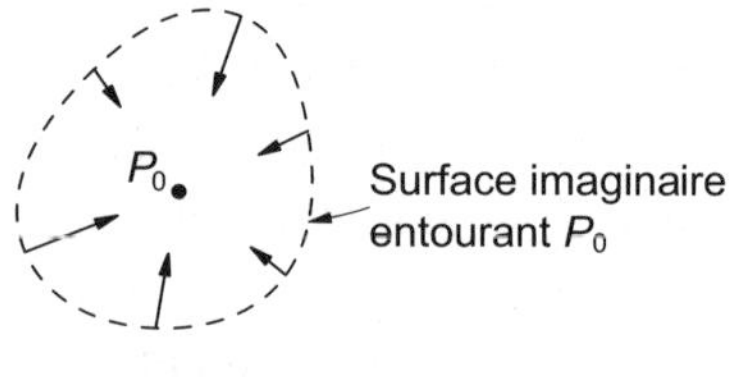


Figure 5.1 – Si $P_0$ était une position d'équilibre stable pour une charge positive, le champ électrique au voisinage de $P_0$ serait partout dirigé vers $P_0$.

Ce résultat a été obtenu pour une charge ponctuelle. La même conclusion reste-t-elle valable pour un arrangement compliqué de charges maintenues les unes par rapport aux autres dans des positions *fixes*, avec des baguettes, par exemple ? Envisageons le problème pour deux charges égales fixées aux deux extrémités d'une tige. Est-il possible que cette combinaison soit en équilibre dans un champ électrostatique quelconque ? La réponse est encore non. La force *totale* qui s'exerce sur la tige ne peut être une force de rappel pour des déplacements dans toutes les directions.

Soit $\boldsymbol{F}$ la force totale s'exerçant sur la tige dans une position quelconque – $\boldsymbol{F}$ est alors un champ de vecteurs. En faisant le même raisonnement que plus haut, nous concluons que dans une position d'équilibre stable, la divergence de $\boldsymbol{F}$ doit être un nombre négatif. Mais la force totale s'exerçant sur la tige est le produit de la première charge par le champ au point où elle est située, plus le produit de la seconde charge par le champ au point où elle est située :

$$\boldsymbol{F} = q_1\boldsymbol{E}_1 + q_2\boldsymbol{E}_2. \qquad (5.1)$$

La divergence de $\boldsymbol{F}$ est donnée par

$$\boldsymbol{\nabla} \cdot \boldsymbol{F} = q_1(\boldsymbol{\nabla} \cdot \boldsymbol{E}_1) + q_2(\boldsymbol{\nabla} \cdot \boldsymbol{E}_2).$$

Si chacune des deux charges $q_1$ et $q_2$ est dans l'espace vide, $\boldsymbol{\nabla} \cdot \boldsymbol{E}_1$ et $\boldsymbol{\nabla} \cdot \boldsymbol{E}_2$ sont toutes deux nulles et $\boldsymbol{\nabla} \cdot \boldsymbol{F}$ est nulle – et non pas négative, comme cela est nécessaire à l'équilibre. Vous pouvez vous assurer qu'une extension du raisonnement précédent, montre qu'aucune combinaison rigide d'un nombre quelconque de charges ne peut avoir une position d'équilibre stable dans un espace vide où règne un champ électrostatique.

Mais nous n'avons pas montré que l'équilibre est impossible s'il existe des pivots ou d'autres contraintes mécaniques. Comme exemple, considérons un tube creux dans lequel une charge peut aller et venir librement, mais ne peut se déplacer latéralement. Il est très facile maintenant de construire un champ électrique qui, aux extrémités du tube pointe vers l'intérieur à condition qu'il puisse pointer latéralement vers l'extérieur, près du centre du tube. Il suffit de disposer des charges positives aux deux extrémités du tube, comme sur la Fig. 5.2. Il peut maintenant y avoir une position d'équilibre quoique la divergence de $\boldsymbol{E}$ ne soit pas nulle. La charge, évidemment ne serait pas en équilibre stable pour les mouvements latéraux, s'il n'y avait pas les forces « non-électriques » provenant des parois du tube.

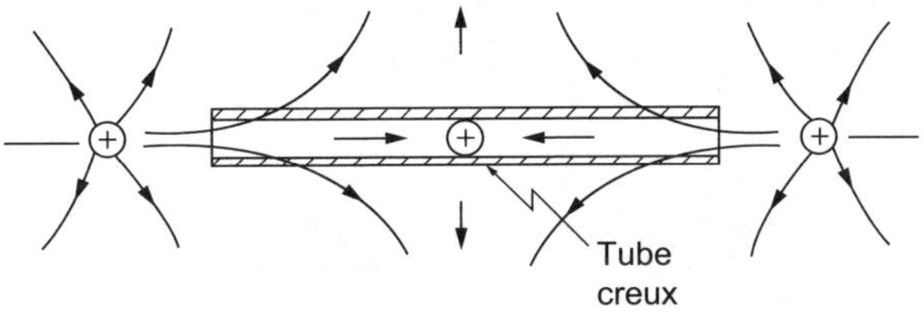


Figure 5.2 – Une charge peut être en équilibre s'il y a des contraintes mécaniques.

## 5.3 Équilibre en présence de conducteurs

Il n'y a pas de position stable dans le champ d'un système de charges fixes. Et dans le cas d'un système de conducteurs chargés ? Un système de conducteurs chargés peut-il produire un champ dans lequel il y aura une position d'équilibre stable pour une charge ponctuelle ? (Nous voulons dire une position autre que sur un conducteur, évidemment.) Nous savons que les charges peuvent se déplacer librement dans les conducteurs. Si l'on déplace légèrement une charge ponctuelle, peut-être les autres charges qui sont sur les conducteurs se déplaceront-elles dans un sens tel qu'elles créeront une force de rappel sur la charge ponctuelle ? La réponse est encore non – quoique la démonstration que nous venons de donner ne s'applique pas. La démonstration dans ce cas est beaucoup plus difficile et nous indiquerons seulement la marche à suivre.

D'abord, notons que lorsque les charges se redistribuent sur les conducteurs, elles ne peuvent le faire que si leur mouvement entraîne une diminution de leur énergie potentielle totale. (Une partie de cette énergie est perdue sous forme de chaleur quand elles se déplacent dans le conducteur.) Puis, nous avons déjà montré que si les charges qui produisent un champ sont *stationnaires*, il y a, près de tout point $P_0$ où le champ est nul, une direction suivant laquelle éloigner une charge ponctuelle de $P_0$ fera *décroître* l'énergie du système (puisque la force s'écarte de $P_0$). Toute redistribution des charges sur les conducteurs ne peut que diminuer encore l'énergie potentielle, donc (d'après le principe des travaux virtuels), leur mouvement aura seulement pour effet *d'augmenter* la force dans cette direction particulière à partir de $P_0$, et non pas de l'inverser.

Nos conclusions ne veulent pas dire qu'il est impossible d'équilibrer une charge par des forces électriques. Cela est possible si l'on accepte de régler les positions ou les dimensions des charges qui jouent le rôle de support par des moyens convenables. Nous savons qu'une tige debout dans un champ de gravitation est instable, mais ceci ne prouve pas qu'elle ne peut-être tenue en équilibre sur le bout d'un doigt. De même, une charge peut être maintenue en un point par des champs électriques si ceux-ci sont *variables*. Mais non par un système passif – c'est-à-dire *statique*.

## 5.4 STABILITÉ DES ATOMES

Si des charges ne peuvent être maintenues dans une position stable, on ne peut certainement pas imaginer que la matière est faite de charges *ponctuelles* statiques (électrons et protons) régies seulement par les lois de l'électrostatique. Une telle configuration statique est impossible, elle s'effondrerait !

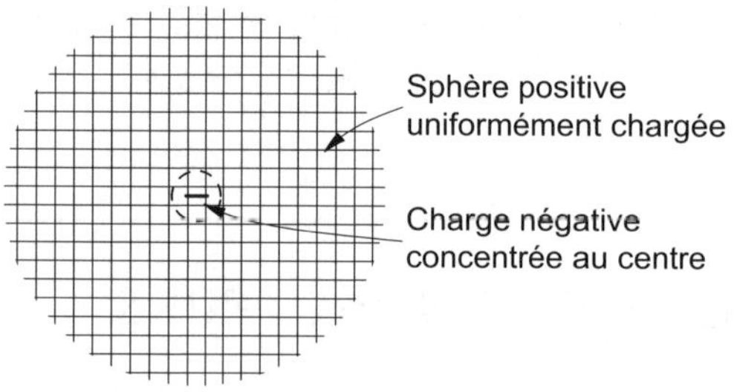


Figure 5.3 – Modèle d'atome de Thomson.

On suggéra d'abord que la charge positive d'un atome pourrait être distribuée uniformément dans une sphère, et que les charges négatives, les électrons, seraient au repos à l'intérieur de la charge positive, comme on le voit sur la Fig. 5.3. Ce fut le premier modèle atomique, proposé par Thomson. Mais Rutherford tira de l'expérience de Geiger et Marsden la conclusion que les charges positives devaient être beaucoup plus concentrées, dans ce qu'il appela le noyau. Il fallut abandonner le modèle statique de Thomson. Rutherford et Bohr suggérèrent alors que l'équilibre pouvait être dynamique, avec les électrons décrivant des orbites, comme on le voit sur la Fig. 5.4. C'est le mouvement orbital qui empêcherait les électrons de tomber sur le noyau. Nous connaissons déjà au moins une difficulté présentée par cette conception. Avec un tel mouvement les électrons seraient accélérés (en raison du mouvement circulaire) et par conséquent, rayonneraient de l'énergie. Ils perdraient l'énergie cinétique nécessaire pour se maintenir sur une orbite et tomberaient en spirale vers le noyau. Encore instable !

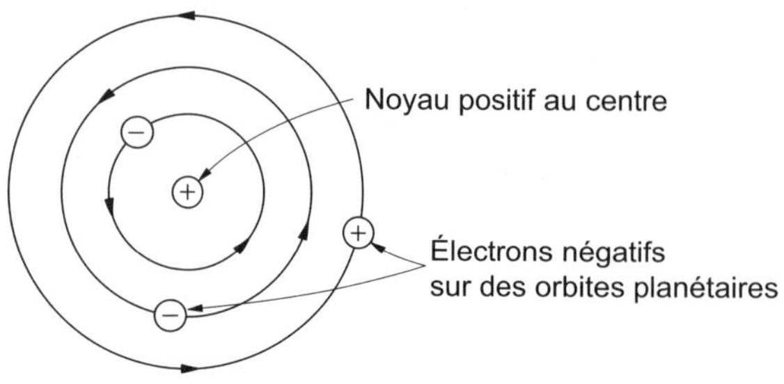


Figure 5.4 – Modèle d'atome de Rutherford-Bohr.

La stabilité des atomes est maintenant expliquée dans le cadre de la mécanique quantique. Les forces électrostatiques attirent l'électron aussi près que possible du noyau, mais l'électron est obligé de se maintenir étalé sur une certaine région de l'espace dont les dimensions sont données par le principe d'incertitude. S'il était confiné dans un trop petit espace, il y aurait une grande incertitude sur son impulsion. Mais *ceci* signifie qu'il aurait une grande énergie moyenne – qu'il utiliserait pour échapper à l'attraction électrique. Le résultat final est un équilibre électrique, pas tellement différent de celui imaginé par Thomson – seulement, c'est la charge *négative* qui est étalée (car la masse de l'électron est beaucoup plus petite que la masse du proton).

## 5.5 Le champ d'une charge linéique

Le théorème de Gauss peut être utilisé pour résoudre un certain nombre de problèmes d'électrostatique possédant une symétrie particulière – en général sphérique, cylindrique, ou plane. Dans la suite de ce chapitre, nous appliquerons le théorème de Gauss à quelques-uns de ces problèmes. La facilité avec laquelle ces problèmes peuvent être résolus peut donner la fausse impression que cette méthode est très puissante, et que l'on doit pouvoir l'appliquer à bien d'autres problèmes. Il n'en est malheureusement rien. On épuise vite la série des problèmes qui peuvent être résolus facilement par le théorème de Gauss. Nous développerons dans les chapitres suivants, des méthodes plus puissantes pour étudier les champs électrostatiques.

Comme premier exemple nous considérons un système à symétrie cylindrique. Soit une tige très longue et uniformément chargée. Cela veut dire que les charges électriques sont distribuées uniformément le long d'une ligne droite infinie, avec la charge $\lambda$ par unité de longueur. Nous voulons connaître le champ électrique. Évidemment, le problème peut être résolu en intégrant les contributions au champ, de chaque partie de la ligne. Nous allons le faire en utilisant le théorème de Gauss et en devinant. D'abord, nous supposons que le champ électrique est radial et dirigé vers l'extérieur. Toute composante axiale, due aux charges situées d'un côté du plan normal à la ligne passant par le point, serait accompagnée d'une composante axiale égale due aux charges de l'autre côté du plan. Le résultat ne peut être qu'un champ radial. Il est aussi raisonnable de penser que le champ doit avoir la même intensité en tous les points situés à une distance donnée de la ligne. Ceci est évident. (Ce n'est peut-être pas si facile de le montrer, mais cela est vrai si l'espace est symétrique – comme nous le croyons.)

Nous pouvons appliquer le théorème de Gauss de la façon suivante. *Imaginons* une surface ayant la forme d'un cylindre coaxial à la ligne, comme sur la Fig. 5.5. Selon le théorème de Gauss, le flux total de $\boldsymbol{E}$ sortant de la surface est égal à la charge intérieure divisée par $\epsilon_0$. Puisque le champ est supposé être normal à la surface, la composante normale est l'intensité du champ, soit $E$. Soit $r$ le rayon du cylindre. Choisissons sa hauteur égale à l'unité de longueur par commodité. Le flux à travers la surface cylindrique est égal au produit de $E$ par l'aire de la surface qui est $2\pi r$. Le flux sortant des deux faces terminales est nul car le champ électrique est tangent à ces faces. La charge totale intérieure à cette surface est $\lambda$, car la longueur de la ligne qu'elle contient est égale à l'unité.

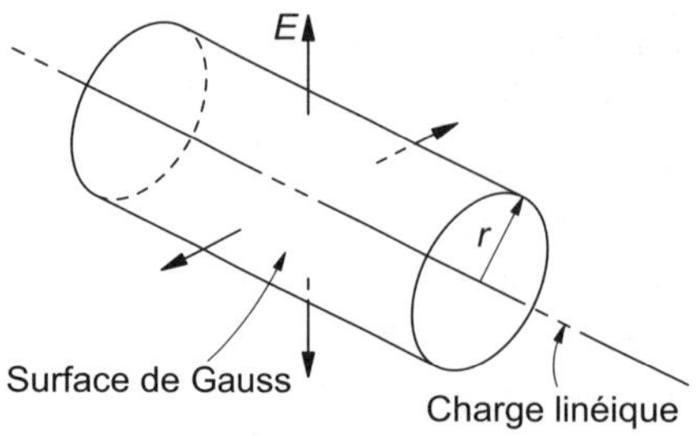


Figure 5.5 – Surface cylindrique de Gauss coaxiale avec une charge linéique.

Le théorème de Gauss donne

$$E \cdot 2\pi r = \lambda/\epsilon_0,$$

$$E = \frac{\lambda}{2\pi\epsilon_0 r}. \qquad (5.2)$$

Le champ électrique dû à une charge linéique varie comme *l'inverse de la distance* à la ligne.

## 5.6 Plan chargé ; deux plans chargés

Comme autre exemple nous calculerons le champ dû à un plan uniformément chargé. Supposons que le plan est infini et que la charge par unité de surface est $\sigma$. Nous devons encore deviner quelque chose. Des considérations de symétrie nous conduisent à penser que la direction du champ est partout normale au plan, et *s'il n'existe aucun champ dû à d'autres charges*, le champ doit être le même (en intensité) des deux côtés du plan. Cette fois-ci nous choisirons comme surface de Gauss une boîte rectangulaire qui coupe le plan comme sur la Fig. 5.6. Les deux faces parallèles au plan ont même aire, soit $A$. Le champ est normal à ces faces, et parallèle aux quatre autres. Le flux total est le produit de $E$ par l'aire de la première face, plus le produit de $E$ par l'aire de la face opposée – sans contribution de la part des quatre autres faces. La charge totale contenue dans la boîte est $\sigma A$. Égalant le flux à la charge intérieure, nous avons

$$EA + EA = \frac{\sigma A}{\epsilon_0},$$

d'où

$$E = \frac{\sigma}{2\epsilon_0}, \qquad (5.3)$$

résultat simple mais important.

Peut-être vous rappelez-vous que nous avons obtenu ce résultat dans un chapitre précédent, par intégration sur la surface entière. Le théorème de Gauss nous donne ici la réponse beaucoup plus rapidement (quoiqu'il ne soit pas d'une application aussi générale que la première méthode).

Nous insistons sur le fait que ce résultat s'applique *uniquement* au champ dû aux charges du plan. S'il y a d'autres charges au voisinage, le flux total près du plan, serait

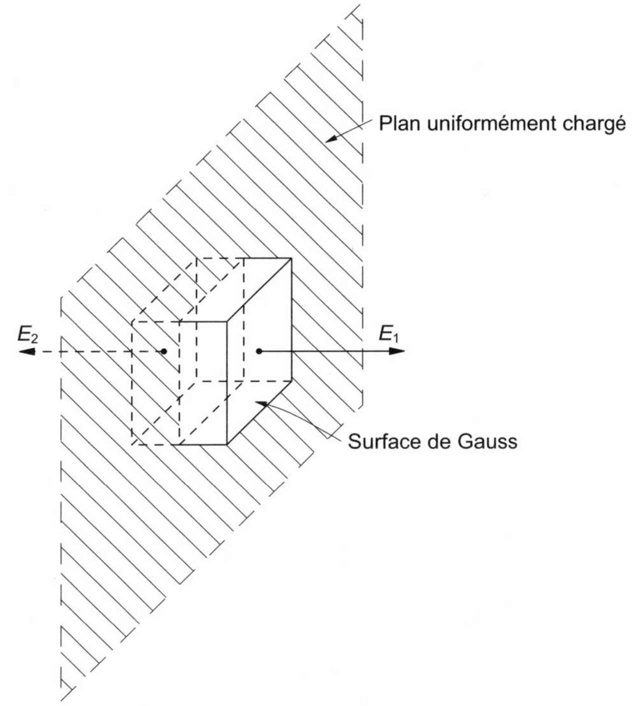


Figure 5.6 – Le champ électrique près d'un plan chargé uniformément peut être calculé par application du théorème de Gauss à une boîte imaginaire.

la somme de (5.3) et du champ créé par les autres charges. Le théorème de Gauss nous dirait seulement que

$$E_1 + E_2 = \frac{\sigma}{\epsilon_0}, \tag{5.4}$$

où $E_1$ et $E_2$ sont les champs dirigés vers l'extérieur de chaque côté du plan.

Le problème de deux plans parallèles avec des densités de charges égales et opposées, $+\sigma$ et $-\sigma$, est aussi simple si nous admettons encore que l'espace extérieur est complètement symétrique. Soit en superposant deux solutions relatives à un seul plan, soit en construisant une « boîte de Gauss » qui contienne les deux plans, on peut facilement voir que le champ est nul à *l'extérieur* des deux plans (Fig. 5.7a). En considérant une boîte qui contienne seulement l'un ou l'autre des plans, comme en (b) ou (c) de la figure, on peut voir que le champ entre les deux plans doit être double de celui dû à un plan unique. Le résultat est le suivant

$$E\,(\text{entre les plans}) = \sigma/\epsilon_0, \tag{5.5}$$

$$E\,(\text{à l'extérieur}) \quad = 0. \tag{5.6}$$

## 5.7 Sphère chargée ; couche sphérique

Nous avons déjà (au chapitre 4) appliqué le théorème de Gauss pour trouver le champ à l'extérieur d'une région sphérique uniformément chargée. La même méthode peut aussi nous donner le champ en des points *intérieurs* à la sphère. Par exemple, ce calcul peut

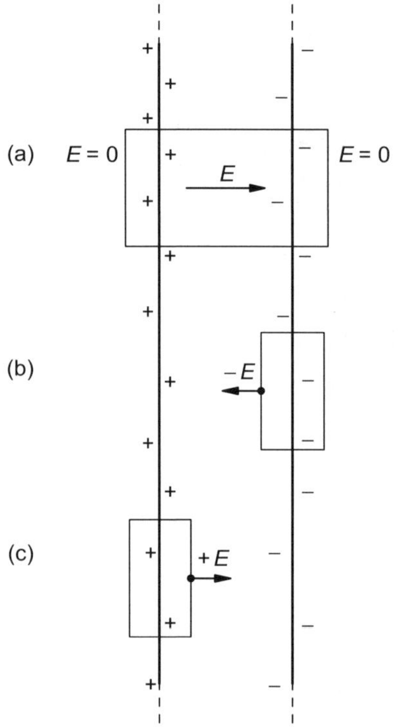


Figure 5.7 – Le champ entre deux plans chargés est $\sigma/\epsilon_0$.

nous permettre d'obtenir avec une bonne approximation le champ à l'intérieur d'un noyau atomique. Bien que les protons dans le noyau se repoussent les uns les autres, ils sont répartis dans le volume du noyau presque uniformément en raison des forces nucléaires intenses.

Imaginons une sphère de rayon $R$ remplie uniformément de charge. Soit $\rho$ la charge par unité de volume. De nouveau, pour des raisons de symétrie, nous admettons que le champ est radial et de même intensité en tous les points situés à une même distance du centre. Pour trouver le champ à la distance $r$ du centre, nous prenons une surface de Gauss sphérique, de rayon $r$ ($r < R$), comme sur la Fig. 5.8. Le flux sortant de cette surface est

$$4\pi r^2 E.$$

La charge à l'intérieur de cette surface de Gauss est le produit du volume par $\rho$, soit

$$\frac{4}{3}\pi r^3 \rho.$$

D'après le théorème de Gauss, il s'ensuit que l'intensité du champ est donnée par

$$E = \frac{\rho r}{3\epsilon_0} \qquad (r < R). \tag{5.7}$$

Nous voyons que cette formule donne le bon résultat pour $r = R$. Le champ électrique est proportionnel au rayon et est dirigé suivant le rayon vers l'extérieur.

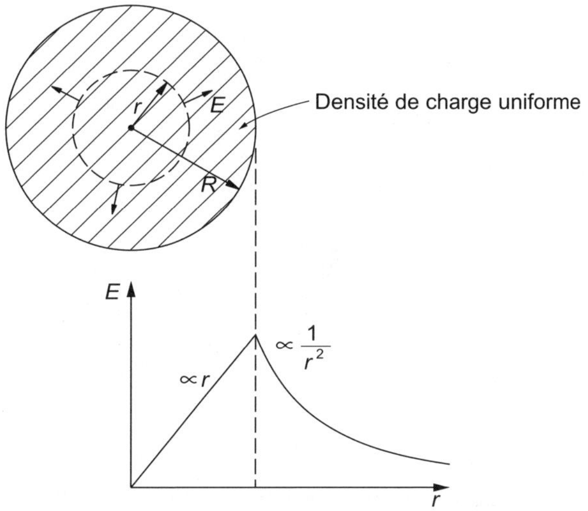


Figure 5.8 – Le théorème de Gauss peut servir à calculer le champ à l'intérieur d'une sphère uniformément chargée.

Les raisonnements que nous venons de développer pour une sphère uniformément chargée sont encore applicables à une mince couche sphérique chargée. En admettant encore que le champ est partout radial et à symétrie sphérique, on trouve tout de suite par application du théorème de Gauss que le champ à l'extérieur de la couche est le même que celui d'une charge ponctuelle, tandis qu'à l'intérieur il est nul. (Une surface de Gauss à l'intérieur de la couche ne contiendra aucune charge).

## 5.8 Le champ dû à une charge ponctuelle est-il exactement en $1/r^2$ ?

Si nous regardons d'un peu plus près *comment* le champ à l'intérieur de la couche s'annule, nous pouvons comprendre plus clairement pourquoi le théorème de Gauss est vrai seulement parce que la force coulombienne dépend exactement du carré de la distance. Soit un point $P$ à l'intérieur d'une couche sphérique chargée uniformément. Imaginons un petit cône de sommet $P$ qui va jusqu'à la surface de la sphère où il découpe une petite surface d'aire $\Delta a_1$, comme sur la Fig. 5.9. Un cône rigoureusement symétrique partant de $P$ dans la direction opposée, découperait une petite surface d'aire $\Delta a_2$. Si les distances comptées à partir de $P$ à ces deux éléments de surface sont $r_1$ et $r_2$, les aires sont dans le rapport

$$\frac{\Delta a_2}{\Delta a_1} = \frac{r_2^2}{r_1^2}.$$

(Vous pouvez le démontrer géométriquement, pour tout point $P$ intérieur à la sphère.)

Si la surface de la sphère est uniformément chargée, la charge $\Delta q$ portée par chaque élément de surface est proportionnelle à son aire, donc

$$\frac{\Delta q_2}{\Delta q_1} = \frac{\Delta a_2}{\Delta a_1}.$$

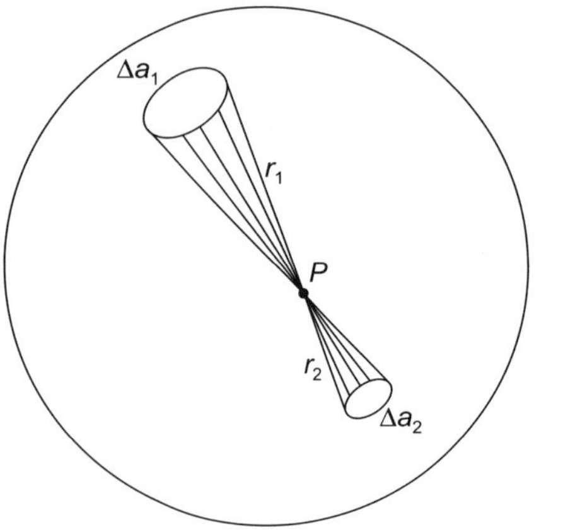


Figure 5.9 – Le champ est nul en tout point $P$ intérieur à une couche sphérique de charge.

La loi de Coulomb nous indique que les intensités des champs produits en $P$ par ces deux éléments de surface sont dans le rapport

$$\frac{E_2}{E_1} = \frac{q_2/r_2^2}{q_1/r_1^2} = 1.$$

Les champs se compensent exactement. Et puisqu'à tout élément de surface on peut toujours associer un autre élément et former des paires comme ci-dessus, le champ total en $P$ est nul. Mais on peut voir qu'il n'en serait pas ainsi si la puissance de $r$ dans la loi de Coulomb n'était pas rigoureusement 2.

La validité du théorème de Gauss dépend donc de la loi de l'inverse du carré de la distance ou loi de Coulomb. Si la loi de force n'était pas exactement l'inverse du carré, le champ à l'intérieur d'une sphère uniformément chargée ne serait pas nul. Par exemple, si la force variait plus rapidement, disons comme l'inverse du cube de $r$, la portion de surface plus proche du point intérieur produirait un champ plus intense que la portion plus éloignée, et il en résulterait un champ radial dirigé vers l'intérieur pour une surface chargée positivement. Ces conclusions suggèrent une méthode élégante pour vérifier si la loi de l'inverse du carré est exactement vérifiée. Il suffit de déterminer si le champ à l'intérieur d'une couche sphérique uniformément chargée est exactement nul.

Il est heureux qu'une telle méthode existe. Il est en général difficile de mesurer une grandeur physique avec grande précision – un résultat à un pour cent peut ne pas être trop difficile –, mais comment faire pour atteindre, disons, une précision de un milliardième sur une mesure de la loi de Coulomb ? Avec les meilleures techniques dont on dispose il n'est presque certainement pas possible de mesurer la *force* entre deux objets chargés, avec une pareille précision. Mais en montrant seulement que les champs électriques à l'intérieur d'une sphère chargée sont *inférieurs* à une valeur donnée, nous pouvons faire une mesure très précise de l'exactitude du théorème de Gauss, et par suite de la loi de Coulomb en $1/r^2$. Ce que l'on fait, en réalité c'est *comparer* la loi de force à la loi idéale en $1/r^2$. De telles comparaisons de choses égales ou presque sont en général la base des mesures physiques les plus précises.

Comment allons-nous observer le champ à l'intérieur d'une sphère chargée ? Un moyen consiste à essayer de charger un objet en le faisant toucher l'intérieur d'un conducteur sphérique. Nous savons qu'en mettant en contact une petite bille métallique avec un objet chargé, puis avec un électromètre, celui-ci se charge et l'aiguille s'écarte du zéro (Fig. 5.10a). La bille capte des charges parce qu'il y a des champs électriques à l'extérieur de la sphère chargée qui poussent les charges à aller sur la petite bille (ou à la quitter). Si nous faisons la même expérience en mettant en contact la petite bille avec *l'intérieur* de la sphère chargée, nous constatons qu'aucune charge n'est passée sur l'électromètre. Une telle expérience permet de montrer facilement que le champ à l'intérieur est, au plus, quelques pour cent du champ extérieur, et que le théorème de Gauss est au moins approximativement exact.

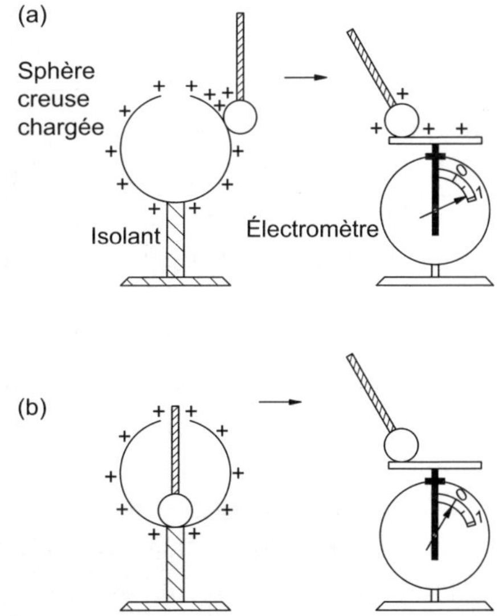


Figure 5.10 – Le champ électrique est nul à l'intérieur d'un conducteur creux fermé.

C'est apparemment Benjamin Franklin qui fut le premier à remarquer que le champ à l'intérieur d'une couche conductrice était nul. Ce résultat lui parut étrange. Quand il fit part de son observation à Priestley, celui-ci suggéra qu'il devait être lié à une loi en $1/r^2$, puisque l'on savait déjà qu'une couche sphérique de matière ne produisait aucun champ de gravitation en son intérieur. Mais ce n'est que dix-huit ans plus tard que Coulomb mesura cette dépendance en $1/r^2$, et le théorème de Gauss vint encore plus tard.

Le théorème de Gauss a été vérifié avec précision en plaçant un électromètre à l'intérieur d'une grande sphère et en observant s'il se produit une déviation quand la sphère est chargée sous haute tension. On obtient toujours un résultat négatif. Connaissant la géométrie de l'appareil et la sensibilité de l'échelle de mesure il est possible de calculer le champ minimum observable. À partir de là il est possible de déterminer une limite supérieure pour l'écart de l'exposant par rapport à 2. Si nous écrivons que la force électrostatique dépend de $r^{-2+\varepsilon}$ nous pouvons trouver une limite supérieure pour $\epsilon$. Par cette méthode, Maxwell trouva que $\varepsilon$ était inférieur à 1/10.000. Plimpton et Lauwton répétèrent et améliorèrent cette expérience en 1936. Ils trouvèrent que l'écart par rapport à 2 de l'exposant de la loi de Coulomb était inférieur à un milliardième.

Ceci nous amène à une question intéressante. Avec quelle précision connaissons-nous cette loi de Coulomb dans différentes conditions ? Les expériences que nous venons de décrire mesurent la dépendance du champ par rapport à la distance, pour des distances de quelques dizaines de centimètres. Mais, que se passe-t-il pour les distances existant à l'intérieur d'un atome – dans l'atome d'hydrogène, par exemple, – où nous pensons que l'électron est attiré par le noyau suivant la même loi de l'inverse du carré ? Il est vrai que la mécanique quantique doit être appliquée pour déterminer le comportement mécanique de l'électron, mais la force en jeu est la force électrostatique habituelle. Quand on formule ce problème, l'énergie potentielle de l'électron doit être une fonction connue de la distance au noyau, et la loi de Coulomb donne un potentiel qui varie comme l'inverse de la distance, à la puissance un. Avec quelle précision cet exposant est-il connu pour de si petites distances ? D'après les résultats de mesures très soignées faites en 1947 par Lamb et Retherford sur les positions relatives des niveaux d'énergie de l'hydrogène, nous savons qu'à l'échelle atomique – c'est-à-dire, pour des distances de l'ordre de un angström ($10^{-8}$ centimètre), – l'exposant est encore exact à un milliardième prés.

La précision de la mesure de Lamb-Retherford fut possible là encore, grâce à un « accident » physique. Deux des états de l'atome d'hydrogène doivent correspondre à des énergies presques égales *seulement* si le potentiel varie exactement comme $1/r$. On fit une mesure du très faible *écart* d'énergie en trouvant la fréquence $\omega$ des photons émis ou absorbés dans la transition d'un état à l'autre, et en calculant la différence d'énergie par $\Delta E = \hbar\omega$. Les calculs montrèrent que $\Delta E$ aurait été notablement différent de ce qui était observé si l'exposant dans la loi de force en $1/r^2$ différait de 2 de plus d'un milliardième.

Ce même exposant est-il exact pour des distances encore plus petites ? Grâce à des mesures en physique nucléaire on a trouvé qu'il y avait des forces électrostatiques à des distances typiquement nucléaires – soit environ $10^{-13}$ centimètre – et qu'elles varient encore approximativement comme l'inverse du carré. Nous en verrons quelques preuves dans un chapitre ultérieur. La loi de Coulomb est, nous le savons, encore valable – au moins à une certaine approximation, pour des distances de l'ordre de $10^{-13}$ centimètre.

Que se passe-t-il pour $10^{-14}$ centimètre ? Ce domaine peut être étudié en bombardant des protons avec des électrons de très grande énergie, et en observant comment ils sont diffusés. Les résultats à ce jour semblent indiquer que la loi n'est plus exacte à ces distances. La force électrique parait être 10 fois trop faible à des distances inférieures à $10^{-14}$ centimètre. À cela il y a deux explications possibles. L'une, c'est que la loi de Coulomb n'est plus applicable à d'aussi petites distances ; l'autre, c'est que nos objets, les électrons et les protons, ne sont pas des charges ponctuelles. Peut-être, l'électron ou le proton, ou tous les deux, sont-ils en quelque sorte étalés. La plupart des physiciens préfèrent admettre que, la charge du proton est étalée. Nous savons que les protons interagissent fortement avec les mésons. Ceci implique qu'un proton peut de temps en temps exister sous forme d'un neutron, entouré d'un méson $\pi^+$. Une telle configuration agirait – en moyenne – comme une petite sphère chargée positivement. Nous savons que le champ dû à une sphère chargée ne varie pas comme $1/r^2$ jusqu'au centre. Il est très probable que la charge du proton est étalée, mais la théorie des pions est encore très incomplète et c'est peut-être la loi de Coulomb qui n'est plus valable aux très petites distances. La question est ouverte.

Un point encore : la loi de l'inverse du carré est vraie à des distances de l'ordre du mètre et à $10^{-10}$ m aussi ; mais le coefficient $1/4\pi\epsilon_0$ reste-t-il le même ? La réponse est oui ; au moins à la précision de 15 millionièmes.

Revenons maintenant à un problème important sur lequel nous avons glissé quand nous avons parlé de la vérification expérimentale du théorème de Gauss. Vous avez pu vous demander comment l'expérience de Maxwell, ou de Plimpton et Lauwton, avait pu donner une pareille précision, si le conducteur sphérique dont ils se servaient n'était pas une sphère parfaite ? Une précision de un milliardième est vraiment un exploit et vous pouvez bien vous demander s'ils ont pu faire une sphère avec une pareille précision. Il y a évidemment des petites irrégularités dans toute sphère réelle, et s'il y a des irrégularités, celles-ci ne produiront-elles pas des champs à l'intérieur ? Nous allons montrer maintenant qu'il n'est pas nécessaire d'avoir une sphère parfaite. On peut en effet, montrer qu'il n'y a pas de champ à l'intérieur d'une surface conductrice fermée de forme *quelconque*. En d'autres termes, les expériences dépendaient de $1/r^2$, mais n'avaient rien à voir avec le fait que la surface soit une sphère (si ce n'est qu'il est plus facile de calculer ce que *seraient* les champs dans une sphère si Coulomb s'était trompé), donc nous abordons ce sujet maintenant. Pour montrer ceci, il faut connaître certaines propriétés des conducteurs électriques.

## 5.9 Les champs d'un conducteur

Un conducteur électrique est un solide qui contient beaucoup d'électrons « libres ». Les électrons peuvent se déplacer librement à *l'intérieur* de la matière, mais ne peuvent quitter la surface. Dans un métal, il y a tant d'électrons libres que n'importe quel champ électrique en mettra un grand nombre en mouvement. Ou bien le courant d'électrons ainsi établi nécessite pour se maintenir une source extérieure d'énergie, ou bien le mouvement des électrons cessera quand ils auront déchargé les sources qui créaient le champ initial. Dans le cas de l'« électrostatique » nous ne considérons pas des sources de courant continu, (nous les considérerons un peu plus tard quand nous étudierons la magnétostatique), aussi les électrons se déplacent seulement jusqu'à ce qu'ils se soient disposés de façon à produire un champ électrique nul partout à l'intérieur du conducteur. (Ceci se produit en général en une fraction de seconde.) S'il restait un certain champ, ce champ pousserait encore d'autres électrons à se déplacer ; la seule solution électrostatique est donc que le champ soit nul partout à l'intérieur.

Considérons *l'intérieur* d'un objet conducteur chargé. (Par « intérieur » nous voulons dire, dans le métal lui-même.) Puisque le métal est un conducteur, le champ à l'intérieur doit être nul, et donc le gradient du potentiel $\phi$ est nul. Cela signifie que $\phi$ ne varie pas d'un point à un autre. Tout conducteur est une *région* équipotentielle, et sa surface est une surface équipotentielle. Puisque dans la matière conductrice le champ électrique est partout nul, la divergence de $\boldsymbol{E}$ est nulle et d'après le théorème de Gauss la densité de charge à *l'intérieur* du conducteur doit être nulle.

S'il ne peut y avoir de charges à l'intérieur d'un conducteur comment peut-on donc le charger ? Que voulons-nous dire quand nous disons d'un conducteur qu'il est chargé ? Où sont les charges ? La réponse est qu'elles se disposent à la surface du conducteur, où de puissantes forces les empêchent de partir – elles ne sont pas tout à fait « libres ». Quand nous étudierons la physique de l'état solide, nous verrons que les charges en excès dans tout conducteur se trouvent en moyenne à une distance de la surface qui représente au plus une ou deux couches atomiques. Pour ce qui nous concerne à présent, il est assez précis de dire que si une charge est amenée sur, ou *dans* un conducteur, elle s'accumule entièrement à la surface ; il n'y a aucune charge à l'intérieur d'un conducteur.

Remarquons aussi que le champ électrique, à *l'extérieur, et tout près* de la surface d'un conducteur doit être normal à la surface. Il ne peut pas y avoir de composante tangentielle. S'il y avait une composante tangentielle, les électrons se déplaceraient *le long* de la surface ; il n'y a aucune force qui empêche cela. En exprimant ceci d'une autre façon : nous savons que les lignes de champ électrique doivent toujours être normales aux surfaces équipotentielles.

Nous pouvons aussi, en appliquant le théorème de Gauss, relier le champ à l'extérieur immédiat d'un conducteur, à la densité locale de charge à sa surface. Prenons comme surface de Gauss une petite boîte cylindrique, par moitié dans, par moitié hors de la surface, comme celle de la Fig. 5.11. Seul le côté extérieur au conducteur contribue au flux total de $\boldsymbol{E}$. Le champ à l'extérieur et au voisinage immédiat de la surface d'un conducteur est alors

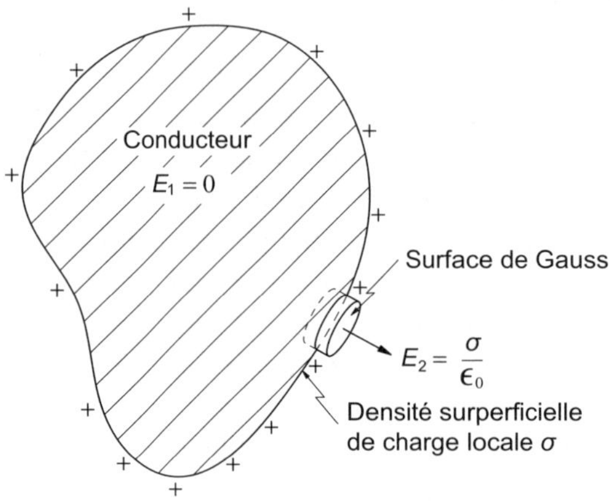


Figure 5.11 – Le champ électrique à l'extérieur immédiat de la surface d'un conducteur est proportionnel à la densité superficielle de charge locale.

*À l'extérieur d'un conducteur :*

$$E = \frac{\sigma}{\epsilon_0}, \tag{5.8}$$

où $\sigma$ est la densité superficielle *locale* de charge.

Pourquoi une couche de charge sur un conducteur produit-elle un champ différent de celui d'une couche de charge *seule* ? En d'autres termes, pourquoi (5.8) est-il le double de (5.3) ? La raison en est évidemment que nous n'avons *pas* précisé pour le conducteur qu'il n'y avait pas d'« autres » charges au voisinage. En effet, il doit y en avoir pour que $\boldsymbol{E} = 0$ à l'intérieur du conducteur. Les charges au voisinage immédiat d'un point $P$ de la surface créent en fait un champ $E_{\text{local}} = \sigma_{\text{locale}}/2\epsilon_0$ à l'intérieur et à l'extérieur de la surface. Mais toutes les autres charges du conducteur « conspirent » pour produire un champ additionnel au point $P$ égal en intensité au champ $E_{\text{local}}$. Le champ total à l'intérieur devient zéro, et le champ à l'extérieur $2E_{\text{local}} = \sigma/\epsilon_0$.

## 5.10 Le champ dans une cavité d'un conducteur

Revenons alors au problème de la boîte creuse – un conducteur avec une cavité. Il n'y a pas de champ dans le *métal*, mais que dire dans la *cavité* ? Nous allons montrer que si la cavité est *vide*, alors il n'y a pas de champ à l'intérieur, *quelle que soit la forme* du conducteur ou de la cavité – disons pour le conducteur de la Fig. 5.12. Considérons une surface de Gauss comme $S$ sur la Fig. 5.12, qui entoure la cavité mais reste partout dans la matière conductrice. Partout sur $S$ le champ est nul, donc, il n'y a pas de flux à travers $S$ et la charge *totale* intérieure à $S$ est nulle. Pour une couche sphérique on pourrait alors, en s'appuyant sur des raisons de symétrie, conclure qu'il ne peut y avoir *aucune* charge à l'intérieur. Mais en général, nous pouvons seulement dire qu'il y a des quantités égales de charge positive et de charge négative sur la face interne du conducteur. Il *pourrait* y avoir une certaine charge superficielle positive sur une partie, et une charge négative sur une autre partie, comme cela est indiqué sur la Fig. 5.12. On ne peut exclure cette circonstance par le théorème de Gauss.

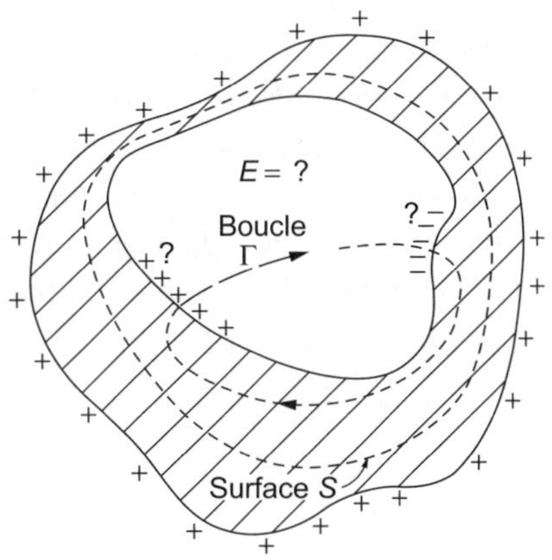


Figure 5.12 – Quel est le champ à l'intérieur d'une cavité vide dans un conducteur de forme quelconque?

Ce qui se passe réellement, bien sûr, c'est que deux charges égales et de signe contraire de la surface intérieure vont se déplacer jusqu'à se rencontrer et se compenser complètement. Nous pouvons montrer qu'elles doivent se compenser complètement d'après la loi sur la circulation de $\boldsymbol{E}$ qui est toujours nulle (électrostatique). Supposons qu'il y ait des charges en certains endroits de la surface interne. Nous savons qu'il devrait y avoir des charges égales et opposées quelque part ailleurs. Alors toute ligne de $\boldsymbol{E}$ devrait partir des charges positives et se terminer sur les charges négatives (puisque nous considérons seulement le cas où il n'y a pas de charges libres dans la cavité). Imaginons alors une boucle Γ qui traverse la cavité le long d'une ligne de champ d'une charge positive vers une charge négative, et revient à son point de départ à travers le conducteur (comme sur la Fig. 5.12). L'intégrale le long d'une telle ligne de champ de la charge positive vers la charge négative ne serait pas nulle. L'intégrale à travers le métal est nulle puisque $\boldsymbol{E} = 0$. Nous aurions donc

$$\oint \boldsymbol{E} \cdot d\boldsymbol{s} \neq 0???$$

Mais l'intégrale curviligne de $\boldsymbol{E}$ le long d'une boucle fermée dans un champ électrostatique est toujours nulle. Donc il ne peut y avoir aucun champ à l'intérieur de la cavité vide, ni aucune charge sur la face interne.

Il faut bien remarquer une réserve importante que nous avons faite. Nous avons toujours dit « à l'intérieur d'une cavité *vide* ». Si l'on *dispose* certaines charges en des points fixés de la cavité – comme sur un isolant ou sur un petit conducteur isolé du conducteur principal – alors, il *peut* y avoir des champs dans la cavité. Mais alors ça n'est plus une cavité « vide ».

Nous venons de voir que si une cavité est entièrement entourée d'un conducteur aucune distribution statique de charges à *l'extérieur* ne peut jamais produire de champ à l'intérieur. Ceci explique le principe du « blindage » d'un équipement électrique, que l'on réalise en le plaçant dans une boîte métallique. On peut appliquer les mêmes raisonnements pour montrer qu'aucune distribution statique de charges à *l'intérieur* d'un conducteur fermé ne peut produire de champ à *l'extérieur.* Le blindage fonctionne dans les deux sens ! En électrostatique – mais non pas dans des champs variables – les champ, de part et d'autre d'une couche conductrice fermée sont complètement indépendants.

Maintenant nous voyons pourquoi il a été possible de vérifier avec tant de précision la loi de Coulomb. Peu importe la forme de la couche creuse utilisée. Elle n'a pas besoin d'être sphérique ; elle pourrait tout aussi bien être cubique ! Si le théorème de Gauss est exact, le champ à l'intérieur est nul. Maintenant vous comprenez aussi pourquoi il n'est pas dangereux de s'asseoir à l'intérieur de la partie portée à haute tension d'un générateur Van de Graaff d'un million de volts, sans craindre une décharge – tout ceci grâce au théorème de Gauss.

# LE CHAMP ÉLECTRIQUE : EXEMPLES DIVERS

# 6

## 6.1 ÉQUATIONS DU POTENTIEL ÉLECTROSTATIQUE

Ce chapitre décrira le comportement du champ électrique dans un certain nombre de cas différents. Il donnera des idées sur la façon dont se comporte le champ électrique et décrira quelques-unes des méthodes mathématiques qui sont utilisées pour trouver ce champ.

Nous commencerons en indiquant que tout le problème mathématique se ramène à la solution de deux équations, les équations de Maxwell pour l'électrostatique :

$$\boldsymbol{\nabla} \cdot \boldsymbol{E} = \frac{\rho}{\epsilon_0}, \tag{6.1}$$

$$\boldsymbol{\nabla} \times \boldsymbol{E} = 0. \tag{6.2}$$

En fait, on peut combiner ces deux équations en une seule. D'après la seconde équation, nous savons tout de suite que nous pouvons décrire le champ comme étant le gradient d'un scalaire (voir section 3-7) :

$$\boldsymbol{E} = -\boldsymbol{\nabla}\phi. \tag{6.3}$$

Nous pouvons, si nous le voulons, décrire complètement tout champ électrique particulier à l'aide de son potentiel $\phi$. Nous obtenons l'équation différentielle à laquelle $\phi$ doit satisfaire en substituant l'Éq. (6.3) dans (6.1),

$$\boldsymbol{\nabla} \cdot \boldsymbol{\nabla}\phi = -\frac{\rho}{\epsilon_0}. \tag{6.4}$$

La divergence du gradient de $\phi$, c'est la même chose que $\nabla^2$ agissant sur $\phi$ :

$$\boldsymbol{\nabla} \cdot \boldsymbol{\nabla}\phi = \nabla^2\phi = \frac{\partial^2\phi}{\partial x^2} + \frac{\partial^2\phi}{\partial y^2} + \frac{\partial^2\phi}{\partial z^2}, \tag{6.5}$$

aussi écrirons-nous l'Éq. (6.4) sous la forme

$$\nabla^2\phi = -\frac{\rho}{\epsilon_0}. \tag{6.6}$$

L'opérateur $\nabla^2$ est appelé le Laplacien, et l'Éq. (6.6) est appelée équation de Poisson. Toute l'électrostatique, du point de vue mathématique, est simplement l'étude des solutions de la seule équation (6.6). Lorsqu'on a obtenu $\phi$ en résolvant l'Éq. (6.6), on trouve $\boldsymbol{E}$ immédiatement à partir de l'Éq. (6.3).

Nous considérons tout d'abord la catégorie particulière de problèmes dans laquelle $\rho$ est donné en fonction de $x$, $y$, $z$. Dans ce cas le problème est presque trivial, puisque nous connaissons déjà la solution de l'Éq. (6.6) dans le cas général. Nous avons montré que si $\rho$ est connu en tout point, le potentiel au point (1) est

$$\phi(1) = \int \frac{\rho(2)\, dV_2}{4\pi\epsilon_0 r_{12}}, \tag{6.7}$$

où $\rho(2)$ est la densité de charge, $dV_2$ l'élément de volume au point (2), et $r_{12}$ la distance entre les points (1) et (2). La résolution de l'équation *différentielle (6.6)* se réduit à une *intégration* dans l'espace. Il faut noter tout spécialement la solution (6.7), car on rencontre en physique beaucoup de cas qui conduisent à des équations telles que

$$\nabla^2(\text{quelque chose}) = (\text{quelque chose d'autre}),$$

et l'Éq. (6.7) est un prototype de solution pour tout problème de ce genre.

La solution des problèmes de champ électrostatique est donc tout à fait simple lorsque les positions de toutes les charges sont connues. Voyons comment ça marche sur quelques exemples.

## 6.2 Le dipôle électrique

Prenons tout d'abord deux charges ponctuelles, $+q$ et $-q$, séparées par une distance $d$. Faisons passer l'axe $z$ par les deux charges et prenons l'origine à mi-distance entre les charges, comme le montre la Fig. 6.1. En utilisant alors (4.24), le potentiel créé par les deux charges est donné par

$$\phi(x, y, z) = \frac{1}{4\pi\epsilon_0}\left[\frac{q}{\sqrt{[z-(d/2)]^2 + x^2 + y^2}} + \frac{-q}{\sqrt{[z+(d/2)]^2 + x^2 + y^2}}\right]. \tag{6.8}$$

Nous n'allons pas écrire la formule pour le champ électrique, mais nous pouvons toujours le calculer dès que nous avons le potentiel. Nous avons donc résolu le problème de deux charges.

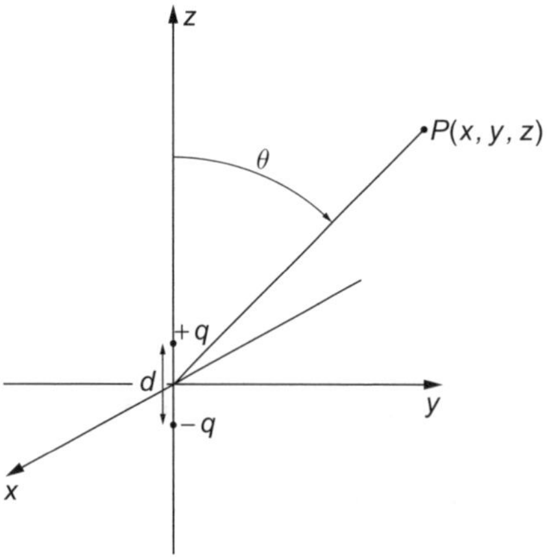


Figure 6.1 – Un dipôle : deux charges $+q$ et $-q$ distantes de $d$.

Il existe un cas particulier important dans lequel les deux charges sont très proches l'une de l'autre – ce qui veut dire que nous ne nous intéressons aux champs qu'à des distances des charges grandes par rapport à leur séparation. Nous appelons une telle paire de charges un *dipôle*. Les dipôles se rencontrent très souvent.

Une antenne « dipôle » peut souvent être représentée par deux charges séparées par une petite distance – si nous ne nous intéressons pas au champ trop près de l'antenne. (Nous nous intéressons habituellement à des antennes avec des charges en *mouvement ;* les équations de la statique ne s'appliquent pas réellement, mais pour certaines applications elles constituent une approximation adéquate.

Plus importants, peut-être, sont les dipôles atomiques. S'il existe un champ électrique dans un matériau quelconque, les électrons et les protons sont soumis à des forces opposées et sont déplacés les uns par rapport aux autres. Dans un conducteur, vous vous en souvenez, certains électrons se déplacent vers la surface, de sorte que le champ à l'intérieur devient nul. Dans un isolant les électrons ne peuvent se déplacer très loin ; ils sont rappelés en arrière par l'attraction des noyaux. Ils se déplacent cependant un petit peu. Donc, bien qu'un atome, ou une molécule, reste neutre dans un champ électrique externe, il se produit une très faible séparation entre les charges positives et négatives et il apparaît un dipôle microscopique. Si nous nous intéressons aux champs créés par ces dipôles atomiques au voisinage d'objets de dimensions ordinaires, nous avons normalement affaire à des distances grandes par rapport à la séparation des paires de charges.

Dans certaines molécules les charges sont séparées, même en l'absence de champs externes, à cause de la forme de la molécule. Dans une molécule d'eau, par exemple, il y a une charge négative résultante sur l'atome d'oxygène et une charge positive résultante sur chacun des deux atomes d'hydrogène, qui ne sont pas disposées de façon symétrique mais comme sur la Fig. 6.2. Bien que la charge de la molécule entière soit nulle, il y a une distribution de charge avec un peu plus de charge négative d'un côté et un peu plus de charge positive de l'autre. Cette disposition n'est certainement pas aussi simple que celle de deux charges ponctuelles, mais vu de loin, le système se comporte comme un dipôle. Comme nous le verrons plus loin, le champ à grande distance n'est pas sensible aux petits détails.

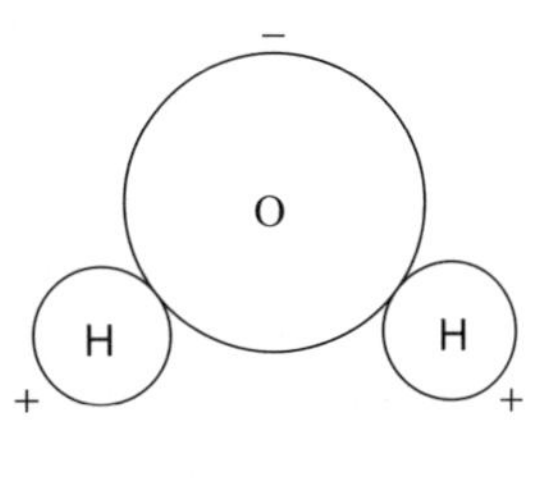


Figure 6.2 – La molécule d'eau $H_2O$. Les atomes d'hydrogène ont un peu moins que leur compte du nuage électronique ; l'oxygène un peu plus.

Étudions donc le champ créé par deux charges opposées séparées par une petite distance *d*. *Si d* devient égale à zéro, les deux charges sont l'une sur l'autre, les deux potentiels s'annulent et il n'y a pas de champ. Mais si elles ne sont pas exactement l'une sur l'autre, nous pouvons obtenir une bonne approximation du potentiel en développant les termes de (6.8) en série de puissances de la quantité *d* (en utilisant le développement du binôme). En ne gardant que les termes du premier ordre en $d$, nous pouvons écrire

$$\left(z - \frac{d}{2}\right)^2 \approx z^2 - zd.$$

Il est commode d'écrire

$$x^2 + y^2 + z^2 = r^2.$$

de sorte que

$$\left(z - \frac{d}{2}\right)^2 + x^2 + y^2 \approx r^2 - zd = r^2\left(1 - \frac{zd}{r^2}\right),$$

et

$$\frac{1}{\sqrt{[z - (d/2)]^2 + x^2 + y^2}} \approx \frac{1}{\sqrt{r^2[1 - (zd/r^2)]}} = \frac{1}{r}\left(1 - \frac{zd}{r^2}\right)^{-1/2}.$$

En utilisant à nouveau le développement du binôme pour $[1 - (zd/r^2)]^{-1/2}$– et en négligeant les termes d'ordre supérieur à deux - nous obtenons

$$\frac{1}{r}\left(1 + \frac{1}{2}\frac{zd}{r^2}\right).$$

De même,

$$\frac{1}{\sqrt{[z + (d/2)]^2 + x^2 + y^2}} \approx \frac{1}{r}\left(1 - \frac{1}{2}\frac{zd}{r^2}\right).$$

La différence de ces deux termes donne pour le potentiel

$$\phi(x, y, z) = \frac{1}{4\pi\epsilon_0}\frac{z}{r^3}qd. \tag{6.9}$$

Le potentiel, et par conséquent le champ qui en est la dérivée, est proportionnel à $qd$, produit de la charge par la distance. Ce produit est la définition du *moment dipolaire* des deux charges, que nous désignerons par $p$ (ne pas confondre avec la quantité de mouvement !) :

$$p = qd. \tag{6.10}$$

L'équation (6.9) peut aussi s'écrire sous la forme

$$\phi(x, y, z) = \frac{1}{4\pi\epsilon_0}\frac{p\cos\theta}{r^2}, \tag{6.11}$$

puisque $z/r = \cos\theta$, où $\theta$ est l'angle déterminé par l'axe du dipôle et le rayon vecteur du point $(x, y, z)$ – voir Fig. 6.1. Le *potentiel* d'un dipôle décroît en $1/r^2$ dans une direction donnée par rapport à l'axe (tandis que pour une charge ponctuelle il varie en $1/r$). Le champ électrique $\boldsymbol{E}$ créé par un dipôle décroîtra donc en $1/r^3$.

Nous pouvons mettre notre formule sous forme vectorielle si nous appelons p le vecteur dont la grandeur est $p$ et dont la direction est celle de l'axe du dipôle, orienté de $-q$ vers $+q$. Alors

$$p\cos\theta = \boldsymbol{p}\cdot\boldsymbol{e}_r, \tag{6.12}$$

où $\boldsymbol{e}_r$ est le vecteur unité radial (Fig. 6.3). Nous pouvons aussi représenter le point *(x, y, z)* par $\boldsymbol{r}$. D'où

$$\textit{Potentiel dipolaire :} \qquad \phi(\boldsymbol{r}) = \frac{1}{4\pi\epsilon_0}\frac{\boldsymbol{p}\cdot\boldsymbol{e}_r}{r^2} = \frac{1}{4\pi\epsilon_0}\frac{\boldsymbol{p}\cdot\boldsymbol{r}}{r^3} \tag{6.13}$$

Cette formule est valable pour un dipôle d'orientation et de position quelconques, si $\boldsymbol{r}$ représente le vecteur joignant le dipôle au point considéré.

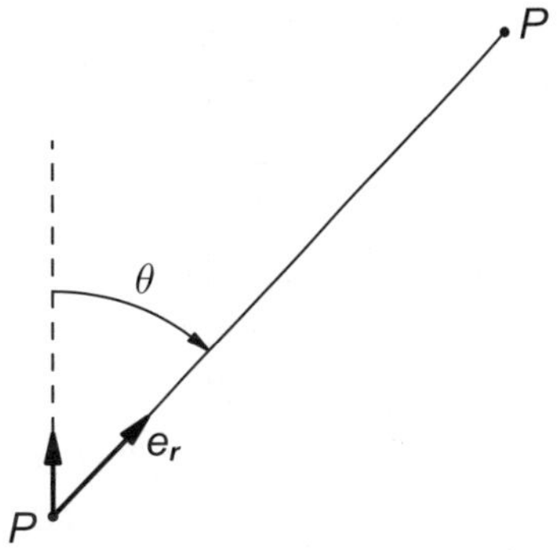


Figure 6.3 – Notation vectorielle pour un dipôle.

Si nous voulons le champ électrique créé par le dipôle, nous pouvons l'obtenir en prenant le gradient de $\phi$. Par exemple, la composante $z$ du champ est $-\partial\phi/\partial z$. Pour un dipôle orienté selon l'axe des $z$, nous pouvons utiliser (6.9) :

$$-\frac{\partial\phi}{\partial z} = -\frac{p}{4\pi\epsilon_0}\frac{\partial}{\partial z}\left(\frac{z}{r^3}\right) = -\frac{p}{4\pi\epsilon_0}\left(\frac{1}{r^3} - \frac{3z^2}{r^5}\right),$$

ou

$$E_z = \frac{p}{4\pi\epsilon_0}\frac{3\cos^2\theta - 1}{r^3}. \tag{6.14}$$

Les composantes $x$ et $y$ sont

$$E_x = \frac{p}{4\pi\epsilon_0}\frac{3zx}{r^5}, \qquad E_y = \frac{p}{4\pi\epsilon_0}\frac{3zy}{r^5}.$$

Ces deux relations peuvent se combiner de façon à donner une composante dirigée *perpendiculairement* à l'axe $z$, que nous appellerons composante transversale $E_\perp$ :

$$E_\perp = \sqrt{E_x^2 + E_y^2} = \frac{p}{4\pi\epsilon_0}\frac{3z}{r^5}\sqrt{x^2 + y^2}$$

ou

$$E_\perp = \frac{p}{4\pi\epsilon_0}\frac{3\cos\theta\sin\theta}{r^3}. \tag{6.15}$$

La composante transversale $E_\perp$ est située dans le plan $xy$ et s'éloigne de *l'axe* du dipôle. Le champ total est, bien entendu, égal à

$$E = \sqrt{E_z^2 + E_\perp^2}.$$

Le champ créé par un dipôle est inversement proportionnel au cube de la distance au dipôle. Sur l'axe, pour $\theta = 0$, il est deux fois plus intense que pour $\theta = 90°$. Pour ces deux angles particuliers, le champ électrique n'a qu'une composante selon l'axe des $z$, mais elles sont de signes contraires dans les deux positions (Fig. 6.4).

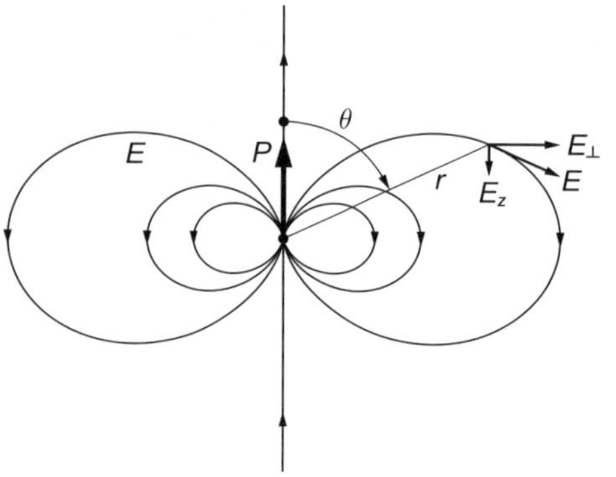


Figure 6.4 – Le champ électrique d'un dipôle.

## 6.3 Remarques sur les équations vectorielles

C'est maintenant le moment de faire une remarque générale sur l'analyse vectorielle. Les démonstrations fondamentales peuvent s'exprimer à l'aide d'équations élégantes sous une forme générale, mais lorsqu'on fait des calculs et des analyses diverses, c'est toujours une bonne idée que de choisir les axes d'une manière commode. Remarquez que lorsque nous cherchions le potentiel d'un dipôle, nous avions choisi l'axe des $z$ parallèle à l'axe du dipôle, plutôt que faisant un angle quelconque avec le dipôle. Ceci a rendu le travail beaucoup plus facile. Mais nous avons ensuite écrit les équations sous forme vectorielle de façon à ce qu'elles ne dépendent plus d'un système particulier de coordonnées. Après cela, nous pouvons choisir un système de coordonnées arbitraire, sachant que la relation est vraie de façon générale. Cela n'a évidemment aucun sens de s'embarrasser d'un système de coordonnées arbitraire faisant un angle compliqué lorsque l'on peut choisir un système simple pour un problème particulier – à condition que le résultat puisse finalement s'exprimer sous forme d'équation vectorielle. Donc profitez à tout prix du fait que les équations vectorielles sont indépendantes du système de coordonnées.

D'autre part, si vous essayez de calculer la divergence d'un vecteur, au lieu de regarder l'expression $\nabla \cdot E$ et de vous demander ce que c'est, n'oubliez pas qu'on peut toujours la développer sous la forme

$$\frac{\partial E_x}{\partial x} + \frac{\partial E_y}{\partial y} + \frac{\partial E_z}{\partial z}.$$

Si vous pouvez alors obtenir les composantes $x$, $y$, et $z$ du champ électrique et les différencier, vous aurez la divergence. Il semble souvent que l'on ait le sentiment de faire quelque chose d'inélégant – impliquant une sorte de défaite – en développant des composantes ; et que d'une façon ou d'une autre il devrait toujours y avoir le moyen de tout faire à l'aide des opérateurs vectoriels. Cela ne présente souvent aucun avantage. Quand nous rencontrons pour la première fois une catégorie particulière de problèmes, il est habituellement utile d'écrire les composantes, de façon à être sûrs que nous comprenons ce qui se passe. Il n'y a rien d'inélégant à mettre des nombres dans des équations, et rien d'inélégant à substituer des dérivées à de jolis symboles. En réalité, faire cela dénote souvent une certaine habileté. Bien entendu lorsque vous publiez un article dans une revue spécialisée, cela a meilleure allure – et l'on comprendra plus facilement – si vous écrivez tout sous forme vectorielle. De plus, cela économise de la place.

## 6.4 Le potentiel dipolaire considéré comme un gradient

Nous voudrions faire remarquer quelque chose d'assez amusant sur la formule du dipôle, Éq. (6.13). On peut aussi écrire le potentiel sous la forme

$$\phi = -\frac{1}{4\pi\epsilon_0}\boldsymbol{p}\cdot\boldsymbol{\nabla}\left(\frac{1}{r}\right). \tag{6.16}$$

Si vous calculez le gradient de $1/r$ vous obtenez

$$\boldsymbol{\nabla}\left(\frac{1}{r}\right) = -\frac{\boldsymbol{r}}{r^3} = -\frac{\boldsymbol{e}_r}{r^2},$$

et l'Éq. (6.16) est identique à l'Éq. (6.13).

Comment avons-nous pu penser à cela ? Nous nous sommes simplement souvenus que $\boldsymbol{e}_r/r^2$ apparaissait dans la formule du champ créé par une charge ponctuelle, et que le champ était le gradient d'un *potentiel* en $1/r$.

Il y a une raison *physique* qui nous permet d'écrire le potentiel dipolaire sous la forme de l'Éq. (6.16). Supposons que nous ayons une charge ponctuelle $q$ à l'origine. Le potentiel au point $P(x, y, z)$ est

$$\phi_0 = \frac{q}{r}.$$

(Laissons tomber le facteur $1/4\pi\epsilon_0$ pour faire cette démonstration ; nous le remettrons à la fin.) Si nous déplaçons maintenant la charge $+q$ d'une distance $\Delta z$, le potentiel en $P$ variera un peu, disons, d'une quantité $\Delta\phi_+$. Combien vaut $\Delta\phi_+$ ? Eh bien, ce n'est que la quantité dont *varierait* le potentiel si nous *laissions* la charge à l'origine et si nous *rapprochions* $P$ de la même distance $\Delta z$ (Fig. 6.5). C'est-à-dire que

$$\Delta\phi_+ = -\frac{\partial\phi_0}{\partial z}\Delta z,$$

où par $\Delta z$ nous désignons une quantité égale à $d/2$. Ainsi, en utilisant la relation $\phi_0 = q/r$, nous arrivons au fait que le potentiel créé par la charge positive est

$$\phi_+ = \frac{q}{r} - \frac{\partial}{\partial z}\left(\frac{q}{r}\right)\frac{d}{2}. \tag{6.17}$$

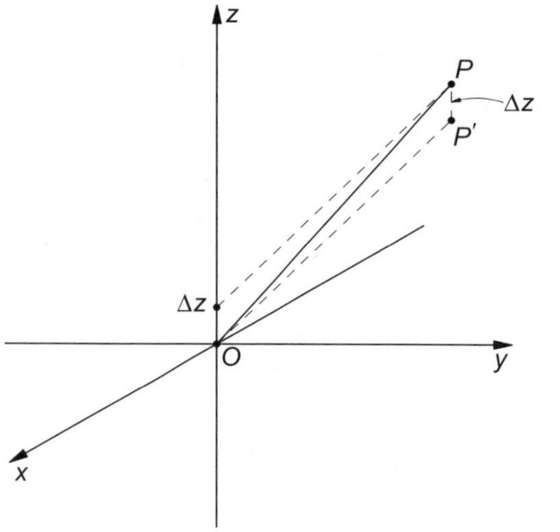


Figure 6.5 – Le potentiel créé en $P$ par une charge ponctuelle située à $\Delta z$ au-dessus de l'origine est identique au potentiel créé en $P'$ (à $\Delta z$ au-dessous de $P$) par la même charge placée à l'origine.

En appliquant le même raisonnement pour le potentiel créé par la charge négative, nous pouvons écrire

$$\phi_- = \frac{-q}{r} + \frac{\partial}{\partial z}\left(\frac{-q}{r}\right)\frac{d}{2}. \tag{6.18}$$

Le potentiel total est la somme de (6.17) et de (6.18) :

$$\begin{aligned}\phi = \phi_+ + \phi_- &= -\frac{\partial}{\partial z}\left(\frac{q}{r}\right)d \\ &= -\frac{\partial}{\partial z}\left(\frac{1}{r}\right)qd\end{aligned} \tag{6.19}$$

Pour d'autres orientations du dipôle, nous pourrions représenter le déplacement de la charge positive par le vecteur $\Delta \boldsymbol{r}_+$. Nous pourrions alors écrire l'Éq. (6.17) sous la forme

$$\Delta\phi_+ = -\boldsymbol{\nabla}\phi_0 \cdot \Delta\boldsymbol{r}_+,$$

où $\Delta \boldsymbol{r}_+$ doit alors être remplacé par $\boldsymbol{d}/2$. En terminant le calcul comme précédemment, l'Éq. (6.19) devient

$$\phi = -\boldsymbol{\nabla}\left(\frac{1}{r}\right)\cdot q\boldsymbol{d}.$$

C'est la même chose que l'Éq. (6.16), si nous posons $q\boldsymbol{d} = \boldsymbol{p}$, et si nous réintroduisons le terme $1/4\pi\epsilon_0$. En examinant cela d'une autre façon, nous voyons que le potentiel d'un dipôle, Éq. (6.13), peut s'écrire sous la forme

$$\phi = -\boldsymbol{p}\cdot\boldsymbol{\nabla}\Phi_0, \tag{6.20}$$

dans laquelle $\phi_0 = 1/4\pi\epsilon_0$ est le potentiel créé par une charge ponctuelle *unité*.

Bien que nous puissions toujours trouver le potentiel créé par une distribution connue de charges à l'aide d'une intégration, il est quelquefois possible de gagner du temps en trouvant la réponse à l'aide d'une astuce. Par exemple, on peut souvent faire usage du principe de superposition. Si l'on nous donne une distribution de charges qui peut être réalisée par la superposition de deux distributions pour lesquelles le potentiel est déjà connu, il est facile de trouver le potentiel cherché en ajoutant tout simplement les deux potentiels connus. Le calcul de (6.20) en est un exemple, en voici un autre.

Supposons que nous ayons une surface sphérique portant une distribution superficielle de charges qui varie comme le cosinus de l'angle polaire. L'intégration pour cette distribution est assez compliquée. Mais, chose surprenante, une telle distribution peut être analysée par superposition. En effet, imaginez une sphère présentant une densité *volumique* uniforme de charge positive, et une autre sphère chargée avec une égale densité volumique uniforme de charge négative, superposées initialement de façon à constituer une sphère neutre – c'est-à-dire, non chargée. Si on déplace alors légèrement la sphère positive par rapport à la sphère négative, le corps de la sphère non chargée doit rester neutre, mais il apparaîtra d'un côté une petite charge positive et sur le côté opposé une certaine charge négative, ainsi que le montre la Fig. 6-6. Si le déplacement relatif des deux sphères est petit, la charge résultante est équivalente à une charge superficielle (sur une surface sphérique), et la densité superficielle de charges est proportionnelle au cosinus de l'angle polaire.

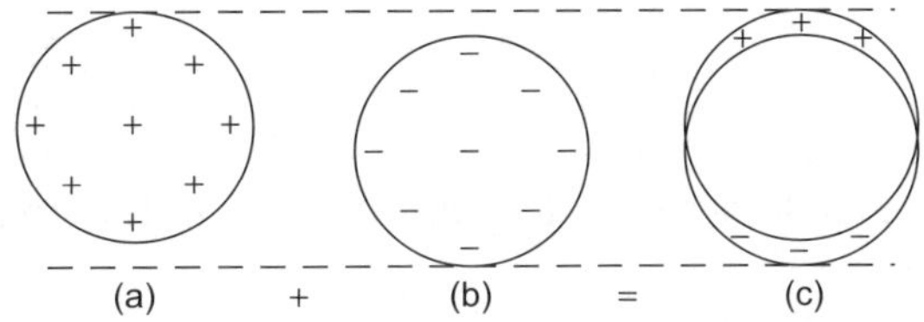


Figure 6.6 – Deux sphères uniformément chargées, superposées avec un léger décalage, sont équivalentes à une distribution superficielle non uniforme de charge.

Si nous voulons maintenant le potentiel créé par cette distribution, nous n'avons pas besoin de faire une intégration. Nous savons que le potentiel créé par chacune de ces sphères chargées est – pour des points à l'extérieur des sphères – le même que celui créé par une charge ponctuelle. Les deux sphères déplacées sont identiques à deux charges ponctuelles ; le potentiel n'est autre que celui d'un dipôle.

De cette façon vous pouvez montrer qu'une distribution de charges sur une sphère de rayon a avec une densité superficielle de charge

$$\sigma = \sigma_0 \cos\theta$$

crée à l'extérieur de la sphère un champ qui n'est autre que celui d'un dipôle de moment

$$p = \frac{4\pi\sigma_0 a^3}{3}.$$

On peut aussi montrer qu'à l'intérieur de la sphère le champ est constant, et a la valeur

$$E = \frac{\sigma_0}{3\epsilon_0}.$$

Si $\theta$ est l'angle formé avec la direction positive de l'axe des $z$, le champ électrique à l'intérieur de la sphère est dans la direction *négative* de l'axe des $z$. L'exemple que nous venons de considérer n'est pas aussi artificiel qu'il pourrait le paraître ; nous le rencontrerons à nouveau dans la théorie des diélectriques.

## 6.5 L'APPROXIMATION DIPOLAIRE POUR UNE DISTRIBUTION QUELCONQUE

Le champ d'un dipôle apparaît dans une autre circonstance où il joue un rôle à la fois intéressant et important. Supposez que nous ayons un objet ayant une distribution compliquée de charges – comme la molécule d'eau (Fig. 6.2) – et que nous nous intéressions seulement au champ à grande distance. Nous montrerons qu'il est possible de trouver pour les champs une expression relativement simple qui est adéquate pour des distances grandes par rapport aux dimensions de l'objet.

Nous pouvons considérer notre objet comme une assemblée de charges ponctuelles $q_i$ dans une certaine région limitée, comme le montre la Fig. 6.7. (Nous pourrons, plus tard, remplacer $q_i$ par $\rho dV$, si nous le voulons.) Supposons que chaque charge $q_i$ soit située à une distance $\boldsymbol{d}_i$ d'une origine choisie quelque part au milieu du groupe de charges. Quel est le potentiel en un point $P$ situé à une distance $\boldsymbol{R}$, $\boldsymbol{R}$ étant beaucoup plus grand que la distance $\boldsymbol{d}_i$ maximum ? Le potentiel créé par toute la collection est donné par

$$\phi = \frac{1}{4\pi\epsilon_0}\sum_i \frac{q_i}{r_i}, \tag{6.21}$$

où $r_i$ est la distance de $P$ aux charges $q_i$ (la longueur du vecteur $\boldsymbol{R} - \boldsymbol{d}_i$). Si maintenant

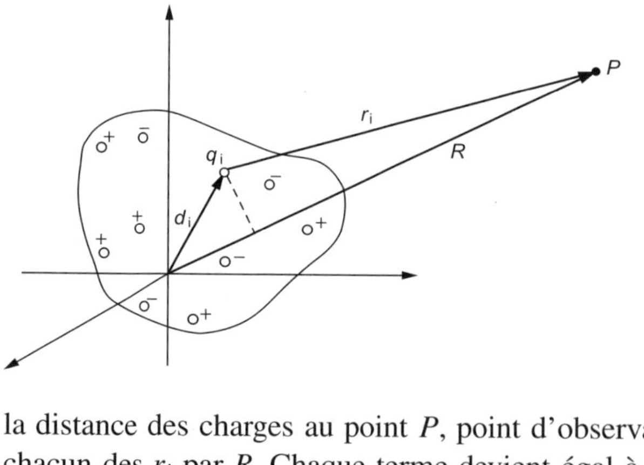


Figure 6.7 – Calcul du potentiel créé en un point $P$ à grande distance par un ensemble de charges.

la distance des charges au point $P$, point d'observation, est énorme, on peut remplacer chacun des $r_i$ par $R$. Chaque terme devient égal à $q_i/R$, et nous pouvons mettre $1/R$ en facteur devant la somme. Ce qui nous donne le résultat simple

$$\phi = \frac{1}{4\pi\epsilon_0}\frac{1}{R}\sum_i q_i = \frac{Q}{4\pi\epsilon_0 R}, \tag{6.22}$$

où $Q$ n'est autre que la charge totale de l'objet. Nous voyons ainsi que, pour des points suffisamment loin d'un amas quelconque de charges, cet amas se comporte comme une charge ponctuelle. Le résultat n'est pas trop surprenant.

Mais que se passe-t-il s'il y a des charges positives et des charges négatives en nombre égal ? La charge totale $Q$ de l'objet est alors nulle. Ceci n'est pas un cas inhabituel ; en effet, comme nous le savons, les objets sont généralement neutres. La molécule d'eau est neutre, mais les charges ne sont pas toutes localisées en un point, de sorte que si nous étions suffisamment près nous pourrions voir quelques-uns des effets produits par les charges distinctes. Nous avons besoin d'une meilleure approximation que (6.2) pour exprimer le potentiel créé par une distribution quelconque de charges dans un objet neutre. L'équation (6.21) est encore valable, mais nous ne pouvons plus poser $r_i = R$. Nous avons besoin d'une expression plus précise de $r_i$. Si le point $P$ est situé à une grande distance, $r_i$ différera de $R$, à une excellente approximation près, d'une quantité égale à la projection de $\boldsymbol{d}_i$ sur $\boldsymbol{R}$, comme on peut le voir sur la Fig. 6.7. (Vous devez imaginer que $P$ est en réalité beaucoup plus loin que cela n'est représenté sur la figure.) En d'autres termes, si $\boldsymbol{e}_R$ est le vecteur unité de la direction de $\boldsymbol{R}$, notre nouvelle approximation pour $r_i$ sera

$$r_i \approx R - \boldsymbol{d}_i \cdot \boldsymbol{e}_R. \tag{6.23}$$

En fait ce que nous voulons c'est $1/r_i$, qui, puisque $d_i \ll R$, peut s'écrire dans notre approximation sous la forme

$$\frac{1}{r_i} \approx \frac{1}{R}\left(1 + \frac{\boldsymbol{d}_i \cdot \boldsymbol{e}_R}{R}\right). \tag{6.24}$$

En substituant cette expression dans (6.21), nous voyons que le potentiel est

$$\phi = \frac{1}{4\pi\epsilon_0}\left(\frac{Q}{R} + \sum_i q_i \frac{\boldsymbol{d}_i \cdot \boldsymbol{e}_R}{R^2} + \cdots\right). \tag{6.25}$$

Les points de suspension désignent les termes de degré plus élevé en $d_i/R$, que nous avons négligés. Ceux-ci, tout comme ceux que nous avons déjà obtenus, sont les termes successifs du développement en série de Taylor de $1/r_i$ au voisinage de $1/R$ en puissances de $d_i/R$.

Le premier terme de (6.25) est ce que nous avons obtenu précédemment ; il disparaît si l'objet est neutre. Le second terme varie en $1/R^2$, comme dans le cas d'un dipôle. En effet, si nous *définissons*

$$\boldsymbol{p} = \sum_i q_i \boldsymbol{d}_i \tag{6.26}$$

comme une propriété de la distribution de charge, le second terme du potentiel (6.25) est

$$\phi = \frac{1}{4\pi\epsilon_0} \frac{\boldsymbol{p} \cdot \boldsymbol{e}_R}{R^2}, \tag{6.27}$$

c'est *précisément le potentiel d'un dipôle.* La quantité $\boldsymbol{p}$ est appelée moment dipolaire de la distribution. C'est une généralisation de notre précédente définition, et elle se réduit à celle-ci dans le cas particulier de deux charges ponctuelles.

Notre conclusion est que, suffisamment loin d'un paquet de charges *quelconque*, qui est neutre dans son ensemble, le potentiel est un potentiel dipolaire. Il décroît en $1/R^2$

et varie comme $\cos\theta$ et sa grandeur dépend du moment dipolaire de la distribution de charge. C'est pour ces raisons que les champs dipolaires sont importants, puisque le cas simple d'une paire de charges ponctuelles est tout à fait rare.

La molécule d'eau, par exemple, a un moment dipolaire assez important. Les champs électriques qui résultent de ces moments sont responsables d'un certain nombre de propriétés importantes de l'eau. Pour de nombreuses molécules, $CO_2$ par exemple, le moment dipolaire disparaît à cause de la symétrie de la molécule. Pour celles-ci nous devons développer avec encore plus de précision, ce qui donne dans le développement du potentiel un terme de plus qui décroît en $1/R^3$, et qui est appelé potentiel quadrupolaire. Nous étudierons de tels cas plus tard.

## 6.6 Le champ des conducteurs chargés

Nous en avons maintenant fini avec les cas que nous voulions développer, dans lesquels la distribution des charges est connue dès le départ. Cela a été un problème sans complications sérieuses, mettant en jeu au plus quelques intégrations. Nous abordons maintenant un type de problèmes entièrement neuf, la détermination des champs au voisinage des conducteurs chargés.

Supposez que nous nous trouvions dans le cas où une charge totale $Q$ est placée sur un conducteur quelconque. Nous ne serons pas capables maintenant de dire où se trouvent exactement les charges. Elles vont se répartir d'une certaine façon sur la surface. Comment pourrons-nous savoir comment sont distribuées les charges sur la surface ? Elles doivent se distribuer de façon à ce que le potentiel de la surface soit constant. Si la surface n'était pas une équipotentielle, il existerait un champ électrique à l'intérieur du conducteur, et les charges continueraient à se déplacer jusqu'à ce qu'il s'annule. On peut résoudre de la façon suivante le problème général de ce type. Nous devinons une distribution de charges et nous calculons le potentiel. Si le potentiel se révèle être constant en tout point de la surface, le problème est terminé. Si la surface n'est pas une équipotentielle, c'est que nous avons imaginé une mauvaise distribution de charges, et nous devons en deviner une nouvelle - meilleure, espérons-le ! Cela peut continuer indéfiniment, à moins que nous ne nous montrions judicieux dans le choix de nos hypothèses successives.

La question de savoir comment deviner une distribution est mathématiquement difficile. La nature, bien entendu, a le temps de le faire ; les charges s'attirent et se repoussent jusqu'à ce qu'elles s'équilibrent. Cependant, quand nous essayons de résoudre le problème, chaque essai nous prend tant de temps que la méthode est très pénible. Avec un groupe arbitraire de conducteurs et de charges, le problème peut être très compliqué, et en général on ne pourra pas le résoudre sans faire appel à des méthodes numériques assez élaborées. De tels calculs numériques, de nos jours, sont faits à l'aide de machines à calculer qui font le travail pour nous, une fois qu'on leur a dit comment procéder.

D'un autre côté, il existe une quantité de petits *cas* pratiques pour lesquels ça serait bien de pouvoir trouver la réponse par quelque méthode plus directe - sans avoir à écrire un programme pour une machine. Heureusement, il y a un grand nombre de cas dans lesquels on peut obtenir la réponse en l'extorquant à la nature par un truc ou un autre. La première astuce que nous décrirons consiste à faire usage des solutions que nous avons déjà obtenues dans des cas où les charges avaient des emplacements déterminés.

## 6.7 La méthode des images

methode des images@méthode des images

Nous avons trouvé, par exemple, le champ créé par deux charges ponctuelles. La figures 6.8 montre quelques-unes des lignes de champ et des surfaces équipotentielles que nous avons obtenues par le calcul au chapitre 4. Considérons à présent la surface équipotentielle $A$. Supposons que nous donnions à une mince feuille de métal une forme telle qu'elle s'emboîte exactement sur cette surface. Si nous la plaçons exactement sur la surface et que nous ajustons son potentiel à la valeur convenable, personne ne pourra savoir qu'elle est là, parce que rien n'aura changé.

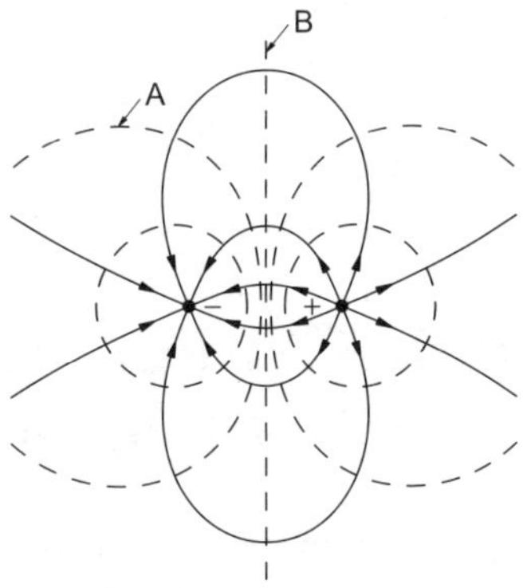


Figure 6.8 – Les lignes de champ et les équipotentielles de deux charges ponctuelles.

Mais attention ! Nous avons en fait résolu un *nouveau* problème. Nous avons un cas dans lequel la surface d'un conducteur courbe, ayant un potentiel donné, est placée près d'une charge ponctuelle. Si la feuille métallique que nous avons placée sur la surface équipotentielle se referme finalement sur elle-même (ou, en pratique, si elle s'étend suffisamment loin), nous nous trouvons dans une situation du type considéré dans la section 5–10 ; c'est-à-dire que notre espace est divisé en deux régions, une à l'intérieur et l'autre à l'extérieur d'une couche conductrice fermée. Nous avons vu que les champs dans les deux régions étaient tout à fait indépendants l'un de l'autre. Nous devons donc avoir le même champ à l'extérieur de notre conducteur courbe quoi qu'il y ait à l'intérieur. Nous pouvons même remplir tout l'intérieur avec un matériau conducteur. Nous avons donc trouvé les champs dans le cas de la Fig. 6.9. Dans l'espace à l'extérieur du conducteur le champ est identique à celui créé par deux charges ponctuelles, comme dans la Fig. 6.8. À l'intérieur du conducteur, il est nul. De plus – comme cela doit être – le champ juste à l'extérieur du conducteur est normal à la surface.

Nous pouvons ainsi calculer les champs de la Fig. 6.9 en calculant le champ dû à $q$ et à une charge ponctuelle imaginaire $-q$ placée en un point convenable. La charge ponctuelle que nous »imaginons« derrière la surface conductrice est appelée *charge image*.

Dans les livres, vous pouvez trouver de longues listes de solutions pour des conducteurs en forme d'hyperboloïde et pour d'autres choses qui paraissent compliquées, et vous vous demandez comment quelqu'un a pu un jour trouver ces formes terribles. Elles ont été trouvées en revenant en arrière ! Quelqu'un a résolu un problème simple avec des charges données. Puis il a vu qu'une certaine surface équipotentielle apparaissait sous une nouvelle forme, et il a écrit un article dans lequel il a montré que le champ à l'extérieur de cette forme particulière pouvait être décrit d'une certaine façon.

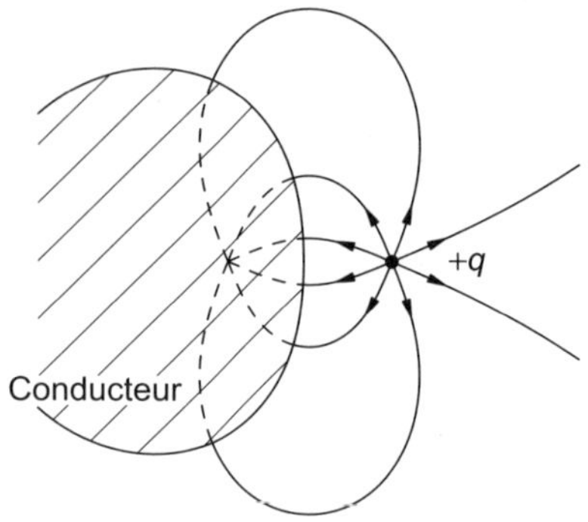


Figure 6.9 – Le champ à l'extèrieur d'un conducteur ayant la forme de l'équipotentielle *A* de la Fig. 6.8.

## 6.8 CHARGE PONCTUELLE AU VOISINAGE D'UN PLAN CONDUCTEUR

À titre d'application la plus simple de l'utilisation de cette méthode, utilisons la surface équipotentielle *B* de la Fig. 6.8. Avec elle, nous pouvons résoudre le problème d'une charge placée en face d'une feuille conductrice. Nous barrons simplement la moitié gauche du dessin. Les lignes de champ pour notre solution sont représentées sur la Fig. 6.10. Notez bien que le plan, puisqu'il était à mi-chemin des deux charges, a un potentiel nul. Nous avons résolu le problème de la charge positive placée au voisinage d'un plan conducteur relié à la terre.

Nous avons résolu le problème pour le champ total, mais que savons-nous des charges *réelles* qui en sont responsables ? Il y a, en plus de notre charge ponctuelle positive, un certain nombre de charges négatives induites sur la feuille conductrice, qui étaient très loin et qui ont été attirées par la charge positive. Supposez maintenant que pour quelque raison technique – ou par curiosité – vous vouliez savoir comment sont distribuées les charges négatives sur la surface. Vous pouvez trouver la densité superficielle de charge en utilisant le résultat que nous avons obtenu dans la section 5-9 à l'aide du théorème de Gauss. La composante normale du champ électrique juste à l'extérieur d'un conducteur est égale à la densité superficielle de charges a divisée par $\varepsilon_o$. Nous pouvons obtenir la densité de charge en tout point de la surface en partant de la composante normale du champ électrique à la surface. Cette composante, nous la connaissons, parce que nous connaissons le champ en tout point.

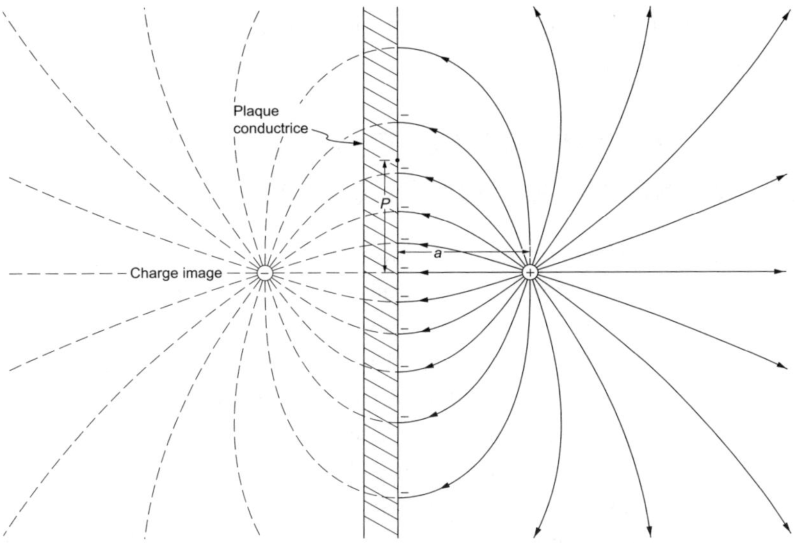


Figure 6.10 – Le champ créé par une charge au voisinage d'une surface conductrice plane, trouvé par la méthode des images.

Considérons un point de la surface situé à la distance $p$ du point qui est juste en face de la charge positive (Fig. 6.10). Le champ électrique en ce point est normal à la surface et est dirigé vers l'intérieur. La composante normale à la surface du champ créé par la charge *positive* est

$$E_{n+} = -\frac{1}{4\pi\epsilon_0}\frac{aq}{(a^2+\rho^2)^{3/2}}. \tag{6.28}$$

À cela nous devons ajouter le champ électrique produit par la charge image négative. Ceci double simplement la composante normale (et compense toutes les autres), de sorte que la densité de charge $\sigma$ en tout point de la surface est

$$\sigma(\rho) = \epsilon_0 E(\rho) = -\frac{2aq}{4\pi(a^2+\rho^2)^{3/2}}. \tag{6.29}$$

Une intéressante vérification de notre travail consiste à intégrer a sur toute la surface. Nous trouvons que la charge induite totale est $-q$, comme cela doit être.

Une question de plus : s'exerce-t-il une force sur la charge ponctuelle ? Oui, parce qu'il y a attraction par la charge superficielle négative induite sur la plaque. Maintenant que nous connaissons les charges superficielles (à partir de l'Éq. [6.29]), nous pourrions calculer à l'aide d'une intégrale les forces qui s'exercent sur notre charge ponctuelle positive. Mais nous savons aussi que la force agissant sur la charge positive est exactement la même que celle qui *existerait* s'il y avait la charge négative image à la place de la plaque, puisque les champs au voisinage sont les mêmes dans les deux cas. La charge ponctuelle subit une force attractive vers la plaque dont la grandeur est

$$F = \frac{1}{4\pi\epsilon_0}\frac{q^2}{(2a)^2}. \tag{6.30}$$

Nous avons trouvé la force beaucoup plus facilement qu'en intégrant sur toutes les charges négatives.

## 6.9 CHARGE PONCTUELLE AU VOISINAGE D'UNE SPHÈRE CONDUCTRICE

Outre le plan, quelles autres surfaces admetent une solution simple ? La forme la plus simple après le plan, c'est la sphère. Cherchons les champs existant autour d'une sphère métallique reliée à la terre avec une charge ponctuelle $q$ à côté, comme sur la Fig. 6.11. Nous devons chercher un cas physique simple qui fournit une sphère pour surface équipotentielle. Si nous examinons les problèmes que des gens ont déjà résolus, nous voyons que quelqu'un a remarqué que le champ créé par deux charges ponctuelles *inégales* a une équipontentielle qui est une sphère. Ah ! ah ! Si nous choisissons l'emplacement d'une charge image - et trouvons la bonne valeur de la charge - nous pourrons peut-être faire coïncider la surface équipotentielle avec notre sphère. En effet, on peut le faire avec la recette suivante.

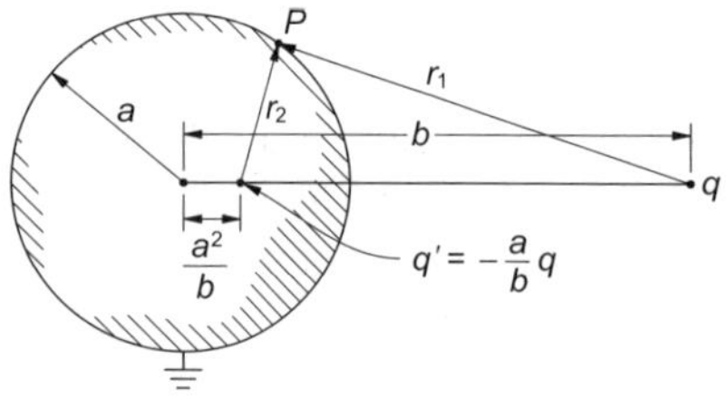


Figure 6.11 – La charge ponctuelle $q$ induit des charges sur une sphère conductrice reliée à la terre, dont les champs sont ceux d'une charge image $q'$ située au point indiqué.

Supposez que vous vouliez que la surface équipotentielle soit une sphère de rayon $a$ ayant son centre à la distance $b$ de la charge $q$. Placez une charge image de grandeur $q' = -q(a/b)$ sur la ligne qui joint la charge au centre de la sphère, et à la distance $a^2/b$ du centre. La sphère sera au potentiel zéro.

La raison mathématique découle du fait que la sphère est le lieu des points dont les distances à deux points fixes sont dans un rapport constant. En se reportant à la Fig. 6.11, le potentiel créé en $P$ par $q$ et $q'$ est proportionnel à

$$\frac{q}{r_1} + \frac{q'}{r_2}.$$

Le potentiel sera donc nul pour tous les points tels que

$$\frac{q'}{r_2} = -\frac{q}{r_1} \qquad \text{ou} \qquad \frac{r_2}{r_1} = -\frac{q'}{q}.$$

Si nous plaçons $q'$ à la distance $a^2/b$ du centre, le rapport $r_2/r_1$ a la valeur constante $a/b$. Donc si

$$\frac{q'}{q} = -\frac{a}{b} \tag{6.31}$$

la sphère est une équipotentielle. En fait elle est au potentiel zéro.

Que se passe-t-il si nous nous intéressons à une sphère qui n'est pas au potentiel zéro ? Elle sera au potentiel zéro seulement s'il se trouve par hasard que sa charge totale est $q'$. Bien entendu si elle est à la terre, les charges induites sur elle devront avoir précisément cette valeur. Mais que se passe-t-il si elle est isolée, et si nous n'avons placé aucune charge sur elle ? Ou si nous savons que l'on a *mis* sur elle une charge $Q$? Ou simplement qu'elle a un potentiel donné *différent* de zéro ? On peut répondre facilement à toutes ces questions. Nous pouvons toujours ajouter une charge ponctuelle $q''$ au centre de la sphère. La sphère reste encore une équipotentielle par superposition ; seule la valeur du potentiel sera changée.

Si nous avons, par exemple, une sphère conductrice qui initialement n'est pas chargée et est isolée de tout autre chose, et que nous approchions d'elle une charge ponctuelle $q$, la charge totale de la sphère restera zéro. On trouve la solution en utilisant une charge image $q'$ comme précédemment, mais, en ajoutant, en outre, une charge $q''$ au centre de la sphère, telle que

$$q'' = -q' = \frac{a}{b}q. \tag{6.32}$$

Les champs partout à l'extérieur de la sphère sont donnés par la superposition des champs créés par $q, q'$, et $q''$. Le problème est résolu.

Nous pouvons voir maintenant qu'il existe une force attractive entre la sphère et la charge ponctuelle $q$. Elle n'est pas nulle, bien qu'il n'y ait pas de charges sur la sphère neutre. À quoi est due l'attraction ? Lorsque vous approchez une charge positive d'une sphère conductrice, la charge positive attire les charges négatives sur le côté le plus proche d'elle et laisse des charges positives sur la surface du côté éloigné. L'attraction des charges négatives est plus grande que la répulsion due aux charges positives ; il y a donc une attraction résultante. Nous pouvons trouver la grandeur de l'attraction en calculant la force qu'exerce sur $q$ les champs créés par $q'$ et $q''$. La force totale est la somme de la force d'attraction entre $q$ et une charge $q' = -(a/b)q$, à la distance $b-(a^2/b)$, et de la force répulsive entre $q$ et une charge $q'' = (a/b)q$, à la distance $b$.

Ceux que l'on amusait dans leur enfance avec la boîte de levure qui a sur son étiquette l'image d'une boite de levure, qui a sur son étiquette l'image d'une boîte de levure, qui a... pourront s'intéresser au problème suivant. Deux sphères égales, l'une ayant une charge totale $+Q$ et l'autre une charge totale $-Q$, sont disposées à une certaine distance l'une de l'autre. Quelle est la force qui s'exerce entre elles ? On peut résoudre le problème avec un nombre infini d'images. On remplace tout d'abord en première approximation chaque sphère par une charge placée en son centre. Chacune de ces charges aura une charge image dans l'autre sphère. Les charges images auront des images, etc., etc., etc. La solution est comme l'image sur la boîte de levure - et ça converge assez vite.

## 6.10 Condensateurs ; plaques parallèles

Nous abordons à présent un autre type de problèmes mettant en jeu des conducteurs. Considérez deux grandes plaques métalliques parrallèles entre elles et séparées par une distance petite par rapport à leur largeur. Supposons que l'on ait mis des charges égales et opposées sur les plaques. Les charges sur chacune des plaques vont être attirées par les charges de l'autre plaque, et les charges vont se répartir uniformément sur la surface intérieure des plaques. Les plaques auront des densités superficielles de charges $+\sigma$. et $-\sigma$, respectivement, comme sur la Fig. 6.12. D'après le chapitre 5 nous savons que le champ entre les plaques est égal à $\sigma/\epsilon_0$, et que le champ à l'extérieur des plaques est nul. Les plaques vont avoir des potentiels $\phi_1$, et $\phi_2$, différents. Par commodité nous désignerons leur différence par $V$ ; on l'appelle souvent la « tension » :

$$\phi_1 - \phi_2 = V.$$

(Vous verrez que quelquefois les gens utilisent $V$ pour le potentiel, mais nous, nous avons choisi d'utiliser $\phi$.)

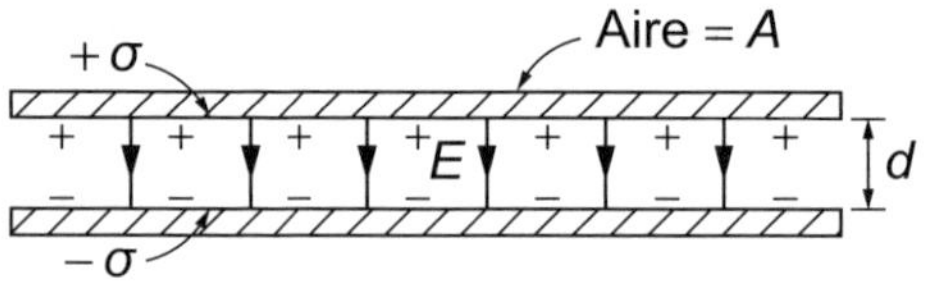


Figure 6.12 – Un condensateur plan.

La différence de potentiel $V$ est le travail nécessaire par unité de charge pour transporter une petite charge d'une plaque à l'autre, de sorte que

$$V = Ed = \frac{\sigma}{\epsilon_0} d = \frac{d}{\epsilon_0 A} Q, \tag{6.33}$$

où $+Q$ est la charge totale de chacune des plaques, $A$ l'aire des plaques et $d$ leur distance.

Nous voyons que la tension est proportionnelle à la charge. Une telle proportionnalité entre $V$ et $Q$ se rencontre pour deux conducteurs quelconques dans l'espace, s'il y a une charge positive sur l'un et une charge négative égale sur l'autre. La différence de potentiel entre eux – c'est-à-dire la tension – est proportionnelle à la charge. (Nous supposons qu'il n'y a pas d'autre charge au voisinage.)

Pourquoi cette proportionnalité ? Simplement le principe de superposition. Supposons que nous connaissions la solution pour un ensemble de charges, et qu'ensuite nous superposions deux solutions identiques. Les charges sont doubles, les champs sont doubles, et le travail effectué pour amener une charge unité d'un point à l'autre est aussi double. La différence de potentiel entre deux points quelconques est donc proportionnelle aux charges. En particulier, la différence de potentiel entre les deux conducteurs est proportionnelle à la charge qu'ils portent. Certains au début ont écrit l'équation de proportionnalité dans l'autre sens. C'est-à-dire qu'ils ont écrit

$$Q = CV,$$

où $C$ est une constante. Ce coefficient de proportionnalité s'appelle la *capacité*, et un tel système de deux conducteurs s'appelle un *condensateur*[1]. Pour notre condensateur à

1. Certaines personnes pensent qu'il faudrait employer les mots " capacitance " et "capaciteur ", à la place de "capacité" et de "condensateur ". Nous avons décidé d'utiliser la vieille terminologie, parce qu'on l'entend encore plus couramment dans les laboratoires de physique – même si elle n'est pas dans les manuels !

plaques parallèles

$$C = \frac{\epsilon_0 A}{d} \quad \text{(plaques parallèles).} \tag{6.34}$$

Cette formule n'est pas exacte, car le champ n'est pas réellement uniforme partout entre les plaques, comme nous l'avons supposé. Le champ ne finit pas brusquement juste sur les bords, mais ressemble plus, en fait, à ce qui est représenté sur la Fig. 6.13. La charge totale n'est pas $\sigma A$, comme nous l'avons supposé, – il y a une petite correction pour l'effet des bords. Pour trouver ce que vaut cette correction, nous aurons à calculer le champ d'une manière plus exacte et à trouver ce qui se passe vraiment sur les bords. C'est un problème mathématique compliqué qui peut, cependant, être résolu à l'aide de techniques que nous ne décrirons pas maintenant. Le résultat d'un tel calcul est que la densité de charges augmente un peu au voisinage du bord des plaques. Ceci veut dire que la capacité des plaques est un peu plus élevée que celle que nous avons calculée.

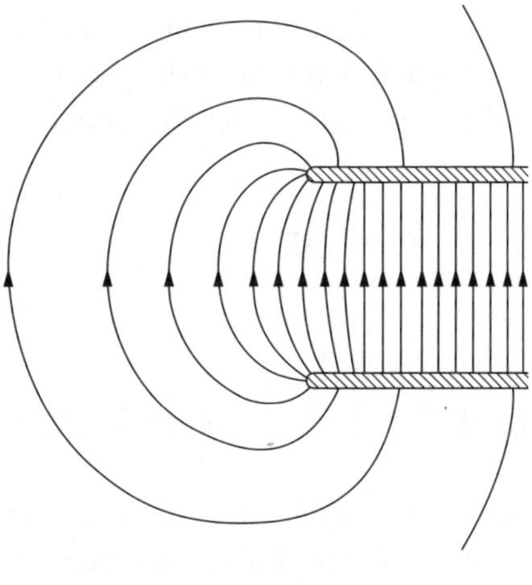

Figure 6.13 – Le champ électrique au voisinage des bords de deux plaques parallèles.

Nous n'avons parlé que de la capacité de deux conducteurs. Quelques fois les gens parlent de la capacité d'un objet unique. Ils disent, par exemple, que la capacité d'une sphère de rayon $a$ est $4\pi\epsilon_0 a$. Ce qu'ils imaginent, c'est que l'autre armature est une autre sphère de rayon infini – que lorsqu'il y a une charge $+Q$ sur la sphère, la charge opposée $-Q$, se trouve sur une sphère infinie. On peut aussi parler de capacité lorsqu'il y a trois conducteurs ou plus ; nous discuterons de cela plus tard.

Supposons que nous voulions avoir un condensateur de très grande capacité. Nous pourrions obtenir une grande capacité en prenant une très grande surface et une très petite séparation. Nous pourrions mettre du papier ciré entre des feuilles d'aluminium et rouler le tout. (Si nous le scellons dans de la matière plastique, nous avons un condensateur typique d'une radio.) Que vaut-il ? Il est bon pour emmagasiner des charges. Si nous essayons d'emmagasiner des charges sur une boule, par exemple, son potentiel augmente rapidement à mesure que nous la chargeons. Il peut même devenir si élevé que les charges commencent à s'échapper dans l'air avec des étincelles. Mais si nous mettons la même charge sur un condensateur dont la capacité est très grande, la tension développée aux bornes du condensateur sera faible.

Pour de nombreuses applications dans les circuits électroniques, il est utile d'avoir quelque chose qui peut absorber ou fournir de grandes quantités de charges sans grande variation de potentiel. Un condensateur (ou « capacitance ») fait justement cela. Il existe aussi de nombreuses applications dans les instruments électroniques et dans les calculatrices où l'on utilise un condensateur pour obtenir une variation donnée de tension en réponse à une variation particulière de charge. Nous avons vu une application semblable au chapitre 23, Vol. I, où nous décrivions les propriétés des circuits résonnants.

À partir de la définition de $C$, nous voyons que son unité est le coulomb/volt. Cette unité s'appelle aussi un *farad.* En examinant l'Éq. (6.34), nous voyons que l'on peut exprimer les unités de $\epsilon_0$ en farad/mètre, ce qui est l'unité la plus couramment utilisée. Les valeurs typiques de condensateurs vont de un micro-microfarad (= 1 picofarad) à quelques millifarads. Les petits condensateurs de quelques picofarads, sont utilisés dans les circuits accordés en haute fréquence, et l'on rencontre des condensateurs qui vont jusqu'à des centaines ou des milliers de microfarads dans les filtres des alimentations électriques. Une paire de plaques, d'un centimètre carré de surface et distantes d'un millimètre, a une capacité d'environ un microfarad.

$$\boxed{\epsilon_0 \approx \frac{1}{36\pi \times 10^9} \text{ farad/mètre}}$$

## 6.11 La décharge à haute tension

Nous allons maintenant discuter qualitativement quelques-unes des caractéristiques des champs autour des conducteurs. Si nous chargeons un conducteur qui n'est pas une sphère, mais qui a une pointe ou une extrémité très aiguë, comme par exemple l'objet esquissé sur la Fig. 6.14, le champ au voisinage de la pointe est beaucoup plus grand que le champ dans les autres régions. La raison en est, qualitativement, que les charges essaient de s'étendre le plus possible sur la surface d'un conducteur, et que l'extrémité d'une pointe aiguë se trouve aussi loin qu'il est possible de la plus grande partie de la surface. Certaines charges sur la plaque sont poussées vers l'extrémité. Une *quantité* de charges relativement petite au sommet peut encore fournir une grande *densité* superficielle ; une densité de charges élevée implique un champ intense juste à l'extérieur.

Un moyen de voir que le champ est le plus intense sur les parties d'un conducteur où le rayon de courbure est le plus faible, est de considérer la combinaison d'une grosse sphère et d'une petite sphère reliées par un fil, comme l'illustre la Fig. 6.15. C'est une version quelque peu idéalisée du conducteur de la Fig. 6.14. Le fil n'aura qu'une faible influence sur les champs à l'extérieur ; il est là pour maintenir les sphères au même potentiel. Maintenant, laquelle des sphères a le champ le plus grand à sa surface ? Si la boule de

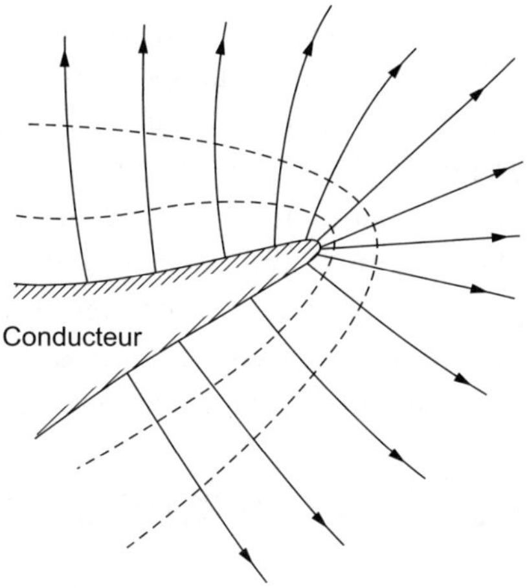


Figure 6.14 – Le champ électrique au voisinage d'une pointe aiguë d'un conducteur est très élevée.

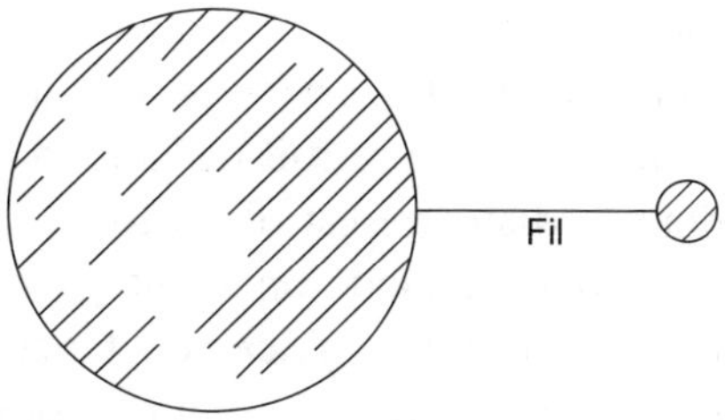


Figure 6.15 – Le champ d'un objet pointu peut être représenté en première approximation par celui de deux sphères au même potentiel.

gauche a un rayon $a$ et porte une charge $Q$, son potentiel est environ

$$\phi_1 = \frac{1}{4\pi\epsilon_0}\frac{Q}{a}.$$

(Bien entendu la présence de l'une des boules change la distribution sur l'autre, de sorte que les charges n'ont pas réellement la symétrie sphérique ni sur l'une ni sur l'autre. Mais si nous ne nous intéressons qu'à une estimation des champs, nous pouvons utiliser le potentiel d'une charge sphérique.) Si la boule la plus petite, dont le rayon est $b$, porte la charge $q$, son potentiel est à peu près

$$\phi_2 = \frac{1}{4\pi\epsilon_0}\frac{q}{b}.$$

Mais $\phi_1 = \phi_2$, donc

$$\frac{Q}{a} = \frac{q}{b}.$$

D'autre part, le champ à la surface (voir Éq. 5.8) est proportionnel à la densité superficielle de charges, qui est comme la charge totale divisée par le carré du rayon. Nous obtenons

$$\frac{E_a}{E_b} = \frac{Q/a^2}{q/b^2} = \frac{b}{a}. \tag{6.35}$$

Le champ est donc plus grand à la surface de la petite sphère. Les champs sont inversement proportionnels aux rayons.

Ce résultat est techniquement très important, parce que l'air peut cesser d'être isolant si le champ électrique est trop grand. Ce qui arrive, c'est qu'une charge libre (électron ou ion), quelque part dans l'air est accélérée par le champ, et que si le champ est très grand, la charge peut acquérir, avant de frapper un autre atome, une vitesse suffisante pour lui permettre d'arracher un électron à cet atome. Ce qui a pour résultat de créer de plus en plus d'ions. Leur mouvement forme une décharge, ou étincelle. Si vous voulez porter un objet à un potentiel élevé et qu'il ne se décharge pas par des étincelles dans l'air, vous devez vous assurer que la surface est lisse, de sorte qu'il n'y ait pas d'endroit où le champ soit anormalement grand.

## 6.12 Le microscope à émission de champ

Il existe une application intéressante du champ électrique extrêmement élevé qui entoure toute protubérance aiguë sur un conducteur chargé. Le *microscope à émission de champ* dépend pour son fonctionnement du champ élevé créé sur une pointe métallique aiguë[2]. Il est construit de la façon suivante. Une très fine aiguille, ayant une extrémité dont le diamètre est d'environ 1.000 angströms, est placée au centre d'une sphère de verre dans laquelle on a fait le vide (Fig. 6.16). La surface intérieure de la sphère est recouverte d'une mince couche conductrice d'un matériau fluorescent, et l'on applique une différence de potentiel très élevée entre la couche fluorescente et l'aiguille.

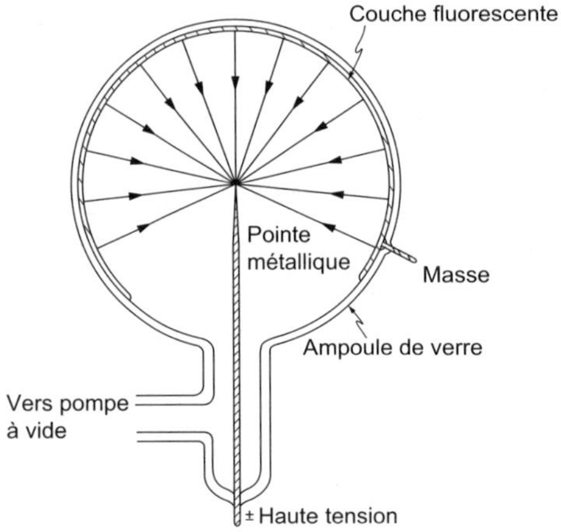


Figure 6.16 – Microscope à émission de champ.

Examinons d'abord ce qui se passe quand l'aiguille est négative par rapport à la couche fluorescente. Les lignes de champ sont fortement concentrées sur la pointe aiguë. Le champ électrique peut être aussi élevé que 40 millions de volts par centimètre. Dans des champs aussi intenses, des électrons sont arrachés de la surface de l'aiguille et accélérés par la différence de potentiel entre l'aiguille et la couche fluorescente. Lorsqu'ils atteignent celle-ci, ils provoquent une émission lumineuse, tout comme dans un écran cathodique de télévision.

2. Voir E. W. Mueller : »The field-ion microscope« , *Advances in Electronics and Electron Physics,* 13, 83-179 (1960). Academic Press, New York.

Les électrons qui arrivent en un point donné de la surface fluorescente sont, avec une excellente approximation, ceux qui quittent l'autre extrémité de la ligne de champ radiale, car les électrons se déplacent le long de la ligne de champ allant de la pointe à la surface. Nous voyons ainsi sur la surface une sorte d'image de la pointe de l'aiguille. Plus précisément, nous voyons une image de *l'émissivité* de la surface de l'aiguille - qui représente la facilité avec laquelle les électrons peuvent quitter la surface de la pointe métallique. Si la résolution était suffisamment élevée, on pourrait espérer distinguer les positions des atomes individuels à l'extrémité de l'aiguille. Avec des électrons, cette résolution n'est pas possible pour les raisons suivantes. D'abord, il y a la diffraction quantique des électrons qui brouille les images. Ensuite, à cause de leurs mouvements à l'intérieur du métal les électrons ont une petite vitesse initiale transversale lorsqu'ils quittent l'aiguille, et cette composante transverse aléatoire de la vitesse contribue à rendre l'image floue. La combinaison de ces deux effets limite la résolution à 25 Å ou à peu près.

Si, cependant, nous inversons la polarité et introduisons une petite quantité d'hélium gazeux dans l'ampoule, il est possible d'atteindre des résolutions beaucoup plus élevées. Lorsqu'un atome d'hélium entre en collision avec la pointe de l'aiguille, le champ intense qui y règne dépouille d'un électron l'atome d'hélium, et le laisse chargé positivement. L'ion hélium est ensuite accéléré vers l'extérieur le long d'une ligne de champ aboutissant à l'écran fluorescent. Comme les ions hélium sont beaucoup plus lourds que les électrons, les longueurs d'ondes quantiques sont beaucoup plus petites. Si la température n'est pas trop élevée, l'effet des vitesses thermiques est aussi plus faible que dans le cas de l'électron. Avec moins de brouillage de l'image, on obtient une photo de la pointe beaucoup plus fine. Il a été possible d'obtenir des grossissements de 2.000.000 de fois avec le microscope à émission de champ à ions positifs – grossissement qui est dix fois meilleur que celui qui est obtenu avec le meilleur microscope électronique.

La Fig. 6.17 donne un exemple des résultats que l'on a obtenus avec un microscope à champ ionique, utilisant une aiguille de tungstène. Le centre d'un atome de tungstène

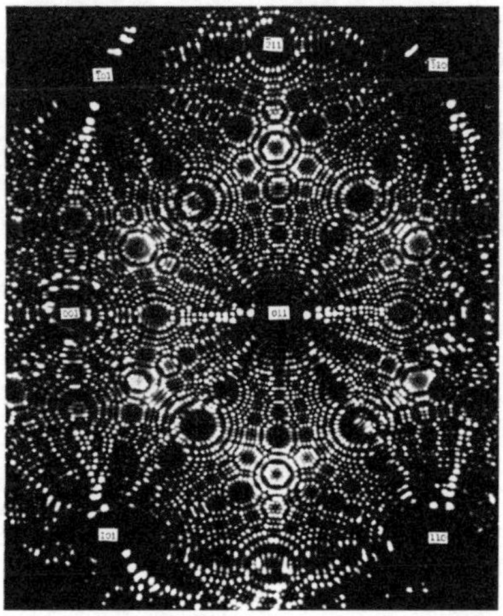

Figure 6.17 – Image produite par microscope à émission de champ. (Due à l'obligeance de Erwin W. Mueller, « Research Professor » de physique, Université de l'État de Pennsylvanie.)

ionise un atome d'hélium à un taux légèrement différent de celui des espaces entre les atomes de tungstène. La figure formée par les tâches sur l'écran fluorescent montre la disposition des *atomes individuels* sur la pointe de tungstène. La raison pour laquelle les taches forment des anneaux peut se comprendre si on se représente une grande boîte de boules empaquetées dans une structure rectangulaire, représentant les atomes dans le métal. Si vous découpez dans cette boîte une section approximativement sphérique, vous verrez les anneaux caractéristiques de la structure atomique. Le microscope à champ ionique ą fourni à l'homme le moyen de voir les atomes pour la première fois. C'est une performance remarquable, si l'on considère la simplicité de l'instrument.

# Le champ électrique : exemples divers (suite)

7

## 7.1 Méthodes de calcul du champ électrostatique

Ce chapitre est la suite de notre étude des caractéristiques des champs électriques dans divers cas particuliers. Nous décrirons tout d'abord quelques méthodes plus élaborées pour résoudre des problèmes avec des conducteurs. On ne doit pas s'attendre à pouvoir maîtriser dès maintenant ces méthodes plus avancées. Cependant il peut être intéressant d'avoir une idée des types de problèmes que l'on peut résoudre en utilisant des techniques qui pourront être apprises dans des cours plus avancés. Nous considérerons ensuite deux exemples dans lesquels la distribution de charge n'est ni fixée, ni transportée par un conducteur, mais au lieu de cela déterminée par quelque autre loi de la physique.

Comme nous l'avons vu au chapitre 6, le problème du champ électrostatique est fondamentalement simple lorsque la distribution des charges est déterminée ; il demande seulement l'évaluation d'une intégrale. Lorsque des conducteurs sont présents, il se présente cependant des complications parce que la distribution de charges sur les conducteurs n'est pas initialement connue ; la charge doit se répartir à la surface du conducteur d'une façon telle que le conducteur soit une équipotentielle. La solution de tels problèmes n'est ni directe, ni simple.

Nous avons étudié une méthode indirecte de résolution de tels problèmes, dans laquelle nous calculons les équipotentielles pour une certaine distribution donnée de charges et nous remplaçons l'une d'entre elles par une surface conductrice. Nous pouvons de cette façon dresser un catalogue de solutions particulières pour des conducteurs en forme de sphères, de plans, etc. L'utilisation des images, décrite au chapitre 6, est un exemple de méthode indirecte. Nous en décrirons une autre dans ce chapitre.

Si le problème à résoudre n'appartient pas à la catégorie des problèmes pour lesquels nous pouvons construire des solutions par la méthode indirecte, nous sommes obligés de résoudre le problème par une méthode plus directe. Le problème mathématique de la méthode directe est la solution de l'équation de Laplace,

$$\nabla^2\phi = 0, \tag{7.1}$$

avec la condition que $\phi$ doit prendre une valeur constante convenable sur certaines frontières – les surfaces des conducteurs. Les problèmes qui consistent à résoudre une équation différentielle avec certaines *conditions aux limites* sont appelés *problèmes aux limites*. Ils ont fait l'objet d'études mathématiques considérables. Dans le cas de conducteurs ayant des formes compliquées, il n'existe pas de méthode analytique générale. Même un problème simple tel que celui d'une boite métallique cylindrique chargée, fermée à ses deux extrémités – une boîte de bière – présente des difficultés mathématiques redoutables. On ne peut le résoudre qu'approximativement, en utilisant des méthodes numériques. Les *seules* méthodes générales de résolution sont numériques.

Il y a quelques problèmes pour lesquels l'Éq. (7.1) peut être résolue directement. Par exemple, le problème d'un conducteur chargé, ayant la forme d'un ellipsoïde de révolution, peut être résolu à l'aide de fonctions spéciales connues. On peut obtenir la solution pour un disque mince en faisant devenir l'ellipsoïde infiniment plat. On peut obtenir de la même façon la solution pour une aiguille en faisant devenir l'ellipsoïde infiniment allongé. Il faut cependant insister sur le fait que les seules méthodes directes d'application générale sont les méthodes numériques.

On peut aussi résoudre les problèmes aux limites par des mesures sur des analogues physiques. L'équation de Laplace se présente dans de nombreux cas physiques différents : dans la propagation de la chaleur en régime permanent, dans l'écoulement irrotationnel d'un fluide, dans l'écoulement d'un fluide dans un milieu étendu, et dans la déformation d'une membrane élastique. Il est fréquemment possible de réaliser un modèle physique qui est analogue au problème électrique que nous voulons résoudre. On peut déterminer la solution du problème auquel on s'intéresse en mesurant une quantité analogue convenable sur le modèle. Un exemple de la technique analogique est l'utilisation de la cuve électrolytique pour la résolution des problèmes à deux dimensions en électrostatique. Ça marche parce que l'équation différentielle pour le potentiel dans un milieu conducteur uniforme est la même que dans le vide.

Dans de nombreux cas, les variations des champs physiques dans une direction sont nulles ou peuvent être négligées devant les variations dans les deux autres directions. De tels problèmes sont dits à deux dimensions ; le champ dépend seulement de deux coordonnées. Par exemple, si nous disposons un long fil chargé le long de l'axe des $z$, pour des points pas trop éloignés du fil le champ électrique dépend de $x$ et $y$, mais pas de $z$ ; le problème est à deux dimensions. Puisque dans un problème à deux dimensions $\partial/\partial z = 0$, l'équation pour $\phi$ dans l'espace libre est

$$\frac{\partial^2 \phi}{\partial x^2} + \frac{\partial^2 \phi}{\partial y^2} = 0. \tag{7.2}$$

Parce que l'équation à deux dimensions est relativement simple, il existe un domaine étendu de conditions dans lesquelles on peut la résoudre analytiquement. En effet, il existe une technique mathématique indirecte très puissante, fondée sur un théorème concernant les fonctions d'une variable complexe, et que nous allons décrire maintenant.

## 7.2 CHAMPS À DEUX DIMENSIONS ; FONCTIONS D'UNE VARIABLE COMPLEXE

La variable complexe $\mathfrak{z}$ est définie par

$$\mathfrak{z} = x + iy.$$

(Ne pas confondre $\mathfrak{z}$ avec la coordonnée $z$, que nous ignorons dans la discussion qui suit puisque nous supposons que les champs sont indépendants de $z$.) Tout point du plan $xy$ correspond alors à un nombre complexe $\mathfrak{z}$. Nous pouvons utiliser $\mathfrak{z}$ comme variable (complexe) unique, et avec elle écrire les catégories usuelles de fonctions mathématiques $F(\mathfrak{z})$. Par exemple,

$$F(\mathfrak{z}) = \mathfrak{z}^2,$$

ou

$$F(\mathfrak{z}) = 1/\mathfrak{z}^3,$$

ou

$$F(\mathfrak{z}) = \mathfrak{z} \ln \mathfrak{z},$$

et ainsi de suite.

Étant donnée une fonction particulière $F(\mathfrak{z})$, nous pouvons substituer $\mathfrak{z} = x + iy$, et nous obtenons une fonction de $x$ et $y$ – avec une partie réelle et une partie imaginaire. Par exemple,

$$\mathfrak{z}^2 = (x + iy)^2 = x^2 - y^2 + 2ixy. \tag{7.3}$$

Toute fonction $F(\mathfrak{z})$ peut s'écrire sous forme d'une somme d'une partie purement réelle et d'une partie purement imaginaire, chaque partie étant une fonction de $x$ et $y$ :

$$F(\mathfrak{z}) = U(x, y) + iV(x, y), \tag{7.4}$$

où $U(x, y)$ et $V(x, y)$ sont des fonctions réelles. Ainsi de toute fonction complexe $F(\mathfrak{z})$ on peut déduire deux nouvelles fonctions $U(x, y)$ et $V(x, y)$. Par exemple, $F(\mathfrak{z}) = \mathfrak{z}^2$ nous donne les deux fonctions

$$U(x, y) = x^2 - y^2, \tag{7.5}$$

et

$$V(x, y) = 2xy. \tag{7.6}$$

Nous en venons maintenant à un théorème mathématique miraculeux, qui est si ravissant que nous en laisserons la démonstration pour un de vos cours de mathématiques. (Nous ne devons pas révéler tous les mystères des mathématiques, car autrement cette matière deviendrait trop ennuyeuse.) Voici ce dont il s'agit. Pour une « fonction ordinaire » quelconque (les mathématiciens la définiront mieux), les fonctions $U$ et $V$ satisfont *automatiquement* les relations

$$\frac{\partial U}{\partial x} = \frac{\partial V}{\partial y}, \tag{7.7}$$

$$\frac{\partial V}{\partial x} = -\frac{\partial U}{\partial y}. \tag{7.8}$$

On en déduit immédiatement que chacune des fonctions $U$ et $V$ satisfait l'équation de Laplace :

$$\frac{\partial^2 U}{\partial x^2} + \frac{\partial^2 U}{\partial y^2} = 0, \tag{7.9}$$

$$\frac{\partial^2 V}{\partial x^2} + \frac{\partial^2 V}{\partial y^2} = 0, \tag{7.10}$$

Ces équations sont visiblement vraies pour les fonctions de (7.5) et (7.6).

Ainsi, partant d'une fonction ordinaire quelconque, nous pouvons arriver à deux fonctions $U(x, y)$ et $V(x, y)$, qui sont toutes deux des solutions de l'équation de Laplace à deux dimensions. Chaque fonction représente un potentiel électrostatique possible. Nous pouvons choisir une fonction $F(\mathfrak{z})$ quelconque et elle devrait représenter un *certain* problème de champ électrique – en réalité, *deux* problèmes, puisque $U$ et $V$ représentent *toutes deux* une solution. Nous pouvons écrire autant de solutions que nous le voulons – en fabriquant tout simplement des fonctions – puis nous n'avons plus qu'à trouver le *problème* qui va avec chaque solution. Cette démarche peut sembler étrange, mais c'est une approche possible.

Par exemple, voyons quel problème physique nous donne la fonction $F(\mathfrak{z}) = \mathfrak{z}^2$. Nous en déduisons les deux fonctions potentielles de (7.5) et (7.6). Pour voir à quel problème se rapporte la fonction $U$, nous cherchons les surfaces équipotentielles en posant $U = A$, $A$ étant une constante :

$$x^2 - y^2 = A.$$

C'est l'équation d'une hyperbole équilatère. Pour différentes valeurs de $A$, nous obtenons les hyperboles représentées sur la Fig. 7.1. Lorsque $A = 0$, nous obtenons le cas particulier des deux bissectrices passant par l'origine.

Un tel ensemble d'équipotentielles correspond à plusieurs cas physiques possibles. Premièrement, il représente les petits détails du champ au voisinage du point situé au milieu de deux charges ponctuelles égales. Deuxièmement, il représente le champ dans un coin droit à l'intérieur d'un conducteur. Si nous avons deux électrodes, dont la forme est indiquée Fig. 7.2, maintenues à des potentiels différents, le champ au voisinage du coin $C$ ressemblera tout à fait au champ au-dessus de l'origine sur la Fig. 7.1. Les lignes continues sont les équipotentielles, et les lignes en pointillé à angle droit correspondant aux lignes de $\boldsymbol{E}$. Alors que sur les pointes ou les protubérances, le champ tend à être élevé, il tend à être *faible* dans les dents ou dans les creux.

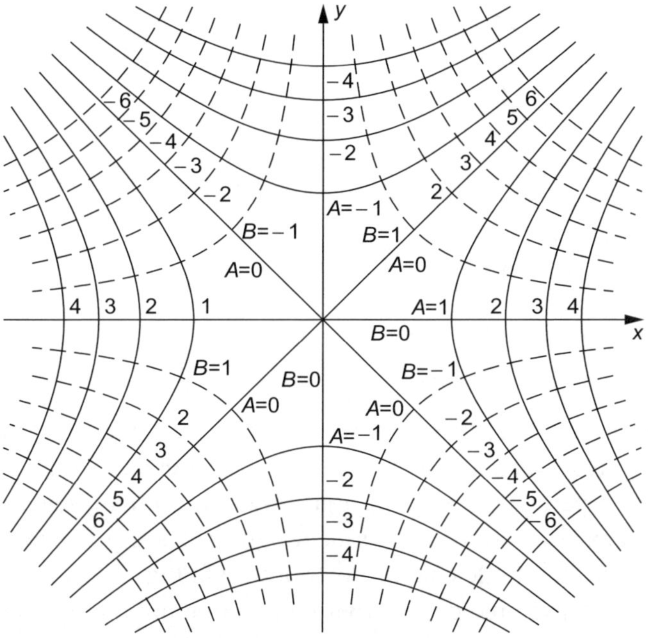


Figure 7.1 – Deux ensembles de courbes orthogonales qui peuvent représenter des équipotentielles dans un champ électrostatique à deux dimensions.

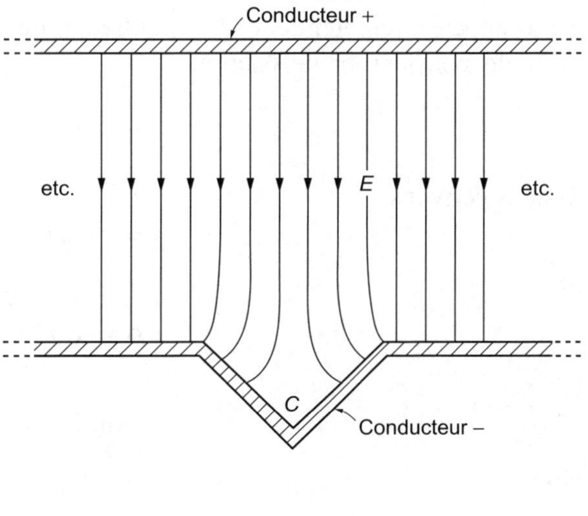


Figure 7.2 – Le champ au voisinage du point $C$ est le même que celui de la Fig. 7.1.



La solution que nous avons trouvée correspond aussi à celle que l'on obtiendrait pour une électrode en forme d'hyperbole au voisinage d'un coin en angle droit, ou pour deux hyperboles à un potentiel convenable. Vous remarquerez que le champ de la Fig. 7.1 possède une propriété intéressante. La composante $x$ du champ électrique, $E_x$, est donnée par

$$E_x = -\frac{\partial \phi}{\partial x} = -2x.$$

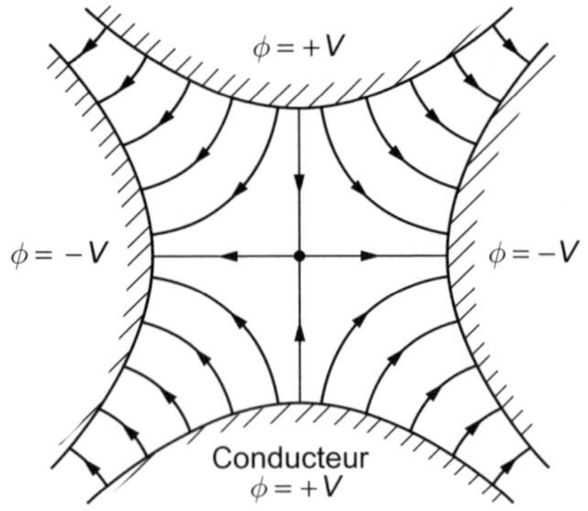


Figure 7.3 – Le champ dans une lentille quadrupolaire.

Le champ électrique est proportionnel à sa distance à l'axe. Ce fait est utilisé pour construire des appareils (appelés lentilles quadrupolaires) qui sont utiles pour focaliser des faisceaux de particules (voir section 29-7). On obtient généralement le champ désiré en utilisant quatre électrodes en forme d'hyperboles, comme le montre la Fig. 7.3. En ce qui concerne les lignes de champ électrique de la Fig. 7.3, nous avons simplement copié sur la Fig. 7.1 l'ensemble des courbes en pointillé qui représentent $V$ = constante. Les courbes $V$ = constante sont orthogonales aux courbes $U$ = constante à cause des équations (7.7) et (7.8). Chaque fois que nous choisissons une fonction $F(\mathfrak{z})$, nous obtenons à partir de $U$ et $V$ à la fois les équipotentielles et les lignes de champ. Et vous vous souviendrez que nous avons résolu l'un ou l'autre des deux problèmes, selon que nous avons appelé équipotentielles l'un ou l'autre des ensembles de courbes. Comme second exemple, considérons la fonction

$$F(\mathfrak{z}) = \sqrt{\mathfrak{z}}. \tag{7.11}$$

Si nous écrivons

$$\mathfrak{z} = x + iy = \rho e^{i\theta},$$

où

$$\rho = \sqrt{x^2 + y^2}$$

et

$$\tan\theta = y/x,$$

alors

$$F(\mathfrak{z}) = \rho^{1/2} e^{i\theta/2}$$
$$= \rho^{1/2}\left(\cos\frac{\theta}{2} + i\sin\frac{\theta}{2}\right),$$

d'où

$$F(\mathfrak{z}) = \left[\frac{\left(x^2+y^2\right)^{1/2} + x}{2}\right]^{1/2} + i\left[\frac{\left(x^2+y^2\right)^{1/2} - x}{2}\right]^{1/2}. \tag{7.12}$$

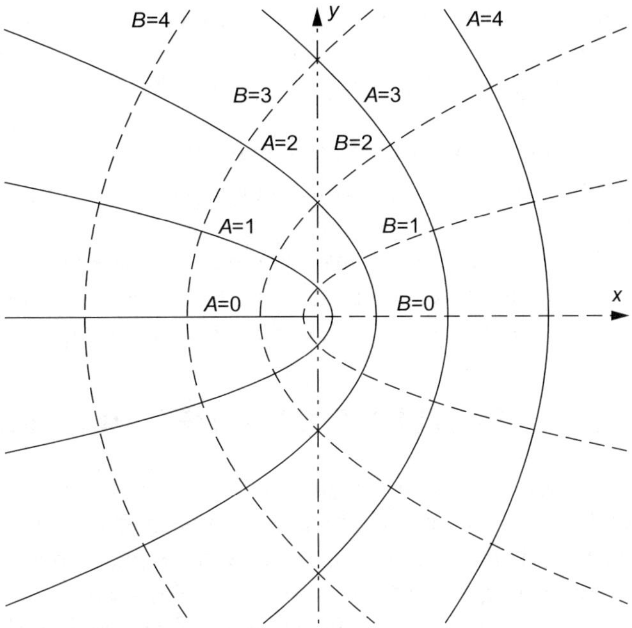


Figure 7.4 – Courbes à $U(x, y)$ et $V(x, y)$ = constante, tirées de l'Éq. (7.12).

Les courbes $U(x, y) = A$ et $V(x, y) = B$, où $U$ et $V$ sont issues de l'Éq. (7.12), sont tracées sur la Fig. 7.4. À nouveau, il existe de nombreux cas possibles qui peuvent être décrits par ces champs. Un des plus intéressants est le champ au voisinage des bords d'une plaque mince. Si la ligne $B = 0$ – à droite de l'axe des $y$ – représente une plaque mince chargée, les lignes de champ au voisinage de cette plaque sont données par les courbes correspondant à diverses valeurs de $A$. La situation physique est représentée sur la Fig. 7.5.

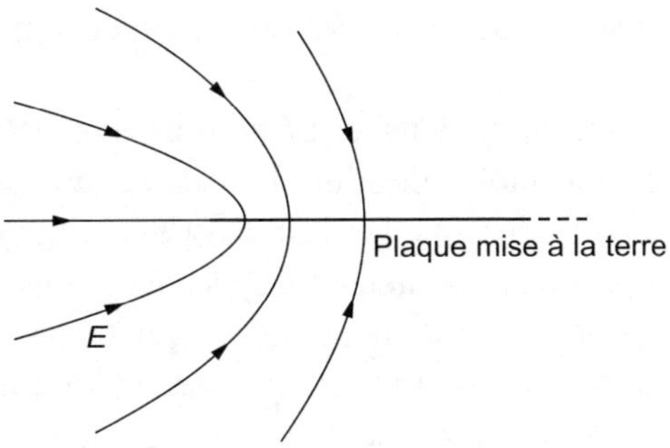


Figure 7.5 – Le champ électrique au voisinage des bords d'une plaque mince mise à la terre.

D'autres exemples sont

$$F(\mathfrak{z}) = \mathfrak{z}^{2/3}, \tag{7.13}$$

qui détermine le champ à l'*extérieur* d'un coin rectangulaire

$$F(\mathfrak{z}) = \ln \mathfrak{z}, \tag{7.14}$$

qui détermine le champ d'une ligne chargée, et

$$F(\mathfrak{z}) = 1/\mathfrak{z}, \tag{7.15}$$

qui donne le champ créé par l'analogue à deux dimensions d'un dipôle électrique, c'est-à-dire, deux droites parallèles chargées avec des signes différents, très proches l'une de l'autre.

Nous ne développerons pas davantage le sujet dans ce cours, mais soulignons bien que, quoique la technique de la variable complexe soit souvent puissante, elle reste limitée aux problèmes à deux dimensions ; et aussi que c'est une méthode indirecte.

## 7.3 Oscillations des plasmas

Nous allons considérer maintenant quelques problèmes physiques dans lesquels le champ n'est déterminé ni par les charges sur les surfaces conductrices ni par des charges fixes, mais par une combinaison de deux phénomènes physiques. En d'autres termes, le champ sera gouverné par deux ensembles d'équations : (1) les équations de l'électrostatique reliant les champs électriques à la distribution de charges, et (2) une équation d'un autre domaine de la physique qui détermine les positions ou les mouvements des charges en présence des champs.

Le premier exemple que nous étudierons est un problème de dynamique dans lequel le mouvement des charges est gouverné par les lois de Newton. Un exemple simple d'un tel cas se présente dans un plasma, qui est un gaz ionisé composé d'ions et d'électrons libres distribués dans une région de l'espace. L'ionosphère – couche supérieure de l'atmosphère – est un exemple d'un tel plasma. Les rayons ultraviolets émis par le soleil arrachent des électrons aux molécules de l'air, créant ainsi des électrons libres et des ions. Dans un tel plasma, les ions positifs sont beaucoup plus lourds que les électrons, de sorte que nous pouvons négliger le mouvement des ions par rapport à celui des électrons.

Soit $n_0$ la densité d'électrons dans l'état d'équilibre non perturbé. En supposant que chaque molécule n'est ionisée qu'une seule fois, cela doit être aussi la densité d'ions positifs, puisque le plasma est électriquement neutre (lorsqu'il n'est pas perturbé). Nous supposons maintenant que les électrons sont un peu écartés de leur position d'équilibre et nous nous demandons ce qui se passe. Si la densité des électrons dans une région augmente, ils vont se repousser et tendre à revenir à leur position d'équilibre. À mesure que les électrons se déplacent vers leur position d'équilibre initiale, ils emmagasinent de l'énergie cinétique, et au lieu de venir pour rester au repos dans leur position d'équilibre, ils vont au-delà de leur but. Ils vont osciller sur place. Le cas est semblable à celui des ondes acoustiques, pour lesquelles la force de rappel est la pression du gaz. Dans un plasma, la force de rappel est la force électrique qui agit sur les électrons.

Pour simplifier la discussion, nous ne nous occuperons que d'un cas dans lequel les déplacements ont tous lieu dans une direction unique, $x$ par exemple. Supposons que les électrons initialement en $x$ soient, à l'instant $t$, déplacés de leur position d'équilibre

Figure 7.6 – Mouvement dans une onde de plasma. Les électrons du plan *a* se déplacent vers *a′*, et ceux de *b* se déplacent vers *b′*.

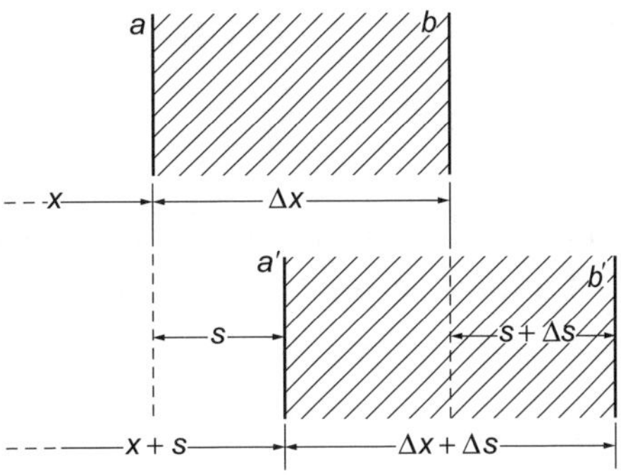


d'une petite quantité $s(x, t)$. Puisque les électrons ont été déplacés, leur densité variera, en général. On calcule facilement la variation de densité. En se rapportant à la Fig. 7.6, on voit que les électrons contenus initialement entre les deux plans *a* et *b* se sont déplacés et sont maintenant contenus entre les plans $a'$ et $b'$. Le nombre d'électrons qui étaient contenus entre *a* et *b* est proportionnel à $n_0\Delta x$ ; le *même* nombre est maintenant contenu dans l'espace dont la largeur est $\Delta x + \Delta s$. La densité est devenue

$$n = \frac{n_0\Delta x}{\Delta x + \Delta s} = \frac{n_0}{1 + (\Delta s/\Delta x)}. \tag{7.16}$$

Si la variation de densité est faible, nous pouvons écrire [en utilisant le développement du binôme pour $(1 + \epsilon)^{-1}$]

$$n = n_0\left(1 - \frac{\Delta s}{\Delta x}\right). \tag{7.17}$$

Nous supposons que les ions positifs ne se déplacent *pas* de façon appréciable (à cause de leur plus grande inertie), de sorte que leur densité reste égale à $n_0$. Chaque électron porte la charge $-q_e$, de sorte que la densité de charge moyenne en tout point est donnée

$$\rho = -(n - n_0)q_e,$$

ou

$$\rho = n_0 q_e \frac{ds}{dx} \tag{7.18}$$

(où nous avons écrit $\Delta s/\Delta x$ sous forme différentielle).

La densité de charge est reliée au champ électrique par les équations de Maxwell, en particulier,

$$\boldsymbol{\nabla} \cdot \boldsymbol{E} = \frac{\rho}{\epsilon_0}. \tag{7.19}$$

Si le problème est effectivement à une dimension (et s'il n'y a pas d'autre champ que celui dû aux déplacements des électrons), le champs électrique $\boldsymbol{E}$ a une composante unique $E_x$. L'Éq. (7.19), jointe à (7.18), donne

$$\frac{\partial E_x}{\partial x} = \frac{n_0 q_e}{\epsilon_0}\frac{\partial s}{\partial x}. \tag{7.20}$$

L'intégration de l'Éq. (7.20) donne

$$E_x = \frac{n_0 q_e}{\epsilon_0} s + K. \tag{7.21}$$

Puisque $E_x = 0$ lorsque $s = 0$, la constante d'intégration $K$ est nulle.

La force agissant sur un électron dans sa position déplacée est

$$F_x = -\frac{n_0 q_e^2}{\epsilon_0} s, \tag{7.22}$$

qui est une force de rappel proportionnelle aux déplacements $s$ de l'électron. Ceci nous conduit aux oscillations harmoniques des électrons. L'équation du mouvement d'un électron déplacé est

$$m_e \frac{d^2 s}{dt^2} = -\frac{n_0 q_e^2}{\epsilon_0} s. \tag{7.23}$$

Nous voyons que $s$ variera harmoniquement. Sa variation avec le temps sera en $\cos \omega_p t$, ou, – en utilisant la notation exponentielle du Vol. I –

$$e^{i\omega_p t}. \tag{7.24}$$

La fréquence de l'oscillation $\omega_p$ est déterminée par (7.23) :

$$\omega_p^2 = \frac{n_0 q_e^2}{\epsilon_0 m_e}, \tag{7.25}$$

et on l'appelle la *fréquence plasma*. C'est un nombre caractéristique du plasma.

Lorsqu'elles ont affaire à des charges électroniques, de nombreuses personnes préfèrent exprimer leurs résultats en fonction d'une quantité $e^2$ définie par

$$e^2 = \frac{q_e^2}{4\pi\epsilon_0} = 2.3068 \times 10^{-28} \text{ newton·mètre}^2. \tag{7.26}$$

En utilisant cette convention, l'Éq. (7.25) devient

$$\omega_p^2 = \frac{4\pi e^2 n_0}{m_e}, \tag{7.27}$$

qui est la forme que vous trouverez dans la plupart des ouvrages.

Nous avons donc montré qu'une perturbation dans un plasma donnait naissance à des oscillations libres des électrons autour de leur position d'équilibre avec la fréquence naturelle $\omega_p$, qui est proportionnelle à la racine carrée de la densité d'électrons. Les électrons d'un plasma se comportent comme un système résonnant, tels que ceux que nous avons décrits au chapitre 23 du Vol. I.

Cette résonance naturelle d'un plasma a quelques effets intéressants. Par exemple, si l'on essaie de faire propager une onde radio dans l'ionosphère, on s'aperçoit qu'elle ne peut y pénétrer que si sa fréquence est plus élevée que celle du plasma. Dans le cas contraire le signal est réfléchi. Nous devons utiliser des fréquences élevées si nous voulons communiquer avec un satellite dans l'espace. D'autre part, si nous voulons communiquer avec une station radio située au-dessous de l'horizon, nous devons utiliser des fréquences plus basses que la fréquence du plasma, de façon à ce que le signal soit réfléchi vers la terre.

Un autre exemple intéressant d'oscillations de plasma se présente dans les métaux. Dans un métal, nous avons un plasma confiné d'ions positifs et d'électrons libres. La densité $n_0$ est très élevée, si bien que $\omega_p$ l'est aussi. Mais il est encore possible d'observer les oscillations des électrons. En effet, d'après la mécanique quantique, un oscillateur harmonique ayant une fréquence naturelle $\omega_p$ possède des niveaux d'énergie qui sont séparés par la quantité d'énergie $\hbar\omega_p$. Si donc on envoie des électrons à travers, par exemple, une feuille d'aluminium, et si l'on fait des mesures très soignées de l'énergie des électrons de l'autre côté, on peut s'attendre à constater que les électrons cèdent quelquefois l'énergie $\hbar\omega_p$ au plasma. C'est en effet ce qui se passe. On observa expérimentalement pour la première fois en 1936 que des électrons ayant des énergies allant de quelques centaines à quelques milliers d'électrons-volts perdaient de l'énergie par sauts lors de leur diffusion ou de leur passage à travers une mince feuille de métal. L'effet ne fut pas compris jusqu'en 1953 lorsque Bohm et Pines[1] montrèrent que le phénomène pouvait s'expliquer par des excitations quantifiées des oscillations du plasma dans le métal.

## 7.4 Particules colloïdales dans un électrolyte

Passons à un autre phénomène dans lequel la position des charges est déterminée par un potentiel qui est dû en partie à ces mêmes charges. Les effets qui en résultent influencent d'une manière importante le comportement des colloïdes. Un colloïde est constitué par la suspension dans l'eau de petites particules chargées qui, quoique microscopiques, sont encore très grandes du point de vue atomique. Si les particules colloïdales n'étaient pas chargées, elles auraient tendance à se coaguler pour former de gros caillots ; mais, à cause de leur charge, elles se repoussent et demeurent en suspension.

Si, d'autre part, il y a un sel dissous dans l'eau, il sera dissocié en ions positifs et négatifs. (On appelle électrolyte une telle solution d'ions.) Les ions négatifs sont attirés vers les particules colloïdales (que l'on suppose chargées positivement) et les ions positifs sont repoussés. Nous allons calculer comment se distribuent dans l'espace des ions qui entourent une telle particule colloïdale.

Pour nous en tenir à des idées simples, nous ne résoudrons encore une fois qu'un problème à une dimension. Si nous concevons la particule colloïdale comme une sphère de très grand rayon – à l'échelle atomique ! – nous pouvons traiter comme un plan une petite portion de sa surface. (Chaque fois que l'on essaie de comprendre un nouveau

1. Pour quelques travaux récents et une bibliographie, voir C. J. Powell et J. B. Swann, *Phys. Rev.* **115**, 869 (1959).

phénomène c'est une bonne idée de considérer un modèle un peu simpliste ; puis, ayant compris le problème sur ce modèle, on est plus apte à attaquer le calcul plus précis.)

Nous supposons que la distribution des ions crée une densité de charges $\rho(x)$, et un potentiel électrique $\phi$, liés par la loi de l'électrostatique $\nabla^2\phi = -\rho/\epsilon_0$ ou, pour des champs qui varient selon une seule dimension, par

$$\frac{d^2\phi}{dx^2} = -\frac{\rho}{\epsilon_0}. \tag{7.28}$$

En supposant qu'il existe un tel potentiel $\phi(x)$, comment se distribueraient les ions sous l'action de ce potentiel ? Cela, nous pouvons le déterminer à l'aide des principes de la mécanique statistique. Notre problème ensuite sera de calculer $\phi$ de façon à ce que la densité de charges résultante fournie par la mécanique statistique satisfasse *aussi* (7.28).

D'après la mécanique statistique (voir chapitre 40, Vol. I), des particules en équilibre thermique dans un champ de forces sont distribuées de telle sorte que la densité $n$ de particules en $x$ est donnée par

$$n(x) = n_0 e^{-U(x)/kT}, \tag{7.29}$$

où $U(x)$ est l'énergie potentielle, $k$ la constante de Boltzmann et $T$ la température absolue.

Nous supposons que les ions portent une seule charge électronique, positive ou négative. À la distance $x$ de la surface d'une particule colloïdale, un ion positif aura une énergie potentielle $q_e\phi(x)$, de sorte que

$$U(x) = q_e\phi(x).$$

La densité d'ions positifs, $n_+$, est alors

$$n_+(x) = n_0 e^{-q_e\phi(x)/kT}.$$

De même, la densité d'ions négatifs est

$$n_-(x) = n_0 e^{+q_e\phi(x)/kT}.$$

La densité totale de charge est

$$\rho = q_e n_+ - q_e n_-,$$

ou

$$\rho = q_e n_0 \left(e^{-q_e\phi/kT} - e^{+q_e\phi/kT}\right). \tag{7.30}$$

En combinant ce résultat avec l'Éq. (7.28), on voit que le potentiel $\phi$ doit satisfaire

$$\frac{d^2\phi}{dx^2} = -\frac{q_e n_0}{\epsilon_0}\left(e^{-q_e\phi/kT} - e^{+q_e\phi/kT}\right). \tag{7.31}$$

En général on résout cette équation facilement [en multipliant les deux membres par $2\,(d\phi/dx)$, et en intégrant par rapport à $x$], mais pour garder le problème aussi simple que possible, nous ne considérerons ici que le cas limite dans lequel les potentiels sont petits, ou la température $T$ élevée. Le cas où $\phi$ est petit correspond à une solution diluée. Dans ces cas l'exposant est petit, et nous pouvons faire l'approximation

$$e^{\pm q_e\phi/kT} = 1 \pm \frac{q_e\phi}{kT}. \tag{7.32}$$

L'équation (7.31) donne alors

$$\frac{d^2\phi}{dx^2} = +\frac{2n_0q_e^2}{\epsilon_0kT}\phi(x). \tag{7.33}$$

Remarquez que cette fois le signe du second membre est positif. Les solutions $\phi$ ne sont pas oscillatoires, mais exponentielles.

La solution générale de l'Éq. (7.33) est

$$\phi = Ae^{-x/D} + Be^{+x/D}, \tag{7.34}$$

avec

$$D^2 = \frac{\epsilon_0kT}{2n_0q_e^2}. \tag{7.35}$$

Les constantes $A$ et $B$ doivent être déterminées par les conditions imposées par le problème. Dans notre cas, $B$ doit être nulle ; sinon le potentiel deviendrait infini pour $x$ grand. Nous avons donc

$$\phi = Ae^{-x/D}, \tag{7.36}$$

dans laquelle $A$ est le potentiel en $x = 0$, surface de la particule colloïdale.

Le potentiel décroît d'un facteur $1/e$ toutes les fois que la distance augmente de $D$, ainsi que le montre le graphe de la Fig. 7.7. Le nombre $D$ s'appelle la *longueur de Debye,* et constitue une mesure de l'épaisseur de la gaine ionique qui entoure dans un électrolyte une particule chargée de grande dimension. L'équation (7.35) dit que la gaine s'amincit quand la concentration des ions ($n_0$) augmente ou quand la température décroît.

La constante $A$ de l'Éq. (7.36) s'obtient facilement lorsque l'on connaît la densité de charge superficielle $\sigma$ sur la particule colloïdale. Nous savons que

$$E_n = E_x(0) = \frac{\sigma}{\epsilon_0}. \tag{7.37}$$

Mais $\boldsymbol{E}$ est aussi le gradient de $\phi$ :

$$E_x(0) = -\left.\frac{\partial\phi}{\partial x}\right|_0 = +\frac{A}{D}, \tag{7.38}$$

d'où nous tirons

$$A = \frac{\sigma D}{\epsilon_0}. \tag{7.39}$$

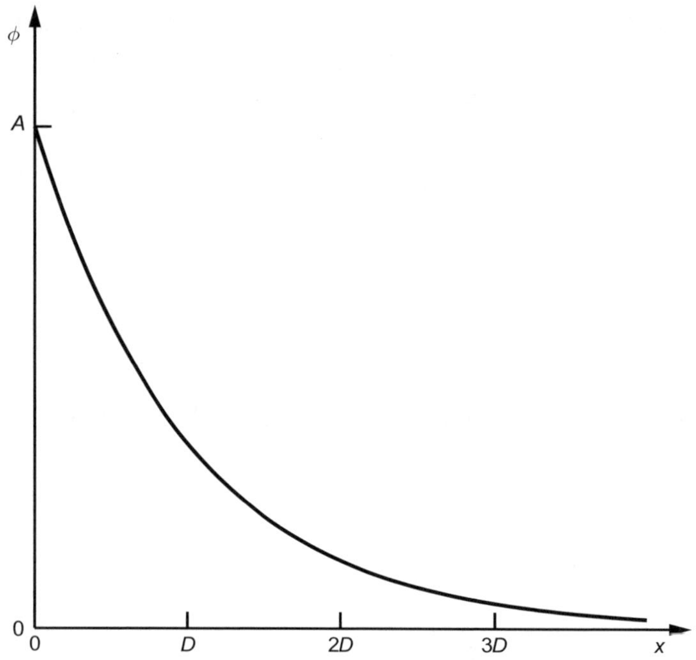


Figure 7.7 – La variation du potentiel au voisinage de la surface d'une particule colloïdale. *D* est la longueur de Debye.

En substituant ce résultat dans (7.36), nous trouvons (en faisant $x = 0$) que le potentiel de la particule colloïdale est

$$\phi(0) = \frac{\sigma D}{\epsilon_0}. \tag{7.40}$$

Vous remarquerez que ce potentiel est le même que la différence de potentiel qui existe entre les plateaux d'un condensateur dont les plateaux sont distants de $D$ et qui a une densité superficielle de charge $\sigma$.

Nous avons dit que les particules colloïdales restent séparées à cause de la répulsion électrique. Mais nous voyons maintenant que le champ à faible distance de la surface d'une particule est réduit par la gaine ionique qui s'amasse autour d'elle. Si les gaines deviennent suffisamment fines, les particules ont une bonne chance de s'entrechoquer. Elles vont alors se coller, et le colloïde va se coaguler et précipiter. À partir de notre analyse, nous comprenons pourquoi ajouter suffisamment de sel à un colloïde le fait précipiter. Le procédé s'appelle « floculer un colloïde ».

Un autre exemple intéressant est l'effet d'une solution saline sur des molécules de protéine. Une protéine est une longue chaîne compliquée et flexible d'acides aminés. La molécule porte des charges diverses, et il arrive quelquefois qu'il y ait une charge totale, disons négative, distribuée le long de la chaîne. À cause de la répulsion mutuelle des charges négatives, la chaîne de protéine est maintenue tendue. De même, si d'autres chaînes similaires de molécules sont présentes dans la solution, elles seront maintenues séparées par les mêmes effets répulsifs. Nous pouvons, par conséquent, avoir une suspension de molécules en chaîne dans un liquide. Mais si nous ajoutons du sel au liquide nous changeons les propriétés de la suspension. À mesure que l'on ajoute du sel à la solution, faisant ainsi décroître la distance de Debye, les chaînes de molécules peuvent se rapprocher, et peuvent aussi s'enrouler sur elles-mêmes. Si l'on ajoute suffisamment de sel à la solution, les chaînes de molécules vont précipiter. Il existe de nombreux effets chimiques de ce type qui peuvent s'expliquer par les forces électriques.

## 7.5 LE CHAMP ÉLECTROSTATIQUE D'UNE GRILLE

Comme dernier exemple, nous allons décrire une autre propriété importante des champs électriques. C'est une propriété dont on fait usage pour la réalisation d'instruments électriques, la construction de tubes à vide, et pour d'autres applications. Il s'agit des propriétés du champ électrique au voisinage d'une grille formée de fils chargés. Pour rendre le problème aussi simple que possible, considérons un réseau de fils parallèles situés dans un plan, les fils étant infiniment longs et présentant un espacement uniforme.

Si nous considérons le champ à grande distance au-dessus du plan des fils, nous avons un champ électrique constant, tout comme si les charges étaient uniformément réparties sur un plan. À mesure que nous approchons de la grille, le champ commence à dévier du champ uniforme que nous avons trouvé à grande distance de la grille. Nous aimerions savoir à quelle distance de la grille nous devons être pour voir des variations appréciables de potentiel. La figure 7.8 est un croquis grossier des équipotentielles à diverses distances de la grille. Plus nous approchons de la grille, et plus les variations sont importantes. Si nous nous déplaçons parallèlement à la grille, nous voyons que le champ fluctue périodiquement.

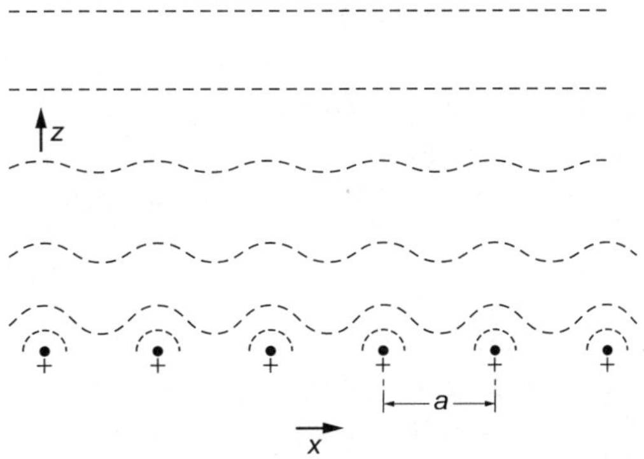


Figure 7.8 – Surfaces équipotentielles au-dessus d'une grille régulière de fils chargés.

Nous avons vu (chapitre 50, Vol. I) que toute quantité périodique peut être exprimée sous forme d'une somme d'ondes sinusoïdales (théorème de Fourier). Voyons si nous pouvons trouver une fonction harmonique qui satisfasse nos équations du champ.

Si les fils sont dans le plan $xy$ et sont disposés parallèlement à l'axe des $y$, nous pouvons essayer des termes du type

$$\phi(x, z) = F_n(z) \cos \frac{2\pi n x}{a}, \tag{7.41}$$

où $a$ est l'écartement des fils et $n$ le rang de l'harmonique. (Nous avons supposé que les fils sont longs, de sorte qu'il n'y a pas de variation avec $y$.) Une solution complète pourra être constituée par une somme de tels termes pour $n = 1, 2, 3, \ldots$

Pour que ce soit un potentiel acceptable, cette solution doit satisfaire l'équation de Laplace dans la région au-dessus des fils (où il n'existe pas de charges). C'est-à-dire que,

$$\frac{\partial^2 \phi}{\partial x^2} + \frac{\partial^2 \phi}{\partial z^2} = 0.$$

En essayant cette forme pour $\phi$ dans (7.41), on voit que

$$-\frac{4\pi^2 n^2}{a^2} F_n(z) \cos \frac{2\pi n x}{a} + \frac{d^2 F_n}{dz^2} \cos \frac{2\pi n x}{a} = 0, \tag{7.42}$$

ou que $F_n(z)$ doit satisfaire

$$\frac{d^2 F_n}{dz^2} = \frac{4\pi n^2}{a^2} F_n. \tag{7.43}$$

Nous devons donc avoir

$$F_n = A_n e^{-z/z_0}, \tag{7.44}$$

où

$$z_0 = \frac{a}{2\pi n}. \tag{7.45}$$

Nous avons trouvé que s'il existe une composante de Fourier du champ d'harmonique $n$, cette composante décroîtra exponentiellement avec une distance caractéristique $z_0 = a/2\pi n$. Pour le premier harmonique ($n = 1$), l'amplitude diminuera d'un facteur $e^{-2\pi}$ (ce qui est une forte décroissance) chaque fois que nous augmenterons $z$ d'une quantité égale au pas de la grille $a$. Les autres harmoniques diminuent encore plus rapidement à mesure que nous nous éloignons de la grille. Nous voyons que si nous nous trouvons à une distance de seulement quelques multiples de $a$ de la grille, le champ est très voisin d'un champ uniforme, c'est-à-dire que les termes oscillatoires sont petits. Il restera toujours, bien sur, l'« harmonique zéro »

$$\phi_0 = -E_0 z$$

pour donner le champ uniforme à une distance $z$ grande. Pour avoir une solution complète, nous combinons ce terme avec une somme de termes tels que (7.41) avec $F_n$ tiré de (7.44). Les coefficients $A_n$ doivent être ajustés de façon à ce que la somme totale, quand on la différencie, donne un champ électrique qui corresponde à la densité de charge $\lambda$ des fils de la grille.

La méthode que nous venons de développer peut être utilisée pour expliquer pourquoi le blindage électrostatique à l'aide d'un grillage est souvent aussi efficace qu'avec une feuille métallique solide. Sauf à une distance du grillage égale à quelques fois l'espacement des fils, les champs à l'intérieur d'un grillage fermé sont nuls. Nous voyons pourquoi des écrans de cuivre – plus légers et meilleur marché que des feuilles de cuivre – sont souvent utilisés pour protéger des équipements électriques sensibles des champs extérieurs perturbateurs.

# ÉNERGIE ÉLECTROSTATIQUE 8

## 8.1 L'ÉNERGIE ÉLECTROSTATIQUE DES CHARGES. LA SPHÈRE UNIFORMÉMENT CHARGÉE

Dans l'étude de la mécanique, l'une des découvertes les plus intéressantes et les plus utiles a été la loi de la conservation de l'énergie. Les expressions des énergies cinétique et potentielle d'un système mécanique nous ont aidés à découvrir des connexions entre les états d'un système à deux instants différents sans avoir à regarder en détail ce qui s'était passé entre temps. En électricité aussi le principe de conservation de l'énergie sera utile pour découvrir nombre de choses intéressantes.

La loi de l'énergie d'interaction en électrostatique est très simple ; nous l'avons, en fait, déjà discutée. Supposons que nous ayons deux charges $q_1$ et $q_2$ séparées par la distance $r_{12}$. Il y a une certaine énergie dans le système, parce qu'une certaine quantité de travail a été nécessaire pour rapprocher les charges. Nous avons déjà calculé le travail accompli en rapprochant deux charges initialement très éloignées. C'est

$$\frac{q_1 q_2}{4\pi\epsilon_0 r_{12}}. \tag{8.1}$$

Nous savons aussi, d'après le principe de superposition, que si plusieurs charges sont en présence, la force totale qui agit sur l'une quelconque des charges est la somme des forces dues aux autres. Il s'ensuit, par conséquent, que l'énergie totale d'un système formé par plusieurs charges est la somme des termes dus à l'interaction mutuelle de chacune des paires de charges. Si $q_i$ et $q_j$ sont deux quelconques des charges et $r_{ij}$ la distance entre elles (Fig. 8.1), l'énergie de cette paire en particulier est

$$\frac{q_i q_j}{4\pi\epsilon_0 r_{ij}}. \tag{8.2}$$

L'énergie électrostatique totale $U$ est la somme des énergies de toutes les paires de

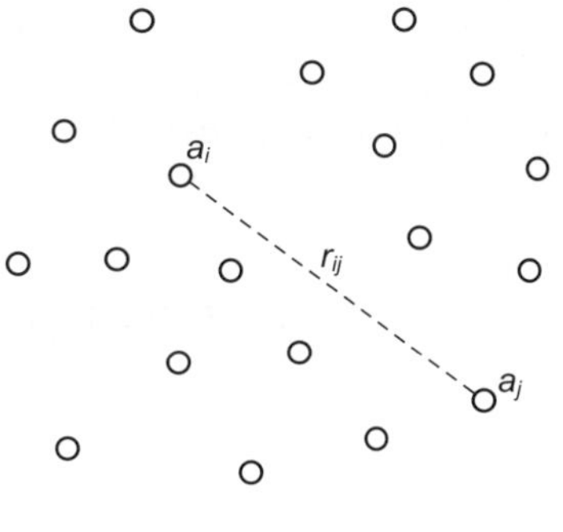


Figure 8.1 – L'énergie électrostatique d'un système de particules est la somme des énergies électrostatiques de toutes les paires.

charges possibles :

$$U = \sum_{\text{paire}} \frac{q_i q_j}{4\pi\epsilon_0 r_{ij}}. \tag{8.3}$$

Si nous avions une distribution de charges caractérisée par une densité de charges $\rho$, la somme dans l'Éq. (8.3) serait, évidemment, à remplacer par une intégrale.

Nous nous intéresserons à deux aspects de cette énergie. L'un est *l'application* du concept d'énergie aux problèmes électrostatiques ; l'autre est *l'évaluation* de l'énergie de différentes manières. Il est quelquefois plus facile de calculer le travail accompli dans un cas particulier que d'évaluer la somme dans l'Éq. (8.3), ou l'intégrale correspondante. À titre d'exemple, calculons l'énergie nécessaire pour réunir des charges dans une sphère avec une densité uniforme. Cette énergie est exactement le travail accompli pour réunir les charges à partir de l'infini.

Imaginons que nous construisions cette distribution sphérique de charges en superposant une succession de minces couches sphériques d'épaisseur infiniment petite. À chaque stade du processus, nous réunissons une quantité de charges et la plaçons sur une mince couche comprise entre $r$ et $r + dr$. Nous continuons le processus jusqu'à ce que nous arrivions au rayon final $a$ (Fig. 8.2). Si $Q_r$, est la charge de la sphère quand elle a été construite jusqu'au rayon $r$, le travail accompli pour lui apporter une charge $dQ$ est

$$dU = \frac{Q_r\, dQ}{4\pi\epsilon_0 r}. \tag{8.4}$$

Si la densité de charge dans la sphère est $\rho$, la charge $Q$, est

$$Q_r = \rho \cdot \frac{4}{3}\pi r^3,$$

et la charge $dQ$ est

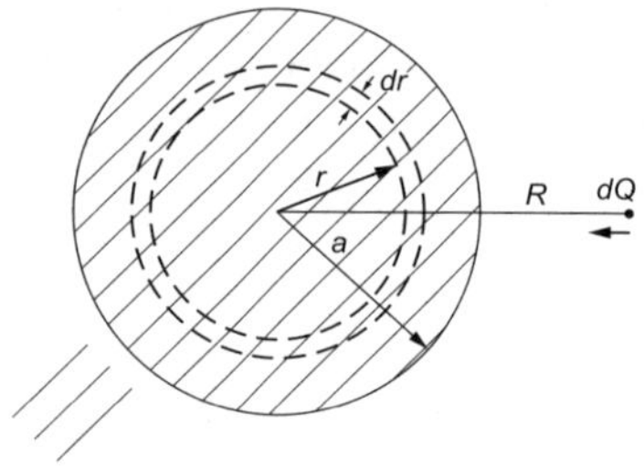


Figure 8.2 – L'énergie d'une sphère uniformément chargée peut être calculée à partir de couches successives.

$$dQ = \rho \cdot 4\pi r^2\, dr.$$

L'équation (8.4) devient

$$dU = \frac{4\pi\rho^2 r^4\, dr}{3\epsilon_0}. \tag{8.5}$$

l'énergie totale requise pour assembler la sphère est l'intégrale de $dU$ depuis $r = 0$ jusqu'à $r = a$,

$$U = \frac{4\pi\rho^2 a^5}{15\epsilon_0}. \tag{8.6}$$

Ou si nous voulons exprimer le résultat en fonction de la charge totale $Q$ de la sphère,

$$U = \frac{3}{5}\frac{Q^2}{4\pi\epsilon_0 a}. \tag{8.7}$$

L'énergie est proportionnelle au carré de la charge totale et inversement proportionnelle au rayon. Nous pouvons aussi interpréter l'Éq. (8.7) en disant que la moyenne de $(1/r_{ij})$ pour toutes les paires de points dans la sphère est $\frac{6}{5}a$.

## 8.2 L'ÉNERGIE D'UN CONDENSATEUR. FORCES S'EXERÇANT SUR DES CONDUCTEURS CHARGÉS

Nous considérons maintenant l'énergie nécessaire pour charger un condensateur. Si on a pris la charge $Q$ sur l'un des conducteurs d'un condensateur et qu'on l'a placée sur l'autre, la différence de potentiel entre eux est

$$V = \frac{Q}{C}, \tag{8.8}$$

où C est la capacité du condensateur. Quel est le travail accompli pour charger le condensateur ? Procédant comme pour la sphère, nous imaginons que le condensateur a été chargé en transférant la charge d'une armature à l'autre par petites quantités $dQ$. Le travail nécessaire pour transférer la charge $dQ$ est

$$dU = VdQ.$$

Prenant $V$ dans l'Éq. (8.8), nous écrivons

$$dU = \frac{Q\,dQ}{C}.$$

Ou en intégrant depuis la charge zéro jusqu'à la charge finale $Q$, nous avons

$$U = \frac{1}{2}\frac{Q^2}{C}. \tag{8.9}$$

Cette énergie peut aussi s'écrire

$$U = \frac{1}{2}CV^2. \tag{8.10}$$

En se rappelant que la capacité d'une sphère conductrice (par rapport à l'infini) est

$$C_{\text{sphère}} = 4\pi\epsilon_0 a,$$

nous pouvons immédiatement tirer de l'Éq. (8.9) l'énergie d'une sphère chargée,

$$U = \frac{1}{2}\frac{Q^2}{4\pi\epsilon_0 a}. \tag{8.11}$$

Ceci est évidemment aussi l'énergie d'une mince *couche sphérique* de charge totale $Q$ et c'est exactement les 5/6 de l'énergie d'une sphère *uniformément chargée*, Éq. (8.7).

Considérons maintenant des applications de l'idée d'énergie électrostatique. Posons-nous les questions suivantes : quelle est la force entre les armatures d'un condensateur ? Ou, quel est le couple par rapport à un axe quelconque d'un conducteur chargé en présence d'un autre ayant une charge opposée ? Il est facile de répondre à de telles questions en utilisant notre résultat de l'Éq. (8.9) relatif à l'énergie électrostatique d'un condensateur en même temps que le principe des travaux virtuels (chapitres 4, 13 et 14, Vol. I).

Utilisons cette méthode pour déterminer la force entre les armatures d'un condensateur plan. Si nous imaginons que l'espacement entre les armatures est augmenté d'une petite quantité $\Delta z$, le travail mécanique accompli par l'extérieur pour déplacer les armatures est

$$\Delta W = F\,\Delta z, \tag{8.12}$$

où $F$ est la force entre les armatures. Ce travail doit être égal à la variation d'énergie du condensateur.

D'après l'Éq. (8.9), l'énergie du condensateur était à l'origine

$$U = \frac{1}{2}\frac{Q^2}{C}.$$

La variation d'énergie (si on ne laisse pas varier la charge) est

$$\Delta U = \frac{1}{2} Q^2\,\Delta\left(\frac{1}{C}\right). \tag{8.13}$$

Égalant (8.12) et (8.13), nous avons

$$F\,\Delta z = -\frac{Q^2}{2}\,\Delta\left(\frac{1}{C}\right). \tag{8.14}$$

Ce qui peut aussi s'écrire

$$F\,\Delta z = -\frac{Q^2}{2C^2}\,\Delta C. \tag{8.15}$$

La force, évidemment, résulte d'une attraction des charges sur les armatures, mais nous voyons que nous n'avons pas à nous occuper en détail de la façon dont elles sont distribuées ; tout ce dont nous avons besoin est exprimé par la capacité $C$.

Il est facile de voir comment l'idée s'étend à des conducteurs de n'importe quelle forme, et pour d'autres composantes de la force. Dans l'Éq. (8.14), nous remplaçons $F$ par la composante que nous cherchons, et nous remplaçons $\Delta z$ par un petit déplacement dans la direction correspondante. Ou bien, si nous avons une électrode mobile autour d'un axe et que nous voulons connaître le couple $\tau$, nous écrivons le travail virtuel sous la forme

$$\Delta W = \tau\,\Delta\theta,$$

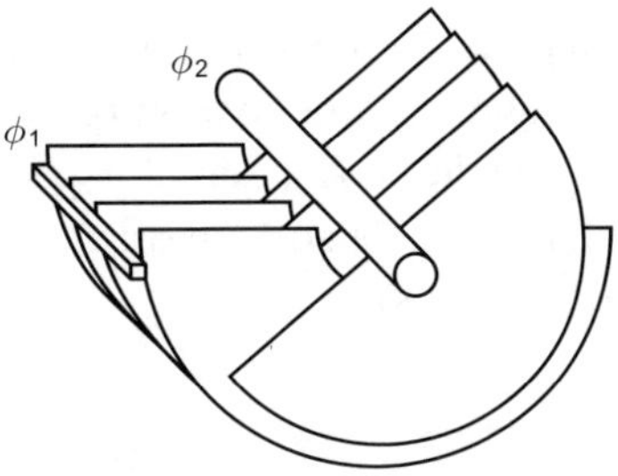


Figure 8.3 – Quel est le couple qui s'exerce sur un condensateur variable ?

où $\Delta\theta$ est un petit déplacement angulaire. Évidemment, $\Delta(1/C)$ doit être la variation de $1/C$ qui correspond à $\Delta\theta$. Nous pourrions, de cette façon, trouver le couple agissant sur les armatures mobiles dans un condensateur variable du type représenté sur la Fig. 8.3.

Revenant au cas particulier du condensateur plan, nous pouvons utiliser la formule que nous avions trouvée au chapitre 6 pour la capacité :

$$\frac{1}{C} = \frac{d}{\epsilon_0 A}, \tag{8.16}$$

où $A$ est la surface de chacune des armatures. Si nous augmentons l'épaisseur de $\Delta z$,

$$\Delta\left(\frac{1}{C}\right) = \frac{\Delta z}{\epsilon_0 A}.$$

De l'Éq. (8.14) nous déduisons que la force entre les armatures est

$$F = \frac{Q^2}{2\epsilon_0 A}. \tag{8.17}$$

Regardons l'Éq. (8.17) d'un peu plus près et voyons si nous pouvons expliquer comment la force prend naissance. Si pour la charge sur une des armatures nous écrivons

$$Q = \sigma A,$$

l'Éq. (8.17) peut s'écrire aussi

$$F = \frac{1}{2} Q \frac{\sigma}{\epsilon_0}.$$

Ou, puisque le champ électrique entre les armatures est

$$E_0 = \frac{\sigma}{\epsilon_0},$$

nous avons

$$F = \frac{1}{2} Q E_0. \tag{8.18}$$

On devinerait immédiatement que la force agissant sur une des armatures est la charge $Q$ sur cette armature, multipliée par le champ agissant sur la charge. Ce qui est étonnant, c'est que nous obtenons un facteur $\frac{1}{2}$. La raison en est que $E_0$ n'est pas le champ *sur* les charges. Si nous supposons que la charge sur la surface de l'armature occupe une mince couche, comme le montre la Fig. 8.4, le champ va varier de zéro à la limite intérieure de la couche, à $E_0$, dans l'espace extérieur à l'armature. Le champ moyen agissant sur les charges de la surface est $E_0/2$. C'est la raison pour laquelle il y a le facteur un demi dans l'Éq. (8.18).

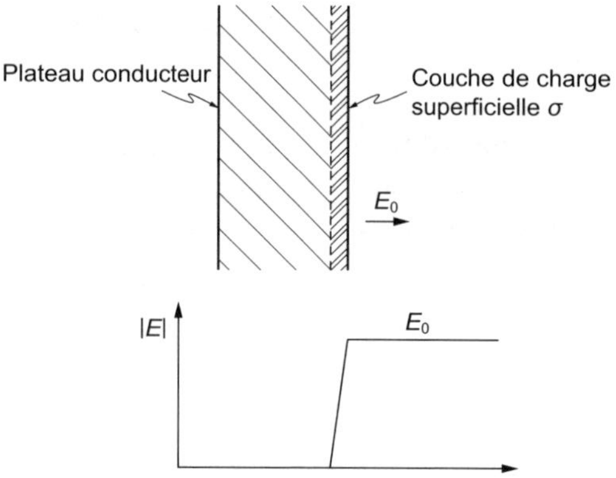


Figure 8.4 – Le champ à la surface d'un conducteur varie de zéro à $E_0 = \sigma/\epsilon$ quand on traverse la couche de charge superficielle.

Vous pouvez remarquer qu'en calculant le travail virtuel, nous avons supposé que la charge du condensateur était constante – qu'il n'était pas relié électriquement à d'autres objets, et que par suite sa charge totale ne pouvait changer.

Supposons que nous ayions imaginé que le condensateur était maintenu à une différence de potentiel constante pendant que nous faisions le déplacement virtuel. Nous aurions alors pris

$$U = \frac{1}{2}CV^2$$

et à la place de l'Éq. (8.15) nous aurions eu

$$F\Delta z = \frac{1}{2}V^2\,\Delta C,$$

ce qui donne une force égale en grandeur à celle de l'Éq. (8.15) (parce que $V = Q/C$), mais de signe opposé ! La force entre les armatures du condensateur ne change sûrement pas de signe quand on le déconnecte de la source qui le charge. Nous savons aussi que deux armatures de charges électriques opposées doivent s'attirer. Le principe du travail virtuel a été incorrectement appliqué dans le second cas - nous n'avons pas tenu compte du travail accompli sur la source qui charge le condensateur. C'est-à-dire que pour garder le potentiel constamment égal à $V$ quand la capacité change, une charge $V\Delta C$ doit être apportée par une source. Mais cette charge est fournie à un potentiel $V$, de sorte que le travail accompli par le système électrique qui maintient constant le potentiel est $V^2\Delta C$. Le travail mécanique $F\Delta z$ *plus ce* travail électrique $V^2\Delta C$ constituent ensemble la variation de l'énergie totale $\frac{1}{2}V^2\Delta C$ du condensateur. Ainsi $F\Delta z$ vaut $-\frac{1}{2}V^2\Delta C$, comme précédemment.

# 8.3 L'ÉNERGIE ÉLECTROSTATIQUE D'UN CRISTAL IONIQUE

Considérons maintenant une application du concept d'énergie électrostatique à la physique atomique. On ne peut pas mesurer facilement les forces entre atomes, mais on est souvent intéressé par les différences d'énergie entre un certain arrangement atomique et un autre, comme, par exemple, l'énergie d'un changement chimique. Comme les forces atomiques sont essentiellement électriques, les énergies chimiques sont pour une large part simplement des énergies électrostatiques.

Considérons, par exemple, l'énergie électrostatique d'un réseau ionique. Un cristal ionique comme NaCl est constitué par des ions positifs et négatifs qu'on peut considérer comme des sphères rigides. Ils s'attirent électriquement jusqu'à ce qu'ils commencent à se toucher ; il existe alors une force répulsive qui augmente très rapidement si on essaie de les rapprocher davantage l'un de l'autre.

Dans une première approximation, par conséquent, imaginons un ensemble de sphères rigides représentant les atomes dans un cristal de sel. La structure du réseau a été déterminée par diffraction de rayons X. C'est un réseau cubique - comme un échiquier à trois dimensions. La figure 8.5 en montre une vue en coupe. L'intervalle entre les ions est 2,81 Å ($= 2,81 \cdot 10^{-8}$ cm).

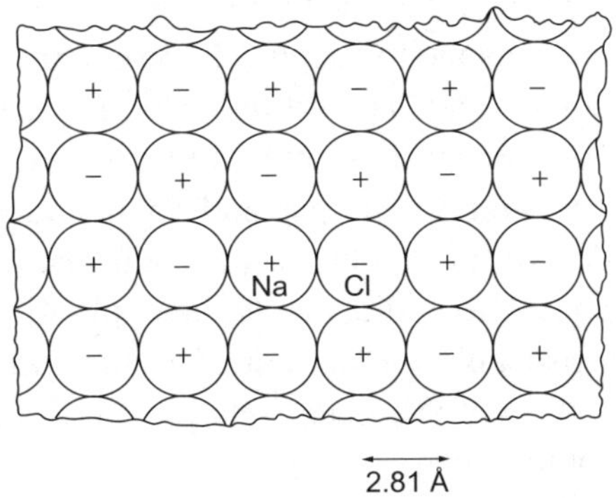


Figure 8.5 – Coupe d'un cristal de sel à l'échelle atomique. L'arrangement en échiquier des ions Na et des ions Cl est le même dans les deux plans perpendiculaires à celui qui est représenté. (Voir Vol. I, Fig. 1.7.)

Si notre image du système est correcte, nous devons être capables de la vérifier en nous posant la question suivante : combien faudrait-il d'énergie pour éloigner tous ces ions les uns des autres – c'est-à-dire pour séparer complètement le cristal en ions ? Cette énergie devrait être égale à la chaleur de vaporisation de NaCl, plus l'énergie nécessaire à dissocier les molécules en ions. L'énergie totale pour séparer NaCl en ions est déterminée par l'expérience, c'est 7,92 électron-volts par molécule. Utilisant la conversion

$$1 \text{ eV} = 1.602 \times 10^{-19} \text{ joule,}$$

et le nombre d'Avogadro, ou nombre de molécules dans une mole,

$$N_0 = 6.02 \times 10^{23},$$

l'énergie de dissociation peut aussi être donnée par

$$W = 7.64 \times 10^5 \text{ joules/mole}.$$

Les physico-chimistes préfèrent prendre pour unité d'énergie la kilocalorie, qui vaut 4.190 joules, de sorte qu'un eV par molécule vaut 23 kilocalories par mole. Un chimiste dirait alors que l'énergie de dissociation de NaCl est

$$W = 183 \text{ kcal/mole}.$$

Peut-on obtenir cette énergie chimique théoriquement en calculant quel travail il faudrait pour dissocier le cristal ? D'après notre théorie, ce travail est la somme des énergies de toutes les paires d'ions. La façon la plus facile de former cette somme est de prendre un ion particulier et de calculer son énergie potentielle en présence de chacun des autres ions. Cela nous donnera *deux fois* l'énergie par ion, parce que l'énergie appartient aux *paires* de charges. Si nous voulons que l'énergie soit associée à un ion en particulier, il faut prendre la moitié de la somme. Mais nous voulons en réalité l'énergie *pour une molécule*, qui contient deux ions, de sorte que la somme que nous calculons va nous donner directement l'énergie par molécule.

L'énergie d'interaction d'un ion avec un de ses plus proches voisins est $e^2/a$ où $e^2 = q_e^2/4\pi\epsilon_0$ et a est la distance de centre à centre entre ions. (Nous considérons en ce moment des ions monovalents.) Cette énergie vaut 5,12 eV, ce qui, nous l'avons déjà vu, va nous donner un résultat d'un ordre de grandeur correct. Mais il reste encore beaucoup à faire pour obtenir la somme d'une infinité de termes dont nous avons besoin.

Commençons par additionner tous les termes venant des ions situés sur une ligne droite. En supposant que l'ion marqué Na sur la Fig. 8.5 est notre ion particulier, nous considérons d'abord les ions placés sur la même ligne horizontale que lui. Il y a deux ions Cl plus proches que les autres avec des charges négatives, chacun étant à la distance $a$. Puis il y a deux ions positifs à la distance $2a$, etc. Appelant $U_1$ l'énergie de cette somme, nous écrivons

$$\begin{aligned} U_1 &= \frac{e^2}{a}\left(-\frac{2}{1} + \frac{2}{2} - \frac{2}{3} + \frac{2}{4} \mp \cdots\right) \\ &= -\frac{2e^2}{a}\left(1 - \frac{1}{2} + \frac{1}{3} - \frac{1}{4} \pm \cdots\right). \end{aligned} \tag{8.19}$$

La série converge lentement, de sorte qu'il est difficile de l'évaluer numériquement, mais on sait qu'elle vaut ln 2. De sorte que

$$U_1 = -\frac{2e^2}{a}\ln 2 = -1.386\,\frac{e^2}{a}. \tag{8.20}$$

Considérons maintenant la ligne d'ions adjacente placée juste au-dessus. L'ion le plus proche est négatif et à la distance $a$. Puis il y en a deux positifs à la distance $\sqrt{2}a$. La paire suivante est à la distance $\sqrt{5}a$, la suivante à $\sqrt{10}a$ et ainsi de suite. Ainsi pour toute la ligne, nous obtenons la série

$$\frac{e^2}{a}\left(-\frac{1}{1}+\frac{2}{\sqrt{2}}-\frac{2}{\sqrt{5}}+\frac{2}{\sqrt{10}}\mp\cdots\right). \tag{8.21}$$

Il y a *quatre* telles lignes : au-dessus, au-dessous, devant et derrière. Puis il y a les quatre lignes qui sont les plus proches en diagonale, etc., etc.

Si on fait ce travail patiemment pour toutes les lignes, puis si on en fait la somme, on trouve que le total général est

$$U = -1.747\,\frac{e^2}{a},$$

ce qui est seulement un peu plus que ce que nous avions obtenu dans (8.20) pour la première ligne. Utilisant $e^2/a = 5,12$ eV, on trouve

$$U = -8.94 \text{ eV}.$$

Notre réponse est environ 10% au-dessus de l'énergie observée expérimentalement. Cela montre que notre idée, que l'ensemble du réseau est maintenu par des forces électriques coulombiennes, est fondamentalement correcte. C'est la première fois que nous avons obtenu une propriété spécifique d'une substance macroscopique à partir de la connaissance de la physique atomique. Nous en ferons beaucoup plus, plus tard. La science qui cherche à comprendre le comportement des matériaux à l'aide des lois du comportement atomique est appelée la *physique du solide.*

Maintenant, que dire de l'erreur dans notre calcul ? Pourquoi n'est-il pas exactement correct ? C'est à cause de la répulsion entre des ions à faible distance. Ce ne sont pas des sphères parfaitement rigides, de sorte que lorsqu'elles sont proches les unes des autres, elles sont en partie aplaties. Elles ne sont pas très molles, si bien qu'elles ne s'aplatissent qu'un peu. Un peu d'énergie sert cependant à les déformer, et quand les ions sont séparés, cette énergie est libérée. L'énergie effectivement nécessaire pour séparer les ions est un peu inférieure à l'énergie que nous avons calculée ; la répulsion aide à surmonter l'attraction électrostatique.

Existe-t-il une façon de tenir compte de cette contribution ? Nous pourrions le faire si nous connaissions la loi qui régit la force répulsive. Nous ne sommes pas prêts pour analyser le mécanisme de répulsion, mais nous pouvons nous faire une idée de ses caractéristiques à partir de certaines mesures macroscopiques. À partir de la mesure de la *compressibilité* du cristal, il est possible d'obtenir une idée quantitative de la loi de répulsion entre les ions et par conséquent d'obtenir sa contribution à l'énergie. On a trouvé de cette façon que cette contribution doit être la fraction 1/9,4 de la contribution due à l'attraction électrostatique, avec évidemment un signe opposé. Si on retranche cette contribution de l'énergie purement électrostatique, on obtient 7,99 eV pour l'énergie de dissociation par molécule. C'est beaucoup plus proche du résultat des observations, 7,92 eV, mais pas encore en parfait accord. Il y a une chose de plus dont nous n'avons pas tenu compte : c'est l'énergie cinétique des vibrations du cristal. Si une correction est faite pour tenir compte de cet effet, on obtient un très bon accord avec la valeur expérimentale. Les idées émises sont donc correctes, la majeure contribution à l'énergie d'un cristal tel que NaC1 est de nature électrostatique.

## 8.4 ÉNERGIE ÉLECTROSTATIQUE DANS LES NOYAUX

Nous allons prendre maintenant un autre exemple de l'énergie électrostatique en physique atomique, l'énergie électrique des noyaux atomiques. Avant cela, nous aurons à discuter quelques propriétés des forces principales (dites forces nucléaires) qui maintiennent protons et neutrons ensemble dans un noyau. Dans les premiers temps de la découverte du noyau - et des protons et neutrons qui en sont les constituants - on avait espéré que la loi régissant la partie la plus importante, non électrique, de la force qui s'exerce, par exemple entre un proton et un autre proton, aurait été quelque loi simple, comme la loi de l'inverse carré de l'électricité. Parce qu'une fois déterminée cette loi de force et les lois correspondantes entre un proton et un neutron, et entre un neutron et un neutron, il aurait été possible théoriquement de décrire le comportement complet de ces particules dans les noyaux. Un gros programme fut par conséquent mis en route pour l'étude de la diffusion des protons, dans l'espoir de trouver la loi de force entre eux ; mais après trente ans d'efforts, rien de simple n'en est sorti. Une connaissance considérable de la force entre proton et proton a été accumulée, mais on s'aperçoit que cette force est aussi compliquée qu'il est possible de l'être.

Ce qu'on veut dire par « aussi compliquée qu'il est possible de l'être » c'est que cette force dépend de nombreux paramètres.

Premièrement cette force n'est pas une simple fonction de la distance entre deux protons. À grande distance il y a attraction, mais à plus courte distance il y a répulsion. La fonction de la distance est compliquée et encore imparfaitement connue.

Deuxièmement, cette force dépend de l'orientation du spin du proton. Les protons ont un spin et deux protons quelconques en interaction peuvent avoir leurs moments angulaires de mêmes sens ou de sens opposés. Et la force est différente quand les spins sont parallèles et quand ils sont antiparallèles, comme en (a) et (b) sur la Fig. 8.6. La différence est très grande ; ce n'est pas un petit effet.

Troisièmement, la force est considérablement différente quand la séparation entre les protons se trouve dans la direction *parallèle* à leurs spins, comme en (c) et en (d) de la Fig. 8.6 et lorsque la séparation est dans la direction *perpendiculaire* aux spins, comme en (a) et (b).

Quatrièmement, la force dépend, comme c'est le cas en magnétisme, de la vitesse des protons, mais beaucoup plus qu'en magnétisme. Et cette force dépendant de la vitesse n'est pas un effet relativiste ; elle est grande même à des vitesses très inférieures à celle de la lumière. De plus, cette partie de la force dépend d'autres choses que de la grandeur de la vitesse. Par exemple, quand un proton se déplace près d'un autre proton, la force est différente quand le mouvement orbital a la même direction de rotation que le spin, comme en (e) de la Fig. 8.6 et quand il a la direction opposée à celle de la rotation, comme en (f). C'est ce qu'on appelle la partie « spin-orbite » de la force.

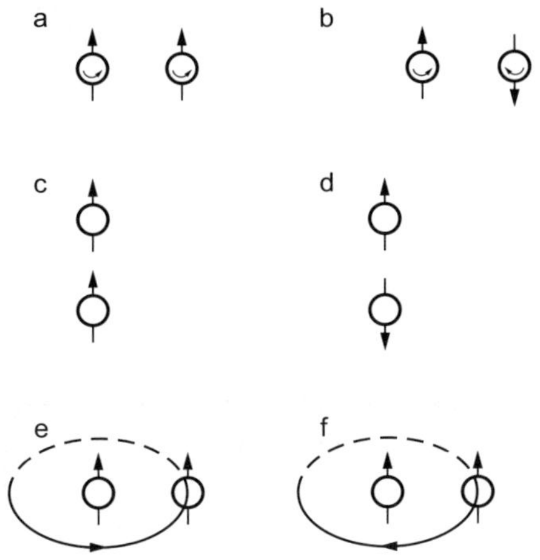


Figure 8.6 – La force entre deux protons dépend de tous les paramètres possibles.

La force entre un proton et un neutron, et celle entre un neutron et un neutron sont également compliquées. Jusqu'à maintenant nous ne connaissons pas le mécanisme de ces forces – c'est-à-dire une façon simple de les comprendre.

Il y a, cependant, un aspect important sous lequel ces forces nucléaires sont *plus simples* qu'elles pourraient être. C'est que la force *nucléaire* entre deux neutrons est la même que la force entre un proton et un neutron, qui est aussi la même que la force entre deux protons ! Si, dans n'importe quel problème nucléaire, on remplace un proton par un neutron (ou vice versa), les *interactions nucléaires* sont inchangées. La « raison fondamentale » de cette égalité n'est pas connue, mais c'est un exemple d'un principe important qui peut être étendu également aux lois d'interaction entre les autres particules à interactions fortes – telles que les mésons $\pi$ et les particules « étranges ».

Ce fait est bien illustré par la position des niveaux d'énergies dans des noyaux semblables. Considérons un noyau comme $B^{11}$ (le bore onze) qui est composé de cinq protons et de six neutrons. Dans le noyau, les onze particules interagissent entre elles selon une danse très compliquée. Cependant, il existe une configuration pour toutes les interactions possibles, qui a la plus petite énergie ; c'est l'état normal du noyau, appelé *l'état fondamental*. Si le noyau est perturbé (par exemple en étant frappé par un proton de haute énergie ou par une autre particule) il peut être porté dans un nombre quelconque d'autres configurations, dites *états excités*, chacune d'entre elles ayant une énergie caractéristique plus grande que celle de l'état fondamental. Dans les recherches de physique nucléaire, telles celles qui sont faites avec un générateur Van de Graaff (par exemple à Caltech, dans les laboratoires Kellogg et Sloan), les énergies ainsi que d'autres propriétés de ces états excités sont déterminées expérimentalement. Les énergies des quinze états excités les plus bas qui sont connus pour $B^{11}$ sont indiqués sur un graphe à une dimension dans la moitié gauche de la Fig. 8.7. La ligne horizontale la plus basse représente l'état fondamental. Le premier état excité a une énergie qui excède de 2,14 MeV celle de l'état fondamental, le suivant, une énergie qui excède de 4,46 MeV celle du fondamental, et ainsi de suite. L'étude de la physique nucléaire s'efforce de trouver une explication à

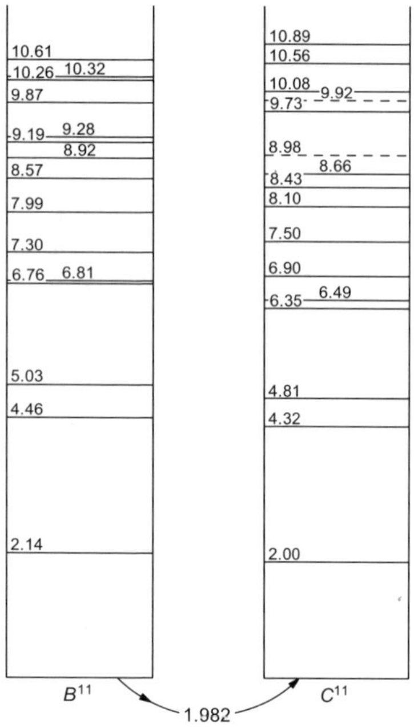


Figure 8.7 – Les niveaux d'énergie de $B^{11}$ et de $C^{11}$ (énergies en MeV). L'état fondamental de $C^{11}$ est 1,982 MeV plus haut que celui de $B^{11}$.

ce tableau plutôt compliqué des énergies ; il n'existe cependant pas encore de théorie générale complète de tels niveaux d'énergie nucléaires.

Si on remplace un des neutrons dans $B^{11}$ par un proton, on obtient le noyau d'un isotope du carbone, $C^{11}$ Les énergies des seize états excités les plus bas de $C^{11}$ ont aussi été mesurées ; elles sont représentées dans la moitié droite de la Fig. 8.7. (Les lignes en pointillé indiquent des niveaux pour lesquels les renseignements expérimentaux sont douteux.)

En regardant la Fig. 8.7, on est frappé par la similitude entre les schémas des niveaux d'énergie dans les deux noyaux. Les premiers états excités sont à peu près à 2 MeV audessus des niveaux fondamentaux. Il existe un grand écart d'environ 2,3 MeV jusqu'au deuxième état excité, puis un petit saut de 0,5 MeV seulement jusqu'au troisième niveau. Entre le quatrième et le cinquième niveau, à nouveau un grand saut, mais entre le cinquième et le sixième une séparation minuscule de l'ordre de 0,1 MeV. Et ainsi de suite. Après le dixième niveau environ, la correspondance semble se perdre, mais elle peut encore se voir si les niveaux sont étiquetés par leurs autres caractéristiques – par exemple, par leur moment angulaire, ou par la façon dont ils perdent leur excès d'énergie.

La similitude surprenante du diagramme des niveaux d'énergie de $B^{11}$ et $C^{11}$ n'est sûrement pas une simple coïncidence. Elle doit révéler une loi physique. Elle montre, en effet, que même dans un système compliqué comme l'est un noyau, remplacer un neutron par un proton ne change pas grand-chose. Ceci peut seulement signifier que les forces neutron-neutron et proton-proton doivent être presque identiques. C'est seulement alors que nous pouvons nous attendre à ce que les configurations nucléaires avec cinq protons et six neutrons soient les mêmes que celles avec six protons et cinq neutrons.

Remarquez que les propriétés de ces deux noyaux ne nous apprennent rien sur la force neutron-proton ; il y a le même nombre de combinaisons neutron-proton dans les deux noyaux. Mais si nous comparons deux autres noyaux, tels que $C^{14}$ qui a six protons et huit neutrons et $N^{14}$ qui en a sept de chaque, nous trouvons une correspondance semblable des niveaux d'énergie. Nous pouvons donc conclure que les forces p-p, n-n, et p-n sont identiques dans toute leur complexité. Il existe un principe inattendu dans les lois des forces nucléaires. Bien que la force entre chaque paire de particules nucléaires soit très compliquée, la force entre les trois différentes paires possibles est la même.

Mais il existe quelques petites différences. Les niveaux ne correspondent pas exactement ; l'état fondamental de $C^{11}$ a une énergie absolue (sa masse) qui est supérieure de 1,982 MeV au niveau fondamental de $B^{11}$. Tous les autres niveaux sont également plus élevés, en énergie absolue, d'une même quantité. De sorte que les forces ne sont pas exactement égales. Mais nous savons très bien que les forces *complètes* ne sont pas exactement égales ; il existe une force *électrique* entre deux protons parce que tous deux ont une charge positive, tandis qu'entre deux neutrons il n'existe pas une telle force électrique. Peut-être peut-on expliquer la différence entre $B^{11}$ et $C^{11}$ par le fait que l'interaction électrique des protons est différente dans les deux cas ? Peut-être même que les minimes différences qui subsistent entre les niveaux sont dues à des effets électriques ? Comme les forces nucléaires sont tellement plus grandes que les forces électriques, les effets électriques ne doivent avoir qu'un faible effet perturbateur sur les énergies des niveaux.

Pour vérifier cette idée, ou plutôt pour chercher quelles sont les conséquences de cette idée, considérons d'abord la différence entre les énergies des états fondamentaux des deux noyaux. Pour prendre un modèle très simple, nous supposerons que les noyaux sont des sphères de rayon $r$ (à déterminer), contenant $Z$ protons. Si nous considérons qu'un noyau est analogue à une sphère avec une densité uniforme de charge, nous devons nous attendre à ce que l'énergie électrostatique (d'après l'Éq. 8.7) soit

$$U = \frac{3}{5}\frac{(Zq_e)^2}{4\pi\epsilon_0 r}. \tag{8.22}$$

où $q_e$ est la charge élémentaire du proton. Comme $Z$ vaut cinq pour $B^{11}$ et six pour $C^{11}$, leurs énergies électrostatiques devraient être différentes.

Cependant, avec un si petit nombre de protons, l'Éq. (8.22) n'est pas tout à fait correcte. Si on calcule l'énergie électrique entre toutes les paires de protons, considérés comme des points qu'on suppose répartis à peu près uniformément dans toute la sphère, on trouve que dans l'Éq. (8.22) la quantité $Z^2$ devrait être remplacée par $Z(Z-1)$ et qu'ainsi l'énergie est

$$U = \frac{3}{5}\frac{Z(Z-1)q_e^2}{4\pi\epsilon_0 r} = \frac{3}{5}\frac{Z(Z-1)e^2}{r}. \tag{8.23}$$

Si nous connaissions le rayon $r$, nous pourrions utiliser (8.23) pour trouver la différence d'énergie électrostatique entre $B^{11}$ et $C^{11}$. Mais faisons le contraire, utilisons au lieu de cela la différence d'énergie observée pour calculer le rayon, en supposant que la différence d'énergie est d'origine entièrement électrostatique.

Ceci n'est cependant pas tout à fait vrai. La différence d'énergie de 1,982 MeV entre les états fondamentaux de $B^{11}$ et $C^{11}$ comprend l'énergie au repos – c'est-à-dire l'énergie $mc^2$ – de toutes les particules. En passant de $B^{11}$ à $C^{11}$, on remplace un neutron par un proton plus un électron, qui ont une masse plus petite. Ainsi une partie de cette différence d'énergie est due à la différence entre l'énergie au repos d'un neutron et celle d'un proton plus un électron qui vaut 0,784 Mev. Par conséquent, la différence que nous devons expliquer par l'électrostatique excède 1,982 Mev et s'élève à

$$1{,}982\ \text{MeV} + 0{,}784\ \text{MeV} = 2{,}766\ \text{MeV}.$$

Utilisant cette énergie dans l'Éq. (8.23) pour le rayon de $B^{11}$ ou de $C^{11}$ on trouve

$$r = 3{,}12 \times 10^{-13}\ \text{cm}. \tag{8.24}$$

Est-ce que ce nombre signifie quelque chose ? Pour le voir, il faudrait le comparer avec une autre détermination du rayon de ces noyaux. Par exemple, on peut faire une autre mesure du rayon d'un noyau en regardant comment il diffuse des particules rapides. À partir de telles mesures on a trouvé que la *densité* de matière dans tous les noyaux est pratiquement la même, c'est-à-dire que leurs volumes sont proportionnels au nombre de particules qu'ils contiennent. Si on désigne par $A$ le nombre de protons et de neutrons dans un noyau (nombre qui est très approximativement proportionnel à sa masse), on trouve que le rayon est donné par

$$r = A^{1/3} r_0, \tag{8.25}$$

où

$$r_0 = 1{,}2 \times 10^{-13}\ \text{cm}. \tag{8.26}$$

À partir de ces mesures, on trouve que le rayon d'un noyau de $B^{11}$ (ou de $C^{11}$) doit être

$$r = (11)^{1/3}(1{,}2 \times 10^{-13})\ \text{cm} = 2{,}7 \times 10^{-13}\ \text{cm}.$$

En comparant ce résultat avec (8.24), on voit que notre hypothèse que la différence d'énergie entre $B^{11}$ et $C^{11}$ est électrostatique est vraiment bonne ; l'écart n'est que d'environ 15% (ce n'est pas mal pour notre premier calcul de physique nucléaire !).

La raison de l'écart est probablement la suivante. D'après la conception actuelle des noyaux, un nombre pair de particules nucléaires – dans le cas de $B^{11}$, cinq neutrons et cinq protons – forme une sorte de *cœur* ; quand on ajoute une particule supplémentaire à ce cour, elle tourne autour, à l'extérieur, de façon à former un nouveau noyau sphérique, au lieu d'être absorbée. S'il en est ainsi, nous aurions dû prendre une énergie électrostatique différente pour le proton additionnel. Nous devons prendre l'excès d'énergie de $C^{11}$ par rapport à $B^{11}$ exactement égal à

$$\frac{Z_B q_e^2}{4\pi\epsilon_0 r}$$

ce qui est l'énergie nécessaire pour ajouter un proton supplémentaire à l'extérieur du cœur. Ce nombre est exactement les 5/6 de ce que prédit l'Éq. (8.23), donc la nouvelle valeur prédite pour le rayon est les 5/6 de (8.24), ce qui est en bien meilleur accord avec ce qui a été directement mesuré.

On peut tirer deux conclusions de cet accord. L'une est qu'il apparaît que les lois électriques sont valables à des dimensions aussi petites que $10^{-13}$ cm. L'autre est que nous avons vérifié cette coïncidence remarquable que les parties non électriques des forces entre proton et proton, neutron et neutron, et proton et neutron sont toutes égales.

## 8.5 ÉNERGIE DANS LE CHAMP ÉLECTROSTATIQUE

Considérons maintenant d'autres méthodes pour calculer l'énergie électrostatique. Elles peuvent toutes être déduites de la relation de base, l'Éq. (8.3), la somme, sur toutes les paires de charges, des énergies mutuelles de chacune des paires de charges. Écrivons d'abord une expression de l'énergie d'une distribution de charges. Comme d'habitude, nous considérons que chaque élément de volume $dV$ contient l'élément de charge $\rho dV$. Alors l'Éq. (8.3) doit s'écrire

$$U = \frac{1}{2} \int_{\text{tout l'espace}} \frac{\rho(1)\rho(2)}{4\pi\epsilon_0 r_{ij}} dV_1 dV_2. \tag{8.27}$$

Remarquez le facteur $\frac{1}{2}$ qui a été introduit parce que dans l'intégrale double sur $dV_1$, et $dV_2$, nous avons compté toutes les paires d'éléments de charge deux fois. (Il n'existe pas de façon commode d'écrire une intégrale en ne tenant compte de chaque paire qu'une seule fois.) Notons ensuite que l'intégrale sur $dV_2$ dans (8.27) est exactement le potentiel en (1). C'est-à-dire

$$\int \frac{\rho(2)}{4\pi\epsilon_0 r_{ij}} dV_2 = \phi(1),$$

de sorte que (8.27) peut s'écrire

$$U = \frac{1}{2} \int \rho(1)\phi(1)\, dV_1.$$

ou bien, comme le point (2) n'apparaît plus, on peut écrire simplement

$$U = \frac{1}{2} \int \rho\phi\, dV. \tag{8.28}$$

Cette équation s'interprète comme suit. L'énergie potentielle de la charge $\rho dV$ est le produit de cette charge par le potentiel au même point. L'énergie totale est par conséquent l'intégrale sur $\phi\rho dV$. Mais il y a encore le facteur $\frac{1}{2}$. Il est nécessaire parce qu'on compte encore deux fois les énergies. L'énergie mutuelle de deux charges est la charge de l'une multipliée par le potentiel créé à son emplacement par l'autre. *Ou bien* c'est la charge de l'autre multipliée par le potentiel créé à son emplacement par la première. Ainsi, pour deux charges ponctuelles nous écrirons

$$U = q_1\phi(1) = q_1 \frac{q_2}{4\pi\epsilon_0 r_{12}}$$

ou

$$U = q_2\phi(2) = q_2 \frac{q_1}{4\pi\epsilon_0 r_{12}}.$$

Notez qu'on pourrait aussi écrire

$$U = \frac{1}{2}[q_1\phi(1) + q_2\phi(2)]. \tag{8.29}$$

L'intégrale dans (8.28) correspond à la somme des deux termes entre crochets de (8.29). C'est pour cela qu'il faut le facteur $\frac{1}{2}$.

Une question intéressante se pose : où est localisée l'énergie électrostatique ? On pourrait aussi demander : qu'est-ce que *ça* peut faire ? Quel est le sens d'une telle question ? S'il existe une paire de charges en interaction, la combinaison possède une certaine énergie. Avons-nous besoin de préciser si l'énergie est localisée sur l'une des charges ou sur l'autre ou sur les deux, ou entre les deux ? Ces questions peuvent n'avoir pas de sens parce que nous ne savons vraiment qu'une chose : c'est que l'énergie totale est conservée. L'idée que l'énergie est localisée *quelque part* n'est pas nécessaire.

Supposons maintenant que cela *ait* effectivement un sens de dire, en général, que l'énergie est localisée en un endroit précis, comme c'est le cas pour l'énergie thermique. Nous pourrions alors *ajouter à* notre principe de la conservation de l'énergie, l'idée que si l'énergie contenue dans un volume donné change, nous pouvons tenir compte de ce changement à l'aide du flux d'énergie entrant ou sortant de ce volume. Vous comprenez que notre énoncé antérieur du principe de conservation de l'énergie est encore parfaitement correct si de l'énergie disparaît quelque part et apparaît ailleurs sans que rien ne se passe dans l'espace intermédiaire (c'est-à-dire sans qu'aucun phénomène spécial s'y produise). Nous sommes par conséquent en train de discuter une extension de l'idée de conservation de l'énergie. On pourrait l'appeler principe de la conservation *locale* de l'énergie. Un tel principe dirait que l'énergie d'un volume donné ne change que de la quantité d'énergie qui y entre ou qui en sort. Il est en effet possible que l'énergie soit conservée localement de cette façon-là. S'il en est ainsi, nous devons avoir une loi bien plus détaillée que la simple conservation de l'énergie totale. Il apparaît en effet que dans la nature *l'énergie se conserve localement.* Nous pouvons trouver des formules exprimant où est localisée l'énergie et comment elle se déplace d'un endroit à un autre.

Il existe aussi une raison *physique* pour laquelle nous avons absolument besoin de pouvoir dire où est localisée l'énergie. D'après la théorie de la gravitation, toute masse est source d'attraction gravitationnelle. Nous savons aussi, par $E = mc^2$ que la masse et l'énergie sont équivalentes. Toute énergie est, par conséquent, source de force de gravitation. Si nous ne pouvions pas localiser toute l'énergie nous ne pourrions pas localiser toute la masse. Nous ne saurions pas dire où sont localisées les sources du champ de gravitation. La théorie de la gravitation serait incomplète.

Si nous nous restreignons à l'électrostatique, il n'y a vraiment aucun moyen de dire où est localisée l'énergie. Les équations de Maxwell complètes de l'électrodynamique nous donnent bien plus de renseignements (bien que, même là, la solution ne soit pas à strictement parler unique). Nous reprendrons par conséquent cette question en détail dans un prochain chapitre. Nous allons vous donner maintenant seulement le résultat pour le cas particulier de l'électrostatique. L'énergie est localisée dans l'espace, là où règne le champ électrique. Cela semble raisonnable, car nous savons que lorsque des charges sont accélérées, elles rayonnent des champs électriques.

Nous aimerions dire que lorsque de la lumière ou des ondes se propagent d'un point à l'autre, elles transportent leur énergie avec elles. Mais il n'y a pas de charges dans les ondes. Donc nous voudrions localiser l'énergie là où se trouve le champ électromagnétique et non sur les charges d'où il provient. Nous décrivons ainsi l'énergie, non pas en fonction des charges, mais en fonction des champs qu'elles produisent. Nous pouvons, en effet, montrer que l'Éq. (8.28) est *numériquement* égale à

$$U = \frac{\epsilon_0}{2}\int \boldsymbol{E}\cdot\boldsymbol{E}\,dV. \tag{8.30}$$

Nous pouvons ensuite interpréter cette formule en disant que quand un champ électrique est présent, il existe dans l'espace une énergie dont la *densité* (énergie par unité de volume) est

$$u = \frac{\epsilon_0}{2}\boldsymbol{E}\cdot\boldsymbol{E} = \frac{\epsilon_0 E^2}{2}. \tag{8.31}$$

Cette idée est illustrée par la Fig. 8.8.

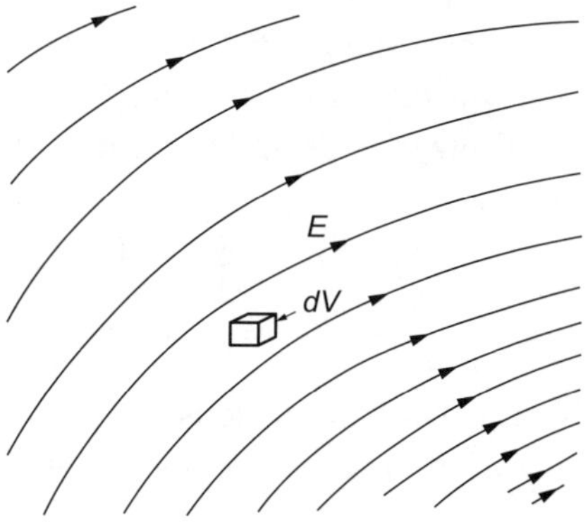


Figure 8.8 – Chaque élément de volume $dV = dx\,dy\,dz$ dans un champ électrique contient une énergie $(\epsilon_0/2)E^2\,dV$.

Pour montrer que l'Éq. (8.30) est en accord avec nos lois de l'électrostatique, nous commençons par introduire dans l'Éq. (8.28) la relation entre $\rho$ et $\phi$ que nous avons obtenue au chapitre 6 :

$$\rho = -\epsilon_0\,\nabla^2\phi.$$

Nous obtenons

$$U = -\frac{\epsilon_0}{2}\int \phi\,\nabla^2\phi\,dV. \tag{8.32}$$

En décrivant les composantes de la quantité sous le signe somme, nous voyons que

$$\begin{aligned}\phi\,\nabla^2\phi &= \phi\Big(\frac{\partial^2\phi}{\partial x^2}+\frac{\partial^2\phi}{\partial y^2}+\frac{\partial^2\phi}{\partial z^2}\Big)\\ &= \frac{\partial}{\partial x}\Big(\phi\,\frac{\partial\phi}{\partial x}\Big)-\Big(\frac{\partial\phi}{\partial x}\Big)^2+\frac{\partial}{\partial y}\Big(\phi\,\frac{\partial\phi}{\partial y}\Big)-\Big(\frac{\partial\phi}{\partial y}\Big)^2+\frac{\partial}{\partial z}\Big(\phi\,\frac{\partial\phi}{\partial z}\Big)-\Big(\frac{\partial\phi}{\partial z}\Big)^2\\ &= \boldsymbol{\nabla}\cdot(\phi\,\boldsymbol{\nabla}\phi)-(\boldsymbol{\nabla}\phi)\cdot(\boldsymbol{\nabla}\phi).\end{aligned}\tag{8.33}$$

Notre intégrale pour l'énergie est alors

$$U=\frac{\epsilon_0}{2}\int(\boldsymbol{\nabla}\phi)\cdot(\boldsymbol{\nabla}\phi)\,dV-\frac{\epsilon_0}{2}\int\boldsymbol{\nabla}\cdot(\phi\,\boldsymbol{\nabla}\phi)\,dV.$$

Utilisons le théorème de Gauss pour transformer la seconde intégrale en une intégrale de surface :

$$\int_{\text{vol.}}\boldsymbol{\nabla}\cdot(\phi\,\boldsymbol{\nabla}\phi)\,dV=\int_{\text{surface}}(\phi\,\boldsymbol{\nabla}\phi)\cdot\boldsymbol{n}\,da.\tag{8.34}$$

Nous évaluons l'intégrale de surface dans le cas où la surface s'éloigne à l'infini (ainsi les intégrales de volume deviennent des intégrales sur tout l'espace), en supposant que toutes les charges sont situées à distance finie. La façon simple de procéder est de prendre une surface sphérique de rayon $R$ énorme et dont le centre est à l'origine des coordonnées. Nous savons que lorsque nous sommes très loin de toutes les charges, $\phi$ varie comme $1/R$ et $\nabla\phi$ comme $1/R^2$. (Les deux vont décroître encore plus vite avec $R$ si la charge totale de la distribution est nulle.) Comme la surface de la grande sphère augmente comme $R^2$, on voit que l'intégrale de surface décroît comme $(1/R)(1/R^2)R^2 = (1/R)$ quand le rayon de la sphère augmente. Ainsi, si on intègre sur tout l'espace ($R \to \infty$), l'intégrale de surface tend vers zéro et on a

$$U=\frac{\epsilon_0}{2}\int_{\text{tout l'espace}}(\boldsymbol{\nabla}\phi)\cdot(\boldsymbol{\nabla}\phi)\,dV=\frac{\epsilon_0}{2}\int_{\text{tout l'espace}}\boldsymbol{E}\cdot\boldsymbol{E}\,dV.\tag{8.35}$$

Nous voyons qu'il nous est possible de représenter l'énergie d'une distribution quelconque de charge comme étant l'intégrale d'une densité d'énergie localisée dans le champ.

## 8.6 L'ÉNERGIE D'UNE CHARGE PONCTUELLE

Notre nouvelle relation, l'Éq. (8.35), dit que même une seule charge ponctuelle $q$ a une énergie électrostatique. Dans ce cas, le champ électrique est donné par

$$E=\frac{q}{4\pi\epsilon_0 r^2}.$$

Ainsi la densité d'énergie à la distance $r$ de la charge est

$$\frac{\epsilon_0 E^2}{2} = \frac{q^2}{32\pi^2\epsilon_0 r^4}.$$

Nous pouvons prendre pour élément de volume une couche sphérique d'épaisseur $dr$ et de surface $4\pi r^2$. L'énergie totale est

$$U = \int_{r=0}^{\infty} \frac{q^2}{8\pi\epsilon_0 r^2}\, dr = -\frac{q^2}{8\pi\epsilon_0}\frac{1}{r}\bigg|_{r=0}^{r=\infty}. \tag{8.36}$$

La limite à $r = \infty$ ne présente pas de difficulté. Mais pour une charge ponctuelle nous sommes sensés intégrer à partir de $r = 0$, ce qui nous donne une intégrale infinie. L'équation (8.35) dit qu'il y a une quantité infinie d'énergie dans le champ d'une charge ponctuelle, bien que nous soyons partis avec l'idée qu'il n'y avait d'énergie *qu'entre* des charges ponctuelles. Dans notre formule de départ pour l'énergie d'une collection de charges ponctuelles (Éq. 8-3) nous n'avons inclus aucune énergie d'interaction d'une charge avec elle-même. Ce qui s'est produit, c'est que quand on est passé à une distribution continue de charges dans l'Éq. (8.27), on a compté l'énergie d'interaction de chaque charge *infiniment petite* avec toutes les autres charges infiniment petites. Le même compte est inclus dans l'Éq. (8.35), de sorte que lorsqu'on l'applique à une charge ponctuelle finie, on inclut l'énergie qui aurait été nécessaire pour assembler cette charge à partir de morceaux infiniment petits. Vous remarquerez qu'en fait nous aurions obtenu aussi ce résultat de l'Éq. (8.36) si nous avions utilisé notre expression (8.11) pour l'énergie d'une sphère chargée et fait tendre son rayon vers zéro.

Nous devons en conclure que l'idée de localisation de l'énergie dans le champ est incompatible avec l'hypothèse de l'existence de charges ponctuelles. Une façon de se tirer de cette difficulté serait de dire que les charges élémentaires tel un électron, ne sont pas des points mais sont en réalité de petites distributions de charge. Nous pourrions aussi bien dire qu'il y a quelque chose de faux dans notre théorie de l'électricité aux courtes distances, ou dans l'idée de la conservation locale de l'énergie. Il y a des difficultés de toute façon. Ces difficultés n'ont jamais été surmontées ; elles existent encore à ce jour. Un peu plus tard, quand nous aurons discuté quelques idées supplémentaires, telle que la quantité de mouvement dans un champ électromagnétique, nous rendrons compte plus complètement de ces difficultés fondamentales dans notre compréhension de la nature.

# L'ÉLECTRICITÉ DANS L'ATMOSPHÈRE

9

## 9.1 LE GRADIENT DE POTENTIEL ÉLECTRIQUE DE L'ATMOSPHÈRE

Par temps normal au-dessus d'un endroit désert et plat, ou au-dessus de la mer. quand on s'élève à partir de la surface du sol, le potentiel électrique augmente d'environ 100 volts par mètre. Il y a ainsi un champ électrique vertical $\boldsymbol{E}$ de 100 volts/mètre dans l'air. Le signe du champ correspond à une charge négative à la surface de la terre. Cela signifie que dehors, le potentiel à la hauteur de votre nez est supérieur de 200 volts au potentiel à vos pieds ! Vous pourriez poser la question : « pourquoi ne pas placer tout simplement une paire d'électrodes dehors, à un mètre l'une de l'autre, et utiliser ces 100 volts pour alimenter nos ampoules électriques ? » Ou bien, vous pourriez vous demander : « s'il y a *vraiment* une différence de potentiel de 200 volts entre mon nez et mes pieds, comment se fait-il que je ne reçoive pas une décharge quand je sors dans la rue ? »

Nous allons d'abord répondre à la seconde question. Votre corps est relativement bon conducteur. Si vous êtes en contact avec le sol, vous et le sol tendez à former une surface équipotentielle. Ordinairement les équipotentielles sont parallèles au sol comme le montre la Fig. 9.1 (a), mais quand vous y êtes, les équipotentielles sont déformées, et le champ ressemble à ce qui est représenté sur la Fig. 9.1 (b). Ainsi vous avez encore une différence de potentiel pratiquement nulle entre la tête et les pieds. Il y a des charges qui vont de la terre vers notre tête, changeant ainsi le champ. Certaines d'entre elles peuvent être neutralisées par des ions provenant de l'air, mais le courant dû à ces ions est très faible parce que l'air est mauvais conducteur.

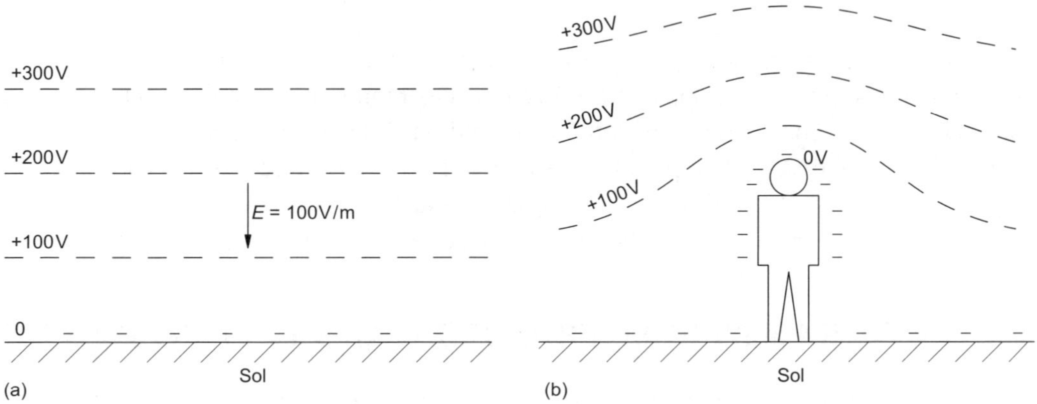


Figure 9.1 – (a) La distribution du potentiel au-dessus de la terre. (b) La distribution du potentiel autour d'un homme placé dans un endroit dégagé et plat.

Comment peut-on mesurer un tel champ si le champ se modifie quand on y place quelque chose ? Il y a plusieurs façons. L'une d'elles est de placer un conducteur isolé à une certaine distance au-dessus du sol et de le laisser là jusqu'à ce qu'il soit au même potentiel que l'air. Si on le laisse assez longtemps, la très faible conductivité de l'air va permettre aux charges de s'écouler du conducteur (ou de s'y accumuler) jusqu'à ce qu'il atteigne le potentiel correspondant à son altitude. On peut alors le redescendre sur le sol, et mesurer la variation de son potentiel qui en résulte. Une façon plus rapide est de prendre pour conducteur un seau d'eau percé d'un petit trou. Quand l'eau s'égoutte, elle emporte les charges en excès qu'il peut y avoir, et le seau va tendre vers le même potentiel que l'air. (Les charges, vous le savez, sont réparties à la surface, et quand les gouttes tombent, ce sont des « morceaux de surface » qui se détachent.) On peut mesurer le potentiel du seau avec un électromètre.

Il y a une autre manière de mesurer directement le *gradient* de potentiel. Puisqu'il y a un champ électrique, il y a une charge superficielle sur la terre ($\sigma = \varepsilon_0 E$). Si on pose sur la surface du sol un plateau métallique et qu'on le relie à la terre, des charges négatives apparaissent dessus (Fig. 9.2a). Si maintenant ce plateau est recouvert par un autre plateau $B$ relié à la terre, les charges vont apparaître sur le couvercle, et il n'y aura plus de charges sur le premier plateau $A$. Si on mesure la charge qui s'écoule du plateau $A$ vers le sol quand on le recouvre (mettons avec un galvanomètre intercalé sur le fil de terre), on peut trouver la densité de charge superficielle qui était dessus et ainsi trouver également le champ électrique.

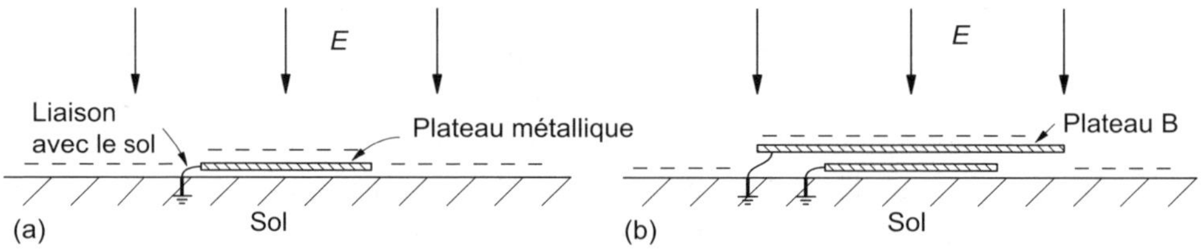


Figure 9.2 – (a) Un plateau métallique relié au sol aura la même charge superficielle que la terre. (b) Si le plateau est recouvert par un conducteur relié au sol, il n'aura pas de charge superficielle.

Ayant suggéré comment on peut mesurer le champ électrique dans l'atmosphère, nous allons maintenant continuer à le décrire. Les mesures montrent, avant tout, que le champ continue à exister, mais devient plus faible, quand on s'élève vers de hautes altitudes. À environ 50 kilomètres, le champ est très petit, et ainsi, la plus grande partie de la variation de potentiel (l'intégrale de $E$) a lieu aux basses altitudes. La différence de potentiel totale de la surface de la terre au sommet de l'atmosphère est d'environ 400 000 volts.

## 9.2 Courants électriques dans l'atmosphère

Une autre grandeur que l'on peut mesurer, en plus du gradient du potentiel, c'est le courant dans l'atmosphère. La densité de courant est faible – environ 10 micromicroampères à travers chaque mètre carré parallèle à la terre. L'air n'est évidemment pas un isolant parfait, et en raison de cette conductivité, un faible courant – dû au champ électrique qu'on vient de décrire – descend du ciel vers la terre.

Pourquoi l'atmosphère a-t-elle une conductivité ? Ici et là au milieu des molécules de l'air il y a un ion – disons une molécule d'oxygène – qui a acquis un électron de plus, ou peut-être, qui en a perdu un. Ces ions ne restent pas comme de simples molécules, à cause de leur champ électrique ils accumulent habituellement quelques autres molécules autour d'eux. Chaque ion devient alors un petit amas qui avec d'autres ions dérive dans le champ – montant ou descendant lentement – formant le courant observé. D'où viennent les *ions ?* On avait d'abord supposé que les ions étaient produits par la radioactivité de la terre. (On savait que le rayonnement des substances radioactives rendait l'air conducteur en ionisant les molécules de l'air.) Des particules, comme les rayons $\beta$ issus des noyaux atomiques, se meuvent si vite qu'elles arrachent des électrons aux atomes, laissant des ions derrière elles. Ceci impliquerait, bien sûr, qu'en allant vers de plus hautes altitudes, on trouverait moins d'ionisation, parce que la radioactivité est tout entière dans les saletés qui sont sur le sol – dans des traces de radium, d'uranium, de potassium, etc.

Pour vérifier cette théorie, certains physiciens montèrent une expérience dans des ballons pour mesurer l'ionisation de l'air (Hess, en 1912) et découvrirent que c'était le contraire qui était vrai – l'ionisation par unité de volume *augmentait* avec l'altitude ! (L'appareillage ressemblait à celui de la Fig. 9.3. Les deux plateaux étaient chargés périodiquement au potentiel $V$. En raison de la conductivité de l'air, les plateaux se déchargeaient lentement ; le taux de décharge était mesuré à l'électromètre.) Ce fut un résultat des plus mystérieux – la découverte la plus sensationnelle de toute l'histoire de l'électricité atmosphérique. Si sensationnelle en effet, qu'elle ouvrit un domaine entièrement nouveau – les rayons cosmiques. L'électricité atmosphérique elle-même demeura moins sensationnelle. L'ionisation était évidemment produite par quelque chose qui venait d'ailleurs que de la terre : l'étude de cette source mena à la découverte des rayons cosmiques. Nous ne discuterons pas maintenant les rayons cosmiques, sauf pour dire qu'ils entretiennent le stock d'ions. Bien que les ions soient continuellement éliminés de nouveaux ions sont constamment créés par les particules des rayons cosmiques venant d'ailleurs.

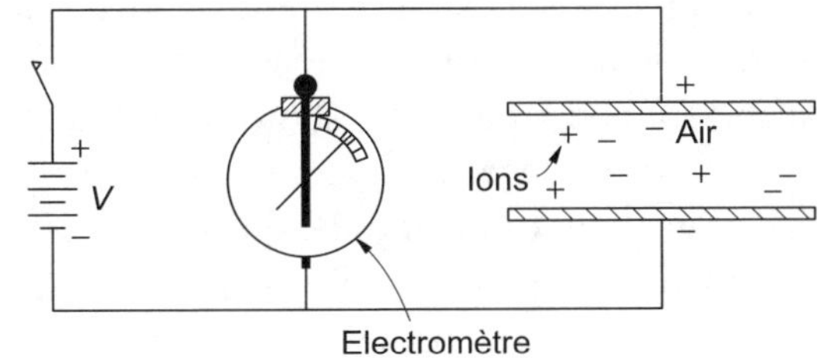


Figure 9.3 – Mesure de la conductivité de l'air due au mouvement des ions.

Pour être précis, il faut dire qu'en plus des ions constitués de molécules, il y a d'autres sortes d'ions. De minuscules déchets, comme des grains de poussière extrêmement fins, flottent dans l'air et se chargent. On les appelle quelquefois des « noyaux ». Par exemple, quand une vague se brise dans la mer, de petits morceaux d'écume sont projetés dans l'air. Quand une de ces gouttes s'évapore, elle laisse un cristal infinitésimal de NaCl qui flotte dans l'air. Ces minuscules cristaux peuvent alors capter des charges et devenir des ions ; on les appelle des « gros ions ».

Les petits ions – ceux formés par les rayons cosmiques – sont les plus mobiles. Parce qu'ils sont si petits, ils se déplacent rapidement dans l'air – à une vitesse d'environ 1 cm/s dans un champ de 100 volts/mètre, ou 1 volt/cm. Les ions les plus gros et les plus lourds se déplacent beaucoup plus lentement. On voit que s'il y a beaucoup de « noyaux », ils vont capter les charges des petits ions. Alors, comme les « gros ions » se déplacent très lentement dans un champ, la conductivité totale diminue. La conductivité de l'air est par conséquent très variable puisqu'elle est très sensible à la quantité de « saletés » qu'il y a dedans. Il y a beaucoup plus de telles saletés sur le sol – où le vent peut balayer la poussière et où l'homme apporte toutes sortes de pollutions dans l'air – que sur l'eau. Il n'est pas surprenant que d'un jour à l'autre, d'un moment à l'autre, d'un endroit à l'autre, la conductivité au voisinage de la surface de la terre varie énormément. Comme, en gros, le même courant descend des hautes altitudes en différents endroits, et comme la conductivité varie au voisinage de la terre, il en résulte une variation du gradient de potentiel qu'on observe dans un endroit donné à la surface de la terre.

La conductivité de l'air due au mouvement des ions augmente aussi rapidement avec l'altitude, pour deux raisons. D'abord, l'ionisation qui provient des rayons cosmiques augmente avec l'altitude. Deuxièmement, comme la densité de l'air diminue, le libre parcours moyen des ions augmente, de sorte qu'ils peuvent aller plus loin dans le champ électrique avant de subir une collision, d'où il résulte une augmentation rapide de la conductivité quand on s'élève.

Bien que la densité du courant électrique dans l'air ne soit que de quelques micromicroampères par mètre carré, il y a vraiment beaucoup de mètres carrés à la surface de la terre. Le courant électrique total qui atteint la surface de la terre à chaque instant est pratiquement constant et égal à 1 800 ampères. Ce courant, évidemment, est « positif » – il apporte des charges plus à la terre. On dispose ainsi d'une tension de 400 000 volts avec un courant de 1 800 ampères – une puissance de 700 mégawatts !

Avec un si fort courant descendant, la charge négative du sol devrait être vite déchargée. En fait, il ne faudrait environ qu'une demi-heure pour décharger toute la terre. Mais le champ électrique atmosphérique a déjà duré plus d'une demi-heure depuis sa découverte. Comment est-il entretenu ? Qu'est-ce qui entretient la tension ? Et entre quoi et la terre ? De nombreuses questions se posent.

La terre est négative et le potentiel dans l'air est positif. Si vous montez suffisamment, la conductivité est si grande, qu'il n'y a plus aucune chance pour que le potentiel varie horizontalement. L'air, à l'échelle des temps dont nous parlons, devient effectivement conducteur. Cela se passe à une hauteur voisine de 50 km. Cela n'est pas aussi haut que ce qu'on appelle l'« ionosphère » où se trouvent un très grand nombre d'ions produits photoélectriquement par le soleil. Néanmoins, pour nos discussions sur l'électricité atmosphérique, l'air devient suffisamment conducteur à environ 50 km pour qu'on puisse imaginer qu'on a pratiquement une surface parfaitement conductrice à cette hauteur, de laquelle descend le courant. Notre image de la situation est montrée sur la Fig. 9.4. Le problème est : comment est-ce que la charge positive y est maintenue ? Comment

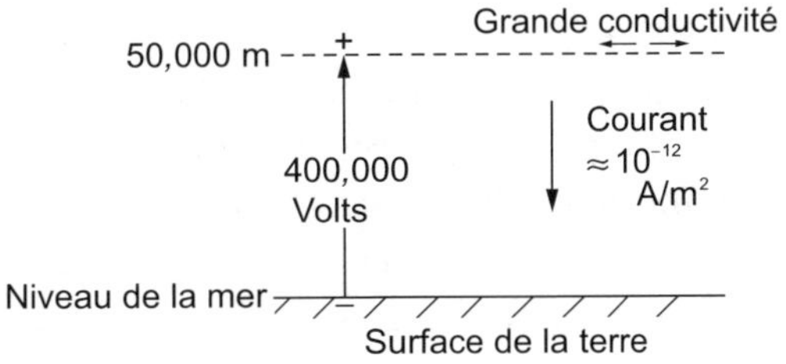


Figure 9.4 – Conditions électriques typiques dans une atmosphère dégagée.

est-elle pompée et ramenée vers le haut ? Parce que si elle descend sur la terre, il faut bien qu'elle soit pompée vers le haut d'une façon ou d'une autre. Ce fut l'une des plus grandes énigmes de l'électricité atmosphérique pendant un bon moment.

Chaque élément d'information que l'on peut acquérir, devrait donner un indice ou, au moins, en dire quelque chose. Voici un phénomène intéressant : si l'on mesure le courant, (qui est plus stable que le gradient de potentiel) au-dessus de la mer par exemple, ou dans des conditions choisies avec soin, et si l'on fait très soigneusement une moyenne afin de se débarrasser des irrégularités, on découvre qu'il y a encore une variation quotidienne. La moyenne de nombreuses mesures au-dessus des océans varie avec le temps en gros comme le montre la Fig. 9.5. Le courant varie d'environ +15 %, et il est maximum à 7 heures du soir à Londres. Ce qu'il y a d'étrange là dedans, c'est qu'en quelque *endroit* que l'on mesure le courant, – dans l'océan Atlantique, l'océan Pacifique ou l'océan Arctique – il est maximum quand les horloges de *Londres* indiquent 7 heures du soir ! Partout dans le monde le courant atteint son maximum à 7 heures du soir, heure de Londres, et son minimum à 4 heures du matin, heure de Londres. En d'autres termes, il dépend du temps absolu sur la terre et *non* du temps local au lieu d'observation. D'un certain côté, ce n'est pas mystérieux ; c'est en accord avec notre idée qu'il existe une très grande conductivité latérale au sommet, ce qui empêche les variations locales de la différence de potentiel entre le sol et le sommet. Toute variation de potentiel devrait être à l'échelon du monde entier, comme c'est le cas effectivement. Ce qu'on sait maintenant, par conséquent, c'est que la tension à la surface « supérieure » augmente et diminue de 15 % en fonction du temps absolu sur la terre.

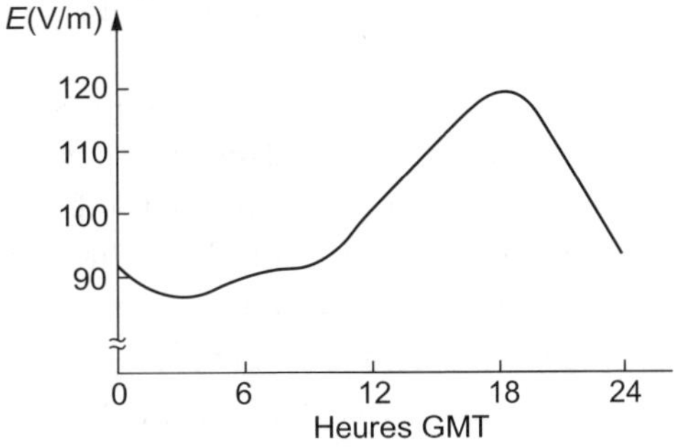


Figure 9.5 – Variation quotidienne moyenne du gradient de potentiel atmosphérique un jour de temps clair au-dessus des océans, rapportée à l'heure de Greenwich.



## 9.3 Origine des courants atmosphériques

Nous devons ensuite parler de la source des forts courants négatifs qui doivent circuler du « sommet » vers la surface de la terre pour la maintenir chargée négativement. Où sont les batteries ? La « batterie » est représentée sur la Fig. 9.6. C'est l'orage et la foudre. Il apparaît que la foudre ne « décharge » pas le potentiel dont nous avons parlé, comme vous pourriez le supposer. La foudre apporte des charges *négatives à* la terre. Quand elle jaillit, il y a dix chances contre une pour qu'elle fasse descendre en grande quantité des charges négatives vers la terre. Ce sont les orages qui dans le monde entier chargent la terre avec un courant moyen de 1 800 ampères, puis celle-ci est déchargée dans les régions où il fait beau.

Figure 9.6 – Mécanisme engendrant le champ électrique de l'atmosphère. [Photo William L. Widmayer.]

Il y a environ 300 orages par jour sur toute la terre et nous pouvons les considérer comme des batteries pompant l'électricité vers la couche supérieure et maintenant la différence de potentiel. Tenez compte alors de la géographie de la terre – il y a des orages l'après-midi au Brésil, des orages tropicaux en Afrique, et ainsi de suite. On a estimé la charge qu'apporte la foudre qui frappe sur le monde entier à chaque instant, et – il est peut-être inutile de le dire – ces estimations s'accordent plus ou moins avec les mesures de la différence de potentiel : l'activité orageuse totale est maximum sur toute la terre quand il est environ 7 heures du soir à Londres. Cependant, les estimations d'orages sont très difficiles à faire et elles ont été faites seulement *après* que l'on ait su que la variation devait avoir lieu. Tout cela est très difficile, car nous n'avons pas assez d'observations sur les mers et sur toutes les parties du monde pour connaître avec précision le nombre d'orages. Mais les gens qui estiment qu'ils « s'y prennent bien » trouvent qu'il y a vers 100 éclairs par seconde dans le monde entier avec un maximum de l'activité vers 19 heures, heure de Greenwich.

Afin de comprendre comment ces batteries fonctionnent, nous allons regarder un orage en détail. Que se passe-t-il à l'intérieur d'un orage ? Nous allons le décrire, dans la mesure où cela est connu. En pénétrant ce phénomène merveilleux de la nature réelle – au lieu des sphères idéales de conducteurs parfaits à l'intérieur d'autres sphères, que nous pouvons calculer si précisément – nous découvrons que nous n'y connaissons pas grand-chose. Et pourtant c'est vraiment passionnant. Quiconque s'est trouvé pris dans un orage, en a éprouvé de la joie ou de la frayeur ou tout au moins une certaine émotion. Et dans la nature, là où nous éprouvons une émotion, on trouve qu'il lui correspond en général une complexité et un mystère. Il ne sera pas possible de décrire exactement comment se produit un orage, car nous ne savons pas encore grand-chose. Mais nous allons essayer de décrire un peu ce qui se passe.

## 9.4 Les orages

En premier lieu, un orage ordinaire est constitué par un certain nombre de « cellules » très proches les unes des autres, mais presque indépendantes. Aussi vaut-il mieux analyser une seule cellule à la fois. Par « cellule », nous entendons une région de surface limitée horizontalement, et dans laquelle ont lieu tous les processus fondamentaux. D'ordinaire il y a de nombreuses cellules côte à côte, et dans chacune il se produit à peu près la même chose, mais peut-être pas en même temps. La Fig. 9.7 montre de façon idéalisée à quoi ressemble une telle cellule au premier stade de l'orage. Il apparaît que dans une certaine région de l'air, sous certaines conditions que nous allons décrire, il y a un mouvement ascendant général de l'air, avec des vitesses de plus en plus élevées vers le sommet. À mesure que s'élève l'air chaud et humide du bas, il se refroidit et la vapeur d'eau qu'il contient se condense. Sur la figure les petites étoiles représentent la neige, et les points,

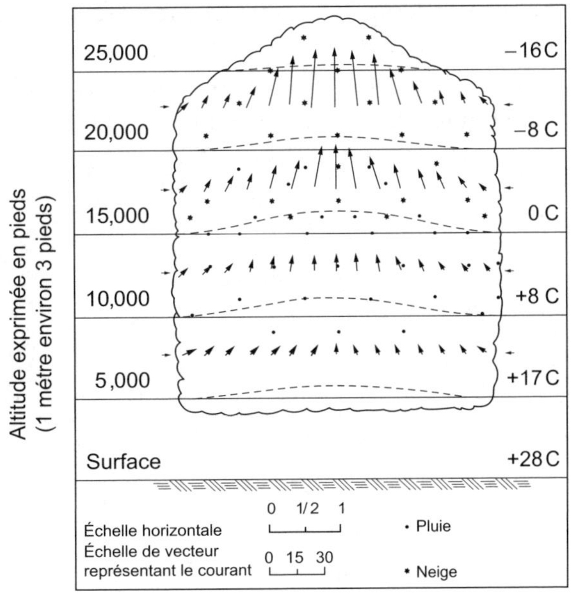


Figure 9.7 – Une cellule d'orage dans les premiers stades de son développement. [Rapport de l'U.S. Department of Commerce Weather Bureau, Juin 1949.]

la pluie, mais, comme les courants d'air ascendants sont assez forts et les gouttes assez petites, la neige et la pluie ne tombent pas à ce stade. Ceci est le stade initial, mais pas encore l'orage proprement dit – en ce sens que rien ne se produit au sol. En même temps que l'air chaud s'élève, il y a un entraînement de l'air venant des côtés, point important et négligé pendant des années. Ainsi, ce n'est pas seulement l'air du dessous qui s'élève, mais aussi une certaine quantité d'air venant des côtés.

Pourquoi l'air s'élève-t-il ainsi ? Comme vous le savez, quand on monte en altitude, l'air devient plus froid. Le *sol* est chauffé par le soleil et le re-rayonnement de chaleur vers le ciel provient de la vapeur d'eau, haut dans l'atmosphère ; donc aux grandes altitudes, l'air est froid – très froid – tandis que plus bas il est chaud. Vous pouvez dire : « alors c'est très simple. L'air chaud est plus léger que l'air froid ; par suite, le système est mécaniquement instable et l'air chaud monte ». Bien entendu, si la température est différente à différentes hauteurs, l'air est *thermodynamiquement* instable. Abandonné à lui-même pendant un temps infiniment long, tout l'air finirait par atteindre la même température. Mais il n'est pas abandonné à lui-même ; le soleil brille toujours (pendant le jour). Donc le problème n'est pas en réalité celui de l'équilibre thermodynamique, mais de l'équilibre *mécanique*. Supposez que nous portions – comme dans la Fig. 9.8 – la température de l'air en fonction de la hauteur au-dessus du sol. Dans des conditions ordinaires nous devrions obtenir une décroissance le long d'une courbe comme la courbe (a) ; à mesure que la hauteur augmente, la température baisse. Comment l'atmosphère peut-elle être stable ? Pourquoi l'air chaud du dessous ne s'élève-t-il pas tout simplement dans l'air froid ? La réponse est celle-ci : si l'air montait, sa pression baisserait, et si nous considérons une certaine masse d'air qui monte, elle se détendrait adiabatiquement. (Il n'y aurait pas d'apport ni de perte de chaleur, car pour les grandes dimensions considérées ici, la chaleur n'a pratiquement pas le temps de se propager.) Ainsi la masse d'air se refroidirait en montant. Un tel processus adiabatique donnerait une relation température-hauteur représentée par une courbe telle que (b) de la Fig. 9.8. Tout air montant serait *plus froid* que le milieu dans lequel il pénètre. Ainsi il n'y a pas de raison pour que l'air chaud de dessous s'élève ; s'il s'élevait, il se refroidirait à une température plus basse que celle de l'air qui se trouve à l'altitude qu'il atteindrait ; il

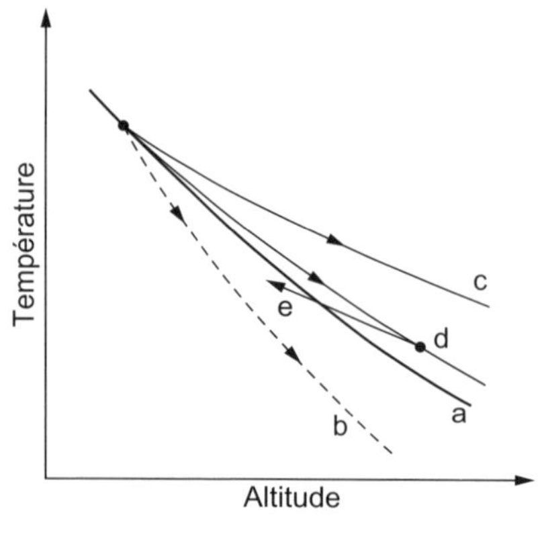


Figure 9.8 – Température atmosphérique. (a) Atmosphère statique ; (b) refroidissement adiabatique de l'air sec ; (c) refroidissement adiabatique de l'air humide ; (d) air humide mélangé à de l'air ambiant.

serait plus lourd que cet air-là et ne demanderait qu'à redescendre. Par très beau temps, avec très peu d'humidité, la température de l'atmosphère décroît en fonction de l'altitude avec un certain gradient, généralement plus faible que le « gradient stable maximum » qui est représenté par la courbe (b). L'air est en équilibre mécanique stable.

D'autre part si nous considérons une masse d'air contenant beaucoup de vapeur d'eau, qui est entraînée vers le haut dans l'air, sa courbe de refroidissement adiabatique sera différente. À mesure qu'elle se détend et se refroidit, la vapeur d'eau qu'elle contient va se condenser, et l'eau en se condensant va libérer de la chaleur. L'air humide, par conséquent, ne se refroidit pas tout à fait autant que l'air sec. Donc si de l'air plus humide que la moyenne commence à s'élever, sa température va suivre une courbe telle que (c) dans la Fig. 9.8. Il se refroidira un peu, mais sera encore plus chaud que l'air environnant au même niveau. Si nous avons une région d'air humide et chaud et si quelque chose fait démarrer son mouvement ascendant, il se trouvera toujours plus léger et plus chaud que l'air qui l'environne et il continuera à monter jusqu'à ce qu'il atteigne des hauteurs considérables. Tel est le mécanisme qui fait s'élever l'air dans une cellule d'orage.

Pendant de nombreuses années la cellule d'orage était tout simplement expliquée de cette façon. Mais ensuite des mesures montrèrent que la température du nuage à différentes hauteurs était loin d'être aussi élevée que l'indique la courbe (c). La raison est la suivante : à mesure que la « bulle » d'air humide monte, elle entraîne de l'air environnant et est refroidie par lui. La courbe de la température en fonction de la hauteur ressemble davantage à la courbe (d), qui est beaucoup plus proche de la courbe initiale (a) que de la courbe (c).

Après que les courants de convection que l'on vient de décrire se sont formés, la coupe d'une cellule orageuse apparaît comme sur la Fig. 9.9. Nous avons ce qu'on appelle un orage « mûr ». Il y a un courant ascendant très rapide qui, à ce stade-là, s'élève jusqu'à environ 10 000 à 15 000 mètres – quelquefois même beaucoup plus. Les fronts d'orage avec leur condensation, montent verticalement hors de la masse générale des nuages, emportés par un courant ascendant qui atteint d'ordinaire des vitesses de 100 km/heure. À mesure que la vapeur d'eau est entraînée vers le haut et qu'elle se condense, elle forme de minuscules gouttes qui sont rapidement refroidies à des températures inférieures à 0°. Elles devraient geler, mais ne gèlent pas immédiatement – elles sont « surgelées ». L'eau et d'autres liquides sont couramment refroidis bien au-dessous de leur point de congélation avant de cristalliser, s'il n'y a pas de « germes » présents pour amorcer le processus de cristallisation. Ce n'est que s'il y a un petit corps étranger, tel qu'un minuscule cristal de NaCl, que la goutte d'eau va se prendre en un petit morceau de glace. Alors l'équilibre est tel que les gouttes d'eau s'évaporent et que les cristaux de glace croissent. Ainsi, en un certain point il y a une rapide disparition de l'eau et une rapide formation de glace. De même, il peut y avoir des collisions directes entre les gouttes d'eau et la glace, au cours desquelles l'eau surgelée adhère aux cristaux de glace, ce qui provoque sa cristallisation immédiate. Donc, à un certain point du développement du nuage, il y a une accumulation rapide de grosses particules de glace.

Quand les particules de glace sont assez lourdes, elles commencent à tomber à travers l'air qui s'élève – elles deviennent trop lourdes pour être soutenues par le courant

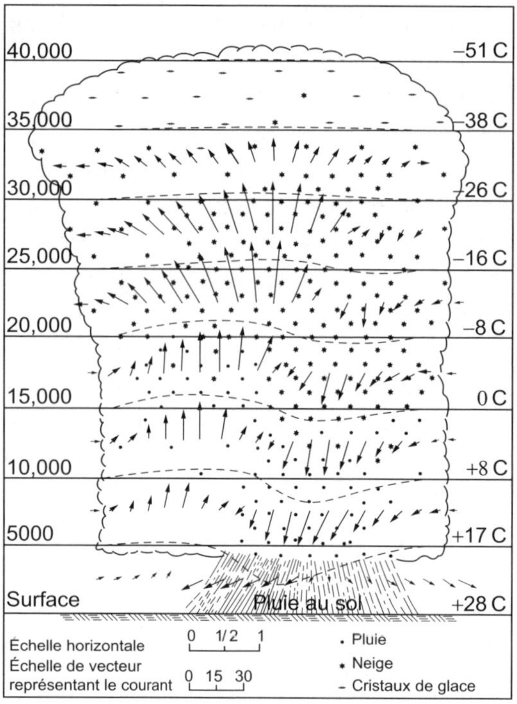


Figure 9.9 – Une cellule d'orage mûre. [Rapport de l'U.S. Department of Commerce Weather Bureau, Juin 1949.]

ascendant. À mesure qu'elles descendent, elles entraînent un peu d'air avec elles et donnent naissance à un courant descendant. Et, chose surprenante, il est facile de voir qu'une fois le courant descendant amorcé, il va se maintenir de lui-même. Maintenant l'air se dirige de lui-même vers le bas !

Remarquez que la courbe (d) de la Fig. 9.8 relative à la distribution réelle de température dans le nuage n'a pas une aussi forte pente que la courbe (c), relative à l'air humide. Donc, si de l'air humide tombe, sa température s'abaissera comme la pente de la courbe (c) et descendra *au-dessous* de la température du milieu, s'il tombe assez bas, comme l'indique la courbe (e) de la figure. À ce moment, il est plus dense que le milieu et continue de descendre rapidement. Vous direz : « c'est le mouvement perpétuel. Vous prétendez d'abord que l'air doit monter et quand il est en haut, vous prétendez tout aussi bien que l'air doit descendre ». Mais ce n'est pas le mouvement perpétuel. Quand la situation est instable et que l'air chaud doit monter, alors évidemment quelque chose doit remplacer cet air chaud. Il est également vrai que l'air froid qui descend devrait remplacer énergétiquement l'air chaud. Mais vous comprenez bien que cet air qui descend n'est *pas* celui qui se trouvait là auparavant. Les arguments de tout à l'heure selon lesquels un certain nuage, sans être entraîné, montait puis redescendait, étaient une sorte de casse- tête. Il nous fallait la pluie pour maintenir le courant descendant, argument qui est difficilement convaincant. Dès que vous comprenez qu'il y a une, masse d'air initial mélangée à l'air ascendant, le raisonnement thermodynamique montre qu'il peut y avoir une descente de l'air froid qui était, à l'origine, à haute altitude. Ceci explique l'image de l'orage actif représentée sur la Fig. 9.9.

Quand l'air descend, la pluie commence à tomber du bas de l'orage. De plus, l'air relativement froid se répand quand il arrive à la surface de la terre. Ainsi juste avant que la pluie ne vienne, il y a un petit vent froid qui nous avertit de l'arrivée de l'orage. Dans l'orage lui-même il y a des bouffées d'air rapides et irrégulières, il y a une énorme turbulence dans le nuage, et ainsi de suite. Mais à la base nous avons un courant ascendant, puis un courant descendant – en général un processus très compliqué.

À l'instant où débute la précipitation, commence le grand courant descendant ; à ce même instant commencent les phénomènes électriques. Avant de décrire l'éclair cependant, nous pouvons terminer l'histoire en regardant ce qu'il advient d'une cellule d'orage après une demi-heure ou une heure environ.

La cellule apparaît comme sur la Fig. 9.10. Le courant ascensionnel s'arrête car il n'y a plus assez d'air chaud pour le maintenir. La précipitation vers le bas continue un certain temps, les dernières petites gouttes d'eau tombent et tout devient de plus en plus calme – bien qu'il reste des petits cristaux de glace en haut dans l'air. Comme les vents à haute altitude soufflent dans des directions différentes, le sommet du nuage se répand généralement en forme d'enclume. La cellule atteint la fin de sa vie.

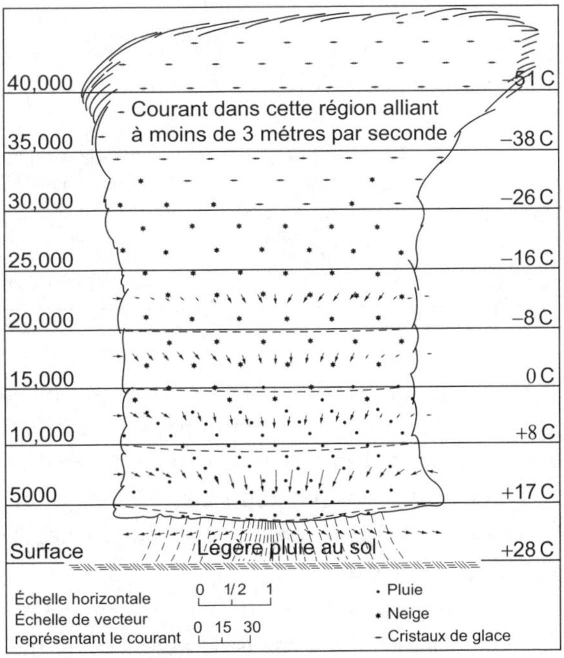


Figure 9.10 – Une cellule d'orage en phase finale [U.S. Department of Commerce Weather Bureau Report, Juin 1949.]

## 9.5 Le mécanisme de la séparation des charges

Nous allons maintenant parler de l'aspect le plus important en ce qui nous concerne – le développement des charges électriques. Des expériences en tout genre – et même des vols d'avion dans les orages (les pilotes qui le font sont des hommes courageux !) – nous montrent que la distribution des charges dans une cellule d'orage est assez bien représentée par la Fig. 9.11. Le haut de l'orage est chargé positivement, et le bas négativement, sauf pour une petite région bien localisée du bas du nuage, chargée positivement, et qui a beaucoup tracassé tout le monde. Personne ne semble comprendre pourquoi elle est là, quelle est son importance, si elle est un effet secondaire de la pluie positive descendante, ou si elle est un élément essentiel du mécanisme. Les choses seraient beaucoup plus simples si elle n'était pas là. De toute façon, les charges négatives prédominantes dans le bas et les charges positives dans le haut donnent la polarisation correcte pour le générateur nécessaire pour maintenir une charge négative sur la terre. Les charges positives sont à 6 ou 7 km en l'air, où la température est environ −20 °C, tandis que les charges négatives sont à 3 ou 4 km de haut, où la température est entre zéro et −10 °C.

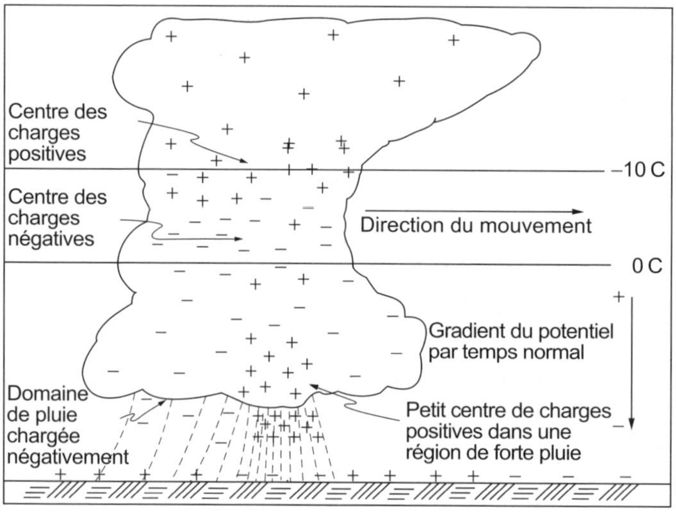


Figure 9.11 – La répartition des charges électriques dans une cellule d'orage mûre. [Rapport de l'U.S. Department of Commerce Weather Bureau, Juin 1949.]

La charge du bas du nuage est assez grande pour produire des différences de potentiel de 20, ou 30, ou même 100 millions de volts entre le nuage et la terre – bien plus importantes que les 0,4 millions de volts entre le « ciel » et le sol dans une atmosphère claire. Ces hautes tensions rendent l'air conducteur et créent des arcs électriques gigantesques. Quand la décharge se produit les charges négatives du bas de l'orage sont apportées sur la terre par la foudre.

Nous allons maintenant décrire plus en détail ce qui caractérise la foudre. Tout d'abord il y a de grandes différences de potentiel, si bien que l'air devient conducteur. Il y a des éclairs entre une partie d'un nuage et une autre partie d'un nuage, ou entre un nuage et un autre nuage, ou entre un nuage et la terre. Dans chacune des décharges indépendantes – c'est-à-dire, dans chaque éclair que vous pouvez voir – il y a une charge transportée d'environ 20 ou 30 coulombs. Une question qui se pose est la suivante : combien de temps faut-il au nuage pour régénérer les 20 ou 30 coulombs qui sont emportés par un éclair ? On peut le voir en mesurant, loin d'un nuage, le champ électrique produit par le moment dipolaire du nuage. Dans de telles mesures, on observe une décroissance brutale du champ au moment où la foudre éclate, puis un retour à la valeur initiale suivant une loi exponentielle, avec une constante de temps qui est légèrement différente selon les cas, mais qui est de l'ordre de 5 secondes. Il faut seulement 5 secondes à un orage pour reconstituer sa charge après un éclair. Ceci ne signifie pas nécessairement qu'un nouvel éclair va se produire exactement toutes les 5 secondes, car évidemment la géométrie est changée, et ainsi de suite. Les éclairs se produisent plus ou moins irrégulièrement, mais ce qui est important, c'est qu'il faut environ 5 secondes pour reconstituer les conditions initiales. Ainsi il y a un courant d'à peu près 4 ampères dans la machine génératrice de l'orage. Ce qui signifie que tout modèle fait pour expliquer comment un orage engendre son électricité doit être une source pleine de « jus » – ce doit être un mécanisme puissant et rapide.

Avant d'aller plus loin nous allons considérer quelque chose qui est presque certainement hors de propos, mais cependant intéressant, car cela montre l'effet d'un champ électrique sur des gouttes d'eau. Nous disons que cela est peut-être hors de propos, car il s'agit d'une expérience que l'on peut faire au laboratoire avec un courant d'eau, pour montrer les effets assez forts du champ électrique sur des gouttes d'eau. Dans un orage il n'y a pas de courant d'eau ; il y a un nuage de glace en formation et de gouttes d'eau. Aussi le problème des mécanismes en action dans un orage n'a probablement rien à voir avec ce que l'on peut observer dans la simple expérience que nous allons décrire. Si nous prenons un petit ajutage relié à un robinet d'eau et que nous le dirigions presque verticalement vers le haut, comme sur la Fig. 9.12, l'eau sortira suivant un fin courant qui finira par se rompre en une pluie de fines gouttelettes. Si nous introduisons un champ électrique normalement au courant, près du robinet (en approchant une baguette chargée, par exemple) la forme du courant va changer. Avec un champ électrique faible nous verrons que le courant se brise en un plus petit nombre de grosses gouttes. Mais si nous appliquons un champ plus intense, le courant se brise en beaucoup, beaucoup de fines gouttelettes – plus petites qu'avant[1]. Avec un champ électrique faible, il y a une tendance à empêcher la rupture du courant en gouttes. Avec un champ plus intense cependant, il y a une tendance accrue à la division en gouttes.

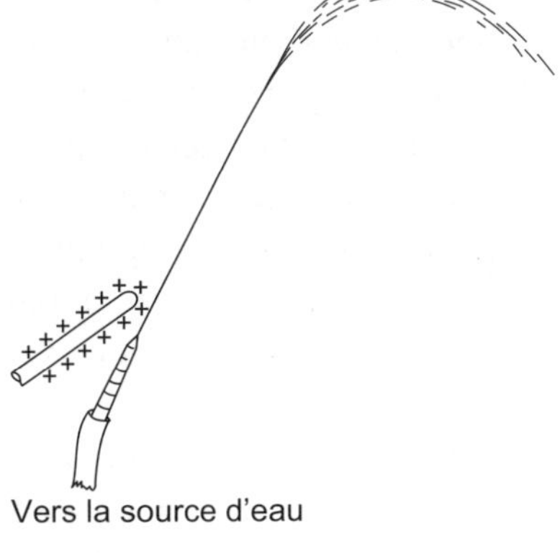


Figure 9.12 – Un jet d'eau avec un champ électrique près du robinet.

1. Un moyen commode d'observer la taille des gouttes est de laisser le courant tomber sur une grande plaque métallique mince. Les plus grosses gouttes font un bruit plus fort.

L'explication de ces effets est probablement la suivante : si nous avons le courant d'eau sortant de l'ajutage et que nous introduisons un champ électrique normalement, un côté de l'eau devient légèrement positif, et l'autre côté légèrement négatif. Alors quand le courant se brise, les gouttes d'un côté seront positives et celles de l'autre seront négatives. Elles s'attireront mutuellement et auront une plus grande tendance à s'accoler qu'auparavant – le courant ne se brise pas autant. D'autre part, si le champ est plus intense, la charge de chacune des gouttes devient plus grande, et il y a une tendance pour la charge *elle-même à* aider les gouttes à se briser par leur propre répulsion. Chaque goutte se brisera en de nombreuses autres plus petites, chacune portant une charge, de sorte qu'elles se repoussent toutes et se dispersent rapidement. Donc en augmentant le champ, le courant est de plus en plus finement divisé. La seule remarque que nous avons voulu faire, c'est que dans certaines circonstances les champs électriques peuvent avoir une influence considérable sur les gouttes. On ne connaît pas du tout le mécanisme exact par lequel quelque chose se produit dans un orage, et ce n'est pas du tout nécessairement relié à ce que nous venons de décrire. Nous l'avons seulement introduit afin que vous puissiez vous rendre compte à quel point les choses peuvent être complexes. En fait, personne n'a sur les nuages de théorie qui s'appuie sur cette idée.

Nous voudrions décrire deux théories qui ont été créées pour rendre compte de la séparation des charges dans un orage. Toutes les théories s'appuient sur l'idée qu'il doit y avoir une certaine charge sur les particules de la précipitation et une charge différente dans l'air. Alors, grâce au mouvement des particules de la précipitation – l'eau ou la glace – dans l'air, il y a séparation des charges électriques. La seule question est donc : comment débute l'électrisation des gouttes ? Une des plus anciennes théories est appelée la théorie de la « goutte brisée ». Quelqu'un a découvert que si une goutte d'eau se brise en deux parties dans un courant d'air, il y a une charge positive sur l'eau et une charge négative dans l'air. Cette théorie de la goutte brisée présente plusieurs inconvénients parmi lesquels le plus grave est que le *signe* est faux. En outre, dans un grand nombre d'orages de la zone tempérée qui comportent des éclairs, les effets de précipitation à haute altitude se produisent dans la glace, et *non* dans l'eau.

À partir de ce que nous venons de dire, nous remarquons que si nous pouvions imaginer une raison pour que la charge soit différente en haut et en bas d'une goutte et si nous pouvions aussi trouver une raison pour que les gouttes dans un courant d'air de grande vitesse se brisent en deux parties inégales – une grande devant et une plus petite derrière, à cause du mouvement dans l'air ou d'autre chose – alors nous aurions une théorie. (Différente de toute théorie connue !) Alors les petites gouttes ne tomberaient pas dans l'air aussi vite que les grosses, en raison de la résistance de l'air, et nous aurions réalisé une séparation des charges. Vous voyez donc qu'il est possible de cuisiner toutes sortes de possibilités.

Une des théories les plus ingénieuses, qui est beaucoup plus satisfaisante à de nombreux égards que la théorie de la « goutte brisée » est due à C. T. R. Wilson. Nous la décrirons, comme le fit Wilson, en nous référant à des gouttes d'eau, mais le même phénomène s'appliquerait aussi à la glace. Imaginons une goutte d'eau tombant dans un champ électrique d'environ 100 volts par mètre vers la terre chargée négativement. La goutte aura un moment électrique dipolaire induit – le bas de la goutte étant positif, le haut négatif, comme cela est représenté sur la Fig. 9.13. Et aussi, il y a dans l'air les « noyaux » dont nous avons parlé plus haut – les gros ions au mouvement lent. (Les ions rapides n'ont pas d'effet important ici.) Imaginons qu'en tombant, une goutte s'approche d'un gros ion. Si cet ion est positif, il est repoussé par le bas de la goutte, chargé positivement, et est chassé. Donc il ne se fixe pas à la goutte. Si cet ion cependant venait à s'approcher du haut de la goutte, il pourrait se fixer sur la partie supérieure négative. Mais puisque la goutte tombe dans l'air, il se produit un courant d'air par rapport à elle, qui se dirige vers le haut et qui en éloigne les ions si leur mouvement dans l'air est assez lent. Ainsi les ions positifs ne peuvent pas non plus se fixer en haut de la goutte. Ceci, comme vous le voyez, s'appliquerait seulement aux ions lents et gros. Les ions positifs de ce type ne se fixeront ni devant, ni derrière la goutte qui tombe. D'autre part, quand une goutte s'approche de gros ions lents *négatifs*, ceux-ci sont attirés et capturés. La goutte va acquérir une charge négative – le signe de cette charge ayant été déterminé par la différence de potentiel initiale sur toute la terre – et nous obtenons bien là le bon signe. La charge négative va être amenée vers le bas du nuage par les gouttes, et les ions positifs qui sont laissés en arrière vont être soufflés vers le haut du nuage par les divers courants ascensionnels. La théorie paraît assez satisfaisante, et au moins elle donne le signe exact. De même elle ne dépend pas de la présence de gouttes liquides. Nous verrons, en étudiant la polarisation d'un diélectrique, que des morceaux de glace donneront le même résultat. Il apparaîtra sur eux aussi des charges positives et négatives à leurs extrémités quand ils sont placés dans un champ électrique.

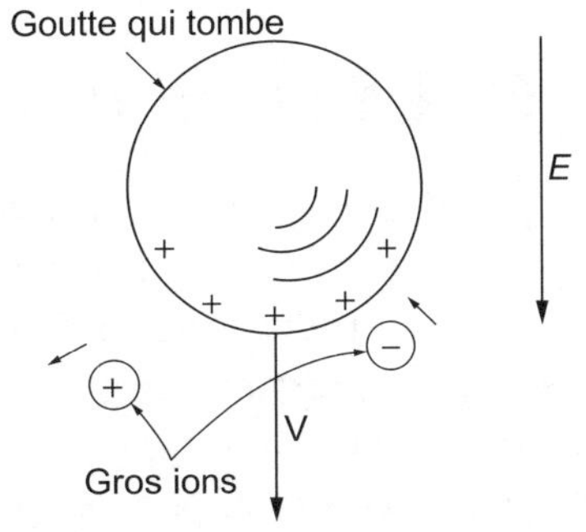


Figure 9.13 – Théorie de la séparation des charges dans un nuage d'orage, d'après C. T. R. Wilson.

Il reste cependant certains problèmes, même avec cette théorie. D'abord, la charge totale mise en jeu dans un orage est immense. Après un court moment la réserve depos ions serait épuisée. Aussi Wilson et d'autres durent supposer qu'il y a des sources supplémentaires de gros ions. Dès que la séparation des charges commence, des champs électriques très intenses prennent naissance, et dans ces grands champs il peut y avoir des endroits où l'air devient ionisé. S'il y a un point portant une charge élevée, ou tout autre petit objet comme une goutte, celui-ci peut concentrer le champ assez pour provoquer une « décharge à aigrette ». Quand il y a un champ électrique assez intense – disons qu'il est positif – les électrons tombent dans le champ et vont acquérir une très grande vitesse entre les collisions. Leur vitesse sera telle qu'en heurtant un autre atome ils lui arracheront des électrons, et laisseront des charges positives derrière eux. Ces nouveaux électrons sont accélérés eux aussi et entrent en collision avec d'autres électrons. Ainsi se produit une sorte de réaction en chaîne ou d'avalanche, et il y a une rapide accumulation d'ions. Les charges positives sont laissées près de leurs positions initiales, si bien que l'effet total est de distribuer la charge positive en un point, dans une région autour de ce point. Alors bien entendu, il n'y a plus de champ intense et le processus s'arrête. Telle est la caractéristique d'une décharge à aigrette. Il est possible que les champs deviennent assez intenses dans le nuage pour produire un peu de décharge à aigrette ; il peut y avoir aussi d'autres mécanismes, une fois que la chose a commencé, pour produire une forte ionisation. Mais personne ne sait exactement comment cela se passe. Donc, l'origine de la foudre n'est vraiment pas complètement comprise. Nous savons qu'elle provient des orages. (Et nous savons évidemment que le tonnerre provient de la foudre – de l'énergie thermique libérée par la décharge.)

Au moins pouvons-nous comprendre, en partie, l'origine de l'électricité atmosphérique. En raison des courants d'air, des ions, des gouttes d'eau ou des particules de glace, dans un orage les charges positives et négatives sont séparées. Les charges positives sont entraînées vers le haut au sommet du nuage (voir Fig. 9.11) et les charges négatives sont déchargées sur le sol par la foudre. Les charges positives quittent le sommet du nuage, pénètrent dans les couches d'air plus conductrices de haute altitude et s'étendent sur toute la terre. Dans les régions de temps clair, les charges positives de cette couche sont lentement conduites vers la terre par les ions de l'air – ions formés par les rayons cosmiques, par la mer et par les activités de l'homme. L'atmosphère est une machine électrique très occupée !

## 9.6 La foudre

La première mise en évidence de ce qui se passe dans un éclair fut obtenue sur des photographies prises avec un appareil tenu à la main et auquel on imprimait un mouvement de va-et-vient, l'obturateur étant maintenu ouvert, et en visant l'endroit où l'éclair était attendu. Les premières photographies obtenues de cette façon montrèrent clairement que les éclairs sont constitués en général de multiples décharges le long du même chemin. Plus tard, on mit au point l'appareil « Boys », composé de *deux* lentilles montées aux deux extrémités du diamètre d'un disque en rotation rapide. L'image donnée par chaque lentille se déplace sur la pellicule – l'image est étalée en fonction du temps. Si par exemple l'éclair se répète, il y aura deux images côte à côte. En comparant les images des deux lentilles, il est possible de déceler les détails de la succession des éclairs. La Fig. 9.14 montre une photographie prise avec un appareil « Boys ».

Décrivons maintenant la foudre. Répétons-le, nous ne comprenons pas exactement comment elle se produit. Nous allons donner une description qualitative de ce à quoi elle *ressemble*, mais nous n'entrerons pas dans les détails du *pourquoi* elle fait ce qu'elle paraît faire. Nous allons décrire seulement le cas ordinaire d'un nuage dont le bas est négatif, au-dessus d'une région plate. Son potentiel est beaucoup plus négatif que celui de la terre au-dessous, donc les électrons négatifs seront accélérés vers la terre. Voici ce

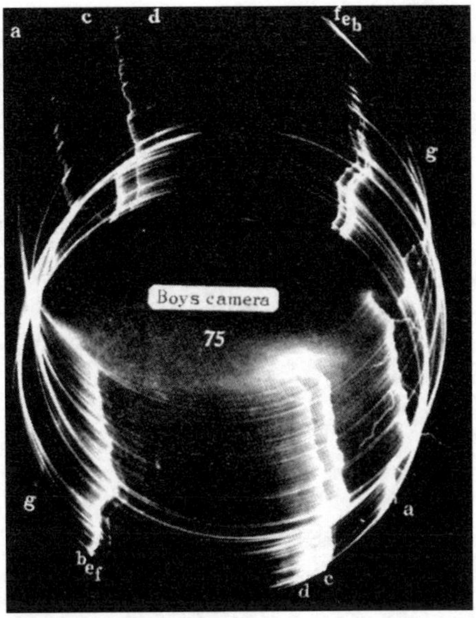


Figure 9.14 – Photographie d'un éclair prise avec un appareil « Boys ». [D'après Schonland, Malan et Collens, *Proc. Roy. Soc. London,* Vol. 152 (1935).]

qui se passe : tout commence par quelque chose que nous appellerons un « précurseur » qui n'est pas aussi brillant que l'éclair. Sur les photographies on peut voir un petit point brillant au début qui part du nuage et descend très rapidement – au 6e de la vitesse de la lumière ! Il parcourt 50 mètres environ et s'arrête. Il marque une pause d'environ 50 microsecondes, puis fait un nouveau pas. Il s'arrête de nouveau, puis fait un nouveau pas, et ainsi de suite. Il se déplace par une série de pas vers le sol, décrivant un trajet comme celui de la Fig. 9.15. Dans le précurseur il y a des charges négatives provenant du nuage ; la colonne entière est pleine de charges négatives. De plus, l'air est ionisé par les charges en mouvement rapide qui produisent le précurseur, ainsi l'air devient conducteur le long du trajet ainsi tracé. À l'instant où le précurseur touche le sol, nous avons un « fil »

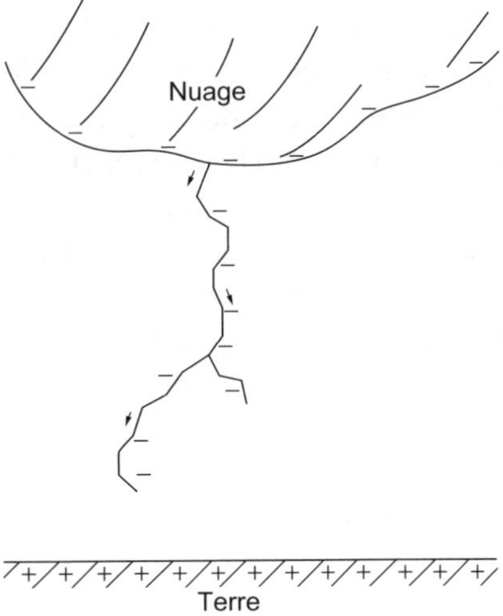


Figure 9.15 – La formation d'un « précurseur ».

conducteur qui conduit jusqu'au nuage et qui est plein de charges négatives. La charge négative du nuage peut alors enfin s'échapper. Les électrons du bas du précurseur sont les premiers à s'en apercevoir ; ils se déversent, laissant derrière eux une charge positive qui attire d'autres charges négatives d'un peu plus haut dans le précurseur, charges qui, à leur tour, s'écoulent, et ainsi de suite. Ainsi finalement, toute la charge négative d'une partie du nuage s'écoule rapidement et énergiquement le long de la colonne. Ainsi l'éclair que l'on *voit, s'élève* à partir du sol, comme l'indique la Fig. 9.16. En fait, cet éclair principal – de loin le plus brillant – est appelé *l'éclair de retour.* C'est lui qui produit la lumière très brillante et la chaleur qui, provoquant une dilatation rapide de l'air, produit le coup de tonnerre.

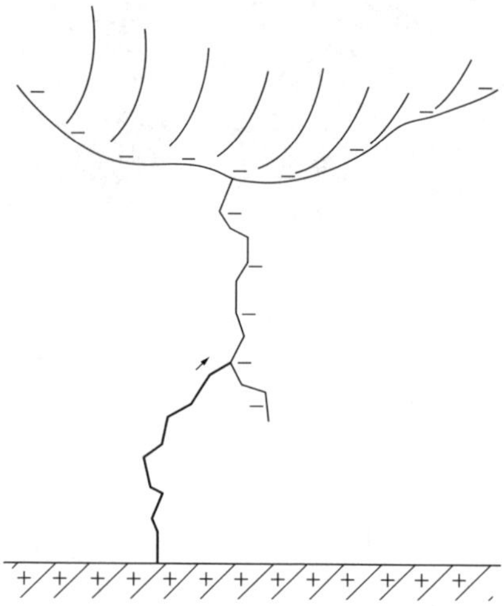

Figure 9.16 – L'éclair de retour remonte le long du chemin tracé par le précurseur.

Le courant dans un éclair est d'environ 10 000 ampères à son maximum, et il transporte environ 20 coulombs.

Mais nous n'en avons pas encore fini. Après un temps, de peut-être quelques centièmes de seconde, quand l'éclair de retour a disparu, un autre précurseur descend. Mais, cette fois-ci, il n'y a pas de pauses. On l'appelle le « trait-flèche » ou *dart leader* en anglais et il descend tout le long – de haut en bas d'un seul coup. Il descend à toute vapeur, exactement sur l'ancienne trace, car il y reste assez de débris pour que ce chemin soit le plus facile. Le nouveau précurseur est de nouveau plein de charges négatives. À l'instant où il touche le sol – zing ! – il se produit un éclair de retour s'élevant directement le long du chemin. Vous voyez donc la foudre éclater encore, et encore, et encore. Il arrive qu'elle n'éclate qu'une ou deux fois, ou bien cinq ou dix fois – on l'a même vue éclater jusqu'à 42 fois sur le même chemin – mais toujours en succession rapide.

Quelquefois les choses se compliquent encore davantage. Par exemple, après l'une de ses pauses, le précurseur peut donner naissance à une branche, en avançant de *deux* pas à la fois – tous deux vers le sol, mais dans des directions un peu différentes, comme on le voit sur la Fig. 9.15. Ce qui se passe alors, dépend du fait que l'une des branches atteigne ou non le sol nettement avant l'autre. Si c'est le cas, l'éclair de retour brillant (de charges négatives se déversant dans le sol) *remonte* le long de la branche qui touche le sol, et quand, sur sa route vers le nuage, il atteint et dépasse l'embranchement, un éclair brillant semble *descendre* le long de l'autre branche. Pourquoi ? Parce que les charges négatives se déversent (dans le sol), et c'est ce qui rend l'éclair lumineux. Ces charges se déplacent à partir du sommet de la branche secondaire, vidant des tronçons successifs de plus en plus longs de cette branche, de sorte que l'éclair semble circuler vers le bas de la branche, en même temps qu'il s'élève vers le nuage. Si cependant, il arrive que l'une de ces branches supplémentaires atteigne le sol presqu'en même temps que le précurseur principal, il peut quelquefois arriver que le trait-flèche du second éclair emprunte la seconde branche. Alors vous voyez le premier éclair principal se produire à un endroit et le second, à un autre. C'est une variante de l'idée initiale.

Notre description est également trop simplifiée pour la région très proche du sol. Quand le précurseur arrive à moins d'une centaine de mètres du sol, il y a des indices qu'une décharge s'élève du sol à sa rencontre. Il est probable que le champ devient assez intense pour que se produise une décharge en aigrette. Si par exemple il y a un objet pointu, tel qu'un immeuble ayant une pointe sur le toit, alors quand le précurseur descend, près de cette pointe, les champs sont si intenses qu'une décharge s'amorce de la pointe et s'élève vers le guide. La foudre tend à frapper un tel point.

On savait apparemment depuis très longtemps, que la foudre frappe les objets élevés. Il y a une citation d'Artabane, le conseiller de Xerxès, qui conseille son maître sur un projet d'attaque contre les Grecs – pendant la campagne de Xerxès pour placer le monde connu tout entier sous le pouvoir des Perses. Artabane dit : « vois comme la divinité frappe de la foudre les animaux qui sont de grande taille sans permettre qu'ils en fassent parade, tandis qu'elle n'en veut nullement aux petits ; vois comme elle lance ses traits contre les édifices les plus hauts et les arbres les plus élevés ». Puis il en explique la raison : « or la divinité aime rabaisser tout ce qui s'élève. »

Pensez-vous – maintenant que vous connaissez la véritable explication de la foudre frappant les grands arbres – que vous avez une plus grande sagesse pour conseiller les rois dans les affaires militaires que n'en avait Artabane il y a 2 400 ans ? Ne cherchez pas à vous élever. Vous pourriez seulement y arriver moins poétiquement.

# LES DIÉLECTRIQUES 10

## 10.1 LA CONSTANTE DIÉLECTRIQUE

Nous commençons maintenant à discuter d'autres propriétés particulières de la matière sous l'influence du champ électrique. Dans un chapitre précédent, nous avons considéré le comportement de *conducteurs*, dans lesquels les charges se déplacent librement sous l'action d'un champ électrique, et se disposent de telle façon qu'il n'y a aucun champ à l'intérieur d'un conducteur. Nous allons discuter maintenant des *isolants*, corps qui ne conduisent pas l'électricité. À première vue, on pourrait croire qu'il ne devrait en aucun cas y avoir d'effet. Cependant, en utilisant un simple électroscope et un condensateur plan, Faraday découvrit qu'il n'en était pas ainsi. Ses expériences montrèrent que la capacité d'un tel condensateur se trouvait *augmentée* par l'introduction d'un isolant entre les plateaux. Si l'isolant occupe tout l'espace entre les plateaux, la capacité est multipliée par un facteur $\kappa$ qui ne dépend que de la nature de l'isolant. Les isolants sont aussi appelés *diélectriques* ; le facteur $\kappa$ est alors une propriété du diélectrique, et on l'appelle la *constante diélectrique*. La constante diélectrique du vide est évidemment l'unité.

Notre problème consiste maintenant à expliquer pourquoi il se produit un effet électrique si les isolants sont effectivement des isolants et ne conduisent pas l'électricité. Nous partons du fait expérimental que la capacité est augmentée et cherchons à trouver par le raisonnement ce qui peut se passer. Soit un condensateur plan dont les surfaces des conducteurs portent des charges que nous supposerons négatives sur le plateau supérieur, et positives sur le plateau inférieur. Soit $d$ la distance entre les plateaux et soit $A$ l'aire de chacun d'eux. Comme on l'a montré précédemment, la capacité est

$$C = \frac{\epsilon_0 A}{d}, \tag{10.1}$$

et la charge et la tension du condensateur sont reliées par

$$Q = CV. \tag{10.2}$$

Le fait expérimental est que si nous plaçons un morceau de matière isolante telle que du plexiglas ou du verre entre les plateaux, nous trouvons que la capacité est plus élevée. Ceci signifie, évidemment, que la tension est plus faible pour la même charge. Mais la différence de potentiel est l'intégrale du champ électrique à travers le condensateur, nous devons donc en conclure qu'à l'intérieur du condensateur, le champ électrique est diminué alors même que les charges sur les plateaux restent inchangées.

Comment cela se fait-il ? Nous avons une loi, due à Gauss, qui dit que le flux du champ électrique est directement lié aux charges intérieures. Considérons la surface de Gauss $S$ représentée en pointillé sur la Fig. 10.1. Comme le champ électrique est diminué

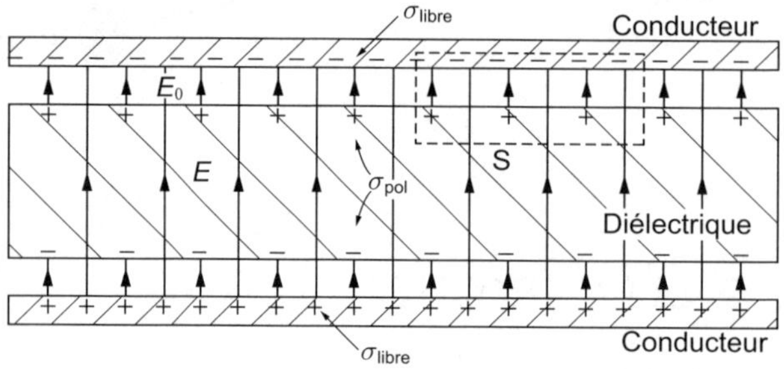


Figure 10.1 – Un condensateur plan avec diélectrique. On montre les lignes de champ de ***E***.

quand le diélectrique est présent, nous concluons que la charge totale à l'intérieur de la surface doit être plus petite que ce qu'elle serait sans le diélectrique. Il n'y a qu'une seule conclusion possible, c'est qu'il doit y avoir des charges positives sur la surface du diélectrique. Comme le champ est diminué mais pas annulé, nous devons nous attendre à ce que cette charge positive soit plus petite que la charge négative sur le conducteur. Ainsi les phénomènes peuvent être expliqués si on peut comprendre pourquoi, quand un diélectrique est placé dans un champ électrique, il y a une charge positive qui est induite sur l'une des surfaces et une charge négative sur l'autre.

Nous pouvons nous attendre à ce que cela arrive pour un conducteur. Supposons par exemple que nous ayons un condensateur avec des plateaux distants de $d$, et que nous placions entre eux un conducteur neutre d'épaisseur $b$, comme sur la Fig. 10.2. Le champ électrique induit une charge positive sur la surface supérieure et une charge négative sur la surface inférieure, de sorte qu'il n'y a aucun champ à l'intérieur du conducteur. Le champ dans le reste de l'espace est le même que ce qu'il était sans le conducteur, puisqu'il s'exprime par la densité de charge divisée par $\epsilon_0$ ; mais la distance sur laquelle nous avons à intégrer pour obtenir la tension (la différence de potentiel) est diminuée. La tension est

$$V = \frac{\sigma}{\epsilon_0}(d - b).$$

L'équation qui en résulte pour la capacité est semblable à l'Éq. (10.1) avec $(d - b)$ à la place de $d$ :

$$C = \frac{\epsilon_0 A}{d[1 - (b/d)]}. \tag{10.3}$$

La capacité est multipliée par *un* facteur qui dépend de $(b/d)$, fraction du volume qui est occupée par le conducteur.

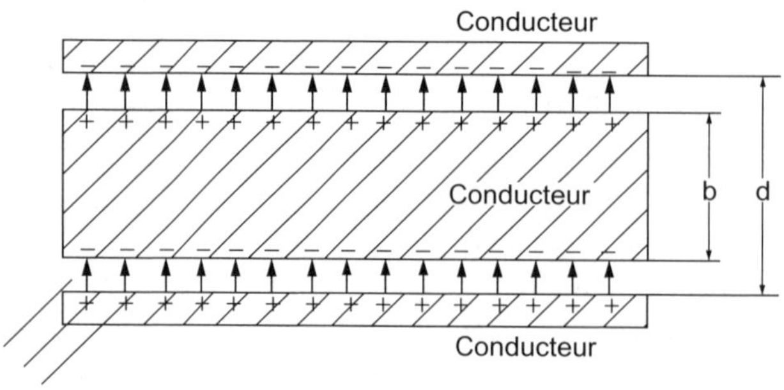


Figure 10.2 – Si on place une plaque conductrice dans l'espace compris entre les plateaux d'un condensateur, les charges induites annulent le champ dans le conducteur.

Ceci nous donne un modèle évident pour ce qui arrive avec un diélectrique – c'est-à-dire qu'à l'intérieur de la matière diélectrique il y a de nombreuses petites couches de matière conductrice. L'ennui, avec un tel modèle, c'est qu'il contient un axe particulier, la normale aux couches, alors que la plupart des diélectriques n'ont pas un tel axe. Cette difficulté peut cependant être éliminée si on suppose que tous les isolants contiennent de petites sphères conductrices séparées les unes des autres par de l'isolant, comme le montre la Fig. 10.3. L'existence de la constante diélectrique est expliquée par l'effet des charges qui seraient induites sur chaque sphère. Ceci est l'un des plus anciens modèles physiques des diélectriques utilisés pour expliquer le phénomène observé par Faraday. Plus précisément, on supposait que chacun des atomes de la matière était un conducteur parfait, mais isolé des autres. La constante diélectrique $\kappa$ devait dépendre de la fraction d'espace qui était occupée par les sphères conductrices. Ce n'est cependant pas le modèle utilisé aujourd'hui.

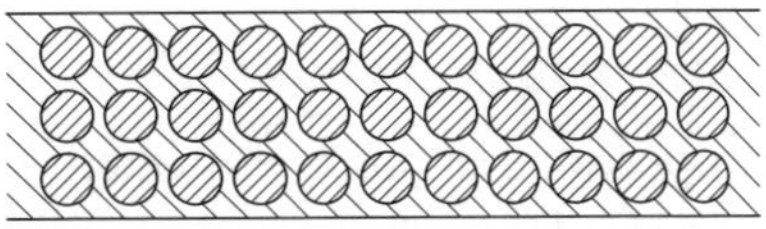

Figure 10.3 – Modèle d'un diélectrique : de petites sphères conductrices au sein d'un isolant idéal.

## 10.2 Le vecteur polarisation $P$

Si nous poussons plus loin l'analyse précédente, nous nous apercevons que l'idée de régions de conductivité parfaite et de régions isolantes n'est pas essentielle. Chacune des petites sphères agit comme un dipôle dont le moment est induit par le champ extérieur. La seule chose qui soit essentielle pour comprendre les diélectriques est qu'il y a de nombreux petits dipôles induits dans la matière. Savoir si les dipôles sont induits parce qu'il existe de minuscules sphères conductrices ou pour toute autre raison, est sans intérêt.

Pourquoi un champ induirait-il un moment dipolaire dans un atome si l'atome n'est pas une sphère conductrice ? Ce sujet sera discuté avec beaucoup plus de détails dans le chapitre suivant qui traitera de la structure interne des diélectriques. Donnons cependant ici un exemple pour illustrer un mécanisme possible. Un atome possède une charge positive sur son noyau, qui est entouré par des électrons négatifs. Dans un champ électrique, le noyau sera donc attiré dans un sens et les électrons dans l'autre. Les orbites des électrons, ou leur figure ondulatoire (ou toute autre image utilisée en mécanique quantique) seront quelque peu déformées comme le montre la Fig. 10.4 ; le centre de gravité des charges négatives sera déplacé et ne coïncidera plus avec la charge positive du noyau. Nous avons déjà discuté de telles distributions de charges. Si on regarde avec un peu de recul, une telle configuration neutre est équivalente en première approximation à un petit dipôle.

Il semble raisonnable, si le champ n'est pas trop énorme, que la valeur du moment dipolaire induit soit proportionnelle au champ. Cela signifie qu'un champ faible déplacera un petit peu les charges et qu'un champ intense les déplacera davantage – et

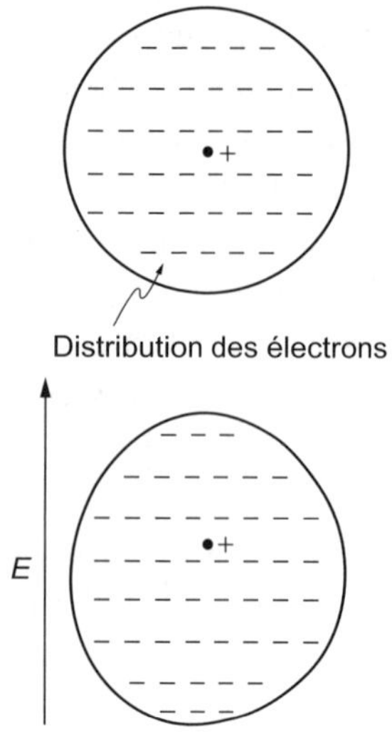


Figure 10.4 – La distribution d'électrons d'un atome placé dans un champ électrique est déplacée par rapport au noyau.

proportionnellement au champ – à moins que le déplacement devienne trop grand. Pour le reste de ce chapitre, le moment dipolaire sera supposé exactement proportionnel au champ.

Nous allons supposer maintenant que dans chaque atome il y a des charges $q$ séparées par une distance $\boldsymbol{\delta}$, de sorte que $q\boldsymbol{\delta}$ est le moment dipolaire par atome. (Nous utilisons $\boldsymbol{\delta}$ parce que nous avons déjà utilisé $d$ pour la distance entre les plateaux.) S'il y a $N$ atomes par unité de volume, il y aura un *moment dipolaire par unité de volume* égal à $Nq\boldsymbol{\delta}$. Ce moment dipolaire par unité de volume sera représenté par un vecteur, $\boldsymbol{P}$. Il est inutile de dire qu'il aura la direction des moments dipolaires individuels, c'est-à-dire la direction de la séparation $\boldsymbol{\delta}$ entre les charges.

$$\boldsymbol{P} = Nq\boldsymbol{\delta}. \tag{10.4}$$

En général, $\boldsymbol{P}$ variera de place en place dans le diélectrique. Cependant, en tout point de la matière, $\boldsymbol{P}$ est proportionnel au champ électrique $\boldsymbol{E}$. La constante de proportionnalité, qui dépend de la facilité avec laquelle les électrons se déplacent, va dépendre de la nature des atomes qui se trouvent dans le matériau.

Ce qui déterminera effectivement la façon dont se comporte cette constante de proportionnalité, jusqu'à quel point elle est constante pour des champs très grands et ce qui se passe à l'intérieur de différents matériaux, nous en discuterons plus tard. Pour l'instant, nous supposerons simplement qu'il existe un mécanisme par lequel un moment dipolaire est induit, qui est proportionnel au champ électrique.

## 10.3 Charges de polarisation

Voyons maintenant ce que ce modèle nous apporte en ce qui concerne la théorie d'un condensateur avec diélectrique. Considérons d'abord une couche de matière dans laquelle il existe un certain moment dipolaire par unité de volume. Y aura-t-il en moyenne une densité de charge produite par ce moment dipolaire ? Non, si $\boldsymbol{P}$ est uniforme. Si les charges négatives et positives qui sont déplacées l'une par rapport à l'autre ont la même densité moyenne, le fait qu'elles soient déplacées ne produit aucune charge résultante à l'intérieur du volume. D'autre part, si $\boldsymbol{P}$ était plus grand en un endroit et plus petit en un autre, cela signifierait que plus de charges seraient déplacées vers une certaine région qu'il y en aurait d'ôtées de cette région ; nous devrions alors nous attendre à trouver une densité volumique de charge. Dans le cas du condensateur plan, nous supposons que $\boldsymbol{P}$ est uniforme, nous avons donc seulement à regarder ce qui se passe à la surface. Les charges négatives, les électrons, sont effectivement écartées de l'une des surfaces d'une distance $\delta$ ; elles sont déplacées à l'intérieur de l'autre surface, laissant une charge positive effective sur une distance $\delta$. Comme le montre la Fig. 10.5, nous obtenons une densité superficielle de charge qu'on appellera la *charge* superficielle *de polarisation*.

Figure 10.5 – Une plaque diélectrique dans un champ uniforme. Les charges positives sont déplacées de $\delta$ par rapport aux charges négatives.

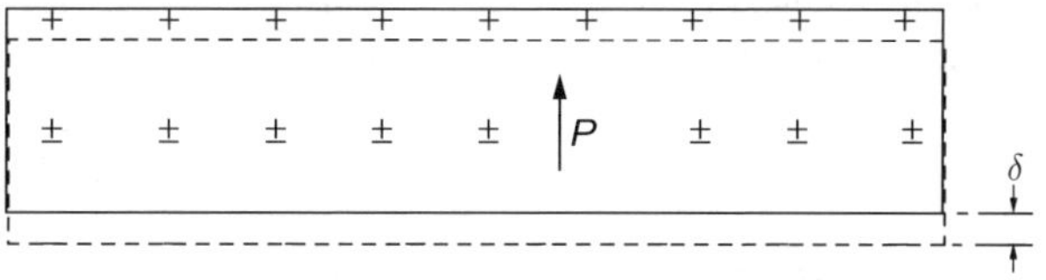


Cette charge peut se calculer comme suit. Si $A$ est l'aire du plateau, le nombre d'électrons qui apparaissent à la surface est le produit de $A$ par $N$, le nombre par unité de volume, et par le déplacement $\delta$ que nous supposons ici perpendiculaire à la surface. La charge totale s'obtient en multipliant par la charge électronique $q_e$. Pour obtenir la densité superficielle de charge de polarisation induite sur la surface, on divise par $A$. La valeur de la densité superficielle de charge est

$$\sigma_{\text{pol}} = Nq_e\delta.$$

Mais ceci est exactement égal au module du vecteur polarisation $\boldsymbol{P}$, Éq. (10.4) :

$$\sigma_{\text{pol}} = P. \tag{10.5}$$

La densité superficielle de charge est égale à la polarisation à l'intérieur de la matière. La charge superficielle est évidemment positive sur une des surfaces et négative sur l'autre.

Supposons maintenant que notre plaque soit le diélectrique d'un condensateur plan. Les *plateaux* du condensateur ont aussi une charge superficielle, que nous appellerons $\sigma_{\text{libre}}$, parce que ces charges superficielles peuvent se déplacer « librement » n'importe où sur le conducteur. C'est, évidemment, la charge qu'on apporte quand on charge le condensateur. Il faut souligner que $\sigma_{\text{pol}}$ n'existe qu'à cause de $\sigma_{\text{libre}}$. Si on ôte $\sigma_{\text{libre}}$ en déchargeant le condensateur, $\sigma_{\text{pol}}$ disparaît non pas en s'échappant dans le fil qui sert à décharger, mais en retournant dans le diélectrique – par la relaxation de la polarisation à l'intérieur de la matière.

Nous pouvons maintenant appliquer le théorème de Gauss à la surface de Gauss $S$ de la Fig. 10.1. Le champ électrique $E$ dans le diélectrique est égal à la densité superficielle de charge *totale* divisée par $\epsilon_0$. Il est évident que $\sigma_{\text{pol}}$ et $\sigma_{\text{libre}}$ ont des signes opposés, de sorte que

$$E = \frac{\sigma_{\text{libre}} - \sigma_{\text{pol}}}{\epsilon_0}. \tag{10.6}$$

Remarquez que le champ $E_0$ entre le plateau métallique et la surface du diélectrique est plus grand que le champ $E$ ; il correspond à $\sigma_{\text{libre}}$ seul. Mais il s'agit ici du champ à l'intérieur du diélectrique, qui est le champ de presque tout le volume, si le diélectrique remplit presque tout l'espace entre les plateaux. Utilisant (10.5), nous pouvons écrire

$$E = \frac{\sigma_{\text{libre}} - P}{\epsilon_0}. \tag{10.7}$$

Cette équation ne nous dit pas ce qu'est le champ électrique, sauf si nous connaissons $P$. Mais nous supposons ici que $P$ dépend de $E$ – qu'il est en fait proportionnel à $E$. Cette proportionnalité s'écrit habituellement

$$\boldsymbol{P} = \chi\epsilon_0\boldsymbol{E}. \tag{10.8}$$

On appelle la constante $\chi$ (la lettre grecque « khi ») la *susceptibilité électrique* du diélectrique.

Alors l'Éq. (10.7) devient

$$E = \frac{\sigma_{\text{libre}}}{\epsilon_0}\frac{1}{(1+\chi)}, \tag{10.9}$$

qui nous donne le facteur $1/(1+\chi)$ par lequel le champ est réduit.

La tension entre les plateaux est l'intégrale du champ électrique. Comme le champ est uniforme, cette intégrale est le produit de $E$ par la distance des plateaux $d$. Nous avons

$$V = Ed = \frac{\sigma_{\text{libre}} d}{\epsilon_0(1+\chi)}.$$

La charge totale sur le condensateur est $\sigma_{\text{libre}}A$, de sorte que la capacité définie par (10.2) devient

$$C = \frac{\epsilon_0 A(1+\chi)}{d} = \frac{\kappa\epsilon_0 A}{d}. \tag{10.10}$$

Nous avons expliqué les faits observés. Quand un condensateur est rempli par un diélectrique, sa capacité est multipliée par le facteur

$$\kappa = 1 + \chi, \tag{10.11}$$

qui est une propriété du matériau. Notre explication ne sera évidemment pas complète tant que nous n'aurons pas expliqué – comme nous le ferons plus tard – comment se produit la polarisation atomique.

Considérons maintenant quelque chose d'un petit peu plus compliqué – le cas où la polarisation $\boldsymbol{P}$ n'est pas partout la même. Comme nous l'avons noté précédemment, si la polarisation n'est pas constante, nous devons en général nous attendre à trouver une densité de charge dans le volume, parce qu'il peut y avoir plus de charge qui entre d'un côté d'un petit élément de volume que de charge qui en sort de l'autre côté. Comment trouver la charge gagnée ou perdue par un petit volume ?

Calculons d'abord la charge qui traverse une surface imaginaire quand la matière est polarisée. La charge qui traverse une surface est $P$ fois l'aire si la polarisation est *normale* à la surface. Évidemment, si la polarisation est *tangente* à la surface, aucune charge ne la traverse.

Avec les mêmes raisonnements que ceux que nous avons déjà utilisés, il est facile de montrer que la charge qui traverse n'importe quel élément de surface est proportionnelle à la *composante* de $\boldsymbol{P}$ normale à la surface. Comparez les Fig. 10.6 et 10.5. Vous voyez que l'Éq. (10.5) doit s'écrire, dans le cas général

$$\sigma_{\text{pol}} = \boldsymbol{P} \cdot \boldsymbol{n}. \tag{10.12}$$

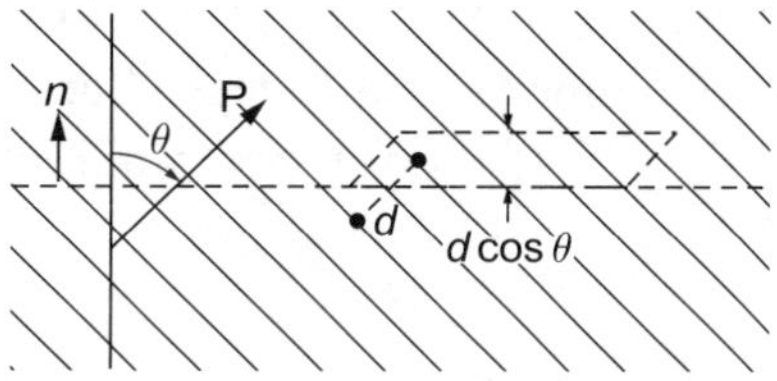


Figure 10.6 – La charge qui traverse un élément de surface imaginaire dans un diélectrique est proportionnelle à la composante de $\boldsymbol{P}$ normale à la surface.

Si on considère un élément de surface imaginaire à *l'intérieur* du diélectrique, l'Éq. (10.12) donne la charge qui traverse la surface, mais il n'y a pas de charge superficielle résultante, parce qu'il y a des contributions égales et opposées de la part du diélectrique sur les deux côtés de la surface.

Les déplacements des charges peuvent cependant avoir pour résultante une densité *volumique* de charges. La charge totale qui *sort* d'un volume quelconque $V$ par polarisation est l'intégrale de la composante de $\boldsymbol{P}$ sur la normale extérieure à la surface $S$ qui limite le volume (voir Fig. 10.7). Il reste un excès de charge égal et de signe opposé. Soit $\Delta Q_{\text{pol}}$ la charge totale à l'intérieur, nous écrivons

$$\Delta Q_{\text{pol}} = -\int_S \boldsymbol{P} \cdot \boldsymbol{n}\, da. \tag{10.13}$$

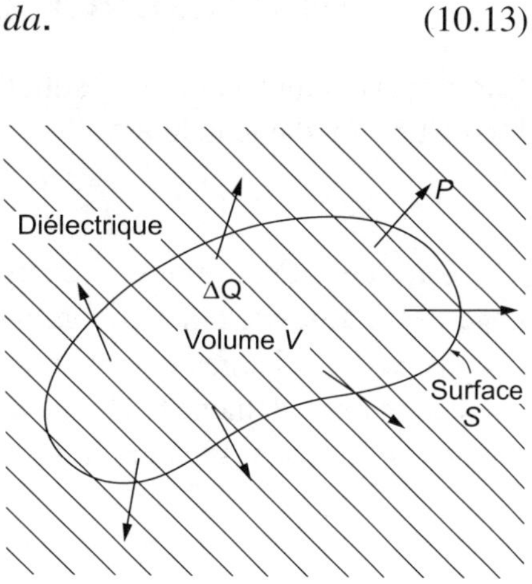


Figure 10.7 – D'une polarisation non uniforme $\boldsymbol{P}$ peut résulter une charge totale à l'intérieur d'un diélectrique.

Nous pouvons attribuer $\Delta Q_{\text{pol}}$ à une distribution de charge volumique avec la densité $\rho_{\text{pol}}$ et ainsi

$$\Delta Q_{\text{pol}} = \int_V \rho_{\text{pol}}\, dV. \tag{10.14}$$

La combinaison des deux équations conduit à

$$\int_V \rho_{\text{pol}}\, dV = -\int_S \boldsymbol{P} \cdot \boldsymbol{n}\, da. \tag{10.15}$$

Nous obtenons une sorte de théorème de Gauss qui relie la densité de charge d'un morceau de diélectrique polarisé au vecteur polarisation $\boldsymbol{P}$. Vous pouvez vous rendre compte qu'il est en accord avec le résultat que nous avons obtenu pour la charge superficielle de polarisation ou pour le diélectrique dans un condensateur plan. En utilisant l'Éq. (10.15) avec la surface de Gauss de la Fig. 10.1, l'intégrale de surface donne $P\Delta A$, et la charge intérieure est $\sigma_{\text{pol}}\Delta A$ et on trouve encore a $\sigma_{\text{pol}} = P$.

Comme on l'a fait en électrostatique pour le théorème de Gauss, on peut mettre l'Éq. (10.15) sous forme différentielle – en utilisant le théorème mathématique de Gauss :

$$\int_S \boldsymbol{P} \cdot \boldsymbol{n}\, da = \int_V \boldsymbol{\nabla} \cdot \boldsymbol{P}\, dV.$$

On trouve

$$\rho_{\text{pol}} = -\boldsymbol{\nabla} \cdot \boldsymbol{P}. \tag{10.16}$$

S'il existe une polarisation non uniforme, sa divergence donne la densité de charge apparaissant dans la matière. Il faut insister sur le fait qu'il s'agit d'une densité de charge parfaitement *réelle* ; nous ne l'appelons « charge de polarisation » que pour nous rappeler la façon dont elle est apparue.

## 10.4 LES ÉQUATIONS ÉLECTROSTATIQUES EN PRÉSENCE DE DIÉLECTRIQUES

Combinons maintenant le résultat ci-dessus avec notre théorie de l'électrostatique. L'équation fondamentale est

$$\boldsymbol{\nabla} \cdot \boldsymbol{E} = \frac{\rho}{\epsilon_0}. \tag{10.17}$$

$\rho$ est ici la densité de *toutes* les charges électriques. Comme il n'est pas facile de garder la trace des charges de polarisation, il est commode de séparer $\rho$ en deux parties. Appelons encore $\rho_{\text{pol}}$ les charges dues aux polarisations non uniformes et $\rho_{\text{libre}}$ toutes les autres. $\rho_{\text{libre}}$ est habituellement la charge qu'on apporte sur les conducteurs, ou en des endroits connus de l'espace. L'équation (10.17) devient alors

$$\boldsymbol{\nabla} \cdot \boldsymbol{E} = \frac{\rho_{\text{libre}} + \rho_{\text{pol}}}{\epsilon_0} = \frac{\rho_{\text{libre}} - \boldsymbol{\nabla} \cdot \boldsymbol{P}}{\epsilon_0},$$

ou

$$\nabla \cdot \left(\boldsymbol{E} + \frac{\boldsymbol{P}}{\epsilon_0}\right) = \frac{\rho_{\text{libre}}}{\epsilon_0}. \tag{10.18}$$

L'équation pour le rotationnel de $\boldsymbol{E}$ n'est évidemment pas modifiée :

$$\nabla \times \boldsymbol{E} = 0. \tag{10.19}$$

Tirant $\boldsymbol{P}$ de l'Éq. (10.8), nous obtenons l'équation plus simple

$$\nabla \cdot [(1+\chi)\boldsymbol{E}] = \nabla \cdot (\kappa \boldsymbol{E}) = \frac{\rho_{\text{libre}}}{\epsilon_0}. \tag{10.20}$$

Ce sont les équations de l'électrostatique en présence de diélectriques. Elles ne disent évidemment rien de nouveau, mais elles sont mises sous une forme plus commode pour le calcul dans les cas où $\rho_{\text{libre}}$ est connue et où la polarisation $\boldsymbol{P}$ est proportionnelle à $\boldsymbol{E}$.

Notez que nous n'avons pas sorti la « constante » diélectrique, $\kappa$, de la divergence. C'est parce qu'elle peut ne pas être la même partout. Si elle a la même valeur partout, on peut la mettre en facteur et les équations sont exactement celles de l'électrostatique avec la densité de charge $\rho_{\text{libre}}$ divisée par $\kappa$. Sous la forme que nous avons donnée, les équations s'appliquent au cas général où différents diélectriques peuvent être placés en différents endroits dans le champ. Les équations peuvent alors être très difficiles à résoudre.

Il y a un point de quelque importance historique qui doit être mentionné ici. Dans les premiers temps de l'électricité, le mécanisme atomique de la polarisation n'était pas connu et l'existence de $\rho_{\text{pol}}$ n'était pas connue. La charge $\rho_{\text{libre}}$ était considérée comme étant la densité de charge totale. Pour écrire les équations de Maxwell sous une forme simple, un nouveau vecteur $\boldsymbol{D}$ était défini comme une combinaison linéaire de $\boldsymbol{E}$ et $\boldsymbol{P}$ :

$$\boldsymbol{D} = \epsilon_0 \boldsymbol{E} + \boldsymbol{P}. \tag{10.21}$$

Par conséquent, les Éq. (10.18) et (10.19) s'écrivaient sous une forme apparemment très simple :

$$\nabla \cdot \boldsymbol{D} = \rho_{\text{libre}}, \qquad \nabla \times \boldsymbol{E} = 0. \tag{10.22}$$

Peut-on les résoudre ? Seulement dans le cas où on donne une troisième équation pour la relation entre $\boldsymbol{D}$ et $\boldsymbol{E}$. Quand l'Éq. (10.8) est valable, cette relation est

$$\boldsymbol{D} = \epsilon_0(1+\chi)\boldsymbol{E} = \kappa\epsilon_0 \boldsymbol{E}. \tag{10.23}$$

Cette équation s'écrivait habituellement

$$\boldsymbol{D} = \epsilon \boldsymbol{E}, \tag{10.24}$$

où $\epsilon$ est encore une autre constante pour décrire la propriété des corps diélectriques. On l'appelle la « permittivité ». (Vous voyez maintenant pourquoi nous avons $\epsilon_0$ dans nos équations, c'est la « permittivité du vide ».) Évidemment,

$$\epsilon = \kappa\epsilon_0 = (1+\chi)\epsilon_0. \tag{10.25}$$

Nous considérons aujourd'hui ces questions d'un autre point de vue, à savoir que nous avons des équations plus simples dans le vide, et que si nous voulons expliciter dans chaque cas toutes les charges, quelle que soit leur origine, les équations sont toujours correctes. Si nous voulons séparer certaines charges par commodité, ou parce que nous ne voulons pas entrer dans les détails, nous pouvons alors, si nous le voulons, écrire nos équations sous toute autre forme commode.

Un autre point doit être souligné. Une équation telle que $\boldsymbol{D} = \epsilon \boldsymbol{E}$ est un essai de description d'une propriété de la matière. Mais la matière est compliquée et, en fait, une telle équation n'est pas correcte. Par exemple, si $\boldsymbol{E}$ devient trop grand, $\boldsymbol{D}$ n'est plus proportionnel à $\boldsymbol{E}$. Pour certaines substances, la proportionnalité cesse d'être vraie avec des champs relativement faibles. D'autre part, la « constante » de proportionnalité peut dépendre de la vitesse de variation $\boldsymbol{E}$ en fonction du temps. Ce genre d'équation est par conséquent une sorte d'approximation, comme la loi de Hooke. Ce ne peut être une équation essentielle et fondamentale. Par contre, nos équations fondamentales pour $\boldsymbol{E}$, (10.17) et (10.19), représentent ce que nous comprenons le plus complètement et le plus profondément de l'électrostatique.

## 10.5 Champs et forces en présence de diélectriques

Démontrons maintenant quelques théorèmes assez généraux d'électrostatique dans des cas où des diélectriques sont présents. Nous avons vu que la capacité d'un condensateur plan est augmentée par un facteur bien défini quand l'espace entre les plateaux est rempli d'un diélectrique. Nous pouvons montrer que ceci est vrai pour un condensateur de forme *quelconque,* pourvu que toute la région au voisinage des deux conducteurs soit remplie d'un diélectrique linéaire et uniforme. Sans diélectrique, les équations à résoudre sont

$$\boldsymbol{\nabla} \cdot \boldsymbol{E}_0 = \frac{\rho_{\text{libre}}}{\epsilon_0} \qquad \text{et} \qquad \boldsymbol{\nabla} \times \boldsymbol{E}_0 = 0.$$

En présence de diélectrique, la première de ces équations est modifiée ; nous avons à la place les équations

$$\boldsymbol{\nabla} \cdot (\kappa \boldsymbol{E}) = \frac{\rho_{\text{libre}}}{\epsilon_0} \qquad \text{et} \qquad \boldsymbol{\nabla} \times \boldsymbol{E} = 0. \tag{10.26}$$

Si maintenant on considère que $\kappa$ est partout le même, les deux dernières équations peuvent s'écrire

$$\boldsymbol{\nabla} \cdot (\kappa \boldsymbol{E}) = \frac{\rho_{\text{libre}}}{\epsilon_0} \qquad \text{et} \qquad \boldsymbol{\nabla} \times (\kappa \boldsymbol{E}) = 0. \tag{10.27}$$

Nous avons par conséquent les mêmes équations pour $\kappa \boldsymbol{E}$ et pour $\boldsymbol{E}_0$, elles ont donc la solution $\kappa \boldsymbol{E} = \boldsymbol{E}_0$. En d'autres termes, le champ est partout $1/\kappa$ fois plus petit que lorsqu'il n'y a pas de diélectrique. Comme la différence de potentiel est la circulation du champ, le potentiel est divisé par le même facteur. Comme on a pris les mêmes charges sur les électrodes du condensateur dans les deux cas, l'Éq. (10.2) nous apprend que la capacité, dans le cas d'un diélectrique partout uniforme, est multipliée par le facteur $\kappa$.

Demandons-nous quelle serait la *force* entre deux conducteurs chargés dans un diélectrique. Nous considérons un liquide diélectrique qui est homogène partout. Nous avons vu précédemment qu'une façon d'obtenir la force est de différencier l'énergie par rapport à la distance convenable. Si les conducteurs ont des charges égales et opposées, l'énergie $U = Q^2/2C$ où $C$ est leur capacité. En utilisant le principe du travail virtuel, toute composante est obtenue par différentiation ; par exemple,

$$F_x = -\frac{\partial U}{\partial x} = -\frac{Q^2}{2}\frac{\partial}{\partial x}\left(\frac{1}{C}\right). \tag{10.28}$$

Comme le diélectrique multiplie la capacité par un facteur $\kappa$, toutes les forces se trouvent *divisées* par le même facteur.

Il faut insister sur un point. Ce que nous avons dit n'est vrai que si le diélectrique est liquide. Tout mouvement de conducteurs plongés dans un diélectrique solide change les conditions de tension mécanique du diélectrique et altère ses propriétés électriques, tout en produisant une variation d'énergie mécanique dans le diélectrique. Déplacer les conducteurs dans un liquide ne change pas le liquide. Le liquide est déplacé mais ses caractéristiques électriques sont inchangées.

Un grand nombre de vieux livres d'électricité commencent par dire que la loi « fondamentale » est celle de la force entre deux charges

$$F = \frac{q_1 q_2}{4\pi\epsilon_0 \kappa r^2}, \tag{10.29}$$

point de vue qui ne convient pas du tout. Pour commencer, cette loi n'est pas vraie en général ; elle n'est vraie que dans un monde rempli de liquide. Deuxièmement, elle dépend du fait que $\kappa$ est une constante, ce qui n'est qu'approximativement vrai pour la plupart des matériaux réels. Il vaut bien mieux commencer par la loi de Coulomb pour des charges dans le *vide*, qui est toujours valable (pour des charges stationnaires).

Que se passe-t-il dans un solide ? C'est un problème très difficile qui n'a pas été résolu, parce qu'en un sens il est indéterminé. Si vous mettez des charges à l'intérieur d'un diélectrique solide, il y a beaucoup de sortes de pressions et de tensions. Vous ne pouvez pas traiter le travail virtuel sans faire intervenir aussi l'énergie mécanique nécessaire pour comprimer le solide, et c'est un sujet difficile, de façon générale, que de faire une distinction définie entre les forces électriques et les forces mécaniques dues au matériau solide lui-même. Heureusement, personne en fait n'a jamais besoin de connaître la réponse à la question posée. On peut quelquefois vouloir savoir quelle sera la valeur des tensions qui vont s'exercer dans un solide, et ça on peut le calculer. Mais c'est beaucoup plus compliqué que le résultat simple que nous avons obtenu pour les liquides.

Dans la théorie des diélectriques, il se pose un problème étonnamment compliqué, qui est le suivant : pourquoi un objet chargé attire-t-il des petits morceaux de diélectrique ? Quand vous vous peignez par temps sec, votre peigne est capable d'attirer de petits morceaux de papier. S'il vous est arrivé de réfléchir à ce problème, vous avez probablement supposé que le peigne porte une charge et que le papier porte la charge opposée. Mais au départ, le papier est électriquement neutre. Il ne possède aucune charge et pourtant il est attiré. Il est vrai que parfois le papier se soulève jusqu'à atteindre le peigne et puis s'en sépare, immédiatement repoussé après qu'il l'ait touché. La raison en est évidemment que lorsque le papier touche le peigne, il y ramasse quelques charges négatives et qu'alors les charges semblables se repoussent. Mais cela ne répond pas à la question posée initialement. Pourquoi le papier commence-t-il par se diriger vers le peigne ?

La réponse fait intervenir la polarisation d'un diélectrique placé dans un champ électrique. Il existe des charges de polarisation des deux signes, qui sont attirées et repoussées par le peigne. La résultante est cependant une attraction parce que le champ plus près du peigne est plus grand que le champ plus loin – le peigne n'est pas une couche infinie. Sa charge est localisée. Un morceau de papier neutre ne sera pas attiré vers une des armatures entre les plateaux d'un condensateur plan. La variation du champ est une part essentielle du mécanisme de l'attraction.

Comme le montre la Fig. 10.8, un diélectrique est toujours poussé d'une région où le champ est faible vers une région où le champ est plus grand. Effectivement, on peut montrer que pour de petits objets la force est proportionnelle au gradient du *carré* du champ électrique. Pourquoi dépend-elle du carré du champ ? Parce que les charges de polarisation induites sont proportionnelles aux champs, et pour des charges données les forces sont proportionnelles au champ. Cependant, comme nous venons de le dire, il n'y aura de force *résultante* que si le carré du champ varie d'un point à l'autre. Ainsi la force est proportionnelle au gradient du carré du champ. La constante de proportionnalité dépend, entre autres, de la constante diélectrique de l'objet, et elle dépend aussi de la forme et des dimensions de l'objet.

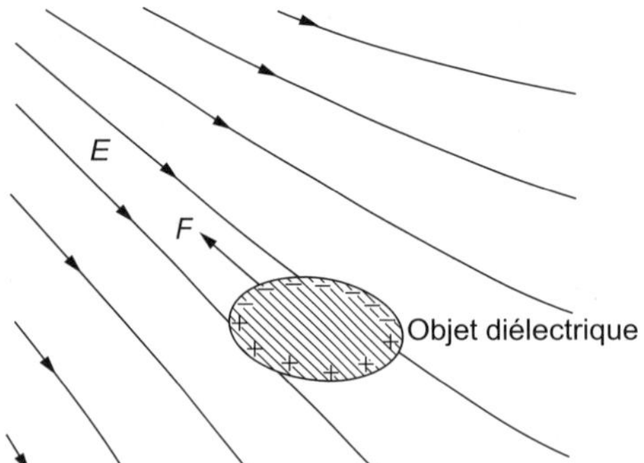


Figure 10.8 – Un objet diélectrique dans un champ non uniforme est soumis à une force dirigée vers les régions où le champ est le plus grand.

Il y a un problème lié à ceci, dans lequel la force sur un diélectrique peut être évaluée d'une manière tout à fait précise. Soit un condensateur plan avec une plaque diélectrique dont une partie seulement est placée entre les plateaux, comme le montre la Fig. 10.9, il existe une force qui dirige la plaque vers l'intérieur. L'examen détaillé de la force est compliqué ; elle dépend de la non-uniformité du champ près des bords du diélectrique et des plateaux. Cependant, si on ne s'attache pas aux détails et qu'on utilise simplement le principe de la conservation de l'énergie, la force se calcule aisément. On peut trouver la

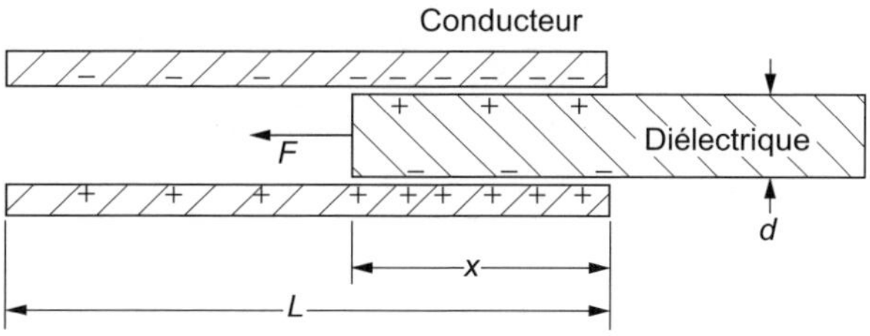


Figure 10.9 – La force agissant sur une feuille diélectrique introduite dans un condensateur plan peut se calculer en appliquant le principe de conservation de l'énergie.

force à partir de la formule que nous avons démontrée précédemment. L'équation (10.28) est équivalente à

$$F_x = -\frac{\partial U}{\partial x} = +\frac{V^2}{2}\frac{\partial C}{\partial x}. \tag{10.30}$$

Nous n'avons plus qu'à trouver comment la capacité varie en fonction de la position de la plaque diélectrique.

Soit $L$ la longueur totale des plateaux, $W$ leur largeur, $d$ l'épaisseur du diélectrique et l'espace entre les plateaux, et $x$ la longueur dont le diélectrique a été enfoncé. La capacité est le rapport de la charge libre totale sur les plateaux à la tension entre les plateaux. Nous avons vu plus haut que pour une tension donnée $V$ la densité superficielle de charges libres est $\kappa\epsilon_0 V/d$. La charge totale sur les plateaux est donc

$$Q = \frac{\kappa\epsilon_0 V}{d}\,xW + \frac{\epsilon_0 V}{d}\,(L - x)W,$$

d'où on tire la capacité :

$$C = \frac{\epsilon_0 W}{d}\,(\kappa x + L - x). \tag{10.31}$$

D'après (10.30), nous avons

$$F_x = \frac{V^2}{2}\,\frac{\epsilon_0 W}{d}\,(\kappa - 1). \tag{10.32}$$

Seulement cette équation n'est pas particulièrement utile, sauf s'il se trouve que vous avez besoin de connaître la force en de telles circonstances. Nous voulions seulement montrer que la théorie de l'énergie peut souvent être utilisée pour éviter d'énormes complications quand on calcule les forces sur des matériaux diélectriques – comme cela aurait été le cas ici.

Notre discussion de la théorie des diélectriques ne concernait que les phénomènes électriques, en admettant que le diélectrique avait une polarisation proportionnelle au champ électrique. Quand on a compris l'origine des constantes diélectriques d'un point de vue atomique, on peut utiliser les mesures électriques des constantes diélectriques en diverses circonstances pour en tirer des informations détaillées sur la structure atomique ou moléculaire. Cet aspect sera partiellement traité dans le prochain chapitre.

# À L'INTÉRIEUR DES DIÉLECTRIQUES 11

## 11.1 DIPÔLES MOLÉCULAIRES

Dans ce chapitre nous allons discuter pourquoi les matériaux sont diélectriques. Nous avons dit dans le chapitre précédent que nous pouvions comprendre les propriétés des systèmes électriques comprenant des diélectriques une fois admis que si un champ électrique est appliqué à un diélectrique, il induit un moment dipolaire dans les atomes. Plus précisément, si le champ électrique $E$ induit un moment dipolaire moyen par unité de volume $P$, alors $\kappa$, la constante diélectrique, est donnée par

$$\kappa - 1 = \frac{P}{\epsilon_0 E}. \tag{11.1}$$

Nous avons déjà discuté l'application de cette équation ; maintenant nous devons discuter le mécanisme par lequel la polarisation prend naissance quand il y a un champ électrique à l'intérieur d'un matériau. Nous commencerons par l'exemple le plus simple – la polarisation des gaz. Mais même les gaz présentent déjà des complications : il y en a de deux types. Les molécules de certains gaz, comme l'oxygène dont la molécule est formée d'une paire symétrique d'atomes, n'ont pas de moment dipolaire permanent. Mais les molécules de certains autres, comme la vapeur d'eau (dont la molécule est formée d'un arrangement non symétrique d'atomes d'hydrogène et d'oxygène) sont porteuses d'un moment dipolaire électrique permanent. Comme nous l'avons fait remarquer au chapitre 6, il y a dans la molécule de vapeur d'eau une charge moyenne positive sur les atomes d'hydrogène et une négative sur ceux d'oxygène. Du fait que le centre de gravité des charges négatives et le centre de gravité des charges positives ne coïncident pas, la distribution totale de charge de la molécule possède un moment dipolaire. Une telle molécule est appelée une molécule *polaire*. Dans l'oxygène, en raison de la symétrie de la molécule, les centres de gravité des charges positives et négatives sont les mêmes, c'est donc une molécule *non polaire*. Elle devient cependant un dipôle quandelle est placée dans un champ électrique. Les formes de ces deux types de molécules sont schématisées sur la Fig. 11.1.

## 11.2 POLARISATION ÉLECTRONIQUE

Nous allons d'abord discuter de la polarisation des molécules non polaires. Nous pouvons commencer par le cas le plus simple d'un gaz monoatomique (par exemple, l'hélium). Quand un atome d'un tel gaz est placé dans un champ électrique les électrons sont déplacés dans un sens par le champ, tandis que le noyau est déplacé en sens inverse, comme on le voit sur la Fig. 10.4. Quoique les atomes soient très rigides par rapport

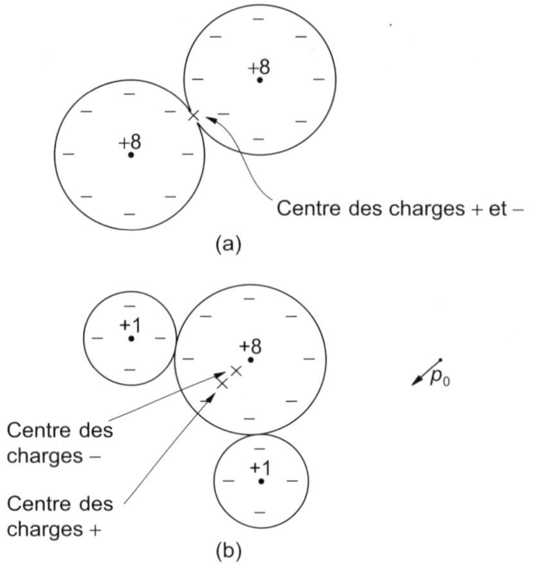


Figure 11.1– (a) Une molécule d'oxygène avec un moment dipolaire nul. (b) La molécule d'eau a un moment dipolaire permanent $\boldsymbol{p}_0$.

aux forces électriques que nous pouvons appliquer expérimentalement, il y a un léger déplacement résultant des centres de charge, et il en résulte un moment dipolaire induit. Pour de faibles champs, la valeur du déplacement, et donc aussi du moment dipolaire, est proportionnelle au champ électrique. Le déplacement de la distribution électronique qui produit ce type de moment dipolaire induit est appelé la *polarisation électronique*.

Nous avons déjà discuté de l'influence d'un champ électrique sur un atome au chapitre 31 du Vol. I, quand nous avons traité de l'indice de réfraction. Si vous y réfléchissez un instant, vous allez voir que ce que nous devons faire maintenant est exactement pareil à ce que nous avons fait alors. Mais ici nous avons seulement à nous préoccuper de champs qui ne varient pas avec le temps, alors que l'indice de réfraction dépendait de champs variables avec le temps.

Dans le chapitre 31 du Vol. I, nous avons supposé que pour un atome placé dans un champ électrique sinusoïdal, le centre de charge des électrons obéissait à l'équation

$$m\,\frac{d^2x}{dt^2} + m\omega_0^2 x = q_e E. \tag{11.2}$$

Le premier terme est le produit de la masse de l'électron par son accélération et le second est une force de rappel, alors que le membre de droite est la force due au champ électrique extérieur. Si le champ électrique varie avec la fréquence $\omega$, l'Éq. (11.2) admet comme solution

$$x = \frac{q_e E}{m(\omega_0^2 - \omega^2)}, \tag{11.3}$$

qui a pour fréquence de résonance $\omega = \omega_0$. Quand nous avons trouvé cette solution précédemment, nous l'avons interprétée en disant que $\omega_0$ était la fréquence à laquelle la lumière (dans le domaine optique ou ultraviolet suivant les atomes) était absorbée. Pour notre propos cependant, nous nous intéressons seulement au cas des champs constants, c'est-à-dire, à $\omega = 0$, donc nous pouvons négliger le terme d'accélération dans (11.2) et nous trouvons que le déplacement est

$$x = \frac{q_e E}{m\omega_0^2}. \tag{11.4}$$

Ceci nous montre que le moment dipolaire $p$ d'un atome unique est

$$p = q_e x = \frac{q_e^2 E}{m\omega_0^2}. \tag{11.5}$$

Dans cette théorie le moment dipolaire $p$ est vraiment proportionnel au champ électrique.

On écrit en général

$$\boldsymbol{p} = \alpha\epsilon_0 \boldsymbol{E}. \tag{11.6}$$

(Ici encore $\epsilon_0$ est introduit pour des raisons historiques.) La constante $\alpha$ est appelée la polarisabilité de l'atome et a les dimensions de $L^3$. C'est une mesure de la facilité avec laquelle on peut induire un moment dipolaire dans un atome par un champ électrique. Comparant (11.5) et (11.6), notre théorie simple nous donne

$$\alpha = \frac{q_e^2}{\epsilon_0 m\omega_0^2} = \frac{4\pi e^2}{m\omega_0^2}. \tag{11.7}$$

S'il y a $N$ atomes par unité de volume, la polarisation $\boldsymbol{P}$ – moment dipolaire par unité de volume – est donnée par

$$\boldsymbol{P} = N\boldsymbol{p} = N\alpha\epsilon_0 \boldsymbol{E}. \tag{11.8}$$

Rapprochant (11.1) et (11.8), nous obtenons

$$\kappa - 1 = \frac{P}{\epsilon_0 E} = N\alpha \tag{11.9}$$

ou, tenant compte de (11.7),

$$\kappa - 1 = \frac{4\pi N e^2}{m\omega_0^2}. \tag{11.10}$$

À partir de l'Éq. (11.10) nous devrions prévoir que la constante diélectrique $\kappa$ des différents gaz dépend de la densité du gaz et de la fréquence $\omega_0$ de son absorption optique.

Notre formule est, évidemment, seulement une approximation très grossière, car dans l'Éq. (11.2) nous avons choisi un modèle qui ne tient pas compte des complications de la mécanique quantique. Par exemple, nous avons supposé qu'un atome avait une seule fréquence de résonance, alors qu'en fait il y en a plusieurs. Pour calculer proprement la polarisabilité $\alpha$ des atomes nous devons appliquer la théorie quantique complète, mais les idées classiques exposées ci-dessus nous donnent une approximation raisonnable.

Voyons si nous pouvons déterminer l'ordre de grandeur exact de la constante diélectrique de certaines substances. Essayons sur l'hydrogène. Nous avons déjà (chapitre 38,

Vol. I) évalué que l'énergie nécessaire pour ioniser un atome d'hydrogène devait être approximativement

$$E \approx \frac{1}{2}\frac{me^4}{\hbar^2}. \tag{11.11}$$

Pour évaluer la fréquence propre $\omega_0$ nous pouvons poser cette énergie égale à $\hbar\omega_0$ – énergie d'un oscillateur atomique de fréquence propre $\omega_0$. Nous obtenons

$$\omega_0 \approx \frac{1}{2}\frac{me^4}{\hbar^3}.$$

Si nous portons maintenant cette valeur de $\omega_0$ dans l'Éq. (11.7), nous trouvons pour la polarisabilité électronique

$$\alpha \approx 16\pi\left[\frac{\hbar^2}{me^2}\right]^3. \tag{11.12}$$

La quantité $(\hbar^2/me^2)$ est le rayon de l'orbite de l'état fondamental pour un atome de Bohr (voir chapitre 38, Vol. I) et vaut 0,528 angströms. Dans un gaz à une pression et une température normales (1 atmosphère, 0 °C), il y a $2{,}69 \times 10^{19}$ atomes/cm$^3$, donc l'Éq. (11.9) nous donne

$$\kappa = 1 + \left(2{,}69 \times 10^{19}\right) 16\pi \left(0{,}528 \times 10^{-8}\right)^3 = 1{,}00020. \tag{11.13}$$

La constante diélectrique du gaz hydrogène mesurée donne

$$\kappa_{\text{exp}} = 1{,}00026.$$

Nous voyons que notre théorie est presque exacte. Nous ne pouvons nous attendre à mieux, car les mesures ont bien sûr été faites sur de l'hydrogène normal qui comprend des molécules diatomiques et non des atomes uniques. Nous ne devons pas être surpris que la polarisation des atomes dans une molécule ne soit pas exactement égale à celle des atomes séparés. L'effet moléculaire, cependant, n'est pas vraiment important. Un calcul quantique exact de $\alpha$ pour les atomes d'hydrogène donne un résultat d'environ 12 % plus élevé que (11.12) (le $16\pi$ est changé en $18\pi$), et par suite prévoit une constante diélectrique un peu plus proche de celle qu'on observe. En tout cas il est clair que notre modèle de diélectrique est franchement bon.

Une autre preuve de notre théorie consiste à essayer l'Éq. (11.12) sur des atomes dont la fréquence d'excitation est plus élevée. Par exemple il faut environ 24,6 électron-volts pour arracher un électron de l'atome d'hélium, au lieu des 13,6 électron-volts nécessaires à l'ionisation de l'atome d'hydrogène. Nous devrions donc nous attendre à ce que la fréquence d'absorption $\omega_0$ de l'hélium soit environ le double de celle de l'hydrogène et qu'$\alpha$ en soit le quart. Nous prévoyons que

$$\kappa_{\text{hélium}} \approx 1{,}000050.$$

Expérimentalement,

$$\kappa_{\text{hélium}} = 1{,}000068,$$

vous voyez donc que nos prévisions grossières s'avèrent être du bon ordre de grandeur. Nous avons donc compris ce qu'était la constante diélectrique d'un gaz non polaire, mais seulement qualitativement, car nous n'avons pas encore appliqué une théorie atomique correcte du mouvement des électrons atomiques.

## 11.3 MOLÉCULES POLAIRES ; POLARISATION D'ORIENTATION

Maintenant nous allons considérer une molécule qui possède un moment dipolaire permanent $p_0$ – telle qu'une molécule d'eau. En l'absence de champ électrique, les dipôles individuels s'orientent au hasard dans toutes les directions, si bien que le moment résultant est nul. Mais quand on applique un champ électrique, deux phénomènes se produisent : d'abord il y a un moment dipolaire supplémentaire qui est induit, en raison des forces agissant sur les électrons ; celui-ci produit une polarisabilité électronique tout à fait semblable à celle que nous avons calculée pour une molécule non polaire. Dans une étude très précise, il faudrait tenir compte évidemment de cet effet, mais nous le négligerons pour l'instant. (Il pourra toujours être réintroduit à la fin.) Ensuite le champ électrique tend à aligner les dipôles individuels et à produire un moment résultant par unité de volume. Si tous les dipôles d'un gaz s'alignaient, il aurait une polarisation très grande, mais cela ne se produit pas ainsi. Aux températures et pour des champs électriques ordinaires les collisions des molécules dans leur agitation thermique les empêchent de s'aligner complètement. Mais il demeure un certain alignement global, et donc, une certaine polarisation (voir Fig. 11.2). La polarisation qui se produit peut être calculée par les méthodes de mécanique statistique que nous avons décrites au chapitre 40 du Vol. I.

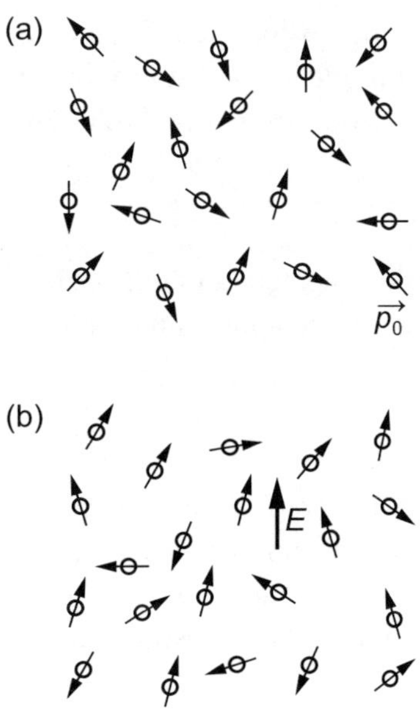


Figure 11.2 – (a) Dans un gaz de molécules polaires, les moments individuels sont orientés au hasard ; le moment moyen dans un petit volume est nul. (b) Dans un champ électrique, il se produit un certain alignement moyen des molécules.

Pour appliquer cette méthode nous devons connaître l'énergie d'un dipôle dans un champ électrique. Considérons un dipôle de moment $\boldsymbol{p}_0$ dans un champ électrique, comme sur la Fig. 11.3. L'énergie de la charge positive est $q\phi(1)$, et l'énergie de la charge négative est $-q\phi(2)$. Ainsi l'énergie du dipôle est

$$U = q\phi(1) - q\phi(2) = q\boldsymbol{d} \cdot \boldsymbol{\nabla}\phi,$$

ou bien

$$U = -\boldsymbol{p}_0 \cdot \boldsymbol{E} = -p_0 E \cos\theta, \tag{11.14}$$

où $\theta$ est l'angle de $\boldsymbol{p}_0$ et $\boldsymbol{E}$. Comme nous aurions pu le prévoir, l'énergie est minimale quand les dipôles sont alignés avec le champ.

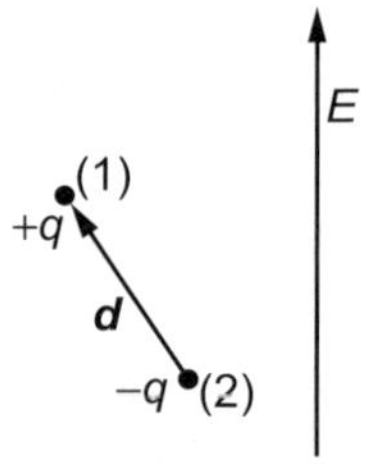


Figure 11.3 – L'énergie d'un dipôle $\boldsymbol{p}_0$ dans un champ $\boldsymbol{E}$ est $-\boldsymbol{p}_0 \cdot \boldsymbol{E}$.

Nous devons maintenant calculer jusqu'à quel point les dipôles s'alignent, en appliquant les méthodes de la mécanique statistique. Nous avons trouvé, chapitre 40 Vol. I, que dans un état d'équilibre thermique le nombre relatif de molécules ayant l'énergie potentielle $U$ est proportionnel à

$$e^{-U/kT}, \tag{11.15}$$

où $U(x, y, z)$ est l'énergie potentielle en fonction de la position. Les mêmes considérations nous permettent de dire, en tenant compte de l'Éq. (11.14) pour l'énergie potentielle en fonction de *l'angle*, que le nombre de molécules dans la direction $\theta$ *par unité d'angle solide* est proportionnel à $e^{-U/kT}$.

Soit $n(\theta)$ le nombre de molécules parallèles à $\theta$ par unité d'angle solide, nous avons

$$n(\theta) = n_0 e^{+p_0 E \cos\theta/kT}. \tag{11.16}$$

Pour les températures et les champs ordinaires, l'exposant est petit, aussi pouvons-nous faire une approximation en développant l'exponentielle :

$$n(\theta) = n_0\left(1 + \frac{p_0 E \cos\theta}{kT}\right). \tag{11.17}$$

Nous pouvons trouver $n_0$ en intégrant (11.17) sur toutes les directions ; le résultat doit être $N$, nombre total de molécules par unité de volume. La valeur moyenne de $\cos\theta$ sur toutes les directions est nulle, donc l'intégrale est égale au produit de $n_0$ par l'angle solide total $4\pi$. Nous obtenons

$$n_0 = \frac{N}{4\pi}. \tag{11.18}$$

Nous voyons d'après (11.17) qu'il y aura plus de molécules parallèles au champ ($\cos\theta = 1$) que d'antiparallèles ($\cos\theta = -1$). Donc, dans tout petit volume contenant beaucoup de molécules, il y aura un moment dipolaire total par unité de volume – c'est-à-dire une polarisation $P$. Pour calculer $P$, nous devons avoir le vecteur somme de tous les moments moléculaires par unité de volume. Puisque nous savons que le résultat sera dans la direction de $\boldsymbol{E}$, nous n'avons qu'à sommer les composantes suivant cette direction (les composantes normales à $\boldsymbol{E}$ donneront une somme nulle) :

$$P = \sum_{\text{unité de volume}} p_0 \cos\theta_i.$$

Nous pouvons évaluer la somme en intégrant sur la distribution angulaire. L'angle solide dans la direction $\theta$ est $2\pi \sin\theta\, d\theta$, donc

$$P = \int_0^{\pi} n(\theta) p_0 \cos\theta\, 2\pi \sin\theta\, d\theta. \tag{11.19}$$

En substituant $n(\theta)$ tiré de (11.17), nous avons

$$P = -\frac{N}{2}\int_1^{-1}\left(1 + \frac{p_0 E}{kT}\cos\theta\right) p_0 \cos\theta\, d(\cos\theta),$$

qui s'intègre facilement et donne

$$P = \frac{N p_0^2 E}{3kT}. \tag{11.20}$$

La polarisation est proportionnelle au champ $E$, il y aura donc un comportement diélectrique normal. De même, comme nous le prévoyons, la polarisation varie comme l'inverse de la température, car aux plus hautes températures, il y a moins d'alignement en raison des collisions. Cette dépendance en $1/T$ est appelée la loi de Curie. Le moment permanent $p_0$ figure au carré pour la raison suivante : dans un champ électrique donné, la force d'alignement dépend de $p_0$, et le moment moyen produit par cet alignement est de nouveau proportionnel à $p_0$. Le moment induit moyen est proportionnel à $p_0^2$.

Nous devons essayer de voir maintenant quel est l'accord de l'Éq. (11.20) avec l'expérience. Examinons le cas de la vapeur d'eau. Puisque nous ne savons pas ce que vaut $p_0$, nous ne pouvons pas calculer $P$ directement, mais l'Éq. (11.20) prévoit que $\kappa - 1$ doit varier comme l'inverse de la température, ce que nous pouvons vérifier.

De (11.20) nous tirons

$$\kappa - 1 = \frac{P}{\epsilon_0 E} = \frac{N p_0^2}{3\epsilon_0 kT}, \tag{11.21}$$

donc $\kappa - 1$ doit varier proportionnellement à la densité $N$ et à l'inverse de la température absolue. La constante, diélectrique a été mesurée à différentes pressions et températures, choisies de façon à ce que le nombre de molécules par unité de volume demeure fixe[1].

1. Sänger, Steiger et Gächter, *Helvetica Physica Acta* **5**, 200 (1932).

[Remarquez que si les mesures avaient toutes été faites à pression constante, le nombre de molécules par unité de volume décroîtrait linéairement en fonction de la température et $\kappa - 1$ varierait comme $T^{-2}$ au lieu de $T^{-1}$.] Sur la Fig. 11.4, nous avons reporté les mesures expérimentales de $\kappa - 1$ en fonction de $1/T$. La loi prévue par (11.21) est très bien vérifiée.

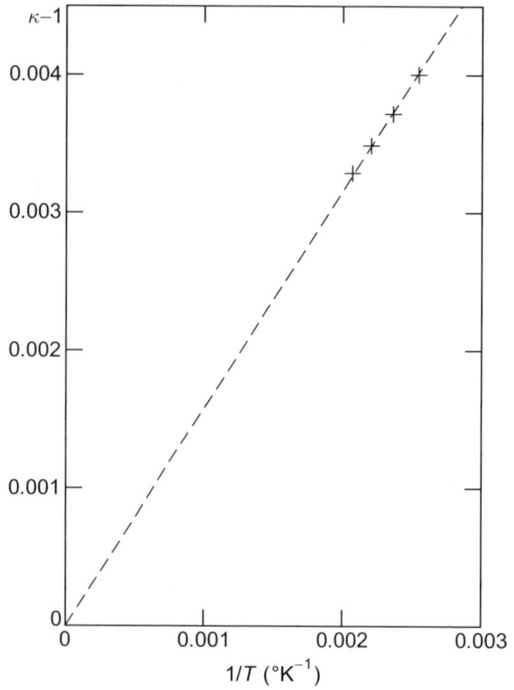


Figure 11.4 – Mesures expérimentales de la constante diélectrique de la vapeur d'eau à différentes températures.

Il y a une autre caractéristique de la constante diélectrique des molécules polaires – sa variation avec la fréquence du champ appliqué. En raison du moment d'inertie des molécules, il faut un certain temps aux molécules lourdes pour s'orienter parallèlement au champ. Donc si nous appliquons des fréquences dans la région haute fréquence des micro-ondes ou au-dessus, la contribution polaire à la constante diélectrique commence à décroître car les molécules ne peuvent pas suivre. Au contraire la polarisabilité électronique demeure la même jusqu'aux fréquences optiques, à cause de la plus faible inertie des électrons.

## 11.4 Champs électriques dans les cavités d'un diélectrique

Nous abordons maintenant un problème intéressant mais compliqué – le problème de la constante diélectrique dans les substances denses. Supposons que nous prenions de l'hélium liquide ou de l'argon liquide ou toute autre substance non polaire. Nous prévoyons toujours une polarisation électronique. Mais dans une substance dense, $\boldsymbol{P}$ peut être grande, et le champ agissant sur un atome individuel sera influencé par la polarisation des atomes qui l'entourent. La question est la suivante : quel est le champ électrique agissant sur un atome individuel ?

Imaginons que le liquide soit disposé entre les armatures d'un condensateur. Si les armatures sont chargées, elles produisent un champ électrique dans le liquide. Mais il y a aussi des charges dans les atomes individuels, et le champ électrique total $\boldsymbol{E}$ est la somme de ces deux effets. Ce champ électrique réel varie très rapidement d'un point à un autre du liquide. Il est très intense à l'intérieur des atomes – particulièrement tout près des noyaux – et relativement faible entre les atomes. La différence de potentiel entre les armatures du condensateur est l'intégrale curviligne de ce champ total. Si nous ne tenons pas compte des variations locales du champ, nous pouvons envisager un champ électrique *moyen* $E$ qui vaut exactement $V/d$. (C'est le champ que nous avons considéré dans le chapitre précédent.) Nous devons considérer ce champ comme la moyenne sur une région contenant de nombreux atomes.

Vous pourriez penser qu'un atome « moyen » dans une position « moyenne » devrait sentir ce champ moyen. Mais ce n'est pas aussi simple, comme nous allons le montrer en considérant ce qui se passe dans des cavités d'un diélectrique de formes différentes. Par exemple, imaginons que nous découpions une fente dans un diélectrique polarisé, la fente étant parallèle au champ, comme dans la partie (a) de la Fig. 11.5. Puisque nous savons que $\boldsymbol{\nabla} \times \boldsymbol{E} = 0$, l'intégrale curviligne de $\boldsymbol{E}$ le long d'une courbe, $\Gamma$, telle que celle de la partie (b) de la figure, doit être nulle. Le champ à l'intérieur de la fente doit donner une contribution qui annule exactement celle du champ à l'extérieur. Par conséquent, le champ $E_0$ qui se trouve réellement au centre d'une longue fente étroite est égal à $E$, champ électrique moyen dans le diélectrique.

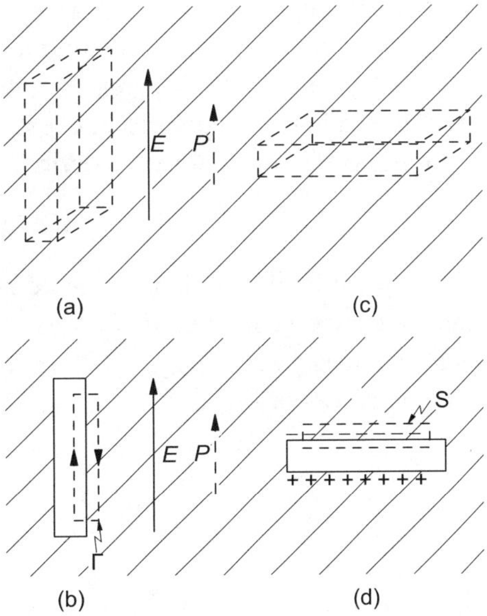


Figure 11.5 – Le champ dans une fente découpée dans un diélectrique dépend de la forme et de l'orientation de la fente.



Maintenant considérons une autre fente dont les côtés suivant la grande dimension sont perpendiculaires à $E$, comme dans la partie (c) de la Fig. 11.5. Dans ce cas, le champ $E_0$ dans la fente n'est pas le même que $E$ car des charges de polarisation apparaissent sur les faces. Si nous appliquons le théorème de Gauss à une surface $S$ tracée comme en (d) de la figure, nous trouvons que le champ $E_0$ *dans la fente* est donné par

$$E_0 = E + \frac{P}{\epsilon_0}, \tag{11.22}$$

où $E$ est encore le champ électrique dans le diélectrique. (La surface de Gauss contient la charge superficielle de polarisation $\sigma_{pol} = P$). Nous avons mentionné au chapitre 10 que $\epsilon_0 E + P$ est souvent appelée $D$, donc $\epsilon_0 E_0 = D_0$ est égal à $D$ dans le diélectrique.

Au début, dans l'histoire de la physique, quand on croyait qu'il était très important de définir chaque grandeur par une expérience directe, on fut enchanté de découvrir qu'il était possible de définir ce que l'on appelait $E$ et $D$ dans un diélectrique sans avoir besoin d'aller se promener entre les atomes. Le champ moyen $\boldsymbol{E}$ est numériquement égal au champ $\boldsymbol{E}_0$ que l'on pourrait mesurer dans une fente taillée parallèlement au champ. Et le champ $\boldsymbol{D}$ pourrait être mesuré en trouvant $E_0$ dans une fente taillée perpendiculairement au champ. Mais de toute façon, personne ne les mesure jamais ainsi et ce n'était donc là qu'un de ces trucs philosophiques.

Pour la plupart des liquides qui n'ont pas une structure trop compliquée, on pourrait s'attendre à ce qu'un atome se trouve en moyenne, et avec une bonne approximation, entouré d'autres atomes, à peu près comme s'il était dans une *cavité sphérique*. Et nous devrions nous demander : « quel serait le champ dans cette cavité sphérique ? » Nous pouvons le trouver en remarquant que si nous découpons une cavité sphérique dans une substance uniformément polarisée, nous ne faisons rien d'autre que de retirer une sphère d'une substance polarisée. (Nous devons imaginer que la polarisation est « solidifiée » avant de découper la cavité.) D'après le principe de superposition cependant, le champ à l'intérieur du diélectrique, avant d'avoir retiré la sphère, est la somme des champs dus à toutes les charges extérieures au volume sphérique, plus les champs dus aux charges intérieures à la sphère polarisée. C'est-à-dire que, en appelant $E$ le champ dans le diélectrique uniforme, nous pouvons écrire

$$E = E_{\text{cavité}} + E_{\text{sphère}}, \tag{11.23}$$

où $E_{\text{cavité}}$ est le champ dans la cavité et $E_{\text{sphère}}$ est le champ dans une sphère uniformément polarisée (voir Fig. 11.6). Les champs dus à une sphère uniformément polarisée sont représentés sur la Fig. 11.7. Le champ électrique à l'intérieur de la sphère est uniforme et sa valeur est

$$E_{\text{sphère}} = -\frac{P}{3\epsilon_0}. \tag{11.24}$$

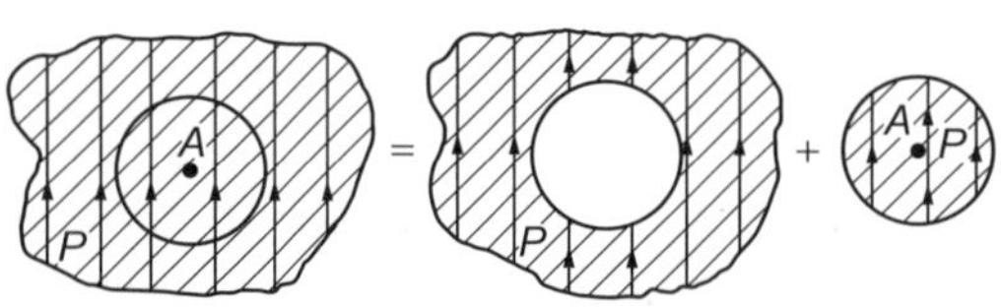


Figure 11.6 – Le champ en un point quelconque $A$ d'un diélectrique peut être considéré comme la somme du champ dans une cavité sphérique et du champ dû à la sphère pleine correspondante.

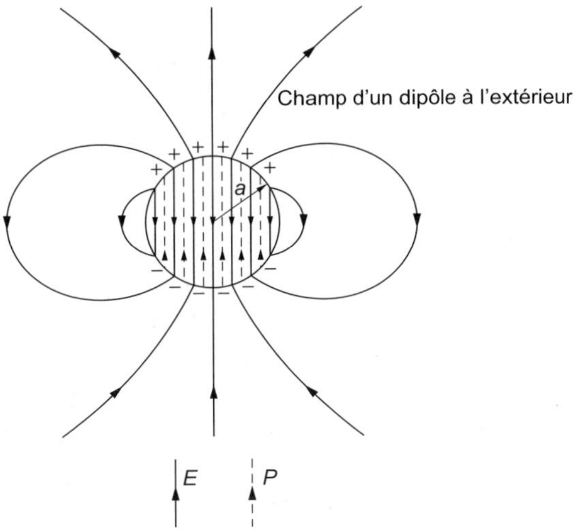


Figure 11.7 – Le champ électrique d'une sphère uniformément polarisée.

Tenant compte de (11.23) nous obtenons

$$E_{\text{cavité}} = E + \frac{P}{3\epsilon_0}. \tag{11.25}$$

Le champ dans une cavité sphérique est plus grand que le champ moyen, d'une quantité égale à $P/3\epsilon_0$. (La cavité sphérique donne un champ qui est au tiers entre les champs dans des fentes perpendiculaire et parallèle au champ.)

# 11.5 La constante diélectrique des liquides ; la formule de Clausius-Mossotti

Dans un liquide nous prévoyons que le champ polarisant un atome individuel sera plus proche de $E_{\text{cavité}}$ que de $E$. Si nous prenons $E_{\text{cavité}}$ de (11.25) comme champ polarisant dans l'Éq. (11.6), alors l'Éq. (11.8) devient

$$P = N\alpha\epsilon_0\left(E + \frac{P}{3\epsilon_0}\right), \tag{11.26}$$

ou

$$P = \frac{N\alpha}{1 - (N\alpha/3)}\,\epsilon_0 E. \tag{11.27}$$

Mais en se rappelant que $\kappa - 1$ est justement égal à $P/\epsilon_0 E$, nous obtenons

$$\kappa - 1 = \frac{N\alpha}{1 - (N\alpha/3)}, \tag{11.28}$$

qui nous donne la constante diélectrique d'un liquide en fonction de $\alpha$, la polarisabilité atomique. Telle est la formule de *Clausius-Mossotti.*

Quand $N\alpha$ est très petit, comme c'est le cas pour gaz (parce que la densité $N$ est petite), alors le terme $N\alpha/3$ peut être négligé par rapport à 1, et nous obtenons ce vieux résultat, Éq. (11.9), suivant lequel

$$\kappa - 1 = N\alpha. \tag{11.29}$$

Comparons l'Éq. (11.28) avec quelques résultats expérimentaux. Il est nécessaire, tout d'abord, de regarder des gaz pour lesquels, partant de la mesure de $\kappa$, nous pouvons tirer $\alpha$ de l'Éq. (11.29). Par exemple, la constante diélectrique du sulfure de carbone à 0 °C est 1,0029, Or, la densité du gaz se détermine facilement et celle du liquide figure dans des tables de constantes. À 20 °C, la densité du $CS_2$ liquide est 381 fois plus grande que celle du gaz à 0 °C. Ce qui veut dire que $N$ est 381 fois plus grand dans le liquide que dans le gaz, de sorte que – en faisant l'approximation que la polarisabilité atomique du sulfure de carbone ne change pas quand celui-ci est liquéfié – $N\alpha$ pour le liquide est égal à 381 fois 0,0029, soit 1,11. Remarquons que le terme $N\alpha/3$ donne 0,4, quantité non négligeable. D'après ces valeurs, nous prévoyons une constante diélectrique de 2,76, qui est en assez bon accord avec la valeur observée de 2,64.

Dans le tableau 11.1 nous donnons quelques valeurs expérimentales concernant différentes substances (tirées du *Handbook of Chemistry and Physics)*, avec les valeurs de la constante diélectrique calculées par l'Éq. (11.28) selon la méthode que nous venons de décrire. L'accord entre valeurs observées et calculées est encore meilleur pour l'argon et l'oxygène que pour le $CS_2$ – mais moins bon pour le tétrachlorure de carbone. Au total l'Éq. (11.28) fournit de bons résultats.

Tableau 11.1 – Calcul des constantes diélectriques des liquides à partir de la constante diélectrique du gaz.

| | Gaz | | |
|---|---|---|---|
| **Substance** | **$\kappa$ (exp)** | **$N\alpha$** | **Densité** |
| $CS_2$ | 1,0029 | 0,0029 | 0,00339 |
| $O_2$ | 1,000523 | 0,000523 | 0,00143 |
| $CCl_4$ | 1,0030 | 0,0030 | 0,00489 |
| Ar | 1,000545 | 0,000545 | 0,00178 |

| | Liquide | | | | |
|---|---|---|---|---|---|
| **Substance** | **Densité** | **Rapport*** | **$N\alpha$** | **$\kappa$ (prévu)** | **$\kappa$ (exp)** |
| $CS_2$ | 1,293 | 381 | 1,11 | 2,76 | 2,64 |
| $O_2$ | 1,19 | 832 | 0,435 | 1,509 | 1,507 |
| $CCl_4$ | 1,59 | 325 | 0,977 | 2,45 | 2,24 |
| Ar | 1,44 | 810 | 0,441 | 1,517 | 1,54 |

* Rapport = densité du liquide/densité du gaz.

Notre démonstration de l'Éq. (11.28) est seulement valable pour la polarisation *électronique* dans les liquides. Elle n'est plus valable pour une molécule polaire comme $H_2O$. Si nous faisons les mêmes calculs pour l'eau nous obtenons 13,2 pour $N\alpha$ ce qui signifie que la constante diélectrique pour le liquide est *négative*, alors que la valeur observée pour $\kappa$ est 80. Le problème consiste à traiter correctement les dipôles permanents, et Onsager a indiqué la façon exacte de s'y prendre. Nous n'avons pas le temps d'aborder ce problème maintenant, mais si cela vous intéresse vous pouvez vous reporter au livre de Kittel, *Introduction à la physique de l'état solide*[2].

## 11.6 LES DIÉLECTRIQUES SOLIDES

Considérons maintenant les solides. Le premier point important concernant les solides est qu'il peut y avoir une polarisation permanente – qui existe même en l'absence d'un champ électrique. On peut donner comme exemple une substance comme la cire, qui contient de longues molécules possédant un moment dipolaire permanent. Si l'on fait fondre de la cire et qu'on lui applique quand elle est liquide un champ électrique intense, de façon que les moments dipolaires s'alignent partiellement, ils se maintiendront ainsi quand le liquide se solidifiera. La substance solide possède une polarisation permanente, qui se maintient même en l'absence de champ. Un tel solide est appelé un *électret*.

Un électret possède des charges de polarisation permanentes à sa surface. C'est l'analogue électrique de l'aimant. Il n'est pas aussi utile cependant, parce que les charges libres de l'air sont attirées à sa surface, et annulent finalement les charges de polarisation. L'électret est « déchargé » et il n'y a plus de champs extérieurs visibles.

Il y a aussi une polarisation interne permanente spontanée $P$ dans certaines substances cristallines. Dans de tels cristaux, chaque cellule unité du réseau possède un même moment dipolaire permanent, comme on l'a dessiné Fig. 11.8. Tous les dipôles sont orientés dans la même direction, même sans qu'aucun champ électrique soit appliqué. De nombreux cristaux compliqués possèdent, en fait, une telle polarisation ; nous ne le remarquons pas en général parce que les champs extérieurs sont déchargés, comme pour les électrets.

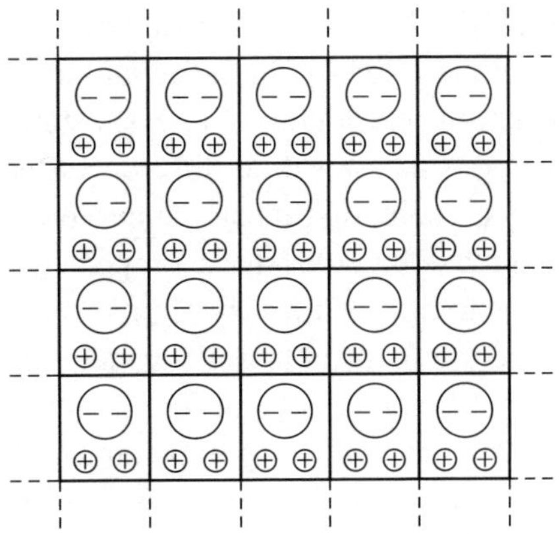

Figure 11.8 – Un réseau cristallin compliqué peut avoir une polarisation intrinsèque permanente $P$.

Cependant si l'on modifie ces moments dipolaires internes d'un cristal, des champs extérieurs apparaissent parce que les charges parasites, n'ont pas le temps de se regrouper

2. N.d.T. Ce livre a été traduit en français.

pour annuler les charges de polarisation. Si le diélectrique est dans un condensateur, des charges libres sont induites sur les électrodes. Par exemple, les moments peuvent être modifiés quand on chauffe un diélectrique, à cause de la dilatation thermique. Cet effet est appelé *la pyroélectricité*. De même, si nous modifions les contraintes dans un cristal – en le courbant par exemple – là encore, le moment peut changer légèrement et l'an peut déceler un faible effet électrique appelé la *piézoélectricité*.

Pour les cristaux qui ne possèdent pas de moment permanent, on peut établir une théorie de la constante diélectrique qui tienne compte de la polarisabilité électronique des atomes. Cela ressemble tout à fait au cas des liquides. Certains cristaux possèdent aussi des dipôles pouvant tourner, et la rotation de ces dipôles contribuera aussi à $\kappa$. Dans les cristaux ioniques tels que NaCl il y a aussi une *polarisabilité ionique*. Le cristal est un damier d'ions positifs et négatifs, et dans un champ électrique les ions positifs sont déplacés dans un sens, les ions négatifs dans l'autre ; il y a un mouvement relatif résultant des charges plus et moins, et donc une polarisation volumique. Nous pourrions évaluer l'ordre de grandeur de la polarisabilité ionique à partir de la connaissance de la rigidité des cristaux de sel, mais nous n'aborderons pas ce sujet ici.

## 11.7 FERROÉLECTRICITÉ ; $BaTiO_3$

Nous allons maintenant décrire un type spécial de cristaux qui ont, presque par accident, un moment permanent. C'est une situation si marginale que si nous augmentons un tout petit peu la température ils perdent complètement leur moment permanent. D'un autre côté, si ce sont des cristaux presque cubiques, de sorte que leurs moments peuvent être orientés dans différentes directions, nous pouvons déceler une grande variation du moment en modifiant un champ électrique appliqué. Tous les moments tournent rapidement et nous obtenons un effet important. Les substances qui possèdent ce type de moment permanent sont appelées *ferroélectriques*, par analogie avec les effets ferromagnétiques d'abord découverts dans le fer.

Nous allons tenter d'expliquer le mécanisme de la ferroélectricité en décrivant un exemple particulier d'une substance ferroélectrique. La propriété ferroélectrique peut prendre naissance de différentes façons, mais nous choisirons seulement un cas mystérieux – celui du titanate de baryum, $BaTiO_3$. Cette substance possède un réseau cristallin dont la cellule de base est représentée sur la Fig. 11.9. Il apparaît qu'au-dessus d'une certaine température, 118 °C précisément, le titanate de baryum est un diélectrique ordinaire avec une constante diélectrique énorme. En dessous de cette température cependant, il acquiert soudainement un moment permanent.

Pour calculer la polarisation d'une substance solide, nous devons d'abord chercher quels sont les champs locaux qui règnent dans chaque cellule unité. Nous devons y inclure les champs dus à la polarisation elle-même, tout comme nous l'avons fait pour le cas d'un liquide. Mais un cristal n'est pas un liquide homogène, donc nous ne pouvons pas prendre pour le champ local ce que nous obtiendrons dans une cavité sphérique. Si on le calcule pour un cristal, on trouve que le facteur 1/3 de l'Éq. (11.24) devient légèrement différent, mais pas très éloigné de 1/3. (Pour un cristal cubique simple, il est

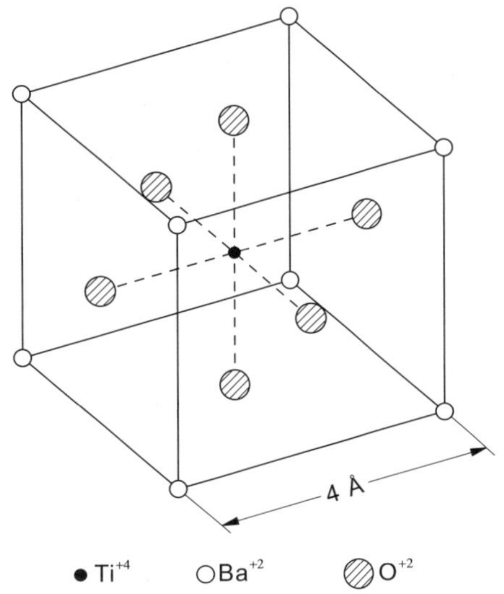


Figure 11.9 – La cellule unité de $BaTiO_3$. Les atomes, en réalité, remplissent presque tout l'espace ; pour plus de clarté on n'a indiqué que les positions de leurs centres.

exactement 1/3.) Nous admettrons par conséquent, et dans une première discussion que ce facteur est 1/3 pour $BaTiO_3$.

Quand nous avons écrit l'Éq. (11.28) vous vous êtes peut-être demandé ce qu'il adviendrait si $N\alpha$ était supérieur à 3. II semblerait que $\kappa$ devienne négatif. Mais ceci ne peut certainement pas être exact. Voyons ce qui se passerait si on augmentait progressivement $\alpha$ dans un cristal donné. À mesure que $\alpha$ devient plus grand, la polarisation devient plus grande, produisant un champ local plus intense. Mais un champ local plus intense polarisera davantage chaque atome, intensifiant davantage encore les champs locaux. Si les atomes « fournissent » suffisamment, le processus se poursuit ; il y a comme une sorte d'effet rétroactif qui fait croître la polarisation sans limite – à condition que la polarisation de chaque atome augmente proportionnellement au champ. La condition de « divergence » se réalise quand $N\alpha = 3$. La polarisation ne devient pas infinie, évidemment, car la proportionnalité entre le moment induit et le champ électrique n'a plus lieu aux champs élevés, de sorte que nos formulés ne sont plus valables. Ce qui se passe alors, c'est que le réseau « se bloque » avec une polarisation interne très intense et qu'il a lui-même engendrée.

Dans le cas de $BaTiO_3$, il y a aussi, en plus de la polarisation électronique, une polarisation ionique assez importante que l'on suppose être due aux ions titane qui peuvent se déplacer légèrement à l'intérieur du réseau cubique. Le réseau s'oppose à de grands déplacements, donc, quand le titane s'est un peu déplacé, il est bloqué et il s'arrête. Mais la cellule du cristal possède alors un moment dipolaire permanent.

Dans la plupart des cristaux, on atteint en fait cette situation-là à toutes les températures. Mais le point très intéressant dans le cas du titane de baryum, c'est que cette condition est si précaire que si on diminue un tout petit peu $N\alpha$, il se débloque. Puisque $N$ décroît quand la température croît – à cause de la dilatation thermique – nous pouvons faire varier $N\alpha$ en faisant varier la température. En dessous de la température critique, il est juste bloqué, aussi est-il facile – en appliquant un champ extérieur – de modifier la polarisation et de la bloquer dans une direction différente.

Voyons si nous pouvons analyser ce qui se passe plus en détail. Appelons $T_c$ la température critique à laquelle $N\alpha$ est exactement égal à 3. Quand la température croît, $N$ diminue un peu à cause de la dilatation du réseau. Mais comme la dilatation est petite nous pouvons dire que près de la température critique

$$N\alpha = 3 - \beta(T - T_c), \tag{11.30}$$

où $\beta$ est une constante, petite, du même ordre de grandeur que le coefficient de dilatation thermique, soit environ $10^{-5}$ à $10^{-6}$ par degré C. Puis, portant cette relation dans l'Éq. (11.28), nous obtenons

$$\kappa - 1 = \frac{3 - \beta(T - T_c)}{\beta(T - T_c)/3}.$$

Puisque nous avons admis que $\beta(T - T_c)$ était faible devant l'unité, nous pouvons approcher cette formule par

$$\kappa - 1 = \frac{9}{\beta(T - T_c)}. \tag{11.31}$$

Cette relation est exacte, évidemment seulement pour $T > T_c$. Nous voyons que juste au-dessus de la température critique $\kappa$ est énorme. C'est parce que $N\alpha$ est très voisin de 3 qu'il y a un effet multiplicatif fantastique, et la constante diélectrique peut facilement atteindre 50 000 ou 100 000. Elle est aussi très sensible à la température. Pour un accroissement de la température, la constante diélectrique décroît comme l'inverse de la température, mais à la différence du cas d'un gaz dipolaire, pour lequel $\kappa - 1$ varie comme l'inverse de la température *absolue*, pour les corps ferroélectriques, elle varie comme l'inverse de la différence entre la température absolue et la température critique (cette loi est appelée loi de Curie-Weiss).

Quand nous abaissons la température jusqu'à la température critique, que se passe-t-il ? Imaginons un réseau de cellules unité comme celui de la Fig. 11.9, nous voyons qu'il est possible de choisir des chaînes d'ions suivant des rangées verticales. L'une d'elles est constituée d'ions oxygène et titane en alternance. Il y a d'autres rangées composées d'ions baryum ou d'ions oxygène, mais l'espacement le long de ces rangées est plus grand. Nous construisons un modèle simple pour reproduire cette configuration en imaginant, comme on le voit sur la Fig. 11.10(a), une série de chaînes d'ions. Le long de ce que nous appellerons la chaîne principale, la distance entre les ions est $a$ qui est la *moitié* de la constante du réseau ; la distance latérale entre deux chaînes identiques est $2a$. Il y a des chaînes moins denses entre deux que nous négligerons pour l'instant. Pour rendre l'analyse un peu plus facile, nous allons aussi supposer que tous les ions d'une chaîne principale sont identiques. (Ce n'est pas une simplification très grave parce que tous les effets importants vont tout de même apparaître. C'est un des trucs de la physique théorique. On résout d'abord un problème différent parce qu'il est plus facile de faire les calculs pour la première fois – puis quand on comprend comment les choses se passent, alors il est temps d'introduire toutes les complications.)

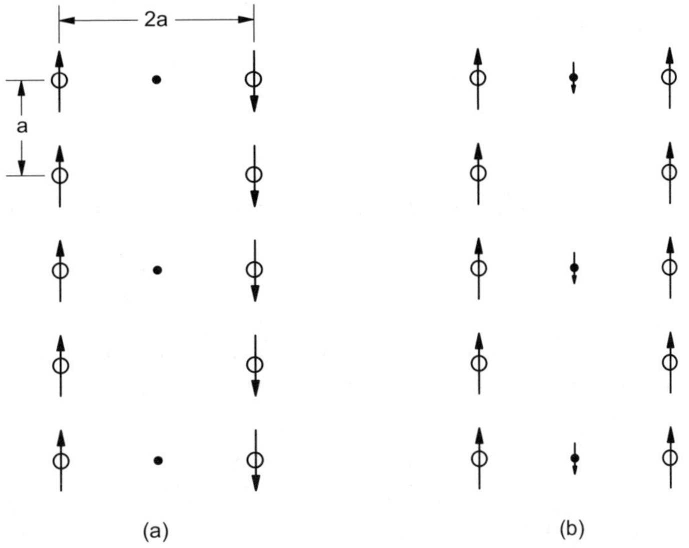


Figure 11.10 – Modèle d'un ferroélectrique : (a) correspond à un antiferroélectrique, et (b) à un ferroélectrique normal.

Tentons de voir maintenant ce qui se passerait avec notre modèle. Nous supposons que le moment dipolaire de chaque atome est $p$ et nous voulons calculer le champ sur l'un des atomes de la chaîne. Nous devons trouver la somme des champs dus à tous les autres atomes. Calculons d'abord le champ dû à tous les dipôles d'une seule chaîne verticale ; nous parlerons des autres chaînes plus tard. Le champ à la distance $r$ d'un dipôle dans la direction de son axe est donné par

$$E = \frac{1}{4\pi\epsilon_0}\frac{2p}{r^3}. \tag{11.32}$$

Sur un atome donné, les atomes équidistants de part et d'autre donnent des champs dans la même direction, donc pour toute la chaîne, nous obtenons

$$E_{\text{chaîne}} = \frac{p}{4\pi\epsilon_0}\frac{2}{a^3}\cdot\left(2+\frac{2}{8}+\frac{2}{27}+\frac{2}{64}+\cdots\right) = \frac{p}{\epsilon_0}\frac{0{,}383}{a^3}. \tag{11.33}$$

Il n'est pas trop difficile de montrer que si notre modèle était un cristal cubique – c'est-à-dire si les chaînes identiques étaient seulement distantes de $a$ – le nombre 0,383 serait remplacé par 1/3. En d'autres termes, si les rangées suivantes étaient distantes de $a$, elles contribueraient seulement pour – 0,050 unité dans notre somme. Cependant, la chaîne principale voisine que nous considérons est distante de $2a$ et, comme vous vous en souvenez d'après le chapitre 7, le champ dû à une structure périodique décroît exponentiellement en fonction de la distance. Donc, ces rangées contribuent pour beaucoup moins que – 0,050 et nous pouvons très bien ignorer toutes les autres rangées.

Il est nécessaire maintenant de trouver quelle doit être la polarisabilité $\alpha$ pour que le processus diverge. Supposons que le moment induit $p$ de chaque atome de la chaîne soit proportionnel au champ, comme dans l'Éq. (11.6). Nous obtenons le champ polarisant sur l'atome à partir de $E_{\text{chaîne}}$, par application de l'Éq. (11.32). Nous avons donc les deux équations

$$p = \alpha\epsilon_0 E_{\text{chaîne}}$$

et

$$E_{\text{chaîne}} = \frac{0{,}383}{a^3}\frac{p}{\epsilon_0}.$$

Il y a deux solutions : $E_{\text{chaîne}}$ et $p$ sont tous deux nuls, ou bien

$$\alpha = \frac{a^3}{0{,}383},$$

avec $E_{\text{chaîne}}$ et $p$ tous deux finis. Ainsi, si $\alpha$ a la valeur de $a^3/0{,}383$, une polarisation permanente engendrée par son propre champ s'établira. Cette égalité critique doit être atteinte pour le titanate de baryum exactement à la température critique $T_c$, (Remarquez que si $\alpha$ était plus grand que la valeur critique pour des faibles champs, il décroîtrait pour des champs plus intenses, et à l'équilibre, cette même égalité que nous venons de trouver se réaliserait.)

Pour $BaTiO_3$, la distance $a$ est $2 \times 10^{-8}$ cm, donc nous devons prévoir que $\alpha = 21{,}8 \times 10^{-24}$ cm$^3$. Nous pouvons comparer cette valeur avec les polarisabilités connues des atomes individuels. Pour l'oxygène, $\alpha = 30{,}2 \times 10^{-24}$ cm$^3$ ; nous sommes sur la bonne voie ! Pour le titane, $\alpha = 2{,}4 \times 10^{-24}$ cm$^3$ ; c'est plutôt faible. Pour utiliser notre modèle, nous devrions sans doute prendre la moyenne. (Nous pourrions de nouveau construire une chaîne avec des atomes différents en alternance, mais le résultat serait à peu près le même.) Ainsi $\alpha$ (moyen) $= 16{,}3 \times 10^{-24}$ cm$^3$, ce qui n'est pas assez grand pour produire une polarisation permanente.

Mais attendez un instant ! Nous n'avons jusqu'ici ajouté que les polarisabilités électroniques. Il y a aussi une polarisabilité ionique due au déplacement de l'ion titane. Tout ce qu'il nous faut, c'est une polarisabilité ionique de $9{,}2\times10^{-24}$ cm$^3$. (Un calcul plus précis avec une chaîne d'atomes alternés montre qu'il faudrait en réalité $11{,}9\times10^{-24}$ cm$^3$.) Pour comprendre les propriétés de $BaTiO_3$, nous devons supposer qu'une telle polarisabilité ionique existe.

Pourquoi l'ion titane dans le titanate de baruym doit-il avoir une polarisabilité ionique aussi grande, on l'ignore. De plus, pourquoi à température plus basse se polarise-t-il suivant la diagonale du cube aussi bien que suivant la diagonale de la face du cube, cela non plus n'est pas clair. Si nous calculons la taille réelle des sphères sur la Fig. 11.9 et si nous nous demandons si le titane a un peu de jeu dans la boîte formée par les atomes d'oxygène voisins – ce qu'on pourrait souhaiter, pour qu'il puisse facilement se déplacer – nous trouvons juste le contraire. Il est très serré. Les atomes de baryum eux ont un peu de jeu, mais si l'on suppose que ce sont eux qui se déplacent, cela ne marche pas. Vous voyez donc que le sujet n'est pas clair du tout ; il y a encore des mystères que nous voudrions bien éclaircir.

Revenant à notre modèle simple de la Fig. 11.10(a), nous voyons que le champ dû à une chaîne tendrait à polariser la chaîne voisine en sens *inverse*, ce qui signifie que chaque chaîne serait refermée sur elle-même, mais qu'il n'y aurait pas de moment permanent par unité de volume ! (Il n'y aurait pas d'effets électriques extérieurs, mais il y a quand même certains effets thermodynamiques que l'on pourrait observer.) De tels systèmes existent et sont appelés anti-ferroélectriques. Donc ce que nous venons d'expliquer est en réalité un anti-ferroélectrique. Le titanate de baryum, cependant, est en réalité disposé comme sur la Fig. 11.10(b). Les chaînes oxygène-titane sont toutes polarisées dans le même sens parce qu'il y a des chaînes d'atomes intermédiaires entre elles. Quoique les atomes de ces chaînes ne soient pas très polarisables, ou soient très denses, ils seront un peu polarisés dans la direction anti-parallèle à celle des chaînes oxygène-titane. Les faibles champs produits sur la chaîne oxygène-titane voisine la forceront à se mettre parallèle à la première. Donc $BaTiO_3$ est réellement ferroélectrique et ceci grâce aux atomes intermédiaires. Vous pouvez vous demander : « mais alors, et l'effet direct entre les deux chaînes O-Ti ? » Rappelez-vous cependant que cet effet décroît exponentiellement en fonction de la distance ; l'effet d'une chaîne de *forts* dipôles à la distance de $2a$ peut être moindre que l'effet d'une chaîne de faibles dipôles à la distance $a$.

Ceci termine notre étude, assez détaillée, sur nos connaissances actuelles des constantes diélectriques des gaz, des liquides et des solides.

# ANALOGIES ÉLECTROSTATIQUES 12

## 12.1 LES MÊMES ÉQUATIONS ADMETTENT LES MÊMES SOLUTIONS

L'ensemble des connaissances sur le monde physique acquises depuis les débuts du progrès scientifique est énorme, et il parait presque impossible à une seule personne d'en connaître seulement une fraction raisonnable. Mais il est tout à fait possible à un physicien de posséder une connaissance étendue du monde physique plutôt que de se spécialiser dans un domaine étroit. Les raisons en sont triples : en premier lieu, il y a des principes généraux qui s'appliquent à tous les phénomènes de nature différente - tels que les principes de la conservation de l'énergie et du moment angulaire. Une profonde compréhension de tels principes conduit à une compréhension très étendue d'un seul coup. En second lieu, il y a le fait que de nombreux phénomènes compliqués, comme le comportement des solides sous une compression, sont basés en fait, sur des forces électriques et quantiques, si bien qu'en comprenant les lois fondamentales de l'électricité et de la mécanique quantique, il y a au moins une certaine possibilité de comprendre beaucoup de phénomènes qui se produisent dans des cas complexes. En dernier lieu, il y a une coïncidence des plus remarquables : *les équations pour des cas physiques très différents ont exactement la même forme*. Bien sûr, les symboles peuvent être distincts – une lettre en remplace une autre – mais la forme mathématique des équations est la même. Ce qui veut dire qu'ayant étudié un sujet, nous avons du même coup une connaissance directe précise et très étendue des solutions des équations d'un autre sujet.

Nous en avons maintenant fini avec l'électrostatique, et nous allons bientôt poursuivre notre étude par le magnétisme et l'électrodynamique. Mais avant de commencer, nous aimerions montrer que tout en apprenant l'électrostatique, nous avons simultanément appris un grand nombre d'autres sujets. Nous allons voir que les équations de l'électrostatique apparaissent à bien d'autres endroits en physique. Par une traduction directe des solutions, (bien sûr les mêmes équations mathématiques doivent avoir les mêmes solutions) il est possible de résoudre certains problèmes dans d'autres domaines avec la même facilité – ou la même difficulté – qu'en électrostatique.

Les équations de l'électrostatique sont, nous le savons

$$\nabla \cdot (\kappa \boldsymbol{E}) = \frac{\rho_{\text{libre}}}{\epsilon_0}, \tag{12.1}$$

$$\nabla \times \boldsymbol{E} = 0. \tag{12.2}$$

(Nous considérons les équations de l'électrostatique avec diélectriques pour avoir le cas le plus général.) La même physique peut être exprimée sous une autre forme mathématique :

$$\boldsymbol{E} = -\boldsymbol{\nabla}\phi, \tag{12.3}$$

$$\boldsymbol{\nabla} \cdot (\kappa \boldsymbol{\nabla}\phi) = -\frac{\rho_{\text{libre}}}{\epsilon_0}. \tag{12.4}$$

La question, maintenant, c'est qu'il y a de nombreux problèmes physiques dont les équations mathématiques ont la même forme. Il existe un potentiel ($\phi$) dont le gradient multiplié par une fonction scalaire ($\kappa$) a une divergence égale à une autre fonction scalaire ($-\rho_{\text{libre}}/\epsilon_0$).

Tout ce que nous savons de l'électrostatique peut immédiatement être reporté sur ce nouveau sujet et *vice versa*. (Cela s'applique dans les deux sens, bien sûr – si l'autre sujet possède certaines caractéristiques particulières connues, alors nous pouvons appliquer ce que nous savons au problème correspondant de l'électrostatique.) Nous allons considérer une série d'exemples empruntés à différents sujets qui conduisent à des équations de cette forme.

## 12.2 La propagation de la chaleur ; une source ponctuelle près d'une frontière plane infinie

Nous avons déjà traité un exemple (paragraphe 3-4) – la propagation de la chaleur. Imaginons un bloc d'une certaine substance, qui n'est pas nécessairement homogène mais peut être formé de différentes substances en différents endroits, et dans lequel la température varie d'un point à un autre. Il résulte de ces variations de température qu'il existe une certaine propagation de la chaleur qui peut être représentée par le vecteur $\boldsymbol{h}$. Ce vecteur représente la quantité d'énergie calorifique qui s'écoule par unité de temps à travers une surface unité normale à la direction d'écoulement. La divergence de $\boldsymbol{h}$ représente la chaleur qui sort d'une certaine région par unité de temps et par unité de volume :

$$\boldsymbol{\nabla} \cdot \boldsymbol{h} = \text{débit de chaleur sortant par unité de volume.}$$

(Nous pourrions, bien sûr, écrire cette équation sous forme intégrale – comme nous l'avons fait en électrostatique pour le théorème de Gauss – ce qui exprimerait que le flux sortant d'une surface est égal à la variation par unité de temps de l'énergie calorifique contenue dans la substance. Nous ne nous fatiguerons pas à traduire les équations de l'une à l'autre des formes différentielle et intégrale, puisque tout se passe exactement comme en électrostatique.)

La vitesse à laquelle la chaleur est engendrée ou absorbée en différents points, dépend évidemment du problème. Supposons par exemple qu'il y ait une source de chaleur à l'intérieur de la substance (peut-être une source radioactive, ou bien une résistance chauffée par un courant électrique). Soit $s$ l'énergie calorifique produite, par unité de volume et par seconde, par cette source. Il peut y avoir aussi des pertes (ou des gains) d'énergie thermique transformées en d'autres énergies internes dans le volume. Si $u$ est l'énergie interne par unité de volume, $-du/dt$ sera aussi une « source » d'énergie calorifique. Nous avons alors,

$$\nabla \cdot \boldsymbol{h} = s - \frac{du}{dt}. \tag{12.5}$$

Nous n'allons pas discuter dans l'immédiat, l'équation complète selon laquelle les grandeurs évoluent avec le temps, puisque nous faisons une analogie avec l'électrostatique, où rien ne dépend du temps. Nous considérons seulement les problèmes *stationnaires de propagation de la chaleur* dans lesquels des sources constantes créent un état d'équilibre. Dans ces cas,

$$\nabla \cdot \boldsymbol{h} = s. \tag{12.6}$$

Il est nécessaire évidemment, d'avoir une autre équation qui décrira comment la chaleur s'écoule en différents points. Dans de nombreuses substances, le courant de chaleur est à peu près proportionnel au gradient de la température : plus grande est la différence de température, plus intense est le courant de chaleur. Comme nous l'avons vu, le *vecteur* courant de chaleur est proportionnel au gradient de la température. La constante de proportionnalité $K$, caractéristique de la substance, est appelée la *conductivité thermique*

$$\boldsymbol{h} = -K\,\nabla T. \tag{12.7}$$

Si les propriétés de la substance varient d'un point à un autre, alors $K = K(x, y, z)$, fonction du point. [L'équation (12.7) n'est pas aussi fondamentale que (12.5), laquelle exprime la conservation de l'énergie calorifique, puisque la première repose sur une propriété particulière de la substance.] Si maintenant nous portons l'Éq. (12.7) dans l'Éq. (12.6), nous obtenons

$$\nabla \cdot (K\,\nabla T) = -s, \tag{12.8}$$

qui est exactement de la même forme que (12.4). *Les problèmes stationnaires de propagation de la chaleur et les problèmes d'électrostatique sont les mêmes.* Le vecteur courant de chaleur $\boldsymbol{h}$ correspond à $\boldsymbol{E}$ et la température $T$ correspond à $\phi$. Nous avons déjà remarqué qu'une source de chaleur ponctuelle crée un champ de température qui varie comme $1/r$ et un courant de chaleur qui varie comme $1/r^2$. Ceci n'est rien de plus qu'une traduction des énoncés de l'électrostatique, qui disent qu'une charge ponctuelle produit un potentiel qui varie comme $1/r$ et un champ électrique qui varie comme $1/r^2$. Nous pouvons, en général, résoudre des problèmes statiques de chaleur aussi facilement que des problèmes d'électrostatique.

Considérons un exemple simple. Soit un cylindre de rayon $a$ à la température $T_1$, maintenue constante grâce à un générateur de chaleur dans le cylindre. (Ce pourrait être, par exemple, un fil parcouru par un courant, ou bien un tuyau avec de la vapeur qui se condense à l'intérieur.) Le cylindre est entouré d'une enveloppe concentrique d'un isolant de conductivité $K$. Soit $b$ le rayon extérieur de l'enveloppe, et $T_2$ la température maintenue constante de l'extérieur (Fig. 12.1a). Nous voulons trouver la vitesse à laquelle la chaleur sera perdue par le fil, ou le tuyau, ou quoi que ce soit placé au centre. Soit $G$ la quantité totale de chaleur perdue par une longueur $L$ du tube – c'est ce que nous cherchons.

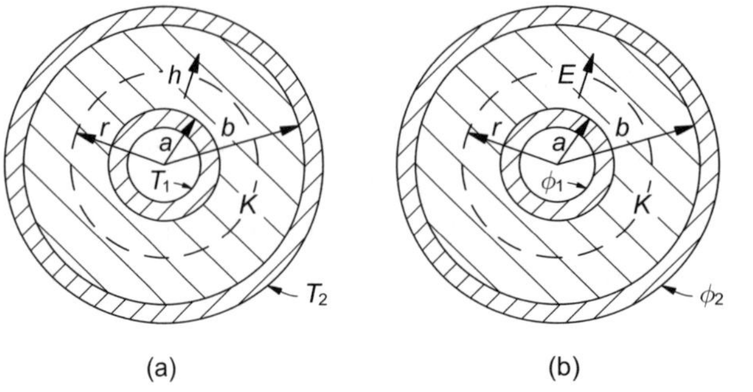


Figure 12.1 – (a) Écoulement de la chaleur dans une géométrie cylindrique. (b) Le problème électrique correspondant.

Comment résoudre ce problème ? Nous avons les équations différentielles, mais puisqu'elles sont les mêmes que celles de l'électrostatique, nous avons en fait déjà résolu le problème mathématique. Le problème analogue est celui d'un conducteur de rayon $a$ au potentiel $\phi_1$, séparé d'un autre conducteur de rayon $b$ au potentiel $\phi_2$ par une couche diélectrique concentrique, comme cela est dessiné sur la Fig. 12.1b. Puisque l'écoulement de chaleur $\boldsymbol{h}$ correspond au champ électrique $\boldsymbol{E}$ la grandeur $G$ que nous cherchons correspond au flux du champ électrique sur une longueur unité (en d'autres termes, à la charge électrique par unité de longueur, divisée par $\epsilon_0$). Nous avons résolu le problème d'électrostatique par application du théorème de Gauss. Nous suivrons la même méthode pour ce problème de propagation de la chaleur.

D'après la symétrie, nous savons que $h$ dépend seulement de la distance au centre. Donc nous enfermons le tuyau dans un cylindre de Gauss de longueur $L$ et de rayon $r$. D'après le théorème de Gauss, nous savons que l'écoulement de chaleur $h$ multiplié par l'aire $2\pi rL$ de la surface, doit être égal à la quantité totale de chaleur engendrée à l'intérieur, et que nous avons appelée $G$ :

$$2\pi rLh = G \qquad \text{ou} \qquad h = \frac{G}{2\pi rL}. \tag{12.9}$$

L'écoulement de chaleur est proportionnel au gradient de température :

$$\boldsymbol{h} = -K\,\boldsymbol{\nabla}T,$$

ou bien, ici, le module de $\boldsymbol{h}$ est

$$h = -K\frac{dT}{dr}.$$

Ceci, joint à (12.9), donne

$$\frac{dT}{dr} = -\frac{G}{2\pi KLr}. \tag{12.10}$$

En intégrant depuis $r = a$ jusqu'à $r = b$, nous obtenons

$$T_2 - T_1 = -\frac{G}{2\pi KL}\ln\frac{b}{a}. \tag{12.11}$$

En résolvant par rapport à $G$, nous trouvons

$$G = \frac{2\pi KL(T_1 - T_2)}{\ln(b/a)}. \qquad (12.12)$$

Ce résultat correspond exactement à celui de la charge d'un condensateur cylindrique :

$$Q = \frac{2\pi\epsilon_0 L(\phi_1 - \phi_2)}{\ln(b/a)}.$$

Les problèmes sont les mêmes, et ils admettent les mêmes solutions. À partir de ce que nous savons en électrostatique, nous pouvons connaître aussi la quantité de chaleur perdue par un tuyau isolé.

Considérons un autre exemple de propagation de la chaleur. Supposons que nous voulons connaître la propagation de la chaleur au voisinage d'une source ponctuelle de chaleur située un peu au-dessous de la surface de la terre, ou près de la surface d'un grand bloc métallique. La source de chaleur considérée, pourrait être une bombe atomique qui a explosé sous terre, et constitue une source intense de chaleur, ou bien, cela pourrait être une petite source radioactive à l'intérieur d'un bloc de fer – il y a bien des possibilités.

Nous traiterons le problème idéal d'une source ponctuelle de chaleur, d'intensité $G$ à la distance $a$ au-dessous de la surface d'un bloc infini d'une substance homogène de conductivité thermique $K$. Et nous négligerons la conductivité thermique de l'air à l'extérieur de la substance. Nous chercherons à déterminer la distribution de température sur la surface du bloc. Comment est-il chaud juste au-dessus de la source et en différents points de sa surface ?

Comment faire ? Cela ressemble à un problème d'électrostatique avec deux diélectriques différents de part et d'autre d'un plan infini. Ah ! C'est peut-être l'analogue d'une source ponctuelle près de la surface de séparation d'un diélectrique et d'un conducteur, ou quelque chose de ce genre. Voyons ce qui se passe près de la surface. La condition physique est que la composante normale de $\boldsymbol{h}$ soit *nulle* sur la surface, puisque nous avons admis qu'il n'y avait pas d'écoulement de chaleur à l'extérieur du bloc. Nous devrions nous demander : dans quel problème d'électrostatique avons-nous la condition que la composante normale du champ électrique $\boldsymbol{E}$ (qui est l'analogue de $\boldsymbol{h}$) soit *nulle* sur une surface ? Dans aucun !

Voilà une des choses que nous devons examiner attentivement. Pour des raisons physiques, il peut y avoir certaines restrictions aux conditions mathématiques qui apparaissent dans un sujet quelconque. Donc, si nous avons analysé l'équation différentielle seulement pour certains cas limités, nous avons pu omettre certaines solutions qui peuvent apparaître dans d'autres conditions physiques. Par exemple, il n'y a pas de substance dont la constante diélectrique soit nulle, alors que le vide a bien une conductivité thermique nulle. Il n'y a donc pas d'analogue électrostatique pour un isolant thermique parfait. Cependant, nous pouvons encore utiliser les mêmes *méthodes*. Nous pouvons essayer *d'imaginer* ce qui se passerait si la constante diélectrique *était* nulle. (Bien sûr la constante diélectrique n'est jamais nulle dans aucun cas réel. Mais nous pourrions avoir le cas d'une substance avec une constante diélectrique très *élevée,* de manière à pouvoir négliger la constante diélectrique de l'air à l'extérieur.)

Comment trouver un champ électrique dont la composante normale soit *nulle* à la surface ? C'est-à-dire un champ qui soit toujours *tangent* à la surface ? Remarquez que ce problème est le contraire de celui d'une charge ponctuelle prés d'un plan conducteur. Là nous voulions que le champ soit *normal* à la surface, car tout le conducteur était au même potentiel. Dans le problème électrique, nous avons inventé une solution en imaginant une charge ponctuelle derrière la plaque conductrice. Nous pouvons utiliser de nouveau la même idée. Essayons de choisir une « source image » qui annulera automatiquement la composante normale du champ à la surface. On voit la solution sur la Fig. 12.2. Une source image de *même signe* et de même valeur placée à la distance $a$ au-dessus de la surface rendra le champ horizontal sur toute la surface. Les composantes normales des deux sources se compensent.

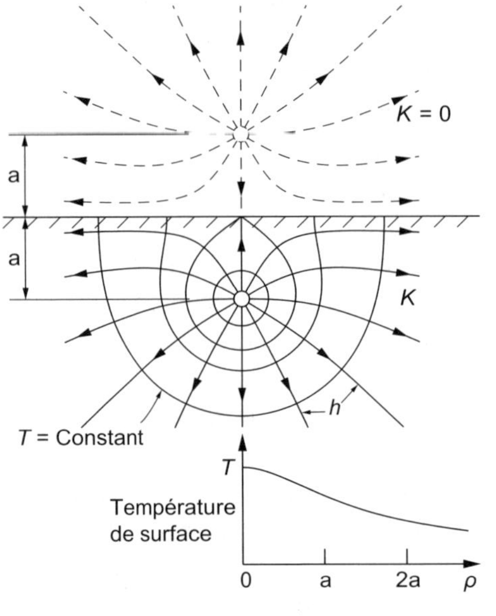


Figure 12.2 – L'écoulement de la chaleur et les isothermes près d'une source ponctuelle de chaleur à la distance $a$ en dessous de la surface d'un bon conducteur thermique. On a fait figurer une source image à l'extérieur du matériau.

Ainsi, notre problème de propagation de la chaleur est résolu. La température est, par analogie directe, partout la même que le potentiel dû à deux charges ponctuelles égales ! La température $T$ la distance $r$ d'une source ponctuelle unique $G$ dans un milieu infini est

$$T = \frac{G}{4\pi K r}. \tag{12.13}$$

(Ceci, évidemment, est simplement l'analogue de $\phi = q/4\pi\epsilon_0 r$). La température, pour une source ponctuelle et la source image, est

$$T = \frac{G}{4\pi K r_1} + \frac{G}{4\pi K r_2}. \tag{12.14}$$

Cette formule nous donne la température partout dans le bloc. Quelques surfaces isothermes sont tracées sur la Fig. 12.2. On a montré aussi les lignes de champ de $\boldsymbol{h}$ qui s'obtiennent à partir de $\boldsymbol{h} = K\boldsymbol{\nabla}T$.

À l'origine nous cherchions la distribution de la température sur la surface. Pour un point de la surface à la distance $\rho$ de l'axe, $r_1 = r_2 = \sqrt{\rho^2 + a^2}$, donc

$$T(\text{surface}) = \frac{1}{4\pi K} \frac{2G}{\sqrt{\rho^2 + a^2}}. \tag{12.15}$$

On a représenté aussi cette fonction sur la figure. Naturellement, la température est plus élevée juste au-dessus de la source qu'en des points éloignés. C'est un genre de problème que les géophysiciens ont souvent à résoudre. Nous voyons maintenant que c'est le même genre de choses que nous avons déjà résolu en électricité.

## 12.3 La membrane tendue

Considérons maintenant un cas physique tout à fait différent, qui conduit cependant de nouveau aux mêmes équations. Soit une fine feuille de caoutchouc – une membrane – tendue sur un grand cadre horizontal (comme une peau de tambour). Supposons que l'on pousse cette membrane dans un sens en un point et dans le sens contraire en un autre point, comme sur la Fig. 12.3. Pouvons-nous décrire la forme de la surface ? Nous allons voir comment on peut résoudre ce problème quand les déformations de la membrane ne sont pas trop grandes.

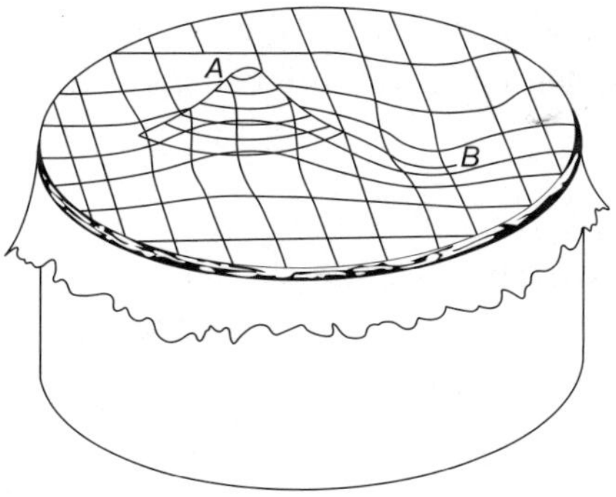


Figure 12.3 – Une fine feuille de caoutchouc tendue sur un cadre cylindrique (comme un tambour). Si la feuille est poussée vers le haut en $A$, et vers le bas en $B$, quelle est la forme de la surface ?

Il s'exerce des forces dans la feuille parce qu'elle est tendue. Si nous faisions une petite entaille quelque part, les deux bords de l'entaille se sépareraient (voir Fig. 12.4). Il y a donc dans la feuille, une *tension superficielle* analogue à la tension unidimensionnelle d'une corde tendue. Nous définirons l'intensité de la tension superficielle $\tau$, comme la

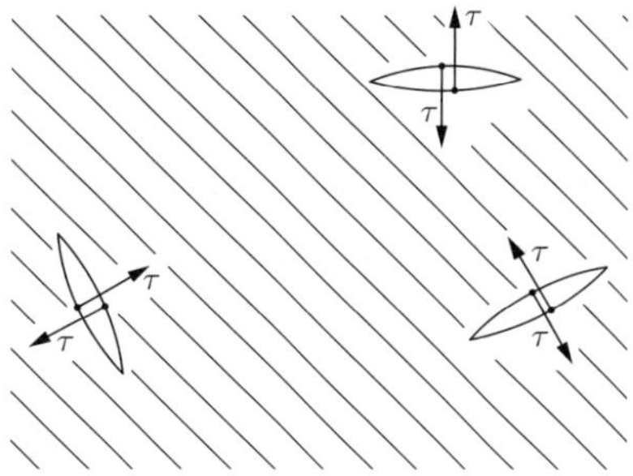


Figure 12.4 – La tension superficielle $\tau$ d'une feuille de caoutchouc tendue est la force par unité de longueur, normale à une ligne.

force *par unité de longueur* juste nécessaire à maintenir côte à côte les deux bords d'une entaille, telle que l'une de celles représentées sur la Fig. 12.4.

Regardons maintenant ce qui se passe dans une coupe verticale de la membrane. Elle se présente comme une courbe, comme celle de la Fig. 12.5. Soit $u$ le déplacement vertical de la membrane à partir de sa position normale, et soit $x$ et $y$ les coordonnées d'un point du plan horizontal. (La coupe représentée est parallèle à l'axe des $x$.)

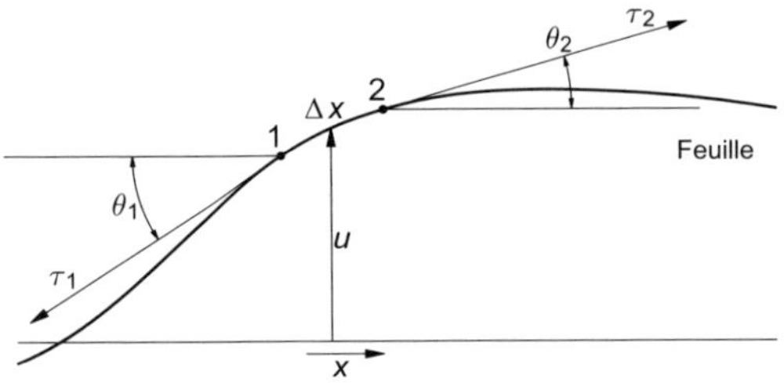


Figure 12.5 – Coupe de la feuille déformée.

Soit un petit morceau de surface de longueur $\Delta x$ et largeur $\Delta y$. Des forces dues à la tension superficielle vont s'exercer sur ce morceau le long de chaque côté. La force le long du côté 1 de la figure sera $\tau_1 \Delta y$, dirigée tangentiellement à la surface – c'est-à-dire faisant un angle $\theta_1$ avec l'horizontale. Le long du côté 2, la force sera $\tau_2 \Delta y$ inclinée d'un angle $\theta_2$. (Il y aura des forces semblables sur les deux autres côtés de ce morceau, mais nous n'en tiendrons pas compte pour l'instant.) La résultante des forces agissant sur les côtés 1 et 2, est dirigée vers le haut et vaut

$$\Delta F = \tau_2 \, \Delta y \sin \theta_2 - \tau_1 \, \Delta y \sin \theta_1 .$$

Nous nous limiterons au cas des faibles déformations de la membrane, c'est-à-dire à de *faibles pentes* : nous pouvons alors remplacer $\sin\theta$ par $\operatorname{tg}\theta$ qui peut encore s'écrire $\partial u / \partial x$. La force est alors

$$\Delta F = \left[ \tau_2 \left( \frac{\partial u}{\partial x} \right)_2 - \tau_1 \left( \frac{\partial u}{\partial x} \right)_1 \right] \Delta y .$$

La quantité entre crochets peut aussi bien s'écrire (pour $\Delta x$ petit)

$$\frac{\partial}{\partial x} \left( \tau \frac{\partial u}{\partial x} \right) \Delta x ;$$

alors

$$\Delta F = \frac{\partial}{\partial x} \left( \tau \frac{\partial u}{\partial x} \right) \Delta x \, \Delta y .$$

Les forces agissant sur les deux autres côtés contribuent aussi à la force $\Delta F$ ; la résultante est évidemment

$$\Delta F = \left[ \frac{\partial}{\partial x} \left( \tau \frac{\partial u}{\partial x} \right) + \frac{\partial}{\partial y} \left( \tau \frac{\partial u}{\partial y} \right) \right] \Delta x \, \Delta y . \tag{12.16}$$

Les déformations du diaphragme sont dues à des forces extérieures. Soit $f$ la force *par unité de surface* dirigée *vers le haut* agissant sur la feuille (une sorte de « pression ») et due aux *forces extérieures*. Quand la membrane est en équilibre (cas *statique*), cette force doit être équilibrée par la force interne que nous venons de calculer, Éq. (12.16). Ce qui donne

$$f = -\frac{\Delta F}{\Delta x \, \Delta y}.$$

L'Éq. (12.16) peut alors s'écrire

$$f = -\boldsymbol{\nabla} \cdot (\tau \, \boldsymbol{\nabla} u), \qquad (12.17)$$

où $\boldsymbol{\nabla}$ est ici, évidemment, l'opérateur gradient à deux dimensions $(\partial/\partial x, \partial/\partial y)$. Nous avons l'equation différentielle reliant $u(x, y)$ aux forces appliquées $f(x, y)$ et à la tension superficielle $\tau(x, y)$, qui peut en général varier d'un point à un autre de la feuille. (Les déformations pour un corps élastique à trois dimensions obéissent aussi à des équations analogues, mais nous nous limiterons au cas à deux dimensions.) Nous nous occuperons seulement du cas où la tension $\tau$ est constante sur toute la feuille. Nous pouvons alors écrire pour l'Éq. (12.17),

$$\nabla^2 u = -\frac{f}{\tau}. \qquad (12.18)$$

Nous avons là encore une équation qui est la même qu'en électrostatique ! – seulement cette fois-ci elle est limitée à deux dimensions. Le déplacement $u$ correspond à $\phi$ et $f/\tau$ correspond à $\rho/\epsilon_0$. Donc tout ce que nous avons trouvé concernant des couches planes infinies chargées, ou des fils parallèles infiniment longs, ou des cylindres chargés, est directement applicable à la membrane tendue.

Supposons que nous soulevions la membrane en certains points à une certaine *hauteur*, c'est-à-dire que nous fixions la valeur de $u$ en différents points. C'est l'analogue d'un *potentiel* défini aux points correspondants dans le cas électrique. Ainsi, par exemple, nous pouvons créer un « potentiel » positif en soulevant la membrane avec un objet dont la section droite a la forme du cylindre conducteur correspondant. Par exemple, si nous soulevons la membrane avec une tige circulaire, la surface prendra la forme représentée sur la Fig. 12.6. La hauteur $u$ est la même que le potentiel électrostatique $\phi$ d'une tige cylindrique chargée. Elle décroît comme $\log(1/r)$. (La *pente*, qui correspond au champ électrique $E$, décroît comme $1/r$.)

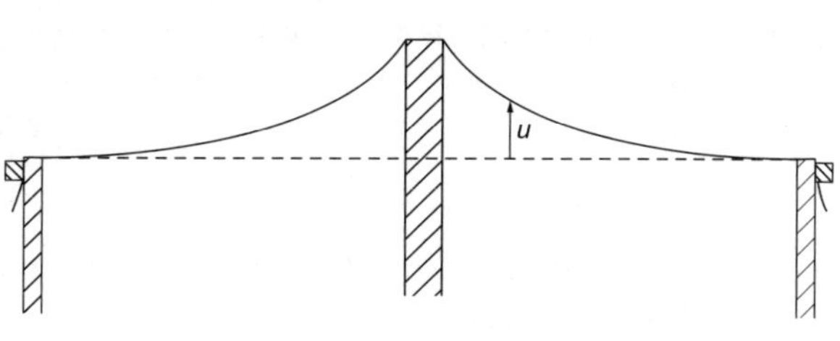


Figure 12.6 – Coupe d'une feuille de caoutchouc tendue et poussée vers le haut par une tige circulaire. La fonction $u(x, y)$ est la même que le potentiel électrique $\phi(x, y)$ près d'une longue tige chargée.

La feuille de caoutchouc tendue a été souvent utilisée pour résoudre expérimentalement des problèmes *électriques* compliqués. L'analogie est utilisée dans le sens inverse !

Des tiges et barres diverses sont poussées contre la feuille, à des hauteurs qui correspondent aux potentiels d'une série d'électrodes. Les mesures de la hauteur donnent alors le potentiel électrique dans le cas électrique. L'analogie a même été poussée plus loin. Si des petites balles sont placées sur la membrane, leur mouvement correspond à peu près à celui des électrons dans le champ électrique correspondant. On peut réellement *observer* les « électrons » qui se meuvent sur leurs trajectoires. Cette méthode a été utilisée pour mettre au point la géométrie compliquée de beaucoup de tubes photomultiplicateurs, (tels que ceux utilisés pour les compteurs à scintillation, et celui utilisé pour régler les phares des Cadillac). La méthode est toujours en usage mais la précision est limitée. Pour des travaux plus précis, il vaut mieux déterminer les champs par des méthodes numériques, utilisant les grandes calculatrices électroniques.

## 12.4 La diffusion des neutrons ; une source sphérique uniforme dans un milieu homogène

Prenons un autre exemple qui donne le même genre d'équation, se rapportant cette fois à la diffusion. Au chapitre 43 du Vol. I, nous avons traité de la diffusion des ions dans un gaz unique, et d'un gaz dans un autre. Prenons cette fois un exemple différent – la diffusion des neutrons dans une substance comme le graphite. Nous avons choisi le graphite (une forme pure du carbone) parce que le carbone n'absorbe pas les neutrons lents. Les neutrons sont libres d'y circuler. Ils suivent une ligne droite sur plusieurs centimètres en moyenne, avant d'être diffusés par un noyau et déviés dans une autre direction. Donc si nous avons un grand bloc – de plusieurs mètres de côté – les neutrons initialement en un point, vont diffuser vers d'autres points. Nous voulons trouver une description de leur comportement moyen – c'est-à-dire de leur *propagation moyenne*.

Soit $N(x, y, z)\Delta V$ le nombre de neutrons contenus dans l'élément de volume $\Delta V$ au point $(x, y, z)$. En raison de leur mouvement, certains neutrons sortiront de $\Delta V$ et d'autres y entreront. S'il y a plus de neutrons dans une certaine région que dans une région voisine, il y aura plus de neutrons qui iront de la première région vers la seconde, que le contraire ; il y aura un courant résultant. En suivant les raisonnements du chapitre 43 du Vol. I, nous décrivons ce courant par le vecteur courant $\boldsymbol{J}$. Sa composante suivant les $x$, $J_x$, est le nombre *total* de neutrons qui traversent par unité de temps l'unité de surface normale à la direction des $x$. Nous avons trouvé que

$$J_x = -D\frac{\partial N}{\partial x}, \tag{12.19}$$

où la constante de diffusion $D$ est donnée en fonction de la vitesse moyenne $v$ et du libre parcours moyen $l$ entre deux diffusions par

$$D = \frac{1}{3}lv.$$

L'équation vectorielle de $\boldsymbol{J}$ est

$$\boldsymbol{J} = -D\,\boldsymbol{\nabla} N. \tag{12.20}$$

Le nombre de neutrons par unité de temps qui s'écoulent à travers une surface élémentaire $da$ est $\boldsymbol{J} \cdot \boldsymbol{n}da$ (où, comme toujours, $\boldsymbol{n}$ est le vecteur unitaire de la normale). Le courant total *sortant d'un élément de volume* est alors (suivant le raisonnement gaussien habituel) $\boldsymbol{\nabla} \cdot \boldsymbol{J} dV$. Cet écoulement va produire une diminution, avec le temps, du nombre de neutrons dans $\Delta V$, à moins que des neutrons ne soient créés dans $\Delta V$ (par un procédé nucléaire quelconque). S'il y a des sources dans le volume qui engendrent $S$ neutrons par unité de temps dans l'unité de volume, alors le courant total sortant de $\Delta V$ sera égal à $(S - \partial N/\partial t)\Delta V$. Nous avons alors

$$\boldsymbol{\nabla} \cdot \boldsymbol{J} = S - \frac{\partial N}{\partial t}. \tag{12.21}$$

Combinant (12.21) et (12.20), nous obtenons *l'équation de diffusion des neutrons*

$$\boldsymbol{\nabla} \cdot (-D\,\boldsymbol{\nabla} N) = S - \frac{\partial N}{\partial t}. \tag{12.22}$$

Dans le cas statique – où $\partial N/\partial t = 0$ – nous retrouvons encore une fois l'Éq. (12.4) ! Nous allons pouvoir nous servir de nos connaissances d'électrostatique pour résoudre des problèmes sur la diffusion des neutrons. Donc, résolvons-en un. (Vous pouvez penser : *pourquoi* faire un problème, alors que nous les avons tous faits en électrostatique ? Nous pouvons le faire *plus vite* cette fois parce que nous *avons* fait les problèmes d'électrostatique !).

Imaginons un bloc d'une substance dans laquelle sont engendrés des neutrons – disons par fission de l'uranium – uniformément dans une région sphérique de rayon $a$ (Fig. 12.7). Nous voudrions savoir : quelle est la densité des neutrons partout ? Dans quelle mesure la densité des neutrons, dans la région où ils sont engendrés, est-elle uniforme ? Quel est le rapport des densités de neutrons au centre et à la surface de la région où ils sont engendrés ? Il est facile de répondre. La densité de la source $S_0$ remplace la densité de charge $\rho$, donc ce problème est le même que celui d'une sphère avec une densité de charge uniforme. Trouver $N$ revient à trouver le potentiel $\phi$. Nous avons déjà calculé les champs à l'intérieur et à l'extérieur d'une sphère chargée uniformément ; nous pouvons les intégrer pour avoir le potentiel. À l'extérieur, le potentiel est $Q/4\pi\epsilon_0 r$, la charge totale $Q$ étant donnée par $4\pi a^3\rho/3$. Donc

$$\phi_{\text{extérieur}} = \frac{\rho a^3}{3\epsilon_0 r}. \tag{12.23}$$

Pour les points à l'intérieur, le champ est dû seulement à la charge $Q(r)$ intérieure à la sphère de rayon $r$, $Q(r) = 4\pi r^3\rho/3$, donc

$$E = \frac{\rho r}{3\epsilon_0}. \tag{12.24}$$

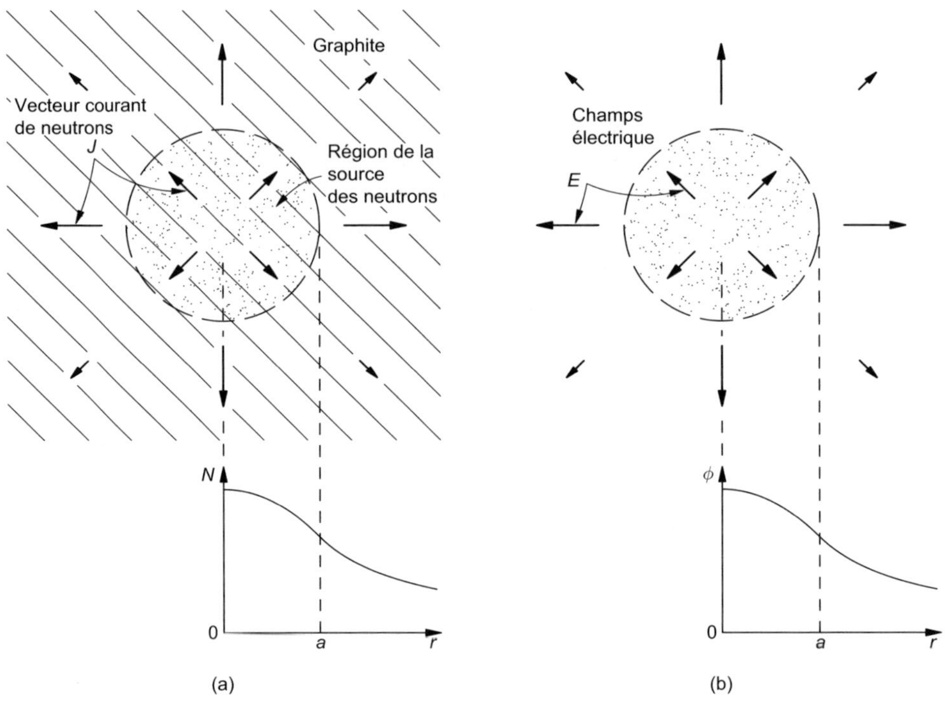


Figure 12.7 – (a) Des neutrons sont produits uniformément dans une sphère de rayon $a$ contenue dans un grand bloc de graphite, et diffusent vers l'extérieur. On trouve la densité des neutrons $N$ en fonction de $r$, distance au centre de la source. (b) Le cas électrostatique analogue : une sphère uniformément chargée, où $N$ correspond à $\phi$ et $J$ correspond à $E$.

Le champ croît linéairement avec $r$. En intégrant $E$ pour avoir $\phi$, nous obtenons

$$\phi_{\text{intérieur}} = -\frac{\rho r^2}{6\epsilon_0} + \text{constante}.$$

Pour le rayon $a$, $\phi_{\text{intérieur}}$ doit être égal à $\phi_{\text{extérieur}}$ donc il faut que la constante soit égale à $\rho a^2/2\epsilon_0$. (Nous admettons que $\phi$ est nul loin de la source, ce qui correspond à $N$ nul pour les neutrons.) Par suite,

$$\phi_{\text{intérieur}} = \frac{\rho}{3\epsilon_0}\left(\frac{3a^2}{2} - \frac{r^2}{2}\right). \tag{12.25}$$

Nous connaissons tout de suite la densité des neutrons dans notre autre problème. La réponse est

$$N_{\text{extérieur}} = \frac{S a^3}{3Dr}, \tag{12.26}$$

et

$$N_{\text{intérieur}} = \frac{S}{3D}\left(\frac{3a^2}{2} - \frac{r^2}{2}\right). \tag{12.27}$$

La Fig. 12.7 représente $N$ en fonction de $r$.

Quel est alors le rapport de la densité au centre et sur la sphère ? Au centre ($r = 0$), elle est proportionnelle à $3a^2/2$. Sur la sphère ($r = a$), elle est proportionnelle à $2a^2/2$, donc le rapport des densités est 3/2. Une source uniforme ne produit pas une densité de neutrons uniforme. Vous voyez que nos connaissances d'électrostatique nous donnent une bonne base pour la physique des réacteurs nucléaires.

Il y a de nombreux cas en physique où la diffusion joue un grand rôle. Le mouvement des ions dans un liquide, ou des électrons dans un semi-conducteur, obéissent à la même équation. Nous retrouvons toujours et toujours les mêmes équations.

## 12.5 ÉCOULEMENT IRROTATIONNEL D'UN FLUIDE ; ÉCOULEMENT AUTOUR D'UNE SPHÈRE

Considérons maintenant un autre exemple qui n'est en réalité pas très bien choisi, parce que les équations que nous allons appliquer ne représentent pas, le sujet dans toute sa généralité, mais seulement dans un cas idéalisé artificiel. Prenons le problème de *l'écoulement de l'eau*. Dans le cas de la membrane tendue, les équations étaient une approximation valable seulement pour les *petites déformations*. En ce qui concerne l'écoulement de l'eau, nous ne ferons pas ce genre d'approximation ; nous devons faire des restrictions qui ne s'appliquent pas du tout à l'eau réelle. Traitons seulement le cas de l'écoulement stationnaire d'un liquide *incompressible, non visqueux, de circulation nulle*. Alors nous pouvons représenter l'écoulement par la vitesse $v(\boldsymbol{r})$ fonction de la position $r$. Si le mouvement est stationnaire (seul cas pour lequel il y a un analogue électrostatique) $\boldsymbol{v}$ est indépendant du temps. Si $\rho$ est la densité du fluide, alors $\rho\boldsymbol{v}$ est la masse qui traverse la surface unité par unité de temps. Par suite de la conservation de la matière, la divergence de $\rho\boldsymbol{v}$ sera en général la variation par unité de temps de la masse volumique du matériau. Nous admettrons qu'il n'y a aucun processus de création ou de destruction continue de matière. La conservation de la matière implique que $\boldsymbol{\nabla}\cdot\rho\boldsymbol{v} = 0$. (Cela devrait être égal en général à $\partial\rho/\partial t$, mais puisque notre fluide est incompressible, $\rho$ ne peut varier.) Puisque $\rho$ est partout la même, nous pouvons la mettre en facteur et simplifier, ce qui donne alors simplement

$$\boldsymbol{\nabla}\cdot\boldsymbol{v} = 0.$$

Bon ! Nous voilà de nouveau en électrostatique (sans charges) ; ceci est en effet la même chose que $\boldsymbol{\nabla}\cdot\boldsymbol{E} = 0$. Mais non ! L'électrostatique *n'est pas* seulement $\boldsymbol{\nabla}\cdot\boldsymbol{E} = 0$. C'est une *paire* d'équations. Une seule équation ne nous en dit pas assez ; nous avons besoin d'une équation supplémentaire. Pour coller exactement avec l'électrostatique, nous devrions avoir aussi que rot $\boldsymbol{v}$ est nul. Mais ceci n'est pas vrai en général pour les liquides réels. Dans la plupart des liquides, il apparaîtra en général une certaine circulation. Donc, nous devons nous restreindre au cas où il n'y a pas de circulation du fluide. Un tel écoulement est souvent appelé *irrotationnel*. Quoi qu'il en soit, si nous faisons toutes ces hypothèses, nous pouvons *imaginer* pour un fluide le cas d'un écoulement analogue à l'électrostatique. Donc nous poserons

$$\boldsymbol{\nabla}\cdot\boldsymbol{v} = 0 \tag{12.28}$$

et

$$\nabla \times \boldsymbol{v} = 0. \tag{12.29}$$

Nous insistons bien sur le fait que les circonstances dans lesquelles l'écoulement d'un liquide obéit à ces équations sont loin d'être la majorité, mais il y en a quelques-unes. Ce doit être des cas où l'on peut négliger la tension superficielle, la compressibilité et la viscosité, et pour lesquels nous pouvons admettre que l'écoulement est irrotationnel. Ces hypothèses sont si rarement valables pour de l'eau réelle que le mathématicien John von Neumann disait que ceux qui examinent les Éq. (12.28) et (12.29) étudient de « l'eau sèche » ! (Nous reprendrons plus en détail le problème de l'écoulement d'un fluide dans les chapitres 40 et 41.) Puisquev $\nabla \times \boldsymbol{v} = 0$, la vitesse de « l'eau sèche » peut s'écrire comme le gradient d'un certain potentiel :

$$\boldsymbol{v} = -\nabla\psi. \tag{12.30}$$

Quel est le sens physique de $\psi$ ? Il n'y en a aucun de bien utile. On peut écrire la vitesse comme un gradient tout simplement parce que l'écoulement est irrotationnel. Et par analogie avec l'électrostatique, on appelle $\psi$ le *potentiel des vitesses*, mais il n'est pas en rapport avec l'énergie potentielle comme l'est $\phi$. Puisque la divergence de $\boldsymbol{v}$ est nulle, nous avons

$$\nabla \cdot (\nabla\psi) = \nabla^2\psi = 0. \tag{12.31}$$

Le potentiel des vitesses $\psi$ obéit à la même équation différentielle que le potentiel électrostatique dans un espace vide ($\rho = 0$).

Envisageons un problème d'écoulement irrotationnel et voyons si nous pouvons le résoudre par les méthodes que nous avons apprises. Soit le problème d'une balle sphérique tombant dans un liquide. Si elle tombe trop lentement, les forces de viscosité, que nous négligeons, seront très importantes. Si elle tombe trop vite, de petits tourbillons (turbulence) se produiront dans son sillage et il y aura une certaine circulation de l'eau. Mais si la balle ne tombe ni trop vite, ni trop lentement, il est plus ou moins vrai que l'écoulement de l'eau satisfera nos hypothèses, et nous pourrons décrire le mouvement de l'eau par nos équations simples.

Il est commode de décrire ce qui se passe dans un référentiel *lié à la sphère*. Dans ce référentiel, nous nous posons la question : comment l'eau s'écoule-t-elle autour d'une sphère au repos, quand l'écoulement au loin est uniforme ? C'est-à-dire, quand loin de la sphère, l'écoulement est partout le même. L'écoulement près de la sphère sera tel qu'il est représenté par les lignes de courant sur la Fig. 12.8. Ces lignes, toujours parallèles à $\boldsymbol{v}$, correspondent aux lignes de champ électrique. Nous voulons trouver une description quantitative du champ des vitesses, c'est-à-dire, une expression de la vitesse en tout point $P$.

Nous pouvons calculer la vitesse à partir du gradient de $\psi$, nous calculerons donc d'abord le potentiel. Nous voulons un potentiel qui satisfasse l'Éq. (12.31) partout, et aussi les deux restrictions suivantes : (1) il n'y a pas d'écoulement dans la région sphérique intérieure à la balle, et (2) l'écoulement est constant au loin. Pour satisfaire (1),

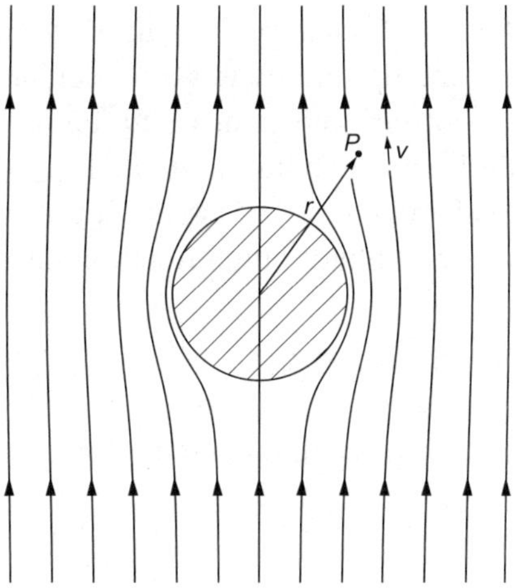


Figure 12.8 – Le champ des vitesses de l'écoulement irrotationnel d'un fluide autour d'une sphère.

la composante de $\boldsymbol{v}$ normale à la surface de la sphère doit être nulle. Cela signifie que $\partial\psi/\partial r$ est nulle pour $r = 0$. Pour satisfaire (2), nous devons avoir $\partial\psi/\partial z = v_0$ en tous points où $r \gg a$. À proprement parler, il n'y a pas de cas électrostatique correspondant exactement à notre problème. Il correspond en réalité à placer une sphère de constante diélectrique *nulle* dans un champ électrique uniforme. Si nous avions cherché la solution du problème d'une sphère de constante diélectrique $\kappa$ dans un champ uniforme, alors en faisant $\kappa = 0$ nous aurions immédiatement la solution de ce problème.

Nous n'avons pas jusqu'ici traité ce problème particulier d'électrostatique en détail, mais traitons-le maintenant. (Nous pourrions traiter directement le problème avec $\boldsymbol{v}$ et $\psi$, mais nous prendrons $\boldsymbol{E}$ et $\phi$ car nous y sommes bien plus habitués.)

Le problème est le suivant : trouver une solution de $\nabla^2\phi = 0$ tel que $\boldsymbol{E} = -\boldsymbol{\nabla}\phi$ soit constant, soit $\boldsymbol{E}_0$, pour $r$ grand, et tel que la composante radiale de $\boldsymbol{E}$ soit nulle pour $r = a$. C'est-à-dire,

$$\left.\frac{\partial\phi}{\partial r}\right|_{r=a} = 0. \tag{12.32}$$

Il y a dans notre problème un nouveau type de conditions aux limites, pas celle qui impose à $\phi$ d'être constant sur la surface, mais celle qui impose à $\partial\phi/\partial r$ d'être constant. Ceci est un peu différent. Il n'est pas facile d'avoir la réponse immédiatement. Tout d'abord, sans sphère, $\phi$ serait égal à $-E_0 z$. Alors $\boldsymbol{E}$ serait orienté suivant la direction des $z$ et aurait l'intensité $E_0$ constante partout. Or, nous avons analysé le cas d'une sphère diélectrique polarisée uniformément à l'intérieur, et nous avons trouvé que le champ à l'intérieur d'une telle sphère polarisée est uniforme, et à l'extérieur, il est le même que celui d'un dipôle ponctuel situé au centre. Donc, parions que la solution cherchée est la superposition d'un champ uniforme et du champ d'un dipôle. Le potentiel créé par un dipôle est (chapitre 6) $pz/4\pi\epsilon_0 r^3$. Ainsi nous admettons que

$$\phi = -E_0 z + \frac{pz}{4\pi\epsilon_0 r^3}. \tag{12.33}$$

Puisque le champ dû au dipôle décroît comme $1/r^3$, au loin nous avons juste le champ $E_0$. Le champ que nous avons deviné satisfera bien la condition (2) ci-dessus. Mais, que prendrons-nous pour valeur du moment du dipôle $p$ ? Pour le trouver il faut tenir compte de l'autre condition sur $\phi$, Éq. (12.32). Nous devons dériver $\phi$ par rapport à $r$, mais évidemment à $\theta$ constant ; il est donc plus commode d'exprimer d'abord $\phi$ en fonction de $r$ et $\theta$ plutôt qu'en fonction de $z$ et $r$. Puisque $z = r\cos\theta$, nous obtenons

$$\phi = -E_0 r\cos\theta + \frac{p\cos\theta}{4\pi\epsilon_0 r^2}. \tag{12.34}$$

La composante radiale de $\boldsymbol{E}$ est

$$-\frac{\partial\phi}{\partial r} = +E_0\cos\theta + \frac{p\cos\theta}{2\pi\epsilon_0 r^3}. \tag{12.35}$$

Celle-ci doit être nulle pour $r = a$ quel que soit $\theta$. Ceci sera vérifié si

$$p = -2\pi\epsilon_0 a^3 E_0. \tag{12.36}$$

Remarquez bien que si les deux termes de l'Éq. (12.35) n'avaient pas eu la même dépendance en $\theta$, il n'aurait pas été possible de choisir $p$ de telle manière que (12.35) devienne nulle pour $r = a$ quel que soit l'angle. Le fait que ce soit possible montre que nous avons deviné juste en écrivant l'Éq. (12.33). Évidemment quand nous avons deviné la solution, nous savions ce que nous faisions : nous savions qu'il nous faudrait un autre terme qui (a) satisfasse $\nabla^2\phi = 0$ (tout champ réel le vérifierait), (b) dépende de $\cos\theta$, et (c) devienne nul pour $r$ grand. Le champ du dipôle est le seul qui vérifie ces trois conditions.

Appliquant (12.36), notre potentiel est

$$\phi = -E_0\cos\theta\left(r + \frac{a^3}{2r^2}\right). \tag{12.37}$$

La solution du problème de l'écoulement du fluide peut donc s'écrire tout simplement

$$\psi = -v_0\cos\theta\left(r + \frac{a^3}{2r^2}\right). \tag{12.38}$$

On trouve facilement $\boldsymbol{v}$ à partir de ce potentiel. Nous ne poursuivrons pas plus loin ce sujet.

## 12.6 ÉCLAIREMENT : L'ÉCLAIREMENT UNIFORME D'UN PLAN

Dans ce paragraphe, nous aborderons un problème physique tout à fait différent – nous voulons montrer la grande variété de possibilités. Cette fois nous ferons quelque chose qui nous conduira au même type *d'intégrales* qu'en électrostatique. (Si nous avons

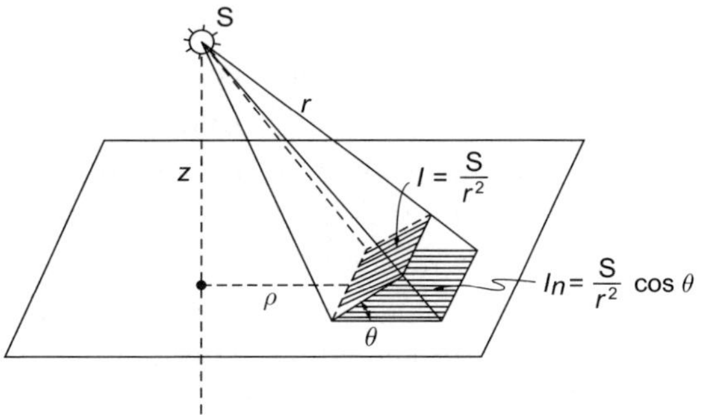


Figure 12.9 – L'éclairement $I_n$ d'une surface est l'énergie rayonnée par unité de temps qui tombe sur l'unité d'aire de la surface.

un problème mathématique qui nous donne une certaine intégrale, alors nous savons quelque chose sur les propriétés de cette intégrale si c'est précisément l'intégrale qui intervenait dans un autre problème.) Nous choisissons notre exemple dans la technique de l'éclairement. Soit une source lumineuse à la distance $a$ au-dessus d'une surface plane. Quel est l'éclairement de la surface ? C'est-à-dire quelle est l'énergie du rayonnement qui par unité de temps tombe sur l'unité d'aire de la surface ? (Voir Fig. 12-9). Nous supposerons que la source a une symétrie sphérique, de sorte que la lumière est rayonnée également dans toutes les directions. Alors la quantité d'énergie rayonnée qui traverse une surface unité, *normale* au flux lumineux, varie comme l'inverse du carré de la distance. Il est évident que l'intensité de la lumière dans la direction normale au flux est donnée par une formule de même forme que celle du champ électrique créé par une source ponctuelle. Si les rayons lumineux tombent sur la surface en faisant un angle $\theta$ avec la normale, alors $I_n$ l'énergie reçue par unité d'aire de la surface est multipliée par $\cos\theta$, car la même énergie arrive sur une aire qui est $1/\cos\theta$ fois plus grande. Si nous appelons $S$ l'intensité de la source lumineuse, alors $I_n$, l'éclairement de la surface est

$$I_n = \frac{S}{r^2}\,\boldsymbol{e}_r \cdot \boldsymbol{n}, \tag{12.39}$$

où $\boldsymbol{e}_r$, est le vecteur unitaire venant de la source et $\boldsymbol{n}$ est le vecteur unitaire normal à la surface. L'éclairement $I_n$ correspond à la composante normale du champ électrique dû à une charge ponctuelle de valeur $4\pi\epsilon_0 S$. Sachant cela, nous voyons que pour une distribution quelconque de sources lumineuses, nous pourrons trouver la réponse en résolvant le problème électrostatique correspondant. Nous calculons la composante verticale sur le plan du champ électrique dû à une distribution de charges de la même façon que pour les sources lumineuses[1].

Soit l'exemple suivant : nous voulons que la surface d'une table soit éclairée d'une façon très uniforme, pour réaliser une certaine expérience. Nous disposons de longs tubes fluorescents qui rayonnent uniformément suivant leur longueur. Nous pouvons éclairer la table en disposant les tubes fluorescents de façon régulière sur le plafond, qui est à la

1. Puisque nous parlons de sources *incohérentes* dont les *intensités* s'ajoutent toujours linéairement, les charges électriques analogues auront toujours le même signe. D'autre part, notre analogie ne s'applique qu'à l'énergie lumineuse tombant sur une surface opaque, donc nous ne devons inclure dans notre intégrale que les sources qui éclairent la surface (et, naturellement, aucune source située au-dessous de la surface !).

hauteur $z$ au-dessus de la table. Quel est le plus grand écart $b$ entre deux tubes consécutifs qu'il faut admettre pour que l'éclairement de la surface soit uniforme à, par exemple, un millième près ? *Réponse* : (1) trouver le champ électrique dû à une grille de fils distants de $b$, chacun étant chargé uniformément ; (2) calculer la composante verticale du champ électrique ; (3) trouver la valeur de $b$ pour que les ondulations du champ ne soient pas supérieures à un millième.

Au chapitre 7 nous avons vu que le champ électrique dû à une grille de fils chargés pouvait être représenté comme une somme de termes, dont chacun donnait une variation sinusoïdale du champ avec une période égale à $b/n$, où $n$ est un entier. L'amplitude de chacun de ces termes est donnée par l'Éq. (7.44) :

$$F_n = A_n e^{-2\pi n z/b}.$$

Nous n'avons à considérer que $n = 1$, tant que nous voulons seulement le champ en des points pas trop proches de la grille. Pour une solution complète il faudrait déterminer les coefficients $A_n$ ce que nous n'avons pas encore fait (quoique ce soit un calcul facile). Puisque nous n'avons besoin que de $A_1$, nous pouvons estimer que sa valeur est, en gros, celle du champ électrique moyen. Le facteur exponentiel nous donnera alors directement la variation *relative* de l'amplitude. Si nous voulons que ce facteur soit égal à $10^{-3}$, nous trouvons que $b$ doit être égal à $0{,}91z$. Si nous espaçons les tubes d'une quantité égale aux 3/4 de la distance au plafond, le facteur exponentiel vaut alors 1/4000, et nous avons un coefficient de sécurité de 4, donc nous sommes franchement sûrs d'avoir un éclairement constant à un millième près. (Un calcul exact montre que $A_1$ est en réalité le double du champ moyen, donc $b \approx 0{,}83z$.) Il est un peu surprenant que pour un éclairement aussi uniforme, la séparation permise pour les tubes soit si grande.

## 12.7 L'« UNITÉ PROFONDE » DE LA NATURE

Nous avons voulu montrer dans ce chapitre, que tout en apprenant l'électrostatique, vous aviez appris à traiter de nombreux problèmes en physique, et que, gardant cela en tête, il est possible d'apprendre presque toute la physique en un nombre limité d'années.

Cependant, une question se pose sûrement à la fin d'une telle discussion : *pourquoi les équations relatives à ces différents phénomènes sont-elles si semblables* ? Nous pourrions dire : « c'est l'unité profonde de la nature ». Mais qu'est-ce que cela signifie ? Que *pourrait* vouloir dire pareille proposition ? Cela pourrait signifier simplement que les équations sont semblables pour différents phénomènes ; mais alors, bien sûr, nous n'avons donné aucune explication. « L'unité profonde » pourrait signifier que tout est fait de la même matière, et par conséquent obéit aux mêmes équations. Cela paraît une bonne explication, mais réfléchissons. Le potentiel électrostatique, la diffusion des neutrons, l'écoulement de la chaleur – traitons-nous là de la même matière ? Pouvons-nous vraiment imaginer que le potentiel électrostatique est *physiquement* identique à la température, ou à la densité de particules ? Il est certain que $\phi$ n'est pas *exactement la même chose* que l'énergie thermique des particules. Le déplacement d'une membrane n'est certainement *pas* la même chose qu'une température. Pourquoi alors y a-t-il « une unité profonde » ?

Une observation plus poussée de la physique de ces nombreux sujets, montre en fait que les équations ne sont pas vraiment identiques. L'équation que nous avons trouvée pour la diffusion des neutrons n'est qu'une approximation, valable seulement pour des distances grandes devant le libre parcours moyen. En regardant de plus près nous verrions les neutrons individuels se déplacer dans différentes directions. Certainement le mouvement d'un neutron individuel est quelque chose de tout à fait différent de la variation douce que nous avons obtenue en résolvant l'équation différentielle. L'équation différentielle est une approximation, parce que nous avons admis que les neutrons étaient également répartis dans *l'espace*.

Est-il possible que ceci soit la clé du problème ? Que ce qui est commun à tous les phénomènes c'est *l'espace*, le cadre dans lequel est placée la physique ? Tant que les choses varient de façon raisonnablement douce dans l'espace, ce qui sera important, ce seront les variations des grandeurs avec la position dans l'espace. C'est pourquoi nous obtenons toujours une équation avec un gradient. Les dérivées *doivent* apparaître sous forme d'un gradient ou d'une divergence ; comme les lois de la physique sont *indépendantes de la direction*, elles doivent pouvoir s'exprimer sous forme vectorielle. Les équations de l'électrostatique sont les équations vectorielles les plus simples qui ne contiennent que les dérivées des grandeurs par rapport aux coordonnées d'espace. Tout autre problème *simple* – ou toute simplification d'un problème compliqué – doit ressembler à un problème d'électrostatique. Ce qui est commun à tous nos problèmes, c'est qu'ils font intervenir *l'espace* et que nous avons imité ce qui est en fait un phénomène compliqué par une équation différentielle simple.

Ceci nous conduit à une autre question intéressante. La même chose n'est-elle pas vraie aussi pour les équations de *l'électrostatique* ? Ne seraient-elles correctes, elles aussi, que comme une imitation adoucie d'un monde microscopique en réalité bien plus compliqué ? Serait-il possible que le monde réel soit fait des petits X-ons qui ne pourraient être vus qu'à des distances très petites ? Et que dans nos mesures nous observions toujours les choses à une si grande échelle, que nous ne pouvons voir ces petits X-ons, et c'est pourquoi nous obtenons les équations différentielles ?

Notre théorie de l'électrodynamique pour l'instant la plus complète, a en vérité ses difficultés aux très petites distances. Il est donc possible, en principe, que ces équations soient des versions adoucies de quelque chose. Elles paraissent exactes aux distances allant jusqu'à $10^{-14}$ cm, mais alors elles commencent à sembler fausses. Il est possible qu'il y ait un « mécanisme » sous-jacent encore à découvrir, et que les détails d'une complexité sous-jacente soient cachés sous les équations simplifiées comme c'est le cas dans la diffusion « adoucie » des neutrons. Mais personne n'a encore formulé une théorie qui marche dans ce sens.

Il est même assez curieux de voir que (pour des raisons que nous ne comprenons pas du tout) la relativité jointe à la mécanique quantique, telles que nous les connaissons, semblent *empêcher* l'invention d'une équation fondamentalement différente de l'Éq. (12.4), qui ne conduise pas, en même temps, à une contradiction. Pas simplement un désaccord avec l'expérience, mais une *contradiction interne*. Telle que, par exemple, la prédiction que la somme des probabilités de tous les événements possibles ne serait pas égale à l'unité, ou que les énergies pourraient dans certains cas être des nombres complexes, ou tout autre idiotie de ce genre. Personne jusqu'ici n'a élaboré une théorie de l'électricité, dans laquelle $\nabla^2\phi = -\rho/\epsilon_0$ est considérée comme une approximation « adoucie » d'un mécanisme sous-jacent, et qui ne conduise pas en fin de compte à une absurdité. Mais, devons-nous ajouter, il est vrai aussi que l'hypothèse suivant laquelle $\nabla^2\phi = -\rho/\epsilon_0$ est valable à toutes les distances, aussi petites soient-elles, conduit à ses propres absurdités (l'énergie électrique d'un électron est infinie) – absurdités dont personne ne sait encore s'affranchir.

# MAGNÉTOSTATIQUE 13

## 13.1 LE CHAMP MAGNÉTIQUE

La force qui s'exerce sur une charge électrique dépend non seulement de sa position, mais encore de la vitesse à laquelle elle se déplace. Tout point de l'espace est caractérisé par deux grandeurs vectorielles qui déterminent la force exercée sur tout charge. Premièrement, il y a la *force électrique*, qui donne une composante de la force indépendante du mouvement de la charge. Nous la décrivons par le champ électrique E. Deuxièmement, il y a en plus une autre composante de la force, qu'on appelle la *force magnétique*, et qui dépend de la vitesse de la charge. La direction de cette force magnétique a un caractère étrange : en tout point particulier de l'espace, la *direction* de la force et son *intensité* dépendent toutes deux de la direction du mouvement de la particule : à chaque instant la force est toujours normale au vecteur vitesse ; de même en n'importe quel point donné la force est toujours normale à une direction fixe de l'espace (voir Fig. 13.1) ; enfin, l'intensité de la force est proportionnelle à la *composante* de la vitesse normale à cette direction unique. Il est possible de décrire tout ce comportement en définissant'le vecteur champ magnétique $\boldsymbol{B}$, qui définit à la fois la direction unique dans l'espace et la constante de proportionnalité à la vitesse, et d'écrire la force magnétique $q\boldsymbol{v} \times \boldsymbol{B}$. La force électromagnétique totale qui s'exerce sur une charge peut alors s'écrire

$$\boldsymbol{F} = q(\boldsymbol{E} + \boldsymbol{v} \times \boldsymbol{B}). \tag{13.1}$$

Elle est appelée la *force de Lorentz.*

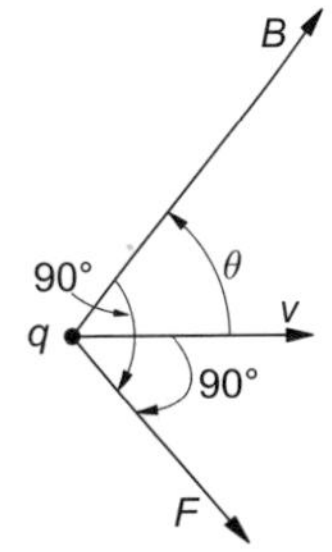


Figure 13.1– La composante dépendant de la vitesse de la force agissant sur une charge en mouvement est normale à $\boldsymbol{v}$ et à la direction de $\boldsymbol{B}$. Elle est aussi proportionnelle à la composante de $\boldsymbol{v}$ normale à $\boldsymbol{B}$, soit à $v \sin \theta$.

La force magnétique est facilement mise en évidence en approchant un aimant droit d'un tube à rayons cathodiques. La déviation du faisceau d'électrons montre que la présence de l'aimant produit des forces agissant sur les électrons, normalement à la direction de leur mouvement, comme nous l'avons décrit au chapitre 12 du Vol. I.

L'unité de champ magnétique B est évidemment un newton-seconde par coulomb-mètre. La même unité est aussi un volt-seconde par métre$^2$. On l'appelle aussi le *weber par mètre carré*.

# 13.2 Le courant électrique ; la conservation de la charge

Voyons d'abord comment nous pouvons comprendre les forces magnétiques qui agissent sur des fils parcourus par des courants électriques. Pour cela, définissons ce qu'on appelle la densité de courant. Les courants électriques sont des électrons ou d'autres charges en mouvement avec un certain flux ou courant résultant. Nous pouvons représenter le courant des charges par un vecteur égal à la charge qui traverse, par unité d'aire et de temps, un élément de surface normal à la direction du mouvement (comme nous l'avons fait dans le cas de la propagation de la chaleur). Nous l'appelons le *vecteur densité de courant*, et nous le représenterons par le vecteur $\boldsymbol{j}$. Il est dirigé suivant le mouvement des charges. Soit une petite aire $\Delta S$ en un point donné du matériau, la charge qui s'écoule à travers cette surface, pendant l'unité de temps est

$$\boldsymbol{j}\cdot\boldsymbol{n}\,\Delta S\,, \tag{13.2}$$

où $\boldsymbol{n}$ est le vecteur unitaire normal à $\Delta S$.

La densité du courant est liée à la vitesse moyenne d'écoulement des charges. Soit une distribution de charges dont le mouvement moyen est une translation de vitesse v. Quand cette distribution traverse un élément de surface $\Delta S$, la charge $\Delta q$ qui traverse l'élément de surface pendant le temps $\Delta t$ est égale à la charge contenue dans un parallélipipède de base $\Delta S$ et de hauteur $v\Delta t$, comme sur la Fig. 13.2. Le volume du parallélipipède est égal au produit de la projection de $\Delta S$ normalement à $\boldsymbol{v}$ par $v\Delta t$, lequel multiplié ensuite par la densité de charge $\rho$ donne $\Delta q$. Ainsi

$$\Delta q = \rho\boldsymbol{v}\cdot\boldsymbol{n}\,\Delta S\;\Delta t.$$

La charge par unité de temps est alors $\rho\boldsymbol{v}\cdot\boldsymbol{n}\Delta S$, d'où nous tirons

$$\boldsymbol{j} = \rho\boldsymbol{v}. \tag{13.3}$$

Si la distribution de charge est constituée de charges individuelles, des électrons par exemple, chacune portant la charge $q$ et se déplaçant à la vitesse moyenne $\boldsymbol{v}$ alors la densité de courant vaut

$$\boldsymbol{j} = Nq\boldsymbol{v}. \tag{13.4}$$

où $N$ est le nombre de charges par unité de volume.

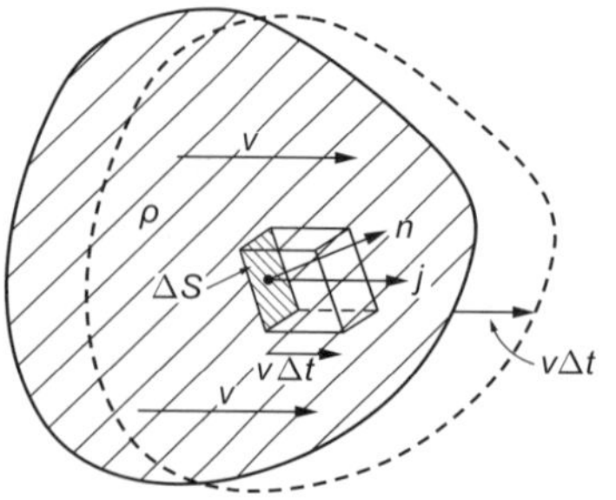


Figure 13.2 – Si une distribution de charges, de densité $\rho$, se déplace à la vitesse $\boldsymbol{v}$, la charge qui traverse $\Delta S$ par unité de temps est $\rho\boldsymbol{v}\cdot\boldsymbol{n}\,\Delta S$

On appelle *intensité du courant électrique, I,* la charge totale qui traverse, par unité de temps, n'importe quelle surface $S$. Elle est égale à l'intégrale de la composante normale du courant à travers tous les éléments de surface :

$$I = \int_S \boldsymbol{j} \cdot \boldsymbol{n} \, dS \tag{13.5}$$

(voir Fig. 13.3).

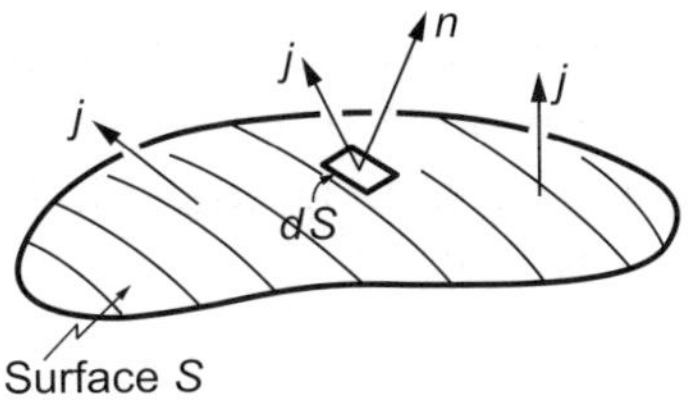


Figure 13.3 – L'intensité $I$ du courant à travers la surface $S$ est $\int_S \boldsymbol{j} \cdot \boldsymbol{n} dS$.

L'intensité du courant $I$ sortant d'une surface fermée $S$ représente la vitesse à laquelle la charge sort du volume $V$ limité par $S$. Une des lois fondamentales de la physique est *l'indestructibilité de la charge électrique* ; elle n'est jamais perdue ni créée. Les charges électriques peuvent se déplacer d'un point à un autre, mais jamais apparaître de nulle part. Nous disons que la *charge est conservée.* S'il existe un courant total sortant d'une surface fermée, la charge à l'intérieur -doit diminuer d'une quantité correspondante (Fig. 13.4). Nous pouvons alors écrire la loi de conservation de la charge sous la forme

$$\int_{\substack{\text{surface}\\ \text{fermée}}} \boldsymbol{j} \cdot \boldsymbol{n} \, dS = -\frac{d}{dt}(Q_{\text{intérieure}}). \tag{13.6}$$

La charge intérieure s'écrit comme l'intégrale de volume de la densité de charge :

$$Q_{\text{intérieure}} = \int_{\substack{V \\ \text{intérieur à } S}} \rho \, dV. \tag{13.7}$$

Si nous appliquons (13.6) a un petit volume $\Delta V$, nous savons que l'intégrale du premier membre est $\nabla \cdot \boldsymbol{j} \Delta V$. La charge intérieure est $\rho \Delta V$, donc la conservation de la charge

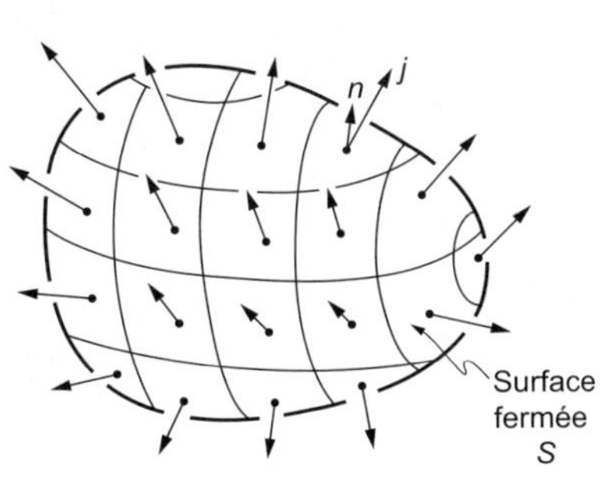


Figure 13.4 – L'intégrale de $\boldsymbol{j} \cdot \boldsymbol{n}$ sur une surface fermée est la variation par unité de temps de la charge totale $Q$ à l'intérieur de la surface.

peut aussi s'écrire

$$\nabla \cdot \boldsymbol{j} = -\frac{\partial \rho}{\partial t} \qquad (13.8)$$

(mathématiques de Gauss, une fois de plus !).

# 13.3 Force magnétique agissant sur un courant

Nous sommes prêts maintenant pour trouver la force agissant sur un fil parcouru par un courant et placé dans un champ magnétique. Le courant est constitué de particules chargées en mouvement le long du fil, avec la vitesse $\boldsymbol{v}$. Chaque charge subit une force transversale

$$\boldsymbol{F} = q\boldsymbol{v} \times \boldsymbol{B}$$

(Fig. 13.5a). S'il y a $N$ charges par unité de volume, le nombre contenu dans un petit volume $\Delta V$ de ce fil est $N\Delta V$. La force magnétique totale $\Delta \boldsymbol{F}$ agissant sur le volume $\Delta V$ est la somme des forces agissant sur les charges individuelles, soit,

$$\Delta \boldsymbol{F} = (N\,\Delta V)(q\boldsymbol{v} \times \boldsymbol{B}).$$

Mais $Nq\boldsymbol{v}$ est justement $\boldsymbol{j}$, donc

$$\Delta \boldsymbol{F} = \boldsymbol{j} \times \boldsymbol{B}\,\Delta V \qquad (13.9)$$

(Fig. 13.5b). La force par unité de volume est $\boldsymbol{j} \times \boldsymbol{B}$.

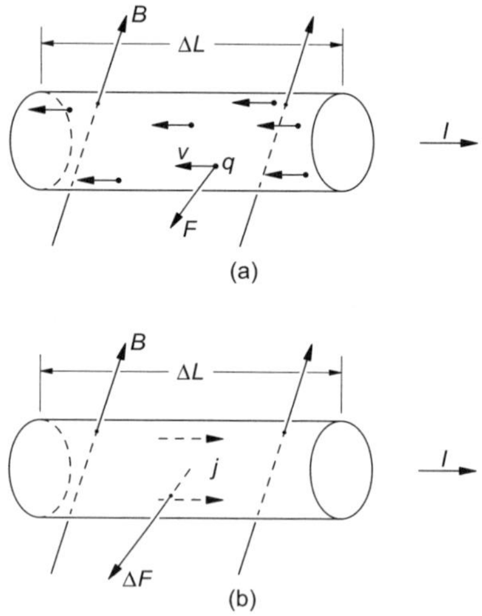


Figure 13.5 – La force magnétique agissant sur un fil parcouru par un courant est la somme des forces agissant sur chaque charge en mouvement.

Si le courant est uniforme dans la section d'un fil d'aire $A$, nous pouvons prendre comme élément de volume un cylindre dont l'aire de la base est $A$ et dont la longueur est $\Delta L$. Alors

$$\Delta \boldsymbol{F} = \boldsymbol{j} \times \boldsymbol{B} A\,\Delta L. \qquad (13.10)$$

Alors, nous pouvons appeler jA le vecteur courant I dans le fil. (Son module est l'intensité du courant dans le fil, sa direction celle du fil.) Il s'ensuit que

$$\Delta \boldsymbol{F} = \boldsymbol{I} \times \boldsymbol{B}\, \Delta L. \tag{13.11}$$

La force agissant sur l'unité de longueur d'un fil est $\boldsymbol{I} \times \boldsymbol{B}$.

Cette équation conduit au résultat important suivant : la force magnétique agissant sur un fil, qui est due au mouvement des charges dans le fil, ne dépend que du courant total, et non pas de la charge portée par chaque particule - ni même de son signe ! Il est facile de montrer la force magnétique agissant sur un fil, en observant la déviation produite quand on y établit un courant, comme on l'a décrit au chapitre 1 (voir Fig. 1.6).

## 13.4 Le champ magnétique des courants continus ; théorème d'Ampère

Nous venons de voir qu'un fil placé dans un champ magnétique, créé par exemple par un aimant, est soumis à une force. D'après le principe de l'action et de la réaction, nous pouvons nous attendre à ce qu'il y ait une force qui s'exerce sur la source du champ magnétique, c'est-à-dire sur l'aimant, quand un courant circule dans le fil[1]. Ces forces existent bien, comme on le voit par le déplacement d'une aiguille de boussole placée près d'un fil parcouru par le courant. Or, nous savons que les aimants subissent des forces de la part d'autres aimants, ce qui veut dire que si un courant circule dans un fil, ce fil lui-même engendre un champ magnétique. Des charges en mouvement, donc, *créent* un champ magnétique. Nous allons maintenant tenter de découvrir les lois suivant lesquelles ces champs sont créés. La question qui se pose est la suivante : étant donné un courant, quel champ magnétique produit-il ? La réponse à cette question fut déterminée expérimentalement par trois expériences critiques et un raisonnement théorique brillant donné par Ampère. Nous passerons sous silence ce développement historique intéressant et nous dirons tout simplement qu'un grand nombre d'expériences ont démontré la validité des équations de Maxwell. Nous les prenons comme point de départ. Si nous laissons tomber dans ces équations les termes comprenant des dérivées par rapport au temps, nous obtenons les équations de la *magnétostatique :*

$$\boldsymbol{\nabla} \cdot \boldsymbol{B} = 0 \tag{13.12}$$

et

$$c^2 \boldsymbol{\nabla} \times \boldsymbol{B} = \frac{\boldsymbol{j}}{\epsilon_0}. \tag{13.13}$$

Ces équations ne sont valables que si toutes les densités de charge électrique sont constantes et tous les courants continus, de sorte que les champs électriques et magnétiques ne varient pas avec le temps – tous les champs sont « statiques ».

1. Nous verrons plus tard, cependant, que de telles hypothèses ne sont en général *pas* correctes pour les forces électromagnétiques !

Nous pouvons remarquer qu'il est plutôt dangereux de penser qu'il existe une chose telle qu'une situation magnétique statique, car après tout, il doit bien exister des courants pour créer un champ magnétique – et les courants ne peuvent provenir que de charges en mouvement. La « magnétostatique » est donc une approximation. Elle est relative à une situation dynamique d'un type spécial, avec de *grands nombres* de charges en mouvement, que nous pouvons assimiler à un flux *continu* de charges. C'est seulement alors que nous pouvons parler d'un vecteur densité de courant j qui ne varie pas avec le temps. Le sujet devrait s'appeler plus précisément l'étude des courants continus. En admettant que tous les champs sont constants, nous laissons tomber les termes en $\partial \boldsymbol{E}/\partial t$ et $\partial \boldsymbol{B}/\partial t$ dans les équations de Maxwell, Éq. (2.41), et nous obtenons les deux équations (13.12) et (13.13) ci-dessus. Remarquons aussi que, puisque la divergence du rotationnel d'un vecteur est nécessairement nulle, l'Éq. (13.13) implique que $\boldsymbol{\nabla} \cdot \boldsymbol{j} = 0$. Ceci n'est vrai, d'après l'Éq. (13.8), que si $\partial \rho/\partial t$ est nulle. Mais il doit bien en être ainsi si $\boldsymbol{E}$ ne varie pas avec le temps, et nos hypothèses sont cohérentes.

La condition $\boldsymbol{\nabla} \cdot \boldsymbol{j} = 0$ signifie que nous ne pouvons avoir que des charges qui décrivent des trajets qui se referment sur eux-mêmes. Elles peuvent, par exemple circuler dans des fils qui forment des boucles complètes, appelées circuits. Les circuits peuvent, évidemment, contenir des générateurs ou des batteries qui entretiennent la circulation des charges. Mais ils ne peuvent contenir de condensateurs qui se chargent ou se déchargent. (Plus tard, bien sûr, nous développerons cette théorie de manière à tenir compte des champs dynamiques, mais pour l'instant nous voulons nous intéresser au cas plus simple des courants continus.)

Considérons maintenant les Éq. (13.12) et (13.13) et voyons ce qu'elles signifient. La première nous dit que la divergence de $\boldsymbol{B}$ est nulle. En comparant cette équation avec son analogue électrostatique, qui dit que $\boldsymbol{\nabla} \cdot \boldsymbol{E} = \rho/\epsilon_0$, nous pouvons en conclure qu'il n'y a pas d'analogue magnétique à une charge électrique. Il n'y a *pas de charges magnétiques* d'où les lignes de champ de $\boldsymbol{B}$ pourraient sortir. Si nous pensons en termes des « lignes de champ » du vecteur $\boldsymbol{B}$, celles-ci ne peuvent jamais partir, ni jamais s'arrêter. Alors d'où viennent-elles ? Les champs magnétiques « apparaissent » *en présence* de courants ; leur *rotationnel* est proportionnel à la densité de courant. Partout où il y a des courants, il y a des lignes de champ magnétique formant des boucles autour des courants. Puisque les lignes de $\boldsymbol{B}$ ne commencent pas ni ne finissent, elles se refermeront souvent sur elles-mêmes, en boucles fermées. Mais il peut y avoir aussi des cas compliqués où les lignes de champ ne sont plus de simples boucles fermées. Mais quoi qu'elles fassent, elles ne divergent jamais à partir de points. On n'a jamais découvert de charges magnétiques, donc $\boldsymbol{\nabla} \cdot \boldsymbol{B} = 0$. Tout ceci n'est pas vrai seulement en magnétostatique, ceci est *toujours* vrai – même pour les champs dynamiques.

Le lien entre le champ $\boldsymbol{B}$ et les courants est contenu dans l'Éq. (13.13). Ici nous avons une nouvelle situation, qui est très différente de l'électrostatique où nous avions $\nabla \times \boldsymbol{E} = 0$. Cette équation exprimait que l'intégrale curviligne de $\boldsymbol{E}$ le long de toute courbe fermée était nulle :

$$\oint_{\text{boucle}} \boldsymbol{E} \cdot d\boldsymbol{s} = 0.$$

Nous avons obtenu ce résultat à partir du théorème de Stokes, selon lequel l'intégrale le long de toute courbe fermée de *tout* champ de vecteurs est égale à l'intégrale de surface de la composante normale du rotationnel du vecteur (prise sur une surface quelconque s'appuyant sur la courbe fermée). En appliquant le même théorème au champ magnétique, et en utilisant les symboles qui figurent sur la Fig. 13.6, nous obtenons

$$\oint_{\Gamma} \boldsymbol{B} \cdot d\boldsymbol{s} = \int_{S} (\boldsymbol{\nabla} \times \boldsymbol{B}) \cdot \boldsymbol{n}\, dS\,. \tag{13.14}$$

Tirant le rotationnel de $\boldsymbol{B}$de l'Éq. (13.13), nous avons

$$\oint_{\Gamma} \boldsymbol{B} \cdot d\boldsymbol{s} = \frac{1}{\epsilon_0 c^2} \int_{S} \boldsymbol{j} \cdot \boldsymbol{n}\, dS\,. \tag{13.15}$$

L'intégrale de $\boldsymbol{j}$, d'après (13.5), est l'intensité totale $I$ du courant qui traverse la surface $S$. Puisque pour des courants continus, le courant à travers $S$ est indépendant de la forme de $S$, tant que celle-ci est limitée par la courbe $\Gamma$, on parle couramment du « courant à travers la boucle $\Gamma$ ». Nous avons alors une loi générale : la circulation de $\boldsymbol{B}$ le long d'une courbe fermée quelconque est égale au courant $I$ à travers la boucle, divisé par $\epsilon_0 c^2$ :

$$\oint_{\Gamma} \boldsymbol{B} \cdot d\boldsymbol{s} = \frac{I_{\text{à travers } \Gamma}}{\epsilon_0 c^2}. \tag{13.16}$$

Cette loi – appelée le *théorème d'Ampère* – joue en magnétostatique le même rôle que le théorème de Gauss en électrostatique. Le théorème d'Ampère seul ne détermine pas $\boldsymbol{B}$ à partir des courants ; il faut, en général, tenir compte aussi de $\nabla \cdot \boldsymbol{B} = 0$. Mais comme nous allons le voir dans le paragraphe suivant, il peut suffire pour déterminer le champ dans certaines conditions présentant des symétries simples.

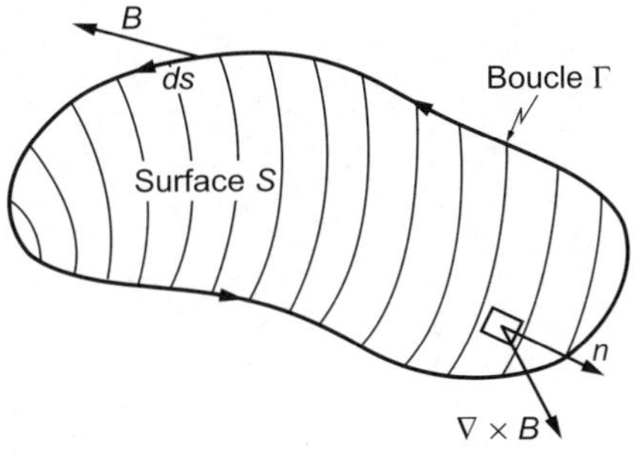


Figure 13.6 – L'intégrale curviligne de la composante tangentielle de $\boldsymbol{B}$ est égale à l'intégrale de surface de la composante normale de $\nabla \times \boldsymbol{B}$.

## 13.5 Le champ magnétique d'un fil rectiligne et d'un solénoïde ; courants atomiques

Comme application du théorème d'Ampère, nous allons chercher le champ magnétique près d'un fil rectiligne. Question : quel est le champ à l'extérieur d'un long fil rectiligne ayant la forme d'un cylindre circulaire ? Nous allons supposer, ce qui n'est peut- être pas du tout évident, mais qui est vrai cependant, que les lignes de champ de $\boldsymbol{B}$ sont des cercles autour du fil. Si nous faisons cette hypothèse, le théorème d'Ampère, Éq. (13.16), nous donne l'intensité du champ. D'après la symétrie du problème, $\boldsymbol{B}$ a la même intensité en tous les points d'un cercle centré sur le fil (voir Fig. 13.7). Nous pouvons alors calculer facilement l'intégrale curviligne de $\boldsymbol{B} \cdot d\boldsymbol{s}$ ; elle est simplement égale au produit de $B$ par la circonférence. Si $r$ est le rayon du cercle, alors

$$\oint \boldsymbol{B} \cdot d\boldsymbol{s} = B \cdot 2\pi r.$$

Le courant total à travers la boucle n'est rien d'autre que le courant $I$ dans le fil, donc

$$B \cdot 2\pi r = \frac{I}{\epsilon_0 c^2},$$

ou

$$B = \frac{1}{4\pi\epsilon_0 c^2} \frac{2I}{r}. \tag{13.17}$$

L'intensité du champ magnétique décroît comme l'inverse de $r$, distance à l'axe du fil. Nous pouvons, si nous le voulons, écrire l'Éq. (13.17) sous forme vectorielle. En se rappelant que $\boldsymbol{B}$ est normal à la fois à $\boldsymbol{I}$ et à $\boldsymbol{r}$, nous obtenons

$$\boldsymbol{B} = \frac{1}{4\pi\epsilon_0 c^2} \frac{2\boldsymbol{I} \times \boldsymbol{e}_r}{r}. \tag{13.18}$$

Nous avons séparé le facteur $1/4\pi\epsilon_0 c^2$, car il apparaît souvent. Il est bon de se rappeler qu'il vaut exactement $10^{-7}$ (dans le système MKS), puisque l'on *définit* l'unité d'intensité de courant, l'ampère, à partir d'une équation du type (13.17). À un mètre d'un courant d'un ampère, le champ magnétique est de $2 \times 10^{-7}$ webers par mètre carré.

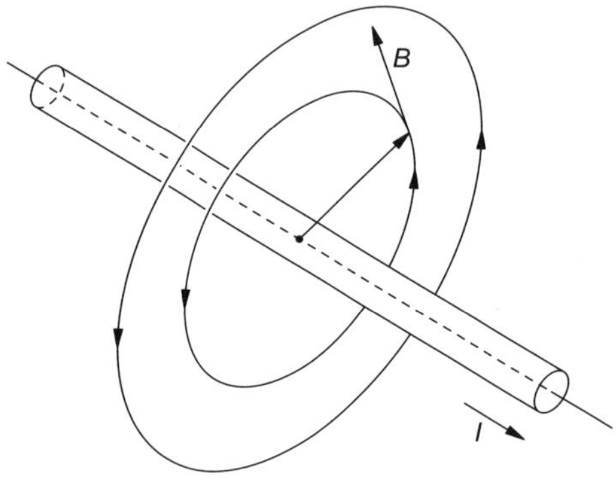


Figure 13.7 – Le champ magnétique à l'extérieur d'un long fil parcouru par le courant.

Puisqu'un courant crée un champ magnétique, il exercera une force sur un fil voisin, parcouru aussi par un courant. Dans le chapitre 1, nous avons décrit une façon simple de mettre en évidence les forces entre deux fils parcourus par des courants. Si les fils sont parallèles, chacun d'eux est normal au champ $\boldsymbol{B}$ créé par l'autre ; les fils doivent donc s'attirer ou se repousser. Quand les courants ont le même sens, les fils s'attirent ; quand les courants sont de sens contraire, les fils se repoussent.

Prenons un autre exemple qui peut être traité par le théorème d'Ampère, à condition d'y ajouter quelques connaissances sur le champ. Supposons que nous ayons une longue bobine de fil enroulé en spirales jointives, comme le montre la coupe sur la Fig. 13.8. Une telle bobine s'appelle un *solénoïde*. On observe expérimentalement, que pour un solénoïde très long par rapport à son diamètre, le champ à l'extérieur est très petit par rapport au champ à l'intérieur. Tenant compte de ce seul fait et du théorème d'Ampère, nous pouvons calculer l'intensité du champ à l'intérieur.

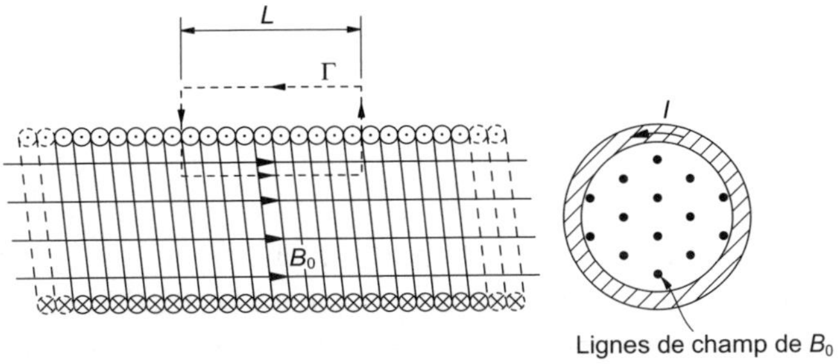


Figure 13.8 – Le champ magnétique d'un long solénoïde.

Puisque le champ est *localisé à* l'intérieur (et a une divergence nulle), les lignes de champ doivent être parallèles à l'axe, comme on le voit sur la Fig. 13.8. Dans ce cas, nous pouvons appliquer le théorème d'Ampère à la « courbe » rectangulaire Γ, tracée sur la figure. La boucle s'étend sur une longueur $L$ à l'intérieur du solénoïde, où le champ est, disons $\boldsymbol{B}_0$, puis tourne à angle droit, et revient par l'extérieur où le champ est négligeable. L'intégrale curviligne de $\boldsymbol{B}$ pour cette courbe est simplement $B_0L$, et elle doit être égale à $1/\epsilon_0c^2$ fois l'intensité totale du courant à travers Γ, qui est $NI$ s'il y a $N$ tours de fil sur la longueur $L$. Nous avons

$$B_0L = \frac{NI}{\epsilon_0c^2}.$$

Ou bien, en appelant $n$ le nombre de tours *par unité de longueur* du solénoïde (c'est-à-dire, $n = N/L$), nous obtenons

$$B_0 = \frac{nI}{\epsilon_0c^2}. \tag{13.19}$$

Qu'arrive-t-il aux lignes de champ de $\boldsymbol{B}$ quand elles arrivent au bout du solénoïde ? Il est probable qu'elles se dispersent à l'extérieur d'une certaine façon, et reviennent pour entrer dans le solénoïde par l'autre bout, comme cela est schématisé sur la Fig. 13.9. Un tel champ est exactement celui qu'on observe à l'extérieur d'un aimant droit. Mais après tout, qu'est-ce qu'un aimant ? Nos équations nous indiquent que $\boldsymbol{B}$ résulte de l'existence des courants. Cependant, nous savons que des barres de fer ordinaires (sans batterie ni générateur) créent aussi des champs magnétiques. Vous pourriez penser qu'il devrait y avoir d'autres termes, dans le second membre (13.12) ou (13.13), pour représenter « la densité de fer magnétique », ou toute autre grandeur semblable. Mais il n'y a aucun terme de ce genre. Notre théorie nous indique que les effets magnétiques du fer sont dus à des courants internes dont on a déjà tenu compte dans le terme $\boldsymbol{j}$.

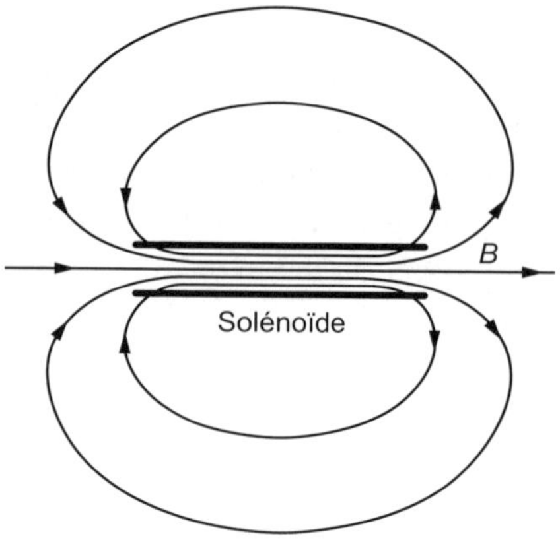


Figure 13.9 – Le champ magnétique à l'extérieur d'un solénoïde.

La matière est très complexe quand on la regarde d'un point de vue fondamental – comme nous l'avons vu lors de l'étude des diélectriques. Afin de ne pas interrompre cet exposé, nous attendrons un peu plus tard pour développer en détail les mécanismes internes des substances magnétiques comme le fer. Vous devrez donc admettre, pour l'instant, que tout le magnétisme est créé par des courants et que dans un aimant permanent il existe des courants internes permanents. Dans le cas du fer, ces courants résultent de la rotation des électrons autour de leur propre axe. Chaque électron possède un tel spin qui équivaut à la circulation d'un petit courant. Bien sûr, un seul électron ne crée pas un champ magnétique bien intense, mais un morceau ordinaire de matière contient des milliards et des milliards d'électrons. Normalement, les spins sont orientés dans toutes les directions, si bien qu'aucun effet global n'en résulte. Mâis le miracle fait que dans de très rares substances, comme le fer, une grande partie des électrons pivotent avec leurs axca orientés tous dans la même direction - pour le fer, deux électrons de chaque atome prennent part à ce mouvement collectif. Dans un aimant droit, il existe un grand nombre d'électrons pivotant tous autour de la même direction, ce qui, nous le verrons, est au total équivalent à un courant circulant à la surface de l'aimant. (Ceci est tout à fait analogue à ce que nous avons trouvé pour les diélectriques - un diélectrique uniformément polarisé est équivalent à une distribution superficielle de charge.) Ce n'est donc pas par accident qu'un aimant droit est équivalent à un solénoïde.

## 13.6 La relativité des champs magnétiques et électriques

Quand nous avons dit que la force magnétique agissant sur une charge était proportionnelle à sa vitesse, vous avez pu vous demander : « quelle vitesse ? Par rapport à quel référentiel ? » En fait, il est clair, d'après la définition de $\boldsymbol{B}$ que nous avons donnée au début de ce chapitre, que ce qu'est ce vecteur dépendra du référentiel que nous choisissons pour caractériser la vitesse des charges. Mais nous n'avons rien dit en ce qui concerne le référentiel convenable pour caractériser le champ magnétique.

Il se trouve que *n'importe quel* système d'inertie convient. Nous verrons également que le magnétisme et l'électricité ne sont pas deux choses indépendantes - qu'ils doivent toujours être considérés ensemble, comme *un* champ électromagnétique complet. Quoique dans le cas statique, les équations de Maxwell se séparent en deux paires distinctes, une paire relative à l'électricité et une autre relative au magnétisme sans lien apparent entre les deux champs, dans la nature elle-même, il existe un lien très étroit entre eux qui provient du principe de relativité. Historiquement, le principe de relativité fut découvert après les équations de Maxwell. Ce fut, en fait, l'étude de l'électricité et du magnétisme qui conduisit finalement Einstein à la découverte de son principe de relativité. Mais voyons ce que notre connaissance de la relativité va nous dire sur les forces magnétiques, si nous supposons que le principe de relativité s'applique - comme c'est le cas - à l'électromagnétisme.

Voyons ce qui se passe quand une charge négative se déplace à la vitesse $V_0$ parallèlement à un fil parcouru par un courant, comme sur la Fig. 13.10. Essayons de comprendre ce qui se passe dans deux référentiels : l'un fixe par rapport au fil, comme sur la partie (a) de la figure, et l'autre, fixe par rapport à la particule, comme dans la partie (b). Soit $S$ le premier référentiel et $S'$ le second.

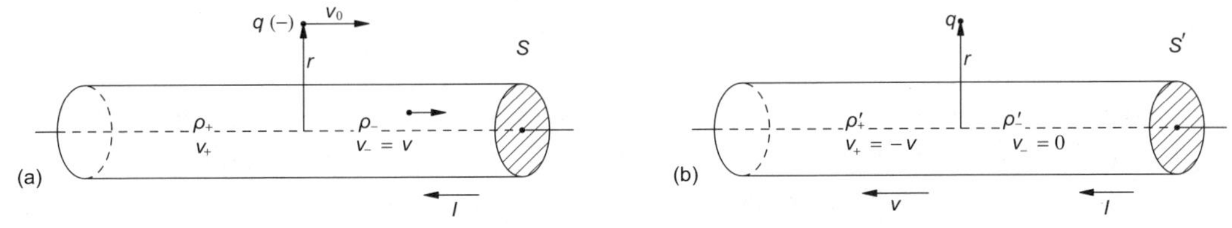


Figure 13.10 – L'interaction d'un fil parcouru par un courant et d'une particule de charge $q$, représentée dans les deux référentiels. Dans le référentiel $S$ (partie a), le fil est au repos ; dans le référentiel $S'$ (partie b), la charge est au repos.

Dans le référentiel $S$, il est clair qu'il s'exerce une force magnétique sur la particule. Cette force est dirigée vers le fil, donc si la charge se déplaçait librement, nous la verrions s'incurver vers le fil. Mais dans le référentiel $S'$ il ne peut y avoir de force magnétique agissant sur la particule puisque sa vitesse est nulle. Reste-t-elle donc là où elle est ? Allons-nous observer des phénomènes différents dans les deux systèmes ? D'après le principe de relativité, nous devrions aussi voir la particule se rapprocher du fil dans $S'$. Essayons de comprendre pourquoi il en est bien ainsi.

Revenons sur la description atomique d'un fil parcouru par un courant. Dans un conducteur normal, comme le cuivre, les courants électriques sont dus au mouvement de certains des électrons négatifs – appelés électrons de conduction – tandis que les charges positives du noyau et le reste des électrons restent immobiles au sein du matériau conducteur. Soit $\rho_-$ la densité des électrons de conduction et $\boldsymbol{v}$ leur vitesse dans $S$. La densité des charges au repos dans $S$ est $\rho_+$ qui doit être égale à moins $\rho_-$, puisque nous considérons un fil non chargé. Ainsi il n'existe pas de champ électrique à l'extérieur du fil et la force agissant sur la particule en mouvement est simplement

$$\boldsymbol{F} = q\boldsymbol{v}_0 \times \boldsymbol{B}.$$

Appliquant le résultat trouvé dans l'Éq. (13.18) pour le champ magnétique à la distance $r$ de l'axe d'un fil, nous en tirons que la force appliquée à la particule est dirigée vers le fil et a pour intensité

$$F = \frac{1}{4\pi\epsilon_0 c^2} \cdot \frac{2Iqv_0}{r}.$$

Appliquant les Éq. (13.4) et (13.5), on peut écrire le courant $I$ sous la forme $\rho_v A$ où $A$ est l'aire d'une section du fil. Alors

$$F = \frac{1}{4\pi\epsilon_0 c^2} \cdot \frac{2q\rho_- Avv_0}{r}. \qquad (13.20)$$

Nous pourrions poursuivre cette démonstration dans le cas général où $v$ et vo sont des vitesses arbitraires, mais il sera tout aussi bien de s'intéresser au cas particulier où la vitesse vo de la particule est la même que la vitesse $v_0$ des électrons de conduction. Nous écrivons donc $v_0 = v$, et l'Éq. (13.20) devient

$$F = \frac{q}{2\pi\epsilon_0} \frac{\rho_- A}{r} \frac{v^2}{c^2}. \qquad (13.21)$$

Voyons maintenant ce qui se passe dans $S'$ où la particule est au repos et où le fil se déplace (vers la gauche sur la figure) à la vitesse $v$. Les charges positives qui se déplacent avec le fil, vont créer un champ magnétique $B'$ au point où se trouve la particule. Mais la particule est maintenant au *repos*, donc il n'y a pas de force *magnétique* agissant sur elle ! S'il doit s'exercer une force sur la particule, celle-ci ne peut être due qu'à un champ électrique. Il faut donc que ce soit le fil en mouvement qui ait créé un champ électrique. Mais il ne peut le faire que s'il apparaît *chargé* – c'est donc qu'un fil neutre parcouru par un courant, apparaît chargé quand il est mis en mouvement.

Approfondissons ceci. Essayons de calculer la densité de charge dans le fil dans $S'$ à partir de ce que nous savons dans $S$. On pourrait penser a priori qu'elles sont les mêmes ; mais nous savons que les longueurs sont différentes entre $S$ et $S'$ (voir chapitre 15, Vol. I), donc les volumes aussi. Et comme les *densités* dépendent du volume occupé par les charges, les densités seront différentes aussi.

Avant de pouvoir préciser les *densités* de charges dans $S'$, nous devons voir ce que devient la *charge* électrique d'un groupe d'électrons quand les charges se déplacent. Nous savons que la masse apparente d'une particule est multipliée par $1/\sqrt{1 - v^2/c^2}$. Est-ce qu'il en est de même pour sa charge ? Non ! Les *charges* sont toujours les *mêmes*, en mouvement ou non. Sinon nous n'observions pas toujours que la charge totale se conserve.

Prenons un bloc d'une substance, disons conductrice, initialement neutre. Puis chauffons-la. Comme les électrons ont des masses différentes de celles des protons, les vitesses des électrons et des protons vont varier de quantités différentes. Si la charge d'une particule dépendait de la vitesse de la particule qui la porte, les charges des électrons et des protons ne se compenseraient plus dans le bloc chauffé. Un bloc se chargerait donc quand on le chauffe. Comme nous l'avons vu précédemment, une très petite variation relative de la charge de tous les électrons du bloc donnerait naissance à des champs électriques énormes. Un tel effet n'a jamais été observé.

De même, nous pouvons remarquer que la vitesse moyenne des électrons dans la matière dépend de sa composition chimique. Si la charge d'un électron variait avec sa vitesse, la charge totale d'un bloc d'une certaine substance varierait dans une réaction chimique. Encore une fois, un calcul facile montre que même une toute petite variation de la charge avec la vitesse produirait des champs énormes dans le cas des réactions chimiques les plus simples. Un tel effet n'a jamais été observé, et nous concluons que la charge électrique d'une particule unique est indépendante de son état de mouvement.

Ainsi la charge $q$ d'une particule est une grandeur scalaire invariante, indépendante du référentiel. C'est-à-dire que dans un référentiel quelconque, la densité de charge d'une distribution d'électrons est simplement proportionnelle au nombre d'électrons par unité de volume. Nous n'avons donc qu'à nous préoccuper du fait que le volume *peut* changer en raison de la contraction relativiste des longueurs.

Appliquons alors ces idées à notre fil en mouvement. Si nous prenons une longueur $L_0$ de fil, dans lequel règne une densité de charge $\rho_0$ relative aux charges *stationnaires*, il contiendra une charge totale $Q = \rho_0 L_0 A_0$. Si l'on observe les mêmes charges en mouvement, à la vitesse $v$ dans un autre référentiel, elles seront contenues dans un bloc de substance ayant une longueur *plus courte*

$$L = L_0 \sqrt{1 - v^2/c^2}, \tag{13.22}$$

mais ayant la même aire $A_0$ (puisque les dimensions transversales par rapport au mouvement sont inchangées). Voir Fig. 13.11.

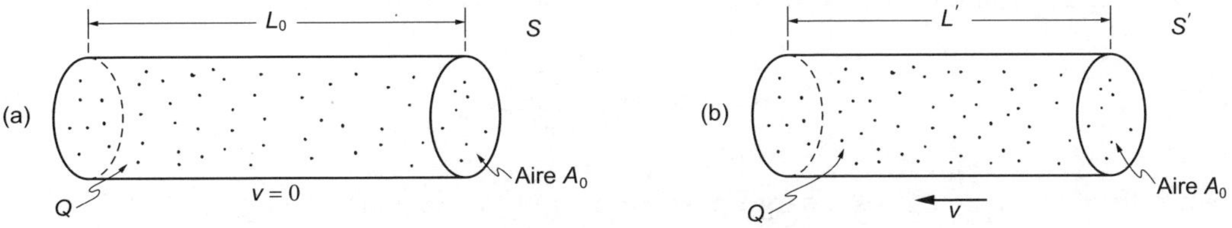


Figure 13.11 – Si une distribution de particules chargées au repos a la densité de charge $\rho_0$, les mêmes charges auront une densité $\rho = \rho_0/\sqrt{1 - v^2/c^2}$ quand on les voit d'un référentiel de vitesse relative $v$.

Si nous appelons $\rho$ la densité des charges dans le référentiel où elles sont en mouvement, la charge totale $Q$ sera $\rho L A_0$. Elle doit être égale aussi à $\rho_0 L_0 A_0$, puisque la charge est la même dans tous les systèmes, de sorte que $\rho L = \rho_0 L_0$, ou, d'après (13.22),

$$\rho = \frac{\rho_0}{\sqrt{1 - v^2/c^2}}. \tag{13.23}$$

La *densité* de charge d'une *distribution* de charges en mouvement varie suivant la même loi que la masse relativiste d'une particule.

Utilisons maintenant ce résultat général pour la densité de charge positive $\rho_+$ de notre fil. Ces charges sont au repos dans le référentiel $S$. Cependant, dans $S'$ où le fil se déplace à la vitesse $v$ la densité de charge positive devient

$$\rho'_+ = \frac{\rho_+}{\sqrt{1 - v^2/c^2}}. \tag{13.24}$$

Les charges *négatives* sont au repos dans $S'$. Elles ont donc leur »densité au repos« $\rho_0$ dans ce référentiel. Dans l'Éq. (13.23) $\rho_0 = \rho'$, parce qu'elles ont la densité $\rho'_-$ quand le fil est au repos, c'est-à-dire dans le référentiel $S$ où les charges négatives ont une vitesse $v$. Pour les électrons de conduction, nous avons alors

$$\rho_- = \frac{\rho'_-}{\sqrt{1 - v^2/c^2}}, \tag{13.25}$$

ou

$$\rho'_- = \rho_- \sqrt{1 - v^2/c^2}. \tag{13.26}$$

Maintenant nous pouvons voir pourquoi il y a des champs électriques dans $S'$ - parce que dans ce référentiel, la densité de charge totale dans le fil $\rho'$ est

$$\rho' = \rho'_+ + \rho'_-.$$

Tenant compte de (13.24) et (13.26), nous obtenons

$$\rho' = \frac{\rho_+}{\sqrt{1 - v^2/c^2}} + \rho_- \sqrt{1 - v^2/c^2}.$$

Et puisque le fil immobile est neutre, $\rho' = -\rho_+$, et nous avons

$$\rho' = \rho_+ \frac{v^2/c^2}{\sqrt{1 - v^2/c^2}}. \tag{13.27}$$

Notre fil en mouvement est chargé positivement et va créer un champ électrique $E'$ au point extérieur où se trouve la particule immobile. Nous avons déjà résolu le problème électrostatique d'un cylindre uniformément chargé. Le champ électrique à la distance $r$ de l'axe du cylindre est

$$E' = \frac{\rho' A}{2\pi\epsilon_0 r} = \frac{\rho_+ A v^2/c^2}{2\pi\epsilon_0 r \sqrt{1 - v^2/c^2}}. \tag{13.28}$$

La force qui s'exerce sur la particule chargée négativement est dirigée vers le fil. Nous avons au moins une force orientée dans la même direction, quel que soit le point de vue adopté ; la force électrique dans S' a la même direction que la force magnétique dans $S$.

L'intensité de la force dans $S'$ est

$$F' = \frac{q}{2\pi\epsilon_0}\frac{\rho_+ A}{r}\frac{v^2/c^2}{\sqrt{1-v^2/c^2}}. \tag{13.29}$$

Comparant ce résultat pour $F'$ avec notre résultat pour $F$ dans l'Éq. (13.21), nous voyons que les intensités des deux forces sont presque identiques quel que soit le point de vue. En fait,

$$F' = \frac{F}{\sqrt{1-v^2/c^2}}, \tag{13.30}$$

donc, pour les petites vitesses que nous avons considérées jusqu'ici, les deux forces sont égales. Nous pouvons dire que tout au moins pour les petites vitesses, nous comprenons que le magnétisme et l'électricité sont « deux façons de voir la même chose ».

Mais les choses vont encore mieux que cela. Si nous tenons compte du fait que les *forces* aussi se transforment quand on passe d'un système à un autre, nous trouvons que les deux façons de voir ce qui se passe conduisent en fait au même résultat *physique* quelle que soit la vitesse.

Une façon de voir cela est de poser une question comme : quelle sera la quantité de mouvement transversale de la particule après que la force ait agi pendant un certain temps ? Nous savons d'après le chapitre 16 du Vol. I que la quantité de mouvement transversale d'une particule doit être la même dans les référentiels $S$ et $S'$. Soit $y$ la coordonnée transversale, nous voulons comparer $\Delta p_y$ et $\Delta p'_y$. Utilisant l'équation relativiste du mouvement $\boldsymbol{F} = d\boldsymbol{p}/dt$, nous prévoyons qu'après le temps $\Delta t$ notre particule aura, dans le système $S$, une quantité de mouvement transversale $\Delta p_y$ donnée par

$$\Delta p_y = F\,\Delta t. \tag{13.31}$$

Dans le système $S'$, la quantité de mouvement transversale sera

$$\Delta p'_y = F'\,\Delta t'. \tag{13.32}$$

Nous devons évidemment comparer $\Delta p_y$ et $\Delta p'_y$ pour des intervalles de temps $\Delta t$ et $\Delta t'$ correspondants. Nous avons vu au chapitre 15, Vol. I que les intervalles de temps relatifs à la particule *en mouvement* sont *plus longs* que ceux comptés dans le système de la particule au repos. Puisque notre particule est initialement au repos dans $S'$, nous prévoyons, pour de petits $\Delta A$ que

$$\Delta t = \frac{\Delta t'}{\sqrt{1-v^2/c^2}}, \tag{13.33}$$

et tout marche bien ainsi. De (13.31) et (13.32) nous tirons,

$$\frac{\Delta p'_y}{\Delta p_y} = \frac{F'\,\Delta t'}{F\,\Delta t},$$

qui est juste égal à 1, si nous tenons compte de (13.30) et (13.33).

Nous venons de voir que nous obtenions le même résultat physique, que nous analysions le mouvement de la particule qui se déplace le long d'un fil dans un système de coordonnées au repos par rapport au fil, ou dans un système au repos par rapport à la particule. Dans le premier cas, la force était purement « magnétique », dans le second elle était purement "électrique". Les deux points de vue sont illustrés sur la Fig. 13.12 (bien qu'il y ait encore un champ magnétique $B'$ dans le second référentiel, celui-ci n'exerce aucune force sur la particule immobile).

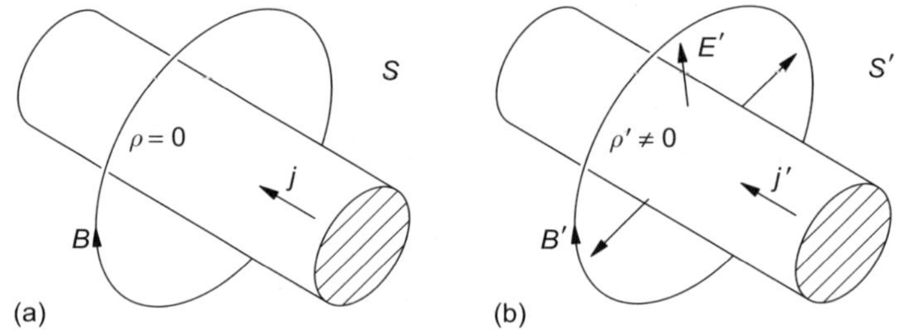


Figure 13.12 – Dans le référentiel S la densité de charge est nulle et le vecteur densité de courant est j. Il y a seulement un champ magnétique. Dans $S'$, il y a une densité de charge $\rho'$ et un vecteur densité de courant j' différent. Le champ magnétique $\boldsymbol{B}'$ est différent et il y a un champ électrique $\boldsymbol{E}'$.

Si nous avions choisi encore un autre système de coordonnées, nous aurions trouvé un mélange différent des champs $\boldsymbol{E}$ et $\boldsymbol{B}$. Les forces magnétiques et électriques sont une partie *d'un seul* phénomène physique – les interactions électromagnétiques entre particules. La division de cette interaction en parties électriques et magnétiques dépend énormément du référentiel choisi pour la description. Mais une description électromagnétique complète est invariante ; l'électricité et le magnétisme, considérés ensemble, sont en accord avec la relativité d'Einstein.

Puisque les champs électriques et magnétiques apparaissent différemment mélangés suivant le référentiel choisi, nous devons être prudents dans notre façon de considérer les champs $\boldsymbol{E}$ et $\boldsymbol{B}$. Par exemple, si nous pensons aux « lignes de champ » de $\boldsymbol{E}$ ou B, nous ne devons pas leur attacher une trop grande réalité. Ces lignes peuvent disparaître si nous essayons de les observer dans un système de coordonnées différent. Par exemple, dans le système $S'$ il y a des lignes de champ électrique, que nous ne trouvons *pas*, « se déplaçant devant nous avec la vitesse $\boldsymbol{v}$ dans le système $S$ ». Dans le système $S$ il n'y a aucune ligne de champ électrique ! Par suite, cela n'a aucun sens de dire : quand je déplace un aimant, il emporte son champ avec lui, de sorte que les lignes de champ de $\boldsymbol{B}$ se déplacent aussi. Il n'y a pas moyen, en général, de donner un sens à l'idée de « la vitesse d'une ligne de champ en mouvement ». Les champs sont le moyen pour nous de décrire ce qui se passe en un point de l'espace. En particulier $\boldsymbol{E}$ et $\boldsymbol{B}$ nous renseignent sur les forces qui agiront sur une particule en mouvement. La question »quelle est la force exercée sur une charge par un champ magnétique *en mouvement ?* » ne signifie rien de précis. La force est donnée par les valeurs de $\boldsymbol{E}$ et $\boldsymbol{B}$ au point où se trouve la charge, et la formule (13.1) ne doit pas être modifiée si *la source* de $\boldsymbol{E}$ ou $\boldsymbol{B}$ se déplace (ce sont les valeurs de $\boldsymbol{E}$ et $\boldsymbol{B}$ qui seront modifiées par le mouvement). Notre description mathématique concerne uniquement les champs considérés comme fonction de $x$, $y$, $z$, et *t par rapport à un certain système d'inertie.*

Nous parlerons plus tard « d'une *onde* des champs électriques et magnétiques se propageant dans l'espace », comme par exemple une onde lumineuse. Mais c'est comme si nous parlions d'une *onde* qui se propage le long d'une corde. Nous ne voulons pas dire alors, qu'une partie de la *corde* se déplace dans la direction de l'onde, nous voulons dire que le *déplacement* de la corde se produit d'abord à un endroit, et plus tard à un autre. De même, dans une onde électromagnétique, *l'onde* se propage, mais l'intensité des champs *varie.* Donc par la suite quand nous – ou quelqu'un d'autre – parlerons d'un champ « en mouvement » vous devrez l'interpréter comme une façon courte et élégante de décrire un champ qui varie dans certaines conditions.

## 13.7 La transformation des courants et des charges

Vous avez peut-être été gênés par la simplification que nous avons faite plus haut en prenant la même vitesse $v$ pour la particule et pour les électrons de conduction dans le fil. Nous pourrions revenir là-dessus et refaire l'analyse précédente dans le cas de deux vitesses différentes, mais il est plus facile de remarquer tout simplement que la charge et la densité de courant sont les composantes d'un quadrivecteur (voir chapitre 17, Vol. I).

Nous avons vu que si $\rho_0$ est la densité des charges dans leur référentiel au repos, alors dans un référentiel où elles sont animées de la vitesse $v$, la densité est

$$\rho = \frac{\rho_0}{\sqrt{1 - v^2/c^2}}.$$

Dans ce référentiel, le vecteur densité de courant est

$$\boldsymbol{j} = \rho\boldsymbol{v} = \frac{\rho_0\boldsymbol{v}}{\sqrt{1 - v^2/c^2}}. \tag{13.34}$$

Or, nous savons que l'énergie $U$ et la quantité de mouvement $p$ d'une particule se déplaçant à la vitesse $v$, sont données par

$$U = \frac{m_0c^2}{\sqrt{1 - v^2/c^2}}, \qquad \boldsymbol{p} = \frac{m_0\boldsymbol{v}}{\sqrt{1 - v^2/c^2}},$$

où $m_0$ est la masse au repos. Nous savons aussi que $U$ et p forment un quadrivecteur relativiste. Comme $\rho$ et $\boldsymbol{j}$ dépendent de la vitesse $v$ exactement comme $U$ et $\boldsymbol{p}$, nous pouvons en déduire que $\rho$ et j sont *aussi* les composantes d'un quadrivecteur relativiste. Cette propriété est la clé d'une analyse générale du champ créé par un fil se déplaçant à une vitesse quelconque, dont nous aurions besoin si nous voulions reprendre le problème pour une vitesse $\boldsymbol{v}_0$ de la particule différente de la vitesse des électrons de conduction.

Si nous voulons transformer $\rho$ et $\boldsymbol{j}$ en passant à un système de coordonnées se déplaçant à la vitesse $u$ dans la direction des $x$, nous savons qu'ils se transforment comme $t$ et $(x, y, z)$, de sorte que nous avons (voir chapitre 15, Vol. I)

$$\begin{aligned} x' &= \frac{x - ut}{\sqrt{1 - u^2/c^2}}, & j'_x &= \frac{j_x - u\rho}{\sqrt{1 - u^2/c^2}} \\ y' &= y, & j'_y &= j_y, \\ z' &= z, & j'_z &= j_z, \\ t' &= \frac{t - ux/c^2}{\sqrt{1 - u^2/c^2}}, & \rho' &= \frac{\rho - uj_x/c^2}{\sqrt{1 - u^2/c^2}}. \end{aligned} \tag{13.35}$$

Grâce à ces équations nous pouvons relier les charges et les courants dans un référentiel à ceux dans un autre. Considérant les charges et les courants dans un des référentiels, nous pouvons résoudre le problème électromagnétique dans ce référentiel, par application des équations de Maxwell. Le résultat que nous obtiendrons *pour les mouvements des particules* sera le même quel que soit le référentiel choisi. Nous reviendrons plus tard sur les transformations relativistes des champs électromagnétiques.

## 13.8 Superposition ; la règle de la main droite

Nous allons conclure ce chapitre en faisant deux remarques au sujet de la magnétostatique. Tout d'abord, les équations de base du champ magnétique, sont linéaires en

$$\boldsymbol{\nabla} \cdot \boldsymbol{B} = 0, \qquad \boldsymbol{\nabla} \times \boldsymbol{B} = \boldsymbol{j}/c^2\epsilon_0,$$
$$\nabla \times \boldsymbol{B} = \boldsymbol{j}/c^2\epsilon_0$$

$\boldsymbol{B}$ et $\boldsymbol{j}$. Ceci implique que le principe de superposition s'applique aussi aux champs magnétiques. Le champ créé par deux courants continus différents est la somme des champs créés séparément par chacun des courants supposé seul. Notre seconde remarque concerne les règles de la main droite que nous avons rencontrées (telles que ia règle de la main droite pour le champ magnétique créé par un courant). Nous avons aussi fait observer que l'on devait interpréter l'aimantation d'un aimant en fer à partir du spin des électrons dans le matériau. La direction du champ magnétique dû à un électron qui tourne sur lui-même est liée à son axe de rotation par la même règle de la main droite. Comme $\boldsymbol{B}$ est déterminé par une règle « latéralisée » – comprenant soit un produit vectoriel, soit un rotationnel – on l'appelle un vecteur *axial*. (Les vecteurs dont la direction dans l'espace ne dépend pas d'une référence à la droite ou à la gauche sont appelés des vecteurs *polaires*. Le déplacement, la vitesse, la force, et $\boldsymbol{E}$, par exemple, sont des vecteurs polaires.)

Cependant, les grandeurs *physiquement observables* en électromagnétisme ne sont *pas* droitières (ou gauchères). Les interactions électromagnétiques sont symétriques par réflexion (voir chapitre 52, Vol. I). Chaque fois que l'on calcule les forces qui s'exercent entre deux systèmes de courants, le résultat est invariant par rapport à un changement dans la convention de latéralité. Nos équations conduisent, indépendamment de la convention de la main droite, au résultat final suivant lequel des courants parallèles et de même sens s'attirent, ou des courants de sens opposé se repoussent. (Essayez de calculer les forces en utilisant des règles de la « main gauche ».) Une attraction ou une répulsion est un vecteur polaire. Ceci a lieu parce que dans la description de toute interaction complète, nous appliquons deux fois la règle de la main droite – une fois pour trouver $\boldsymbol{B}$ à partir des courants, une autre fois pour trouver la force que ce $\boldsymbol{B}$ exerce sur un second courant. Appliquer deux fois la règle de la main droite revient au même que d'appliquer deux fois la règle de la main gauche. Si nous devions changer nos conventions pour un système de la main gauche, tous nos champs $\boldsymbol{B}$ seraient inversés, mais toutes les forces – ou ce qui est peut-être plus visible, les accélérations observées des objets – seraient inchangées.

Bien que les physiciens aient récemment découvert, à leur grand étonnement, que *toutes* les lois de la nature ne sont pas toujours invariantes par réflexion dans un miroir, les lois de l'électromagnétisme, ont bien, elles, cette symétrie fondamentale.

# 14 LE CHAMP MAGNÉTIQUE : EXEMPLES DIVERS

## 14.1 LE POTENTIEL VECTEUR

Dans ce chapitre nous continuons notre étude des champs magnétiques associés à des courants permanents – objet de la magnétostatique. Le champ magnétique est relié aux courants électriques par nos équations de base

$$\nabla \cdot \boldsymbol{B} = 0, \tag{14.1}$$

$$c^2 \nabla \times \boldsymbol{B} = \frac{\boldsymbol{j}}{\epsilon_0}. \tag{14.2}$$

Nous voulons maintenant résoudre ces équations mathématiquement d'une manière *générale*, c'est-à-dire, sans exiger aucune symétrie spéciale et sans deviner. Nous avons vu qu'en électrostatique il existe une méthode simple de calcul des champs lorsque les positions de toutes les charges électriques sont connues : on calcule simplement le potentiel scalaire $\phi$ en intégrant sur les charges – comme dans l'Éq. (4.25). Si l'on veut ensuite le champ électrique, on l'obtient à partir des dérivées de $\phi$. Nous allons montrer maintenant qu'il existe une méthode analogue pour calculer le champ magnétique $\boldsymbol{B}$ lorsque l'on connaît la densité de courant $\boldsymbol{j}$ de toutes les charges en mouvement.

En électrostatique nous avons vu qu'il était possible (parce que le rotationnel de $\boldsymbol{E}$ était toujours nul) de représenter $\boldsymbol{E}$ comme le gradient d'un champ scalaire $\phi$. Maintenant le rotationnel de $\boldsymbol{B}$ n'est *pas* toujours nul, et il n'est donc pas possible, en général, de le représenter comme un gradient. Cependant, la *divergence* de $\boldsymbol{B}$ est toujours nulle, et cela veut dire que nous pouvons toujours représenter $\boldsymbol{B}$ comme le *rotationnel* d'un autre champ vectoriel. En effet, comme nous l'avons vu dans la section 2-8, la divergence d'un rotationnel est toujours nulle. Nous pouvons donc toujours relier $\boldsymbol{B}$ à un champ que nous appellerons $\boldsymbol{A}$ par la relation

$$\boldsymbol{B} = \nabla \times \boldsymbol{A}. \tag{14.3}$$

Ou, en écrivant les composantes,

$$\begin{aligned} B_x &= (\nabla \times \boldsymbol{A})_x = \frac{\partial A_z}{\partial y} - \frac{\partial A_y}{\partial z}, \\ B_y &= (\nabla \times \boldsymbol{A})_y = \frac{\partial A_x}{\partial z} - \frac{\partial A_z}{\partial x}, \\ B_z &= (\nabla \times \boldsymbol{A})_z = \frac{\partial A_y}{\partial x} - \frac{\partial A_x}{\partial y}. \end{aligned} \tag{14.4}$$

Écrire $\boldsymbol{B} = \boldsymbol{\nabla} \times \boldsymbol{A}$ garantit que l'Éq. (14.4) est satisfaite, puisque, nécessairement,

$$\boldsymbol{\nabla} \cdot \boldsymbol{B} = \boldsymbol{\nabla} \cdot (\boldsymbol{\nabla} \times \boldsymbol{A}) = 0.$$

Le champ $\boldsymbol{A}$ s'appelle le *potentiel vecteur*.

Vous vous souvenez que le potentiel scalaire $\phi$ n'était pas complètement spécifié par sa définition. Si nous avons trouvé $\phi$ pour un certain problème, nous pouvons toujours trouver un autre potentiel $\phi'$ qui est également valable en ajoutant une constante

$$\phi' = \phi + C.$$

Le nouveau potentiel $\phi'$ donne les mêmes champs électriques, puisque le gradient $\boldsymbol{\nabla} C$ est nul ; $\phi$ et $\phi'$ représentent la même physique.

Nous pouvons, de même, avoir différents potentiels vecteurs $\boldsymbol{A}$ qui donnent les mêmes champs magnétiques. Encore une fois, puisque l'on obtient $\boldsymbol{B}$ à partir de $\boldsymbol{A}$ par différentiation, ajouter une constante à $\boldsymbol{A}$ ne change rien de physique. On a même plus de latitude pour $\boldsymbol{A}$. Nous pouvons ajouter à $\boldsymbol{A}$ tout champ qui est le gradient d'un certain champ scalaire, sans changer la physique. Nous pouvons montrer cela de la façon suivante. Supposons que nous avons un champ $\boldsymbol{A}$ qui donne correctement le champ magnétique $\boldsymbol{B}$ dans une certaine situation réelle, et demandons-nous dans quels cas un nouveau potentiel vecteur $\boldsymbol{A}'$ donnera le *même* champ $\boldsymbol{B}$ par substitution dans (14.3). $\boldsymbol{A}$ et $\boldsymbol{A}'$ doivent alors avoir le même rotationnel :

$$\boldsymbol{B} = \boldsymbol{\nabla} \times \boldsymbol{A}' = \boldsymbol{\nabla} \times \boldsymbol{A}.$$

Donc

$$\boldsymbol{\nabla} \times \boldsymbol{A}' - \boldsymbol{\nabla} \times \boldsymbol{A} = \boldsymbol{\nabla} \times (\boldsymbol{A}' - \boldsymbol{A}) = 0.$$

Mais si le rotationnel d'un vecteur est nul, il faut qu'il soit égal au gradient d'un certain champ scalaire, soit $\psi$, de sorte que $\boldsymbol{A}' - \boldsymbol{A} = \boldsymbol{\nabla}\psi$. Ce qui veut dire que si $\boldsymbol{A}$ est un potentiel vecteur satisfaisant pour un problème, pour tout $\psi$,

$$\boldsymbol{A}' = \boldsymbol{A} + \boldsymbol{\nabla}\psi \tag{14.5}$$

sera alors un potentiel vecteur également satisfaisant, conduisant au même champ $\boldsymbol{B}$.

Il est habituellement pratique de diminuer la « liberté » de $\boldsymbol{A}$ en lui imposant arbitrairement quelque autre condition (de façon très semblable à celle que nous avons trouvée pratique – souvent – de prendre le potentiel $\phi$ nul à grande distance). Nous pouvons, par exemple, restreindre les valeurs possibles de $\boldsymbol{A}$ en choisissant arbitrairement la valeur que doit prendre la divergence de $\boldsymbol{A}$. Nous pouvons toujours faire cela sans changer $\boldsymbol{B}$. Ceci parce que, bien que $\boldsymbol{A}$ et $\boldsymbol{A}'$ aient le même rotationnel, et donnent le même $\boldsymbol{B}$, ils n'ont pas besoin d'avoir la même divergence. En effet, $\boldsymbol{\nabla} \cdot \boldsymbol{A}' = \boldsymbol{\nabla} \cdot \boldsymbol{A} + \boldsymbol{\nabla}^2\psi$, et par une choix convenable de $\psi$ nous pouvons donner à $\boldsymbol{\nabla} \cdot \boldsymbol{A}'$ la valeur que nous voulons.

Que devons-nous choisir pour $\boldsymbol{\nabla} \cdot \boldsymbol{A}$ ? Le choix doit être fait de façon à avoir la plus grande commodité mathématique possible et dépendra du problème que nous faisons. En *magnétostatique*, nous ferons le choix simple

$$\boldsymbol{\nabla} \cdot \boldsymbol{A} = 0. \tag{14.6}$$

(Plus tard, lorsque nous aborderons l'électrodynamique, nous changerons notre choix.) La définition complète[1] de $\boldsymbol{A}$ est donc, pour le moment, $\boldsymbol{\nabla} \times \boldsymbol{A} = \boldsymbol{B}$ et $\boldsymbol{\nabla} \cdot \boldsymbol{A} = 0$.

Pour nous familiariser avec le potentiel vecteur, étudions tout d'abord ce qu'il vaut pour un champ magnétique uniforme $\boldsymbol{B}_0$. En prenant l'axe $z$ dans la direction de $\boldsymbol{B}_0$, nous devons avoir

$$\begin{aligned} B_x &= \frac{\partial A_z}{\partial y} - \frac{\partial A_y}{\partial z} = 0, \\ B_y &= \frac{\partial A_x}{\partial z} - \frac{\partial A_z}{\partial x} = 0, \\ B_z &= \frac{\partial A_y}{\partial x} - \frac{\partial A_x}{\partial y} = B_0. \end{aligned} \tag{14.7}$$

En examinant ces équations, nous voyons qu'une solution *possible* est

$$A_y = xB_0, \qquad A_x = 0, \qquad A_z = 0.$$

Nous pourrions tout aussi bien prendre

$$A_x = -yB_0, \qquad A_y = 0, \qquad A_z = 0.$$

Une combinaison linéaire de ces deux solutions est encore une autre solution :

$$A_x = -\frac{1}{2}yB_0, \qquad A_y = \frac{1}{2}xB_0, \qquad A_z = 0. \tag{14.8}$$

Il est clair que pour tout champ particulier $\boldsymbol{B}$, le potentiel vecteur $\boldsymbol{A}$ n'est pas unique ; il existe plusieurs possibilités.

La troisième solution, Éq. (14.8), possède quelques propriétés intéressantes. Puisque la composante $x$ est proportionnelle à $-y$ et que la composante $y$ est proportionnelle à $+x$, $\boldsymbol{A}$ doit faire un angle droit avec le vecteur issu de l'axe $z$ que nous appellerons $\boldsymbol{r}'$ (le « prime » est là pour nous rappeler que ce n'est *pas* le vecteur déplacement compté à partir de l'origine). De plus, la grandeur de $\boldsymbol{A}$ est proportionnelle à $\sqrt{x^2+y^2}$ et, par conséquent, à $\boldsymbol{r}'$. $\boldsymbol{A}$ peut donc s'écrire simplement (pour notre champ uniforme)

$$\boldsymbol{A} = \frac{1}{2}\boldsymbol{B}_0 \times \boldsymbol{r}'. \tag{14.9}$$

Le potentiel vecteur $\boldsymbol{A}$ a la grandeur $Br'/2$ et tourne autour de l'axe des $z$ comme on le voit sur la Fig. 14.1. Si, par exemple, le champ $\boldsymbol{B}$ est le champ axial à l'intérieur d'un solénoïde, le potentiel vecteur circule dans le même sens que les courants du solénoïde.

On peut obtenir le potentiel vecteur d'un champ uniforme d'une autre façon. On peut relier la circulation de $\boldsymbol{A}$ le long d'une boucle fermée $\Gamma$ à l'intégrale de surface de $\boldsymbol{\nabla} \times \boldsymbol{A}$ par le théorème de Stokes, Éq. (3.38) :

$$\oint_\Gamma \boldsymbol{A} \cdot d\boldsymbol{s} = \int_{\text{à l'intérieur de } \Gamma} (\boldsymbol{\nabla} \times \boldsymbol{A}) \cdot \boldsymbol{n}\, da. \tag{14.10}$$

1. Notre définition ne détermine pas encore $\boldsymbol{A}$ d'une manière unique. Pour avoir une détermination *unique*, il faudrait aussi dire quelque chose sur le comportement du champ $\boldsymbol{A}$ pour certaines limites, ou à grande distance. Il est quelquefois pratique, par exemple, de choisir ur champ qui tend vers zéro à grande distance.

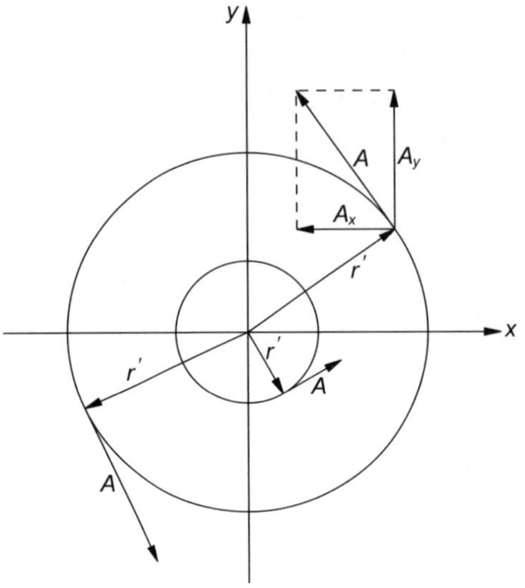


Figure 14.1– Un champ magnétique uniforme $\boldsymbol{B}$ dans la direction de $z$ correspond à un potentiel vecteur $\boldsymbol{A}$ qui tourne autour de l'axe $z$, de module $\boldsymbol{A} = \boldsymbol{B}r'/2$ ($r'$ est la distance à l'axe $z$).

Mais l'intégrale du second membre est égale au flux de $\boldsymbol{B}$ à travers la boucle, de sorte que

$$\oint_{\Gamma} \boldsymbol{A} \cdot d\boldsymbol{s} = \int_{\text{à l'intérieur de } \Gamma} \boldsymbol{B} \cdot \boldsymbol{n}\, da. \tag{14.11}$$

La circulation de $\boldsymbol{A}$ le long d'une boucle *quelconque* est égale au flux de $\boldsymbol{B}$ à travers la boucle. Si nous prenons une boucle circulaire, de rayon $r'$ dans un plan perpendiculaire à un champ uniforme $\boldsymbol{B}$, le flux a pour valeur

$$\pi r'^2 B.$$

Si nous choisissons l'origine sur un axe de symétrie, de façon à ce que nous puissions prendre $\boldsymbol{A}$ tangentiel et ne dépendant que de $r'$, la circulation sera donnée par

$$\oint \boldsymbol{A} \cdot d\boldsymbol{s} = 2\pi r' A = \pi r'^2 B.$$

Nous obtenons, comme précédemment,

$$A = \frac{Br'}{2}.$$

Dans l'exemple que nous venons de donner, nous avons calculé le potentiel vecteur à partir du champ magnétique, ce qui est le contraire de ce que l'on fait normalement. Dans des problèmes compliqués il est habituellement plus facile de calculer le potentiel vecteur, puis d'en déduire le champ magnétique. Nous allons maintenant montrer comment cela peut être fait.

## 14.2 Le potentiel vecteur de courants connus

Puisque $\boldsymbol{B}$ est déterminé par les courants, il en est de même de $\boldsymbol{A}$. Nous voulons maintenant trouver $\boldsymbol{A}$ en fonction des courants. Nous partons de l'équation fondamentale (14.2) :

$$c^2\boldsymbol{\nabla}\times\boldsymbol{B}=\frac{\boldsymbol{j}}{\epsilon_0},$$

ce qui signifie, bien entendu, que

$$c^2\boldsymbol{\nabla}\times(\boldsymbol{\nabla}\times\boldsymbol{A})=\frac{\boldsymbol{j}}{\epsilon_0}. \tag{14.12}$$

Cette équation est à la magnétostatique ce que l'équation

$$\boldsymbol{\nabla}\cdot\boldsymbol{\nabla}\phi=-\frac{\rho}{\epsilon_0} \tag{14.13}$$

était à l'électrostatique.

Notre équation (14.12) pour le potentiel vecteur ressemble même encore plus à celle que nous avons établie pour $\varphi$ si nous récrivons $\boldsymbol{\nabla}\times(\boldsymbol{\nabla}\times\boldsymbol{A})$ en utilisant l'identité vectorielle (2.58) :

$$\boldsymbol{\nabla}\times(\boldsymbol{\nabla}\times\boldsymbol{A})=\boldsymbol{\nabla}(\boldsymbol{\nabla}\cdot\boldsymbol{A})-\nabla^2\boldsymbol{A}. \tag{14.14}$$

Puisque nous avons choisi de faire $\boldsymbol{\nabla}\cdot\boldsymbol{A}=0$ (et vous voyez maintenant pourquoi), l'Éq. (14.12) devient

$$\nabla^2\boldsymbol{A}=-\frac{\boldsymbol{j}}{\epsilon_0c^2}. \tag{14.15}$$

Cette équation vectorielle signifie, bien entendu, les trois équations :

$$\nabla^2A_x=-\frac{j_x}{\epsilon_0c^2},\qquad \nabla^2A_y=-\frac{j_y}{\epsilon_0c^2},\qquad \nabla^2A_z=-\frac{j_z}{\epsilon_0c^2}. \tag{14.16}$$

Et chacune de ces équations est *mathématiquement identique* à

$$\nabla^2\phi=-\frac{\rho}{\epsilon_0}. \tag{14.17}$$

Tout ce que nous avons appris sur le calcul des potentiels lorsque $\rho$ est connu, peut être utilisé pour le calcul de chacune des composantes de $\boldsymbol{A}$ lorsque l'on connaît $\boldsymbol{j}$ !

Nous avons vu au chapitre 4 qu'une solution générale pour l'équation de l'électrostatique (14.17) est

$$\phi(1)=\frac{1}{4\pi\epsilon_0}\int\frac{\rho(2)\,dV_2}{r_{12}}.$$

Nous voyons donc immédiatement qu'une solution générale pour $A_z$ est

$$A_x(1)=\frac{1}{4\pi\epsilon_0c^2}\int\frac{j_x(2)\,dV_2}{r_{12}}, \tag{14.18}$$

et de même pour $A_y$ et $A_z$ (La figure 14.2 vous rappellera nos conventions pour $r_{12}$ et $dV_2$.) Nous pouvons rassembler les trois solutions sous forme vectorielle

$$\boldsymbol{A}(1) = \frac{1}{4\pi\epsilon_0 c^2}\int \frac{\boldsymbol{j}(2)\,dV_2}{r_{12}}, \tag{14.19}$$

(Vous pouvez vérifier si vous voulez, en différenciant directement les composantes, que cette intégrale $\boldsymbol{A}$ satisfait $\boldsymbol{\nabla}\cdot\boldsymbol{A} = 0$ tant que $\boldsymbol{\nabla}\cdot\boldsymbol{j} = 0$, ce qui, comme nous l'avons vu, doit arriver pour les courants permanents.)

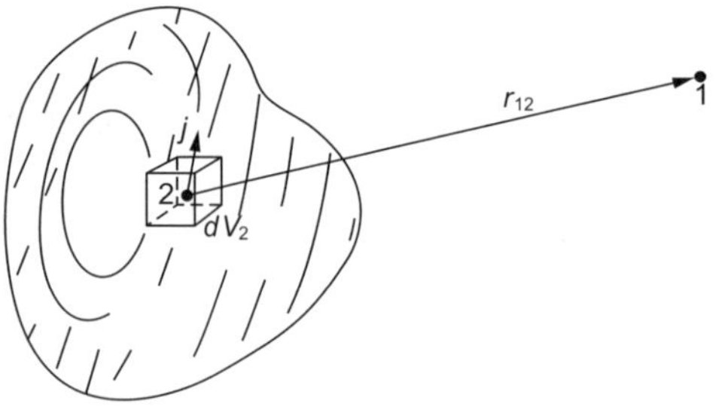


Figure 14.2 – Le potentiel vecteur $\boldsymbol{A}$ au point 1 est donné par une intégrale étendue aux éléments de courants $\boldsymbol{j}dV$ à tous les points 2.

Nous avons donc une méthode générale de calcul des champs magnétiques créés par les courants permanents. Le principe est : la composante $x$ du potentiel vecteur créé par une densité de courant $\boldsymbol{j}$ est identique au potentiel électrique $\phi$ qui serait créé par une densité de charge $\rho$ égale à $j_x/c^2$ – et de même pour les composantes $y$ et $z$. (Ce principe ne marche qu'avec des composantes dans des directions fixes. La composante « radiale » de $\boldsymbol{A}$ ne se déduit pas de la même façon de la composante « radiale » de $\boldsymbol{j}$, par exemple.)

À partir du vecteur densité de courant $\boldsymbol{j}$, nous pouvons donc trouver $\boldsymbol{A}$ en utilisant l'Éq. (14.19) – c'est-à-dire que nous calculons chacune des composantes de $\boldsymbol{A}$ en résolvant trois problèmes d'électrostatique imaginaires pour des distributions de charges $\rho_1 = j_x/c^2$, $\rho_2 = j_y/c^2$, et $\rho_3 = j_z/c^2$. Nous obtenons ensuite $\boldsymbol{B}$ en prenant diverses dérivées de $\boldsymbol{A}$ pour avoir $\boldsymbol{\nabla}\cdot\boldsymbol{A}$. C'est un tout petit peu plus compliqué que pour l'électrostatique mais c'est la même idée. Nous allons maintenant illustrer la théorie en calculant le potentiel vecteur dans quelques cas particuliers.

## 14.3 Un fil rectiligne

À titre de premier exemple, nous allons à nouveau calculer le champ créé par un fil rectiligne – problème que nous avons résolu dans le dernier chapitre en utilisant l'Éq. (14.2) et quelques considérations de symétrie. Nous prenons un long fil rectiligne de rayon $a$, parcouru par un courant permanent $I$. Contrairement à la charge d'un conducteur dans le cas de l'électrostatique, un courant permanent dans un fil est uniformément distribué à travers toute la section du fil. Si nous choisissons nos coordonnées comme sur la Fig. 14.3, le vecteur densité de courant $\boldsymbol{j}$ a seulement une composante $z$. Sa grandeur est

$$j_z = \frac{I}{\pi a^2} \tag{14.20}$$

à l'intérieur du fil, et zéro à l'extérieur.

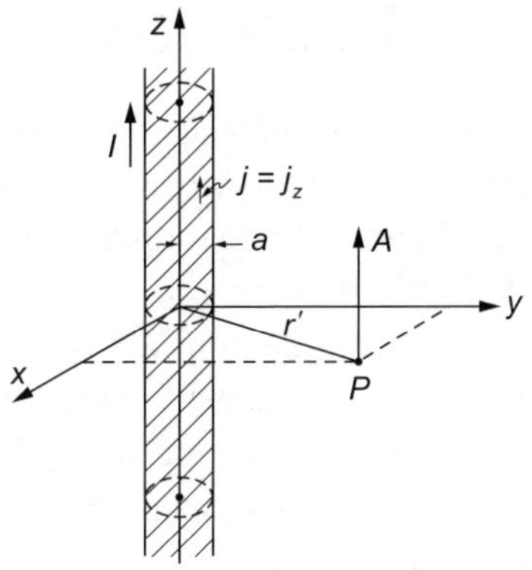


Figure 14.3 – Un long fil cylindrique le long de l'axe $z$ parcouru par un courant de densité uniforme $\boldsymbol{j}$.

Puisque $j_x$ et $j_y$ sont toutes deux nulles, nous avons tout de suite

$$A_x = 0, \qquad A_y = 0.$$

Pour obtenir $A_z$, nous pouvons utiliser la solution trouvée pour le potentiel électrostatique $\phi$ d'un fil ayant une densité uniforme de charge $\rho = j_z/c^2$. Pour des points à l'extérieur d'un cylindre chargé infini, le potentiel électrostatique vaut

$$\phi = -\frac{\lambda}{2\pi\epsilon_0} \ln r',$$

où $r' = \sqrt{x^2 + y^2}$ et $\lambda$ représente la charge par unité de longueur, $\pi a^2 \rho$. $A_z$ doit donc valoir

$$A_z = -\frac{\pi a^2 j_z}{2\pi\epsilon_0 c^2} \ln r'$$

pour les points à l'extérieur d'un long fil parcouru par un courant uniforme. Puisque $\pi a^2 j_z = I$, nous pouvons aussi écrire

$$A_z = -\frac{I}{2\pi\epsilon_0 c^2} \ln r' \tag{14.21}$$

Nous pouvons maintenant trouver $\boldsymbol{B}$ à partir de (14.4). Il n'y a que deux des six dérivées qui ne soient pas nulles. Nous obtenons

$$B_x = -\frac{I}{2\pi\epsilon_0 c^2}\frac{\partial}{\partial y} \ln r' = -\frac{I}{2\pi\epsilon_0 c^2}\frac{y}{r'^2}, \tag{14.22}$$

$$B_y = \frac{I}{2\pi\epsilon_0 c^2}\frac{\partial}{\partial x} \ln r' = \frac{I}{2\pi\epsilon_0 c^2}\frac{x}{r'^2}, \tag{14.23}$$

$$B_z = 0.$$

Nous obtenons le même résultat que précédemment : $\boldsymbol{B}$ tourne autour du fil, et a pour grandeur

$$B = \frac{1}{4\pi\epsilon_0 c^2}\frac{2I}{r'}. \tag{14.24}$$

# 14.4 Un long solénoïde

Ensuite, considérons à nouveau un solénoïde infiniment long parcouru à sa surface par un courant circulaire valant $nI$ par unité de longueur. (Nous imaginons qu'il y a $n$ spires de fil par unité de longueur, parcouru par le courant $I$, et nous négligeons la légère pente de l'enroulement.)

Tout comme nous avons défini une « densité superficielle de charge » $\sigma$, nous définissons ici une « densité superficielle de courant » $J$ égale au courant par unité de longueur à la surface du solénoïde (qui n'est autre, bien entendu, que la valeur moyenne de $j$ multipliée par l'épaisseur de l'enroulement mince). Le module de $J$ est ici, $nI$. Ce courant de surface (voir Fig. 14.4) a pour composantes :

$$J_x = -J\sin\phi, \qquad J_y = J\cos\phi, \qquad J_z = 0.$$

Nous devons maintenant calculer $\boldsymbol{A}$ pour une telle distribution de courant.

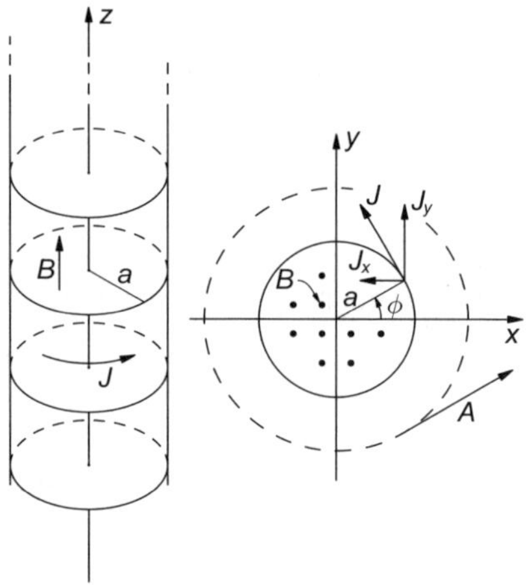


Figure 14.4 – Un long solénoïde ayant une densité superficielle de courant $J$.

Nous voulons tout d'abord calculer $A_x$ pour des points à l'extérieur du solénoïde. Le résultat est le même que pour le potentiel électrostatique à l'extérieur d'un cylindre ayant une charge superficielle

$$\sigma = \sigma_0 \sin\phi,$$

avec $\sigma_0 = J/c^2$. Nous n'avons pas encore calculé une telle distribution de charge, mais nous avons fait quelque chose de semblable. Cette distribution de charges est équivalente à deux *volumes* cylindriques chargés, l'un positif et l'autre négatif, présentant un petit décalage de leurs axes dans la direction $y$. Le potentiel d'une telle paire de cylindres est proportionnel à la dérivée par rapport à $y$ du potentiel d'un cylindre unique uniformément chargé. Nous pourrions calculer la constante de proportionnalité, mais ne nous en inquiétons pas pour le moment.

Le potentiel d'un cylindre chargé est proportionnel à $\ln r'$ ; le potentiel de la paire est donc

$$\phi \propto \frac{\partial \ln r'}{\partial y} = \frac{y}{r'^2}.$$

Nous savons donc que

$$A_x = -K\,\frac{y}{r'^2}, \tag{14.25}$$

où $K$ désigne une certaine constante. En faisant le même raisonnement, nous trouverions

$$A_y = K\,\frac{x}{r'^2}. \tag{14.26}$$

Quoique nous ayons dit auparavant qu'il n'y a pas de champ *magnétique* à l'extérieur d'un solénoïde, nous voyons maintenant qu'il y a un champ $\boldsymbol{A}$ qui tourne autour de l'axe $z$, comme dans la Fig. 14.4. La question est : est-ce que son rotationnel est nul ?

Il est évident que $B_x$ et $B_y$ sont nuls, et

$$\begin{aligned} B_z &= \frac{\partial}{\partial x}\left(K\,\frac{x}{r'^2}\right) - \frac{\partial}{\partial y}\left(-K\,\frac{y}{r'^2}\right) \\ &= K\left(\frac{1}{r'^2} - \frac{2x^2}{r'^4} + \frac{1}{r'^2} - \frac{2y^2}{r'^4}\right) = 0. \end{aligned}$$

Ainsi le champ magnétique à l'extérieur d'un solénoïde très long est effectivement nul, même si le potentiel vecteur ne l'est pas.

Nous pouvons vérifier notre résultat par comparaison avec quelque chose d'autre que nous savons : la circulation du potentiel vecteur le long du solénoïde doit être égale au flux du vecteur $\boldsymbol{B}$ à travers la spire (Éq. (14.11)). La circulation est égale à $A \cdot 2\pi r'$ ou, puisque $A = K/r'$, la circulation est $2\pi K$. Remarquez qu'elle est indépendante de $r'$. C'est exactement ce que cela serait s'il n'y avait pas de champ $\boldsymbol{B}$ à l'extérieur, parce que le flux est égal à la grandeur de $\boldsymbol{B}$ à *l'intérieur* du solénoïde, multipliée par $\pi a^2$. C'est le même pour tous les cercles de rayon $r' > a$. Nous avons établi dans le dernier chapitre que le champ à l'intérieur est égal à $nI/\epsilon_0 c^2$, de sorte que nous pouvons déterminer la constante $K$ :

$$2\pi K = \pi a^2\,\frac{nI}{\epsilon_0 c^2},$$

ou

$$K = \frac{nIa^2}{2\epsilon_0 c^2}.$$

Le potentiel vecteur à *l'extérieur* a donc la grandeur

$$A = \frac{nIa^2}{2\epsilon_0 c^2}\,\frac{1}{r'}, \tag{14.27}$$

et est toujours perpendiculaire au vecteur $\boldsymbol{r}'$.

Nous avons considéré un enroulement solénoïdal de fil, mais nous pourrions produire les mêmes champs si nous faisions tourner un long cylindre portant une charge électrostatique superficielle. Si nous avons une couche cylindrique mince de rayon $a$ avec une densité superficielle de charge $\sigma$, faire tourner le cylindre crée un courant superficiel $J = \sigma v$, où $v = a\omega$ est la vitesse de la charge superficielle. Il y aura alors un champ magnétique $B = \sigma a\omega/\epsilon_0 c^2$ à l'intérieur du cylindre.

Nous pouvons maintenant soulever une question intéressante. Supposons que nous placions un court morceau de fil $W$ perpendiculairement à l'axe du cylindre, allant de l'axe à l'extérieur du cylindre, et fixé au cylindre de façon à ce qu'il tourne avec lui, comme sur la Fig. 14.5. Ce fil se déplace dans un champ magnétique, de sorte que les forces $\boldsymbol{v} \times \boldsymbol{B}$ feront se charger les extrémités du fil (elles se chargeront jusqu'à ce que le champ $\boldsymbol{E}$, dû aux charges, équilibre la force $\boldsymbol{v} \times \boldsymbol{B}$). Si le cylindre porte une charge positive, l'extrémité du fil au voisinage de l'axe aura une charge négative. En mesurant la charge à l'extrémité du fil, nous pourrions mesurer la vitesse de rotation du système. Nous aurions un « compteur de vitesse angulaire » !

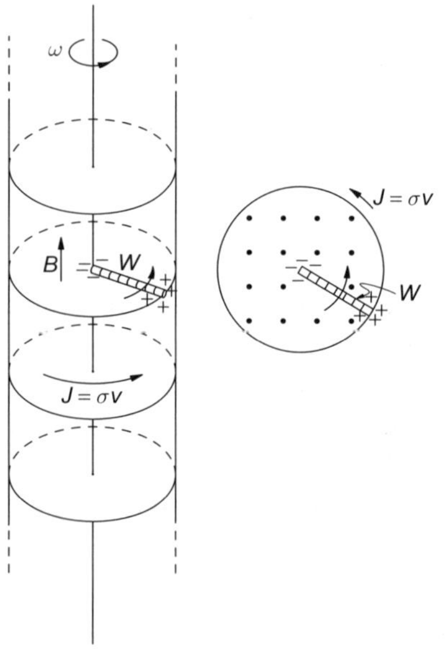


Figure 14.5 – Un cylindre chargé tournant crée un champ magnétique à l'intérieur. Un court fil radial tournant avec le cylindre présente des charges induites à ses extrémités.

Mais vous vous demandez peut-être : « que se passe-t-il si je me place dans le système de référence du cylindre tournant ? Il n'y a alors qu'un cylindre chargé au repos, et je sais que les équations de l'électrostatique disent qu'il n'y aura *pas* de champ électrique à l'intérieur, donc qu'il n'y aura pas de forces poussant les charges vers le centre. Il doit donc y avoir quelque chose de faux ». Mais il n'y a rien de faux. Il n'existe pas de « relativité de rotation ». Un système en rotation n'est *pas* un système galiléen, et les lois de la physique y sont différentes. Nous devons nous assurer que nous utilisons les équations de l'électromagnétisme uniquement dans des systèmes d'inertie.

Ce serait bien si nous pouvions mesurer la rotation absolue de la terre à l'aide d'un cylindre chargé de ce type, mais malheureusement l'effet est beaucoup trop faible pour être mis en évidence même avec les instruments les plus précis actuellement utilisables.

## 14.5 LE CHAMP CRÉÉ PAR UNE PETITE BOUCLE ; LE DIPÔLE MAGNÉTIQUE

Utilisons la méthode du potentiel vecteur pour calculer le champ magnétique créé par une petite boucle de courant. Comme d'habitude, par « petite » nous voulons simplement

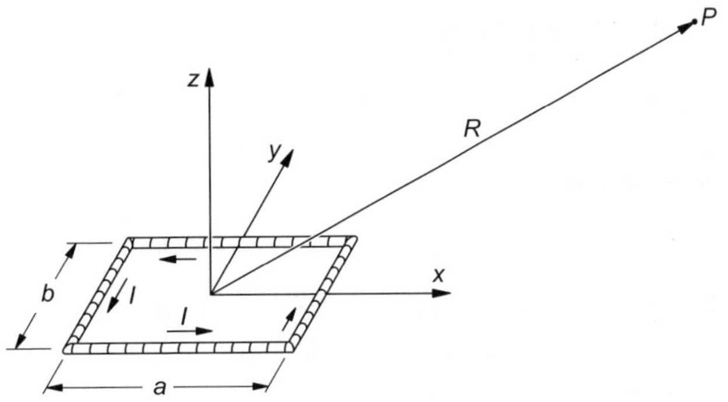


Figure 14.6 – Une boucle rectangulaire de fil parcourue par un courant $I$. Quel est le champ magnétique en $\boldsymbol{P}$ ? ($R \gg a$, ou $b$).

dire que nous ne nous intéressons qu'aux champs existant à des distances grandes par rapport aux dimensions de la boucle. On va voir que toute petite boucle est un « dipôle magnétique ». C'est-à-dire qu'elle crée un champ *magnétique* analogue au champ électrique créé par un dipôle électrique.

Nous considérons tout d'abord une boucle rectangulaire, et nous choisissons nos coordonnées comme l'indique la Fig. 14.6. Il n'y a pas de courants dans la direction $z$, donc $A_z$ est nul. Il y a des courants dans la direction $x$, sur les deux côtés de longueur $a$. Dans chaque branche, la densité de courant (et le courant) sont uniformes. La solution pour $A_x$ est donc identique au potentiel électrostatique créé par deux barres chargées (voir Fig. 14.7). Puisque les barres ont des charges opposées, le potentiel électrique qu'elles créent à grande distance serait simplement le potentiel d'un dipôle (section 6-5). Au point $P$ de la Fig. 14.6, le potentiel serait

$$\phi = \frac{1}{4\pi\epsilon_0}\frac{\boldsymbol{p}\cdot\boldsymbol{e}_R}{R^2}, \tag{14.28}$$

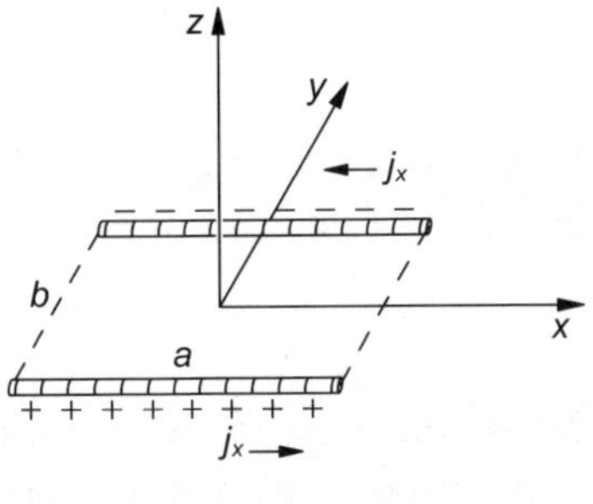


Figure 14.7 – La distribution de $j_x$ dans la boucle de courant de la Fig. 14.6.

où $\boldsymbol{p}$ est le moment dipolaire de la distribution de charges. Le moment dipolaire, dans ce cas, est égal à la charge totale de l'une des barres multipliée par la distance qui les sépare :

$$p = \lambda ab. \tag{14.29}$$

Le moment dipolaire est orienté vers les $y$ négatifs, de sorte que le cosinus de l'angle entre $\boldsymbol{R}$ et $\boldsymbol{p}$ est égal à $-y/R$ (où $y$ désigne la coordonnée de $P$). Nous avons donc

$$\phi = -\frac{1}{4\pi\epsilon_0}\frac{\lambda ab}{R^2}\frac{y}{R}.$$

Nous obtenons $A_x$ en remplaçant simplement $\lambda$ par $I/c^2$ :

$$A_x = -\frac{Iab}{4\pi\epsilon_0 c^2}\,\frac{y}{R^3}. \tag{14.30}$$

Avec le même raisonnement,

$$A_y = \frac{Iab}{4\pi\epsilon_0 c^2}\,\frac{x}{R^3}. \tag{14.31}$$

De nouveau, $A_y$ est proportionnel à $x$ et $A_x$ est proportionnel à $-y$, de sorte que le potentiel vecteur (à grande distance) décrit un cercle autour de l'axe $z$, et circule dans le même sens que $I$ dans la boucle, comme le montre la Fig. 14.8.

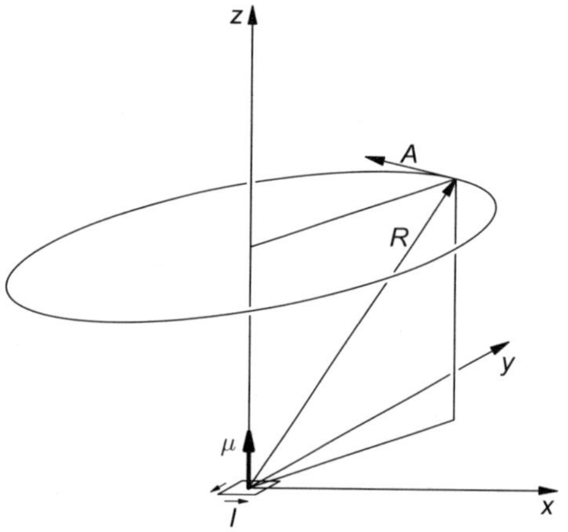


Figure 14.8 – Le potentiel vecteur d'une petite boucle de courant à l'origine (dans le plan *xy*) ; un champ dipolaire magnétique.

Le module de $\boldsymbol{A}$ est proportionnel à $Iab$, qui est le produit du courant par l'aire de la boucle. Ce produit s'appelle le *moment magnétique dipolaire* (ou, souvent, tout simplement, « moment magnétique ») de la boucle. Nous le désignons par $\mu$ :

$$\mu = Iab. \tag{14.32}$$

Le potentiel vecteur créé par une petite boucle plane de forme *quelconque* (cercle, triangle, etc.) est aussi donné par les Éq. (14.30) et (14.31) à condition de remplacer $Iab$ par

$$\mu = I \cdot (\text{aire de la boucle}). \tag{14.33}$$

Nous vous laissons le soin d'en faire la démonstration.

Nous pouvons mettre notre équation sous forme vectorielle en définissant la direction du vecteur $\boldsymbol{\mu}$ comme étant normale au plan de la boucle, avec un sens positif donné par la règle de la main droite (Fig. 14.8). Nous pouvons alors écrire

$$\boldsymbol{A} = \frac{1}{4\pi\epsilon_0 c^2}\,\frac{\boldsymbol{\mu}\times\boldsymbol{R}}{R^3} = \frac{1}{4\pi\epsilon_0 c^2}\,\frac{\boldsymbol{\mu}\times\boldsymbol{e}_R}{R^2}. \tag{14.34}$$

Nous avons encore à calculer $\boldsymbol{B}$. En utilisant (14.33) et (14.34), avec (14.4), nous obtenons

$$B_x = -\frac{\partial}{\partial z}\,\frac{\mu}{4\pi\epsilon_0 c^2}\,\frac{x}{R^3} = \cdots\,\frac{3xz}{R^5} \tag{14.35}$$

(où par $\cdots$ nous désignons $\mu/4\pi\epsilon_0 c^2$),

$$\begin{aligned} B_y &= \frac{\partial}{\partial z}\left(-\cdots\frac{y}{R^3}\right) = \cdots\frac{3yz}{R^5}, \\ B_z &= \frac{\partial}{\partial x}\left(\cdots\frac{x}{R^3}\right) - \frac{\partial}{\partial y}\left(-\cdots\frac{y}{R^3}\right) \\ &= -\cdots\left(\frac{1}{R^3} - \frac{3z^2}{R^5}\right). \end{aligned} \tag{14.36}$$

Les composantes du champ $\boldsymbol{B}$ se comportent exactement de la même façon que celles du champ $\boldsymbol{E}$ pour un dipôle orienté le long de l'axe $z$. (Voir Éq. (6.14) et (6.15) ; et aussi Fig. 6.5.) Cela explique pourquoi nous appelons la boucle un dipôle magnétique. Le mot « dipôle » prête un peu à confusion lorsqu'on l'applique à un champ magnétique, car il n'existe pas de « pôles » magnétiques qui correspondent aux charges électriques. Le « champ dipolaire » magnétique n'est pas créé par deux « charges » mais par une boucle élémentaire de courant.

Il est cependant curieux que partant de lois complètement différentes, $\boldsymbol{\nabla}\cdot\boldsymbol{E} = \rho/\epsilon_0$, et $\boldsymbol{\nabla}\times\boldsymbol{B} = j/\epsilon_0 c^2$, nous puissions finalement arriver au même type de champ. Pourquoi en est-il ainsi ? C'est parce que les champs dipolaires n'apparaissent que lorsqu'on est à des distances grandes de toutes les charges ou de tous les courants. Donc pour la plus grande partie de l'espace intéressant, les équations pour $\boldsymbol{E}$ et $\boldsymbol{B}$ sont identiques : les deux ont une divergence nulle et un rotationnel nul. Elles donnent donc les mêmes solutions. Les *sources* dont nous résumons la configuration par des moments dipolaires sont cependant physiquement tout à fait différentes – dans l'un des cas, c'est un courant qui circule ; dans l'autre, c'est une paire de charges, l'une au-dessus l'autre au-dessous du plan de la boucle, pour les champs correspondants.

## 14.6 Le potentiel vecteur d'un circuit

Nous nous intéressons souvent aux champs magnétiques créés par des circuits filiformes dans lesquels le diamètre des fils est très petit devant les dimensions de l'ensemble du système. En pareil cas, nous pouvons simplifier les équations du champ magnétique. Pour un fil fin nous pouvons écrire l'élément de volume sous la forme

$$dV = S\,ds$$

où $S$ est l'aire de la section du fil et $ds$ l'élément de longueur du fil. En fait, puisque le vecteur $\boldsymbol{ds}$ a la même direction que $\boldsymbol{j}$, comme le montre la Fig. 14.9 (et nous pouvons supposer que $\boldsymbol{j}$ est constant à travers une section droite quelconque), nous pouvons écrire une équation vectorielle :

$$\boldsymbol{j}\,dV = jS\,\boldsymbol{ds}. \tag{14.37}$$

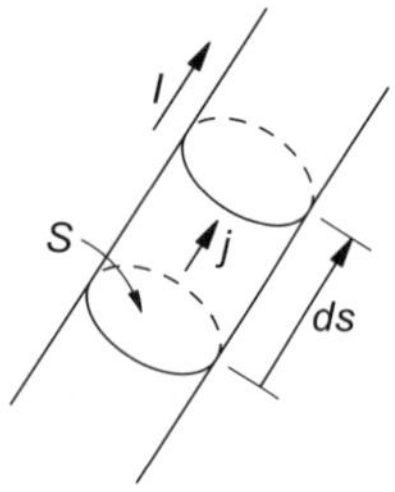


Figure 14.9 – Dans un fil fin $j\,dV$ est identique à $I\,ds$.

Mais $jS$ n'est autre que ce que nous appelons le courant $I$ dans un fil, de sorte que notre intégrale (14.19) pour le potentiel vecteur devient

$$\boldsymbol{A}(1) = \frac{1}{4\pi\epsilon_0 c^2}\int \frac{I\,\boldsymbol{ds}_2}{r_{12}} \tag{14.38}$$

(voir Fig. 14.10). (Nous supposons que $I$ est le même tout le long du circuit. S'il y a plusieurs branches avec des courants différents, nous devons, bien entendu, utiliser la valeur de $I$ appropriée pour chaque branche.)

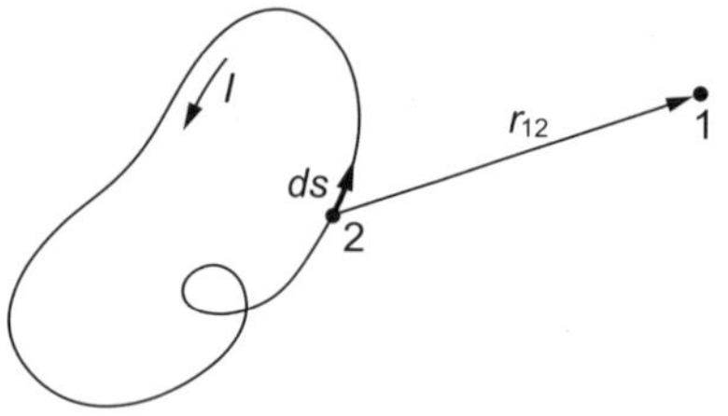


Figure 14.10 – On peut obtenir le champ magnétique d'un fil en prenant une intégrale le long du circuit.

De nouveau, nous pouvons calculer les champs à partir de (14.38), soit en intégrant directement, soit en résolvant les problèmes électrostatiques correspondants.

## 14.7 La loi de Biot et Savart

En étudiant l'électrostatique nous avons vu que l'on pouvait obtenir directement le champ électrique créé par une distribution connue de charges à l'aide d'une intégrale (Éq. (4.16)) :

$$\boldsymbol{E}(1) = \frac{1}{4\pi\epsilon_0}\int \frac{\rho(2)\boldsymbol{e}_{12}\,dV_2}{r_{12}^2}.$$

Comme nous l'avons vu, calculer cette intégrale – il y a en fait trois intégrales, une pour chaque composante – demande plus de travail que de calculer l'intégrale pour le potentiel et d'en prendre le gradient.

Il existe une intégrale semblable qui lie le champ magnétique aux courants. Nous avons déjà une intégrale pour $\boldsymbol{A}$, Éq. (14.19) ; nous pouvons obtenir une intégrale pour $\boldsymbol{B}$ en prenant le rotationnel des deux membres :

$$\boldsymbol{B}(1) = \boldsymbol{\nabla}\times\boldsymbol{A}(1) = \boldsymbol{\nabla}\times\left[\frac{1}{4\pi\epsilon_0 c^2}\int \frac{\boldsymbol{j}(2)\,dV_2}{r_{12}}\right]. \tag{14.39}$$

Nous devons maintenant faire attention : l'opérateur rotationnel signifie que l'on prend la dérivée de $\boldsymbol{A}(1)$, c'est-à-dire qu'il agit uniquement sur les coordonnées $(x_1, y_1, z_1)$. Nous pouvons mettre l'opérateur $\boldsymbol{\nabla}\times$ sous le signe somme à condition de nous rappeler qu'il n'agit que sur les variables d'indice 1, qui, bien sûr, n'apparaissent que dans

$$r_{12} = \left[(x_1 - x_2)^2 + (y_1 - y_2)^2 + (z_1 - z_2)^2\right]^{1/2}. \tag{14.40}$$

Nous avons pour la composante $x$ de $\boldsymbol{B}$,

$$\begin{aligned} B_x &= \frac{\partial A_z}{\partial y_1} - \frac{\partial A_y}{\partial z_1} \\ &= \frac{1}{4\pi\epsilon_0 c^2} \int \left[ j_z \frac{\partial}{\partial y_1}\left(\frac{1}{r_{12}}\right) - j_y \frac{\partial}{\partial z_1}\left(\frac{1}{r_{12}}\right)\right] dV_2 \\ &= -\frac{1}{4\pi\epsilon_0 c^2} \int \left[ j_z \frac{y_1 - y_2}{r_{12}^3} - j_y \frac{z_1 - z_2}{r_{12}^3}\right] dV_2. \end{aligned} \tag{14.41}$$

La quantité entre crochets n'est autre que l'opposé de la composante $x$ de

$$\frac{\boldsymbol{j} \times \boldsymbol{r}_{12}}{r_{12}^3} = \frac{\boldsymbol{j} \times \boldsymbol{e}_{12}}{r_{12}^2}$$

On pourra trouver les résultats correspondants aux autres composantes, de sorte que nous avons

$$\boldsymbol{B}(1) = \frac{1}{4\pi\epsilon_0 c^2} \int \frac{\boldsymbol{j}(2) \times \boldsymbol{e}_{12}}{r_{12}^2}\, dV_2. \tag{14.42}$$

L'intégrale donne $\boldsymbol{B}$ directement en fonction des courants connus. La géométrie impliquée est la même que celle représentée sur la Fig. 14.2.

Si les courants n'existent que dans des circuits faits de fils minces nous pouvons, comme dans le paragraphe précédent, calculer immédiatement l'intégrale sur une section du fil, en remplaçant $\boldsymbol{j}\,dV$ par $I\,d\boldsymbol{s}$ représente un élément de longueur du fil. En utilisant ensuite les symboles de la Fig. 14.10, on a

$$\boldsymbol{B}(1) = -\frac{1}{4\pi\epsilon_0 c^2} \int \frac{I\boldsymbol{e}_{12} \times d\boldsymbol{s}_2}{r_{12}^2}. \tag{14.43}$$

(Il apparaît un signe – parce que nous avons inversé l'ordre du produit vectoriel.) Cette équation pour $\boldsymbol{B}$ s'appelle la *loi de Biot et Savart*, du nom de ceux qui l'ont découverte. Elle donne une formule qui permet d'obtenir directement le champ magnétique créé par des fils parcourus par des courants.

Vous pouvez vous demander : « quel est l'avantage du potentiel vecteur si nous pouvons calculer $\boldsymbol{B}$ directement avec une intégrale vectorielle ? Après tout, $\boldsymbol{A}$ aussi implique trois intégrales ! » À cause du produit vectoriel, les intégrales pour $\boldsymbol{B}$ sont habituellement plus compliquées, comme on le voit sur l'Éq. (14.41). De plus, puisque les intégrales pour $\boldsymbol{A}$ sont identiques à celles de l'électrostatique, nous pouvons les connaître déjà. Nous verrons enfin que dans des domaines théoriques plus avancés, (en relativité, dans des formulations avancées des lois de la mécanique, comme le principe de moindre action que nous discuterons plus tard, et en mécanique quantique) le potentiel vecteur un rôle important.

# LE POTENTIEL-VECTEUR

# 15

UN CIRCUIT PARCOURU PAR UN COURANT = A CURRENT LOOP

## 15.1 LES FORCES AGISSANT SUR UN CIRCUIT FERMÉ PARCOURU PAR UN COURANT ; L'ÉNERGIE D'UN DIPÔLE

Dans le chapitre précédent nous avons étudié le champ magnétique créé par un petit circuit rectangulaire parcouru par un courant. Nous avons trouvé que c'est un champ dipolaire, de moment dipolaire

$$\mu = IA, \tag{15.1}$$

où $I$ est l'intensité du courant et $A$ l'aire du circuit. La direction du moment est normale au plan du circuit, de sorte qu'on peut aussi écrire

$$\boldsymbol{\mu} = IA\boldsymbol{n},$$

où $\boldsymbol{n}$ est le vecteur unitaire de la normale à la surface $A$.

Un circuit parcouru par un courant – ou un dipôle magnétique – non seulement créent des champs magnétiques, mais subissent aussi des forces quand ils sont placés dans le champ magnétique créé par d'autres courants. Nous allons étudier d'abord les forces agissant sur un circuit rectangulaire placé dans un champ magnétique uniforme. Supposons que l'axe des $z$ soit parallèle à la direction du champ, et que le plan du circuit passe par l'axe des $y$ et fasse un angle $\theta$ avec le plan des $xy$, comme on l'a représenté sur la Fig. 15.1. Alors, le moment magnétique du circuit – qui est normal à son plan – fera un angle $\theta$ avec le champ.

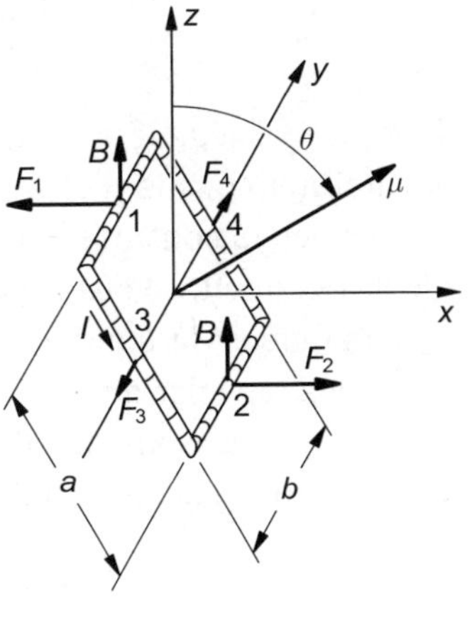


Figure 15.1 – Un circuit rectangulaire parcouru un courant $I$ est placé dans un champ uniforme $\boldsymbol{B}$ (orienté suivant $Oz$). Le moment du couple agissant sur le circuit est $\tau = \boldsymbol{\mu} \times \boldsymbol{B}$ où $\mu = Iab$ est le moment magnétique.

Comme les courants sont de sens contraire dans deux côtés du circuit, les forces sont aussi opposées, de sorte qu'il n'y a pas de résultante générale agissant sur le circuit (quand le champ est uniforme). Cependant, en raison des forces agissant sur les côtés marqués 1 et 2 sur la figure, il y a un couple qui tend à faire tourner le circuit autour des $y$. L'intensité de ces forces $F_1$ et $F_2$ est

$$F_1 = F_2 = IBb.$$

Le bras de levier est

$$a \sin\theta,$$

donc le moment est

$$\tau = Iab\,B \sin\theta,$$

ou, puisque $Iab$ est le moment magnétique du circuit,

$$\tau = \mu B \sin\theta.$$

Le moment de ce couple peut aussi s'écrire vectoriellement :

$$\boldsymbol{\tau} = \boldsymbol{\mu} \times \boldsymbol{B}. \tag{15.2}$$

Bien que nous ayons établi que le moment du couple était donné par l'Éq. (15.2) seulement dans un cas très particulier, nous verrons que ce résultat est valable pour un petit circuit de forme quelconque. Rappelez-vous que nous avons trouvé le même genre de relation pour le couple exercé sur un dipôle électrique :

$$\boldsymbol{\tau} = \boldsymbol{p} \times \boldsymbol{E}.$$

Examinons maintenant l'énergie mécanique de notre circuit. Puisqu'il y a un couple, l'énergie dépend évidemment de l'orientation. D'après le principe des travaux virtuels, le moment du couple est égal à la variation d'énergie par unité d'angle, ce qui permet d'écrire

$$dU = \tau\, d\theta.$$

Posant $\tau = \mu B \sin\theta$, et intégrant, nous pouvons écrire l'énergie

$$U = -\mu B \cos\theta + \text{une constante}. \tag{15.3}$$

(Le signe est négatif parce que le couple tend à aligner le moment sur le champ ; l'énergie est minimum quand $\mu$ et $B$ sont parallèles.)

Pour des raisons que nous discuterons plus tard, cette énergie *n'est pas* l'énergie totale d'un circuit. (Nous n'avons pas, en particulier, tenu compte de l'énergie nécessaire pour maintenir le courant dans le circuit.) Nous appellerons donc cette énergie $U_{\text{mec}}$, pour nous rappeler qu'elle n'est qu'une partie de l'énergie. De même, puisque de toutes façons nous laissons de côté une partie de l'énergie, nous pouvons poser la constante d'intégration égale à zéro dans l'Éq. (15.3). Nous récrivons donc l'équation :

$$U_{\text{mec}} = -\boldsymbol{\mu} \cdot \boldsymbol{B}. \tag{15.4}$$

Ici encore, elle correspond à ce que nous avions trouvé pour un dipôle électrique :

$$U = -\boldsymbol{p} \cdot \boldsymbol{E}. \tag{15.5}$$

Cependant, l'énergie électrostatique $U$ de l'Éq. (15.5) est la véritable énergie alors que $U_{\text{mec}}$ de l'Éq. (15.4) ne l'est pas. On *peut*, cependant, s'en servir pour le calcul des forces par application du principe des travaux virtuels, en supposant que le courant dans le circuit – ou au moins $\mu$ – est maintenu constant.

Nous pouvons montrer que pour notre petit circuit rectangulaire, $U_{\text{mec}}$ correspond aussi au travail mécanique effectué pour amener le circuit dans le champ. La résultante qui s'exerce sur le circuit est nulle seulement dans un champ uniforme ; dans un champ non uniforme il y a bien une résultante des forces agissant sur un circuit. Quand on a introduit le circuit dans une région où règne un champ, on a dû traverser des zones où le champ n'était pas uniforme, et l'on a dû fournir un certain travail. Pour simplifier les calculs nous imaginerons qu'on amène le circuit dans le champ, son moment restant parallèle au champ. (On peut le faire tourner pour l'amener dans sa position finale, une fois qu'il est en place.)

Imaginons que nous voulions déplacer le circuit, dans la direction des $x$ – vers une région de champ plus intense – et que lé circuit soit orienté comme l'indique la Fig. 15.2. Nous partons d'un lieu où le champ est nul, et nous intégrons le produit de la force par le déplacement en amenant le circuit dans le champ.

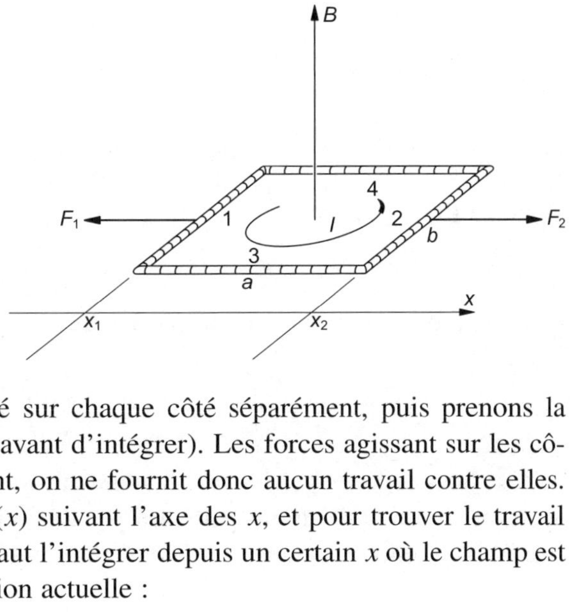


Figure 15.2 – Un circuit est déplacé le long de l'axe des $x$ dans un champ $\boldsymbol{B}$, normal à $x$.

Calculons d'abord le travail effectué sur chaque côté séparément, puis prenons la somme (plutôt que d'ajouter les forces avant d'intégrer). Les forces agissant sur les côtés 3 et 4 sont normales au déplacement, on ne fournit donc aucun travail contre elles. La force agissant sur le côté 2 est $IbB(x)$ suivant l'axe des $x$, et pour trouver le travail effectué contre la force magnétique, il faut l'intégrer depuis un certain $x$ où le champ est nul, disons $x = -\infty$, jusqu'à $x_2$ sa position actuelle :

$$W_2 = -\int_{-\infty}^{x_2} F_2\,dx = -Ib\int_{-\infty}^{x_2} B(x)\,dx. \tag{15.6}$$

De même, le travail effectué contre la force agissant sur le côté 1 est

$$W_1 = -\int_{-\infty}^{x_1} F_1\,dx = Ib\int_{-\infty}^{x_1} B(x)\,dx. \tag{15.7}$$

Pour calculer chacune de ces intégrales, nous devons savoir comment $B(x)$ varie avec $x$. Mais remarquez que le côté 1 suit exactement le côté 2, de sorte que son intégrale contient presque tout le travail effectué sur le côté 2. En fait, la somme de (15.6) et (15.7) est exactement

$$W = -Ib \int_{x_1}^{x_2} B(x)\,dx. \qquad (15.8)$$

Mais si nous sommes dans une région où $B$ est à peu près le même sur les côtés 1 et 2, nous pouvons écrire l'intégrale sous la forme

$$\int_{x_1}^{x_2} B(x)\,dx = (x_2 - x_1)B = aB,$$

où $B$ est le champ au centre du circuit. L'énergie mécanique totale que nous avons fournie est donc

$$U_{\text{mec}} = W = -Iab\,B = -\mu B. \qquad (15.9)$$

Le résultat est en accord avec l'expression de l'énergie écrite dans l'Éq. (15.4).

Nous aurions évidemment trouvé le même résultat si nous avions ajouté les forces agissant sur le circuit avant d'intégrer pour trouver le travail. Soit $B_1$ le champ sur le côté 1 et $B_2$ le champ sur le côté 2, la résultante des forces dans la direction $x$ est

$$F_x = Ib\,(B_2 - B_1)\,.$$

Si le circuit est « petit », c'est-à-dire si $B_1$ et $B_2$ ne sont pas trop différents, nous pouvons écrire

$$B_2 = B_1 + \frac{\partial B}{\partial x}\,\Delta x = B_1 + \frac{\partial B}{\partial x}\,a.$$

Donc, la force devient

$$F_x = Iab\,\frac{\partial B}{\partial x}. \qquad (15.10)$$

Le travail total fourni au circuit, par les forces *extérieures* est

$$-\int_{-\infty}^{x} F_x\,dx = -Iab \int \frac{\partial B}{\partial x}\,dx = -IabB,$$

qui est bien encore égal à $-\mu B$. Seulement nous voyons maintenant pourquoi la *force* agissant sur un petit circuit parcouru par un courant est proportionnelle à la dérivée du champ magnétique, comme on s'y attendait d'après

$$F_x\,\Delta x = -\Delta U_{\text{mec}} = -\Delta(-\boldsymbol{\mu}\cdot\boldsymbol{B}). \qquad (15.11)$$

Notre résultat est alors le suivant : bien que $U_{\text{mec}} = -\boldsymbol{\mu}\cdot\boldsymbol{B}$ ne contienne pas, forcément toute l'énergie du système – c'est une espèce truquée d'énergie – on peut quand même lui appliquer le principe des travaux virtuels pour trouver les forces agissant sur des circuits parcourus par des courants continus.

## 15.2 ÉNERGIES MÉCANIQUES ET ÉLECTRIQUES

Nous voulons maintenant montrer pourquoi l'énergie $U_{\text{mec}}$ discutée dans le paragraphe précédent n'est pas l'énergie correcte associée à des courants continus, – montrer qu'elle ne tient pas compte de l'énergie totale du monde. En fait nous avons insisté sur le fait qu'elle pouvait être utilisée comme une énergie, pour calculer les forces à partir du principe des travaux virtuels, *à condition* que le courant dans le circuit (et tous les *autres* courants) ne varient pas. Voyons pourquoi tout cela marche.

Imaginons que le circuit de la Fig. 15.2 se déplace dans la direction des $x$ et prenons l'axe des $z$ dans la direction de $\boldsymbol{B}$. Les électrons de conduction dans le côté 2, subiront une force le long du fil, dans la direction des $y$. Mais, en raison de leur écoulement – comme un courant électrique – il existe une composante de leur mouvement dans la même direction que la force. Par conséquent, chaque électrons reçoit, par seconde, un travail qui vaut $F_y v_y$, où $v_y$ est la composante de la vitesse de l'électron le long du fil. Nous appellerons travail *électrique*, ce travail reçu par les électrons. Or, il se trouve que si le circuit se déplace dans un champ *uniforme*, le travail électrique total est nul, puisque un travail positif est reçu par certaines parties du circuit et un travail négatif, en quantité égale, est reçu par d'autres. Mais ceci n'est plus vrai si le circuit se déplace dans un champ non uniforme – un certain travail résultant *sera* bien fourni aux électrons. En général, ce travail tendrait à modifier l'écoulement des électrons, mais si l'on maintient le courant constant, de l'énergie doit être absorbée ou dégagée par la batterie ou toute autre source maintenant le courant constant. Nous n'avions pas tenu compte de cette énergie quand nous avions calculé $U_{\text{mec}}$ dans l'Éq. (15.9), car nos calculs ne mettaient en jeu que les forces agissant sur le fil lui-même.

Vous pouvez penser : mais la force agissant sur les électrons dépend de la *vitesse* à laquelle se déplace le fil ; si ce mouvement est assez lent, peut-être cette énergie électrique sera-t-elle négligeable. Il est vrai que la *puissance* électrique fournie est proportionnelle à la vitesse du fil, mais l'énergie *totale* fournie est aussi proportionnelle au *temps*. Donc, l'énergie électrique totale est proportionnelle au produit de la vitesse par le temps, c'est-à-dire au déplacement. On fournit le même travail électrique pour un déplacement donné dans un champ.

Considérons un segment de fil de longueur unité, parcouru par un courant $I$ et se déplaçant dans une direction normale à lui-même et au champ magnétique $\boldsymbol{B}$ à la vitesse $v_{\text{fil}}$. Les électrons vont prendre une vitesse d'ensemble $v_{\text{ensemble}}$ le long du fil à cause du courant. La composante de la force magnétique agissant sur chaque électron dans la direction du courant est $q_e v_{\text{fil}} B$. Donc, la puissance électrique fournie est $F v_{\text{ensemble}} = (q_e v_{\text{fil}} B) v_{\text{ensemble}}$. S'il y a $N$ électrons de conduction par unité de longueur du fil, la puissance électrique totale fournie est

$$\frac{dU_{\text{elec}}}{dt} = N q_e v_{\text{fil}} B v_{\text{ensemble}}.$$

Mais $N q_e v_{\text{ensemble}} = I$, intensité du courant dans le fil, donc

$$\frac{dU_{\text{elec}}}{dt} = I v_{\text{fil}} B.$$

Or, puisque le courant est maintenu constant, les forces agissant sur les électrons de conduction ne leur communiquent pas d'accélération ; l'énergie électrique n'est pas fournie aux électrons mais à la source qui maintient le courant constant.

Mais remarquons que la force agissant sur le fil est $IB$, donc $IBv_{\text{fil}}$ est aussi la *puissance mécanique* fournie au fil, $dU_{\text{mec}}/dt = IBv_{\text{fil}}$. Nous en concluons que le travail mécanique fourni au fil est juste égal au travail électrique fourni à la source de courant, donc l'énergie du circuit *est une constante !*

Ceci n'est pas une coïncidence, mais une conséquence de la loi que nous connaissions déjà. La force totale agissant sur chaque charge du fil est

$$\boldsymbol{F} = q(\boldsymbol{E} + \boldsymbol{v} \times \boldsymbol{B}).$$

La puissance est

$$\boldsymbol{v} \cdot \boldsymbol{F} = q[\boldsymbol{v} \cdot \boldsymbol{E} + \boldsymbol{v} \cdot (\boldsymbol{v} \times \boldsymbol{B})]. \tag{15.12}$$

S'il n'y a pas de champs électriques il ne reste que le second terme, qui est toujours nul. Nous verrons plus tard, que des champs magnétiques *variables* produisent des champs électriques, donc notre raisonnement ne s'applique qu'à des fils qui se déplacent dans des champs magnétiques constants.

Comment se fait-il alors que le principe des travaux virtuels nous donne la bonne réponse ? Parce que nous n'avons *toujours* pas considéré l'énergie *totale* du monde. Nous n'avons pas inclus l'énergie des courants qui *créent* le champ magnétique d'où nous partons.

Imaginons un système complet tel que celui dessiné sur la Fig. 15.3a, dans lequel nous déplaçons notre circuit parcouru par le courant $I_1$ dans le champ magnétique $\boldsymbol{B}_1$ créé par le courant $I_2$ qui circule dans une bobine. Or, le courant $I_1$ du circuit crée lui aussi un certain champ magnétique $\boldsymbol{B}_2$ là où se trouve la bobine. Si le circuit se déplace, le champ $\boldsymbol{B}_2$ va varier. Comme nous le verrons dans le chapitre suivant, un champ magnétique variable engendre un champ $\boldsymbol{E}$, et ce champ $\boldsymbol{E}$ fournira du travail aux charges de la bobine. Il faudra donc aussi tenir compte de cette énergie dans notre bilan de l'énergie totale.

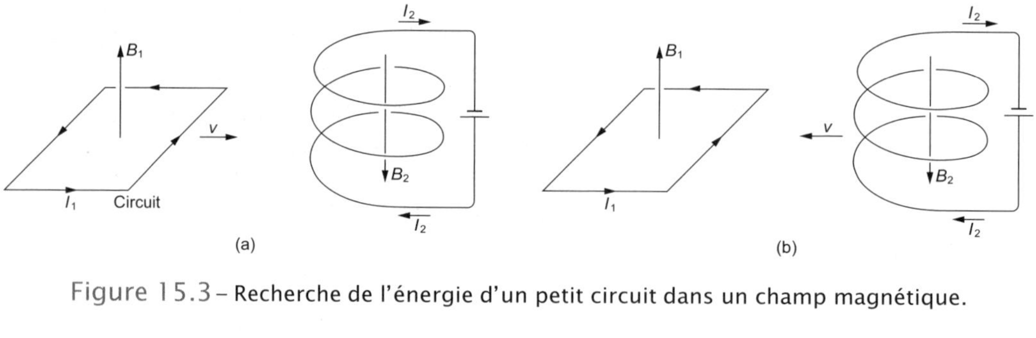


Figure 15.3 – Recherche de l'énergie d'un petit circuit dans un champ magnétique.

Nous pourrions attendre le chapitre suivant pour déterminer ce nouveau terme de l'énergie, mais nous pouvons aussi voir ce qu'il sera en appliquant le principe de relativité de la manière suivante. Quand nous approchons le circuit de la bobine fixe nous savons que son énergie électrique est exactement égale et opposée au travail mécanique effectué. Donc

$$U_{\text{mec}} + U_{\text{elec}}(\text{circuit}) = 0.$$

Supposons maintenant que nous regardions ce qui se passe d'un autre point de vue, d'après lequel le circuit est au repos et la bobine est déplacée vers lui. La bobine se déplace alors dans le champ créé par le circuit. Les mêmes arguments nous donneraient

$$U_{\text{mec}} + U_{\text{elec}}(\text{bobine}) = 0.$$

L'énergie mécanique est la même dans les deux cas puisqu'elle est due à la force qui s'exerce entre les deux circuits.

La somme des deux équations donne

$$2U_{\text{mec}} + U_{\text{elec}}(\text{circuit}) + U_{\text{elec}}(\text{bobine}) = 0.$$

L'énergie totale de tout le système est évidemment la somme des deux énergies électriques et de l'énergie mécanique comptée *une seule fois*. Nous avons donc

$$U_{\text{totale}} = U_{\text{elec}}(\text{circuit}) + U_{\text{elec}}(\text{bobine}) + U_{\text{mec}} = -U_{\text{mec}}. \tag{15.13}$$

L'énergie totale du monde est réellement *moins* $U_{\text{mec}}$. Si nous voulons la véritable énergie d'un dipôle magnétique, par exemple, nous devons écrire

$$U_{\text{totale}} = +\boldsymbol{\mu} \cdot \boldsymbol{B}.$$

Ce n'est qu'en posant la condition que tous les courants sont constants que nous pouvons n'utiliser qu'une partie de l'énergie, $U_{\text{mec}}$ (qui est toujours la véritable énergie changée de signe), pour déterminer les forces mécaniques. Dans un problème plus général, il faudrait faire bien attention de compter toutes les énergies.

Nous avons vu un cas analogue en électrostatique. Nous avons montré que l'énergie d'un condensateur était $Q^2/2C$. Quand nous appliquons le principe des travaux virtuels pour calculer la force qui s'exerce entre les deux plateaux du condensateur, la variation d'énergie est égale au produit par $Q^2/2$ de la variation de $1/C$. Soit,

$$\Delta U = \frac{Q^2}{2}\,\Delta\left(\frac{1}{C}\right) = -\frac{Q^2}{2}\,\frac{\Delta C}{C^2}. \tag{15.14}$$

Supposons maintenant qu'il faille calculer le travail à fournir pour déplacer deux conducteurs dans des conditions différentes : leur différence de potentiel est maintenue constante. Nous pouvons alors obtenir les bonnes réponses pour la force à partir du principe des travaux virtuels à condition d'introduire un artifice. Puisque $Q = CV$, l'énergie est réellement $\frac{1}{2}CV^2$. Mais si nous définissons une énergie artificielle égale à $-\frac{1}{2}CV^2$, le principe des travaux virtuels peut être appliqué pour déterminer les forces, en posant que la variation de l'énergie artificielle est égale au travail mécanique, à condition, nous insistons bien, que la tension soit maintenue constante. Alors

$$\Delta U_{\text{mec}} = \Delta\left(-\frac{CV^2}{2}\right) = -\frac{V^2}{2}\,\Delta C, \tag{15.15}$$

ce qui est bien la même Éq. que (15.14). Nous obtenons le résultat exact, bien que nous ayons négligé le travail fourni par le système électrique pour maintenir la tension constante. Encore une fois, cette énergie électrique est double de l'énergie mécanique et de signe contraire.

Ainsi, si nous calculons artificiellement, sans tenir compte du fait que la source de potentiel doit fournir un certain travail pour maintenir les tensions constantes, nous obtenons la bonne réponse. Ceci est tout à fait analogue au cas de la magnétostatique.

## 15.3 L'ÉNERGIE DES COURANTS CONTINUS

Nous allons maintenant nous servir du fait que $U_{\text{totale}} = -U_{\text{mec}}$ pour déterminer la véritable énergie des courants continus dans les champs magnétiques. Nous pouvons commencer par l'énergie véritable d'un petit circuit parcouru par un courant. Appelant $U_{\text{mec}}$ simplement $U$, nous écrivons

$$U = \boldsymbol{\mu} \cdot \boldsymbol{B}. \tag{15.16}$$

Bien que nous ayons calculé cette énergie pour un circuit plan rectangulaire, ce résultat s'applique encore à un petit circuit plan de forme quelconque.

Nous pouvons trouver l'énergie d'un circuit de forme quelconque en imaginant qu'il est formé de petits circuits. Soit un fil ayant la forme de la courbe Γ de la Fig. 15.4. Par cette courbe nous faisons passer une surface $S$, et sur cette surface nous traçons un grand nombre de petits circuits, chacun d'eux pouvant être considéré comme plan. Si nous faisons circuler le courant $I$ dans *chacun* de ces petits circuits, il en résultera la même chose qu'un courant $I$ circulant le long de Γ, puisque les courants s'annuleront le long de toutes les lignes intérieures à Γ. Physiquement, le système des petits courants est indiscernable du circuit original. L'énergie doit aussi être la même, et est donc égale à la somme des énergies des petits circuits.

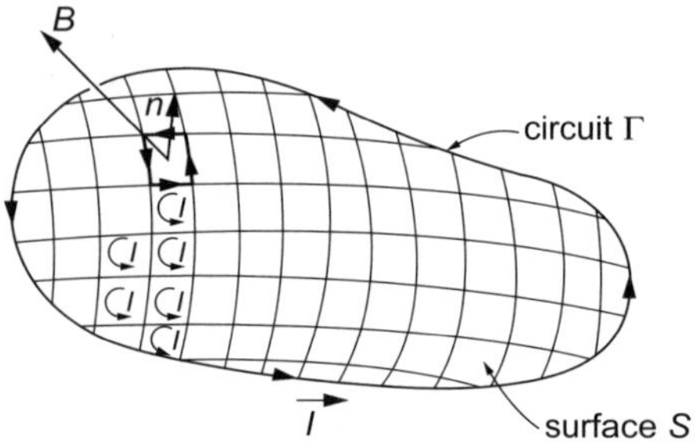


Figure 15.4 – L'énergie d'un grand circuit dans un champ magnétique, peut être considérée comme la somme des énergies de circuits plus petits.

Si l'aire de chaque petit circuit est $\Delta a$, son énergie est $I\Delta a B_n$, où $B_n$ est la composante normale à $\Delta a$. L'énergie totale est

$$U = \sum I B_n \,\Delta a.$$

Passant à la limite de circuits infinitésimaux, la somme devient une intégrale, et

$$U = I \int B_n \, da = I \int \boldsymbol{B} \cdot \boldsymbol{n} \, da, \tag{15.17}$$

où $\boldsymbol{n}$ est le vecteur unitaire de la normale à $da$.

Si nous posons $\boldsymbol{B} = \boldsymbol{\nabla} \times \boldsymbol{A}$, nous pouvons passer d'une intégrale de surface à une intégrale curviligne, par application du théorème de Stokes,

$$I \int_S (\boldsymbol{\nabla} \times \boldsymbol{A}) \cdot \boldsymbol{n}\, da = I \oint_\Gamma \boldsymbol{A} \cdot \boldsymbol{ds}, \tag{15.18}$$

où $\boldsymbol{ds}$ est l'élément de courbe le long de $\Gamma$. Nous avons donc l'énergie d'un circuit de forme quelconque :

$$U = I \oint_{\text{circuit}} \boldsymbol{A} \cdot \boldsymbol{ds}, \tag{15.19}$$

Dans cette expression, $\boldsymbol{A}$ se rapporte évidemment au potentiel-vecteur des courants (autres que le courant $I$ du fil) qui créent le champ $\boldsymbol{B}$ où se trouve le fil.

Enfin, on peut imaginer qu'une distribution quelconque de courants continus est faite de filaments parallèles aux lignes de courant. Pour chaque paire de ces circuits, l'énergie est donnée par (15.19), où l'intégrale est prise le long d'un circuit, et où le potentiel-vecteur $\boldsymbol{A}$ est dû à l'autre circuit. Pour avoir l'énergie totale, nous voulons la somme de toutes ces paires. Si, au lieu de tenir compte des paires, nous faisions la somme complète sur tous les filaments, nous compterions deux fois l'énergie (nous avons vu un cas semblable en électrostatique), donc l'énergie totale peut s'écrire

$$U = \frac{1}{2} \int \boldsymbol{j} \cdot \boldsymbol{A}\, dV. \tag{15.20}$$

Cette formule correspond au résultat que nous avons trouvé pour l'énergie électrostatique :

$$U = \frac{1}{2} \int \rho\phi\, dV. \tag{15.21}$$

Ainsi nous pouvons, si nous le voulons, considérer $\boldsymbol{A}$ comme une sorte d'énergie potentielle des courants en magnétostatique. Malheureusement cette idée n'est pas très utile, car elle ne s'applique qu'aux champs statiques. En fait, aucune des équations (15.20) et (15.21) ne donne l'expression exacte de l'énergie quand les champs varient avec le temps.

## 15.4 *B* CONTRE *A*

Dans ce paragraphe nous allons discuter des problèmes suivants : le potentiel-vecteur est-il simplement un moyen utile pour faire des calculs – comme le potentiel scalaire est utile en électrostatique – ou bien, le potentiel-vecteur est-il un champ « réel » ? Est-ce que ce n'est pas le champ magnétique qui est le champ « réel », parce qu'il est responsable de la force agissant sur une particule en mouvement ? Disons tout d'abord que l'expression « un champ réel » n'a pas beaucoup de sens. Pour une raison : vous ne sentez sans doute pas que le champ magnétique soit très « réel » de toute façon, car la notion même de champ est plutôt abstraite. Vous ne pouvez pas avancer la main et sentir le champ magnétique. De plus, la valeur du champ magnétique n'est pas très bien définie ; en choisissant un système de coordonnées mobile convenable, par exemple, vous pouvez faire disparaître le champ magnétique qui existait en un certain point.

Ce que nous entendons ici par un champ « réel » est ceci : un champ réel est une fonction mathématique que nous utilisons pour éviter la notion d'action à distance. Si nous avons une particule chargée au point $P$, elle est affectée par les autres charges localisées à une certaine distance de $P$. Un moyen de décrire l'interaction est de dire que les autres charges créent certaines conditions – quoi que cela puisse être – au voisinage de $P$. Si nous connaissons ces conditions, que nous décrivons par la donnée des champs électriques et magnétiques, nous pouvons déterminer complètement le comportement de la particule – sans autre référence à la façon dont ces conditions ont été créées.

En d'autres termes, si ces autres charges ont été modifiées d'une certaine façon, mais si les conditions en $P$ décrites par les champs électriques et magnétiques en $P$ demeurent les mêmes, alors le mouvement de la charge sera aussi le même. Un champ « réel » est un ensemble de nombres que nous caractérisons de telle sorte que ce qui se passe *en un point* dépend seulement des nombres *en ce point*. Nous n'avons pas besoin d'en savoir plus sur ce qui se passe ailleurs. C'est dans ce sens que nous discuterons si le potentiel-vecteur est un champ « réel ».

Vous pouvez vous étonner du fait que le potentiel-vecteur n'est pas unique – qu'il peut être modifié par addition du gradient d'un scalaire quelconque, sans que les forces agissant sur des particules en soient modifiées. Cependant ceci n'a rien à voir avec le problème de la réalité dans le sens dont nous parlons. Par exemple, le champ magnétique est, en un certain sens, modifié par une variation relativiste (comme le sont aussi $\boldsymbol{E}$ et $\boldsymbol{A}$). Mais nous ne nous préoccupons pas de ce qui se passe si on *peut* faire varier le champ de cette façon. En réalité, cela ne change absolument rien ; cela n'a rien à voir avec la question de savoir si le potentiel-vecteur est vraiment un champ « réel » pour décrire les effets magnétiques, ou s'il est juste un outil mathématique utile.

Nous devrions faire aussi quelques remarques sur l'utilité du potentiel-vecteur $\boldsymbol{A}$. Nous avons vu que, formellement, il peut servir à calculer les champs magnétiques de courants connus, tout comme $\phi$ peut servir à calculer les champs électriques. En électrostatique nous avons vu que $\phi$ était donnée par l'intégrale scalaire

$$\phi(1) = \frac{1}{4\pi\epsilon_0}\int \frac{\rho(2)}{r_{12}}\,dV_2. \tag{15.22}$$

À partir de ce $\phi$, nous tirons les trois composantes de $\boldsymbol{E}$ par trois opérateurs différentielles. Ce procédé est en général plus facile à manier que d'évaluer les trois intégrales dans la formule vectorielle

$$\boldsymbol{E}(1) = \frac{1}{4\pi\epsilon_0}\int \frac{\rho(2)\boldsymbol{e}_{12}}{r_{12}^2}\,dV_2. \tag{15.23}$$

D'abord, parce qu'il y a trois intégrales ; et ensuite parce que chaque intégrale est en général un peu plus difficile.

Les avantages sont bien moins évidents en ce qui concerne la magnétostatique. L'intégrale pour $\boldsymbol{A}$ est déjà une intégrale vectorielle :

$$\boldsymbol{A}(1) = \frac{1}{4\pi\epsilon_0 c^2} \int \frac{\boldsymbol{j}(2)\, dV_2}{r_{12}}, \tag{15.24}$$

c'est-à-dire, bien sûr, trois intégrales. De même, quand nous prenons le rotationnel de $\boldsymbol{A}$ pour avoir $\boldsymbol{B}$, nous avons six dérivées à effectuer et à combiner deux à deux. On ne voit donc pas dans l'immédiat si cette méthode est réellement plus facile dans la plupart des problèmes que de calculer $\boldsymbol{B}$ directement à partir de

$$\boldsymbol{B}(1) = \frac{1}{4\pi\epsilon_0 c^2} \int \frac{\boldsymbol{j}(2) \times \boldsymbol{e}_{12}}{r_{12}^2}\, dV_2. \tag{15.25}$$

Il est souvent plus difficile, pour des problèmes simples, d'utiliser le potentiel-vecteur, pour les raisons suivantes. Supposons que nous nous intéressons au champ $\boldsymbol{B}$ uniquement en un point, et que le problème possède une bonne symétrie – disons que nous cherchions le champ en un point de l'axe d'un anneau de courant. En raison de la symétrie, nous pouvons facilement obtenir $\boldsymbol{B}$ en calculant l'intégrale de l'Éq. (15.25). Mais, si nous devions calculer $\boldsymbol{A}$ en premier, nous devrions calculer $\boldsymbol{B}$ à partir des *dérivées* de $\boldsymbol{A}$, nous devons donc connaître $\boldsymbol{A}$ en tous les points *voisins* du point qui nous intéresse. Et la plupart de ces point sont en dehors de l'axe de symétrie, donc l'intégrale qui donne $\boldsymbol{A}$ devient compliquée. Dans le problème de l'anneau, par exemple, il nous faudrait utiliser des intégrales elliptiques. Dans de tels problèmes, il est clair que $\boldsymbol{A}$ n'est pas très utile. Il est vrai que dans de nombreux problèmes complexes il est plus facile de travailler avec $\boldsymbol{A}$, mais il serait difficile de prétendre que cette facilité technique justifie que l'on vous fasse apprendre un champ vectoriel de plus.

Nous avons introduit $\boldsymbol{A}$ parce qu'il a *vraiment* une signification physique importante. Il n'est pas seulement lié aux énergies des courants, comme nous l'avons vu dans le paragraphe précédent, mais il est aussi un champ physique « réel » au sens que nous avons décrit plus haut. En mécanique classique, il est clair que nous pouvons écrire la force agissant sur une particule sous la forme

$$\boldsymbol{F} = q(\boldsymbol{E} + \boldsymbol{v} \times \boldsymbol{B}), \tag{15.26}$$

de sorte que, les forces étant données, tout est déterminé dans le mouvement. Dans toute région où $\boldsymbol{B} = 0$, même si $\boldsymbol{A}$ n'est pas nul, comme à l'extérieur d'un solénoïde, il n'y a pas d'effet discernable de $\boldsymbol{A}$. C'est pourquoi pendant longtemps on a pensé que $\boldsymbol{A}$ n'était pas un champ « réel ». Cependant, il s'est avéré qu'il existe des phénomènes relevant de la mécanique quantique qui prouvent que le champ $\boldsymbol{A}$ est en fait un champ « réel » au sens où nous l'avons défini. Dans le paragraphe suivant, nous vous montrerons comment ça marche.

## 15.5 Le potentiel-vecteur et la mécanique quantique

Quand on passe de la mécanique classique à la mécanique quantique, il y a beaucoup de changements quant à la question : quels sont les concepts importants ? Nous en avons déjà discuté certains dans le Vol. I. En particulier, le concept de force s'évanouit graduellement, tandis que les concepts d'énergie et de quantité de mouvement deviennent d'une souveraine importance. Vous vous rappelez qu'au lieu des mouvements des particules, on parle d'amplitudes de probabilité qui varient dans l'espace et le temps. Dans ces amplitudes figurent des longueurs d'onde liées aux quantités de mouvement, et des fréquences liées aux énergies. Les quantités de mouvement et les énergies, qui déterminent les phases des fonctions d'onde, sont par conséquent les grandeurs importantes en mécanique quantique. Au lieu de forces, on s'occupe de la façon dont les interactions modifient la longueur d'onde des ondes. L'idée de force devient très secondaire – si toutefois elle persiste. Quand on parle de forces nucléaires, par exemple, ce qu'on analyse en général et ce dont on se sert, ce sont les énergies d'interaction entre deux nucléons, et non pas la force qui s'exerce entre eux. Personne ne dérive jamais l'énergie pour trouver l'allure de la force. Dans ce paragraphe nous allons voir comment les potentiels vecteurs et scalaires interviennent en mécanique quantique. En fait, c'est justement parce que la quantité de mouvement et l'énergie jouent un rôle fondamental en mécanique quantique, que $\boldsymbol{A}$ et $\phi$ fournissent le moyen le plus direct d'introduire les effets électromagnétiques dans les descriptions quantiques.

Passons un peu en revue la façon dont marche la mécanique quantique. Considérons à nouveau l'expérience imaginaire décrite au chapitre 37 du Vol. I, dans laquelle des électrons sont diffractés par deux fentes. On a représenté à nouveau le dispositif sur la Fig. 15.5. Les électrons, tous à peu près de même énergie, quittent la source et se dirigent vers une paroi où sont percées deux fines fentes. Derrière la paroi est placé un écran avec un détecteur mobile. Le détecteur mesure le débit, que nous appelons $I$,

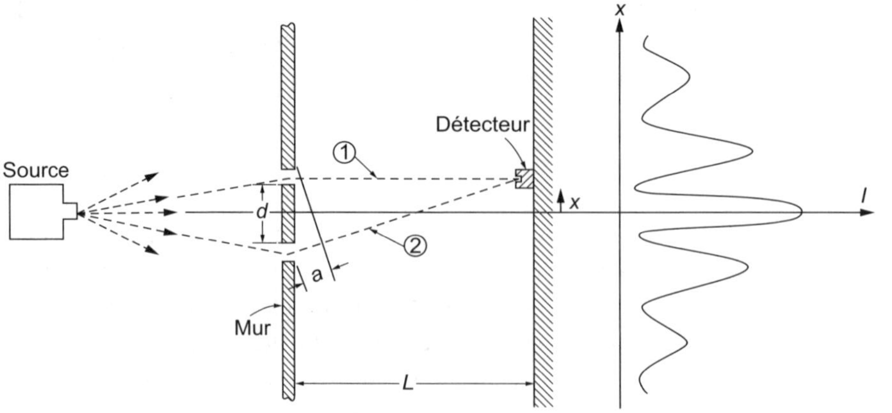


Figure 15.5 – Une expérience d'interférence des électrons (voir aussi chapitre 37, Vol. I).

avec lequel les électrons arrivent dans une petite région de l'écran à la distance $x$ de l'axe de symétrie. Le débit est proportionnel à la probabilité qu'un électron individuel qui part de la source atteigne cette région de l'écran. Cette probabilité a une répartition dont l'allure compliquée est tracée sur la figure, et que nous interprétons comme étant due à l'interférence de deux amplitudes, issues de chacune des fentes. L'interférence des deux amplitudes dépend de leur différence de phase. C'est-à-dire que si $C_1e^{i\Phi_1}$ et $C_2e^{i\Phi_2}$ sont les deux amplitudes, leur différence de phase $\delta = \Phi_1 - \Phi_2$ détermine la figure d'interférence [voir Éq. (29.12) du Vol. I]. Si la distance entre l'écran et les fentes est $L$ et si la différence de marche entre les électrons issus des deux fentes est $a$, comme sur la figure, la différence de phase entre les deux ondes est donnée par

$$\delta = \frac{a}{\lambda\!\!\!^{-}}. \tag{15.27}$$

Comme d'habitude, posons $\lambda\!\!\!^{-} = \lambda/2\pi$, où $\lambda$ est la longueur d'onde des variations dans l'espace de l'amplitude de probabilité. Pour simplifier, nous considérerons seulement des valeurs de $x$ bien inférieures à $L$ ; nous pouvons alors poser

$$a = \frac{x}{L}d$$

et

$$\delta = \frac{x}{L}\frac{d}{\lambda\!\!\!^{-}}. \tag{15.28}$$

Quand $x$ est nul, $\delta$ est nul ; les ondes sont en phase et la probabilité est maximum. Quand $\delta$ vaut $\pi$, les ondes sont en opposition de phase, elles interfèrent destructivement et la probabilité est minimum. Nous obtenons ainsi la fonction ondulante pour l'intensité des électrons.

Nous voudrions maintenant énoncer la loi qui, en mécanique quantique, remplace la loi de force $\boldsymbol{F} = q\boldsymbol{v} \times \boldsymbol{B}$. Ce sera la loi qui détermine le comportement des particules quantiques dans un champ électromagnétique. Puisque ce qui se passe est déterminé par des amplitudes, la loi doit nous indiquer comment les influences magnétiques affectent les ondes ; nous ne parlons plus de l'accélération d'une particule. La loi est la suivante : la phase de l'amplitude pour arriver par une trajectoire quelconque varie en présence d'un champ magnétique d'une quantité égale au produit de l'intégrale du potentiel-vecteur le long de la trajectoire, par la charge de la particule divisée par la constante de Planck. Soit,

$$\text{Variation magnétique de la phase} = \frac{q}{\hbar}\int_{\text{trajectoire}} \boldsymbol{A} \cdot d\boldsymbol{s}. \tag{15.29}$$

S'il n'y avait pas de champ magnétique, la phase aurait une certaine valeur à l'arrivée. S'il existe un champ magnétique n'importe où, la phase de l'onde qui arrive est accrue de l'intégrale de l'Éq. (15.29).

Bien que nous ne nous en servions pas dans cette discussion, mentionnons que l'effet d'un champ électrostatique est de produire une variation de la phase donnée par l'intégrale sur le *temps* du potentiel scalaire $\phi$ *changée de signe* :

$$\text{Variation de phase électrique} = -\frac{q}{\hbar}\int \phi\, dt.$$

Ces deux expressions sont valables non seulement pour les champs statiques, mais ensemble, elles donnent le résultat exact pour *n'importe quel* champ électromagnétique, statique ou dynamique. Voilà la loi qui remplace $\boldsymbol{F} = q(\boldsymbol{E} + \boldsymbol{v} \times \boldsymbol{B})$. Cependant, nous ne considérerons maintenant qu'un champ magnétique statique.

Supposons qu'il existe un champ magnétique dans l'expérience des deux fentes. Nous cherchons la phase d'arrivée sur l'écran des deux ondes dont les trajets passent par les deux fentes. Leur interférence détermine la position des maximums de la probabilité. Soit $\Phi_1$ la phase de l'onde le long de la trajectoire (1). Si $\Phi_1(B = 0)$ est la phase en l'absence de champ magnétique, quand on introduit le champ, la phase devient

$$\Phi_1 = \Phi_1(B = 0) + \frac{q}{\hbar}\int_{(1)} \boldsymbol{A} \cdot d\boldsymbol{s}. \tag{15.30}$$

De même la phase pour la trajectoire (2) est

$$\Phi_2 = \Phi_2(B = 0) + \frac{q}{\hbar}\int_{(2)} \boldsymbol{A} \cdot d\boldsymbol{s}. \tag{15.31}$$

L'interférence des deux ondes sur le détecteur dépend de la différence de phase

$$\delta = \Phi_1(B = 0) - \Phi_2(B = 0) + \frac{q}{\hbar}\int_{(1)} \boldsymbol{A} \cdot d\boldsymbol{s} - \frac{q}{\hbar}\int_{(2)} \boldsymbol{A} \cdot d\boldsymbol{s}. \tag{15.32}$$

Appelons $\delta(B = 0)$ la différence en l'absence de champ ; c'est la différence de phase que nous avons calculée ci-dessus dans l'Éq. (15.28). Remarquons aussi que les deux intégrales peuvent être écrites en une seule le long du trajet ailer suivant (1) et retour suivant (2) ; nous appellerons ce trajet, le trajet fermé (1–2). Nous avons ainsi

$$\delta = \delta(B = 0) + \frac{q}{\hbar}\oint_{(1-2)} \boldsymbol{A} \cdot d\boldsymbol{s}. \tag{15.33}$$

Cette équation nous indique comment le champ magnétique modifie le mouvement des électrons ; grâce à elle nous pouvons déterminer les nouvelles positions des maximums et minimums d'intensité sur l'écran.

Avant de le faire, cependant, soulevons un point important et intéressant. Vous vous rappelez que la fonction potentiel-vecteur comporte un certain arbitraire. Deux fonctions potentiel-vecteur différentes $\boldsymbol{A}$ et $\boldsymbol{A}'$, dont la différence est le gradient d'une fonction scalaire $\boldsymbol{\nabla}\psi$, représentent toutes deux le même champ magnétique, puisque le rotationnel d'un gradient est nul. Elles fournissent donc la même force classique $q\boldsymbol{v} \times \boldsymbol{B}$. Mais si en mécanique quantique, les effets dépendent du potentiel-vecteur, *laquelle* des multiples fonctions $\boldsymbol{A}$ possibles est correcte ?

La réponse, c'est que le même arbitraire sur $\boldsymbol{A}$ continue d'exister en mécanique quantique. Si dans l'Éq. (15.33) nous changeons $\boldsymbol{A}$ en $\boldsymbol{A}' = \boldsymbol{A} + \boldsymbol{\nabla}\psi$, l'intégrale de $\boldsymbol{A}$ devient

$$\oint_{(1-2)} \boldsymbol{A}' \cdot d\boldsymbol{s} = \oint_{(1-2)} \boldsymbol{A} \cdot d\boldsymbol{s} + \oint_{(1-2)} \boldsymbol{\nabla}\psi \cdot d\boldsymbol{s}.$$

L'intégrale de $\boldsymbol{\nabla}\psi$ est prise sur le contour *fermé* (1–2), mais l'intégrale de la composante tangentielle d'un gradient le long d'un contour fermé est toujours nulle, d'après le théorème de Stokes. Donc, $\boldsymbol{A}$ et $\boldsymbol{A}'$ donnent tous deux les mêmes différences de phase, et les mêmes effets quantiques d'interférence. Dans les deux théories, classique et quantique, c'est seulement le rotationnel de $\boldsymbol{A}$ qui intervient ; n'importe quelle fonction $\boldsymbol{A}$ choisie, pourvu que son rotationnel soit correct, conduit à la solution physique correcte.

La même conclusion est évidente en utilisant les résultats du paragraphe 14-1. Nous avons trouvé là que l'intégrale curviligne de $\boldsymbol{A}$ le long d'une courbe fermée est égale au flux de $\boldsymbol{B}$ à travers cette courbe, et qui est ici le flux entre les chemins (1) et (2). L'équation (15.33) peut alors s'écrire

$$\delta = \delta(B = 0) + \frac{q}{\hbar}\,[\text{flux de } \boldsymbol{B} \text{ entre (1) et (2)}]\,, \qquad (15.34)$$

où le flux de $\boldsymbol{B}$ est, comme toujours, l'intégrale de surface de la composante normale de $\boldsymbol{B}$. Le résultat dépend seulement de $\boldsymbol{B}$, et donc seulement du rotationnel de $\boldsymbol{A}$.

Maintenant, puisque nous pouvons écrire le résultat aussi bien en fonction de $\boldsymbol{B}$ qu'en fonction de $\boldsymbol{A}$, vous pouvei être tentés de penser que $\boldsymbol{B}$ se comporte bien comme un champ « réel » et qu'on peut toujours considérer $\boldsymbol{A}$ comme une construction artificielle. Mais la définition du champ « réel » que nous avons proposée à l'origine était basée sur l'idée qu'un champ réel n'agit pas sur une particule à distance. Nous pouvons, cependant, donner un exemple où $\boldsymbol{B}$ est nul – ou tout au moins aussi petit que l'on veut – en tout point où il y a une chance de trouver les particules, de sorte qu'il n'est pas possible de le considérer comme agissant *directement* sur elles.

Vous vous rappelez que pour un long solénoïde parcouru par un courant, il y a un champ $\boldsymbol{B}$ à l'intérieur mais pas à l'extérieur, tandis qu'il y a des tas de $\boldsymbol{A}$ qui circulent tout autour à l'extérieur, comme sur la Fig. 15.6. Si nous créons une situation où les électrons se trouvent uniquement à l'extérieur du solénoïde – seulement là où existe $\boldsymbol{A}$ – il y aura encore une influence sur le mouvement, d'après l'Éq. (15.33). Du point de vue classique, c'est impossible. Du point de vue classique, la force ne dépend que de $\boldsymbol{B}$ ; pour savoir que le solénoïde est parcouru par un courant, la particule doit le traverser. Mais du point de vue quantique, vous pouvez trouver qu'il existe un champ magnétique à l'intérieur du solénoïde, en circulant tout *autour* – sans jamais vous en approcher !

Supposons qu'on place un très long solénoïde de petit diamètre juste derrière la paroi et entre les deux fentes, comme sur la Fig. 15.7. Le diamètre du solénoïde doit être bien plus petit que la distance $d$ entre les deux fentes. Dans ces conditions, la diffraction des électrons par les deux fentes ne donne aucune probabilité appréciable pour les électrons de s'approcher du solénoïde. Quel sera l'effet produit sur notre expérience d'interférence ?

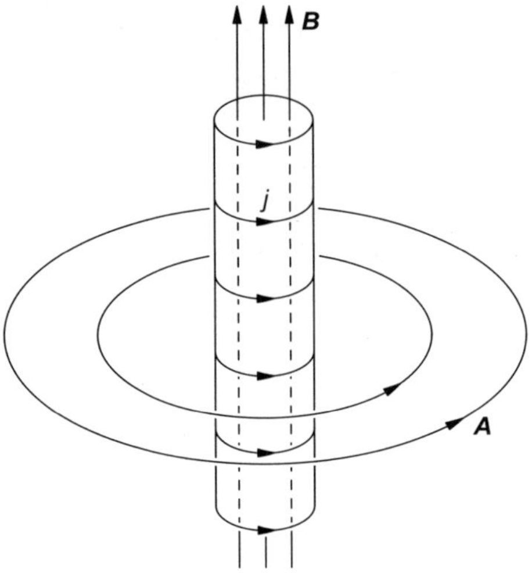


Figure 15.6 – Le champ magnétique et le potentiel-vecteur d'un long solénoïde.

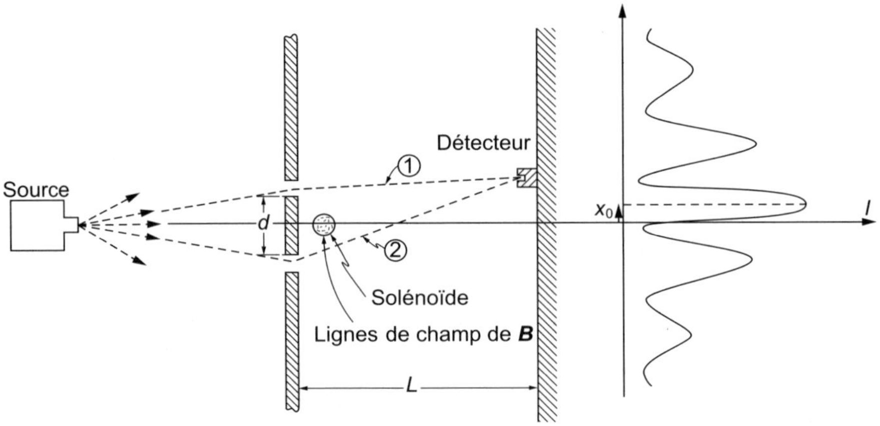


Figure 15.7 – Un champ magnétique peut agir sur le mouvement des électrons même s'il n'existe que dans des régions où la probabilité de trouver les électrons est aussi petite que l'on veut.

Comparons la situation avec et sans courant dans le solénoïde. Si nous n'avons pas de courant, nous n'avons ni $\boldsymbol{B}$ ni $\boldsymbol{A}$ et nous obtenons la première figure de diffraction pour l'intensité des électrons sur l'écran. Si nous mettons le courant dans le solénoïde et créons un champ $\boldsymbol{B}$ à l'intérieur, il y a un $\boldsymbol{A}$ à l'extérieur. Il se produit un déplacement dans la différence de phase qui est proportionnel à la circulation de $\boldsymbol{A}$ à l'extérieur du solénoïde, ce qui entraîne un déplacement de la figure des maximums et minimums vers une nouvelle position. En fait, puisque le flux de $\boldsymbol{B}$ à l'intérieur est constant pour une paire quelconque de trajets, il en est de même de la circulation de $\boldsymbol{A}$. En chaque point d'arrivée, il y a la même variation de la phase ; ceci correspond à un déplacement de toute la figure en $x$, d'une certaine quantité, disons $x_0$, qu'il est facile de calculer. L'intensité maximum se produit là où la différence de phase entre les deux ondes est nulle. Appliquant l'Éq. (15.32) ou l'Éq. (15.33) pour $\delta$ et l'Éq. (15.28) pour $\delta(B = 0)$, nous obtenons

$$x_0 = -\frac{L}{d}\,\lambda\,\frac{q}{\hbar}\oint_{(1-2)} \boldsymbol{A}\cdot d\boldsymbol{s}, \tag{15.35}$$

ou

$$x_0 = -\frac{L}{d}\,\lambda\,\frac{q}{\hbar}\,[\text{flux de } \boldsymbol{B} \text{ entre (1) et (2)}]. \tag{15.36}$$

La figure avec le solénoïde en place doit être[1] comme on l'a représentée sur la Fig. 15.7. Tout au moins ce sont les prévisions de la mécanique quantique.

Précisément cette expérience a récemment été réalisée. C'est une expérience très très difficile. Comme la longueur d'onde des électrons est si petite, l'appareil d'observation des interférences doit être de toute petite taille. Les fentes doivent être très rapprochées l'une de l'autre, ce qui implique un solénoïde excessivement petit. Or, dans certaines circonstances, des cristaux de fer peuvent pousser en forme de filaments très longs et microscopiquement fins, appelés « poils » (ou « whiskers »). Quand ces « poils » de fer sont aimantés, ils se comportent comme de minuscules solénoïdes, et ils ne créent aucun champ à l'extérieur sauf près des extrémités. L'expérience d'interférence des électrons fut réalisée avec un tel poil placé entre les deux fentes, et l'on observa bien le déplacement prévu de la figure.

Au sens que nous avons défini, donc, le champ $\boldsymbol{A}$ est « réel ». Vous allez peut-être dire : « mais il y *avait* un champ magnétique ». Il y en avait un, mais rappelez-vous notre première idée – un champ est « réel » s'il est ce qu'il faut savoir *au point* où se trouve la particule, pour déterminer son mouvement. Le champ $\boldsymbol{B}$ dans le poil agit à distance. Si nous ne voulons pas décrire son influence comme une action à distance, nous devons utiliser le potentiel-vecteur.

Ce sujet possède une histoire intéressante. La théorie que nous venons de décrire était connue dès le début de la mécanique quantique en 1926. Le fait que le potentiel-vecteur figure dans l'équation d'onde de la mécanique quantique (appelée équation de Schrödinger) était évident du jour même où on l'écrivit. Tous ceux qui tentèrent, l'un après l'autre, de le remplacer par le champ magnétique observèrent que cela ne pouvait être fait d'aucune manière facile. Ceci apparaît aussi clairement sur notre exemple des électrons qui se meuvent dans une région où ne règne aucun champ et sont néanmoins affectés. Mais, comme en mécanique classique $\boldsymbol{A}$ ne semblait pas avoir d'importance particulière, et comme de plus il pouvait être changé par addition d'un gradient, on répétait toujours que le potentiel-vecteur n'avait pas de sens physique immédiat – que c'étaient seulement les champs électriques et magnétiques qui étaient « corrects », même en mécanique quantique. Il paraît étrange rétrospectivement, que personne n'ait songé à discuter cette expérience avant 1956, quand Bohm et Aharanov furent les premiers à la suggérer, et rendirent toute la question claire comme de l'eau de roche. C'était depuis toujours impliqué par la théorie, mais personne n'y avait fait attention. Ainsi beaucoup de gens furent plutôt choqués quand la question fut posée. C'est pourquoi quelqu'un a pensé que cela valait la peine de faire l'expérience pour voir si c'était exact, bien que

1. Si le champ $\boldsymbol{B}$ sort du plan de la figure, le flux tel que nous l'avons défini est négatif et $x_0$ est positif.

la mécanique quantique, à laquelle on croyait depuis tant d'années, ait donné une réponse sans équivoque. Il est intéressant de noter comment un problème comme celui-ci peut être dans l'air pendant trente ans, mais continuer à être ignoré à cause de certains préjugés sur ce qui a ou n'a pas de sens.

Poursuivons cette analyse un peu plus loin. Nous allons établir le lien entre la formule de la mécanique quantique et la formule classique – pour montrer pourquoi, en regardant les choses à une échelle assez grande, tout se passe comme si les particules étaient soumises à une force égale à $q\boldsymbol{v} \times$ le rotationnel de $\boldsymbol{A}$. Pour passer de la mécanique quantique à la mécanique classique, nous devons considérer des cas où toutes les longueurs d'onde sont très petites devant les distances sur lesquelles les conditions extérieures, comme les champs, varient de façon appréciable. Nous ne démontrerons pas le résultat dans toute sa généralité, mais seulement dans un cas très simple, pour montrer comment cela marche. Reprenons la même expérience des deux fentes. Mais au lieu d'introduire le champ magnétique seulement dans une minuscule région comprise entre les fentes, nous imaginons un champ magnétique qui s'étend sur une région plus étendue derrière les fentes, comme sur la Fig. 15.8. Prenons le cas idéal où le champ magnétique est uniforme dans une bande étroite de largeur $w$, petite devant $L$. (Il est facile de le réaliser ; l'écran peut être placé aussi loin qu'on le veut.) Pour calculer le déplacement de la phase, nous devons prendre les deux intégrales de $\boldsymbol{A}$ le long des deux trajectoires (1) et (2). Elles diffèrent, comme nous l'avons vu, simplement par le flux de $\boldsymbol{B}$ entre les deux trajets. À notre approximation, le flux est $Bwd$. La différence de phase relative aux deux trajets est alors

$$\delta = \delta(B = 0) + \frac{q}{\hbar} Bwd. \tag{15.37}$$

Remarquons qu'à notre approximation, le déplacement de la phase est indépendant de l'angle. Donc, de nouveau, la figure sera déplacée vers le haut, en bloc, d'une

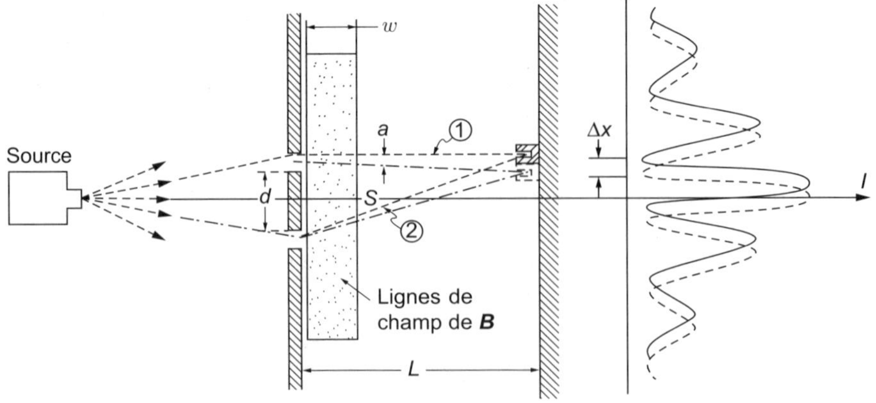


Figure 15.8 – Le déplacement de la figure d'interférence due à une bande de champ magnétique.

quantité $\Delta x$. Appliquant l'Éq. (15.2),

$$\Delta x = -\frac{L\lambda\!\!\!{}^-}{d}\,\Delta\delta = -\frac{L\lambda\!\!\!{}^-}{d}\,[\delta - \delta(B = 0)].$$

Appliquant (15.37) pour $\delta - \delta(B = 0)$,

$$\Delta x = -L\lambda\!\!\!{}^-\,\frac{q}{\hbar}\,Bw. \tag{15.38}$$

Un tel déplacement est équivalent à une déviation d'un petit angle $a$ (voir Fig. 15.8) de toutes les trajectoires, où

$$\alpha = \frac{\Delta x}{L} = -\frac{\lambda\!\!\!{}^-}{\hbar}\,qBw. \tag{15.39}$$

Or, du point de vue classique, nous savons qu'une étroite bande de champ magnétique dévie aussi les trajectoires d'un petit angle, disons $a'$, comme sur la Fig. 15.9 (a). Quand les électrons pénètrent dans le champ magnétique, ils sont soumis à une force transversale $q\boldsymbol{v} \times \boldsymbol{B}$ qui dure pendant le temps $w/v$. La variation de leur quantité de mouvement transversale est juste égale à cette impulsion, donc

$$\Delta p_x = -qwB. \tag{15.40}$$

La déviation angulaire [Fig. 15.9 (b)] est égale au rapport de cette quantité de mouvement transversale à la quantité de mouvement totale $p$. Nous obtenons

$$\alpha' = \frac{\Delta p_x}{p} = -\frac{qwB}{p}. \tag{15.41}$$

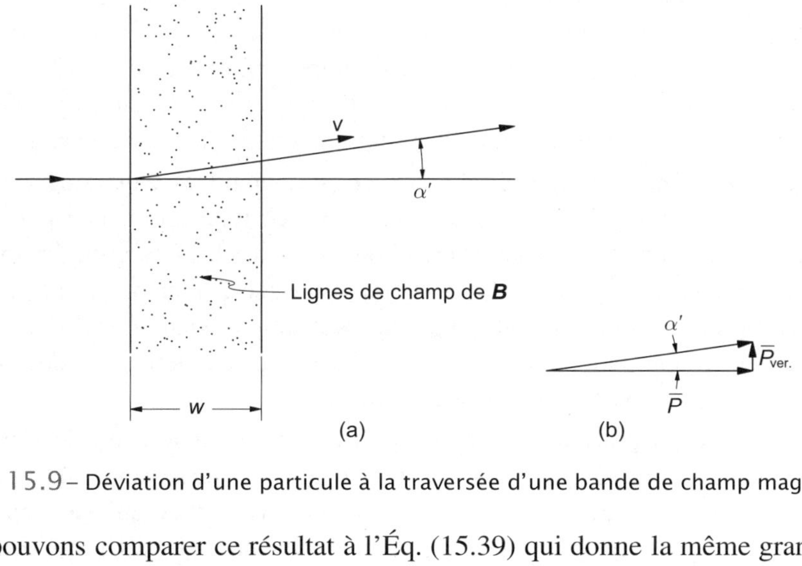


Figure 15.9 – Déviation d'une particule à la traversée d'une bande de champ magnétique.

Nous pouvons comparer ce résultat à l'Éq. (15.39) qui donne la même grandeur, calculée par la mécanique quantique. Mais le lien entre la mécanique classique et la mécanique quantique est le suivant : une particule de quantité de mouvement $p$ correspond à une amplitude quantique qui varie avec la longueur d'onde $\lambda\!\!\!^{-} = \hbar/p$. Tenant compte de cette égalité, $a$ et $a'$ sont identiques ; les calculs classiques et quantiques conduisent au même résultat.

À partir de cette analyse, nous voyons pourquoi le potentiel-vecteur qui figure explicitement en mécanique quantique crée une force classique qui ne dépend que de ses dérivées. En mécanique quantique, c'est l'interférence entre deux chemins voisins qui importe ; il se trouve toujours que les effets dépendent seulement de combien *varie* le champ $\boldsymbol{A}$ d'un point à un autre, et donc, seulement des dérivées de $\boldsymbol{A}$ et non pas de sa valeur elle-même. Néanmoins, le potentiel-vecteur $\boldsymbol{A}$ (joint au potentiel scalaire $\phi$ qui l'accompagne) paraît donner la description la plus directe de la physique. Ceci devient de plus en plus apparent à mesure qu'on pénètre plus à fond dans la théorie quantique. Dans la théorie générale de l'électrodynamique quantique, on considère les potentiels vecteur et scalaire comme les grandeurs fondamentales d'un ensemble d'équations qui remplacent les équations de Maxwell : $\boldsymbol{E}$ et $\boldsymbol{B}$ disparaissent doucement de l'expression moderne des lois physiques ; ils sont remplacés par $\boldsymbol{A}$ et $\phi$.

## 15.6 Ce qui est vrai en statique est faux en dynamique

Nous arrivons à la fin de notre exploration du sujet des champs statiques. Déjà dans ce chapitre, nous avons été dangereusement près d'avoir à nous préoccuper de ce qui se passait quand les champs varient avec le temps. Nous avons tout juste pu l'éviter dans notre traitement de l'énergie magnétique, en nous abritant sous un raisonnement relativiste. Même ainsi, nous avons traité le problème de l'énergie de façon un peu artificielle et peut-être même mystérieuse, car nous avons ignoré le fait que déplacer des bobines doit en fait créer des champs variables. Il es, temps maintenant d'aborder l'étude des champs variables avec le temps – sujet de l'électrodynamique. C'est ce que nous ferons dans le chapitre suivant. Mais avant, nous aimerions insister sur quelques points.

Bien que nous ayons commencé ce cours en présentant les équations complètes et correctes de l'électromagnétisme, nous avons tout de suite commencé par en étudier certaines parties incomplètes – parce que c'était plus facile. Il y a un grand avantage à débuter par la théorie plus simple des champs statiques, pour passer seulement plus tard à la théorie plus compliquée qui englobe les champs dynamiques. Il y a moins de nouvelles choses à apprendre à la fois, et vous avez ainsi le temps de développer vos muscles intellectuels en vue d'une tâche plus lourde.

Mais procéder ainsi présente le danger qu'avant d'arriver à la fin de l'histoire, les vérités incomplètes apprises en cours de route peuvent s'enraciner et être prises pour toute la vérité – que vous pouvez confondre ce qui est vrai, et ce qui est seulement vrai quelquefois. C'est pourquoi nous donnons dans le tableau 15.1 un résumé des formules importantes que nous avons rencontrées, en séparant celles qui sont vraies en général de celles qui sont vraies en statique et fausses en dynamique. Ce résumé nous montre aussi,

Tableau 15.1

| Faux en général (vrai seulement en statique) | Toujours vrai |
|---|---|
| $F = \frac{1}{4\pi\epsilon_0}\frac{q_1 q_2}{r^2}$ (loi de Coulomb) | $\boldsymbol{F} = q(\boldsymbol{E} + \boldsymbol{v} \times \boldsymbol{B})$ (force de Lorentz)<br>$\rightarrow \nabla \cdot \boldsymbol{E} = \frac{\rho}{\epsilon_0}$ (théorème de Gauss) |
| $\nabla \times \boldsymbol{E} = 0$<br>$\boldsymbol{E} = -\nabla\phi$<br>$\boldsymbol{E}(1) = \frac{1}{4\pi\epsilon_0}\int \frac{\rho(2)\boldsymbol{e}_{12}}{r_{12}^2}\,dV_2$<br>pour les conducteurs. $\boldsymbol{E} = 0$, $\phi$ = constante. $Q = CV$ | $\rightarrow \nabla \times \boldsymbol{E} = -\frac{\partial \boldsymbol{B}}{\partial t}$ (loi de Faraday)<br>$\boldsymbol{E} = -\nabla\phi - \frac{\partial \boldsymbol{A}}{\partial t}$<br>dans un conducteur, $\boldsymbol{E}$ crée des courants. |
| $c^2\nabla \times \boldsymbol{B} = \frac{\boldsymbol{j}}{\epsilon_0}$ (théoréme d'Ampère)<br>$\boldsymbol{B}(1) = \frac{1}{4\pi\epsilon_0 c^2}\int \frac{\boldsymbol{j}(2) \times \boldsymbol{e}_{12}}{r_{12}^2}\,dV_2$ | $\rightarrow \nabla \cdot \boldsymbol{B} = 0$ (pas de charges magnétiques)<br>$\boldsymbol{B} = \nabla \times \boldsymbol{A}$<br>$\rightarrow c^2\nabla \times \boldsymbol{B} = \frac{\boldsymbol{j}}{\epsilon_0} + \frac{\partial \boldsymbol{E}}{\partial t}$ |
| $\nabla^2\phi = -\frac{\rho}{\epsilon_0}$ (équation de Poisson)<br>$\nabla^2 \boldsymbol{A} = -\frac{\boldsymbol{j}}{\epsilon_0 c^2}$<br>avec<br>$\nabla \cdot \boldsymbol{A} = 0$ | $\nabla^2\phi - \frac{1}{c^2}\frac{\partial^2\phi}{\partial t^2} = -\frac{\rho}{\epsilon_0}$<br>et<br>$\nabla^2 \boldsymbol{A} - \frac{1}{c^2}\frac{\partial^2 \boldsymbol{A}}{\partial t^2} = -\frac{\boldsymbol{j}}{\epsilon_0 c^2}$<br>avec<br>$c^2\nabla \cdot \boldsymbol{A} + \frac{\partial\phi}{\partial t} = 0$ |
| $\phi(1) = \frac{1}{4\pi\epsilon_0}\int \frac{\rho(2)}{r_{12}}\,dV_2$<br>$\boldsymbol{A}(1) = \frac{1}{4\pi\epsilon_0 c^2}\int \frac{\boldsymbol{j}(2)}{r_{12}}\,dV_2$ | $\phi(1, t) = \frac{1}{4\pi\epsilon_0}\int \frac{\rho(2, t')}{r_{12}}\,dV_2$<br>et<br>$\boldsymbol{A}(1, t) = \frac{1}{4\pi\epsilon_0 c^2}\int \frac{\boldsymbol{j}(2, t')}{r_{12}}\,dV_2$<br>avec<br>$t' = t - \frac{r_{12}}{c}$ |
| $U = \frac{1}{2}\int \rho\phi\,dV + \frac{1}{2}\int \boldsymbol{j} \cdot \boldsymbol{A}\,dV$ | $U = \int \left(\frac{\epsilon_0}{2}\boldsymbol{E} \cdot \boldsymbol{E} + \frac{\epsilon_0 c^2}{2}\boldsymbol{B} \cdot \boldsymbol{B}\right) dV$ |

Les équations précédées de la flèche (→) sont les équations de Maxwell.



en partie, où nous allons, puisque en traitant la dynamique nous allons développer en détail ce que nous pouvons seulement énoncer ici sans démonstration.

Il est sans doute utile de faire quelques remarques au sujet de ce tableau. Remarquez, d'abord, que nos équations de départ sont les équations *vraies* – là nous ne vous avons pas trompés. La force électromagnétique (souvent appelée la *force de Lorentz*) $\boldsymbol{F} = q(\boldsymbol{E} + \boldsymbol{v} \times \boldsymbol{B})$ est *vraie*. C'est seulement la loi de Coulomb qui est fausse, à n'utiliser qu'en statique. Les quatre équations de Maxwell relatives à $\boldsymbol{E}$ et $\boldsymbol{B}$ sont vraies aussi.

Les équations que nous avons appliquées en statique sont fausses, évidemment, puisque nous avons laissé tomber tous les termes comportant des dérivées par rapport au temps.

Le théorème de Gauss, $\boldsymbol{\nabla} \cdot \boldsymbol{E} = \rho/\epsilon_0$, demeure, mais le rotationnel de $\boldsymbol{E}$ n'est *pas* nul en général. Donc $\boldsymbol{E}$ ne peut pas être toujours égalé au gradient d'un scalaire – le potentiel électrostatique. Nous verrons qu'il existe toujours un potentiel scalaire, mais que c'est une grandeur variable avec le temps qui doit être utilisé en même temps que les potentiels-vecteurs pour fournir une description complète du champ électrique. Les équations auxquelles obéit ce nouveau potentiel scalaire sont nécessairement nouvelles aussi.

Nous devons encore abandonner l'idée que $\boldsymbol{E}$ est nul dans les conducteurs. Quand les champs varient, les charges des conducteurs n'ont pas, en général, le temps de se réarranger pour annuler le champ. Elles sont mises en mouvement, mais n'atteignent jamais l'équilibre. Le seul énoncé général est le suivant : les champs électriques dans les conducteurs créent des courants. Donc, dans des champs variables, un conducteur n'est *pas* une équipotentielle. Il s'ensuit que la notion de capacité n'a plus un sens précis.

Puisqu'il n'y a pas de charges magnétiques, la divergence de $\boldsymbol{B}$ est *toujours* nulle. Donc $\boldsymbol{B}$ peut toujours être égalé à $\boldsymbol{\nabla} \times \boldsymbol{A}$. (Tout ne change pas !) Mais $\boldsymbol{B}$ n'est pas engendré seulement par les courants : $\boldsymbol{\nabla} \times \boldsymbol{B}$ est proportionnel à la densité de courant *plus* à un nouveau terme $\partial \boldsymbol{E}/\partial t$. Cela veut dire que $\boldsymbol{A}$ est relié aux courants par une nouvelle équation. Il est aussi relié à $\phi$. Si nous profitons de notre liberté pour choisir $\boldsymbol{\nabla} \cdot \boldsymbol{A}$ à notre convenance, les équations pour $\boldsymbol{A}$ et $\phi$ peuvent s'arranger pour prendre une forme simple et élégante. Nous imposons donc la condition que $c^2\boldsymbol{\nabla} \cdot \boldsymbol{A} = -\partial\phi/\partial t$, et les équations différentielles pour $\boldsymbol{A}$ et $\phi$ s'écrivent comme sur le tableau.

Les potentiels $\boldsymbol{A}$ et $\phi$ peuvent toujours être calculés par intégration sur les courants et les charges, mais pas par les *mêmes* intégrales qu'en statique. Le plus merveilleusement du monde, cependant, les intégrales vraies ressemblent à celles de la statique, avec seulement une petite modification, physiquement séduisante. Quand nous intégrons pour trouver les potentiels en un point, disons au point (1) de la Fig. 15.10, nous devons utiliser les valeurs de $\boldsymbol{j}$ et $\rho$ au point (2) à *un instant antérieur* $t' = t - r_{12}/c$. Comme vous pourriez vous y attendre, les effets se propagent du point (2) *au* point (1) à la vitesse $c$. Avec ce petit changement, on peut résoudre le problème des champs créés par des courants et des charges variables, car une fois que nous connaissons $\boldsymbol{A}$ et $\phi$, nous obtenons $\boldsymbol{B}$ à partir de $\boldsymbol{\nabla} \times \boldsymbol{A}$, comme avant, et $\boldsymbol{E}$ à partir de $-\boldsymbol{\nabla}\phi - \partial \boldsymbol{A}/\partial t$.

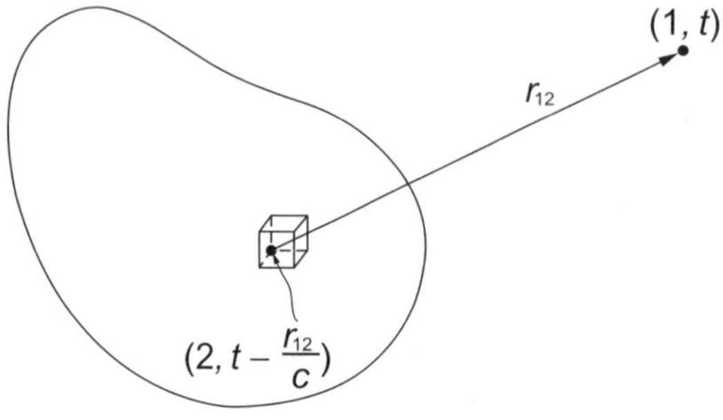


Figure 15.10 – Les potentiels au point (1) et à l'instant $t$ sont obtenus en sommant les contributions de chaque élément de la source au point courant (2), en considérant les courants et les charges qui étaient présents à l'instant $t - r_{12}/c$.

Remarquez enfin que certains résultats – par exemple, que la densité d'énergie dans un champ électrique est $\epsilon_0 \boldsymbol{E}^2/2$ – sont vrais aussi bien en électrodynamique qu'en statique. Ne vous égarez pas à penser que ceci est le moins du monde « naturel ». La validité de toute formule démontrée dans le cas statique doit être redémontrée entièrement dans le cas dynamique. Uu exemple contraire est l'expression de l'énergie électrostatique en fonction de l'intégrale de volume de $\rho\phi$. Ce résultat n'est vrai qu'en statique.

Nous verrons tous ces sujets plus en détail en temps voulu, mais il sera peut-être bon de garder à l'esprit ce résumé, afin que vous sachiez ce que vous pouvez oublier et ce que vous devez vous rappeler comme étant toujours vrai.

# COURANTS INDUITS 16

## 16.1 MOTEURS ET GÉNÉRATEURS

La découverte en 1820 d'une étroite connexion entre l'électricité et le magnétisme fut très excitante – jusque-là, ces deux sujets avaient été considérés comme totalement indépendants. On découvrit d'abord que des courants dans des fils créent des champs magnétiques ; puis la même année, on s'aperçut que des fils transportant du courant dans un champ magnétique subissaient des forces.

Une des raisons de s'exciter chaque fois qu'il y a une force mécanique, est la possibilité de l'utiliser dans un moteur pour fournir du travail. Presque immédiatement après leur découverte, les gens commencèrent à concevoir des moteurs électriques utilisant les forces sur des fils transportant des courants. La principe du moteur électromagnétique est schématisé sur la Fig. 16.1. Un aimant permanent – en général avec quelques morceaux de fer doux – est utilisé pour produire un champ magnétique dans deux entrefers. De part et d'autre de chaque entrefer se trouvent un pôle nord et un pôle sud, comme le montre la figure. Une bobine de cuivre rectangulaire est disposée avec un côté dans chaque entrefer. Quand on fait passer un courant dans la bobine, il circule dans des directions opposées dans les deux entrefers ; les forces sont donc aussi opposées, produisant ainsi un couple sur la bobine, autour de l'axe qu'on a représenté. Si la bobine est montée sur un axe de façon à pouvoir tourner, elle peut être couplée avec des poulies ou des engrenages et peut fournir un travail.

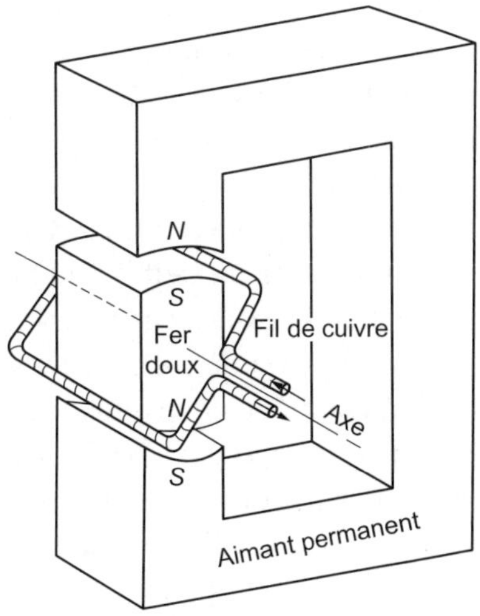


Figure 16.1 – Esquisse schématique d'un moteur électromagnétique simple.



On peut utiliser la même idée pour fabriquer un instrument sensible pour des mesures électriques. Dès que la loi de force fut découverte, la précision des mesures électriques fut considérablement accrue. D'abord, le couple d'un tel moteur peut être beaucoup augmenté pour un courant donné, en faisant faire au courant plusieurs tours au lieu d'un seul. Ensuite, la bobine peut être montée de façon à tourner avec un couple très faible – en faisant reposer son axe sur des supports très délicats en pierres précieuses, ou en suspendant la bobine par un fil très fin ou par une fibre de quartz. Ainsi un courant excessivement faible fera tourner la bobine, et pour de petits angles la rotation sera proportionnelle au courant. La rotation peut être mesurée en collant une aiguille sur la bobine ou, pour les instruments les plus délicats, en attachant un petit miroir à la bobine et en regardant le déplacement de l'image sur une échelle. De tels instruments sont appelés galvanomètres. Les voltmètres et les ampèremètres marchent d'après le même principe.

Les mêmes idées peuvent être appliquées à une grande échelle pour fabriquer de gros moteurs pour la production de puissance mécanique. On peut faire tourner la bobine toujours dans le même sens en arrangeant les connexions qui vont à la bobine de telle sorte qu'elles soient inversées à chaque demi-tour par des contacts installés sur l'axe. Le couple a ainsi toujours la même direction. Les petits moteurs à courant continu sont faits exactement de cette manière. Les moteurs plus gros, à courant continu ou alternatif, sont souvent fabriqués en remplaçant l'aimant permanent par un électroaimant, alimenté par la source de puissance électrique.

Lorsqu'ils eurent compris que les courants électriques créent des champs magnétiques, les gens suggérèrent immédiatement que d'une manière ou d'une autre, les aimants pouvaient aussi créer des champs électriques. Diverses expériences furent tentées. Par exemple, deux fils furent disposés parallèlement l'un à l'autre et l'on fit passer un courant dans l'un des deux dans l'espoir de trouver un courant dans l'autre. L'idée était que le champ magnétique pouvait en quelque sorte entraîner les électrons le long du second fil, en donnant une loi telle que : « les semblables préfèrent se déplacer de façons semblables ». Avec les plus grands courants que l'on pouvait obtenir, et avec le galvanomètre le plus sensible pour détecter un courant, le résultat fut négatif. De gros aimants placés près des fils ne produisirent non plus aucun effet observable. Finalement, Faraday découvrit en 1840 le fait essentiel qui manquait jusqu'alors – que les effets électriques n'existent que lorsqu'il y a quelque chose *qui varie*. Si l'un des fils d'une paire est parcouru par un courant *variable*, un courant est induit dans l'autre, ou si l'on *déplace* un aimant au voisinage d'un circuit électrique, il y a un courant. On dit que des courants sont *induits*. Ce fut l'effet d'induction découvert par Faraday. Cet effet transforma le sujet plutôt ennuyeux des champs statiques en un sujet dynamique très passionnant, avec une gamme énorme de phénomènes merveilleux. Ce chapitre est consacré à la description qualitative de quelques-uns d'entre eux. Comme nous le verrons, on tombe rapidement dans des situations passablement compliquées qui sont difficiles à analyser quantitativement dans tous leurs détails. Mais aucune importance ; notre but principal dans ce chapitre est tout d'abord de vous faire faire connaissance avec les phénomènes mis en jeu. Nous en entreprendrons l'analyse détaillée plus tard.

Nous pouvons aisément comprendre une caractéristique de l'induction magnétique à partir de ce que nous savons déjà, bien que cela ait été inconnu du temps de Faraday. Cela vient de la force $\boldsymbol{v} \times \boldsymbol{B}$ agissant sur une charge en mouvement qui est proportionnelle à sa vitesse dans un champ magnétique. Supposons que nous ayons un fil qui passe au voisinage d'un aimant, comme le montre la Fig. 16.2, et que nous connections les extrémités du fil à un galvanomètre. Si nous déplaçons le fil devant l'extrémité de de l'aimant, l'aiguille du galvanomètre se déplace.

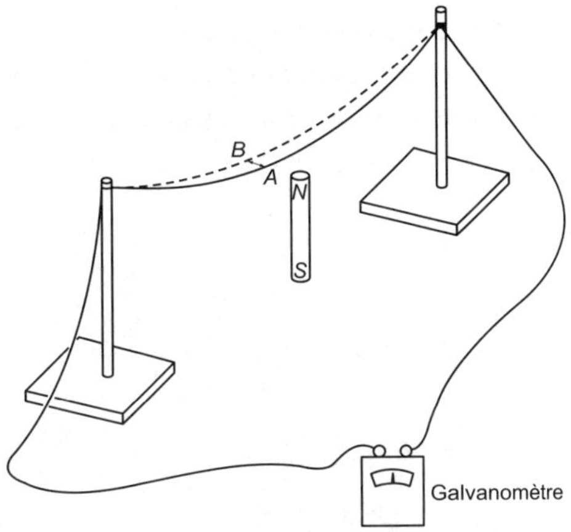


Figure 16.2 – Le déplacement d'un fil dans un champ magnétique produit un courant, comme le montre le galvanomètre.

L'aimant crée un certain champ magnétique vertical, et lorsque nous poussons le fil. perpendiculairement au champ, les électrons du fil sont soumis à une force *transversale* – à angle droit du champ et de la direction du déplacement. La force pousse les électrons le long du fil. Mais pourquoi cela fait-il bouger le galvanomètre, qui est si loin de la force ? Parce que, lorsque les électrons qui subissent la force magnétique essaient de se déplacer, ils poussent – par répulsion électrique – les électrons un peu plus loin dans le fil ; ceux-ci, à leur tour, repoussent les électrons un peu plus loin, et ainsi de suite sur une grande distance. C'est une chose stupéfiante.

Cela parut si stupéfiant à Gauss et à Weber – qui les premiers construisirent un galvanomètre – qu'ils essayèrent de voir jusqu'à quelle distance les forces iraient dans.le fil. Ils tendirent un fil d'un bout à l'autre de leur ville. M. Gauss, à une extrémité, connecta les fils à une pile (les piles étaient connues avant les générateurs) et M. Weber regardait bouger l'aiguille du galvanomètre. Ils avaient un moyen pour produire des signaux à grande distance : c'était le début du télégraphe ! Bien entendu, cela n'a rien à voir directement avec l'induction – cela concerne la façon dont les fils transportent les courants, que les courants soient créés par induction ou non.

Supposons maintenant que dans le dispositif de la Fig. 16.2 nous laissions le fil tout seul et que nous déplacions l'aimant. Nous voyons encore un effet sur le galvanomètre. Comme le découvrit Faraday, déplacer l'aimant sous le fil – dans un sens – a le même effet que déplacer le fil au-dessus de l'aimant – dans l'autre sens. Mais lorsque l'on déplace l'aimant, nous n'avons plus de force $\boldsymbol{v} \times \boldsymbol{B}$ agissant sur les électrons du fil. C'est le nouvel effet que découvrit Faraday. De nos jours, nous pourrions espérer comprendre cela à l'aide du raisonnement de relativité.

Nous comprenons déjà que le champ magnétique d'un aimant provient de ses courants internes. Nous nous attendons donc à observer le même effet si, à la place de l'aimant de la Fig. 16.2, nous utilisons une bobine de fil dans lequel il y a un courant. Si nous déplaçons le fil devant la bobine, il y aura un courant qui traversera le galvanomètre, et aussi si nous déplaçons la bobine devant le fil. Mais il y a maintenant quelque chose de plus excitant : si nous faisons varier le champ magnétique de la bobine *non pas* en la déplaçant, mais en *faisant varier son courant*, il y a de nouveau un effet dans le galvanomètre. Par exemple, si nous avons une boucle de fil près d'une bobine, comme dans la Fig. 16.3, et si nous les maintenons fixes toutes les deux, mais que nous coupons le courant, il y a une impulsion de courant dans le galvanomètre. Lorsque nous rebranchons la bobine, le galvanomètre dévie dans l'autre sens.

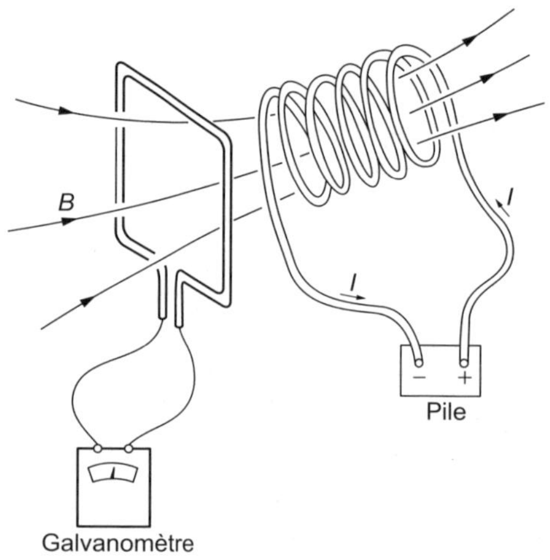


Figure 16.3 – Une bobine parcourue par un courant produit un courant dans une seconde bobine si la première bobine est déplacée ou Galvanomètre si son courant varie.

Toutes les fois que le galvanomètre, dans une situation telle que celle de la Fig. 16.2, ou de la Fig. 16.3, est parcouru par un courant, il y a une poussée résultante sur les électrons du fil, dans une direction le long du fil. Ils peuvent être poussés dans des sens différents en différents points, mais il y a une poussée plus grande dans un sens que dans l'autre. Ce qui compte c'est la poussée intégrée le long du circuit complet. Nous appelons cette poussée intégrée résultante la *force électromotrice* (en abrégé f.é.m.) du circuit. Plus précisément, la f.é.m. est définie comme la force tangentielle par unité de charge dans le fil intégrée sur toute la longueur du circuit complet. La découverte complète faite par Faraday était que des f.é.m. peuvent être engendrées dans un fil de trois façons différentes : en déplaçant le fil, en déplaçant un aimant au voisinage du fil, ou en faisant varier le courant dans un fil voisin.

Considérons à nouveau la machine simple de la Fig. 16.1, seulement maintenant, au lieu de faire passer un courant à travers le fil pour le faire tourner, faisons tourner la spire à l'aide d'une force extérieure, par exemple avec la main ou avec une turbine à eau. Lorsque la bobine tourne, ses fils se déplacent dans le champ magnétique et nous trouverons une f.é.m. dans le circuit de la bobine. Le moteur devient un générateur.

Dans la bobine du générateur il y a une f.é.m. induite due à son déplacement. La grandeur de la f.é.m. est donnée par une règle simple découverte par Faraday. (Nous allons simplement énoncer la règle maintenant et nous attendrons quelque temps avant de l'examiner en détail.) Cette règle dit que lorsque le flux magnétique qui traverse la boucle (ce flux est la composante normale de $\boldsymbol{B}$ intégrée sur la surface de la boucle) varie au cours du temps, la f.é.m. est égale au taux de variation du flux. Nous appellerons cela la « règle du flux ». Vous voyez que lorsque la bobine de la Fig. 16.1 tourne, le flux qui passe à travers elle change. Au départ un certain flux la traverse dans un sens ; lorsque la bobine a tourné de 180° le même flux la traverse dans l'autre sens. Si nous faisons tourner la bobine d'une manière continue, le flux est d'abord positif, puis négatif, puis positif et ainsi de suite. Le taux de variation du flux doit aussi alterner. Il y a donc une f.é.m. alternative dans la bobine. Si nous connectons les deux extrémités de la bobine à des fils extérieurs par des contacts glissants – appelés balais – (ainsi les fils ne se tordent pas) nous avons un générateur de courant alternatif.

Ou bien, nous pouvons aussi nous arranger, avec des contacts glissants, pour que, après chaque demi-tour, les connexions entre les extrémités de la bobine et les fils extérieurs soient inversées, de sorte que lorsque la f.é.m. s'inverse, les connexions s'inversent aussi. Les impulsions de f.é.m. vont donc toujours créer des courants de même sens dans le circuit extérieur. Nous avons ce que l'on appelle un générateur de courant continu.

La machine de la Fig. 16.1 est soit un moteur soit un générateur. On montre élégamment la réciprocité entre moteur et générateur en utilisant deux « moteurs » à courant continu identiques et à aimant permanent, dont les bobines sont connectées par deux fils de cuivre. Lorsque l'on fait tourner mécaniquement l'arbre de l'un, il devient générateur et fait fonctionner l'autre comme un moteur. Si l'on fait tourner l'arbre du second, il devient le générateur et fait fonctionner le premier comme un moteur. Nous avons donc là un exemple intéressant d'une nouvelle sorte d'équivalence de la nature : moteur et générateur sont équivalents. L'équivalence quantitative n'est pas en fait complètement accidentelle. Elle est liée à la loi de la conservation de l'énergie.

Un autre exemple de système qui peut fonctionner soit pour engendrer des f.é.m. soit pour répondre à des f.é.m., est le récepteur d'un téléphone ordinaire – c'est-à-dire un « écouteur ». Le premier téléphone de Bell était constitué de deux « écouteurs » de ce type reliés par deux longs fils. Le principe de base est donné sur la Fig. 16.4. Un aimant permanent crée un champ magnétique dans deux « armatures » en fer doux et dans un diaphragme mince qui se meut sous l'effet de la pression sonore. Lorsque le diaphragme se déplace, il fait varier la grandeur du champ magnétique dans les armatures. Donc un fil enroulé autour de l'une des armatures verra le flux qui le traverse varier lorsqu'une onde sonore frappera le diaphragme.

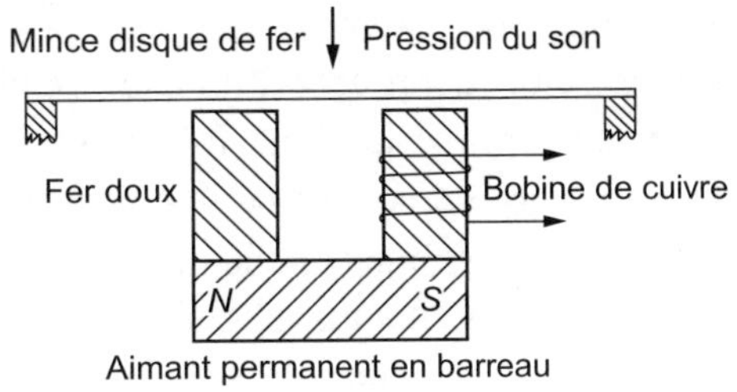


Figure 16.4 – Un émetteur ou récepteur téléphonique.

Il y a donc une f.é.m. dans la bobine. Si les extrémités de la bobine sont connectées à un circuit, il s'établit un courant qui est une représentation électrique du son.

Si les extrémités de la bobine de la Fig. 16.4 sont connectées à l'aide de deux fils à un autre gadget identique, des courants variables traverseront la seconde bobine. Ces courants créeront un champ magnétique variable et exerceront une attraction variable sur le diaphragme de fer. Le diaphragme vibrera et produira des ondes sonores à peu près semblables à celles qui faisaient bouger le diaphragme original. À l'aide de quelques morceaux de fer et de cuivre la voix humaine se transmet sur des fils !

(Le téléphone domestique moderne utilise un récepteur comme celui que nous venons de décrire mais utilise une invention perfectionnée qui fournit un émetteur plus puissant. C'est le « microphone à pastille de carbone », qui utilise la pression sonore pour faire varier le courant électrique fourni par une pile.)

## 16.2 TRANSFORMATEURS ET INDUCTANCES

Un des aspects les plus intéressants des découvertes de Faraday n'est pas qu'il existe une f.é.m. dans une bobine en mouvement - ce que nous pouvons comprendre en faisant intervenir la force magnétique $q\boldsymbol{v} \times \boldsymbol{B}$ - mais qu'un courant variable dans une bobine produise une f.é.m. dans une seconde bobine. Et, fait tout à fait surprenant, la grandeur de la f.é.m. induite dans la seconde bobine est donnée par la même « règle du flux », à savoir que la f.é.m. est égale au taux de variation du flux magnétique à travers la bobine. Supposez que nous prenions deux bobines, enroulées chacune sur des paquets séparés de feuilles de fer (ils contribuent à rendre les champs magnétiques plus intenses), comme le montre la Fig. 16.5. Nous relions maintenant une des bobines - la bobine (a) - à une source de courant alternatif. La variation continuelle du courant crée un champ magnétique variant de manière continuelle. Ce champ variable engendre une f.é.m. alternative dans la seconde bobine - la bobine (b). Cette f.é.m. peut, par exemple, donner une puissance suffisante pour allumer une ampoule électrique.

La f.é.m. varie dans la bobine (b) avec une fréquence qui est, bien entendu, la même que celle du premier générateur. Mais le courant dans la bobine (b) peut être plus grand ou plus petit que le courant dans la bobine (a). Le courant dans la bobine (b) dépend de la f.é.m. induite et de la résistance ainsi que de l'inductance du reste de son circuit. La f.é.m. peut être inférieure à celle du générateur si, par exemple, il y a peu de variation de flux. Ou bien la f.é.m. dans la bobine (b) peut être rendue beaucoup plus grande que celle du générateur en donnant de nombreuses spires à la bobine (b), puisque dans un champ magnétique donné le flux qui passe à travers la bobine est alors plus grand. (Ou si vous préférez considérer cela d'un autre point de vue, la f.é.m. est la même dans chacune des spires et, puisque la f.é.m. totale est la somme des f.é.m. des spires prises séparément, de nombreuses spires en série créent une grande f.é.m.)

Une telle combinaison de deux bobines – avec en général des feuilles de fer disposées pour guider les champs magnétiques – s'appelle un *transformateur*. Elle peut « transformer » une f.é.m. (appelée aussi une « tension ») en une autre.

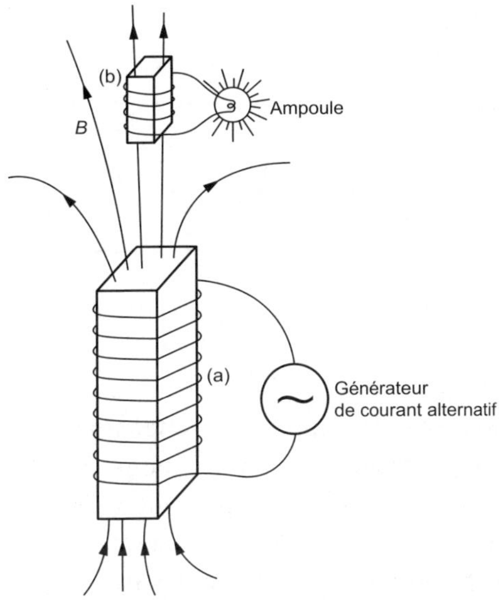


Figure 16.5 – Deux bobines, entourant des paquets de feuilles de fer, permettent à un générateur d'allumer une ampoule qui n'est pas directement reliée à lui.

Il y a aussi des effets d'induction dans une bobine unique. Par exemple, dans le dispositif de la Fig. 16.5, il y a un flux variable non seulement dans la bobine (b) qui allume la lampe, mais aussi dans la bobine (a). La variation de courant dans la bobine (a) crée un champ magnétique variable dans elle-même et le flux de ce champ varie continuellement, de sorte qu'il y a une f.é.m. *d'auto-induction* dans la bobine (a). Il y a une f.é.m. agissant sur un courant quelconque lorsque ce courant est en train de créer un champ magnétique – ou en général, lorsque son champ varie d'une façon ou d'une autre. Cet effet s'appelle *l'auto-induction.*

Lorsque nous avons donné la « règle du flux » d'après laquelle la f.é.m. est égale au taux de variation du flux lié, nous n'avons pas spécifié le sens de la f.é.m. Il y a une règle simple, appelée loi de Lenz, qui donne le sens dans lequel va la f.é.m. : la f.é.m. *tend à s'opposer à* toute variation de flux. C'est-à-dire que le sens d'une f.é.m. induite est toujours tel que si un courant devait circuler dans le sens de la f.é.m., il produirait un flux de B qui s'opposerait à la variation de B qui crée la f.é.m. On peut utiliser la loi de Lenz pour trouver le sens de la f.é.m. dans le générateur de la Fig. 16.1, ou dans l'enroulement du transformateur de la Fig. 16.3.

En particulier, s'il y a un courant variable dans une bobine unique (ou dans un fil quelconque). il existe une f.é.m. « de réaction » dans le circuit. Cette f.é.m. agit sur les charges s'écoulant dans la bobine (a) de la Fig. 16.5 de façon à s'opposer à la variation du champ magnétique et a donc le sens qui s'oppose a la variation du courant. Elle s'efforce de maintenir le courant constant ; elle est opposée au courant quand le courant croit, et a le sens du courant quand il diminue. Un courant dans une auto-inductance présente de « l'inertie », parce que les effets d'induction téndent à maintenir le débit constant, tout comme l'inertie mécanique tend à-maintenir constante la vitesse d'un objet.

Tout gros électro-aimant aura une grande auto-inductance. Supposez qu'on ait connecté une batterie à la bobine d'un gros électro-aimant, comme dans la Fig. 16.6,

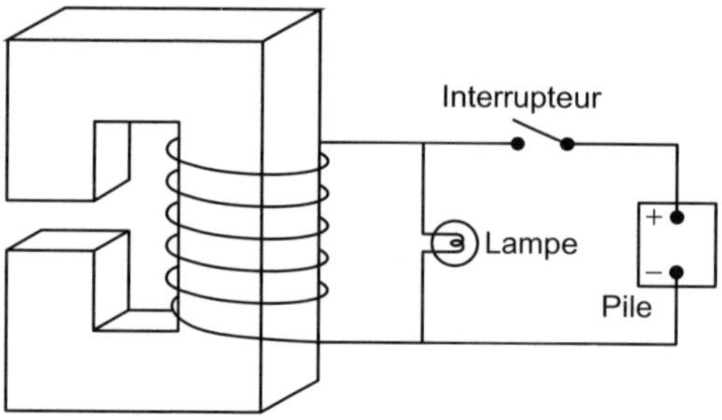


Figure 16.6 – Circuit d'un électro-aimant. La lampe permet le passage du courant quand l'interrupteur est ouvert, évitant l'apparition de f.é.m. excessives.

et que l'on ait établi un champ magnétique intense. (Le courant atteint une valeur permanente déterminée par la tension de la batterie et la résistance du fil de la bobine.) Mais supposez maintenant que nous essayions de déconnecter la batterie en ouvrant l'interrupteur. Si nous avions réellement ouvert le circuit, le courant tendrait rapidement vers zéro, et créerait du coup une f.é.m. énorme. Dans la plupart des cas, cette f.é.m. serait suffisamment grande pour amorcer un arc entre les contacts de l'interrupteur. La haute tension qui apparaîtrait pourrait aussi endommager l'isolement de la bobine – ou vous-mêmes, si vous êtes celui

qui ouvre l'interrupteur ! C'est pour ces raisons que les électro-aimants sont habituellement reliés à un circuit tel que celui de la Fig. 16-6. Lorsque l'on ouvre l'interrupteur, le courant ne varie pas rapidement mais reste constant et s'écoule plutôt à travers la lampe, poussé par la f.é.m. créée par l'auto-inductance de la bobine.

## 16.3 Forces agissant sur les courants induits

Vous avez probablement vu la démonstration spectaculaire de la loi de Lenz faite à l'aide du dispositif représenté sur la Fig. 16.7. C'est un électro-aimant, tout juste comme la bobine (a) de la Fig. 16.5. On pose un anneau d'aluminium sur une extrémité de l'aimant. Lorsqu'on relie la bobine à un générateur de courant alternatif en fermant l'interrupteur, l'anneau saute en l'air. La force provient, bien sûr, des courants induits dans l'anneau. Le fait que l'anneau soit projeté au loin montre que les courants qui le parcourent s'opposent à la variation du champ qui le traverse. Lorsque le sommet de l'aimant présente un pôle Nord, le courant induit dans l'anneau fait apparaître un pôle Nord dirigé vers le bas. L'anneau et la bobine se repoussent, tout comme deux aimants qui ont des pôles identiques en face l'un de l'autre. Si l'on pratique une petite coupure radiale dans l'anneau, la force disparaît, ce qui montre bien qu'elle provient effectivement des courants dans l'anneau.

Si au lieu de l'anneau nous plaçons un disque d'aluminium ou de cuivre sur l'extrémité de l'électro-aimant de la Fig. 16.7, il est également repoussé' des courants induits circulent dans la matière du disque et, de nouveau, créent une répulsion.

Un effet intéressant d'origine semblable, se produit avec une feuille d'un conducteur parfait. Dans un « conducteur parfait », il n'y a pas de résistance quel que soit le courant.

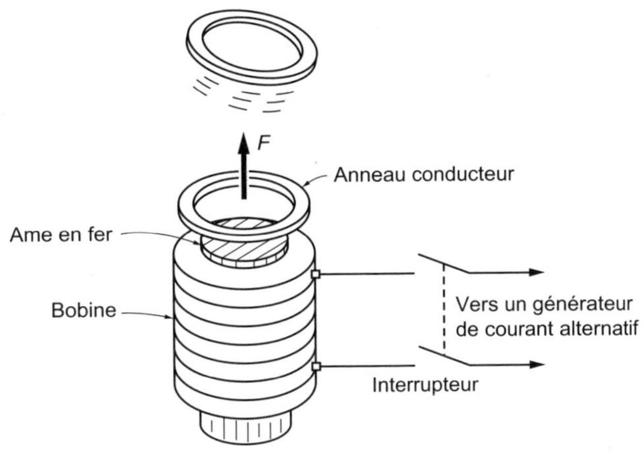


Figure 16.7 – Un anneau conducteur est violemment repoussé par un électro-aimant à courant variable.

Si donc on y crée des courants, ils peuvent continuer à y circuler indéfiniment. En effet, la *plus petite* f.é.m. engendrerait un courant arbitrairement grand – ce qui signifie en réalité qu'il ne peut pas y exister de f.é.m. du tout. Toute tentative pour faire passer un flux magnétique dans une telle feuille engendre des courants qui créent des champs $\boldsymbol{B}$ opposés – tous avec des f.é.m. infinitésimales, donc sans flux entrant.

Si nous prenons une feuille de conducteur parfait et que nous l'approchons d'un électro-aimant, lorsque nous établissons le courant dans l'aimant, des courants appelés courants de Foucault, apparaissent dans la feuille, si bien qu'aucun flux magnétique n'y entre. Les lignes de champ ont l'aspect indiqué sur la Fig. 16.8. Il se passe, bien sûr, la même chose si nous approchons un barreau magnétique d'un conducteur parfait. Puisque les courants de Foucault créent des champs antagonistes, les aimants sont repoussés par le conducteur. Ceci permet de faire tenir en l'air un barreau aimanté au-dessus d'une feuille de conducteur parfait ayant la forme d'un plat, comme le montre la Fig. 16.9. L'aimant est maintenu en l'air par les forces de répulsion dues aux courants de Foucault induits dans le conducteur parfait. Il n'existe pas de conducteurs parfaits aux températures ordinaires, mais certains matériaux deviennent des conducteurs parfaits à des températures suffisamment basses. Par exemple, au-dessous de 3,8° K l'étain est parfaitement conducteur. On l'appelle un supraconducteur.

Si le conducteur de la Fig. 16.8 n'est pas tout à fait parfait, il existera une certaine résistance à la propagation des courants de Foucault. Les courants vont avoir tendance à s'évanouir et l'aimant se posera doucement. Les courants de Foucault dans un conducteur imparfait ont besoin d'être entretenus par une f.é.m., et pour que l'on ait une f.é.m. on doit faire varier le flux. Le flux du champ magnétique pénètre graduellement dans le conducteur.

Dans un conducteur normal, il n'y a pas seulement des forces répulsives dues aux courants de Foucault ; il peut aussi y avoir des forces latérales. Par exemple, si nous déplaçons un aimant latéralement le long d'une surface conductrice les courants de Foucault créent une force d'entraînement car les courants induits s'opposent à la variation de

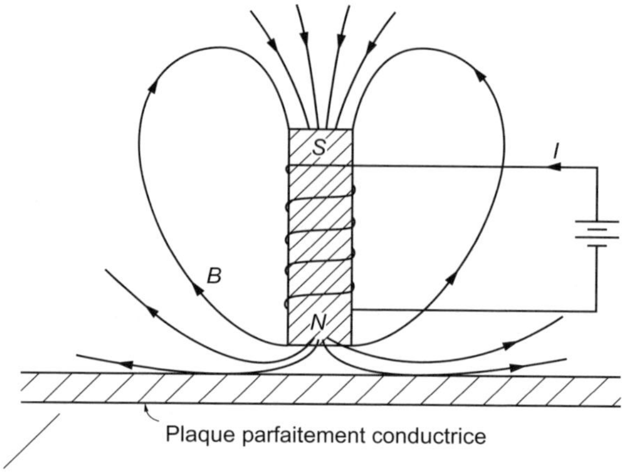


Figure 16.8 – Un électro-aimant au voisinage d'une plaque parfaitement conductrice.

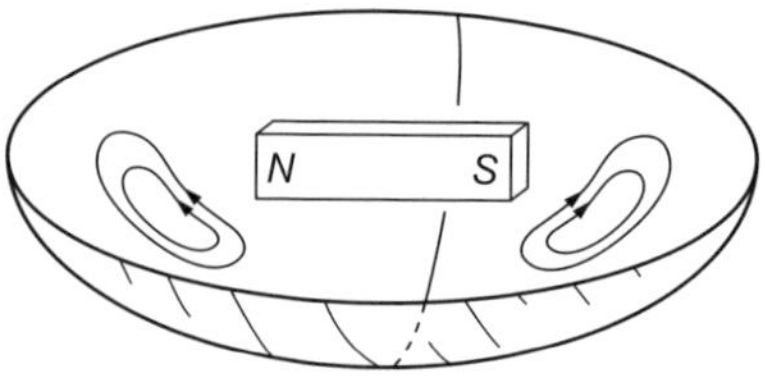


Figure 16.9 – Un barreau aimanté est suspendu au-dessus d'un bol supra conducteur par la répulsion des courants de Foucault.

la position du flux. De telles forces sont proportionnelles à la vitesse et sont semblables à des forces de viscosité.

Cet effet est élégamment mis en évidence par le dispositif de la Fig. 16.10. On suspend une plaque rectangulaire de cuivre au bout d'une tige de façon à constituer un pendule. Le cuivre oscille entre les pôles d'un électro-aimant. Lorsque l'on fait fonctionner l'aimant, le mouvement du pendule s'arrête brusquement. Quand la plaque métallique pénètre dans l'entrefer de l'aimant, il apparaît un courant induit dans la plaque qui s'oppose à la variation de flux à travers la plaque. Si la plaque était un conducteur parfait, les courants deviendraient si grands qu'ils repousseraient à nouveau la plaque — elle rebondirait. Dans le cas d'une plaque de cuivre, il y a une certaine résistance dans la plaque, de sorte que les courants amènent tout d'abord la plaque à un arrêt presque complet, lorsqu'elle commence à pénétrer dans le champ. Puis, lorsque les courants s'évanouissent, la plaque se met doucement au repos dans le champ magnétique.

L'allure des courants de Foucault dans le pendule de cuivre est indiquée sur la Fig. 16.11. L'intensité et la géométrie des courants sont extrêmement sensibles à la forme de la plaque. Si par exemple, on remplace la plaque de cuivre par une plaque présentant plusieurs fentes étroites, telle que celle de la Fig. 16.12, les effets des courants de Foucault sont brutalement réduits. Le pendule oscille dans le champ magnétique avec seulement une faible force retardatrice. La raison en est que les courants dans chacune des sections du cuivre ont moins de flux pour les pousser, de sorte que les effets de la résistance de chacune des boucles sont plus importants.

Les courants sont plus faibles et l'entraînement moindre. Le caractère visqueux de la force apparaît encore plus clairement si l'on place une feuille de cuivre entre les pôles

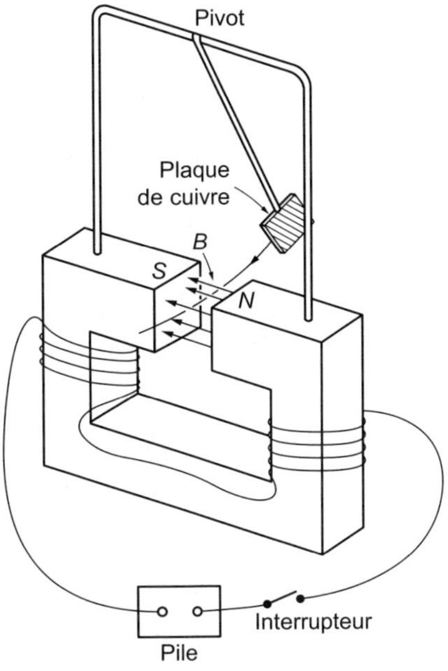


Figure 16.10 – Le freinage du pendule montre les forces dues aux courants de Foucault.

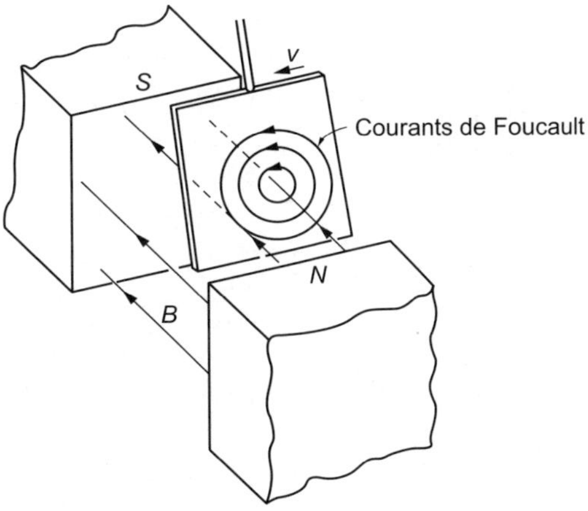


Figure 16.11 – Les courants de Foucault dans le pendule de cuivre.

de l'aimant de la Fig. 16.10 et si on la libère ensuite. Elle ne tombe pas ; elle ne fait que descendre doucement. Les courants de Foucault opposent une forte résistance au mouvement – tout comme la force visqueuse dans du miel.

Si au lieu d'entraîner un conducteur devant un aimant, nous essayons de le faire tourner dans un champ magnétique, il apparaîtra un couple résistant dû aux mêmes effets. Si au contraire, nous faisons tourner un aimant – un pôle remplaçant l'autre – au voisinage d'une plaque conductrice, ou d'un anneau, l'anneau est entraîné ; les courants dans l'anneau créent un couple qui tend à faire tourner l'anneau avec l'aimant.

Un champ exactement comme celui d'un aimant tournant peut être réalisé à l'aide d'enroulements disposés comme sur la Fig. 16.13. Nous prenons un tore de fer

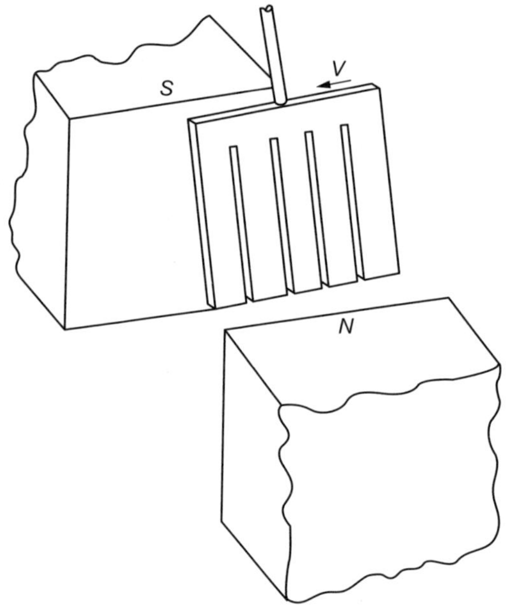


Figure 16.12 – Les effets des courants de Foucault sont fortement diminués en découpant des fentes dans la plaque.

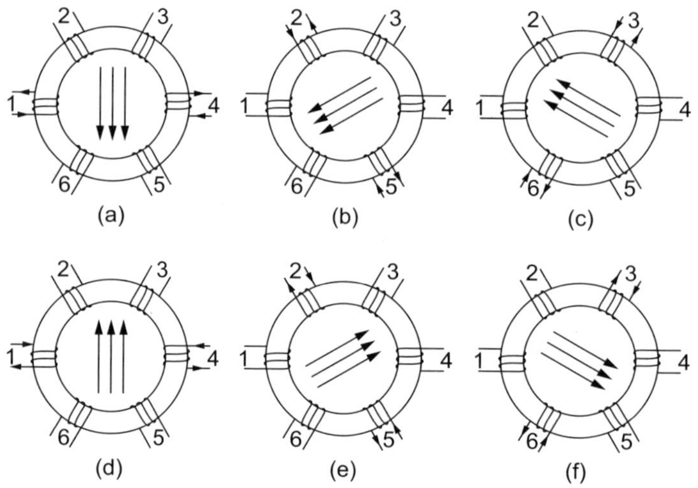


Figure 16.13 – Production d'un champ magnétique tournant.

(c'est-à-dire un anneau de fer, comme un doughnut[1]) et nous y bobinons six enroulements. Si nous envoyons un courant, comme indiqué dans la partie (a), dans les enroulements (1) et (4), il y aura un champ magnétique dans la direction donnée sur la figure. Si maintenant nous faisons passer le courant dans les enroulements (2) et (5), le champ magnétique sera dirigé dans une nouvelle direction, comme le montre la partie (b) de la figure. En continuant le processus, nous obtenons la suite de champs, représentée sur le reste de la figure. Si nous procédons sans à-coups, nous obtenons un champ magnétique « tournant ». Nous pouvons facilement obtenir la suite voulue de courants en connectant les enroulements à une ligne électrique triphasée, qui fournit justement une telle suite

1. N.d.T. Beignet américain.

de courants. On obtient un courant « triphasé » à l'aide d'un générateur en utilisant le principe de la Fig. 16.1, si ce n'est qu'il y a *trois* boucles fixées ensemble sur le même arbre de manière symétrique – c'est-à-dire qu'il y a un angle de 120° d'une boucle à la suivante. Lorsqu'on fait tourner les enroulements en bloc, la f.é.m. est maximum dans l'un, puis dans le suivant, et ainsi de suite suivant une suite régulière. Le courant triphasé présente de nombreux avantages pratiques. L'un d'entre eux est la possibilité de réaliser un champ magnétique tournant. On met facilement en évidence le couple exercé sur un conducteur par un champ tournant de ce type, en plaçant un anneau de métal sur une table isolante juste au- dessus du tore, comme le montre la Fig. 16.14. Le champ tournant fait tourner l'anneau autour d'un axe vertical. Les éléments de base représentés ici sont tout à fait semblables à ceux mis en jeu dans un gros moteur triphasé à induction du commerce.

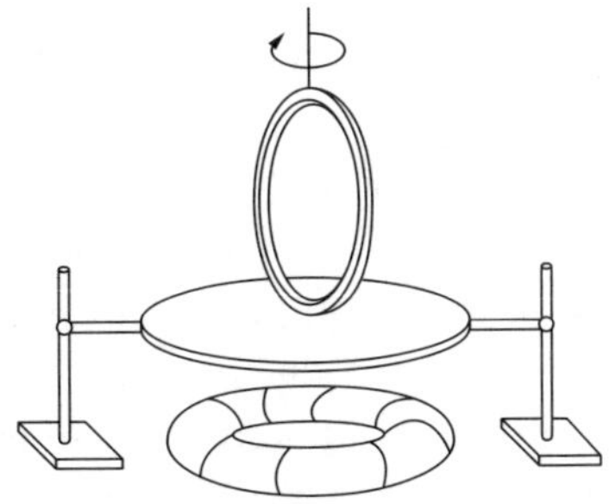

Figure 16.14 – Le champ tournant de la Fig. 16.13 peut être utilisé pour produire un couple sur un anneau conducteur.

La Fig. 16.15 représente un autre type de moteur à induction. Le dispositif représenté ne convient pas à la réalisation d'un moteur pratique à haut rendement, mais illustrera le principe. L'électro-aimant M, constitué par un paquet de feuilles de fer laminé autour duquel on a bobiné un enroulement solénoïdal, est alimenté par le courant alternatif fourni par un générateur. L'aimant crée un flux variable de $\boldsymbol{B}$ dans le disque d'aluminium. Si nous n'avons que ces deux composants, comme le montre la partie (a) de la figure, nous n'avons pas encore un moteur. Il y a des courants de Foucault dans le disque, mais ils sont symétriques et il n'y a pas de couple. (Il y aura un certain échauffement du disque dû aux courants induits.) Si nous recouvrons maintenant seulement une moitié du pôle

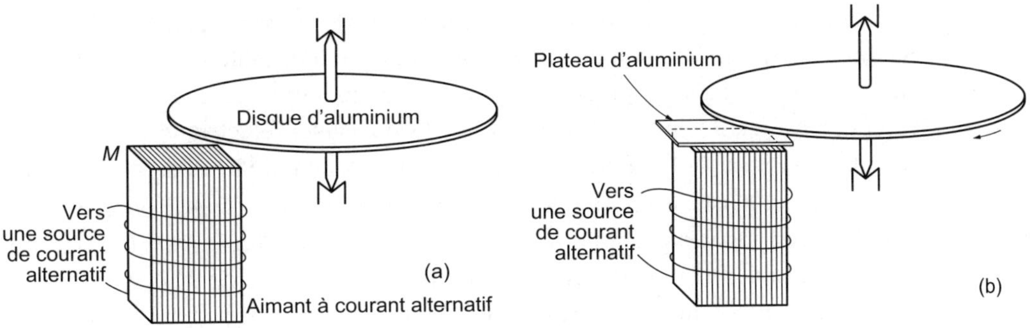


Figure 16.15 – Un exemple simple d'un moteur à induction à pôle masqué.

de l'aimant avec une plaque d'aluminium, ainsi que le montre la partie (b) de la figure, le disque commence à tourner, et nous avons un moteur. Le fonctionnement dépend de *deux* effets de courants de Foucault. Tout d'abord, les courants de Foucault dans la plaque d'aluminium s'opposent aux variations de flux à travers la plaque, de sorte que le champ magnétique au-dessus de la plaque retarde toujours sur le champ au-dessus de la moitié de pôle qui n'est pas recouverte. Cet effet dit de « pôle masqué » crée un champ, qui dans la région « masquée » varie de façon très semblable à celui qui existe dans la région « non masquée », si ce n'est qu'il présente un retard constant dans le temps. L'effet résultant est identique à celui que produirait un aimant de largeur moitié que l'on déplacerait continuellement de la région non masquée vers la région masquée. Les champs variables interagissent alors avec les courants de Foucault du disque et créent le couple qui s'exerce sur lui.

## 16.4 LA TECHNOLOGIE ÉLECTRIQUE

Lorsque Faraday rendit publique pour la première fois sa remarquable découverte, à savoir qu'un flux magnétique variable crée une f.é.m., on lui demanda (comme on le demande à tous ceux qui découvrent un nouveau fait de la nature), « à quoi cela sert-il ? » Tout ce qu'il avait trouvé, c'était ce fait bizarre que, lorsqu'il déplaçait un fil au voisinage d'un aimant, il se produisait un tout petit courant. À quoi cela pouvait-il bien « servir » ? Sa réponse fut : « à quoi sert un nouveau-né ? »

Pensez cependant aux formidables applications pratiques auxquelles a conduit sa découverte. Ce ne sont pas de simples jouets que nous avons décrits, mais des exemples choisis dans la plupart des cas pour illustrer le principe de quelque machine pratique. Par exemple, l'anneau tournant dans le champ tournant est un moteur à induction. Il y a, bien sûr, quelques différences entre lui et le moteur à induction pratique. L'anneau a un très petit couple ; on peut l'arrêter à la main. Pour réaliser un bon moteur, il faut assembler les choses plus intimement : il ne faut pas qu'il y ait autant de champ magnétique « perdu » dans l'air. Tout d'abord, on concentre le champ en utilisant du fer. Nous n'avons pas discuté comment le *fer fait cela, mais* le fer peut rendre le champ magnétique des dizaines de milliers de fois plus intense que ne le font des enroulements de cuivre seuls. Deuxièmement, les espaces entre les pièces de fer sont rendus petits ; pour réaliser cela, on introduit même un peu de fer dans l'anneau tournant. Tout est disposé de façon à obtenir les forces les plus grandes possible et le rendement le plus élevé possible – le rendement, c'est-à-dire la transformation de la puissance électrique en puissance mécanique – jusqu'à ce que « l'anneau » ne puisse plus être maintenu au repos à la main.

Ce problème qui consiste à réduire les espaces entre les pièces et à faire marcher les choses de la façon la plus pratique possible, c'est *l'art de l'ingénieur.* Il exige une étude poussée des problèmes de conception, bien qu'il n'y ait pas de principes de base nouveaux à partir desquels on calcule les forces. Mais il y a un long chemin à parcourir entre les principes de base et la conception pratique et économique. Cependant, c'est un tel projet soigné d'ingénieur qui a rendu possible une chose aussi formidable que le barrage de Boulder et tout ce qui va avec.

Qu'est-ce que le barrage de Boulder ? Une énorme rivière est arrêtée par un mur de béton. Mais quel mur ! Ayant la forme d'une courbe parfaite qui est réalisée très soigneusement de sorte que la plus petite quantité possible de béton retient une rivière entière. Il s'élargit à la base suivant cette forme merveilleuse qu'aiment les artistes, mais que les ingénieurs peuvent apprécier parce qu'ils savent qu'un tel élargissement est lié à l'accroissement de pression avec la profondeur de l'eau. Mais nous sommes en train de nous éloigner de l'électricité.

L'eau de la rivière est alors déviée dans un énorme tuyau. C'est en soi une belle réalisation d'ingénieur. Le tuyau amène l'eau à une « roue à eau » – une énorme turbine – et fait tourner les roues. (Encore un exploit d'ingénieur.) Mais pourquoi faire tourner des roues ? Elles sont couplées à un mélange de fer et de cuivre excessivement compliqué, tout tordu et entremêlé. En deux parties – une qui tourne et l'autre qui ne tourne pas. Toute une combinaison complexe d'un petit nombre de matériaux, principalement du fer et du cuivre, mais aussi du papier et de la laque pour isoler. Un monstre tournant. Un générateur.

Quelque part sortant du mélange de fer et de cuivre, quelques pièces spéciales en cuivre. Le barrage, la turbine, le fer, le cuivre, tout est là pour créer quelque chose de spécial dans quelques barres de cuivre – une f.é.m. Les barres de cuivre vont alors un peu plus loin, et s'enroulent plusieurs fois autour d'un autre morceau de fer dans un transformateur ; leur travail est alors fait.

Mais autour de ce même morceau de fer s'enroule un autre câble de cuivre qui n'a aucune connexion directe avec les barres venant du générateur ; il n'a fait que subir une influence parce qu'il passait auprès d'elles - pour recueillir leur f.é.m. Le transformateur transforme l'énergie à tension relativement basse exigée pour une réalisation efficace du générateur, en de très hautes tensions qui sont ce qu'il y a de mieux pour assurer une transmission efficace de l'énergie électrique, sur de longs câbles.

Et tout doit être énormément efficace - il ne peut pas y avoir de gaspillage, ni de perte – Pourquoi ? L'énergie d'une métropole passe là-dedans. Si l'on en perdait une petite fraction – un ou deux pour cent – pensez à l'énergie abandonnée ! Si on laissait un pour cent de la puissance dans le transformateur, cette énergie devrait être évacuée d'une manière ou d'une autre. Si elle apparaissait sous forme de chaleur, elle ferait rapidement fondre le tout. Il y a, bien sûr, quelques petites pertes, mais il suffit de quelques pompes qui font circuler de l'huile dans un radiateur pour empêcher le transformateur de chauffer.

Du barrage de Boulder partent quelques douzaines de tiges de cuivre - de longues, longues, longues tiges de cuivre, ayant peut-être l'épaisseur de votre poignet, et qui s'étirent sur des centaines de kilomètres dans toutes les directions. De petites tiges de cuivre, transportant la puissance d'une rivière géante. Puis les tiges se partagent pour faire encore plus de tiges... puis elles vont vers d'autres transformateurs... quelquefois vers de gros générateurs qui recréent le courant sous une autre forme... quelquefois vers des moteurs qui tournent pour de grosses industries... vers d'autres transformateurs... puis cela se divise et s'éparpille encore... jusqu'à ce que, finalement, la rivière s'étende sur toute la ville – faisant tourner les moteurs, produisant de la chaleur, de la lumière, faisant fonctionner les gadgets. C'est le miracle des lumières chaudes venant d'une rivière froide située à plus de 600 kilomètres - tout cela fait avec des morceaux de cuivre et de fer disposés d'une façon spéciale. Gros moteurs pour laminoirs, ou minuscules moteurs pour fraise de dentiste. Milliers de petites roues, qui tournent en réponse à la rotation de la grande roue du barrage de Boulder. Arrêtez la grande roue, et toutes les roues s'arrêtent ; la lumière s'éteint. Elles sont réellement reliées.

Il y a cependant plus encore. Les mêmes phénomènes qui prennent la puissance fantastique de la rivière et la répandent à travers la campagne, jusqu'à ce que quelques gouttes de la rivière fassent tourner la fraise du dentiste, ces mêmes phénomènes interviennent dans la construction d'instruments extrêmement fins. . dans la détection de quantités de courant incroyablement petites.. dans la transmission des voix, de la musique, et des images... dans les calculatrices... dans des machines automatiques d'une précision fantastique.

Tout cela est possible grâce à des constructions soigneusement conçues de cuivre et de fer - à des champs magnétiques efficacement produits... à des blocs de fer de 6 pieds[2] de diamètre, tournant avec des jeux de 1/16 de pouce[2]... à des proportions de cuivre soigneusement calculées pour un rendement maximum... à des formes étranges qui toutes servent un but, comme la courbe du barrage.

Si un archéologue futur découvre le barrage de Boulder, nous pouvons penser qu'il admirera la beauté de ses lignes. Mais les explorateurs de quelques grandes civilisations futures regarderont aussi les générateurs et les transformateurs et diront : « remarquez que toutes les pièces de fer ont une forme magnifiquement efficace. Réfléchissez à la pensée qui s'est logée dans chacune de ces pièces de cuivre ! »

C'est là la puissance de l'art de l'ingénieur, et la conception soigneuse de notre technologie électrique. On a créé dans le générateur quelque chose qui n'existe nulle part ailleurs dans la nature. Il est vrai qu'il existe des forces d'induction en d'autres endroits. Il y a sûrement en certains endroits autour du soleil et des étoiles des effets d'induction électro-magnétique. Le champ magnétique terrestre est peut-être aussi (bien que cela ne soit pas certain) entretenu par quelque chose d'analogue à un générateur électrique qui agit sur des courants circulant à l'intérieur de la terre. Mais on n'a nulle part mis ensemble des pièces dont certaines peuvent se déplacer, pour créer de la puissance électrique, comme cela est réalisé dans le générateur – avec une grande efficacité et une grande régularité.

Vous pensez peut-être que faire des projets de générateurs électriques n'est plus un sujet intéressant, que c'est un sujet mort parce que tous les générateurs ont été inventés. Des générateurs ou des moteurs quasi parfaits peuvent être sortis d'un tiroir. Même si c'était vrai, on pourrait admirer cette magnifique réalisation : un problème résolu presque jusqu'à la perfection. Mais il reste autant de problèmes inachevés. Même les générateurs et les transformateurs reposent des problèmes. Il est vraisemblable que tout le domaine des basses températures et des supraconducteurs sera bientôt appliqué au problème de la distribution du courant électrique. Avec un facteur complètement nouveau dans le

2. N.d.T. Pied = 0,30 m. Pouce = 2,54 cm.

problème, de nouveaux projets optimum devront être créés. Les réseaux électriques de l'avenir ressembleront peut-être peu à ceux d'aujourd'hui.

Vous voyez qu'il existe un nombre infini d'applications et de problèmes qu'on peut aborder en étudiant les lois de l'induction. L'étude des projets d'appareillages électriques est en soi un travail de toute une vie. Nous ne pouvons pas aller très loin dans cette direction, mais nous devrions avoir conscience du fait qu'en découvrant la loi de l'induction nous avons brusquement relié notre théorie à un énorme développement pratique. Nous devons cependant laisser ce sujet aux ingénieurs et aux spécialistes de la recherche appliquée dont le travail consiste à mettre au point les détails des applications particulières. La physique n'apporte que la base – les principes de base qui s'appliquent, peu importe à quoi. (Nous n'avons pas complètement fini de traiter la base, nous avons encore à considérer en détail les propriétés du fer et du cuivre. La physique a quelque chose à dire sur eux, comme nous allons le voir un peu plus loin.)

La technologie électrique moderne a commencé avec les découvertes de Faraday. Le bébé sans utilité s'est révélé être un prodige et a changé la face du monde d'une façon telle que son père rempli de fierté ne l'aurait jamais imaginée.

# Les lois de l'induction

# 17

## 17.1 La physique de l'induction

Dans le chapitre précédent nous avons décrit de nombreux phénomènes qui montrent que les effets de l'induction sont très compliqués et intéressants. Nous allons maintenant discuter des principes fondamentaux auxquels ils obéissent. Nous avons déjà défini la f.é.m. dans un circuit conducteur comme la force résultante agissant sur les charges et accumulée tout le long du circuit. Plus précisément, c'est la composante tangentielle de la force par unité de charge, intégrée le long du fil en faisant une fois le tour du circuit. Par suite, cette grandeur est égale au travail total fourni à une seule charge qui circule une fois le long du circuit.

Nous avons aussi énoncé la « règle du flux », d'après laquelle la f.é.m. est égale à la variation, par unité de temps, du flux magnétique à travers un tel circuit conducteur. Voyons si nous pouvons comprendre pourquoi il pourrait en être ainsi. Nous considérerons d'abord le cas où la variation de flux est due au déplacement d'un circuit dans un champ permanent.

On a représenté sur la Fig. 17.1 une simple boucle de fil dont les dimensions peuvent varier. La boucle comprend deux parties, une partie fixe en forme de U (a) et une barre transversale mobile (b) qui peut glisser le long des deux jambes du U. Le circuit est toujours fermé, mais sa surface est variable. Supposons qu'on place la boucle dans un champ magnétique uniforme, le plan du U étant normal au champ. D'après la règle, quand on déplace la barre, il doit apparaître dans la boucle une f.é.m. proportionnelle à la variation par unité de temps du flux à travers la boucle. Cette f.é.m. va produire un courant dans la boucle. Nous admettrons que la résistance du fil est assez grande pour que les courants soient faibles. Nous pourrons alors négliger tout champ magnétique créé par ce courant.

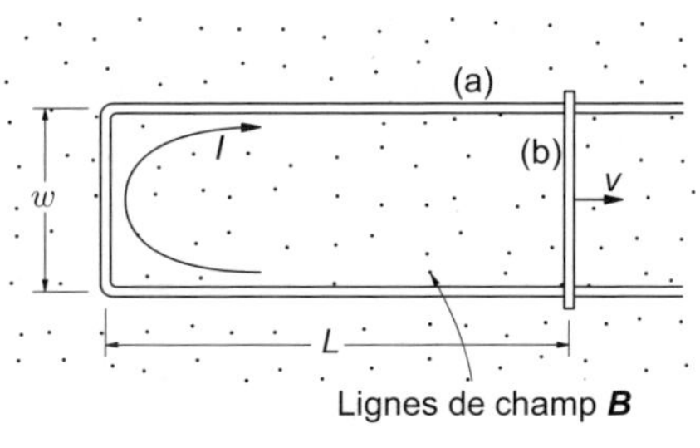


Figure 17.1 – Une variation de flux, due à une variation de l'aire du circuit, induit une f.é.m. dans la boucle.

Le flux à travers la boucle est $wLB$, donc la « règle du flux » nous donne pour la f.é.m. – que nous écrivons $\mathcal{E}$ –

$$\mathcal{E} = wB\,\frac{dL}{dt} = wBv,$$

où $v$ est la vitesse de translation de la barre.

Or, nous devons pouvoir comprendre ce résultat en partant des forces magnétiques $\boldsymbol{v} \times \boldsymbol{B}$ qui agissent sur les charges de la barre en mouvement. Ces charges subiront une force, tangente au fil, égale à $vB$ par unité de charge. Cette force est constante sur la longueur $w$ de la barre et nulle ailleurs, de sorte que l'intégrale est

$$\mathcal{E} = wvB,$$

ce qui est bien le même résultat que celui obtenu à partir de la variation de flux.

Le raisonnement que nous venons de faire peut être étendu à n'importe quel cas où il y a un champ magnétique fixe et où l'on déplace des fils. On peut montrer en général, que pour n'importe quel circuit dont les éléments se déplacent dans un champ magnétique fixe, la f.é.m. est la dérivée du flux, indépendamment de la forme du circuit.

D'un autre côté, que se passe-t-il si la boucle est immobile et le champ magnétique variable ? Nous ne pouvons pas tirer du même raisonnement la réponse à cette question. Ce fut la découverte – expérimentale – de Faraday que la « règle du flux » est toujours correcte, quelle que soit la raison pour laquelle varie le flux. La force agissant sur des charges électriques est donnée en toute généralité par $\boldsymbol{F} = q(\boldsymbol{E} + \boldsymbol{v} \times \boldsymbol{B})$ ; il n'y a aucune force nouvelle spéciale « due aux champs magnétiques variables ». Toutes les forces agissant sur des charges au repos, dans un fil immobile proviennent du terme $\boldsymbol{E}$. Les observations de Faraday conduisirent à la découverte d'une nouvelle loi reliant les champs électriques et magnétiques : dans une région où le champ magnétique varie avec le temps, des champs électriques prennent naissance. C'est ce champ électrique qui conduit les électrons le long du fil – et est donc responsable de la f.é.m. dans un circuit immobile quand il y a un flux magnétique variable.

La loi générale du champ électrique associé à un champ magnétique variable est

$$\boldsymbol{\nabla} \times \boldsymbol{E} = -\frac{\partial \boldsymbol{B}}{\partial t}. \tag{17.1}$$

C'est ce que nous appellerons la loi de Faraday. Elle fut découverte par Faraday, mais fut écrite pour la première fois sous forme différentielle par Maxwell, comme l'une de ses équations. Voyons comment cette équation conduit à la « règle du flux » pour les circuits.

On peut écrire cette loi, sous forme intégrale, par application du théorème de Stokes

$$\oint_\Gamma \boldsymbol{E} \cdot d\boldsymbol{s} = \int_S (\boldsymbol{\nabla} \times \boldsymbol{E}) \cdot \boldsymbol{n}\,da = -\int_S \frac{\partial \boldsymbol{B}}{\partial t} \cdot \boldsymbol{n}\,da, \tag{17.2}$$

où, comme toujours, $\Gamma$ est une courbe fermée quelconque, et $S$ une surface quelconque s'appuyant sur $\Gamma$. Ici, rappelez-vous, $\Gamma$ est une courbe *mathématique* fixe dans l'espace, et $S$ une surface fixe. Ensuite, la dérivée par rapport au temps peut être sortie de l'intégrale, ce qui donne

$$\oint_\Gamma \boldsymbol{E} \cdot d\boldsymbol{s} = -\frac{d}{dt}\int_S \boldsymbol{B} \cdot \boldsymbol{n}\,da$$

$$= -\frac{d}{dt}\,(\text{flux à travers } S). \tag{17.3}$$

En appliquant cette relation à une courbe $\Gamma$ qui suit un circuit conducteur *fixe*, nous retrouvons la « règle du flux ». L'intégrale dans le premier membre est la f.é.m., et celle du second membre est, changée de signe, la variation par unité de temps du flux à travers le circuit. Donc, l'Éq. (17.1) appliquée à un circuit fixe est équivalente à la « règle du flux ».

Donc la « règle du flux » – selon laquelle la f.é.m. dans un circuit est égale à la variation par unité de temps du flux magnétique à travers le circuit – s'applique aux variations de flux dues, soit à des variations du champ, soit à un déplacement du circuit, (soit aux deux). Les deux possibilités – « circuit mobile » ou « champ variable » – ne se distinguent pas dans l'énoncé de la règle. Cependant pour expliquer cette règle, nous sommes partis de deux lois tout à fait distinctes dans les deux cas – $\boldsymbol{v} \times \boldsymbol{B}$ pour le « circuit mobile » et $\boldsymbol{\nabla} \times \boldsymbol{E} = -\partial \boldsymbol{B}/\partial t$ pour le « champ variable ».

Nous ne connaissons aucun autre exemple dans toute la physique, où, pour comprendre réellement un principe général aussi simple et précis, il faille une analyse en termes de *deux phénomènes différents*. D'ordinaire on trouve qu'une aussi belle généralisation provient d'un principe profond unique sous-jacent. Néanmoins, dans le cas présent, il ne semble pas y avoir aucune implication profonde de ce genre. Nous devons comprendre la « règle » comme résultant des effets combinés de deux phénomènes tout à fait séparés.

Nous devons considérer la « règle du flux » de la façon suivante. En général, la force par unité de charge est $\boldsymbol{F}/q = \boldsymbol{E} + \boldsymbol{v} \times \boldsymbol{B}$. Dans des fils mobiles, il y a la force due au second terme. Il y a aussi un champ $\boldsymbol{E}$, s'il se produit quelque part une variation du champ magnétique. Ce sont des effets indépendants, mais la f.é.m. le long d'une boucle de ce fil est toujours égale à la variation, par unité de temps, du flux magnétique à travers cette boucle.

## 17.2 Exceptions à la « règle du flux »

Nous allons maintenant citer quelques exemples, dus en partie à Faraday, qui montrent l'importance de conserver à l'esprit la distinction entre les deux effets responsables des f.é.m. induites. Nos exemples représentent des situations dans lesquelles la « règle du flux » ne peut être appliquée – soit parce qu'il n'y a pas de fil du tout, soit parce que le *chemin* suivi par les courants induits, se déplace au sein d'un volume étendu d'un conducteur.

Commençons par une remarque importante : la partie de la f.é.m. qui provient du champ $\boldsymbol{E}$ ne dépend pas de l'existence d'un fil physique (comme c'est le cas pour la partie provenant de $\boldsymbol{v} \times \boldsymbol{B}$). Le champ $\boldsymbol{E}$ peut exister dans l'espace vide et son intégrale curviligne le long de n'importe quelle courbe imaginaire, fixe dans l'espace, est la variation par unité de temps du flux de $\boldsymbol{B}$ à travers cette courbe. (Notez bien que ceci est très différent du champ $\boldsymbol{E}$ créé par des charges statiques, car dans ce cas, l'intégrale curviligne de $\boldsymbol{E}$ le long d'une courbe fermée est toujours nulle.)

Décrivons maintenant un cas où le flux à travers un circuit ne varie pas, mais où néanmoins il existe une f.é.m. La Fig. 17.2 représente un disque conducteur qui peut tourner autour d'un axe fixe en présence d'un champ magnétique. Un des contacts se fait sur l'axe de rotation et l'autre par frottement sur la circonférence extérieure du disque. On ferme le circuit sur un galvanomètre. Quand le disque tourne, le « circuit », au sens de région de l'espace où sont les courants, est toujours le même. Mais la partie du « circuit » contenue dans le disque, est faite d'un matériau qui est en mouvement. Bien que le flux à travers le « circuit » soit constant, il y a quand même une f.é.m., comme on peut l'observer par la déviation du galvanomètre. Il est clair que nous avons là un cas où la force $\boldsymbol{v} \times \boldsymbol{B}$ dans le disque mobile engendre une f.é.m. qui ne peut être égalée à une variation de flux.

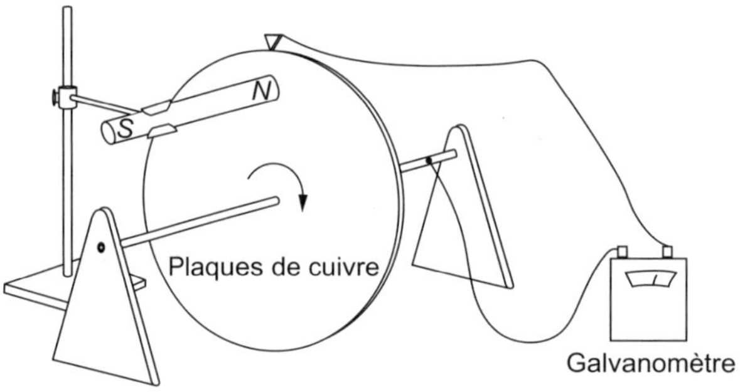


Figure 17.2 – Quand le disque tourne il apparaît une f.é.m. due à $\boldsymbol{v} \times \boldsymbol{B}$, mais sans variation du flux.

Considérons l'exemple opposé, un cas assez rare, dans lequel le flux à travers un « circuit » (toujours au sens de région où sont les courants) varie, mais où il n'y a *pas* de f.é.m. Imaginons deux plaques métalliques, dont les bords sont légèrement arrondis, comme sur la Fig. 17.3, placées dans un champ magnétique uniforme perpendiculaire à leurs surfaces. Chaque plaque est reliée à l'une des bornes d'un galvanomètre comme le montre la figure. Les plaques sont en contact en un point $P$, fermant ainsi le circuit. Si l'on fait basculer les plaques d'un petit angle, le point de contact vient en $P'$. Si on imagine que le « circuit » se referme dans les plaques suivant les lignes en pointillé tracées sur la figure, le flux magnétique à travers ce circuit varie considérablement quand on fait basculer les plaques d'avant en arrière. Cependant ce balancement peut être effectué, par de très petits mouvements, de sorte que $\boldsymbol{v} \times \boldsymbol{B}$ est très petit et qu'il n'y a pratiquement pas de f.é.m. La « règle du flux » ne s'applique pas ici. On doit l'appliquer à des circuits dans lesquels le *matériau* du circuit demeure le même. Quand le matériau du circuit varie, il faut revenir aux lois fondamentales. Les deux lois fondamentales qui conduisent

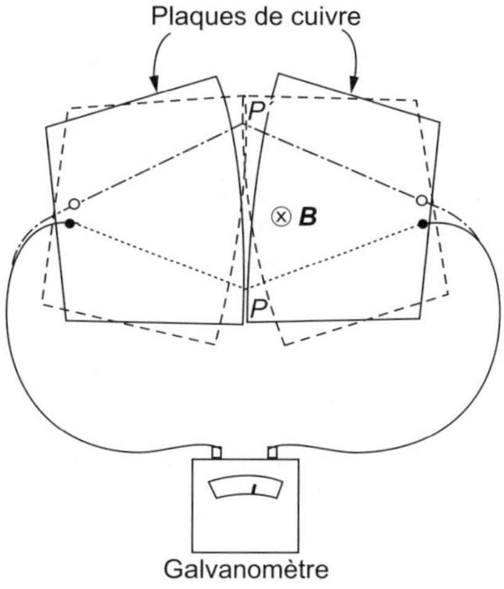


Figure 17.3 – Quand on fait basculer les plaques dans un champ magnétique uniforme, il peut y avoir une grande variation du flux, sans qu'aucune f.é.m. ne soit engendrée.

toujours aux résultats physiques *corrects* sont

$$\boldsymbol{F} = q(\boldsymbol{E} + \boldsymbol{v} \times \boldsymbol{B}),$$
$$\boldsymbol{\nabla} \times \boldsymbol{E} = -\frac{\partial \boldsymbol{B}}{\partial t}.$$

## 17.3 Accélération des particules par un champ électrique induit ; le bêtatron

Nous avons dit que la force électromotrice engendrée par un champ magnétique variable peut exister même en l'absence de conducteurs ; c'est-à-dire qu'il peut y avoir une induction magnétique sans fils. Nous pouvons encore imaginer une force électromotrice le long d'une courbe mathématique arbitraire dans l'espace. On la définit comme la composante tangentielle de $\boldsymbol{E}$ intégrée le long de la courbe. La loi de Faraday dit que cette intégrale est égale à la variation par unité de temps, du flux magnétique à travers la courbe fermée, Éq. (17.3).

Comme exemple de l'effet d'un tel champ électrique induit, nous allons maintenant considérer le mouvement d'un électron dans un champ magnétique variable. Imaginons un champ magnétique qui, en tout point d'un plan, est dirigé suivant une verticale, comme sur la Fig. 17.4. Le champ magnétique est produit par un électro-aimant, mais nous n'entrerons pas dans ces détails. Pour notre exemple nous imaginerons que le champ est symétrique par rapport à un certain axe, c'est-à-dire que l'intensité du champ magnétique dépendra seulement de sa distance à l'axe. Le champ magnétique varie aussi avec le temps. Imaginons un électron qui se déplace dans ce champ sur un cercle de rayon constant et centré sur l'axe du champ. (Nous verrons plus tard comment on peut réaliser ce mouvement.) À cause du champ magnétique variable, il va y avoir un champ électrique $\boldsymbol{E}$ tangent à l'orbite électronique, qui va pousser l'électron sur le cercle. Ce

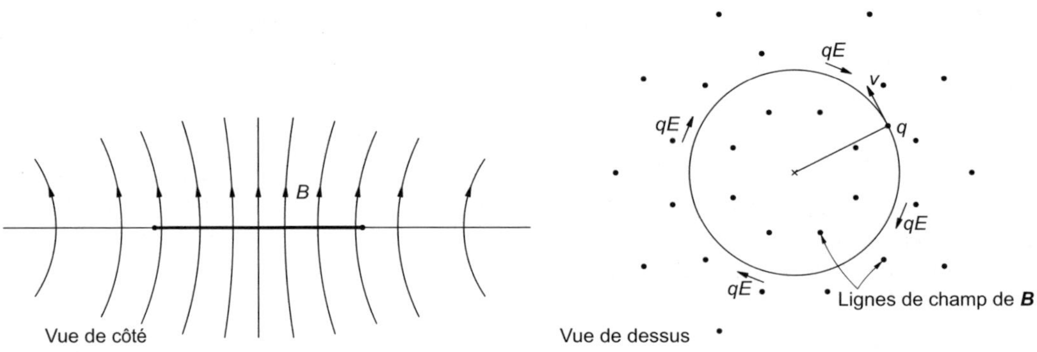


Figure 17.4 – Accélération d'un électron dans un champ magnétique ayant un axe de symétrie, et variable avec le temps.

champ électrique, en raison de la symétrie, aura la même valeur en tout point du cercle. Si le rayon de l'orbite électronique est $r$, l'intégrale curviligne de $\boldsymbol{E}$ le long de l'orbite est égale à la variation par unité de temps du flux magnétique à travers le cercle. L'intégrale curviligne de $\boldsymbol{E}$ est juste égale à son intensité multipliée par la circonférence du cercle, $2\pi r$. Le flux magnétique s'obtiendra en général par une intégration. Pour l'instant nous désignerons par $B_{\text{moyen}}$ le champ magnétique moyen à l'intérieur du cercle ; alors le flux est le produit de ce champ magnétique moyen par l'aire du cercle. Nous aurons

$$2\pi r E = \frac{d}{dt}\left(B_{\text{moy}} \cdot \pi r^2\right).$$

Comme nous supposons que $r$ est constant, $E$ est proportionnel à la dérivée par rapport au temps du champ moyen :

$$E = \frac{r}{2}\frac{dB_{\text{moy}}}{dt}. \tag{17.4}$$

L'électron subira la force électrique $q\boldsymbol{E}$ et sera accéléré par elle. En nous rappelant que l'équation du mouvement correcte du point de vue relativiste, dit que la dérivée de la quantité de mouvement est proportionnelle à la force, nous obtenons

$$qE = \frac{dp}{dt}. \tag{17.5}$$

Nous avons supposé que pour l'orbite circulaire, la force électrique agissant sur un électron était toujours dirigée dans le sens du mouvement, de sorte que sa quantité de mouvement totale augmente suivant l'Éq. (17.5). Combinant les Éq. (17.5) et (17.4), nous en déduisons la relation entre la variation de la quantité de mouvement et la variation du champ magnétique moyen :

$$\frac{dp}{dt} = \frac{qr}{2}\frac{dB_{\text{moy}}}{dt}. \tag{17.6}$$

Intégrant par rapport à $t$, nous obtenons pour la quantité de mouvement de l'électron

$$p = p_0 + \frac{qr}{2}\,\Delta B_{\text{moy}}, \tag{17.7}$$

où $p_0$ est la quantité de mouvement initiale des électrons et $\Delta B_{\text{moyen}}$ la variation consécutive de $B_{\text{moyen}}$. Le fonctionnement d'un *bêtatron* – machine à accélérer les électrons pour leur communiquer de hautes énergies – est fondée sur cette idée.

Pour voir en détail comment fonctionne le bêtatron, nous devons examiner comment les électrons peuvent être astreints à se déplacer sur un cercle. Nous avons discuté au chapitre 11 du Vol. I, du principe mis en jeu. Si nous nous arrangeons pour qu'il y ait un champ magnétique $\boldsymbol{B}$ en tout point de l'orbite électronique, il y aura une force transversale $q\boldsymbol{v} \times \boldsymbol{B}$, qui pour un $\boldsymbol{B}$ choisi convenablement, maintiendra le mouvement de l'électron sur son orbite supposée. Dans le bêtatron, cette force transversale oblige l'électron à se déplacer sur une orbite circulaire de rayon constant. Nous pouvons calculer la valeur à donner au champ magnétique sur l'orbite, en appliquant de nouveau l'équation relativiste du mouvement, mais cette fois-ci, pour la composante transversale de la force. Dans le bêtatron (voir Fig. 17.4), $\boldsymbol{B}$ est normal à $\boldsymbol{v}$, de sorte que la force transversale est $qvB$. Ainsi, la force est égale à la dérivée de la composante transversale de la quantité de mouvement $p_t$ :

$$qvB = \frac{dp_t}{dt}. \tag{17.8}$$

Quand une particule se déplace sur un *cercle*, la dérivée de sa quantité de mouvement transversale est égale au produit de la quantité de mouvement totale par $\omega$, la vitesse angulaire de rotation (d'après les raisonnements du chapitre 11, Vol. I) :

$$\frac{dp_t}{dt} = \omega p, \tag{17.9}$$

où, puisque le mouvement est circulaire,

$$\omega = \frac{v}{r}. \tag{17.10}$$

En posant que la force magnétique est égale à l'accélération transversale, nous obtenons

$$qvB_{\text{orbite}} = p\,\frac{v}{r}, \tag{17.11}$$

où $B_{\text{orbite}}$ est le champ à la distance $r$.

Pendant que le bêtatron fonctionne, la quantité de mouvement de l'électron croît en même temps que $B_{\text{moyen}}$ suivant l'Éq. (17.7) et si l'électron doit continuer à se déplacer sur son propre cercle, l'Éq. (17.11) doit toujours être vérifiée à mesure que la quantité de mouvement augmente. La valeur de $B_{\text{orbite}}$ doit croître proportionnellement à $p$. Comparant l'Éq. (17.11) à l'Éq. (17.7) qui détermine $p$, nous voyons que la relation suivante entre $B_{\text{moyen}}$ champ magnétique moyen à *l'intérieur* de l'orbite à la distance $r$, et le champ magnétique $B_{\text{orbite}}$ sur l'orbite, doit être vérifiée :

$$\Delta B_{\text{moy}} = 2\,\Delta B_{\text{orbite}}. \tag{17.12}$$

Le fonctionnement correct d'un bêtatron exige que le champ magnétique moyen à l'intérieur de l'orbite croisse deux fois plus vite que le champ magnétique sur l'orbite elle-même. Dans ce cas, tant que le champ électrique induit accroît l'énergie de la particule, le champ magnétique sur l'orbite croît juste à la vitesse nécessaire pour que la particule continue à se mouvoir sur un cercle.

Le bêtatron est utilisé pour accélérer des électrons jusqu'à des énergies de dizaines de millions de volts, ou même de centaines de millions de volts. Cependant, il devient mal commode pour accélérer les électrons à des énergies très supérieures à une centaine de millions de volts, pour différentes raisons. L'une d'entre elles est la difficulté pratique d'obtenir la valeur moyenne élevée nécessaire du champ magnétique à l'intérieur de l'orbite. Une autre, c'est que l'Éq. (17.6) n'est plus valable à de si hautes énergies, car elle ne tient pas compte du fait que la particule perd de l'énergie par rayonnement d'énergie électromagnétique (le rayonnement appelé synchrotron, discuté au chapitre 36, Vol. I). C'est pour ces raisons que l'accélération des électrons jusqu'aux plus hautes énergies – plusieurs milliards d'électron volts – est réalisée au moyen d'une machine différente appelée *synchrotron*.

## 17.4 Un paradoxe

Nous allons maintenant vous décrire un paradoxe apparent. Un paradoxe est une situation qui fournit une certaine réponse quand on l'analyse d'une certaine façon, et une autre réponse quand on l'analyse d'une autre façon, ce qui nous laisse dans l'embarras pour savoir ce qui doit se passer réellement. Évidemment, en physique il n'y a jamais de paradoxes réels, car il n'y a jamais qu'une seule réponse exacte ; tout au moins pensons-nous que la nature n'agit que d'une seule façon (de la *bonne*, naturellement). Donc, en physique, un paradoxe n'est qu'une confusion dans notre propre compréhension. Voici notre paradoxe.

Imaginons que nous construisons un appareil comme celui de la Fig. 17.5. Un disque circulaire mince en matière plastique est fixé par d'excellents roulements sur un arbre concentrique, de sorte qu'il peut tout à fait librement tourner autour de cet axe. Une bobine de fil ayant la forme d'un court solénoïde centré sur l'axe de rotation est placée sur le disque. Ce solénoïde est parcouru par un courant continu $I$ fourni par une petite pile

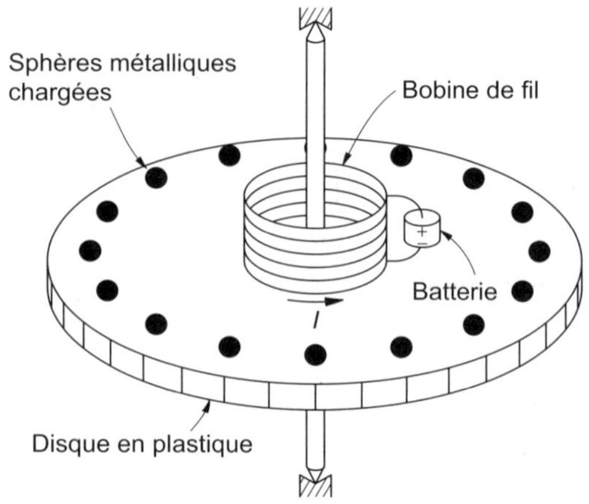


Figure 17.5 – Le disque va-t-il se mettre à tourner quand on supprime le courant $I$?

montée aussi sur le disque. Un certain nombre de petites sphères métalliques isolées les unes des autres et du solénoïde par la matière plastique du disque, sont disposées près du bord et sont uniformément espacées le long de la circonférence. Chacune de ces petites sphères conductrices porte la même charge électrostatique $Q$. L'état de cet ensemble est stationnaire et le disque est au repos. Supposons maintenant que par accident – ou grâce à un arrangement préalable – le courant dans le solénoïde soit interrompu, sans aucune intervention de l'extérieur. Tant que le courant passait, il y avait un flux magnétique à travers le solénoïde plus ou moins parallèle à l'axe du disque. Quand le courant est interrompu, ce flux doit s'annuler. Ceci produira par conséquent un champ électrique induit qui circulera le long de cercles centrés sur l'axe. Les sphères chargées sur le périmètre du disque subiront toutes un champ électrique tangent au périmètre du disque. Cette force électrique a le même sens pour toutes les charges et produira donc un couple résultant sur le disque. À partir de ce raisonnement nous devrions nous attendre à ce que le disque se mette en rotation dès que le courant dans le solénoïde disparaît. Si nous connaissions le moment d'inertie du disque, le courant dans le solénoïde, et les charges des petites sphères, nous pourrions calculer la vitesse angulaire résultante.

Mais on pourrait aussi raisonner d'une autre façon. Partant du principe de conservation du moment cinétique, nous pourrions dire que le moment cinétique du disque tout équipé est initialement nul, donc, le moment cinétique de l'ensemble doit rester nul. Il ne doit pas y avoir de rotation quand le courant est arrêté. Quel est le raisonnement correct ? Le disque tournera-t-il, oui ou non ? Nous vous laisserons réfléchir à cette question.

Nous devons vous avertir que la réponse exacte ne dépend d'aucun facteur secondaire, tel que la position asymétrique de la batterie par exemple. En fait, vous pouvez imaginer un cas idéal, par exemple : le solénoïde est fait d'un fil supra conducteur parcouru par un courant. Une fois que le disque a été soigneusement mis au repos, on laisse la température du solénoïde s'élever lentement. Quand la température du fil atteint la température de transition entre la supraconductivité et la conductivité normale, le courant dans le solénoïde s'annule à cause de la résistance du fil. Le flux, comme avant, s'annulera, ce qui engendrera un champ électrique autour de l'axe. Nous devons aussi vous prévenir que la solution n'est pas simple, et qué ce n'est pas non plus un truc. Quand vous l'aurez trouvée, vous aurez découvert un principe important de l'électromagnétique.

## 17.5 GÉNÉRATEUR DE COURANT ALTERNATIF

Dans la suite de ce chapitre nous appliquons les principes du paragraphe 17-1 à l'analyse d'un certain nombre de phénomènes exposés au chapitre 16. Voyons d'abord plus en détail le générateur de courant alternatif. Un tel générateur est formé essentiellement d'une bobine de fil en rotation dans un champ magnétique uniforme. On peut encore obtenir le même résultat avec une bobine fixe dans un champ magnétique dont la direction tourne comme il a été indiqué au chapitre précédent. Nous ne considérerons que le premier cas. Soit une bobine circulaire de fil qui peut tourner autour d'un axe disposé le long d'un de ses diamètres. Cette bobine est placée dans un champ magnétique uniforme normal à l'axe de rotation, comme sur la Fig. 17.6. Imaginons aussi que les deux extrémités de la bobine sont reliées à des bornes extérieures par des contacts glissants.

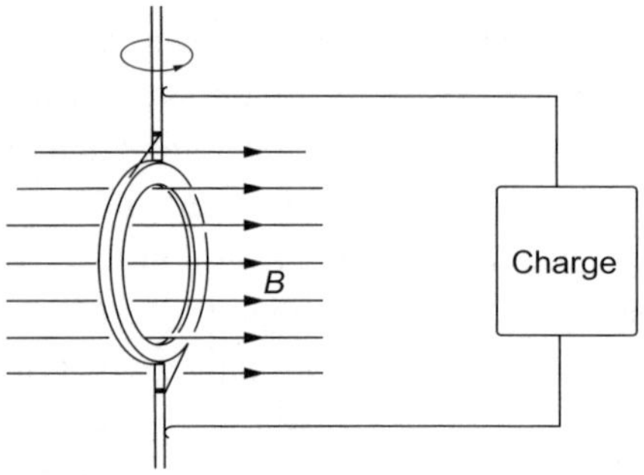


Figure 17.6 – Une bobine de fil en rotation dans un champ magnétique uniforme – le principe du générateur de courant alternatif.

Comme la bobine tourne, le flux magnétique qui la traverse varie. Le circuit de la bobine sera donc le siège d'une f.é.m. Soit $S$ l'aire de la bobine et $\theta$ l'angle du champ magnétique et de la normale au plan de la bobine[1]. Le flux à travers la bobine est alors

$$BS\cos\theta. \tag{17.13}$$

Si la bobine tourne avec la vitesse angulaire uniforme $\omega$, $\theta$ varie avec le temps suivant $\theta = \omega t$.

Dans chaque spire de la bobine il y aura une f.é.m. égale à la vitesse de variation de ce flux. Si la bobine a $N$ tours de fil, la f.é.m. totale sera $N$ fois plus grande, donc

$$\mathcal{E} = -N\frac{d}{dt}(BS\cos\omega t) = NBS\omega\sin\omega t. \tag{17.14}$$

Si nous amenons les fils reliés au générateur jusqu'à un point, à une certaine distance de la bobine en rotation, où le champ magnétique est nul, ou tout au moins ne varie pas avec le temps, le rotationnel de $\boldsymbol{E}$ dans cette région sera nul et nous pourrons définir un potentiel électrique. En fait, si le générateur ne débite aucun courant, la différence de potentiel $V$ entre les deux fils sera égale à la f.é.m. dans la bobine en rotation. C'est-à-dire

$$V = NBS\omega\sin\omega t = V_0\sin\omega t.$$

La différence de potentiel entre les fils varie comme sin $\omega t$. Une différence de potentiel qui varie ainsi est appelée une tension alternative.

Comme il y a un champ électrique entre.les fils, ils doivent être chargés électriquement. Il est clair que la f.é.m. du générateur a fait sortir certaines charges en excès sur le fil jusqu'à ce que le champ électrique qu'elles créent soit assez intense pour contrebalancer exactement la force d'induction. Vu de l'extérieur du générateur, les deux fils apparaissent comme s'ils avaient été chargés électrostatiquement sous la différence de potentiel $V$, et comme si l'on faisait varier la charge avec le temps pour produire une

1. Comme nous utilisons maintenant la lettre $A$ pour le potentiel-vecteur, nous préférons appeler $S$ l'aire d'une surface.

différence de potentiel alternative. Il y a aussi une autre différence par rapport à l'électrostatique. Si nous relions le générateur à un circuit extérieur qui permet le passage du courant, nous trouvons que la f.é.m. ne permet pas aux fils de se décharger, mais continue de leur fournir des charges tant que circule le courant, tendant à maintenir toujours les fils sous la même différence de potentiel. En fait, si le générateur est relié à un circuit dont la résistance totale est $R$, le courant dans le circuit sera proportionnel à la f.é.m. du générateur et inversement proportionnel à $R$. Comme la f.é.m. varie en fonction du temps suivant une loi sinusoïdale, il en est de même du courant. On a un courant alternatif

$$I = \frac{\mathcal{E}}{R} = \frac{V_0}{R} \sin \omega t.$$

On a représenté le schéma d'un tel circuit sur la Fig. 17.7.

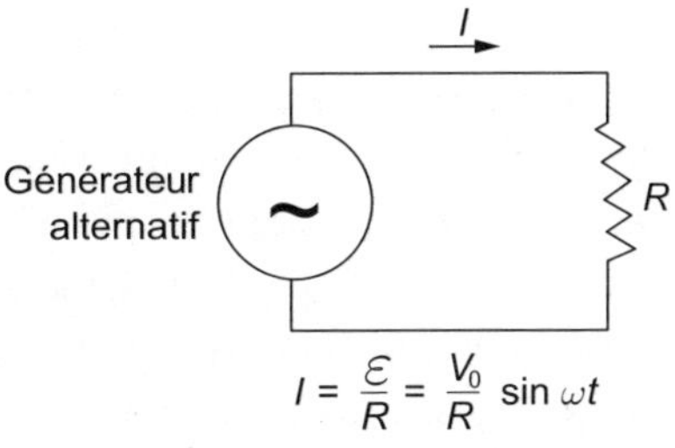


Figure 17.7 – Circuit composé d'un générateur alternatif et d'une résistance.

Nous pouvons voir aussi que la f.é.m. détermine l'énergie fournie par le générateur. Chaque charge du fil reçoit une puissance égale à $\boldsymbol{F} \cdot \boldsymbol{v}$, où $\boldsymbol{F}$ est la force agissant sur la charge, et $\boldsymbol{v}$ sa vitesse. Soit $n$ le nombre de charges mobiles par unité de longueur du fil ; la puissance fournie à chaque élément du fil $ds$ est

$$\boldsymbol{F} \cdot \boldsymbol{v} n\, ds.$$

Pour un fil, $v$ est toujours dirigé le long de $\boldsymbol{ds}$, ce qui permet de récrire la puissance sous la forme

$$nv\boldsymbol{F} \cdot \boldsymbol{ds}.$$

La puissance totale fournie à tout le circuit est l'intégrale de cette expression le long de la boucle fermée :

$$\text{Puissance} = \oint nv\boldsymbol{F} \cdot \boldsymbol{ds}. \tag{17.15}$$

Or, rappelez-vous que $qnv$ est l'intensité $I$ du courant, et que l'on a défini la f.é.m. comme l'intégrale de $F/q$ le long du circuit. Nous obtenons le résultat

$$\text{Puissance fournie par le générateur} = \mathcal{E}I. \tag{17.16}$$

Quand un courant circule dans la bobine du générateur, des forces mécaniques s'exercent aussi sur elle. En fait, nous savons que le couple agissant sur la bobine est proportionnel à son moment magnétique, à l'intensité du champ magnétique $\boldsymbol{B}$ et au sinus de leur angle.

Le moment magnétique est le produit du courant dans la bobine, par son aire. Par suite, le couple vaut

$$\tau = NISB\sin\theta. \tag{17.17}$$

La puissance mécanique qu'il faut fournir pour maintenir la bobine en rotation est le produit de la vitesse angulaire $\omega$ par le couple :

$$\frac{dW}{dt} = \omega\tau = \omega NISB\sin\theta. \tag{17.18}$$

Comparant cette équation avec l'Éq. (17.14) nous voyons que la puissance mécanique nécessaire pour faire tourner la bobine contre les forces magnétiques est juste égale à $\mathcal{E}I$, puissance électrique fournie par la f.é.m. du générateur. Toute l'énergie mécanique dépensée dans le générateur apparaît comme énergie électrique dans le circuit.

Comme autre exemple de courants et de forces créés par une f.é.m. induite, analysons ce qui se passe dans le dispositif décrit au paragraphe 12, et représenté sur la Fig. 17.1. Deux fils parallèles et une tige transversale pouvant glisser dessus, sont placés dans un champ magnétique uniforme normal au plan des fils parallèles. Admettons que le « fond » du U (la partie gauche sur la figure) soit fait en fils de grande résistance, tandis que les deux fils latéraux sont faits d'un bon conducteur comme le cuivre – nous n'avons pas alors, à nous préoccuper de la variation de la résistance du circuit quand la tige transversale se déplace. Comme précédemment, la f.é.m. du circuit est

$$\mathcal{E} = vBw. \tag{17.19}$$

L'intensité du courant dans le circuit est proportionnelle à cette f.é.m. et inversement proportionnelle à la résistance du circuit :

$$I = \frac{\mathcal{E}}{R} = \frac{vBw}{R}. \tag{17.20}$$

Ce courant va créer une force magnétique sur la tige transversale, qui est proportionnelle à sa longueur, à l'intensité du courant et au champ magnétique, telle que

$$F = BIw. \tag{17.21}$$

Tirant $I$ de l'Éq. (17.20), nous avons pour la force

$$F = \frac{B^2w^2}{R}v. \tag{17.22}$$

Nous voyons que la force est proportionnelle à la vitesse de la tige transversale. Le sens de la force, vous le voyez facilement, est opposé à celui de la vitesse. Une telle force, « proportionnelle à la vitesse », qui ressemble à une force de viscosité, se rencontre chaque fois que des courants induits sont créés par des conducteurs en mouvement dans un champ magnétique. Les exemples de courants de Foucault que nous avons cités dans le chapitre précédent, créaient aussi des forces agissant sur les conducteurs et proportionnelles à la vitesse du conducteur, bien que de tels cas conduisent en général à des distributions de courant compliquées et difficiles à analyser.

Il est souvent commode, quand on réalise des systèmes mécaniques, d'avoir des forces d'amortissement proportionnelles à la vitesse. Les forces dues aux courants de Foucault fournissent l'un des moyens les plus pratiques pour obtenir une telle force fonction de la vitesse. Un exemple d'application d'une telle force est réalisé dans le classique wattmètre domestique. Dans le wattmètre un disque d'aluminium fin tourne entre les pôles d'un aimant permanent. Le disque est entraîné par un petit moteur électrique dont le couple est proportionnel à la puissance consommée par l'installation électrique de la maison. Les forces dues aux courants de Foucault dans le disque créent une force résistante proportionnelle à la vitesse. À l'équilibre, la vitesse est par conséquent proportionnelle à la puissance électrique consommée. Au moyen d'un compteur fixé sur le disque, on enregistre le nombre de tours du disque. Le relevé indique l'énergie totale consommée, c'est-à-dire le nombre de wattheures utilisés.

Remarquons aussi que, d'après l'Éq. (17.22), la force due à des courants induits – c'est-à-dire la force due à tout courant de Foucault – est inversement proportionnelle à la résistance. La force sera d'autant plus grande que la conductivité du matériau sera meilleure. La raison en est évidemment qu'une f.é.m. crée un courant plus intense si la résistance est plus faible, et des courants plus intenses représentent des forces mécaniques plus grandes.

Nous voyons aussi sur nos formules comment l'énergie mécanique est transformée en énergie électrique. Comme plus haut, l'énergie électrique fournie à la résistance du circuit est le produit $\mathcal{E}I$. La puissance développée en déplaçant la tige conductrice est le produit de la force agissant sur la tige par sa vitesse. D'après l'Éq. (17.21) pour la force, la puissance mécanique est

$$\frac{dW}{dt} = \frac{v^2B^2w^2}{R}.$$

Nous voyons qu'elle est bien égale au produit $\mathcal{E}I$ tiré des Éq. (17.19) et (17.20). Ici encore, le travail mécanique apparaît sous formé d'énergie électrique.

## 17.6 Inductance mutuelle

Nous allons maintenant étudier un cas où il y a des bobines fixes mais des champs magnétiques variables. Quand nous avons décrit la production de champs magnétiques par des courants, nous n'avons considéré que le cas de courants continus. Mais tant que les courants varient lentement, le champ magnétique sera, à chaque instant, très voisin du champ magnétique d'un courant continu. Nous admettrons, dans ce paragraphe, que les courants varient toujours assez lentement pour qu'il en soit bien ainsi.

Sur la Fig. 17.8, on a représenté deux bobines disposées de telle sorte qu'elles montrent le principe de fonctionnement d'un transformateur. La bobine 1 est faite d'un fil conducteur enroulé suivant un long solénoïde. Autour de cette bobine – et isolée de

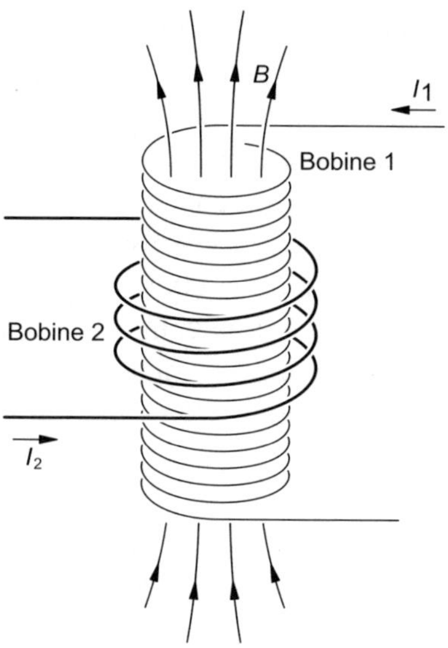


Figure 17.8 – Un courant dans la bobine 1 crée un champ magnétique à travers la bobine 2.

cette bobine – est enroulée la bobine 2, faite d'un petit nombre de tours de fil. Si l'on fait passer un courant dans la bobine 1, nous savons qu'un champ magnétique va être créé à l'intérieur de cette bobine. Ce champ traverse aussi la bobine 2. Quand on fait varier le courant dans la bobine 1, le flux magnétique varie aussi et une f.é.m. est induite dans la bobine 2. Calculons cette f.é.m. induite.

Nous avons vu au paragraphe 13-5 que le champ magnétique à l'intérieur d'un long solénoïde est uniforme et que son intensité est

$$B = \frac{1}{\epsilon_0 c^2} \frac{N_1 I_1}{l}, \tag{17.23}$$

où $N_1$ est le nombre de spires dans la bobine 1, $I_1$ le courant qui y circule, et $l$ sa longueur. Soit $S$ l'aire de la section droite de la bobine, alors le flux de $\boldsymbol{B}$ est le produit de son intensité par $S$. Si la bobine 2 possède $N_2$ spires, ce flux traverse la bobine $N_2$ fois. Par suite la f.é.m. dans la bobine 2 est

$$\mathcal{E}_2 = -N_2 S \frac{dB}{dt}. \tag{17.24}$$

La seule grandeur qui varie avec le temps dans l'Éq. (17.23) est $I_1$. La f.é.m. est donc donnée par

$$\mathcal{E}_2 = -\frac{N_1 N_2 S}{\epsilon_0 c^2 l} \frac{dI_1}{dt}. \tag{17.25}$$

Nous voyons que la f.é.m. dans la bobine 2 est proportionnelle à la dérivée, par rapport au temps, de l'intensité du courant dans la bobine 1. Le coefficient de proportionnalité, qui est essentiellement un facteur géométrique des deux bobines, est appelé *inductance mutuelle*, et est désigné en général par $\mathfrak{M}_{21}$. L'Éq. (17.25) s'écrit alors

$$\mathcal{E}_2 = \mathfrak{M}_{21} \frac{dI_1}{dt}. \tag{17.26}$$

Imaginons maintenant que nous fassions passer un courant dans la bobine 2 : que deviendra la f.é.m. dans la bobine 1 ? Il faudrait calculer le champ magnétique, qui est partout proportionnel au courant $I_2$. Le flux à travers la bobine 1 dépendrait de la géométrie, mais serait proportionnel au courant $I_2$. La f.é.m. dans la bobine 1 serait, par suite, encore proportionnelle à $dI_2/dt$ : nous pouvons écrire

$$\mathcal{E}_1 = \mathfrak{M}_{12} \frac{dI_2}{dt}. \tag{17.27}$$

Le calcul de $\mathfrak{M}_{12}$ serait plus difficile que le calcul effectué pour $\mathfrak{M}_{21}$. Nous ne l'aborderons pas maintenant car nous verrons un peu plus loin dans ce chapitre que $\mathfrak{M}_{12}$ est nécessairement égal à $\mathfrak{M}_{21}$.

Puisque pour *toute* bobine, le champ qu'elle crée est proportionnel au courant qui la parcourt, on obtiendrait le même genre de résultat pour n'importe quelle paire de bobines de fil. Les équations (17.26) et (17.27) auraient la même forme ; seules les constantes $\mathfrak{M}_{21}$ et $\mathfrak{M}_{12}$ seraient différentes. Leurs valeurs dépendraient des formes et des positions relatives des bobines.

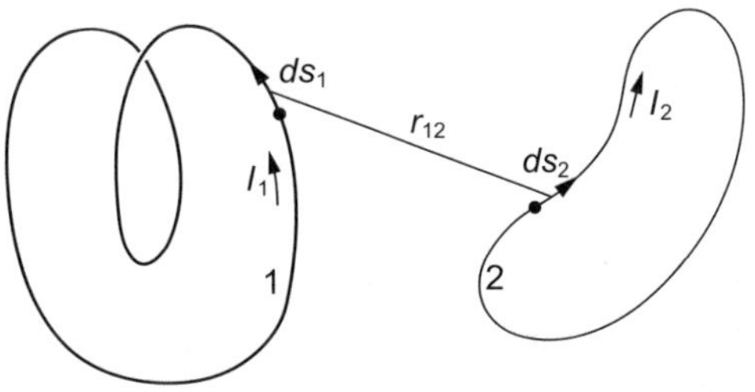


Figure 17.9 – Deux bobines quelconques possèdent une inductance mutuelle $\mathfrak{M}$ proportionnelle à l'intégrale de $\boldsymbol{ds}_1 \cdot \boldsymbol{ds}_2/r_{12}$.

Supposons que nous voulions calculer l'inductance mutuelle de deux bobines quelconques – comme celles de la Fig. 17.9. Nous savons que l'expression générale de la f.é.m. dans la bobine 1 peut s'écrire

$$\mathcal{E}_1 = -\frac{d}{dt} \int_{(1)} \boldsymbol{B} \cdot \boldsymbol{n}\, da,$$

où $\boldsymbol{B}$ est le champ magnétique et où l'intégrale doit être prise sur une surface s'appuyant sur le circuit 1. Nous avons vu au paragraphe 14-1 qu'une telle intégrale de surface de $\boldsymbol{B}$ peut être reliée à une intégrale curviligne du potentiel-vecteur. En particulier,

$$\int_{(1)} \boldsymbol{B} \cdot \boldsymbol{n}\, da = \oint_{(1)} \boldsymbol{A} \cdot \boldsymbol{ds}_1,$$

où $\boldsymbol{A}$ représente le potentiel-vecteur et $\boldsymbol{ds}_1$ est un élément du circuit 1. L'intégrale curviligne doit être calculée le long du circuit 1. La f.é.m. dans la bobine 1 peut alors s'écrire

$$\mathcal{E}_1 = -\frac{d}{dt} \oint_{(1)} \boldsymbol{A} \cdot \boldsymbol{ds}_1. \tag{17.28}$$

Admettons alors que le potentiel-vecteur sur le circuit 1 soit dû aux courants du circuit 2. On peut alors l'écrire sous la forme d'une intégrale curviligne le long du circuit 2 :

$$\boldsymbol{A} = \frac{1}{4\pi\epsilon_0 c^2} \oint_{(2)} \frac{I_2\, d\boldsymbol{s}_2}{r_{12}}, \tag{17.29}$$

où $I_2$ est le courant dans le circuit 2 et $r_{12}$ est la distance de l'élément du circuit $d\boldsymbol{s}_2$ au point du circuit où l'on calcule le potentiel-vecteur. (Voir Fig. 17.9.) En combinant les Éq. (17.28) et (17.29), nous pouvons exprimer la f.é.m. dans le circuit 1 par une intégrale curviligne double :

$$\mathcal{E}_1 = -\frac{1}{4\pi\epsilon_0 c^2} \frac{d}{dt} \oint_{(1)} \oint_{(2)} \frac{I_2\, d\boldsymbol{s}_2}{r_{12}} \cdot d\boldsymbol{s}_1.$$

Dans cette équation les intégrales sont toutes calculées sur des circuits immobiles. La seule grandeur variable est le courant $I_2$ qui ne dépend pas des variables d'intégration. On peut donc la faire sortir des intégrales. Et la f.é.m. s'écrit

$$\mathcal{E}_1 = \mathfrak{M}_{12} \frac{dI_2}{dt},$$

où le coefficient $\mathfrak{M}_{12}$ est

$$\mathfrak{M}_{12} = -\frac{1}{4\pi\epsilon_0 c^2} \oint_{(1)} \oint_{(2)} \frac{d\boldsymbol{s}_2 \cdot d\boldsymbol{s}_1}{r_{12}}. \tag{17.30}$$

Nous voyons sur cette intégrale que $\mathfrak{M}_{12}$ dépend seulement de la géométrie du circuit. Il dépend d'une sorte de séparation moyenne des deux circuits, la moyenne étant pondérée le plus lourdement quand deux segments pris sur les deux bobines sont parallèles. Cette équation peut être appliquée au calcul de l'inductance mutuelle de deux circuits de forme quelconque. Elle montre aussi que l'intégrale relative à $\mathfrak{M}_{12}$ est identique à l'intégrale relative à $\mathfrak{M}_{21}$. Nous venons donc de montrer que ces deux coefficients sont identiques. Pour les systèmes formés de deux bobines seulement, on représente souvent les coefficients $\mathfrak{M}_{12}$ et $\mathfrak{M}_{21}$ par le symbole $\mathfrak{M}$ sans indices, qu'on appelle sitllplement *l'inductance mutuelle* :

$$\mathfrak{M}_{12} = \mathfrak{M}_{21} = \mathfrak{M}.$$

## 17.7 Auto-inductance

Dans notre étude des forces électromotrices induites dans les deux bobines des Fig. 17.8 et 17.9, nous n'avons considéré que le cas où le courant parcourait une seule des deux bobines. S'il y a des courants dans les deux bobines simultanément, le flux magnétique à travers l'une ou l'autre des bobines sera la somme des deux flux qui existeraient séparément, car le principe de superposition s'applique aux champs magnétiques. La f.é.m. dans l'une ou l'autre des bobines sera, par suite, proportionnelle, non seulement à la variation du courant dans l'autre bobine, mais aussi à la variation du courant dans la bobine elle-même. Ainsi, la f.é.m. totale dans la bobine 2 s'écrira[2]

$$\mathcal{E}_2 = \mathfrak{M}_{21}\frac{dI_1}{dt} + \mathfrak{M}_{22}\frac{dI_2}{dt}. \tag{17.31}$$

De même la f.é.m. dans la bobine 1 dépendra non seulement des variations du courant dans la bobine 2, mais aussi des variations de son propre courant :

$$\mathcal{E}_1 = \mathfrak{M}_{12}\frac{dI_2}{dt} + \mathfrak{M}_{11}\frac{dI_1}{dt}. \tag{17.32}$$

Les coefficients $\mathfrak{M}_{22}$ et $\mathfrak{M}_{11}$ sont toujours des nombres négatifs. On a l'habitude d'écrire

$$\mathfrak{M}_{11} = -\mathcal{L}_1, \qquad \mathfrak{M}_{22} = -\mathcal{L}_2, \tag{17.33}$$

où $\mathcal{L}_1$ et $\mathcal{L}_2$ sont appelés les *auto-inductances* des deux bobines.

La f.é.m. d'auto-induction existera, évidemment, même si nous n'avons qu'une seule bobine. Toute bobine prise isolément aura une auto-inductance $\mathcal{L}$. La f.é.m. sera proportionnelle à la dérivée du courant qui y circule. Pour une bobine seule, on adopte d'ordinaire, la convention selon laquelle la f.é.m. et le courant sont comptés positivement s'ils ont même sens. Avec cette convention, nous pouvons écrire pour la f.é.m. d'une seule bobine

$$\mathcal{E} = -\mathcal{L}\frac{dI}{dt}. \tag{17.34}$$

Le signe moins indique que la f.é.m. s'oppose à la variation du courant – on l'appelle souvent une « f.é.m. de réaction ».

Puisque toute bobine possède une auto-inductance, qui s'oppose à la variation du courant, le courant dans la bobine a une sorte d'inertie. En fait, si nous voulons faire varier le courant dans une bobine nous devons surmonter cette inertie en reliant la bobine à une source de tension extérieure, telle qu'une batterie ou un générateur, comme sur le schéma de la Fig. 17.10(a). Dans un tel circuit, le courant $I$ dépend de la tension $\mathcal{V}$ par la relation

$$\mathcal{V} = \mathcal{L}\frac{dI}{dt}. \tag{17.35}$$

Cette équation a la même forme que la loi de Newton pour le mouvement à une dimension d'une particule. Nous pouvons donc l'étudier d'après le principe que « les mêmes équations admettent les mêmes solutions ». Ainsi, si nous faisons correspondre la tension extérieure appliquée $\mathcal{V}$ à la force extérieure appliquée $F$, et le courant $I$ dans la bobine, à la vitesse $v$ de la particule, l'inductance $\mathcal{L}$ la bobine correspond à la masse $m$

2. Le signe de $\mathfrak{M}_{12}$ et $\mathfrak{M}_{21}$ dans les Éq. (17.31) et (17.32) dépend des choix arbitraires pour les sens positifs du courant dans les deux bobines.

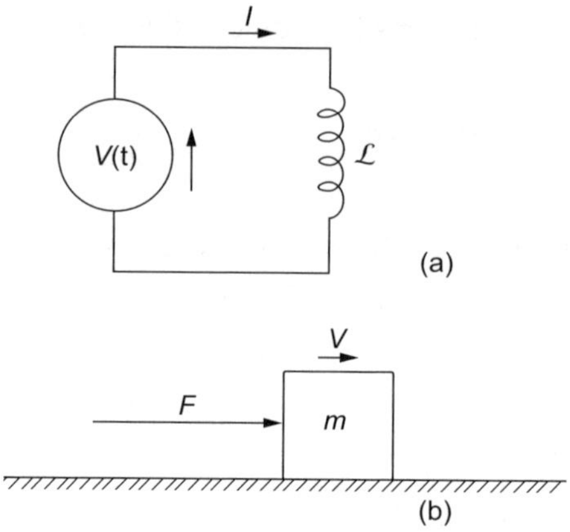


Figure 17.10 – (a) Circuit comprenant une source de tension et une inductance. (b) Système mécanique analogue.

de la particule[3]. Voir Fig. 17.10(b). Nous pouvons dresser le tableau de correspondance suivant.

| **Particule** | **Bobine** |
|---|---|
| $F$ (force) | $\mathcal{V}$ (différence de potentiel) |
| $v$ (vitesse) | $I$ (intensité du courant) |
| $x$ (déplacement) | $q$ (charge) |
| $F = m\dfrac{dv}{dt}$ | $\mathcal{V} = \mathcal{L}\dfrac{dI}{dt}$ |
| $mv$ (quantité de mouvement) | $\mathcal{L}I$ |
| $\frac{1}{2}mv^2$ (énergie cinétique) | $\frac{1}{2}\mathcal{L}I^2$ (énergie magnétique) |

# 17.8 Inductance et énergie magnétique

Poursuivant l'analogie du paragraphe précédent, on s'attendrait à ce qu'il corresponde à la quantité de mouvement $p = mv$, dont la dérivée est la force appliquée, une grandeur analogue égale à $\mathcal{L}I$, dont la dérivée serait $\mathcal{V}$. Nous n'avons pas le droit évidemment, de dire que $\mathcal{L}I$ est la quantité de mouvement réelle du circuit ; en fait, elle ne l'est pas. Le circuit tout entier doit être immobile, et ne pas avoir de quantité de mouvement. Tout simplement, $\mathcal{L}I$ est analogue à la quantité de mouvement $mv$, en ce sens qu'il satisfait des équations correspondantes. De la même façon, à l'énergie cinétique $\frac{1}{2}mv^2$ correspond une grandeur analogue $\frac{1}{2}\mathcal{L}I^2$. Mais là, nous avons une surprise. Ce terme $\frac{1}{2}\mathcal{L}I^2$ est réellement l'énergie, aussi dans le cas électrique. Ceci, parce que la puissance fournie à l'inductance est $\mathcal{V}I$, et dans le système mécanique, c'est $Fv$, la grandeur correspondante. Par conséquent, dans le cas de l'énergie, les grandeurs ne se correspondent pas seulement du point de vue mathématique, mais elles ont aussi le même sens physique.

3. Ceci *n'est pas*, entre parenthèses, *la seule* façon d'établir une correspondance entre les grandeurs mécaniques et électriques.

Nous pouvons le voir plus en détail de la façon suivante. Comme nous l'avons trouvé dans l'Éq. (17.16), la puissance électrique fournie par les forces induites est le produit de la force électromotrice par l'intensité du courant :

$$\frac{dW}{dt} = \mathcal{E}I.$$

Remplaçons $\mathcal{E}$ par son expression en fonction du courant, tirée de l'Éq. (17.34), nous obtenons

$$\frac{dW}{dt} = -\mathcal{L}I\,\frac{dI}{dt}. \tag{17.36}$$

Intégrons cette équation, nous trouvons que l'énergie nécessaire à une source extérieure pour surmonter la f.é.m. dans l'auto-inductance, pendant que s'établit le courant[4] (énergie qui doit être égale à l'énergie emmagasinée, $U$) est

$$-W = U = \frac{1}{2}\mathcal{L}I^2. \tag{17.37}$$

Par suite l'énergie emmagasinée dans une inductance est $\frac{1}{2}\mathcal{L}I^2$.

En appliquant les mêmes raisonnements à une paire de bobines telles que celles de la Fig. 17.8 ou 17.9, nous pouvons montrer que l'énergie électrique totale du système est donnée par

$$U = \frac{1}{2}\mathcal{L}_1I_1^2 + \frac{1}{2}\mathcal{L}_2I_2^2 + \mathfrak{M}I_1I_2. \tag{17.38}$$

En effet, partant de $I = 0$, dans les deux bobines, nous pourrions d'abord établir le courant $I_1$ dans la bobine 1, en laissant $I_2 = 0$. Le travail fourni est juste $\frac{1}{2}\mathcal{L}_1I_1^2$. Mais ensuite en établissant le courant $I_2$, nous ne fournissons pas seulement $\frac{1}{2}\mathcal{L}_2I_2^2$ contre la f.é.m. dans le circuit 2, mais aussi un terme supplémentaire $\mathfrak{M}I_1I_2$ qui est l'intégrale de la f.é.m. $[\mathfrak{M}(dI_2/dt)]$ dans le circuit 1 multipliée par le courant $I_1$, maintenant *constant*, parcourant ce circuit.

Si maintenant nous voulons déterminer la force entre deux bobines quelconques parcourues par les courants $I_1$ et $I_2$, nous pourrions, *a priori*, penser appliquer le principe des travaux virtuels, en prenant la variation de l'énergie de l'Éq. (17.38). Nous devons nous rappeler, évidemment, qu'en changeant les positions relatives des deux' bobines, la seule grandeur qui varie est l'inductance mutuelle $\mathfrak{M}$. Nous pourrions alors écrire l'équation des travaux virtuels sous la forme

$$-F\,\Delta x = \Delta U = I_1I_2\,\Delta\mathfrak{M} \quad \text{(faux)}.$$

Mais cette équation est fausse, car, nous l'avons vu précédemment, elle ne tient compte que de la variation d'énergie des deux bobines, et non pas de la variation d'énergie des deux sources qui maintiennent les courants constants et égaux à $I_1$ et $I_2$. Nous pouvons

4. Nous négligeons toute perte d'énergie sous forme de chaleur, due au passage du courant dans la résistance de la bobine. De telles pertes nécessitent une énergie supplémentaire fournie par la source, mais ne modifient pas l'énergie qui passe dans l'inductance.

maintenant comprendre que ces sources doivent fournir de l'énergie contre les f.é.m. induites dans les bobines, au cours de leurs déplacements. Si nous voulons appliquer correctement le principe des travaux virtuels, nous devons aussi tenir compte de ces énergies. Comme nous l'avons vu cependant, nous pouvons abréger et appliquer le principe des travaux virtuels en nous souvenant que l'énergie totale est l'opposé de ce que nous avons appelé, $U_{\text{mec}}$, « l'énergie mécanique ». Nous pouvons alors écrire pour la force

$$-F\,\Delta x = \Delta U_{\text{mec}} = -\Delta U. \tag{17.39}$$

La force entre les deux bobines est alors

$$F\,\Delta x = I_1 I_2\,\Delta\mathfrak{M}.$$

L'équation (17.38) de l'énergie d'un système de deux bobines peut servir à démontrer une inégalité intéressante qui existe entre l'inductance mutuelle $\mathfrak{M}$ et les auto-inductances $\mathcal{L}_1$ et $\mathcal{L}_2$ des deux bobines. Il est clair que l'énergie de deux bobines doit être positive. Si nous partons de courants nuls dans les bobines, et faisons croître ces courants jusqu'à certaines valeurs, nous avons accru l'énergie du système. Sinon, les courants, spontanément, augmenteraient en cédant de l'énergie au reste de l'univers – ce qui est bien improbable ! Or, notre équation de l'énergie, Éq. (17.38), peut tout aussi bien s'écrire sous la forme :

$$U = \frac{1}{2}\mathcal{L}_1\left(I_1 + \frac{\mathfrak{M}}{\mathcal{L}_1}I_2\right)^2 + \frac{1}{2}\left(\mathcal{L}_2 - \frac{\mathfrak{M}^2}{\mathcal{L}_1}\right)I_2^2. \tag{17.40}$$

Ceci n'est qu'une transformation algébrique. Cette expression doit toujours être positive quelles que soient les valeurs de $I_1$ et $I_2$. En particulier, elle doit être positive, si $I_2$ prend la valeur particulière

$$I_2 = -\frac{\mathcal{L}_1}{\mathfrak{M}}I_1. \tag{17.41}$$

Mais avec cette valeur pour l'intensité $I_2$, le premier terme de l'Éq. (17.40) est nul. Si l'énergie doit être positive, le dernier terme de (17.40) doit être plus grand que zéro. Nous avons la condition

$$\mathcal{L}_1\mathcal{L}_2 > \mathfrak{M}^2.$$

Nous venons de démontrer ce résultat général que l'inductance mutuelle de deux bobines quelconques est nécessairement inférieure ou égale à la moyenne géométrique des deux auto-inductances. ($\mathfrak{M}$ elle-même peut être positive ou négative, ce qui dépend des conventions de signe pour les courants $I_1$ et $I_2$.)

$$|\mathfrak{M}| < \sqrt{\mathcal{L}_1\mathcal{L}_2}. \tag{17.42}$$

La relation entre $\mathfrak{M}$ et les auto-inductances est en général écrite

$$\mathfrak{M} = k\sqrt{\mathcal{L}_1\mathcal{L}_2}. \tag{17.43}$$

La constante $k$ est appelée le coefficient de couplage. Si presque tout le flux de l'une des bobines traverse la seconde bobine, le coefficient de couplage est voisin de un ; nous disons que le « couplage est rigide ». Si les bobines sont éloignées ou disposées de telle sorte qu'un très faible flux mutuel les traverse, le coefficient de couplage est voisin de zéro et l'inductance mutuelle est très petite.

Pour calculer l'inductance mutuelle de deux bobines, nous avons établi, Éq. (17.30), une formule qui est une intégrale curviligne double le long des deux circuits. Nous pourrions penser que la même formule pourrait s'appliquer au calcul de l'auto-inductance d'une bobine unique, en effectuant les deux intégrales curvilignes le long de la même bobine. Mais ça ne marche pas ainsi, car en intégrant le long des deux bobines, le dénominateur $r_{12}$ de l'intégrant va devenir nul quand les deux éléments viennent se confondre au même point. L'auto-inductance calculée ainsi est infinie. La raison en est que cette formule est une approximation valable seulement si les sections des fils des deux circuits sont petites devant la distance d'un circuit à l'autre. Il est clair que cette approximation ne s'applique plus à une seule bobine. Et en fait, il est vrai que l'inductance d'une bobine unique tend logarithmiquement vers l'infini quand le diamètre de son fil devient de plus en plus petit.

Nous devons donc trouver un autre moyen de calculer l'auto-inductance d'une bobine unique. Il est nécessaire de tenir compte de la distribution des courants à l'intérieur du fil, car la taille du fil est un paramètre important. Par conséquent, nous ne cherchons plus l'inductance d'un « circuit », mais l'inductance d'une *distribution* de conducteurs. La façon la plus simple de trouver cette inductance est sans doute de partir de l'énergie magnétique. Nous avons établi, au paragraphe 15-3, une expression de l'énergie magnétique d'une distribution de courants stationnaires :

$$U = \frac{1}{2}\int \boldsymbol{j}\cdot\boldsymbol{A}\,dV. \tag{17.44}$$

Si nous connaissons la distribution de la densité de courant $\boldsymbol{j}$ nous pouvons calculer le potentiel-vecteur $\boldsymbol{A}$, puis évaluer l'intégrale de l'Éq. (17.44) pour avoir l'énergie. Cette énergie est égale à l'énergie magnétique de l'auto-inductance, $\frac{1}{2}\mathcal{L}I^2$. En égalant les deux, nous obtenons une formule pour l'inductance :

$$\mathcal{L} = \frac{1}{I^2}\int \boldsymbol{j}\cdot\boldsymbol{A}\,dV. \tag{17.45}$$

Nous nous attendons évidemment à ce que l'inductance soit un nombre qui dépend seulement de la géométrie du circuit et non du courant $I$ dans le circuit. La formule de l'Éq. (17.45) conduira effectivement à ce résultat, car l'intégrale de cette équation est proportionnelle au carré de l'intensité – l'intensité figure une fois dans $\boldsymbol{j}$ et encore une fois dans le potentiel-vecteur $\boldsymbol{A}$. L'intégrale divisée par $I^2$ dépendra de la géométrie du circuit, mais non de l'intensité du courant $I$.

L'Éq. (17.44) pour l'énergie d'une distribution de courant peut être écrite sous une forme tout à fait différente, qui est parfois plus pratique pour les calculs. De plus, comme nous le verrons, c'est une forme importante parce qu'elle est plus générale. Dans l'équation de l'énergie, Éq. (17.44), $\boldsymbol{A}$ et $\boldsymbol{j}$ peuvent tous deux être reliés à $\boldsymbol{B}$, de sorte que nous pouvons espérer exprimer l'énergie en fonction du champ magnétique – tout comme nous avons pu relier l'énergie électrostatique au champ électrique. Commençons par remplacer $\boldsymbol{j}$ par $\epsilon_0 c^2 \boldsymbol{\nabla} \times \boldsymbol{B}$. Nous ne pouvons pas remplacer $\boldsymbol{A}$ aussi facilement puisque $\boldsymbol{B} = \boldsymbol{\nabla} \times \boldsymbol{A}$ ne peut être inversé pour avoir $\boldsymbol{A}$ en fonction de $\boldsymbol{B}$. Néanmoins nous pouvons écrire

$$U = \frac{\epsilon_0 c^2}{2} \int (\boldsymbol{\nabla} \times \boldsymbol{B}) \cdot \boldsymbol{A}\, dV. \tag{17.46}$$

Ce qui est intéressant, c'est que – en faisant quelques restrictions – cette intégrale s'écrit aussi

$$U = \frac{\epsilon_0 c^2}{2} \int \boldsymbol{B} \cdot (\boldsymbol{\nabla} \times \boldsymbol{A})\, dV. \tag{17.47}$$

Pour le voir, nous explicitons en détail un terme caractéristique. Par exemple, le terme $(\boldsymbol{\nabla} \times \boldsymbol{B})_z A_z$ qui figure dans l'intégrale de l'Éq. (17.46). En écrivant les composantes, nous avons

$$\int \left( \frac{\partial B_y}{\partial x} - \frac{\partial B_x}{\partial y} \right) A_z \, dx\, dy\, dz.$$

(Il y a évidemment encore deux intégrales du même type.) Nous intégrons alors le premier terme par rapport à $x$ – intégration par parties. C est-à-dire que

$$\int \frac{\partial B_y}{\partial x} A_z \, dx = B_y A_z - \int B_y \frac{\partial A_z}{\partial x}\, dx.$$

Admettons que notre système – les sources et les champs – soit fini, de sorte qu'à de grandes distances tous les champs tendent vers zéro. Alors, si les intégrales sont étendues à tout l'espace, la valeur prise par le terme $B_y A_Z$ aux extrémités de l'intervalle sera nulle. Il ne nous reste plus que des termes tels que $B_y(\partial A_z/\partial x)$ lesquels sont évidemment une partie de $B_y/(\boldsymbol{\nabla} \times \boldsymbol{A})_y$, donc de $\boldsymbol{B} \cdot (\boldsymbol{\nabla} \times \boldsymbol{A})$. Si vous explicitez les cinq autres termes, vous verrez que l'Éq. (17.47) est bien équivalente à l'Éq. (17.46).

Mais alors nous pouvons remplacer $(\boldsymbol{\nabla} \times \boldsymbol{A})$ par $\boldsymbol{B}$, et obtenir

$$U = \frac{\epsilon_0 c^2}{2} \int \boldsymbol{B} \cdot \boldsymbol{B}\, dV. \tag{17.48}$$

Nous avons exprimé l'énergie dans un problème de magnétostatique en fonction seulement du champ magnétique. L'expression correspond étroitement à la formule obtenue pour l'énergie électrostatique :

$$U = \frac{\epsilon_0}{2} \int \boldsymbol{E} \cdot \boldsymbol{E}\, dV. \tag{17.49}$$

Une des raisons pour insister sur ces deux formules de l'énergie est que bien souvent, elles sont plus pratiques à appliquer. Il arrive une chose encore plus importante : les deux expressions (17.48) et (17.49) demeurent vraies pour des champs dynamiques (quand $\boldsymbol{E}$

et $\boldsymbol{B}$ varient avec le temps), alors que les autres formules que nous avons données pour les énergies électriques ou magnétiques ne sont plus valables – elles ne s'appliquent qu'à des champs statiques.

Si nous connaissons le champ magnétique $\boldsymbol{B}$ créé par une bobine unique, nous pouvons calculer l'auto-inductance en égalant l'expression de l'énergie (17.48) à $\frac{1}{2}\mathcal{L}I^2$. Voyons comment on procède en cherchant l'auto-inductance d'un long solénoïde. Nous avons déjà vu que le champ magnétique à l'intérieur d'un solénoïde était uniforme et que $\boldsymbol{B}$ à l'extérieur est nul. L'intensité du champ à l'intérieur est $B = nI/\epsilon_0 c^2$, où $n$ est le nombre de spires de l'enroulement par unité de longueur, et $I$ l'intensité du courant. Si le rayon de la bobine est $r$ et sa longueur $L$ (nous prenons $L$ très grand de façon à pouvoir négliger les effets de bout, c'est-à-dire $L \gg r$), le volume intérieur est $\pi r^2 L$. L'énergie magnétique est donc

$$U = \frac{\epsilon_0 c^2}{2} B^2 \cdot (\text{Vol}) = \frac{n^2 I^2}{2\epsilon_0 c^2} \pi r^2 L,$$

ce qui est égal à $\frac{1}{2}\mathcal{L}I^2$. Soit,

$$\mathcal{L} = \frac{\pi r^2 n^2}{\epsilon_0 c^2} L. \tag{17.50}$$

# LES ÉQUATIONS DE MAXWELL

# 18

## 18.1 ÉQUATIONS DE MAXWELL

Dans ce chapitre nous revenons à l'ensemble complet des quatre équations de Maxwell que nous avons pris comme point de départ au chapitre 1. Jusqu'à maintenant, nous avons étudié les équations de Maxwell pièce à pièce ; il est temps d'ajouter un dernier morceau et de tout réunir. Nous aurons alors l'histoire complète et correcte pour des champs électromagnétiques qui peuvent varier avec le temps, de n'importe quelle façon. Tout ce qui est dit dans ce chapitre, en contradiction avec quelque chose qui a été dit plus tôt, est vrai et ce qui a été dit plus tôt est alors faux – parce que ce qui a été dit plus tôt s'appliquait à des situations spéciales telle celle, par exemple, des courants constants ou des charges fixes. Bien que nous ayons pris beaucoup de précautions pour souligner les restrictions toutes les fois que nous écrivions une équation, il est facile d'oublier toutes les spécifications et d'apprendre trop bien les équations fausses. Nous sommes prêts maintenant à dire toute la vérité, sans spécifications (ou presque).

Les équations de Maxwell complètes sont écrites dans la table 18.1, en langage ordinaire ainsi qu'avec des symboles mathématiques. Le fait que les mots soient équivalents aux équations devrait maintenant vous être familier – vous devriez être capable de traduire d'une forme à l'autre, dans les deux sens.

La première équation – la divergence de $\boldsymbol{E}$ est la densité de charge divisée par $\epsilon_0$ – est vraie en général. Dans des champs dynamiques aussi bien que dans des champs statiques, la loi de Gauss est toujours valable. Le flux de $\boldsymbol{E}$ à travers n'importe quelle surface fermée est proportionnel à la charge intérieure. La troisième équation est la loi générale correspondante pour les champs magnétiques. Comme il n'y a pas de charges magnétiques, le flux de $\boldsymbol{B}$ à travers toute surface fermée est toujours nul. La deuxième équation, le rotationnel de $\boldsymbol{E}$ égale $-\partial\boldsymbol{B}/\partial t$, est la loi de Faraday et a été discutée dans les deux derniers chapitres. Elle aussi est toujours vraie. La dernière équation apporte quelque chose de nouveau. Nous n'en avons vu jusqu'à maintenant que la partie qui concerne les courants constants. Dans ce cas, nous avons dit que le rotationnel de $\boldsymbol{B}$ vaut $\boldsymbol{j}/\epsilon_0 c^2$, mais l'équation générale correcte comporte un terme nouveau qui a été découvert par Maxwell.

Jusqu'au travail de Maxwell, les lois de l'électricité et du magnétisme que l'on connaissait, étaient celles que nous avons étudiées du chapitre 3 au chapitre 17. En particulier, l'équation que l'on connaissait pour le champ magnétique de courants constants n'était que

$$\boldsymbol{\nabla} \times \boldsymbol{B} = \frac{\boldsymbol{j}}{\epsilon_0 c^2}. \tag{18.1}$$

Tableau 18.1 – La Physique Classique.

Équations de Maxwell

| | | |
|---|---|---|
| I. | $\nabla \cdot \boldsymbol{E} = \dfrac{\rho}{\epsilon_0}$ | (flux de $\boldsymbol{E}$ à travers une surface fermée) = (charge intérieure)/$\epsilon_0$ |
| II. | $\nabla \times \boldsymbol{E} = -\dfrac{\partial \boldsymbol{B}}{\partial t}$ | (circulation de $\boldsymbol{E}$ le long d'une courbe fermée) = $-\dfrac{d}{dt}$ (flux de $\boldsymbol{B}$ à travers la courbe) |
| III. | $\nabla \cdot \boldsymbol{B} = 0$ | (flux de $\boldsymbol{B}$ à travers une surface fermée) = 0 |
| IV. | $c^2 \nabla \times \boldsymbol{B} = \dfrac{\boldsymbol{j}}{\epsilon_0} + \dfrac{\partial \boldsymbol{E}}{\partial t}$ | $c^2$ (circulation de $\boldsymbol{B}$ le long d'une courbe fermée) = courant à travers la courbe)/$\epsilon_0$ $+\dfrac{d}{dt}$ (flux de $\boldsymbol{E}$ à travers la courbe) |

Conservation de la charge

$\nabla \cdot \boldsymbol{j} = -\dfrac{\partial \rho}{\partial t}$ (flux de courant à travers une surface fermée) = $-\dfrac{d}{dt}$ (charge intérieure)

Loi de force

$\boldsymbol{F} = q(\boldsymbol{E} + \boldsymbol{v} \times \boldsymbol{B})$

Loi du mouvement

$\dfrac{d}{dt}(\boldsymbol{p}) = \boldsymbol{F}$, où $\boldsymbol{p} = \dfrac{m\boldsymbol{v}}{\sqrt{1 - v^2/c^2}}$ (loi de Newton, modifiée par Einstein)

Gravitation

$\boldsymbol{F} = -G \dfrac{m_1 m_2}{r^2} \boldsymbol{e}_r$

Maxwell commença par considérer ces lois connues et par les exprimer sous forme d'équations différentielles, comme nous l'avons fait ici. (Bien que la notation $\nabla$ n'ait pas encore été inventée, c'est surtout à Maxwell qu'on doit d'avoir fait apparaître pour la première fois l'importance des combinaisons de dérivées que nous appelons aujourd'hui rotationnel et divergence.) Il remarqua alors qu'il y avait quelque chose de bizarre dans l'Éq. (18.1). Si on prend la divergence de cette équation, le premier membre est nul parce que la divergence d'un rotationnel est toujours nulle. Cette équation entraîne donc que la divergence de $\boldsymbol{j}$ est nulle aussi. Mais si la divergence de $\boldsymbol{j}$ est nulle, le flux total du courant sortant d'une surface fermée est également nul.

Le flux du courant sortant d'une surface fermée est la diminution de la charge intérieure à cette surface. Ceci ne peut certainement pas être nul en général parce que nous savons que les charges peuvent être déplacées d'un endroit à un autre. L'équation

$$\nabla \cdot \boldsymbol{j} = -\frac{\partial \rho}{\partial t} \tag{18.2}$$

a, en fait, presque été notre définition de $\boldsymbol{j}$. Cette équation exprime la loi très fondamentale que la charge électrique se conserve – tout écoulement de charge doit provenir d'une source. Maxwell se rendit compte de cette difficulté et proposa de l'éviter en ajoutant le terme $\partial \boldsymbol{E}/\partial t$ au second membre de l'Éq. (18.1) ; il obtint alors la quatrième équation de la table 18.1 :

$$\text{IV.} \qquad c^2 \nabla \times \boldsymbol{B} = \frac{\boldsymbol{j}}{\epsilon_0} + \frac{\partial \boldsymbol{E}}{\partial t}.$$

Il n'était pas encore habituel au temps de Maxwell de raisonner avec des champs abstraits. Maxwell discuta ses idées à l'aide d'un modèle dans lequel le vide était semblable à un solide élastique. Il essaya aussi d'expliquer le sens de sa nouvelle équation à l'aide de ce modèle mécanique. Il rencontra beaucoup d'opposition pour faire accepter sa théorie, d'abord à cause du modèle, et ensuite parce qu'il n'y avait pas, au début, de justification expérimentale. Nous comprenons mieux aujourd'hui que ce qui compte ce sont les équations elles-mêmes et non pas le modèle utilisé pour les obtenir. Nous ne pouvons que nous demander si les équations sont vraies ou fausses. La réponse s'obtient en faisant des expériences, et d'innombrables expériences ont confirmé les équations de Maxwell. Si nous retirons l'échafaudage qu'il utilisa pour le construire, nous nous apercevons que le magnifique édifice de Maxwell tient tout seul. Il a réuni toutes les lois de l'électricité et du magnétisme en une théorie complète et magnifique.

Montrons que le terme supplémentaire est exactement ce qu'il faut pour surmonter la difficulté découverte par Maxwell. En prenant la divergence de son équation (IV dans la table 18.1), on doit trouver que la divergence du second membre est nulle :

$$\boldsymbol{\nabla} \cdot \frac{\boldsymbol{j}}{\epsilon_0} + \boldsymbol{\nabla} \cdot \frac{\partial \boldsymbol{E}}{\partial t} = 0. \qquad (18.3)$$

Dans le second terme, on peut inverser l'ordre des dérivations par rapport aux coordonnées et au temps, de sorte que l'équation peut s'écrire

$$\boldsymbol{\nabla} \cdot \boldsymbol{j} + \epsilon_0 \frac{\partial}{\partial t} \boldsymbol{\nabla} \cdot \boldsymbol{E} = 0. \qquad (18.4)$$

Mais la première équation de Maxwell dit que la divergence de $\boldsymbol{E}$ vaut $\rho/\epsilon_0$. Portant cette égalité dans l'Éq. (18.4) nous retrouvons l'Éq. (18.2) que nous savons être vraie. Inversement, si nous admettons les équations de Maxwell – et nous le faisons parce que personne n'a jamais trouvé une expérience qui soit en désaccord avec elles – nous devons conclure que la charge est toujours conservée.

Les lois de la physique n'apportent pas de réponse à la question : « qu'arrive-t-il si une charge est brusquement créée en ce point – quels effets électromagnétiques sont produits ? » Aucune réponse ne peut être fournie parce que nos équations disent que cela n'arrive pas. Si cela *devait* arriver, nous aurions besoin de lois nouvelles, mais nous ne pouvons dire ce qu'elles seraient. Nous n'avons pas eu l'occasion d'observer comment se comporte un monde dans lequel la charge ne se conserve pas. D'après nos équations, si vous placez brusquement une charge en un point, il a fallu que vous l'y apportiez de quelque part. Dans ce cas, nous pouvons dire ce qui arrive.

Quand nous avons ajouté un terme nouveau à l'équation qui donne le rotationnel de $\boldsymbol{E}$, nous avons trouvé que toute une classe nouvelle de phénomènes se trouvait décrite. Nous allons voir que le petit additif de Maxwell à l'équation pour $\boldsymbol{\nabla} \times \boldsymbol{B}$ a également des conséquences qui vont très loin. Nous ne pourrons en atteindre que quelques-unes dans ce chapitre.

## 18.2 COMMENT AGIT LE NOUVEAU TERME

Comme premier exemple, considérons ce qui arrive dans le cas d'une distribution radiale de courant à symétrie sphérique. Imaginons une petite sphère sur laquelle se trouve une matière radio-active. Cette matière radio-active projette vers l'extérieur des particules chargées. (Nous pourrions imaginer aussi un gros morceau de gelée ayant en son centre un petit trou dans lequel on aurait injecté une charge à l'aide d'une seringue hypodermique et d'où la charge s'écoulerait lentement.) Dans chacun de ces cas, nous aurions un courant qui serait partout radial et dirigé vers l'extérieur. Nous supposons qu'il a la même valeur dans toutes les directions.

Soit $Q(r)$ la charge totale intérieure à une sphère de rayon quelconque $r$. Si la densité radiale de courant pour cette valeur de $r$ est $j(r)$, l'Éq. (18.2) entraîne que $Q$ décroît suivant la loi

$$\frac{\partial Q(r)}{\partial t} = -4\pi r^2 j(r). \tag{18.5}$$

Cherchons maintenant le champ magnétique produit par les courants dans ce cas. Supposons qu'on trace une courbe fermée $\Gamma$ sur une sphère de rayon $r$, comme indiqué sur la Fig. 18.1. Il passe un courant à travers cette courbe, on peut donc s'attendre à trouver un champ magnétique circulant dans la direction indiquée.

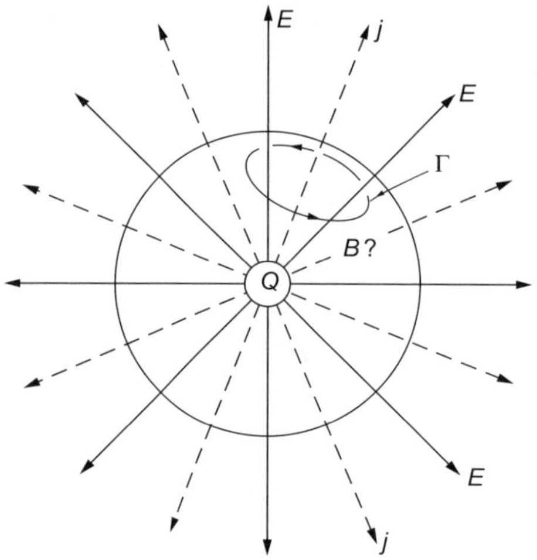


Figure 18.1 – Quel est le champ magnétique d'un courant à symétrie sphérique ?

Mais nous sommes déjà en difficulté. Comment $\boldsymbol{B}$ peut-il avoir une direction particulière sur la sphère ? Un choix différent de $\Gamma$ nous aurait amené à conclure que sa direction devait être exactement l'opposée de celle indiquée. Alors comment peut-il y avoir une circulation de $\boldsymbol{B}$ autour des courants ?

Nous sommes sauvés par l'équation de Maxwell. La circulation de $\boldsymbol{B}$ ne dépend pas seulement du *courant* total à travers $\Gamma$ mais aussi de la vitesse avec laquelle le *flux électrique* à travers cette courbe varie en fonction du temps. Il faut que ces deux parties se compensent exactement. Voyons si ça marche.

Le champ électrique en fonction du rayon $r$ doit être $Q(r)/4\pi\epsilon_0 r^2$ – pour autant que la charge soit distribuée symétriquement, comme nous l'avons supposé. Il est radial et sa vitesse de variation est donc

$$\frac{\partial E}{\partial t} = \frac{1}{4\pi\epsilon_0 r^2}\frac{\partial Q}{\partial t}. \tag{18.6}$$

Comparant ceci à l'Éq. (18.5), on voit que pour tout rayon

$$\frac{\partial E}{\partial t} = -\frac{j}{\epsilon_0}. \tag{18.7}$$

Dans l'Éq. IV, les deux termes de source s'annulent et le rotationnel de $\boldsymbol{B}$ est toujours nul. Il n'y a pas de champ magnétique dans notre exemple.

Comme second exemple, considérons le champ magnétique d'un fil utilisé pour charger un condensateur plan (voir Fig. 18.2). Si la charge $Q$ sur les plateaux varie en fonction du temps (mais pas trop vite), le courant dans les fils est égal à $dQ/dt$. Nous nous attendrions à ce que ce courant produise un champ magnétique qui encercle le fil. Près du plateau le courant doit certainement produire le champ magnétique habituel – il ne peut dépendre de l'endroit où va le courant.

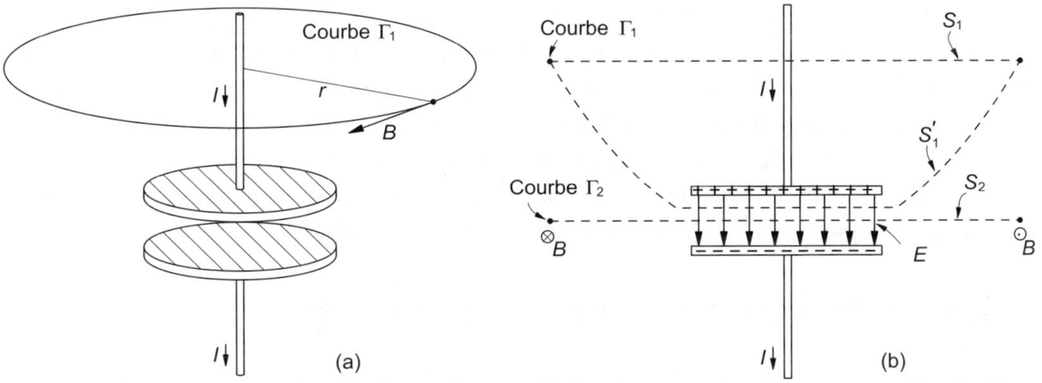


Figure 18.2 – Le champ magnétique au voisinage d'un condensateur en train de se charger.

Supposons que l'on prenne une courbe $\Gamma_1$ qui soit un cercle de rayon $r$, comme indiqué sur la partie (a) de la figure. La circulation du champ magnétique devrait être égale au courant $I$ divisé par $\epsilon_0 c^2$. Nous avons

$$2\pi r B = \frac{I}{\epsilon_0 c^2}. \tag{18.8}$$

C'est ce que nous obtiendrions pour un courant stationnaire, mais c'est également correct avec l'additif de Maxwell, parce que si nous considérons la surface plane $S$ intérieure au cercle, il n'y a pas de champ électrique dessus (en supposant que le fil soit un très bon conducteur). L'intégrale de surface de $\partial \boldsymbol{E}/\partial t$ est nulle.

Supposons, cependant, que nous déplacions lentement la courbe $\Gamma$ vers le bas. Nous obtenons toujours le même résultat jusqu'à cc que nous arrivions au niveau des plateaux du condensateur. Le courant $I$ devient alors nul. Le champ magnétique disparaît-il ? Cela serait tout à fait bizarre. Voyons ce que dit l'équation de Maxwell pour la courbe $\Gamma_2$ qui est un cercle de rayon $r$ dont le plan passe entre les plateaux [Fig. 18.2b]. La circulation de $\boldsymbol{B}$ autour de $\Gamma_2$ est $2\pi rB$. Ceci doit être égal à la dérivée par rapport au temps du flux de $\boldsymbol{E}$ à travers la surface plane circulaire $S_2$. Ce flux de $\boldsymbol{E}$, nous le savons par la loi de Gauss, doit être égal à $1/\epsilon_0$ multiplié par la charge $Q$ de l'un des plateaux. Nous avons

$$c^2\, 2\pi rB = \frac{d}{dt}\left(\frac{Q}{\epsilon_0}\right). \tag{18.9}$$

Cela convient tout à fait. C'est le même résultat que celui que nous avons trouvé dans l'Éq. (18.8). En intégrant sur le champ électrique variable on obtient le même champ magnétique qu'en intégrant sur le courant dans le fil. Naturellement, c'est justement cela que dit l'équation de Maxwell. Il est facile de voir qu'il doit toujours en être ainsi en appliquant les mêmes raisonnements aux deux surfaces $S_1$ et $S'_1$ limitées par le même cercle $\Gamma_1$ de la Fig. 18.2b. À travers $S_1$ il y a le courant $I$, mais pas de flux électrique. À travers $S'_1$, il n'y a pas de courant $I$, mais un flux électrique variant à la vitesse $I/\epsilon_0$. On obtient le même $\boldsymbol{B}$ en utilisant l'Éq. IV avec l'une ou l'autre surface.

À ce point de notre discussion sur le nouveau terme de Maxwell, vous pouvez avoir l'impression qu'il n'ajoute pas grand-chose – qu'il met seulement les équations en ordre pour qu'elles correspondent à ce que nous attendons déjà. Il est vrai que si nous ne considérons que l'Éq. IV *en elle-même*, rien de particulièrement nouveau n'en sort. L'expression « *en elle-même* » a cependant beaucoup d'importance. Le petit changement qu'a opéré Maxwell dans l'Eq. IV, quand cette dernière est *combinée avec les autres* équations, produit réellement beaucoup de choses qui sont nouvelles et importantes. Avant d'entamer ces questions nous aimerions cependant parler plus de la table 18.1.

## 18.3 Toute la physique classique

Dans la table 18.1, nous avons tout ce qui était connu de la physique fondamentale *classique*, c'est-à-dire la physique que l'on connaissait en 1905. Tout y est, dans une seule table. Avec ces équations, on peut comprendre tout ce qui est du domaine de la physique classique.

Nous avons d'abord les équations de Maxwell – écrites à la fois sous forme développée et sous forme mathématique condensée. Puis vient la conservation de la charge, qui est même écrite entre parenthèses parce que dès que l'on a les équations de Maxwell complètes, on peut en déduire la conservation de la charge. Ainsi la table est même un peu redondante. Nous avons écrit ensuite la loi de force, parce qu'avoir tous les champs électriques et magnétiques ne nous dit rien tant qu'on ne sait pas ce qu'ils font aux charges. Cependant, connaissant $\boldsymbol{E}$ et $\boldsymbol{B}$, on peut trouver la force agissant sur un objet possédant la charge $q$ et se déplaçant à la vitesse $v$. Finalement, avoir la force ne nous dit rien tant qu'on ne sait pas ce qui arrive quand une force pousse sur quelque chose ; nous avons besoin de la loi du mouvement, qui dit que la force est égale à la dérivée de la quantité de mouvement par rapport au temps. (Vous vous en souvenez ? Nous l'avons vu dans le premier volume.) On peut même inclure les effets de relativité en écrivant la quantité de mouvement sous la forme $\boldsymbol{p} = m_0\boldsymbol{v}/\sqrt{1 - v^2/c^2}$.

Si nous voulons vraiment être complets, nous devrons ajouter une loi de plus – de la gravitation de Newton – c'est pourquoi nous l'avons ajoutée à la fin.

Nous avons donc en une seule petite table toutes les lois fondamentales de la physique classique – et même de la place pour les exprimer par des phrases et avec quelque redondance. Nous vivons un grand moment. Nous avons fait l'ascension d'une haute montagne. Nous sommes au sommet du K-2 – nous sommes presque prêts pour l'Everest de la mécanique quantique. Nous avons fait l'ascension du pic d'un « Great Divide », et maintenant nous pouvons redescendre de l'autre côté.

Nous avons surtout essayé d'apprendre à comprendre les équations. Maintenant que tout est rassemblé, nous allons étudier ce que signifient les équations – ce qu'elles apportent de nouveau que nous n'ayons pas déjà vu. Nous avons travaillé dur pour atteindre ce point. Cela a été un gros effort, mais maintenant nous allons avoir une agréable descente en contemplant toutes les conséquences de notre exploit.

## 18.4 Un champ qui se déplace

Voyons maintenant les conséquences nouvelles. Elles viennent de l'assemblage des équations de Maxwell. Voyons d'abord ce qui arrive dans un cas que nous avons choisi parce qu'il est particulièrement simple. En supposant que toutes les quantités ne varient que selon une coordonnée, nous aurons un problème à une dimension. La situation est représentée sur la Fig. 18.3. Nous avons une nappe de charges localisées sur le plan $yz$. La nappe est d'abord au repos, puis on lui donne instantanément une vitesse $u$ dans la direction $y$, et elle continue à se déplacer à cette vitesse. Vous pourriez vous inquiéter d'avoir une telle accélération « infinie », mais cela n'a pas réellement d'importance ;

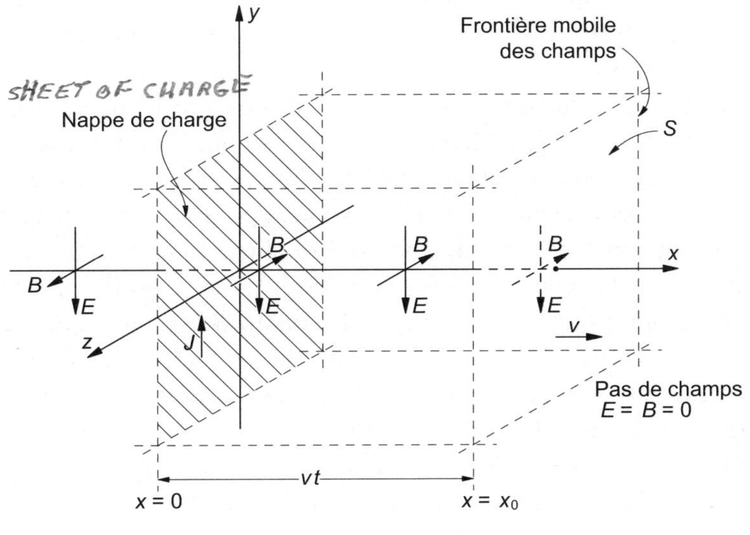


Figure 18.3 – Une nappe infinie de charge est brusquement mise en mouvement parallèlement à elle-même. Des champs magnétiques et électriques se propagent à partir de la nappe, à une vitesse constante.

imaginez simplement que la vitesse est très rapidement portée à la valeur $u$. Nous avons ainsi brusquement un courant superficiel $J$ ($J$ est le courant par unité de largeur dans la direction $z$). Pour que le problème reste simple, nous supposons qu'il y a aussi une nappe stationnaire de charges de signe opposé sur le plan $yz$, de façon à ce qu'il n'y ait pas d'effet électrostatique. De plus, bien que sur la figure nous ne montrions que ce qui arrive dans une région finie, nous imaginons que la couche s'étend à l'infini dans les directions $\pm y$ et $\pm z$. En d'autres termes, nous avons une situation dans laquelle il n'existe aucun courant et puis brusquement il y a une nappe uniforme de courant. Qu'est-ce qui va se passer ?

Eh bien, quand il existe une nappe de courant dans la direction des $y$ positifs, il apparaît, comme nous le savons, un champ magnétique qui a la direction des $z$ négatifs pour $x > 0$ et la direction opposée pour $x < 0$. Nous pourrions obtenir la valeur de $\boldsymbol{B}$ en utilisant le fait que la circulation du champ magnétique doit être égale au courant divisé par $\epsilon_0 c^2$. Nous obtiendrions $\boldsymbol{B} = J/2\epsilon_0 c^2$ (car le courant $I$ dans une bande de largeur $w$ est $Jw$ et la circulation de $\boldsymbol{B}$ est $2Bw$).

Ceci nous donne le champ près de la nappe – pour $x$ petit – mais comme nous supposons que la nappe est infinie, nous devons nous attendre à ce que le même raisonnement nous donne le champ plus loin pour de plus grandes valeurs $x$. Cela signifierait cependant qu'au moment où l'on établit le courant, le champ magnétique varie partout brusquement de la valeur zéro à une valeur finie. Mais attendez ! Si le champ magnétique varie brusquement, il doit produire des effets électriques énormes. (Dès lors qu'il change, il y a des effets électriques.) Ainsi, parce que nous avons mis en mouvement la nappe de charges, nous créons un champ magnétique variable et par conséquent des champs électriques doivent être créés. Si des champs électriques prennent naissance, ils doivent partir de zéro et prendre une autre valeur. Il existera un $\partial \boldsymbol{E}/\partial t$ qui apportera sa contribution, en même temps que le courant $J$, à la production du champ magnétique. Ainsi il y a un grand mélange entre les diverses équations, et il faut essayer de trouver la solution pour tous les champs à la fois.

En regardant les seules équations de Maxwell, il n'est pas facile de voir directement comment on peut résoudre le problème. Nous allons donc d'abord vous donner la solution et vérifier ensuite qu'elle satisfait bien les équations. La réponse est la suivante : le champ $\boldsymbol{B}$ que nous avons calculé est effectivement produit au voisinage immédiat de la nappe de courant (pour $x$ petit). Il doit en être ainsi, parce que si on trace un tout petit contour autour de la nappe, il n'y a pas de place pour qu'un flux électrique passe à travers. Mais plus loin – pour $x$ plus grand – le champ $\boldsymbol{B}$ est nul, au début. Il reste nul pendant un moment, et puis brusquement il s'établit. En bref, on établit le courant et le champ magnétique à son voisinage immédiat apparaît et prend la valeur constante $\boldsymbol{B}$ ; puis l'apparition de $\boldsymbol{B}$ s'étend à partir de la région source. Après un certain temps, il existe un champ magnétique uniforme partout jusqu'à une certaine valeur de $x$, et un champ nul au-delà. Par raison de symétrie, il s'étend dans les deux directions plus et moins $x$.

Le champ $\boldsymbol{E}$ fait la même chose. Avant l'instant $t = 0$ (où on établit le courant), le champ est nul partout. Puis après un temps $t$, $\boldsymbol{E}$ et $\boldsymbol{B}$ sont tous deux uniformes jusqu'à la

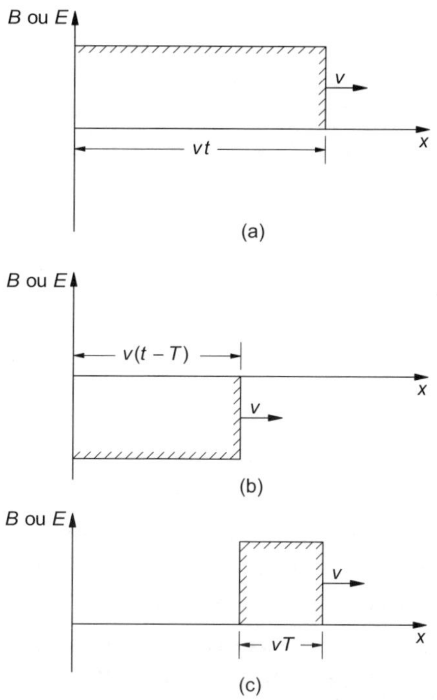


Figure 18.4 – (a) La grandeur de **B** (ou de **E**) en fonction de $x$ au temps $t$ après que la nappe de charge ait été mise en mouvement. (b) Les champs pour une nappe de charge mise en mouvement, dans la direction des $y$ négatifs à $t = T$. (c) La somme de (a) et (b).

distance $x = vt$, et nuls au-delà. Les champs se propagent comme un mascaret, dont le front se déplace avec une vitesse uniforme qui s'avère être $c$, mais que pour un moment nous appellerons simplement $v$. Un graphique des grandeurs de $\boldsymbol{E}$ et de $\boldsymbol{B}$ en fonction de $x$ au temps $t$, est donné par la Fig. 18.4a. En se reportant à la Fig. 18.3, au temps $t$, on voit que la région comprise entre $x = \pm vt$ est « remplie » par les champs mais que ceux-ci ne sont pas encore arrivés au-delà. Nous insistons sur le fait que nous avons supposé que la nappe de courant et, par conséquent, les champs $\boldsymbol{E}$ et $\boldsymbol{B}$, s'étendent à l'infini dans les deux directions $y$ et $z$. (Ne pouvant pas dessiner une nappe infinie, nous n'avons montré que ce qui arrive dans une région limitée.)

Nous allons analyser maintenant quantitativement ce qui arrive. Pour le faire, nous allons regarder deux vues en coupe, une vue d'en haut, le long de l'axe des $y$, comme le montre la Fig. 18.5, et une vue de côté en regardant dans la direction des $z$ négatifs, comme le montre la Fig. 18.6. Supposons qu'on commence par la vue de côté. Nous voyons monter la nappe des charges ; le champ magnétique est dirigé vers la feuille pour $+x$ et s'éloigne de la feuille pour $-x$, et le champ électrique est dirigé vers le bas – dans tout l'intervalle $x = \pm vt$.

Voyons si de tels champs sont compatibles avec les équations de Maxwell. Dessinons d'abord un de ces contours qu'on utilise pour calculer une intégrale curviligne, par exemple le rectangle $\Gamma_2$ de la Fig. 18.6. Vous remarquerez que l'un des côtés du rectangle est dans la région où il y a des champs, mais un autre côté se trouve dans la région que les champs n'ont pas encore atteinte. Il existe un flux magnétique à travers ce contour. S'il change, il doit y avoir une f.é.m. le long du contour. Si le front d'ondes se déplace, nous aurons un flux magnétique variable, parce que la surface où règne $\boldsymbol{B}$

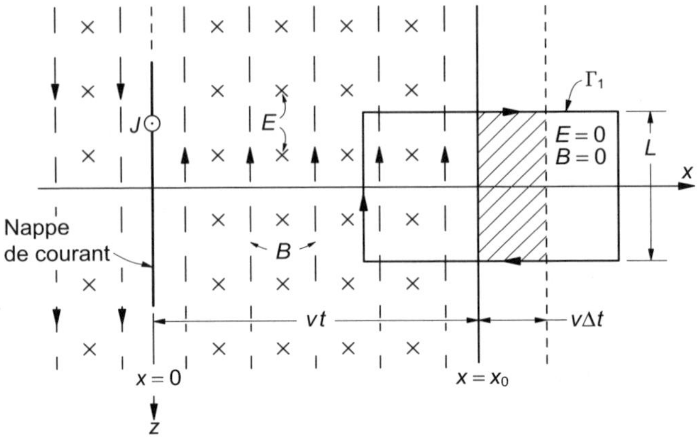


Figure 18.5 – Fig. 18.3 vue d'en haut.

augmente progressivement à la vitesse $v$. Le flux à travers $\Gamma_2$ est $B$ fois la portion d'aire intérieure à $\Gamma_2$ où règne un champ magnétique. La vitesse de variation du flux, puisque $\boldsymbol{B}$ a une valeur constante, est $B$ fois la vitesse de variation de la surface. La vitesse de variation de la surface est facile à calculer. Si la largeur du rectangle $\Gamma_2$ est $L$, la surface, dans laquelle $\boldsymbol{B}$ existe, varie de $Lv\Delta t$ pendant le temps $\Delta t$. (Voir Fig. 18.6.) La vitesse de variation du flux est donc $BLv$. D'après la loi de Faraday, ceci doit être égal à l'opposé de l'intégrale curviligne de $\boldsymbol{E}$ le long de $\Gamma_2$, qui est précisément $EL$. On a l'équation

$$E = vB. \tag{18.10}$$

De sorte que si le rapport $E/B$ est $v$, les champs que nous avons imaginés satisferont l'équation de Faraday.

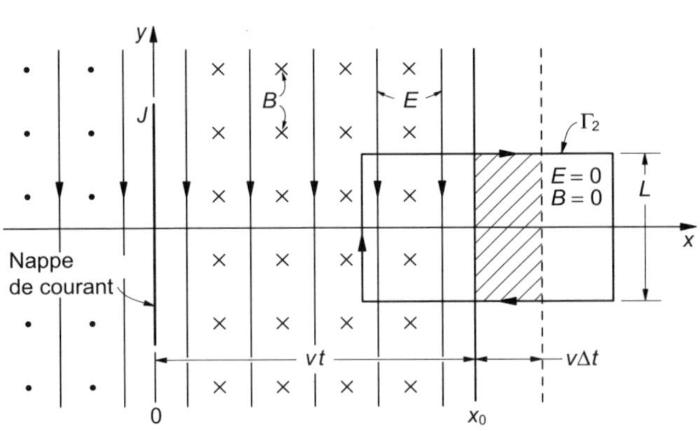


Figure 18.6 – Fig. 18.3 vue de côté.

Mais ce n'est pas la seule équation ; nous avons l'autre équation reliant $\boldsymbol{E}$ et $\boldsymbol{B}$ :

$$c^2 \boldsymbol{\nabla} \times \boldsymbol{B} = \frac{\boldsymbol{j}}{\epsilon_0} + \frac{\partial \boldsymbol{E}}{\partial t}. \tag{18.11}$$

Pour appliquer cette équation, nous regardons la vue d'en haut de la Fig. 18.5. Nous avons vu que cette équation nous donnera la valeur de $B$ près de la nappe de courant.

D'autre part, pour tout contour dessiné hors de la nappe mais en arrière du front d'ondes, le rotationnel de $\boldsymbol{B}$ est nul, $\boldsymbol{j}$ aussi et $\boldsymbol{E}$ ne varie pas, de sorte que l'équation y est correcte. Regardons maintenant ce qui arrive pour la courbe $\Gamma_1$ qui coupe le front d'ondes, comme le montre la Fig. 18.5. Dans ce cas, il n'y a pas de courants, de sorte que l'Éq. (18.11) peut s'écrire – sous forme intégrale –

$$c^2 \oint_{\Gamma_1} \boldsymbol{B} \cdot d\boldsymbol{s} = \frac{d}{dt} \int_{\text{intérieur } \Gamma_1} \boldsymbol{E} \cdot \boldsymbol{n}\, da. \tag{18.12}$$

La circulation de $\boldsymbol{B}$ est exactement $B$ fois $L$. La vitesse de variation du flux de $\boldsymbol{E}$ n'est due qu'au déplacement du front d'ondes. La surface intérieure à $\Gamma_1$, où $\boldsymbol{E}$ n'est pas nul, augmente de $vL$ par unité de temps. Le second membre de l'Éq. (18.12) est donc $vLE$. Cette équation devient

$$c^2 B = Ev. \tag{18.13}$$

Nous avons une solution dans laquelle nous avons un $\boldsymbol{B}$ constant et un $\boldsymbol{E}$ constant derrière le front, tous deux à angle droit de la direction dans laquelle le front se déplace et à angle droit l'un de l'autre. Les équations de Maxwell précisent le rapport $E$ sur $B$. D'après les Éq. (18.10) et (18.13),

$$E = vB, \qquad \text{et} \qquad E = \frac{c^2}{v} B.$$

Mais minute ! Nous avons trouvé *deux* conditions *différentes* pour le rapport $E/B$. Est-ce qu'un champ tel que celui que nous avons décrit peut réellement exister ? Il n'existe, évidemment, qu'une vitesse $v$ pour laquelle ces deux équations sont vérifiées, c'est $v = c$. Le front d'ondes doit se déplacer à la vitesse $c$. Nous avons un exemple dans lequel l'influence électrique d'un courant se propage avec une certaine vitesse $c$.

Demandons-nous maintenant ce qui se passe si on arrête brusquement le mouvement de la nappe chargée après qu'il ait duré un court instant $T$. On peut voir ce qui va se passer à l'aide du principe de superposition. Nous avions un courant qui était nul et qui brusquement a été établi. Nous connaissons la solution dans ce cas. Nous allons maintenant ajouter un autre système de champs. Nous prenons une autre nappe chargée et brusquement nous la mettons en mouvement, dans la direction opposée, avec la même vitesse, seulement au bout d'un temps $T$ après la mise en route du premier courant. Le total des deux courants ensemble est d'abord nul, puis il est établi pendant un temps $T$, puis il est à nouveau nul – parce que les deux courants s'annulent. Nous avons une « impulsion » carrée de courant.

Le nouveau courant négatif produit les mêmes champs que le courant positif, seulement avec tous les signes opposés, et, évidemment, en retard de $T$. Un front d'ondes se propage à nouveau à la vitesse $c$. Au temps $t$ il a parcouru la distance $x = \pm c(t - T)$, comme le montre la Fig. 18.4b. Nous avons ainsi deux « blocs » de champs, s'étendant à la vitesse $c$, comme dans les parties (a) et (b) de la Fig. 18.4. Les champs combinés sont comme sur la partie (c) de la figure. Les champs sont nuls pour $x > ct$, ils sont constants (avec les valeurs que nous avons trouvées ci-dessus) entre $x = (t - T)$ et $x = ct$, et à nouveau nuls pour $x < c(t - T)$.

Bref, nous avons un petit morceau de champ – un bloc d'épaisseur $cT$ – qui a quitté la nappe de courant et qui se propage de lui-même à travers l'espace. Les champs ont « décollé » ; ils se propagent librement à travers l'espace, en n'étant plus connectés d'aucune façon avec la source. La chenille est devenue papillon !

Comment ce paquet de champs électriques et magnétiques peut-il s'entretenir ? La réponse est la suivante : par les effets combinés de la loi de Faraday, $\nabla \times \boldsymbol{E} = -\partial \boldsymbol{B}/\partial t$, et du nouveau terme de Maxwell, $c^2\nabla \times \boldsymbol{B} = \partial \boldsymbol{E}/\partial t$. Ils ne peuvent s'empêcher de s'entretenir mutuellement. Supposez que le champ magnétique vienne à disparaître. Il y aurait un champ magnétique variable qui produirait un champ électrique. Si ce champ électrique essayait de s'en aller, le champ électrique variable recréerait à nouveau un champ magnétique. Ainsi en jouant entre eux perpétuellement – par la transformation réciproque d'un champ en l'autre – ils doivent continuer pour toujours. Il leur est impossible de disparaître[1]. Ils s'entretiennent mutuellement dans une sorte de danse – l'un créant l'autre, le second créant le premier – en se propageant à travers l'espace.

## 18.5 LA VITESSE DE LA LUMIÈRE

Nous avons une onde qui quitte la source matérielle et s'éloigne à la vitesse $c$, qui est la vitesse de la lumière. Mais revenons un moment en arrière. D'un point de vue historique, on ne savait pas que le coefficient $c$ des équations de Maxwell était aussi la vitesse de propagation de la lumière. Il y avait seulement une constante dans les équations. Nous l'avons appelée $c$ dès le commencement, parce que nous savions ce qu'elle allait finalement être. Nous avons pensé qu'il n'était pas raisonnable de vous faire apprendre les formules avec une constante différente puis de revenir en arrière pour substituer $c$ partout où il le fallait. Cependant, du point de vue de l'électricité et du magnétisme, nous n'avons fait que prendre au départ deux constantes, $\epsilon_0$ et $c^2$, qui apparaissent dans les équations de l'électrostatique et de la magnétostatique :

$$\nabla \cdot \boldsymbol{E} = \frac{\rho}{\epsilon_0} \tag{18.14}$$

et

$$\nabla \times \boldsymbol{B} = \frac{\boldsymbol{j}}{\epsilon_0 c^2}. \tag{18.15}$$

Si on prend n'importe quelle définition *arbitraire* de l'unité de charge, on peut déterminer expérimentalement la constante $\epsilon_0$ nécessaire dans l'Éq. (18.14) – disons en mesurant la force entre deux unités de charge au repos, en utilisant la loi de Coulomb. Il nous faut aussi déterminer expérimentalement la constante $\epsilon_0 c^2$ qui apparaît dans l'Éq. (18.15), ce qu'on peut faire, disons, en mesurant la force entre deux courants unités. (Un courant

1. Pas tout à fait. Ils peuvent être « absorbés » s'ils arrivent dans une région où il y a des charges. Par cela nous voulons dire que d'autres champs peuvent être produits quelque part et en se superposant à ces champs les « annulent » par interférence destructive (voir chapitre 31, Vol. I).

unité, cela signifie une unité de charge par seconde.) Le rapport de ces deux constantes expérimentales est $c^2$ – ce n'est qu'une autre « constante électromagnétique ».

Remarquez maintenant que cette constante $c^2$ est la même quelle que soit l'unité de charge que nous avons choisie. Si nous prenons deux fois plus de « charge », – disons deux fois plus de charges protoniques – dans notre « unité » de charge, $\epsilon_0$ doit être quatre fois plus petit. Si nous faisons passer deux de ces courants « unités » à travers deux fils, il y aura deux fois plus de « charge » par seconde dans chacun des fils, et ainsi la force entre les deux fils est quatre fois plus grande. La constante $\epsilon_0 c^2$ doit être réduite d'un facteur quatre. Mais le rapport $\epsilon_0 c^2/\epsilon_0$ n'est pas modifié.

Ainsi, uniquement par des expériences avec des charges et des courants, nous trouvons un nombre $c^2$ qui se trouve être le carré de la vitesse de propagation des influences électromagnétiques. À partir de mesures statiques – en mesurant les forces entre deux charges unités et entre deux courants unités – nous trouvons que $c = 3{,}00 \times 10^8$ mètres/seconde. Quand Maxwell fit pour la première fois ce calcul avec ses équations, il dit que les paquets de champs électriques et magnétiques devaient se propager à cette vitesse. Il remarqua aussi cette mystérieuse coïncidence que c'était la même que la vitesse de la lumière. « On peut difficilement éviter de conclure », dit Maxwell, « que la lumière consiste en vibrations transverses du même milieu que celui qui est la cause des phénomènes électriques et magnétiques. »

Maxwell a réalisé une des grandes unifications de la physique. Avant lui, il y avait la lumière, et il y avait l'électricité et le magnétisme. Ces deux derniers avaient été unifiés par les travaux expérimentaux de Faraday, Oersted, et Ampère. Puis, brusquement, la lumière cessa d'être « quelque chose d'autre », mais fut seulement de l'électricité et du magnétisme sous cette nouvelle forme – des petits morceaux de champs électriques et magnétiques qui se propagent par eux-mêmes à travers l'espace.

Nous avons attiré votre attention sur quelques-unes des caractéristiques de cette solution spéciale, qui se trouvent cependant être vraies pour *n'importe* quelle onde électromagnétique : le champ magnétique est perpendiculaire à la direction du mouvement du front d'ondes ; de même, le champ électrique est perpendiculaire à la direction du mouvement du front d'ondes ; et les deux vecteurs $\boldsymbol{E}$ et $\boldsymbol{B}$ sont perpendiculaires entre eux. De plus, le module du champ électrique $E$ est égal à $c$ fois le module du champ magnétique $B$. Ces trois faits – que les deux champs sont transversaux par rapport à la direction de propagation, que $\boldsymbol{B}$ est perpendiculaire à $\boldsymbol{E}$, et que $E = cB$ – sont vrais en général pour toute onde électromagnétique. Notre cas particulier est bien choisi – il montre tous les caractères principaux des ondes électromagnétiques.

## 18.6 Résolution des équations de Maxwell ; les potentiels et l'équation d'onde

Nous aimerions maintenant faire quelque chose de mathématique ; nous voulons écrire les équations de Maxwell sous une forme plus simple. Vous trouverez peut-être que nous sommes en train de les compliquer, mais si vous voulez être patients un moment, elles vont soudainement devenir plus simples. Bien qu'à ce stade vous soyez parfaitement habitués à chacune des équations de Maxwell, il y a de nombreux morceaux qui doivent être rassemblés. C'est ce que nous voulons faire.

Nous commençons par $\nabla \cdot \boldsymbol{B} = 0$ – la plus simple des équations. Nous savons qu'elle implique que $\boldsymbol{B}$ est le rotationnel de quelque chose. Donc, si nous écrivons

$$\boldsymbol{B} = \nabla \times \boldsymbol{A}, \tag{18.16}$$

nous avons déjà résolu une des équations de Maxwell. (Incidemment, vous notez qu'il reste vrai qu'un autre vecteur $\boldsymbol{A}'$ aurait été tout aussi valable si $\boldsymbol{A}' = \boldsymbol{A} + \nabla\psi$ – où $\psi$ est un champ scalaire quelconque – parce que le rotationnel de $\nabla\psi$ est nul, et que $\boldsymbol{B}$ est encore le même. Nous avons déjà parlé de ça.)

Nous prenons ensuite la loi de Faraday, $\nabla \times \boldsymbol{E} = -\partial \boldsymbol{B}/\partial t$ parce qu'elle ne met en jeu ni courants ni charges. Si nous écrivons $\boldsymbol{B}$ sous la forme $\nabla \times \boldsymbol{A}$ et que nous dérivons par rapport à $t$, nous pouvons écrire la loi de Faraday sous la forme

$$\nabla \times \boldsymbol{E} = -\frac{\partial}{\partial t} \nabla \times \boldsymbol{A}.$$

Comme nous pouvons dériver d'abord par rapport au temps ou par rapport à l'espace, nous pouvons aussi écrire cette équation

$$\nabla \times \left(\boldsymbol{E} + \frac{\partial \boldsymbol{A}}{\partial t}\right) = 0. \tag{18.17}$$

Nous voyons que $\boldsymbol{E} + \partial \boldsymbol{A}/\partial t$ est un vecteur dont le rotationnel est égal à zéro. Par conséquent, ce vecteur est le gradient de quelque chose. Quand nous étions en électrostatique, nous avions $\nabla \times \boldsymbol{E} = 0$, et nous avions décidé que $\boldsymbol{E}$ lui-même était le gradient de quelque chose. Nous l'avions pris comme le gradient de $-\phi$ (le signe moins pour des raisons techniques). Nous faisons la même chose pour $\boldsymbol{E} + \partial \boldsymbol{A}/\partial t$ ; nous posons

$$\boldsymbol{E} + \frac{\partial \boldsymbol{A}}{\partial t} = -\nabla\phi. \tag{18.18}$$

Nous utilisons le même symbole $\phi$ pour que, dans le cas de l'électrostatique où rien ne change avec le temps et où le terme $\partial \boldsymbol{A}/\partial t$ disparaît, $\boldsymbol{E}$ soit notre ancien $-\nabla\phi$. L'équation de Faraday peut ainsi s'écrire sous la forme

$$\boldsymbol{E} = -\nabla\phi - \frac{\partial \boldsymbol{A}}{\partial t}. \tag{18.19}$$

Nous avons déjà résolu deux des équations de Maxwell et nous avons trouvé que pour décrire les champs magnétiques $\boldsymbol{E}$ et $\boldsymbol{B}$ nous avons besoin de quatre fonctions potentielles : un potentiel scalaire $\phi$ et un potentiel vecteur $\boldsymbol{A}$ qui consiste évidemment en trois fonctions.

Maintenant que $\boldsymbol{A}$ détermine une partie de $\boldsymbol{E}$, aussi bien que $\boldsymbol{B}$, qu'arrive-t-il si on change $\boldsymbol{A}$ en $\boldsymbol{A}' = \boldsymbol{A} + \nabla\psi$ ? En général, $\boldsymbol{E}$ changerait si nous ne prenions pas de précautions spéciales. Cependant, nous pouvons encore changer $\boldsymbol{A}$ de cette manière sans affecter $\boldsymbol{E}$ et $\boldsymbol{B}$ – c'est-à-dire sans rien changer au point de vue physique – si nous changeons toujours $\boldsymbol{A}$ et $\phi$ *en même temps* par les formules

$$\boldsymbol{A}' = \boldsymbol{A} + \boldsymbol{\nabla}\psi, \qquad \phi' = \phi - \frac{\partial\psi}{\partial t}. \tag{18.20}$$

Alors ni $\boldsymbol{B}$ ni $\boldsymbol{E}$ obtenus d'après l'Éq. (18.19) ne sont changés.

Nous avons choisi précédemment de faire $\boldsymbol{\nabla}\cdot\boldsymbol{A} = 0$, pour rendre un peu plus simples les équations de la statique. Nous n'allons plus le faire maintenant ; nous allons faire un choix différent. Mais nous attendrons un peu avant de dire quel va être ce choix, parce que plus tard on verra clairement *pourquoi* l'on a fait ce choix.

Revenons maintenant aux deux équations de Maxwell qui restent, elles vont nous donner des relations entre les potentiels et les sources $\rho$ et $\boldsymbol{j}$. Une fois que nous aurons déterminé $\boldsymbol{A}$ et $\phi$ à partir des courants et des charges, nous pourrons toujours obtenir $\boldsymbol{E}$ et $\boldsymbol{B}$ à partir des Éq. (18.16) et (18.19) et nous aurons ainsi une autre forme pour les équations de Maxwell.

Commençons par substituer l'Éq. (18.19) dans $\boldsymbol{\nabla}\cdot\boldsymbol{A} = \rho/\epsilon_0$ ; nous obtenons

$$\boldsymbol{\nabla}\cdot\left(-\boldsymbol{\nabla}\phi - \frac{\partial\boldsymbol{A}}{\partial t}\right) = \frac{\rho}{\epsilon_0},$$

que l'on peut aussi écrire

$$-\nabla^2\phi - \frac{\partial}{\partial t}\boldsymbol{\nabla}\cdot\boldsymbol{A} = \frac{\rho}{\epsilon_0}. \tag{18.21}$$

Nous avons là une équation reliant $\phi$ et $\boldsymbol{A}$ aux sources.

Notre dernière équation sera la plus compliquée. Nous commençons par récrire la quatrième équation de Maxwell sous la forme

$$c^2\boldsymbol{\nabla}\times\boldsymbol{B} - \frac{\partial\boldsymbol{E}}{\partial t} = \frac{\boldsymbol{j}}{\epsilon_0},$$

puis nous substituons à $\boldsymbol{B}$ et $\boldsymbol{E}$ leurs valeurs exprimées en fonction des potentiels, en utilisant les Éq. (18.16) et (18.19) :

$$c^2\boldsymbol{\nabla}\times(\boldsymbol{\nabla}\times\boldsymbol{A}) - \frac{\partial}{\partial t}\left(-\boldsymbol{\nabla}\phi - \frac{\partial\boldsymbol{A}}{\partial t}\right) = \frac{\boldsymbol{j}}{\epsilon_0}.$$

On peut récrire le premier terme en utilisant l'identité algébrique : $\boldsymbol{\nabla}\times(\boldsymbol{\nabla}\times\boldsymbol{A}) = \boldsymbol{\nabla}(\boldsymbol{\nabla}\boldsymbol{A}) - \nabla^2\boldsymbol{A}$ ; nous obtenons

$$-c^2\nabla^2\boldsymbol{A} + c^2\boldsymbol{\nabla}(\boldsymbol{\nabla}\cdot\boldsymbol{A}) + \frac{\partial}{\partial t}\boldsymbol{\nabla}\phi + \frac{\partial^2\boldsymbol{A}}{\partial t^2} = \frac{\boldsymbol{j}}{\epsilon_0}. \tag{18.22}$$

Ce n'est pas très simple !

Heureusement, nous pouvons utiliser maintenant notre liberté de choix de la divergence de $\boldsymbol{A}$. Ce que nous allons faire, c'est employer ce choix pour arranger les choses de façon à ce que les équations donnant $\boldsymbol{A}$ et $\phi$ soient séparées, mais aient la même forme. Nous pouvons le faire en prenant[2]

$$\nabla \cdot \boldsymbol{A} = -\frac{1}{c^2}\frac{\partial \phi}{\partial t}. \tag{18.23}$$

Si nous faisons cela, les deux termes du milieu en $\boldsymbol{A}$ et $\phi$ dans l'Éq. (18.22) se compensent, et cette équation devient beaucoup plus simple :

$$\nabla^2 \boldsymbol{A} - \frac{1}{c^2}\frac{\partial^2 \boldsymbol{A}}{\partial t^2} = -\frac{\boldsymbol{j}}{\epsilon_0 c^2}. \tag{18.24}$$

Et notre équation pour $\phi$ – Éq. (18.21) – prend la même forme :

$$\nabla^2 \phi - \frac{1}{c^2}\frac{\partial^2 \phi}{\partial t^2} = -\frac{\rho}{\epsilon_0}. \tag{18.25}$$

Quel bel ensemble d'équations ! D'abord, elles sont belles, parce qu'elles sont bien séparées – $\phi$ va avec la densité de charge ; $\boldsymbol{A}$ va avec le courant. De plus, bien que le premier membre semble un peu bizarre – un Laplacien avec un $(\partial^2/\partial t^2)$ – quand nous le développons, nous trouvons

$$\frac{\partial^2 \phi}{\partial x^2} + \frac{\partial^2 \phi}{\partial y^2} + \frac{\partial^2 \phi}{\partial z^2} - \frac{1}{c^2}\frac{\partial^2 \phi}{\partial t^2} = -\frac{\rho}{\epsilon_0}. \tag{18.26}$$

Il possède une jolie symétrie en $x$, $y$, $z$, $t$ – le $-1/c^2$ est nécessaire parce que, naturellement, le temps et l'espace *sont* différents ; ils s'expriment en unités différentes.

Les équations de Maxwell nous ont conduits à une nouvelle sorte d'équation pour les potentiels $\phi$ et $\boldsymbol{A}$ mais à la même forme mathématique pour les quatre fonctions $\phi$, $A_x$, $A_y$ et $A_z$. Quand nous aurons appris à résoudre ces équations nous pourrons obtenir $\boldsymbol{B}$ et $\boldsymbol{E}$ en calculant $\nabla \times \boldsymbol{A}$ et $-\nabla\phi - \partial \boldsymbol{A}/\partial t$. Nous avons une autre forme des lois électromagnétiques exactement équivalentes aux équations de Maxwell, et en maintes circonstances elles sont beaucoup plus simples à manier.

Nous avons effectivement déjà résolu une équation très semblable à l'Éq. (18.26). Quand nous avons étudié le son au chapitre 47 du Vol. I, nous avons obtenu une équation de la forme

$$\frac{\partial^2 \phi}{\partial x^2} = \frac{1}{c^2}\frac{\partial^2 \phi}{\partial t^2},$$

et nous avons vu qu'elle décrivait la propagation d'ondes dans la direction des $x$ à la vitesse $c$. L'Éq. (18.26) est l'équation correspondante pour trois dimensions. Ainsi dans des régions où il n'y a plus ni charges ni courants, la solution de ces équations n'est *pas* que $\phi$ et $\boldsymbol{A}$ sont nuls. (Bien que cela soit en effet une solution possible.) Il existe des solutions dans lequelles il y a un ensemble de $\phi$ et de $\boldsymbol{A}$ qui changent en fonction du

2. Choisir $\nabla \cdot \boldsymbol{A}$ s'appelle « choisir une jauge ». Changer $\boldsymbol{A}$ en ajoutant $\nabla$ s'appelle faire une « transformation de jauge ». L'équation (18.23) est appelée la « jauge de Lorenz ».

temps mais se propagent toujours à la vitesse $c$. Les champs avancent à travers l'espace libre, comme dans notre exemple du début de ce chapitre.

Avec le nouveau terme de Maxwell dans l'Éq. IV, nous avons été en mesure d'écrire les équations des champs en fonction de $\boldsymbol{A}$ et $\phi$ sous une forme qui est simple et qui rend immédiatement apparent le fait qu'il existe des ondes électromagnétiques. Dans de nombreuses applications, il sera encore pratique d'utiliser les équations originales en fonction de $\boldsymbol{E}$ et $\boldsymbol{B}$. Mais elles se trouvent de l'autre côté de la montagne dont nous avons déjà fait l'ascension. Nous sommes maintenant capables de passer de l'autre côté du pic. Les choses vont paraître différentes – nous sommes parés pour de nouveaux et beaux spectacles.

# LE PRINCIPE DE MOINDRE ACTION

# 19

### Cours spécial - presque mot pour mot[1]

« Quand j'étais au lycée, mon professeur de physique - qui s'appelait M. Bader - m'appela un jour après le cours de physique et me dit : « Vous avez l'air de vous ennuyer, je vais vous raconter quelque chose d'intéressant. » Puis il me raconta quelque chose que je trouvai absolument captivant, et qui depuis n'a jamais cessé de me captiver. Chaque fois que le sujet surgit, je travaille dessus. À vrai dire, quand j'ai commencé à préparer ce cours, je me suis trouvé en train d'analyser encore la question. Au lieu de me préoccuper de mon cours, je me suis laissé entraîner par un nouveau problème. Le sujet est le suivant - le principe de moindre action.

« M. Bader me dit ceci : imaginez que vous avez une particule (dans un champ de gravitation, par exemple) qui part d'un certain point et se déplace librement vers un autre point – vous la lancez, elle monte, puis elle descend.

1. Les chapitres suivants ne dépendent pas du contenu de ce cours spécial – qui doit être considéré comme une « récréation ».

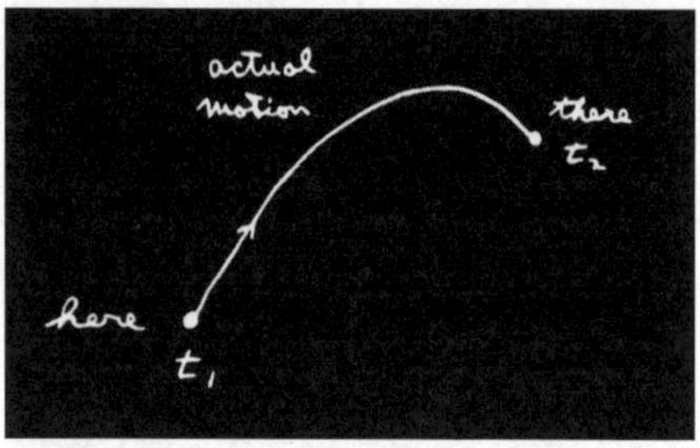


Actual motion = Mouvement réel
Here = Ici
There = Là

Elle parcourt le trajet compris entre le point initial et le point final en un certain temps. Maintenant, essayez donc un autre mouvement. Imaginez que pour aller d'ici à là, elle fasse comme ceci

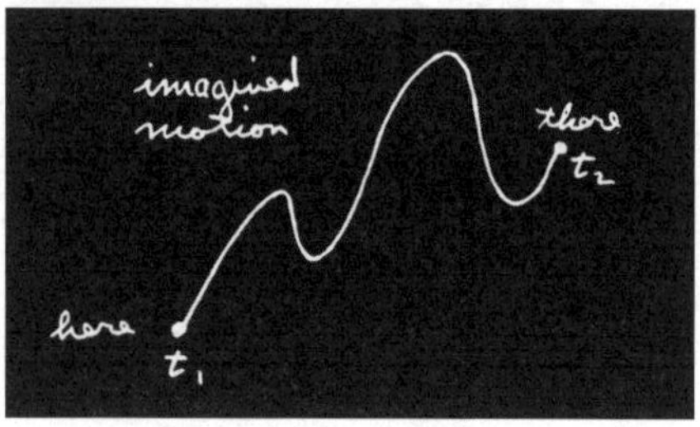


Imagined motion = Mouvement imaginé

mais arrive là exactement au bout du même temps. Puis il ajouta : si vous calculez l'énergie cinétique à chaque instant sur le trajet, retranchez l'énergie potentielle, et intégrez sur la durée de tout le parcours, vous verrez que le nombre que vous obtenez est *plus grand* que celui relatif au mouvement réel.

« En d'autres termes, la loi de Newton pourrait s'énoncer, non plus sous la forme $F = ma$, mais sous la forme : l'énergie cinétique moyenne, moins l'énergie potentielle moyenne, est aussi petite que possible le long du trajet d'un mobile allant d'un point à un autre.

« Je vais illustrer un peu mieux ce que cela signifie. Si vous prenez le cas du champ de gravitation, alors si une particule suit un parcours $x(t)$ (pour le moment nous considérerons une seule dimension ; nous prenons une trajectoire qui s'élève puis redescend, sans aller de côté), où $x$ est la hauteur au-dessus du sol, l'énergie cinétique est m $\frac{1}{2}(dx/dt)^2$, et l'énergie potentielle à chaque instant est $mgx$. Puis je prends l'énergie cinétique moins l'énergie potentielle à chaque instant sur le trajet et j'intègre par rapport au temps, entre l'instant initial et l'instant final. Supposons qu'à l'instant initial $t_1$ nous sommes partis d'une certaine hauteur et qu'à la fin du temps $t_2$ nous aboutissons précisément à un autre endroit.

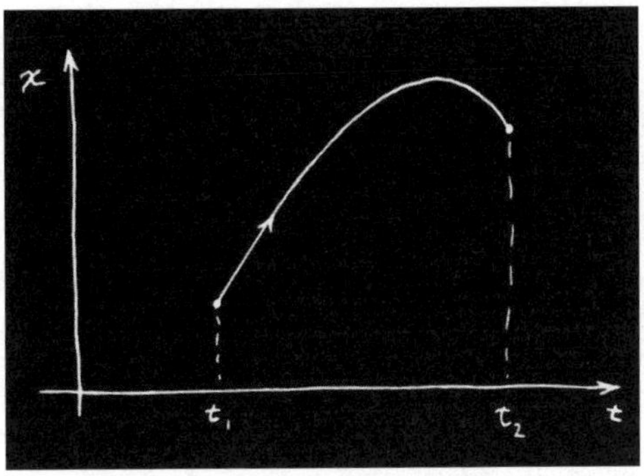


« Alors l'intégrale vaut

$$\int_{t_1}^{t_2}\left[\frac{1}{2}m\left(\frac{dx}{dt}\right)^2 - mgx\right]dt.$$

Le mouvement réel est décrit suivant une certaine courbe – c'est une parabole si nous le représentons par rapport au temps – et nous donne une certaine valeur de l'intégrale. Mais nous pourrions très bien *imaginer* un autre mouvement qui monterait, descendrait, remonterait de façon bizarre.

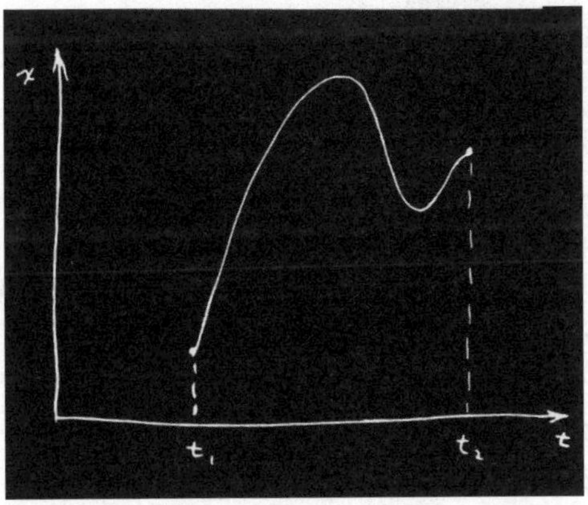


Nous pouvons calculer l'énergie cinétique, moins l'énergie potentielle, puis intégrer sur un tel trajet... ou sur tout autre. Le miracle, c'est que le véritable trajet est celui sur lequel l'intégrale est minimum.

« Vérifions-le. Prenons d'abord le cas d'une particule libre qui ne possède aucune énergie potentielle. Selon la règle, quand elle va d'un point à un autre, en un temps donné, l'intégrale de son énergie cinétique est minimum, donc elle doit être animée d'une vitesse uniforme. (Nous savons que telle est la réponse exacte – être animée d'une vitesse uniforme.) Pourquoi en est-il ainsi ? Parce que si la particule devait avoir un tout autre mouvement, les vitesses seraient parfois plus grandes, parfois plus petites que la vitesse moyenne. La vitesse moyenne est la même dans tous les cas, car la particule doit aller de « ici » à « là » en un temps donné.

« Par exemple, disons que vous ayez à aller en voiture de la maison à l'école en un temps donné. Vous pouvez le faire de différentes façons : vous pouvez accélérer comme un fou au début, puis ralentir en freinant vers la fin, ou bien vous pouvez aller à une vitesse uniforme, ou bien vous pouvez reculer pendant un certain temps, puis avancer, et ainsi de suite. Le fait est que la vitesse moyenne doit être, évidemment, la distance totale parcourue divisée par le temps. Or, si vous faites n'importe quoi, sauf aller à une vitesse uniforme, alors parfois vous allez trop vite, et parfois vous allez trop lentement. Or, le *carré* moyen de quelque chose qui s'écarte d'une valeur moyenne, comme vous le savez, est toujours plus grand que la moyenne élevée au carré. Donc l'intégrale de l'énergie cinétique serait toujours plus grande avec une vitesse oscillante qu'avec une vitesse uniforme. Donc, nous voyons que l'intégrale est minimum si la vitesse est constante (quand il n'y a pas de forces). Le trajet correct est comme ceci.

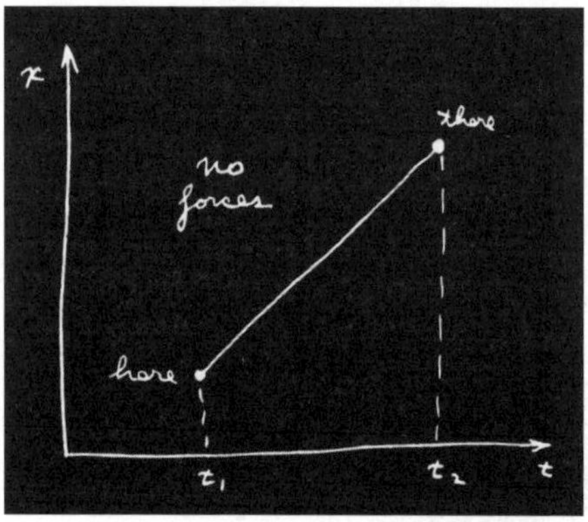


No forces = Pas de forces

« Maintenant, un objet lancé vers le haut dans un champ de gravitation commence bien par s'élever plus vite, puis ralentit. Ceci, parce qu'il y a aussi l'énergie potentielle, et nous devons avoir un minimum de la *différence* de l'énergie cinétique et de l'énergie potentielle moyennes. Comme l'énergie potentielle devient plus grande quand on s'élève dans l'espace, nous obtiendrons une plus petite *différence* si nous pouvons atteindre le plus vite possible l'endroit où il y a une grande énergie potentielle. Alors nous pouvons soustraire cette énergie potentielle de l'énergie cinétique et obtenir une moyenne plus basse. Donc, il vaut mieux prendre un trajet qui monte et acquiert de nombreuses contributions négatives grâce à l'énergie potentielle.

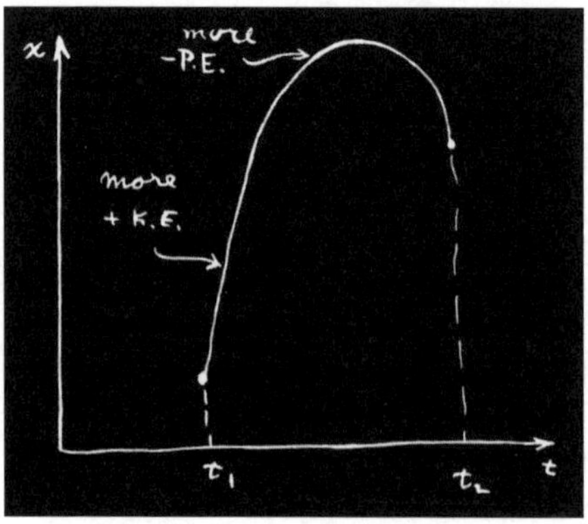


More – P.E. = Plus de – E.P. (Énergie Potentielle)
More + P.E. = Plus de + E.C. (Énergie Cinétique)

« D'autre part vous ne pouvez pas monter trop vite ou trop loin, car alors vous aurez mis en jeu trop d'énergie cinétique – vous devez aller très vite pour monter puis redescendre dans le temps fixé dont vous disposez. Donc, vous ne voulez pas monter trop haut, mais vous voulez quand même monter assez haut. Il s'ensuit que la solution se trouve dans la recherche d'un compromis pour essayer d'acquérir une plus grande énergie potentielle avec le minimum d'énergie cinétique supplémentaire – essayer que la différence, cinétique moins potentielle, soit aussi petite que possible.

« Voici tout ce que me dit mon professeur, parce qu'il était un excellent professeur et qu'il savait s'arrêter de parler à temps. Mais moi, je ne sais pas m'arrêter. Donc au lieu de laisser cela comme une remarque intéressante, je vais vous scandaliser et vous dégoûter par les complexités de la vie, en vous prouvant qu'il en est bien ainsi. Le genre de problème mathématique que nous traiterons est très difficile et nouveau. Nous partons d'une certaine grandeur que nous appelons *l'action, S.* C'est l'énergie cinétique EC, moins l'énergie potentielle EP, le tout intégré sur le temps.

$$\text{Action} = S = \int_{t_1}^{t_2} (\text{EC} - \text{EP})\, dt.$$

Rappelez-vous que EC et EP sont toutes deux fonctions du temps. Suivant chaque trajet différent, vous obtenez une valeur différente de l'action. Notre problème mathématique consiste à trouver la courbe suivant laquelle cette valeur est minimum.

« Vous devez penser – c'est tout simplement le calcul classique d'un maximum et d'un minimum. On calcule l'action, puis on dérive pour obtenir le minimum.

« Mais attention ! D'habitude nous partons d'une fonction d'une certaine variable, et nous devons trouver la valeur de cette *variable* qui rend la fonction minimum ou maximum. Par exemple, une tige qui a été chauffée en son milieu et dans laquelle la chaleur se propage. En tout point de la tige il existe une certaine température, et nous devons trouver quel est le point où cette température est la plus élevée. Mais ici, pour *chaque trajet de l'espace* nous avons un nombre – ce qui est assez différent — et nous devons trouver le *trajet de l'espace* pour lequel ce nombre est minimum. Voici une branche des mathématiques tout à fait différente. Ce n'est plus le calcul différentiel ordinaire. En fait, c'est ce qu'on appelle le *calcul variationnel.*

« Il y a de nombreux problèmes faisant appel à ce type de mathématiques. Par exemple, le cercle est en général défini comme le lieu de tous les points situés à distance constante d'un point fixe, mais une autre façon de définir le cercle est la suivante : le cercle est celle des courbes de *longueur donnée* qui entoure la plus grande surface. Toute autre courbe que le cercle entoure une surface moindre pour un périmètre donné. Donc si nous énonçons le problème : trouver la courbe qui entoure la plus grande surface pour un périmètre donné, nous aurons un problème de calcul variationnel – un type de calcul différent de celui dont vous avez l'habitude.

« Donc nous faisons le calcul du trajet d'un mobile. Voici comment nous allons faire. L'idée directrice est la suivante : nous imaginons qu'il existe un trajet vrai, et que toute autre courbe que nous traçons, est un trajet faux, donc si nous calculons l'action le long de ce faux trajet, nous obtiendrons une valeur plus grande que si nous calculons l'action le long du trajet vrai.

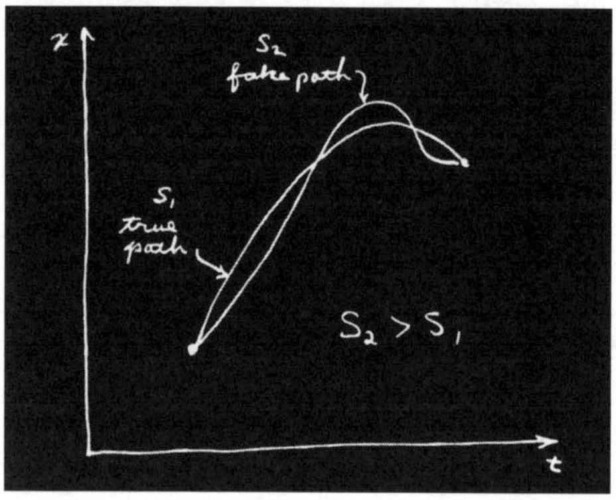


$S_1$ true path = $S_1$ vrai trajet
fake path = $S_2$ faux trajet

« Problème : trouver le vrai trajet. Où est-il ? Un moyen, évidemment, consiste à calculer l'action suivant des millions et des millions de trajets et regarder suivant lequel le résultat est le plus faible. Quand vous avez trouvé le plus faible, voilà le vrai trajet.

« C'est une façon possible. Mais nous pouvons faire mieux. Quand nous avons une grandeur, qui possède un minimum – par exemple dans le cas d'une fonction ordinaire comme la température – une des propriétés du minimum est que si nous nous en écartons, d'une quantité du *premier* ordre, l'écart de la fonction par rapport à sa valeur minimum sera seulement du *second* ordre. En tout autre point de la courbe, si nous nous écartons d'une petite distance, la variation de la fonction est aussi du premier ordre. Mais au minimum, un tout petit écart ne produit, en première approximation, aucune différence.

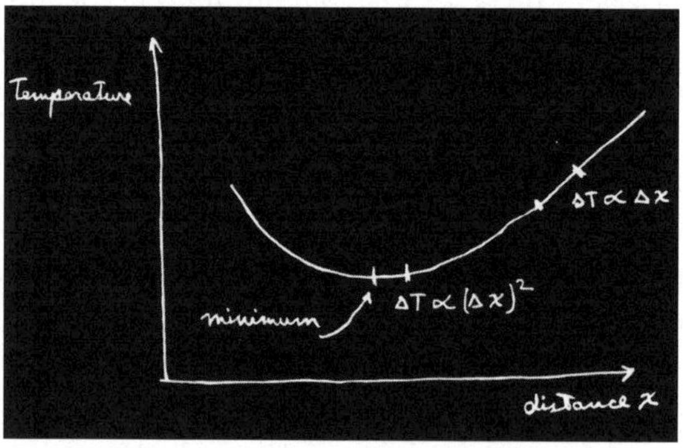


« C'est ce que nous allons appliquer pour calculer le vrai trajet. Si nous connaissons le vrai trajet, une courbe qui s'en écartera un tout petit peu, n'entraînera en première approximation aucune différence sur l'action. La différence aura lieu en seconde approximation, si nous partons vraiment du minimum.

« Il est facile de le montrer. Si la différence est du premier ordre quand je m'écarte de la courbe d'une certaine façon, la variation de l'action est *proportionnelle à* l'écart. Cette variation, a priori, entraîne une augmentation de l'action, sinon nous ne partirions pas du minimum. Mais alors, si la variation est *proportionnelle* à l'écart, en inversant le signe de cet écart, la variation entraînera une diminution de l'action. L'action augmenterait ou diminuerait suivant le sens de l'écart. La seule possibilité, pour que l'action soit vraiment minimum, est qu'elle ne varie pas en *première* approximation, que les variations soient proportionnelles au carré de l'écart par rapport au vrai trajet.

« Nous le calculons donc ainsi : appelons $\underline{x(t)}$ (souligné) le vrai trajet – celui que nous recherchons. Prenons un trajet d'essai x(t) qui diffère du premier d'une petite quantité $\eta(t)$ (êta de $t$).

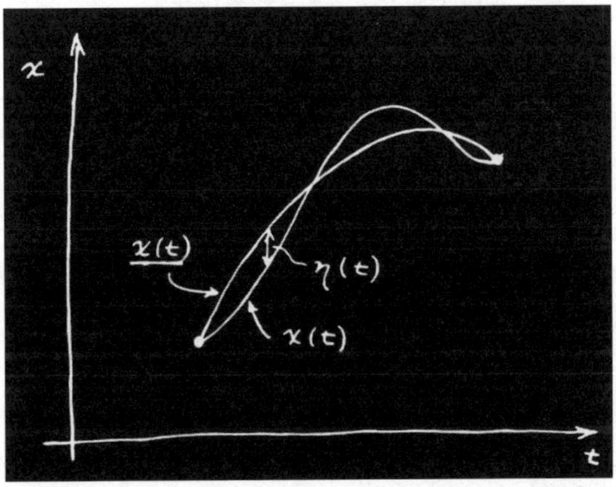


« L'idée est la suivante : si nous calculons l'action S le long du trajet x(t), puis la différence entre ce $S$ et l'action que nous avons calculée le long du trajet $\underline{x(t)}$ – pour simplifier l'écriture, nous l'appellerons $\underline{S}$ –, la différence de $S$ et de $S$ doit être nulle au premier ordre d'approximation en $\eta$ petit. Cette différence peut être différente de zéro, au second ordre près, mais au premier ordre, elle doit être nulle.

« Et ceci doit être vrai quel que soit $\eta$. Enfin, pas tout à fait. La méthode n'a aucun sens à moins de considérer des trajets qui partent tous et qui finissent tous aux deux mêmes points – chaque trajet part d'un certain point à l'instant $t_2$, et s'achève en un autre point à $t_2$ et ces points et ces temps sont maintenus fixes. Donc les écarts en $\eta$ doivent être nuls aux deux extrémités, $\eta(t_1) = 0$ et $\eta(t_2) = 0$. Compte tenu de cette condition, nous venons de préciser notre problème mathématique.

« Si vous ne connaissiez rien en calcul différentiel, vous pourriez opérer de la même façon pour déterminer le minimum d'une fonction ordinaire f(x). Vous pourriez discuter de ce qui se passe en considérant $f(x)$ et en ajoutant à $x$, une petite quantité $h$, et imposer que la correction sur $f(x)$ au premier ordre en $h$ soit nulle, au minimum. Vous substitueriez $x + h$ à x et développeriez jusqu'au premier terme en $h$... exactement comme nous allons faire pour $\eta$.

« L'idée est donc de porter $x(t) = \underline{x(t)} + \eta(t)$ dans la formule de l'action :

$$S = \int\left[\frac{m}{2}\left(\frac{dx}{dt}\right)^2 - V(x)\right]dt,$$

où j'appelle $V(x)$ l'énergie potentielle. La dérivée $dx/dt$ est bien sûr, la dérivée de $\underline{x(t)}$ plus la dérivée de $\eta(t)$ si bien que j'obtiens pour l'action cette expression :

$$S = \int_{t_1}^{t_2} \left[ \frac{m}{2} \left( \frac{d\underline{x}}{dt} + \frac{d\eta}{dt} \right)^2 - V(\underline{x} + \eta) \right] dt.$$

« Puis, je développe les calculs. Le terme carré me donne

$$\left( \frac{d\underline{x}}{dt} \right)^2 + 2 \frac{d\underline{x}}{dt} \frac{d\eta}{dt} + \left( \frac{d\eta}{dt} \right)^2.$$

Mais, attendez. Je ne m'intéresse pas aux ordres plus élevés que le premier, de sorte que je vais mettre tous les termes qui concernent $\eta^2$ et les puissances plus élevées dans une petite boîte que j'appellerai « second ordre et au-delà ». À partir de ce terme je n'obtiens que le second ordre, mais il y en aura d'autres provenant d'ailleurs. Donc, de l'énergie cinétique, on tire

$$\frac{m}{2} \left( \frac{d\underline{x}}{dt} \right)^2 + m \frac{d\underline{x}}{dt} \frac{d\eta}{dt} + (\text{second ordre et plus}).$$

« Puis il nous faut le potentiel $V$ pour $\underline{x}+\eta$ Je considère $\eta$ petit et ainsi, je peux développer $V(x)$ en série de Taylor. Cela donne approximativement $V(\underline{x})$ ; à l'approximation suivante (d'après les propriétés Ordinaires des dérivées) le terme correctif est $\eta$ fois la dérivée de $V$ par rapport à $x$, et ainsi de suite :

$$V(\underline{x} + \eta) = V(\underline{x}) + \eta V'(\underline{x}) + \frac{\eta^2}{2} V''(\underline{x}) + \cdots$$

J'écris $V'$ pour la dérivée de $V$ par rapport à $x$ par économie d'écriture. Le terme en $\eta$ et les suivants tombent dans la catégorie « second ordre et au-delà », et nous ne nous y intéressons pas. Groupant tout cela,

$$S = \int_{t_1}^{t_2} \left[ \frac{m}{2} \left( \frac{d\underline{x}}{dt} \right)^2 - V(\underline{x}) + m \frac{d\underline{x}}{dt} \frac{d\eta}{dt} - \eta V'(\underline{x}) + (\text{second ordre et plus}) \right] dt.$$

Or, en regardant de près, nous voyons que les deux premiers termes que j'ai arrangés ici, correspondent à l'action $\underline{S}$ que j'aurais calculée le long du vrai trajet $\underline{x}$. Je vais porter toute mon attention sur la variation de $S$ – la différence entre $S$ et le $\underline{S}$ qu'on obtiendrait suivant le vrai trajet. Nous écrirons cette différence $\delta S$, et nous l'appellerons la variation de $S$. Je laisse de côté les termes du « second ordre et au-delà », et j'obtiens pour $\delta S$

$$\delta S = \int_{t_1}^{t_2} \left[ m \frac{d\underline{x}}{dt} \frac{d\eta}{dt} - \eta V'(\underline{x}) \right] dt.$$

« Alors, le problème est le suivant : voici une certaine intégrale. Je ne sais pas encore ce qu'est $\underline{x}$, mais ce que je sais, c'est que, *quel que soit* $\eta$, cette intégrale doit être nulle. Eh bien, penserez-vous, la seule façon pour que cela puisse se produire est que ce qui est en facteur devant $\eta$ soit nul. Mais qu'advient-il du premier terme en $d\eta/dt$ ? Eh bien, après tout, si $\eta$ peut être quelconque, sa dérivée aussi, et vous en concluez que le coefficient de $d\eta/dt$ doit aussi être nul. Ce n'est pas tout à fait vrai. Ce n'est pas tout à fait vrai parce qu'il y a un lien entre $\eta$ et sa dérivée ; ils ne sont pas absolument indépendants, parce que $\eta(t)$ doit être nul, à la fois à $t_1$, et à $t_2$.

« La méthode pour résoudre tous les problèmes de calcul variationnel s'appuie toujours sur le même principe général. Vous opérez un déplacement de ce que vous voulez faire varier (ce que nous avons fait en ajoutant $\eta$) ; vous vous intéressez aux termes du premier ordre ; *puis* vous arrangez les termes de manière à avoir l'intégrale sous la forme « d'un certain truc en facteur avec le déplacement ($\eta$) », sans aucune autre dérivée (sans $d\eta/dt$). On réarrange donc les termes de façon à toujours avoir le produit de « quelque chose » par $\eta$. Vous allez voir la grande importance de cela dans un instant. (Il existe des formules qui vous indiquent comment opérer dans certains cas sans expliciter les calculs, mais elles ne sont pas assez générales pour que cela vaille la peine de s'en préoccuper ; le mieux est d'expliciter les calculs comme je viens de vous le dire.)

« Comment vais-je réarranger le terme en $\eta$ pour y introduire $\eta$ ? Je peux y arriver en intégrant par parties. Il se trouve que la grande astuce de tout le calcul variationnel consiste à écrire la variation de $S$ puis à intégrer par parties, pour que les dérivées de $\eta$ disparaissent. C'est toujours la même chose dans tous les problèmes où figurent des dérivées.

« Vous vous rappelez le principe général de l'intégration par parties. Si vous avez une fonction $f$ multipliée par $d\eta/dt$, à intégrer par rapport à $t$, vous écrivez la dérivée de $\eta f$ :

$$\frac{d}{dt}(\eta f) = \eta\,\frac{df}{dt} + f\,\frac{d\eta}{dt}.$$

L'intégrale cherchée du dernier terme est

$$\int f\,\frac{d\eta}{dt}\,dt = \eta f - \int \eta\,\frac{df}{dt}\,dt.$$

« Dans notre formule de $\delta S$, la fonction $f$ est m fois $dx/dt$ ; par conséquent, j'obtiens pour $\delta S$ la formule suivante.

$$\delta S = m\,\frac{d\underline{x}}{dt}\,\eta(t)\Big|_{t_1}^{t_2} - \int_{t_1}^{t_2} \frac{d}{dt}\left(m\,\frac{d\underline{x}}{dt}\right)\eta(t)\,dt - \int_{t_1}^{t_2} V'(\underline{x})\,\eta(t)\,dt.$$

Le premier terme doit être évalué entre les deux limites $t_1$, et $t_2$. Puis je dois calculer l'intégrale de ce qui reste de l'intégration par parties. Le dernier terme se conserve sans changement.

« Maintenant arrive ce qui doit toujours arriver – la partie intégrée disparaît. (En fait, si la partie intégrée ne disparaît pas, vous reposez le principe de base en ajoutant certaines conditions, pour être sûr qu'elle disparaisse bien !) Nous avons déjà dit que $\eta$ devait être nulle aux deux extrémités du trajet en accord avec le principe que l'action soit minimum à condition que la courbe variée commence et se termine aux deux points. choisis. La condition est que $\eta(t_1) = 0$ et $\eta(t_2) = O$. Donc le terme intégré est nul. Nous groupons les autres termes et nous obtenons ceci :

$$\delta S = \int_{t_1}^{t_2} \left[ -m \frac{d^2 \underline{x}}{dt^2} - V'(\underline{x}) \right] \eta(t)\, dt.$$

La variation de $S$ est maintenant écrite comme nous le voulions – il y a un truc entre crochets, disons $F$, multiplié par $\eta(t)$et intégré de $t_1$ à $t_2$.

« Nous avons donc une intégrale d'une chose ou d'une autre, multipliée par $\eta(t)$, qui est toujours nulle :

$$\int F(t)\, \eta(t)\, dt = 0.$$

J'ai une certaine fonction de $t$ ; je la multiplie par $\eta(t)$ ; et je l'intègre entre deux limites. Et, quel que soit $\eta$, j'obtiens toujours zéro. Ceci signifie que la fonction $F(t)$ est nulle. Cela est évident, mais néanmoins je vais vous en fournir une espèce de preuve.

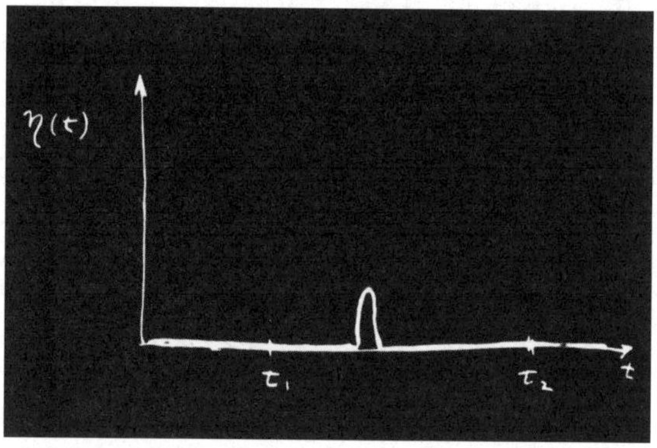


« Supposez que je prenne pour $\eta(t)$ quelque chose qui soit nul pour tout $t$ sauf au voisinage immédiat d'une valeur particulière. Il reste nul jusqu'à cette valeur de $t$, puis accuse un pic pendant un moment et redevient nul. Quand nous intégrons *ce*, multiplié par n'importe quelle fonction $F$ le seul endroit où l'on obtienne quelque chose différent de zéro c'est là où $\eta(t)$ accuse un pic, et donc on obtient la valeur de $F$ en cet endroit multipliée par l'intégrale sur le pic. L'intégrale sur le pic seul n'est pas nulle, mais quand elle est multipliée par $F$ elle doit l'être ; donc la fonction $F$ doit être nulle là où il y avait le pic. Mais le pic pouvait être partout où je voulais, donc $F$ doit être nulle partout.

« Nous voyons que si notre intégrale doit être nulle quel que soit $\eta$, le coefficient de $\eta$ doit être nul. L'intégrale action sera minimum sur le trajet qui satisfait cette équation différentielle compliquée :

$$\left[ -m \frac{d^2 \underline{x}}{dt^2} - V'(\underline{x}) \right] = 0.$$

En réalité elle n'est pas si compl'qué ; vous l'avez déjà rencontrée. C'est tout simplement $F = ma$. Le premier terme est la masse par l'accélération, et le second est la dérivée de l'énergie potentielle, ce qui est bien la force.

« Donc, au moins pour un système conservatif, nous venons de montrer que le principe de moindre action donne la réponse exacte ; il indique que le trajet suivant lequel l'action est minimum est celui qui satisfait la loi de Newton.

« Une remarque : je n'ai pas démontré que c'était un *minimum* – c'est peut-être un maximum. En fait, il n'est pas réellement nécessaire que ce soit un minimum. C'est tout à fait analogue au « principe du moindre temps » que nous avons discuté en optique. Là aussi, nous avons déjà parlé du moindre temps. Cependant il est apparu des cas où ce n'était pas le *moindre* temps. Le principe fondamental voulait que pour toute *variation du premier ordre* le long du trajet optique. la *variation* du temps soit nulle ; c'est la même histoire. Par « moindre » nous voulons dire en réalité que toute variation de $S$, au premier ordre, lorsqu'on change de trajet, est nulle. Ce n'est pas nécessairement un « minimum ».

« Maintenant, je vais faire quelques remarques au sujet de certaines généralisations. D'abord, tout ce qui précède peut se faire à trois dimensions. Au lieu d'avoir seulement $x$, j'aurais $x$, $y$, et $z$, fonctions de $t$ ; l'action est plus compliquée. Pour un mouvement à trois dimensions, vous devez utiliser l'énergie cinétique complète – $(m/2)$ fois la vitesse totale au carré. Soit,

$$\mathrm{EC} = \frac{m}{2}\left[\left(\frac{dx}{dt}\right)^2 + \left(\frac{dy}{dt}\right)^2 + \left(\frac{dz}{dt}\right)^2\right].$$

De plus, l'énergie potentielle est une fonction de $x$, $y$, et $z$. Et en ce qui concerne le trajet ? Le trajet est une certaine courbe générale de l'espace, qu'il n'est pas si facile de tracer, mais l'idée reste la même. Et en ce qui concerne $\eta$ ? Eh bien, $\eta$ peut avoir trois composantes. Vous pourriez déplacer le trajet suivant $x$, $y$, ou $z$ – ou vous pourriez le déplacer suivant les trois directions simultanément. Donc $\eta$ serait un vecteur. Cependant, ceci ne complique pas trop les choses. Puisque c'est seulement la variation du *premier ordre* qui doit être nulle, nous pouvons faire les calculs par trois déplacements successifs. Nous pouvons déplacer $\eta$ dans la direction des $x$ et écrire que le coefficient doit être nul. Nous obtenons une équation. Puis nous déplaçons $\eta$ dans la direction des $y$ et en obtenons une autre. Enfin, dans la direction des $z$ et en obtenons une autre. Ou bien, évidemment, dans tout autre ordre. De toutes façons, vous avez trois équations. Et, bien sûr, à trois dimensions la loi de Newton se compose réellement de trois équations – une pour chaque composante. Je pense que vous pouvez pratiquement voir que ça doit marcher, nous vous laisserons le démontrer pour vous-mêmes, dans le cas à trois dimensions. D'ailleurs, vous pourriez considérer un autre système de coordonnées de votre choix, polaires ou tout autre, et obtenir directement la loi de Newton correspondant à ce système én regardant ce qui se passe quand on se donne un déplacement $\eta$ suivant le rayon ou suivant l'angle, etc.

« De même, la méthode se généralise à un nombre quelconque de particules. Si vous avez, disons, deux particules entre lesquelles s'exerce une certaine force, de sorte qu'il y ait une énergie potentielle mutuelle, alors vous additionnez l'énergie cinétique des deux particules, et prenez l'énergie potentielle de leur interaction mutuelle. Et que faites-vous varier ? Vous faites varier le trajet des *deux* particules. Or, avec deux particules se déplaçant dans les trois dimensions, il y a six équations. Vous pouvez faire varier la position de la particule 1 dans la direction des $x$, des $y$, et des $z$, et de même pour la particule 2 ; donc il y a bien six équations. Et c'est bien ainsi que cela doit être. Il y a les trois équations qui déterminent l'accélération de la particule 1 en fonction de la force agissant sur elle, et trois pour l'accélération de la particule 2, due à la force qui agit sur elle. Puis, vous suivez le même petit jeu et vous obtenez la loi de Newton, dans les trois dimensions, pour un nombre quelconque de particules.

« Je viens de dire que nous obtenons la loi de Newton. Ce n'est pas tout à fait vrai, car la loi de Newton comprend le cas des forces non conservatives, comme le frottement. Newton dit que $ma$ est égale à toute force $F$. Mais le principe de moindre action ne s'applique qu'aux systèmes *conservatifs*, – dans lesquels toutes les forces peuvent être calculées à partir d'une fonction potentiel. Vous savez cependant, qu'au niveau microscopique – au niveau le plus profond de la physique – il n'y a pas de forces non conservatives. Les forces non conservatives, comme les frottements, apparaissent seulement parce que nous négligeons certaines complications microscopiques – il y a bien trop de particules à analyser. Mais les lois *fondamentales peuvent* s'écrire sous la forme d'un principe de moindre action.

« Je vais généraliser encore plus loin. Imaginez qu'on se demande ce qui se passe si le mouvement de la particule est relativiste. Nous n'avons pas obtenu l'équation relativiste du mouvement ; $F = ma$ n'est vraie que dans le cas non relativiste. La question est la suivante : existe-t-il un principe de moindre action correspondant au cas relativiste ? Il y en a un. La formule dans le cas de la relativité est la suivante :

$$S = -m_0c^2 \int_{t_1}^{t_2} \sqrt{1 - v^2/c^2}\, dt - q \int_{t_1}^{t_2} [\phi(x, y, z, t) - \boldsymbol{v} \cdot \boldsymbol{A}(x, y, z, t)]\, dt.$$

La première partie de l'intégrale de l'action est le produit de la masse au repos $m_o$ par $c^2$ et par l'intégrale d'une fonction de la vitesse, $\sqrt{1 - v^2/c^2}$. Puis, à la place de l'énergie potentielle seulement, nous avons une intégrale sur le potentiel scalaire $\phi$ et sur le produit par $\boldsymbol{v}$ du potentiel-vecteur $\boldsymbol{A}$. Bien sûr, nous ne tenons compte là, que des forces électromagnétiques. Tous les champs électriques et magnétiques s'expriment en fonction de $\phi$ et $\boldsymbol{A}$. Cette fonction action conduit à la théorie complète du mouvement relativiste d'une particule unique dans un champ électromagnétique.

« Évidemment, partout où j'ai écrit $\boldsymbol{v}$ vous avez compris qu'avant d'effectuer quoi que ce soit, vous devez substituer $dx/dt$ à $v_x$ et ainsi de suite, pour toutes les composantes. De même vous notez $x(t)$, $y(t)$, $z(t)$, le point sur le trajet, à l'instant $t$, là où j'ai simplement écrit $x, y, z$. A vrai dire, ce n'est qu'après avoir fait ces substitutions sur $\boldsymbol{v}$ que vous avez la formule de l'action pour une particule relativiste. Je laisserai aux plus astucieux d'entre vous le soin de montrer que cette formule de l'action conduit bien, en fait, aux équations exactes du mouvement relativiste. Puis-je vous suggérer de le faire d'abord sans tenir compte de $\boldsymbol{A}$, c'est-à-dire en l'absence d'un champ magnétique ? Vous devriez alors obtenir les composantes de l'équation du mouvement $d\boldsymbol{p}/dt = -q\nabla\phi$, où, vous vous en souvenez, $\boldsymbol{p} = m\boldsymbol{v}/\sqrt{1 - v^2/c^2}$.

« Il est beaucoup plus difficile de considérer le cas où il y a aussi un potentiel-vecteur. Les variations deviennent beaucoup plus compliquées. Mais en fin de compte, le terme de la force se réduit bien à $q(\boldsymbol{E} + \boldsymbol{v} \times \boldsymbol{B})$, comme il le faut. Mais je vous laisserai vous amuser avec cela.

« J'aimerais insister sur le fait que dans le cas général, par exemple dans la formule relativiste, l'intégrant de l'action ne s'écrit plus sous la forme de la différence de l'énergie cinétique et de l'énergie potentielle. Ceci n'est vrai que dans l'approximation non relativiste. Par exemple, le terme $m_0c^2\sqrt{1 - v^2/c^2}$ n'est pas ce que nous avons appelé l'énergie cinétique. La question de savoir ce que doit être l'action, dans chaque cas particulier, doit être résolue par tâtonnements. C'est exactement le même problème que la détermination des lois du mouvement en premier lieu. Vous devez bricoler les équations que vous connaissez pour essayer de les mettre sous la forme du principe de moindre action.

« Une dernière remarque sur la terminologie. La fonction qu'on intègre par rapport au temps pour avoir l'action $S$ s'appelle le *Lagrangien*, $\mathcal{L}$, qui est une fonction des seules vitesses et coordonnées de position des particules. Donc le principe de moindre action peut encore s'écrire

$$S = \int_{t_1}^{t_2} \mathcal{L}(x_i, v_i)\, dt,$$

où $x_i$ et $v_i$ sont les composantes des positions et des vitesses. Donc si vous entendez parler de « Lagrangien », vous saurez qu'il s'agit de la fonction utilisée pour trouver $S$. Dans le cas d'un mouvement relativiste, dans un champ électromagnétique

$$\mathcal{L} = -m_0c^2\sqrt{1 - v^2/c^2} - q(\phi - \boldsymbol{v} \cdot \boldsymbol{A}).$$

« Je voudrais ajouter aussi, que $S$ n'est pas vraiment appelée l'« action » par les plus précis et les plus pédants. Ils l'appellent « la première fonction principale de Hamilton ». Or je déteste faire un cours sur « le principe-du-moindre-de-la-première-fonction principale-de-Hamilton ».

Donc, je l'appelle l'« action ». D'ailleurs, de plus en plus de gens l'appellent l'action. Vous voyez, historiquement quelque chose d'autre qui n'est pas tout à fait aussi utile était appelé l'action, mais je pense qu'il est plus sensé de changer en faveur d'une définition plus nouvelle. Donc maintenant, vous aussi vous appellerez cette nouvelle fonction l'action, et très vite tout le monde l'appellera par ce nom simple.

« Je veux maintenant tenir certains propos sur ce sujet, qui sont tout à fait semblables à ceux que j'avais développés à propos du pru cipe du moindre temps. Il existe une assez grande différence sur le caractère d'une loi selon laquelle une certaine intégrale d'un point à un autre est minimum – qui concerne tout un trajet – et une loi selon laquelle, tandis que vous avancez, il existe une force qui produit une accélération. La seconde indique comment vous décrivez le trajet, point par point, et l'autre est une proposition générale sur le trajet tout entier. Dans le cas de la lumière, nous avons parlé du lien entre ces deux points de vue. Maintenant, je voudrais vous expliquer pourquoi il est vrai que des lois différentielles existent quand existe aussi un principe de moindre action. La raison est la suivante : considérez le trajet réel dans l'espace et le temps. Comme plus haut, considérons une seule dimension, de sorte que nous puissions tracer le graphe de $x$

en fonction de $t$. Le long du vrai trajet, $S$ est minimum. Imaginons que le vrai trajet soit connu et qu'il passe par un certain point $a$, dans l'espace et le temps, et un certain point $b$ voisin.

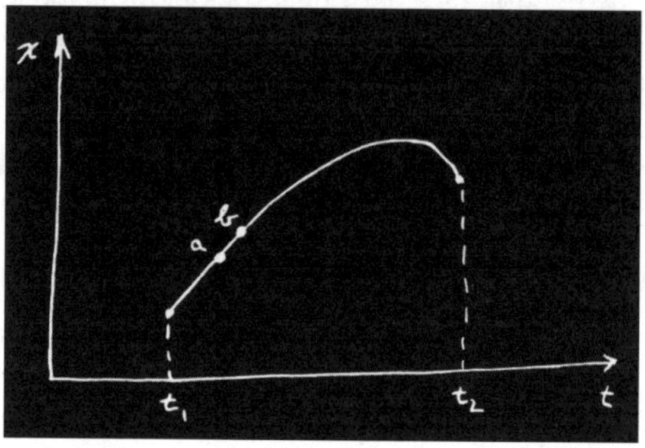


Or, si l'intégrale totale entre $t_1$ et $t_2$ est minimum, l'intégrale le long du petit segment $ab$ est nécessairement minimum. Il est impossible que la partie relative à $ab$ soit un peu plus grande. Sinon, vous pourriez jouer sur cet élément-là du trajet et rendre l'intégrale totale un peu plus petite.

« Donc, chaque subdivision du trajet doit aussi être minimum. Et ceci reste vrai, aussi petite que soit la subdivision. Par conséquent, le principe suivant lequel le trajet tout entier conduit à un minimum peut aussi s'énoncer en disant qu'une section infinitésimale du trajet est une courbe telle que son action est minimum. Si nous considérons une section assez courte du trajet – entre deux points $a$ et $b$ très rapprochés l'un de l'autre – savoir comment varie le potentiel d'un point à un autre au loin n'est pas d'importance, car vous restez presque toujours au même point sur toute la petite section du trajet. La seule chose que vous avez à discuter est la variation, au premier ordre, du potentiel. La réponse ne peut dépendre que de la dérivée du potentiel, et non du potentiel en tout point. Donc la proposition relative à la propriété générale du trajet tout entier, devient une proposition relative à ce qui se passe sur une petite section du trajet – une proposition différentielle.

Et cette proposition différentielle implique seulement les dérivées du potentiel, c'est-à-dire la force en tout point. Telle est l'explication qualitative du lien qui existe entre la loi globale et la loi différentielle.

« Dans le cas de la lumière nous avons aussi abordé la question : comment la particule peut-elle trouver le vrai trajet ? Du point de vue différentiel, cela se comprend facilement. À chaque instant elle subit une accélération, et elle ne sait que ce qu'elle a à faire à cet instant. Mais tout votre instinct de la cause et de l'effet se révolte quand vous dites que la particule décide de suivre le trajet suivant lequel l'action est minimum. Est-ce qu'elle « sent » les trajets voisins pour savoir si oui ou non leur action est plus grande ? Dans le cas de la lumière, quand nous avons mis des diaphragmes afin que les photons ne puissent plus essayer tous les trajets, nous avons trouvé qu'ils ne pouvaient pas décider lequel des trajets suivre, et nous avons obtenu le phénomène de diffraction.

« Est-ce qu'il en est de même en mécanique ? Est-il vrai que la particule n'emprunte pas seulement « le vrai trajet » mais qu'elle examine tous les autres trajets possibles ? Et si nous plaçons des obstacles sur son chemin pour l'empêcher de choisir, obtiendrons-nous un phénomène analogue à la diffraction ? Le miracle dans tout cela c'est que, bien sûr, tout se passe bien ainsi. C'est ce que nous disent les lois de la mécanique quantique. Donc, l'énoncé de notre principe de moindre action est incomplet. Ce n'est pas qu'une particule emprunte le trajet de moindre action, mais qu'elle « sent » tous les trajets du voisinage et qu'elle choisit celui de moindre action d'une façon analogue à celle par laquelle la lumière choisit le temps le plus court. Vous vous rappelez que la façon dont la lumière choisissait le temps le plus court était la suivante : si elle empruntait un trajet qui lui prenait un temps différent, elle arrivait avec une phase différente. Et l'amplitude en un certain point est la somme des contributions des amplitudes correspondant à tous les trajets différents que peut suivre la lumière. Tous les trajets qui donnent des phases très différentes n'arrivent à rien en s'additionnant. Mais si vous pouvez trouver tout un groupe de trajets qui donnent tous presque la même phase, alors les petites contributions s'additionnent et vous obtiendrez une amplitude résultante raisonnable à l'arrivée. Le trajet important devient celui qui est entouré de nombreux trajets voisins et qui donnent tous la même phase.

« C'est exactement ce qui se passe en mécanique quantique. La mécanique quantique (dans un cas non relativiste et en négligeant le spin de [électron) marche ainsi : la probabilité pour qu'une particule partant du point 1 à l'instant $t_1$ arrive au point 2 à l'instant $t_2$ est le carré d'une amplitude de probabilité. L'amplitude totale peut être écrite comme la somme des amplitudes relatives à chaque trajet possible – à chaque chemin d'arrivée. Pour chaque $x(t)$ que nous pourrions avoir – pour chaque trajectoire imaginée possible – nous devons calculer une amplitude. Puis nous les additionnons toutes ensemble. Que prenons-nous pour l'amplitude relative à chaque trajet ? C'est notre intégrale d'action qui nous indique ce que doit être l'amplitude relative à un trajet unique. L'amplitude est proportionnelle au produit d'une certaine constante par $e^{iS/\hbar}$, où $S$ est l'action le long de ce trajet. C'est-à-dire que si nous représentons la phase de l'amplitude par un nombre complexe, l'angle de la phase est $S/\hbar$. L'action $S$ a les dimensions d'une énergie multipliée par un temps, et la constante de Planck $\hbar$ a les mêmes dimensions. C'est la constante qui détermine quand la mécanique quantique est importante.

« Voici comment on opère : supposez que suivant tous les trajets, $S$ est très grande comparée à $\hbar$. Un certain trajet fournit une certaine contribution à l'amplitude. Pour un trajet voisin, la phase est assez différente, car avec un très grand $S$ même une toute petite variation $S$ entraîne une phase tout à fait différente, parce que $\hbar$ est tout petit. Donc, suivant des trajets voisins, normalement les effets s'annuleront par addition – sauf dans une région, et c'est celle dans laquelle un trajet et un trajet voisin donnent la même phase en première approximation (plus précisément, la même action à $\hbar$ près). Ceux-ci seront les seuls trajets importants. Donc dans le cas limite où la constante de Planck $\hbar$ tend vers zéro, les lois correctes de la mécanique quantique peuvent se résumer simplement en disant : « oubliez tout ce qui concerne ces amplitudes de probabilité. La particule parcourt bien un trajet particulier, à savoir celui suivant lequel $S$ ne varie pas en première approximation. » Telle est la relation qui existe entre le principe de moindre action et la mécanique quantique. C'est en 1942 qu'un élève de ce même professeur, Bader, dont je vous ai parlé au début de ce cours, découvrit que la mécanique quantique pouvait être formulée de cette façon. [A l'origine, la mécanique quantique fut formulée sous forme d'une équation différentielle pour l'amplitude (Schrödinger) et aussi sous forme de calculs matriciels (Heisenberg).]

« Je vais maintenant vous parler d'autres principes du minimum en physique. Il y en a de très nombreux intéressants. Je ne vais pas tenter d'en donner maintenant une liste complète, mais j'en décrirai encore un. Plus tard, quand nous aborderons un phénomène physique faisant appel à un principe du minimum, je vous en parlerai à ce moment-là. Je vais maintenant vous montrer qu'on peut décrire l'électrostatique non pas en se donnant une équation différentielle pour le champ, mais en disant qu'une certaine intégrale est maximum ou minimum. Prenons d'abord le cas où la densité de charge est partout connue, et où le problème est de trouver le potentiel en tout point de l'espace. Vous savez que la réponse doit être

$$\nabla^2\phi = -\rho/\epsilon_0.$$

Mais une autre façon de dire la même chose est la suivante : calculez l'intégrale $U^*$, où

$$U^* = \frac{\epsilon_0}{2}\int(\boldsymbol{\nabla}\phi)^2\,dV - \int\rho\phi\,dV,$$

ce qui est une intégrale de volume étendue à tout l'espace. Elle doit être minimum pour la distribution de potentiel exacte *(x, y, z).*

« Nous pouvons montrer que ces deux façons d'exposer l'électrostatique sont équivalentes. Imaginons que nous choisissions une fonction $\phi$ quelconque. Nous voulons montrer qu'en prenant pour cp le potentiel exact $\underline{\phi}$ plus une petite déviation $f$, alors la variation de $U^*$, au premier ordre, est nulle. Nous écrivons donc

$$\phi = \underline{\phi} + f.$$

Le $\underline{\phi}$ est celui que nous cherchons, mais nous le faisons varier pour trouver ce qu'il doit être afin que la variation de $U^*$ soit nulle au premier ordre. Pour le premier terme de U* nous avons besoin de

$$(\boldsymbol{\nabla}\phi)^2 = (\boldsymbol{\nabla}\underline{\phi})^2 + 2\,\boldsymbol{\nabla}\underline{\phi}\cdot\boldsymbol{\nabla}f + (\boldsymbol{\nabla}f)^2.$$

Le seul terme du premier ordre qui variera est

$$2\,\boldsymbol{\nabla}\underline{\phi}\cdot\boldsymbol{\nabla}f.$$

Dans le second terme de $U^*$, l'intégrant est

$$\rho\phi = \rho\underline{\phi} + \rho f,$$

dont la partie variable est $\rho f$. Donc en ne gardant que les parties variables, nous avons besoin de l'intégrale

$$\Delta U^* = \int (\epsilon_0 \nabla \underline{\phi} \cdot \nabla f - \rho f)\, dV.$$

« Or, suivant la vieille règle générale, nous devons débarrasser cette expression remaniée des dérivées de $f$. Examinons ces dérivées. Le produit scalaire est

$$\frac{\partial \underline{\phi}}{\partial x}\frac{\partial f}{\partial x} + \frac{\partial \underline{\phi}}{\partial y}\frac{\partial f}{\partial y} + \frac{\partial \underline{\phi}}{\partial z}\frac{\partial f}{\partial z},$$

que nous devons intégrer par rapport à $x$, $y$, et $z$. Voici le truc : pour nous débarrasser de $\partial f/\partial x$, nous intégrons par parties par rapport à $x$. Ceci nous conduira à des dérivées de $\underline{\phi}$. C'est à partir de cette même idée générale que nous avons éliminé les dérivées par rapport à $t$. Nous appliquons l'égalité

$$\int \frac{\partial \underline{\phi}}{\partial x}\frac{\partial f}{\partial x}\, dx = f\frac{\partial \underline{\phi}}{\partial x} - \int f \frac{\partial^2 \underline{\phi}}{\partial x^2}\, dx.$$

Le terme intégré est nul, puisque $f$ doit être nul à l'infini. (Ceci correspond à prendre n nul à $t_1$ et $t_2$. Donc notre principe peut être posé avec plus de précision : $U^*$ calculé avec le vrai $\phi$ est inférieur à $U^*$ calculé avec tout autre $(x, y, z)$ ayant les mêmes valeurs à l'infini.) Puis nous opérons de même avec $y$ et $z$. Donc notre intégrale $\Delta U^*$ devient

$$\Delta U^* = \int (-\epsilon_0 \nabla^2 \underline{\phi} - \rho) f\, dV.$$

Afin que cette variation soit nulle pour tout $f$, quel qu'il soit, le coefficient de f doit être nul, et par conséquent,

$$\nabla^2 \underline{\phi} = -\rho/\epsilon_0.$$

Nous retrouvons notre vieille équation. Donc notre proposition du « minimum » est correcte.

« Nous pouvons généraliser notre proposition en conduisant nos calculs un peu différemment. Reprenons l'intégration par parties sans passer par les composantes. Commençons par examiner l'égalité suivante :

$$\nabla \cdot (f\, \nabla \underline{\phi}) = \nabla f \cdot \nabla \underline{\phi} + f\, \nabla^2 \underline{\phi}.$$

Si je différencie le membre de gauche, je peux montrer qu'il est exactement égal au membre de droite. Or, nous pouvons appliquer cette relation pour intégrer par parties. Dans notre intégrale $\Delta U^*$, nous remplaçons $-\nabla \underline{\phi} \cdot \nabla f$ par $\nabla^2 \underline{\phi} - \nabla \cdot (f\, \nabla \underline{\phi})$ que nous intégrons sur un volume. On peut remplacer l'intégrale de volume de la divergence, par une intégrale de surface :

$$\int \nabla \cdot (f\, \nabla \underline{\phi})\, dV = \int f\, \nabla \underline{\phi} \cdot \boldsymbol{n}\, da.$$

Puisque nous intégrons sur tout l'espace, la surface sur laquelle nous intégrons est à l'infini. Mais là, $f$ est nulle, et nous arrivons bien à la même réponse que précédemment.

« C'est seulement maintenant que nous voyons comment résoudre un problème quand nous ne savons pas où sont toutes les charges. Imaginez des conducteurs sur lesquels sont réparties des charges d'une certaine façon. Nous pouvons encore appliquer notre principe du minimum si les potentiels de tous les conducteurs sont donnés. Pour avoir $U^*$ nous intégrons seulement sur l'espace extérieur aux conducteurs. Puis, comme nous ne pouvons faire varier $\underline{\phi}$ sur le conducteur, $f$ est nulle sur toutes ces surfaces, et l'intégrale de surface

$$\int f\,\boldsymbol{\nabla}\underline{\phi}\cdot\boldsymbol{n}\,da$$

est encore nulle. L'intégrale de volume restante

$$\Delta U^* = \int(-\epsilon_0\,\nabla^2\underline{\phi} - \rho)f\,dV$$

doit seulement être étendue à l'espace compris entre les conducteurs. Bien sûr, nous obtenons de nouveau l'équation de Poisson,

$$\nabla^2\underline{\phi} = -\rho/\epsilon_0.$$

Nous venons donc de montrer que notre première intégrale $U^*$ est aussi minimum si nous la calculons sur l'espace extérieur aux conducteurs portés à des potentiels donnés (c'est-à-dire tels que toute fonction d'essai $\phi(x, y, z)$ soit égale au potentiel donné des conducteurs quand $x, y, z$ est un point de la surface d'un conducteur).

« Un cas intéressant est celui où les charges n'existent que sur les conducteurs. Alors

$$U^* = \frac{\epsilon_0}{2}\int(\boldsymbol{\nabla}\phi)^2\,dV.$$

Selon notre principe du minimum, dans le cas où les conducteurs sont portés à des potentiels donnés, le potentiel entre eux s'ajuste pour que l'intégrale $U^*$ soit minimum. Quelle est cette intégrale ? Le terme $\boldsymbol{\nabla}\phi$ est le champ électrique, donc l'intégrale est l'énergie électrostatique. Le vrai champ est celui qui, parmi tous ceux qui dérivent d'un potentiel, possède l'énergie totale minimum.

« J'aimerais appliquer ce résultat à un calcul particulier, pour vous montrer que tout ceci est réellement utilisable en pratique. Je vais prendre deux conducteurs en forme de condensateur cylindrique.

Le conducteur intérieur est porté au potentiel $V$, et l'extérieur au potentiel zéro. Soit $a$ le rayon du conducteur intérieur, et $b$ celui de l'extérieur. Entre les deux nous pouvons admettre une distribution du potentiel *quelconque*. Si nous prenons le $\phi$ *correct* pour calculer $\epsilon_0/2\int(\boldsymbol{\nabla}\phi)^2\,dV$, nous devons obtenir l'énergie du système, $\frac{1}{2}CV^2$. Nous pouvons donc calculer C par application de ce principe. Mais si nous prenons une mauvaise distribution de potentiel pour calculer la capacité $C$ par cette méthode, nous obtiendrons une valeur de la capacité trop grande, puisque $V$ est donné. Tout potentiel $\phi$ proposé qui

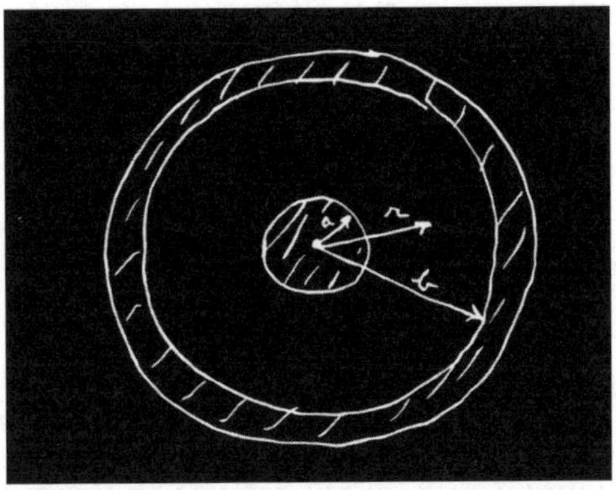


n'est pas tout à fait le potentiel exact conduira à une valeur fausse de $C$ plus grande que la valeur correcte. Mais si mon $\phi$ inexact est une approximation grossière quelconque, la valeur de $C$ obtenue sera une bonne approximation parce que l'erreur sur $C$ est du second ordre par rapport à l'erreur sur $\phi$.

« Imaginez que je ne connaisse pas la capacité d'un condensateur cylindrique. Je peux appliquer ce principe pour la calculer. J'essaye de deviner la fonction potentiel $\phi$ jusqu'à ce que j'obtienne la plus petite valeur de $C$. Imaginez, par exemple, que je choisisse un potentiel qui corresponde à un champ constant. (Vous savez, bien sûr, que le champ n'est pas réellement constant ici ; il varie comme $1/r$.) Un champ constant entraîne un potentiel qui varie linéairement avec la distance. Pour que les conditions sur les deux conducteurs soient satisfaites, il faut que

$$\phi = V\left(1 - \frac{r-a}{b-a}\right).$$

Cette fonction est égale à $V$ pour $r = a$, à zéro pour $r = b$, et entre les deux a une pente constante et égale à $-V/(b-a)$. Donc, ce qu'il faut faire pour trouver l'intégrale $U^*$, c'est multiplier le carré de ce gradient par $\epsilon_0/2$ et intégrer sur tout le volume. Faisons ce calcul pour un cylindre de longueur unité. Un élément de volume de rayon $r$ est $2\pi r dr$. J'intègre et je trouve que ce premier essai me donne pour la capacité

$$\frac{1}{2} C_{(\text{premier essai})} V^2 = \frac{\epsilon_0}{2} \int_a^b \frac{V^2}{(b-a)^2} 2\pi r \, dr.$$

L'intégrale est facile ; elle vaut

$$\pi V^2 \left(\frac{b+a}{b-a}\right).$$

J'obtiens donc une formule pour la capacité qui n'est pas la bonne, mais est le résultat d'un travail approché :

$$\frac{C}{2\pi\epsilon_0} = \frac{b+a}{2(b-a)}.$$

Elle est, évidemment, différente de la réponse exacte $C = 2\pi\epsilon_0/\ln(b/a)$, mais elle n'est pas si mauvaise. Comparons-la à la réponse exacte, pour différentes valeurs de $b/a$. J'ai rassemblé les résultats dans ce tableau :

| $\frac{b}{a}$ | $\frac{C_{\text{vrai}}}{2\pi\epsilon_0}$ | $\frac{C_{(\text{première approximation})}}{2\pi\epsilon_0}$ |
|---|---|---|
| 2 | 1.4423 | 1.500 |
| 4 | 0.721 | 0.833 |
| 10 | 0.434 | 0.612 |
| 100 | 0.217 | 0.51 |
| 1.5 | 2.4662 | 2.50 |
| 1.1 | 10.492059 | 10.500000 |

Même quand $b/a$ est aussi grand que 2– ce qui donne une assez grande variation du champ comparé à un champ linéaire – j'obtiens une approximation très valable. La réponse est évidemment un peu trop élevées comme prévu. Les choses deviennent bien pires avec un fil fin à l'intérieur d'un grand cylindre. Le champ présente alors des variations énormes et si vous le représentez par une constante, vous ne réussissez pas tellement bien. Avec $b/a = 100$, nous nous trompons d'un facteur voisin de 2. Les résultats sont bien meilleurs pour $b/a$ petit. Prenons le cas opposé extrême, où les conducteurs ne sont pas très éloignés – disons $b/a = 1,1$ – le champ constant est alors une assez bonne approximation, et nous obtenons pour $C$ une valeur correcte à mieux que un dixième pour cent.

« J'aimerais maintenant vous montrer comment améliorer ce calcul. (Évidemment, vous *connaissez* déjà la réponse exacte pour le cylindre, mais la méthode reste la même pour des formes curieuses autres, pour lesquelles vous pouvez ignorer la réponse exacte.) L'étape suivante consiste à essayer une meilleure approximation pour le $\phi$ vrai inconnu. Par exemple, nous pourrions essayer pour $\phi$ une constante plus une exponentielle, etc. Mais comment savoir quelle est la meilleure approximation à moins de connaître le vrai $\phi$ ? Réponse : vous calculez $C$ ; la plus faible valeur de $C$ est la valeur la plus proche de la vérité. Développons cette idée. Imaginons que le potentiel ne soit pas linéaire, mais quadratique en $r$– que le champ électrique n'est pas constant, mais linéaire. La forme quadratique la plus *générale* qui vérifie $\phi = 0$ pour $r = b$ et $\phi = V$ pour $r = a$ est

$$\phi = V\left[1 + \alpha\left(\frac{r-a}{b-a}\right) - (1+\alpha)\left(\frac{r-a}{b-a}\right)^2\right],$$

où a est un nombre constant. Cette formule est un peu plus compliquée. Elle fait intervenir un terme quadratique dans le potentiel, aussi bien qu'un terme linéaire. Il est très facile d'en déduire le champ. Le champ est simplement

$$E = -\frac{d\phi}{dr} = -\frac{\alpha V}{b-a} + 2(1+\alpha)\,\frac{(r-a)V}{(b-a)^2}.$$

Il nous faut maintenant l'élever au carré et l'intégrer sur un volume. Mais attendez un instant. Quelle valeur donner à $a$ ? Je peux prendre une parabole pour $\phi$ ; mais quelle parabole ? Voici ce que je fais : je calcule la capacité avec *un a arbitraire*. Voici ce que j'obtiens

$$\frac{C}{2\pi\epsilon_0} = \frac{a}{b-a}\left[\frac{b}{a}\left(\frac{\alpha^2}{6} + \frac{2\alpha}{3} + 1\right) + \frac{1}{6}\alpha^2 + \frac{1}{3}\right].$$

Cela paraît un peu compliqué, mais cela résulte de l'intégration du carré du champ. Maintenant je peux choisir mon $a$. Je sais que la vérité se place en dessous de tout ce que je vais calculer, donc quelle que soit la valeur que je donne à a, elle me donnera une réponse trop grande. Mais si je continue à jouer sur a et que j'obtienne la plus petite valeur, cette plus petite valeur est plus proche de la vérité que toute autre. Donc ce que je fais ensuite, c'est choisir la valeur de $a$ qui rende $C$ minimum. En effectuant ceci par des calculs classiques, je trouve que le minimum de $C$ a lieu pour $a = 2b/(b + a)$. En portant cette valeur dans la formule, j'obtiens pour la capacité minimum

$$\frac{C}{2\pi\epsilon_0} = \frac{b^2 + 4ab + a^2}{3(b^2 - a^2)}.$$

« J'ai calculé $C$ par cette formule, pour différentes valeurs de $b/a$. J'appelle ces nombres $C_{(\text{quadratique})}$. Voici un tableau de comparaison de $C_{(\text{quadratique})}$ à $C$ vrai.

| $\frac{b}{a}$ | $\frac{C_{\text{vraie}}}{2\pi\epsilon_0}$ | $\frac{C_{(\text{quadratique})}}{2\pi\epsilon_0}$ |
|---|---|---|
| 2 | 1.4423 | 1.444 |
| 4 | 0.721 | 0.733 |
| 10 | 0.434 | 0.475 |
| 100 | 0.217 | 0.346 |
| 1.5 | 2.4662 | 2.4667 |
| 1.1 | 10.492059 | 10.492065 |

« Par exemple, quand le rapport des rayons est de 2 à 1, j'obtiens 1,444, ce qui est une très bonne approximation de la réponse exacte, 1,4423. Même pour de plus grands $b/a$, cela se maintient assez bien – c'est bien bien meilleur que la première approximation. C'est même assez bon – un écart de 10 pour cent seulement – alors que $b/a$ est dans le rapport de 10 à 1. Mais quand il devient de 100 à 1 – alors rien ne va plus. J'obtiens pour $C$, 0,346 au lieu de 0,267. D'un autre côté, pour un rapport des rayons de 1,5, la réponse est excellente ; et pour un $b/a$ égal à 1,1 la réponse est 10,492065 au lieu de 10,492070 ; là où la réponse doit être bonne, elle est très, très bonne.

« J'ai donné ces exemples, premièrement pour montrer la valeur théorique des principes de moindre action et des principes du minimum en général, et deuxièmement pour montrer leur utilité pratique – pas seulement pour calculer une capacité quand nous connaissons déjà la réponse. Pour toute autre forme, vous pouvez vous figurer un champ approximatif avec certains paramètres inconnus tels que a, puis les déterminer pour obtenir un minimum. Vous obtiendrez d'excellents résultats numériques pour des problèmes intraitables autrement. »

**Note ajoutée après le cours**

« Je voudrais ajouter quelque chose dont je n'ai pas eu le temps de parler pendant mon cours. (Il semble que je prépare toujours plus que je n'ai le temps de traiter.) Comme je l'ai mentionné un peu plus haut, j'ai été pris par un problème pendant que je préparais ce cours. Je veux vous dire quel est ce problème. Parmi les principes du minimum que j'ai déjà mentionnés, j'ai remarqué que la plupart d'entre eux surgissaient dans un sens ou dans un autre, du principe de moindre action de la mécanique et de l'électrodynamique. Mais il y a aussi une classe qui n'en provient pas. Par exemple, si des courants doivent traverser une certaine substance, en obéissant à la loi d'Ohm, les courants se distribuent à l'intérieur de cette substance de sorte que la vitesse à laquelle la chaleur est engendrée soit minimum. Nous pouvons dire aussi (si tout est maintenu isotherme) que la vitesse à laquelle l'énergie est engendrée est minimum. Or, ce principe est aussi valable, d'après la théorie classique, pour déterminer même la distribution des vitesses des électrons à l'intérieur d'un métal parcouru par un courant. La distribution des vitesses n'est pas exactement la distribution d'équilibre [chapitre 40, Vol. I ; Éq. (40.6)] parce qu'il y a un mouvement d'ensemble. On peut trouver la nouvelle distribution à partir du principe suivant : c'est pour un courant donné la distribution pour laquelle l'entropie dégagée par seconde par les collisions est aussi petite que possible. Cependant, la véritable description du comportement des électrons devrait se faire par la mécanique quantique. La question est la suivante : est-ce que ce même principe du minimum de l'entropie s'applique encore quand on décrit cette situation par la mécanique quantique ? Je n'ai pas encore trouvé.

« Cette question est d'un intérêt académique, évidemment. De tels principes sont captivants et il vaut toujours la peine d'essayer de voir jusqu'où leur généralité s'étend. Mais aussi d'un point de vue plus pratique, je *veux* savoir. Moi-même, avec quelques collègues, nous avons publié un article où nous avons calculé approximativement par la mécanique quantique, la résistance électrique subie par un électron qui se déplace dans un cristal ionique de NaCl. [Feynman, Hellworth, Iddings, and Platzman, « Mobilité des électrons lents dans un cristal polaire », *Phys. Rev.* 127, 1004 (1962).] Mais si un principe du minimum existait, nous pourrions l'appliquer pour obtenir des résultats beaucoup plus précis, tout comme le principe du minimum pour la capacité d'un condensateur nous avait permis d'obtenir une telle précision pour la capacité bien que nous n'ayons eu que des connaissances grossières sur le champ électrique. »

# Solutions des équations de Maxwell dans le vide

20

## 20.1 Ondes dans le vide ; ondes planes

Au chapitre 18, nous en sommes arrivés aux équations de Maxwell sous leur forme générale. Tout ce qu'il faut savoir sur la théorie classique des champs électriques et magnétiques se trouve résumé dans les quatre équations :

$$\begin{array}{llll} \text{I.} & \nabla\cdot\boldsymbol{E}=\dfrac{\rho}{\epsilon_0} & \text{II.} & \nabla\times\boldsymbol{E}=-\dfrac{\partial\boldsymbol{B}}{\partial t} \\ \text{III.} & \nabla\cdot\boldsymbol{B}=0 & \text{IV.} & c^2\nabla\times\boldsymbol{B}=\dfrac{\boldsymbol{j}}{\epsilon_0}+\dfrac{\partial\boldsymbol{E}}{\partial t} \end{array} \tag{20.1}$$

En regroupant ces équations, un phénomène nouveau remarquable nous est apparu : des champs engendrés par des charges mobiles peuvent quitter les sources et se propager tout seuls dans l'espace. Nous avons considéré un exemple particulier dans lequel on établit soudainement une nappe de courant infinie. Après l'établissement du courant pendant un temps $t$, il existe des champs électriques et magnétiques uniformes qui se sont propagés à la distance $ct$ de la source. Supposons que la nappe de courant soit dans le plan des $yz$ avec une densité superficielle de courant $J$ dans le sens positif des $y$. Le champ électrique n'aura qu'une composante suivant les $y$, et le champ magnétique, suivant les $z$. Les composantes des champs sont alors

$$E_y=cB_z=-\frac{J}{2\epsilon_0 c}, \tag{20.2}$$

pour les valeurs positives de $x$ inférieures à $ct$. Pour de plus grands $x$ les champs sont nuls. Il existe évidemment des champs analogues qui se propagent à la même distance à partir de la couche de courant du côté des $x$ négatifs. Sur la Fig. 20.1 nous avons tracé le graphe de l'intensité des champs en fonction de $x$ à l'instant $t$. Quand le temps passe, le « front d'onde » en $ct$ s'éloigne dans la direction des $x$ à la vitesse constante $c$.

Considérons maintenant la suite des événements. Nous établissons un courant unité pendant un certain temps, puis soudainement nous en augmentons l'intensité à trois unités, et le maintenons constant à cette valcur. Quelle est alors l'allure des champs ? Nous pouvons en avoir une idée de la façon suivante. D'abord, imaginons un courant unité établi à l'instant $t=0$ et maintenu toujours constant. Les champs dans la direction positive

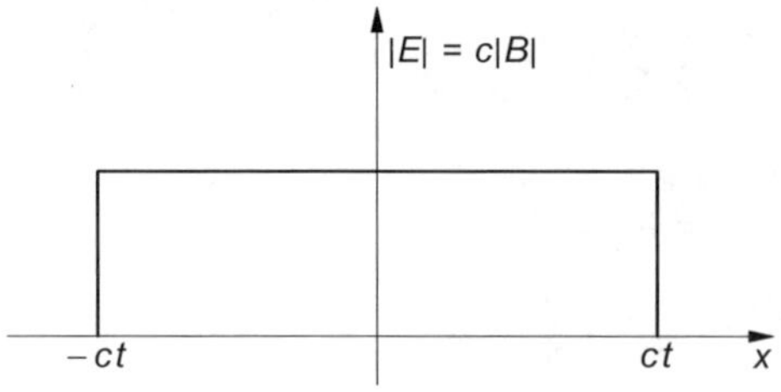


Figure 20.1 – Le champ électrique et magnétique, fonction de $x$, à l'instant $t$ après l'établissement du courant.

des $x$ sont représentés par le graphe (a) de la Fig. 20.2. Ensuite, nous nous demandons ce qui se passerait si l'on établissait un courant constant de deux unités à l'instant $t_1$.

Les champs dans ce cas seront deux fois plus intenses que précédemment mais se propageront suivant les $x$ seulement jusqu'à la distance $c(t - t_1)$, comme on le voit sur la partie (b) de la figure. En additionnant ces deux solutions, d'après le principe de superposition, nous trouvons que la somme des deux sources est un courant d'une unité de l'instant zéro à $t_1$, et un courant de trois unités à des instants supérieurs à $t_1$. À l'instant $t$, les champs varieront avec $x$ comme l'indique la partie (c) de la Fig. 20.2.

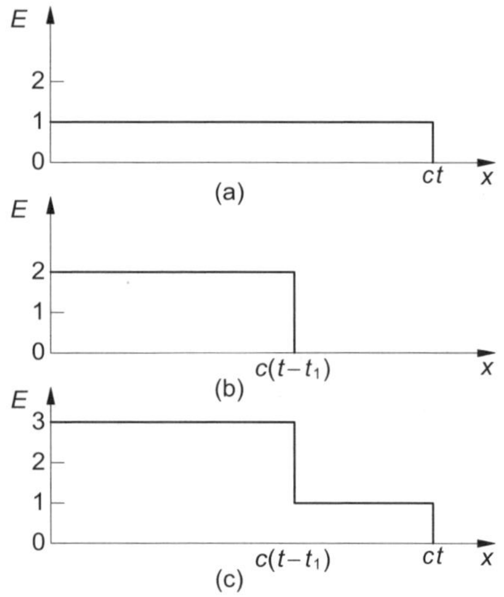


Figure 20.2 – Le champ électrique d'une nappe de courant. (a) Un courant unité établi à $t = 0$ ; (b) un courant de deux unités établi à $t = t_1$ ; (c) superposition de (a) et (b).

Considérons alors un problème plus compliqué. Soit un courant unité établi pendant un certain temps, puis augmentant à trois unités, puis coupé. Quels sont les champs dus à ce courant ? Nous pouvons trouver la solution de la même manière – en additionnant les solutions des trois problèmes séparés. D'abord, nous trouvons les champs dus à un courant en forme de marche d'une unité. (Nous avons déjà résolu ce problème.) Ensuite nous trouvons les champs dus à une marche de courant de deux unités. Enfin, nous résolvons le cas des champs dus à une marche de courant de *moins* trois unités. En ajoutant les trois solutions, nous obtiendrons un courant unité entre $t = 0$ et un certain temps, soit $t_1$, puis de trois unités jusqu'à un certain temps $t_2$, et enfin, coupé – c'est-à-dire nul. Un graphe de l'intensité du courant en fonction du temps est donné sur la Fig. 20.3a. En additionnant les trois solutions du champ électrique, nous trouvons que sa variation en

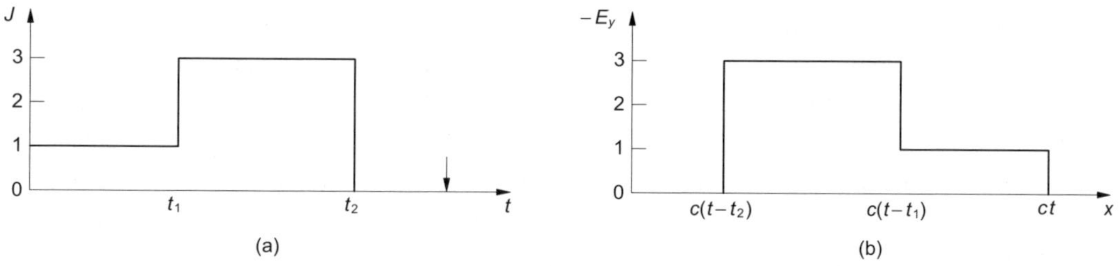


Figure 20.3 – Si l'intensité du courant de la source varie comme l'indique (a), alors, à l'instant $t$ marqué par la flèche, le champ électrique est une fonction de $x$ représentée en (b).

fonction de $x$ à un instant donné $t$ est donnée par la Fig. 20.3b. Le champ est une représentation exacte du courant. La distribution du champ dans l'espace est un joli graphe des variations de l'intensité du courant en fonction du temps – simplement tracé à l'envers. Quand le temps évolue la figure entière s'éloigne, à la vitesse $c$, de sorte qu'il existe une bouffée de champ qui se propage suivant les $x$ positifs et qui contient une mémoire complète et détaillée de l'histoire de toutes les variations du courant. Si nous devions nous trouver à des kilomètres de là, nous pourrions dire exactement comment a varié le courant dans la source, à partir des variations du champ électrique ou magnétique.

Vous noterez que longtemps après que toute activité de la source ait cessé, et que toutes les charges et courants soient nuls, le champ continue à se propager à travers l'espace. Nous avons une distribution des champs électriques et magnétiques qui existe indépendamment de toutes charges ou courants. C'est le nouvel effet qui résulte de l'ensemble des équations de Maxwell. Si nous voulons, nous pouvons donner une représentation mathématique complète de l'analyse que nous venons de faire, en écrivant que le champ électrique en un point donné et à un instant donné est proportionnel au courant de la source, non pas au *même* instant cependant, mais à l'instant *antérieur* $t - x/c$. Nous pouvons écrire

$$E_y(t) = -\frac{J(t - x/c)}{2\epsilon_0 c}. \tag{20.3}$$

Croyez-le ou non, nous avons déjà établi cette même équation à partir d'un autre point de vue dans le Vol. I, en traitant la théorie de l'indice de réfraction. Là, il nous fallait représenter les champs dus à une mince couche de dipôles oscillants d'une couche diélectrique, dont les dipôles étaient mis en mouvement par le champ électrique d'une onde électromagnétique incidente. Notre problème consistait à calculer les champs résultants de l'onde incidente et des ondes rayonnées par les dipôles oscillants. Comment avons-nous pu calculer les champs engendrés par des charges en mouvement, alors que nous ne disposions pas des équations de Maxwell ? À ce moment-là, nous avons pris comme point de départ (sans aucune démonstration) une formule pour les champs rayonnés créés à grande distance par une charge ponctuelle accélérée. Si vous regardez au chapitre 31 du Vol. I, vous verrez que l'Éq. (31.9) est exactement la même que l'Éq. (20.3) que nous venons d'écrire. Bien que notre démonstration primitive ne soit valable qu'aux grandes distances de la source, nous voyons que ce même résultat reste vrai, même tout près de la source.

Nous allons maintenant examiner d'un point de vue tout à fait général le comportement des champs électriques et magnétiques dans le vide loin des sources, c'est-à-dire loin des courants et des charges. Très près des sources – assez près pour que pendant la durée de propagation, la source n'ait pas eu le temps de varier notablement – les champs sont pratiquement ceux que nous avons trouvés dans ce que nous avons appelé les cas de l'électrostatique et de la magnétostatique. Si cependant nous nous éloignons à des distances assez grandes pour que ces durées deviennent importantes, la nature des champs peut être radicalement différente des solutions que nous avons trouvées. En un certain sens, les champs commencent à acquérir un caractère propre quand ils se sont beaucoup éloignés de toutes les sources. Nous pouvons donc commencer par l'étude du comportement des champs dans une région où il n'y a ni courants, ni charges.

Imaginez qu'on pose la question : quel genre de champs peut-il y avoir dans des régions où $\rho$ et $\boldsymbol{j}$ sont tous les deux nuls ? Dans le chapitre 18 nous avons vu que le contenu physique des équations de Maxwell pouvait s'exprimer sous forme d'équations différentielles auxquelles obéissent les potentiels scalaire et vectoriel :

$$\nabla^2\phi - \frac{1}{c^2}\frac{\partial^2\phi}{\partial t^2} = -\frac{\rho}{\epsilon_0}, \tag{20.4}$$

$$\nabla^2\boldsymbol{A} - \frac{1}{c^2}\frac{\partial^2\boldsymbol{A}}{\partial t^2} = -\frac{\boldsymbol{j}}{\epsilon_0 c^2}. \tag{20.5}$$

Si $\rho$ et $\boldsymbol{j}$ sont nuls, ces équations revêtent la forme plus simple

$$\nabla^2\phi - \frac{1}{c^2}\frac{\partial^2\phi}{\partial t^2} = 0, \tag{20.6}$$

$$\nabla^2\boldsymbol{A} - \frac{1}{c^2}\frac{\partial^2\boldsymbol{A}}{\partial t^2} = 0. \tag{20.7}$$

Ainsi, dans le vide le potentiel scalaire $\phi$ et chacune des composantes du potentiel vectoriel $\boldsymbol{A}$, satisfont tous à la même équation mathématique. Soit $\psi$ (psi) l'une quelconque des quatre grandeurs $\phi$, $A_x$, $A_y$, $A_z$ : nous cherchons les solutions générales de l'équation suivante :

$$\nabla^2\psi - \frac{1}{c^2}\frac{\partial^2\psi}{\partial t^2} = 0. \tag{20.8}$$

Cette équation est appelée l'équation d'onde à trois dimensions, parce que la fonction $\psi$ peut, en général, dépendre de $x$, $y$, et $z$, et nous devons tenir compte des variations de toutes les coordonnées. Ceci apparaît clairement quand on explicite les trois termes de l'opérateur Laplacien :

$$\frac{\partial^2\psi}{\partial x^2} + \frac{\partial^2\psi}{\partial y^2} + \frac{\partial^2\psi}{\partial z^2} - \frac{1}{c^2}\frac{\partial^2\psi}{\partial t^2} = 0. \tag{20.9}$$

Dans le vide, les champs électrique $\boldsymbol{E}$ et magnétique $\boldsymbol{B}$ satisfont aussi à l'équation d'onde. Ainsi, puisque $\boldsymbol{B} = \boldsymbol{\nabla} \times \boldsymbol{A}$, nous pouvons obtenir une équation différentielle pour $\boldsymbol{B}$ en prenant le rotationnel de l'Éq. (20.7). Comme le Laplacien est un opérateur scalaire, l'ordre des opérations Laplacien et rotationnel peut être inversé :

$$\boldsymbol{\nabla} \times (\nabla^2 \boldsymbol{A}) = \nabla^2(\boldsymbol{\nabla} \times \boldsymbol{A}) = \nabla^2 \boldsymbol{B}.$$

De même, l'ordre des opérations rotationnel et $\partial/\partial t$ peut être inversé :

$$\boldsymbol{\nabla} \times \frac{1}{c^2}\frac{\partial^2 \boldsymbol{A}}{\partial t^2} = \frac{1}{c^2}\frac{\partial^2}{\partial t^2}(\boldsymbol{\nabla} \times \boldsymbol{A}) = \frac{1}{c^2}\frac{\partial^2 \boldsymbol{B}}{\partial t^2}.$$

Appliquant ces résultats nous obtenons pour $\boldsymbol{B}$, l'équation différentielle suivante :

$$\nabla^2 \boldsymbol{B} - \frac{1}{c^2}\frac{\partial^2 \boldsymbol{B}}{\partial t^2} = 0. \tag{20.10}$$

Ainsi, chacune des composantes du champ magnétique $\boldsymbol{B}$ satisfait à l'équation d'onde à trois dimensions. De même partant du fait que $\boldsymbol{E} = -\boldsymbol{\nabla}\phi - \frac{\partial \boldsymbol{A}}{\partial t}$, il s'ensuit que le champ électrique dans le vide satisfait aussi à l'équation d'onde à trois dimensions :

$$\nabla^2 \boldsymbol{E} - \frac{1}{c^2}\frac{\partial^2 \boldsymbol{E}}{\partial t^2} = 0. \tag{20.11}$$

Tous nos champs électromagnétiques satisfont à la même équation d'onde, Éq. (20.8). Nous pouvons donc bien nous demander : quelle est la solution la plus générale de cette équation ? Cependant, plutôt que de nous attaquer directement à cette question difficile, nous allons examiner ce que l'on peut dire en général, des solutions où rien n'est fonction de $y$ et $z$. (Considérez toujours d'abord, un cas simple, afin de voir ce qui va se passer, puis abordez les cas plus compliqués.) Supposons que les grandeurs des champs ne dépendent que de $x$ – qu'il n'y a aucune *variation* des champs avec $y$ et $z$. Nous considérons donc, de nouveau, des ondes planes. Nous devons nous attendre à des résultats semblables à ceux du paragraphe précédent. En fait, nous trouverons précisément les mêmes réponses. Vous allez vous demander : « pourquoi tout recommencer ? » Il est important de recommencer, d'abord, parce que nous n'avons pas montré que les ondes que nous avons trouvées, sont les solutions les plus générales pour les ondes planes, et ensuite, parce que nous avons trouvé les champs dus seulement à une source de courant très particulière. Nous aimerions maintenant poser la question suivante : quelle est l'onde à une dimension la plus générale qui peut exister dans le vide ? Nous ne pouvons pas y répondre en regardant ce qui se passe pour telle ou telle source particulière, mais nous devons traiter la question sur un plan plus général. Nous allons opérer cette fois-ci sur les équations différentielles au lieu d'opérer sur les équations prises sous leur forme intégrale. Bien que nous trouvions les mêmes résultats, c'est là un exercice de va-et-vient que de montrer qu'il n'y a aucune différence quelle que soit la méthode choisie. Vous devriez savoir comment traiter les questions de toutes les façons possibles, parce que, en face d'un problème difficile, vous verrez souvent qu'il n'y a qu'une seule de ces façons qui soit utilisable.

Nous pourrions considérer directement la solution de l'équation d'onde pour une certaine grandeur électromagnétique. Nous préférons partir directement des équations de Maxwell dans le vide afin que vous puissiez apprécier leur relation étroite avec les ondes électromagnétiques. Donc, nous partons des équations (20.1) en posant que charges et courants sont nuls. Elles deviennent

$$\begin{aligned} &\text{I.} \quad \boldsymbol{\nabla} \cdot \boldsymbol{E} = 0 \\ &\text{II.} \quad \boldsymbol{\nabla} \times \boldsymbol{E} = -\frac{\partial \boldsymbol{B}}{\partial t} \\ &\text{III.} \quad \boldsymbol{\nabla} \cdot \boldsymbol{B} = 0 \\ &\text{IV.} \quad c^2 \boldsymbol{\nabla} \times \boldsymbol{B} = \frac{\partial \boldsymbol{E}}{\partial t} \end{aligned} \tag{20.12}$$

Nous écrivons la première équation en faisant apparaître les composantes :

$$\boldsymbol{\nabla} \cdot \boldsymbol{E} = \frac{\partial E_x}{\partial x} + \frac{\partial E_y}{\partial y} + \frac{\partial E_z}{\partial z} = 0. \tag{20.13}$$

Nous admettons qu'il n'y a pas de variations avec $y$ et $z$, de sorte que les deux derniers termes sont nuls. Cette équation nous indique alors que

$$\frac{\partial E_x}{\partial x} = 0. \tag{20.14}$$

Sa solution est telle que $E_x$, composante du champ électrique suivant les $x$, est constante dans l'espace. Si vous regardez l'équation IV de (20.12), en admettant qu'il n'y a pas de variations de $\boldsymbol{B}$ avec $y$ et $z$, vous pouvez voir que $E_x$ est aussi constante dans le temps. Un tel champ pourrait bien être le champ constant créé par les plateaux d'un condensateur chargé, à grande distance. Pour l'instant, nous ne nous intéressons pas à ce champ statique sans intérêt ; nous ne nous intéressons qu'aux champs dynamiques variables. Pour des champs *dynamiques*, $E_x = 0$.

Nous obtenons donc ce résultat important pour la propagation des ondes planes dans une direction quelconque, que *le champ électrique doit être normal à la direction de propagation*. Il peut, évidemment, varier de façon compliquée avec la coordonnée $x$.

Le champ transversal $\boldsymbol{E}$ peut toujours être décomposé en deux composantes, disons la composante $y$ et la composante $z$. Donc, traitons d'abord le cas où le champ électrique a une seule composante transversale. Prenons d'abord un champ électrique toujours orienté suivant l'axe des $y$, et dont la composante $z$ est nulle. Il est évident que si nous résolvons ce problème, nous pouvons aussi résoudre celui où le champ électrique est toujours orienté suivant l'axe des $z$. La solution générale peut toujours s'exprimer comme la superposition de ces deux champs.

Comme nos équations deviennent alors faciles ! La seule composante du champ électrique non nulle est $E_y$, et toutes les dérivées – sauf celles par rapport à $x$ – sont nulles. Les autres équations de Maxwell deviennent alors très simples.

Examinons maintenant la seconde équation de Maxwell (II de l'Éq. (20.12)]. Écrivant les composantes du rotationnel de $\boldsymbol{E}$, nous obtenons

$$(\boldsymbol{\nabla} \times \boldsymbol{E})_x = \frac{\partial E_z}{\partial y} - \frac{\partial E_y}{\partial z} = 0,$$

$$(\boldsymbol{\nabla} \times \boldsymbol{E})_y = \frac{\partial E_x}{\partial z} - \frac{\partial E_z}{\partial x} = 0,$$

$$(\boldsymbol{\nabla} \times \boldsymbol{E})_z = \frac{\partial E_y}{\partial x} - \frac{\partial E_x}{\partial y} = \frac{\partial E_y}{\partial x}.$$

La composante $x$ de $\boldsymbol{\nabla} \times \boldsymbol{E}$ est nulle, car les dérivées par rapport à $y$ et $z$ sont nulles. La composante $y$ est nulle aussi ; le premier terme est nul car la dérivée par rapport à $z$ est nulle, et le second terme est nul car $E_z$ est nul. La seule composante de rotationnel de $\boldsymbol{E}$ qui ne soit pas nulle est la composante $z$, qui est égale à $\partial E_y/\partial x$. En égalant les trois composantes de $\boldsymbol{\nabla} \times \boldsymbol{E}$ aux composantes correspondantes de $-\partial \boldsymbol{B}/\partial t$, nous pouvons en conclure ce qui suit :

$$\frac{\partial B_x}{\partial t} = 0, \qquad \frac{\partial B_y}{\partial t} = 0. \tag{20.15}$$

$$\frac{\partial B_z}{\partial t} = -\frac{\partial E_y}{\partial x}. \tag{20.16}$$

Puisque la composante $x$ du champ magnétique et la composante $y$ du champ magnétique ont toutes deux des dérivées par rapport au temps nulles, ces composantes sont simplement des champs constants et elles correspondent aux solutions de la magnétostatique que nous avons déjà trouvées. Il se peut que l'on ait laissé des aimants permanents près de l'endroit où se propagent les ondes. Nous ignorerons ces champs constants et nous poserons que $B_x$ et $B_y$ sont égaux à zéro.

Soit dit en passant, nous aurions déjà pu conclure que la composante $x$ de $\boldsymbol{B}$ doit être nulle pour une raison différente. Puisque la divergence de $\boldsymbol{B}$ est nulle (d'après la troisième équation de Maxwell), et en faisant les mêmes raisonnements que pour le champ électrique, nous pourrions en déduire que la composante longitudinale du champ magnétique ne peut varier avec $x$. Et comme nous ignorions de tels champs uniformes dans nos solutions ondulatoires, nous aurions posé $B_x$ égale à zéro. Dans les ondes électromagnétiques planes le champ $\boldsymbol{B}$, tout comme le champ $\boldsymbol{E}$, doivent être normaux à la direction de propagation.

L'équation (20.16) fournit la proposition supplémentaire suivante : si le champ électrique a seulement une composante $y$, le champ magnétique aura simplement une composante $z$. Donc $\boldsymbol{E}$ et $\boldsymbol{B}$ sont *normaux* entre eux. C'est exactement ce qui s'est passé dans l'onde particulière que nous avons déjà considérée.

Nous sommes maintenant prêts à utiliser la dernière des équations de Maxwell dans le vide [IV de l'Éq. (20.12)]. Explicitons les composantes,

$$\begin{aligned} c^2(\nabla \times \boldsymbol{B})_x &= c^2 \frac{\partial B_z}{\partial y} - c^2 \frac{\partial B_y}{\partial z} = \frac{\partial E_x}{\partial t}, \\ c^2(\nabla \times \boldsymbol{B})_y &= c^2 \frac{\partial B_x}{\partial z} - c^2 \frac{\partial B_z}{\partial x} = \frac{\partial E_y}{\partial t}, \\ c^2(\nabla \times \boldsymbol{B})_z &= c^2 \frac{\partial B_y}{\partial x} - c^2 \frac{\partial B_x}{\partial y} = \frac{\partial E_z}{\partial t}. \end{aligned} \tag{20.17}$$

Parmi les six dérivées des composantes de $\boldsymbol{B}$, seul le terme $\partial B_z/\partial x$ n'est pas nul. Les trois équations se réduisent donc simplement à

$$-c^2 \frac{\partial B_z}{\partial x} = \frac{\partial E_y}{\partial t}. \tag{20.18}$$

Il résulte de tout ce travail qu'une seule des composantes de chacun des champs électriques et magnétiques n'est pas nulle, et que ces composantes doivent satisfaire aux Éq. (20.16) et (20.18). Les deux équations peuvent être réduites à une seule en dérivant la première par rapport à $x$ et la seconde par rapport à $t$ ; les membres de gauche des deux équations seront alors les mêmes (au facteur $c^2$ près). Nous trouvons donc que $E_y$ satisfait à l'équation

$$\frac{\partial^2 E_y}{\partial x^2} - \frac{1}{c^2} \frac{\partial^2 E_y}{\partial t^2} = 0. \tag{20.19}$$

Nous avons déjà rencontré cette même équation différentielle en étudiant la propagation du son. C'est l'équation d'onde pour des ondes à une dimension.

Remarquez bien qu'en dérivant, nous avons trouvé quelque chose de *plus* que ce qu'il y a dans l'Éq. (20.11). Les équations de Maxwell nous ont donné le renseignement supplémentaire que les ondes électromagnétiques ne comportent que les composantes du champ normales à la direction de propagation de l'onde.

Revoyons ce que nous savons des solutions de l'équation d'onde à une dimension. Si une grandeur $\psi$ satisfait à une équation d'onde à une dimension

$$\frac{\partial^2 \psi}{\partial x^2} - \frac{1}{c^2} \frac{\partial^2 \psi}{\partial t^2} = 0, \tag{20.20}$$

alors, une solution possible est une fonction $\psi(x, t)$ de la forme

$$\psi(x, t) = f(x - ct), \tag{20.21}$$

soit, une fonction de la variable *unique* $(x - ct)$. La fonction $f(x - ct)$ représente une structure « rigide » en $x$ qui se propage vers les $x$ positifs à la vitesse $c$ (voir Fig. 20.4). Par exemple, si la fonction $f$ a un maximum quand son argument est nul, alors, pour $t = 0$, le maximum de $\psi$ a lieu en $x = 0$. Plus tard, disons quand $t = 10$, $\psi$ aura son

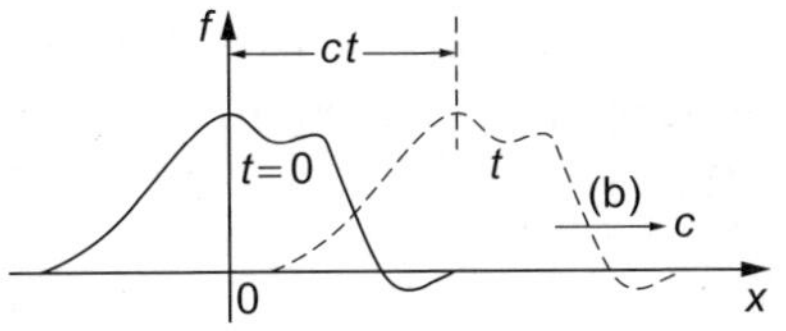


Figure 20.4 – La fonction $f(x - ct)$ représente une « forme » fixe qui se propage vers les $x$ positifs à la vitesse $c$.

maximum en $x = 10c$. Quand le temps s'écoule, le maximum se déplace vers les $x$ positifs à la vitesse $c$.

Il est quelquefois plus commode de dire qu'une solution de l'équation d'onde à une dimension est une fonction de $(t - x/c)$. Mais ceci revient au même, car toute fonction de $(t - x/c)$ est aussi une fonction de $(x - ct)$ :

$$F(t - x/c) = F\left[-\frac{x - ct}{c}\right] = f(x - ct).$$

Montrons que $f(x - ct)$ est réellement une solution de l'équation d'onde. Puisqu'elle est une fonction d'une seule variable – la variable $(x-ct)$ – nous appellerons $f'$ la dérivée de $f$ par rapport à cette variable, et $f'$ la dérivée seconde de $f$. Dérivant l'Éq. (20.21) par rapport à $x$, nous obtenons

$$\frac{\partial\psi}{\partial x} = f'(x - ct),$$

puisque la dérivée de $(x - ct)$ par rapport à $x$ est 1. La dérivée seconde de $\psi$ par rapport à $x$ est évidemment

$$\frac{\partial^2\psi}{\partial x^2} = f''(x - ct). \tag{20.22}$$

Calculons les dérivées de $\psi$ par rapport à $t$

$$\frac{\partial\psi}{\partial t} = f'(x - ct)(-c),$$

$$\frac{\partial^2\psi}{\partial t^2} = +c^2 f''(x - ct). \tag{20.23}$$

Nous voyons que $\psi$ satisfait bien à l'équation d'onde à une dimension.

Vous pouvez vous demander : « ayant l'équation d'onde, comment puis-je savoir que $f(t - x/c)$ en est une solution ? Je n'aime pas cette méthode à rebours. N'y a-t-il pas une méthode *directe* pour trouver la solution ? » Eh bien, une bonne méthode directe est de connaître la solution. Il est possible de « cuisiner » une démonstration mathématique apparemment directe, justement parce que nous savons quelle doit être la solution, mais avec une équation aussi simple que celle-ci, nous n'avons pas à jouer à ce jeu. Bientôt vous serez si bien habitué qu'en voyant l'Éq. (20.20), vous verrez presque simultanément sa solution $\psi = f(x-ct)$. (Tout comme maintenant quand vous voyez l'intégrale de $x^2dx$, vous savez tout de suite que la réponse est $x^3/3$.)

En fait, vous devriez aller encore un peu plus loin. Non seulement toute fonction de $(x - ct)$ est une solution, mais aussi toute fonction de $(x + ct)$ est une solution. Puisque l'équation d'onde contient seulement $c^2$, changer le signe de $c$ ne change rien. En fait, la solution *la plus générale* de l'équation d'onde à une dimension est la somme de deux fonctions arbitraires, l'une de $(x - ct)$ et l'autre de $(x + ct)$ :

$$\psi = f(x - ct) + g(x + ct). \tag{20.24}$$

Le premier terme représente une onde qui se propage vers les $x$ positifs, et le second terme une onde arbitraire qui se propage vers les $x$ négatifs. La solution générale est la superposition de ces deux ondes, existant toutes deux au même instant.

Nous vous laisserons réfléchir sur la question amusante que voici. Prenez une fonction $\psi$ de la forme suivante :

$$\psi = \cos kx \cos kct.$$

Cette équation n'est pas écrite sous la forme d'une fonction de $(x - ct)$ ou de $(x + ct)$. Cependant vous pouvez vérifier facilement que cette fonction est une solution de l'équation d'onde, par substitution directe dans l'Éq. (20.20). Comment pouvons-nous dire alors que la solution générale est de la forme de l'Éq. (20.24) ?

Appliquant nos conclusions sur la solution de l'équation d'onde à la composante $y$ du champ électrique, $E_y$, nous en concluons que $E_y$ peut varier avec $x$ de façon quelconque. Cependant les champs qui existent réellement peuvent toujours être considérés comme la somme de deux structures. Une onde vogue dans l'espace suivant une certaine direction à la vitesse $c$, à laquelle est associé un champ magnétique perpendiculaire au champ électrique ; une autre onde circule dans la direction opposée à la même vitesse. De telles ondes correspondent aux ondes électromagnétiques que nous connaissons – la lumière, les ondes radio, les radiations infrarouges, les radiations ultraviolettes, les rayons X, et ainsi de suite. Nous avons déjà parlé de façon très détaillée, dans le Vol. I, des radiations lumineuses. Puisque tout ce que nous y avons appris s'applique à toute onde électromagnétique, nous n'aurons pas ici à considérer en détail le comportement de ces ondes.

Nous devrions peut-être faire encore quelques remarques sur la polarisation des ondes électromagnétiques. Dans notre solution, nous avons choisi de considérer le cas particulier où le champ électrique n'a qu'une composante $y$. Il y a évidemment une autre solution pour les ondes qui se propagent dans la direction plus ou moins $x$, soit un champ électrique ayant une seule composante $z$. Puisque les équations de Maxwell sont linéaires, la solution générale pour des ondes à une dimension, qui se propagent suivant la direction des $x$, est la somme des ondes de $E_y$ et des ondes de $E_z$. Cette solution générale est résumée dans les équations suivantes :

$$\begin{aligned}
\boldsymbol{E} &= (0, E_y, E_z) \\
E_y &= f(x - ct) + g(x + ct) \\
E_z &= F(x - ct) + G(x + ct) \\
\boldsymbol{B} &= (0, B_y, B_z) \\
cB_z &= f(x - ct) - g(x + ct) \\
cB_y &= -F(x - ct) + G(x + ct).
\end{aligned} \tag{20.25}$$

De telles ondes électromagnétiques portent un vecteur $\boldsymbol{E}$ dont la direction n'est pas constante, mais qui tourne de façon quelconque dans le plan des $y$–$z$. En tout point, le champ magnétique est toujours perpendiculaire au champ électrique et à la direction de propagation.

S'il n'existe que des ondes qui se propagent dans un seul sens, disons, le sens positif des $x$, une règle simple nous donne l'orientation relative des champs électriques et magnétiques. Cette règle est que le produit vectoriel $\boldsymbol{E}\times\boldsymbol{B}$ – qui est évidemment un vecteur perpendiculaire à la fois à $\boldsymbol{E}$ et à $\boldsymbol{B}$ – est orienté suivant le sens de propagation de l'onde. Si $\boldsymbol{E}$ est amené sur $\boldsymbol{B}$ par la rotation d'un tire-bouchon dans le sens direct, celui-ci progresse dans le sens de la vitesse de l'onde. (Nous verrons plus tard que le vecteur $\boldsymbol{E}\times\boldsymbol{B}$ a un sens physique particulier : c'est un vecteur qui décrit le flux d'énergie dans un champ électromagnétique.)

## 20.2 Ondes à trois dimensions

Nous abordons maintenant le sujet des ondes à trois dimensions. Nous avons déjà vu que le vecteur $\boldsymbol{E}$ satisfait à l'équation d'onde. On peut facilement arriver à cette même conclusion en raisonnant directement à partir des équations de Maxwell. Imaginez qu'on parte de l'équation

$$\boldsymbol{\nabla}\times\boldsymbol{E} = -\frac{\partial\boldsymbol{B}}{\partial t}$$

et qu'on prenne le rotationnel des deux membres :

$$\boldsymbol{\nabla}\times(\boldsymbol{\nabla}\times\boldsymbol{E}) = -\frac{\partial}{\partial t}(\boldsymbol{\nabla}\times\boldsymbol{B}). \tag{20.26}$$

Rappelez-vous alors, que le rotationnel du rotationnel d'un vecteur peut s'écrire sous la forme d'une somme de deux termes, l'un concernant la divergence, l'autre le Laplacien,

$$\boldsymbol{\nabla}\times(\boldsymbol{\nabla}\times\boldsymbol{E}) = \boldsymbol{\nabla}(\boldsymbol{\nabla}\cdot\boldsymbol{E}) - \nabla^2\boldsymbol{E}.$$

Dans le vide cependant, la divergence de $\boldsymbol{E}$ est nulle, donc seul reste le Laplacien. D'autre part, d'après la quatrième des équations de Maxwell dans le vide [Éq. (20.12)], la dérivée par rapport au temps de $c^2\boldsymbol{\nabla}\times\boldsymbol{B}$ est la dérivée seconde de $\boldsymbol{E}$ par rapport au temps $t$ :

$$c^2\frac{\partial}{\partial t}(\boldsymbol{\nabla}\times\boldsymbol{B}) = \frac{\partial^2\boldsymbol{E}}{\partial t^2}.$$

L'équation (20.26) devient alors

$$\nabla^2\boldsymbol{E} = \frac{1}{c^2}\frac{\partial^2\boldsymbol{E}}{\partial t^2},$$

ce qui constitue l'équation d'onde à trois dimensions. Développée dans toute sa gloire, cette équation est, évidemment,

$$\frac{\partial^2\boldsymbol{E}}{\partial x^2}+\frac{\partial^2\boldsymbol{E}}{\partial y^2}+\frac{\partial^2\boldsymbol{E}}{\partial z^2}-\frac{1}{c^2}\frac{\partial^2\boldsymbol{E}}{\partial t^2} = 0. \tag{20.27}$$

Comment allons-nous trouver la solution ondulatoire générale ? Voici la réponse : toutes les solutions de l'équation d'onde à trois dimensions peuvent être représentées par la superposition des solutions à une dimension que nous venons d'établir. Nous avons obtenu l'équation des ondes qui se propagent dans la direction des $x$ en supposant que le champ ne dépend pas de $y$ et $z$. Manifestement, il y a d'autres solutions dans lesquelles les champs ne dépendent pas de $x$ et $z$, représentant des ondes qui se propagent dans la direction des $y$. Puis il y a les solutions qui ne dépendent pas de $x$ et $y$, représentant des ondes qui se propagent dans la direction des $z$. Ou, dans le cas général, puisque nous avons écrit nos équations sous forme vectorielle, l'équation d'onde à trois dimensions peut avoir comme solutions des ondes planes qui se propagent dans une direction quelconque. Encore une fois, comme les équations sont linéaires, nous pouvons avoir simultanément autant d'ondes planes que nous souhaitons, se propageant dans autant de directions différentes. Ainsi la solution la plus générale de l'équation d'onde à trois dimensions est une superposition d'ondes planes de toutes sortes se propageant dans toutes sortes de directions.

Essayez de vous imaginer ce que peuvent être à présent les champs électriques et magnétiques dans l'espace de cette salle de cours. Tout d'abord, il y a un champ magnétique permanent ; il provient des courants intérieurs de la terre – c'est le champ magnétique terrestre permanent. Puis il y a certains champs électriques irréguliers et presque statiques, sans doute produits par des charges électriques engendrées par frottement, à cause du mouvement des gens sur leurs chaises et du frottement des manches de leurs vêtements sur les bras des fauteuils. Puis il y a d'autres champs magnétiques produits par les courants oscillants transportés par les fils électriques – champs qui varient à la fréquence de 60 cycles par seconde, synchronisés sur le générateur de Boulder Dam. Mais les champs électriques et magnétiques qui varient à des fréquences beaucoup plus élevées sont plus intéressants. Par exemple quand la lumière se propage de la fenêtre au sol, et d'un mur à un autre, il y a de petites ondulations des champs électriques et magnétiques qui se propagent à 300 000 kilomètres par seconde. Puis il y a encore les ondes infrarouges qui se propagent de vos fronts chauds vers le tableau froid. Et nous avons oublié la lumière ultraviolette, les rayons X et les ondes radio qui se propagent à travers la pièce.

À travers la pièce, il y a des ondes électromagnétiques qui transportent la musique d'un orchestre de jazz. Il y a des ondes modulées par une série d'impulsions représentant les images d'événements qui ont lieu dans d'autres parties du monde, ou bien d'aspirines imaginaires qui se dissolvent dans des estomacs imaginaires. Pour prouver la réalité de ces ondes, il est simplement nécessaire de brancher un dispositif électronique convenable, qui convertisse ces ondes en images et en sons.

Si nous poussons encore plus loin cette analyse, même pour les plus petites ondulations, nous verrons des ondes électromagnétiques minuscules qui sont arrivées dans la pièce après avoir parcouru des distances énormes. Il y a maintenant de minuscules oscillations du champ électrique, dont les crêtes sont séparées par une distance de trente centimètres, qui proviennent de millions et de millions de kilomètres, et qui sont transmises à la terre par le vaisseau spatial Mariner II qui vient juste de passer devant Vénus. Ses signaux transportent des résumés d'informations captées sur les planètes (informations obtenues par des ondes électromagnétiques qui se sont propagées de la planète au vaisseau spatial).

Il y a de multiples petites ondulations des champs électriques et magnétiques, qui sont des ondes ayant pris naissance à des millions d'années-lumière – dans les galaxies les plus reculées de l'univers. On a prouvé que tout ceci était vrai en « remplissant la pièce de fils » – en construisant des antennes aussi grandes que cette pièce. Ces ondes radio ont été détectées en des endroits de l'espace qui se situent au-delà de la portée des plus grands télescopes optiques. Même eux, les télescopes optiques, sont simplement des collecteurs d'ondes electromagnétiques. Ce que nous appelons les étoiles, ne sont en réalité que des inférences, inférences obtenues à partir de la seule réalité physique que nous ayons pu déceler jusqu'à présent – à partir d'une étude précise des ondulations, d'une complexité sans fin, des champs électriques et magnétiques qui nous parviennent sur terre.

Il y en a encore davantage : les champs produits par des éclairs à des kilomètres de distance, les champs dus aux particules des rayons cosmiques qui traversent la pièce, et bien d'autres, et bien d'autres. Que le champ électrique de l'espace qui nous environne est compliqué ! Et cependant il satisfait toujours à l'équation d'onde à trois dimensions.

## 20.3 Imagination scientifique

Je vous ai demandé de vous imaginer ces champs électriques et magnétiques. Que faites-vous ? Savez-vous comment ? Comment est-ce que moi j'imagine le champ électrique et le champ magnétique ? Qu'est-ce que je vois vraiment ? Quelles sont les exigences de l'imagination scientifique ? Est-ce bien différent d'essayer d'imaginer que la pièce est remplie d'anges invisibles ? Non, cela n'est pas la même chose qu'imaginer des anges invisibles. Il faut un degré d'imagination bien plus élevé pour comprendre le champ électromagnétique que pour comprendre des anges invisibles. Pourquoi ? Parce que pour rendre compréhensibles des anges invisibles, il me suffit simplement de modifier *un tout petit peu* leurs propriétés – je les rends faiblement visibles et je peux voir alors la forme de leurs ailes, leurs corps, leurs auréoles. Une fois que j'ai réussi à imaginer un ange visible, l'abstraction nécessaire – qui consiste à prendre des anges presque invisibles et à les imaginer complètement invisibles – est relativement simple. Alors vous dites, « Monsieur le Professeur, donnez-moi s'il vous plaît, une description approximative des ondes électromagnétiques, même si elle doit être légèrement floue, de façon à ce que moi aussi je puisse les voir, comme je vois des anges presque invisibles. Puis je modifierai cette image jusqu'à atteindre l'abstraction nécessaire. »

Je suis navré, mais je ne le peux pas. Je ne sais pas comment. Je n'ai aucune image de ce champ électromagnétique qui soit, en un certain sens, précise. J'ai étudié le champ électromagnétique depuis longtemps – il y a 25 ans, j'étais comme vous maintenant, et j'ai 25 ans d'expérience en plus pendant lesquels j'ai réfléchi à ces ondes sinueuses. Quand je commence à décrire le champ magnétique qui se propage dans l'espace, je parle des champs $\boldsymbol{E}$ et $\boldsymbol{B}$ et j'agite les bras et vous pouvez vous imaginer que je peux les voir. Je vais vous dire ce que je vois. Je vois des sortes de lignes floues et ondulées – ici et là un $E$ ou un $B$ écrits sur elles d'une certaine manière, et peut-être que certaines des lignes portent des flèches – une flèche ici ou là qui disparaît quand je la regarde de trop près. Quand je parle des champs qui sillonnent l'espace, je fais une confusion terrible entre les symboles dont je me sers pour décrire les objets, et les objets eux-mêmes. Je ne peux vraiment pas me construire une image qui se rapproche même à peu près des vraies ondes. Donc, si vous éprouvez une certaine difficulté à matérialiser cette image, ne craignez surtout pas que votre difficulté soit exceptionnelle.

Notre science demande des prodiges d'imagination. Le degré d'imagination nécessaire est bien plus élevé que celui exigé par certaines des idées anciennes. Les idées modernes sont bien plus difficiles à imaginer. Et cependant nous nous servons d'un grand nombre d'outils. Nous nous servons d'équations et de règles mathématiques, et nous faisons beaucoup de dessins. Je réalise maintenant, qu'en parlant du champ électromagnétique dans l'espace, je vois une sorte de superposition de tous les diagrammes que j'en ai toujours vus tracés. Je ne vois pas courir des faisceaux de lignes de champ, car cela m'inquiète de penser que si je courais à une vitesse différente, ces faisceaux disparaîtraient. Je ne vois d'ailleurs même pas toujours les champs électriques et magnétiques car je pense quelquefois que j'aurais dû me figurer le potentiel-vecteur et le potentiel scalaire, qui sont peut- être les choses les plus physiques qui ondulent.

Le seul espoir est peut-être, direz-vous, d'adopter une vue mathématique. Or, qu'est-ce qu'une vue mathématique ? Du point de vue mathématique, il y a un vecteur champ électrique, et un vecteur champ magnétique, en tout point de l'espace ; c'est-à-dire qu'il y a six nombres associés à chaque point. Pouvez-vous imaginer six nombres associés à chaque point de l'espace ? C'est trop difficile. Pouvez-vous même imaginer *un seul* nombre associé à chaque point ? Moi, je ne le peux pas ! Je peux m'imaginer quelque chose comme la température en chaque point de l'espace. Cela semble compréhensible. Il y a une certaine chaleur ou un certain froid qui varie d'un point à un autre. Mais très sincèrement, je ne comprends pas l'idée d'un *nombre* en tout point.

Peut-être faudrait-il poser la question : pouvons-nous représenter la champ électrique par quelque chose qui ressemble plus à une température. disons par le déplacement d'une portion de gelée ? Supposez qu'on commence par imaginer que le monde est rempli de gelée et que les champs représentent une certaine distorsion – un étirement ou une torsion – de cette gelée. Nous pourrions alors matérialiser la vision de ce champ. Après avoir vu à quoi il ressemblait, nous pourrions faire abstraction de la gelée. C'est ce qu'on essaya de faire pendant des années. Maxwell, Ampère, Faraday, et d'autres essayèrent de comprendre ainsi l'électromagnétisme. (Parfois ils appelèrent cette gelée abstraite, l'« éther ».) Mais il apparut bientôt que cette tentative de représentation du champ électromagnétique était un barrage au progrès. Nous devons malheureusement nous limiter à des abstractions, à l'emploi d'instruments pour détecter le champ, à l'usage de symboles mathématiques pour décrire le champ, etc. Néanmoins, en un certain sens, les champs sont réels, car après avoir fini de jouer avec nos équations mathématiques – avec ou sans images et dessins, avec ou sans tentative de matérialiser la chose – nous pouvons encore amener des instruments à détecter les signaux émis par Mariner II et obtenir des renseignements sur des galaxies à des millions de kilomètres, et ainsi de suite.

Tout le problème de l'imagination en sciences est souvent incompris de ceux qui pratiquent d'autres disciplines. Ils essayent de mettre à l'épreuve notre imagination de la façon suivante. Ils disent, « voici un dessin de certaines personnes dans une certaine situation. Comment imaginez-vous ce qui va se produire ensuite ? » Quand nous disons, « je ne peux pas imaginer », ils peuvent penser que nous avons une bien faible imagination. Ils négligent le fait que tout ce qui nous est *permis* d'imaginer en sciences doit être *compatible avec tout le reste de nos connaissances* : que les champs électriques et les ondes dont nous parlons ne sont pas simplement d'heureuses idées que nous sommes libres d'inventer, mais des idées qui doivent être compatibles avec toutes les lois connues de la physique. Nous ne pouvons nous laisser aller à imaginer sérieusement des choses qui sont de toute évidence en contradiction avec les lois connues de la nature. C'est ainsi que notre type d'imagination est un jeu bien difficile. On doit avoir de l'imagination pour penser à quelque chose qui n'a jamais été vu avant, jamais entendu avant. Mais en même temps, ces pensées sont restreintes dans un corset rigide, pour ainsi dire, et limitées par les conditions qui résultent de notre connaissance de la nature telle qu'elle est réellement. Le problème de la création de quelque chose de neuf, mais compatible avec tout ce qui est déjà connu, est d'une extrême difficulté.

Pendant que je suis sur ce sujet, je me demande s'il sera ou non jamais possible d'imaginer une *beauté* que nous ne pouvons *voir*. C'est une question intéressante. Quand nous regardons un arc-en-ciel, nous le trouvons beau. Tout le monde s'écrie, « Oh ! un arc-en-ciel ». (Vous voyez comme je suis scientifique. Je n'ose pas dire que quelque chose est beau à moins de l'avoir défini à l'aide d'un moyen expérimental.) Mais comment pourrions-nous décrire un arc-en-ciel si nous étions aveugles ? Nous *sommes* aveugles quand nous mesurons dans l'infrarouge le coefficient de réflexion d'un cristal de chlorure de sodium, ou quand nous parlons de la fréquence des ondes en provenance d'une galaxie que nous ne pouvons voir – nous traçons un diagramme, nous traçons une courbe. Par exemple, pour l'arc-en-ciel, une telle courbe serait l'intensité de la radiation en fonction de la longueur d'onde mesurée avec un spectrophotomètre dans chaque direction du ciel. En général, ces mesures donneraient une courbe qui serait plutôt plate. Puis un jour quelqu'un découvrirait que dans certaines conditions atmosphériques, et sous certains angles dans le ciel, le spectre de l'intensité en fonction de la longueur d'onde se comporterait curieusement ; il aurait une bosse. En faisant varier un tant soit peu l'angle de l'instrument, la bosse se déplacerait d'une longueur d'onde à une autre. Puis un jour, la revue de la physique des aveugles publierait un article technique portant le titre « L'intensité du rayonnement en fonction de l'angle dans certaines conditions atmosphériques ». On pourrait voir dans cet article un graphe comme celui de la Fig. 20.5. L'auteur ferait sans doute remarquer que sous les plus grands angles, l'intensité du rayonnement est plus forte vers les grandes longueurs d'onde, tandis que sous les plus petits angles, le maximum du rayonnement se déplace vers les plus courtes longueurs d'onde. (Suivant notre point de vue, nous dirions que la lumière à 40° est à dominante verte, et la lumière à 42° est à dominante rouge.)

Or, trouvons-nous beau le graphe de la Fig. 20.5 ? Il contient bien plus de détails que nous ne pouvons en capter en regardant un arc-en-ciel, parce que nos yeux ne peuvent

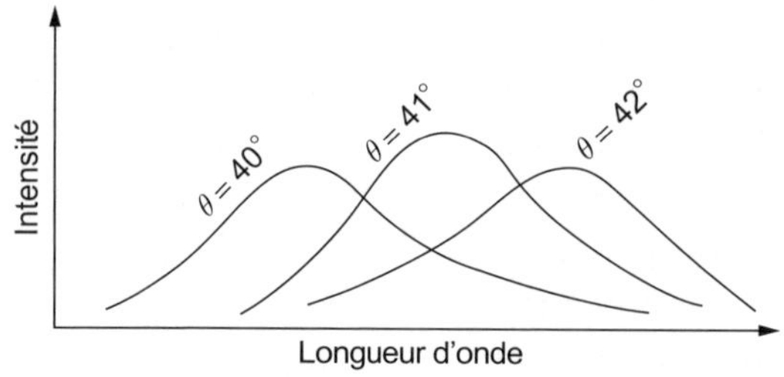


Figure 20.5 – L'intensité des ondes électromagnétiques en fonction de la longueur d'onde pour trois angles (mesurés à partir de la direction opposée du soleil), observée seulement dans certaines conditions météorologiques.

voir les détails exacts de la forme d'un spectre. L'œil, cependant, trouve que l'arc-en-ciel est beau. Avons nous assez d'imagination pour voir, dans les courbes spectrales, la même beauté que nous percevons en regardant directement l'arc-en-ciel ? Je ne sais pas.

Mais supposez que je possède un graphe du coefficient de réflexion d'un cristal de chlorure de sodium, en fonction de la longueur d'onde dans l'infrarouge, et aussi en fonction de l'angle. J'aurais une représentation de ce qu'il serait à mes yeux, si ceux-ci pouvaient voir dans l'infrarouge – peut-être serait-il d'un « vert » rutilant et brillant mélangé à des réflexions à la surface d'un « rouge métallique ». Ce serait magnifique, mais je ne sais pas si je pourrais jamais regarder un graphe du coefficient de réflexion de NaCl mesuré à l'aide d'un instrument, et dire qu'il possède la même beauté.

D'autre part, même si nous ne pouvons voir de la beauté dans les résultats de mesures particuliers, nous *pouvons* déjà revendiquer une certaine beauté pour les équations qui décrivent les lois générales de la physique. Par exemple, dans l'équation d'onde (20.9), il y a quelque chose de joli dans l'équivalence de $x$, de $y$, de $z$, et de $t$. Et cette jolie symétrie de la forme en $x$, $y$, $z$, et $t$ suggère à l'esprit une beauté encore plus grande en rapport avec les quatre dimensions, la possibilité pour l'espace de posséder une symétrie à quatre dimensions, la possibilité d'analyser cela et les développements de la théorie de la relativité restreinte. Ainsi, il existe une vive beauté intellectuelle associée aux équations.

## 20.4 Ondes sphériques

Nous avons vu qu'il existe des solutions de l'équation d'onde correspondant à des ondes planes et que l'on peut décrire toute onde électromagnétique comme une superposition de nombreuses ondes planes. Cependant, dans certains cas particuliers, il est plus commode de décrire le champ d'onde sous une forme mathématique différente. Nous allons maintenant parler de la théorie des ondes sphériques – ondes qui correspondent à des surfaces sphériques qui se propagent à partir d'un centre. Quand vous laissez tomber une pierre dans un lac, les rides se propagent en ondes circulaires à la surface – ce sont des ondes à deux dimensions. Une onde sphérique ressemble à cela excepté qu'elle se propage dans trois dimensions.

Avant de commencer à décrire les ondes sphériques, il nous faut un peu de mathématiques. Supposons qu'une fonction dépende seulement de la distance radiale $r$ à une certaine origine – en d'autres mots, que ce soit une fonction qui admet une symétrie sphérique. Appelons $\psi(r)$, cette fonction où $r$

$$r = \sqrt{x^2 + y^2 + z^2},$$

est la distance radiale depuis l'origine. Pour trouver quelles sont les fonctions $\psi(r)$ qui satisfont à l'équation d'onde, il nous faut une expression du Laplacien de $\psi$. Il nous faut donc trouver la somme des dérivées secondes de $\psi r$ par rapport à $x$, $y$, et $z$. Nous utiliserons la notation $\psi'(r)$ pour la dérivée de $\psi$ par rapport à $r$, et $\psi''(r)$ pour la dérivée seconde de $\psi$ par rapport à $r$.

Calculons d'abord les dérivées par rapport à $x$. La dérivée première est

$$\frac{\partial\psi(r)}{\partial x} = \psi'(r)\,\frac{\partial r}{\partial x}.$$

La dérivée seconde de $\psi$ par rapport à $x$ est

$$\frac{\partial^2\psi}{\partial x^2} = \psi''\left(\frac{\partial r}{\partial x}\right)^2 + \psi'\,\frac{\partial^2 r}{\partial x^2}.$$

Nous pouvons calculer les dérivées partielles de $r$ par rapport à $x$ à partir de

$$\frac{\partial r}{\partial x} = \frac{x}{r}, \qquad \frac{\partial^2 r}{\partial x^2} = \frac{1}{r}\left(1 - \frac{x^2}{r^2}\right).$$

Donc, la dérivée seconde de $\psi$ par rapport à $x$ est

$$\frac{\partial^2\psi}{\partial x^2} = \frac{x^2}{r^2}\,\psi'' + \frac{1}{r}\left(1 - \frac{x^2}{r^2}\right)\psi'. \tag{20.28}$$

De même,

$$\frac{\partial^2\psi}{\partial y^2} = \frac{y^2}{r^2}\,\psi'' + \frac{1}{r}\left(1 - \frac{y^2}{r^2}\right)\psi', \tag{20.29}$$

$$\frac{\partial^2\psi}{\partial z^2} = \frac{z^2}{r^2}\,\psi'' + \frac{1}{r}\left(1 - \frac{z^2}{r^2}\right)\psi'. \tag{20.30}$$

Le Laplacien est la somme de ces trois dérivées. En nous souvenant que $x^2+y^2+z^2 = r^2$, nous obtenons

$$\nabla^2\psi(r) = \psi''(r) + \frac{2}{r}\,\psi'(r). \tag{20.31}$$

Il est souvent plus commode d'écrire cette équation sous la forme suivante :

$$\nabla^2\psi(r) = \frac{1}{r}\,\frac{d^2}{dr^2}(r\psi). \tag{20.32}$$

Si vous effectuez la dérivation formulée dans l'Éq. (20.32), vous verrez que le membre de droite est le même que dans l'Éq. (20.31).

Si nous voulons considérer des champs à symétrie sphérique qui peuvent se propager par ondes sphériques, notre grandeur de champ doit être une fonction à la fois de $r$ et $t$. Imaginons alors que nous nous demandions quelles sont les fonctions $\psi(r, t)$ qui sont solutions de l'équation d'onde à trois dimensions

$$\nabla^2\psi(r, t) - \frac{1}{c^2}\frac{\partial^2}{\partial t^2}\psi(r, t) = 0. \tag{20.33}$$

Puisque $\psi(r, t)$ dépend seulement des coordonnées d'espace, par $r$ nous pouvons appliquer l'équation du Laplacien établie plus haut, Éq. (20.32). Cependant, pour être précis, et comme $\psi$ est aussi une fonction de $t$, nous devrons écrire les dérivées de $\psi$ par rapport à $r$ comme des dérivées partielles. L'équation d'onde devient alors

$$\frac{1}{r}\frac{\partial^2}{\partial r^2}(r\psi) - \frac{1}{c^2}\frac{\partial^2}{\partial t^2}\psi = 0.$$

Nous devons alors résoudre cette équation, qui semble beaucoup plus compliquée que dans le cas des ondes planes. Mais remarquez qu'en multipliant cette équation par $r$, nous obtenons

$$\frac{\partial^2}{\partial r^2}(r\psi) - \frac{1}{c^2}\frac{\partial^2}{\partial t^2}(r\psi) = 0. \tag{20.34}$$

Cette équation nous montre que la fonction $r\psi$ satisfait à une équation d'onde à une dimension en la variable $r$. Appliquons le principe général sur lequel nous avons si souvent insisté, les mêmes équations admettent toujours les mêmes solutions ; nous savons que si $r\psi$ est fonction seulement de $(r - ct)$ elle sera solution de l'Éq. (20.34). Nous savons donc que les ondes sphériques doivent être de la forme

$$r\psi(r, t) = f(r - ct).$$

Ou, comme nous l'avons déjà vu, nous pouvons également dire que $r\psi$ peut être de la forme

$$r\psi = f(t - r/c).$$

Divisant par $r$, nous trouvons que la grandeur de champ $\psi$ (quelle qu'elle soit) est de la forme :

$$\psi = \frac{f(t - r/c)}{r}. \tag{20.35}$$

Une telle fonction représente une onde sphérique générale s'éloignant de l'origine à la vitesse $c$. Oublions pour un moment le $r$ du dénominateur ; l'amplitude de l'onde, fonction de la distance à l'origine à un instant donné, possède une certaine forme, qui s'éloigne à la vitesse $c$. Cependant, le facteur $r$ du dénominateur indique que l'amplitude de l'onde décroît proportionnellement à $1/r$ à mesure que l'onde se propage. En d'autres termes, contrairement à l'onde plane dont l'amplitude demeure constante au cours de la propagation, l'amplitude de l'onde sphérique décroît constamment, comme on le voit sur la Fig. 20.6. On le comprendra facilement grâce à un raisonnement physique simple.

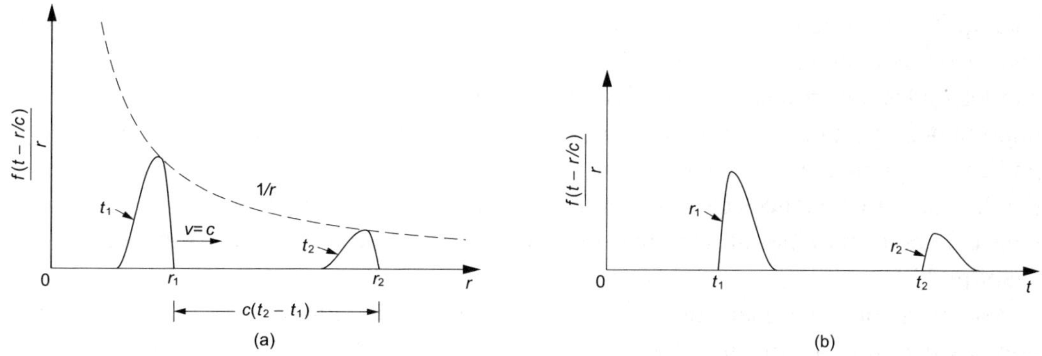


Figure 20.6 – Une onde sphérique $\psi = f(t - r/c)/r$. (a) $\psi$ fonction de $r$ à $t = t_1$, et la même onde plus tard à $t_2$. (b) $\psi$ fonction de $t$, en $r = r_1$ et la même onde vue en $r_2$.

Nous savons que la densité d'énergie d'une onde dépend du carré de l'amplitude de l'onde. Quand l'onde se propage, son énergie se répand sur des surfaces de plus en plus étendues, proportionnelles au carré de la distance radiale. Si l'énergie totale se conserve, la densité d'énergie doit décroître comme $1/r^2$ et l'amplitude de l'onde doit décroître comme $1/r$. Donc, l'Éq. (20.35) est la forme « raisonnable » pour une onde sphérique.

Nous avons laissé de côté la seconde solution possible de l'équation d'onde à une dimension :

$$r\psi = g(t + r/c),$$

ou

$$\psi = \frac{g(t + r/c)}{r}.$$

Celle-ci aussi représente une onde sphérique, mais qui se propage *vers l'intérieur*, des grandes distances $r$ vers l'origine.

Faisons l'hypothèse particulière suivante. Nous disons, sans aucune démonstration, que les ondes émises par une source, sont seulement celles qui *s'en éloignent*. Puisque nous savons que les ondes sont dues au mouvement des charges, nous pensons volontiers que les ondes évoluent vers l'extérieur à partir des charges. Ce serait plutôt curieux d'imaginer qu'avant que les charges ne soient mises en mouvement, une onde sphérique est partie de l'infini et arrive sur les charges à l'instant même où elles se mettent en mouvement. C'est là une solution possible, mais l'expérience montre que lorsque des charges sont accélérées les ondes s'éloignent à partir des charges. Bien que les équations de Maxwell admettent l'une ou l'autre des deux possibilités, nous introduirons un *fait supplémentaire* – fondé sur l'expérience – à savoir que seule l'onde qui s'éloigne a un « sens physique ».

Remarquons cependant qu'on peut tirer une conséquence intéressante de cette hypothèse supplémentaire : nous supprimons la symétrie par rapport au temps qui figure dans les équations de Maxwell. Les équations de départ en $\boldsymbol{E}$ et $\boldsymbol{B}$, ainsi que les équations d'onde que nous en avons déduites, ont la propriété de rester inchangées par un changement de signe du temps. Ces équations nous indiquent qu'à toute solution relative à une onde qui se propage dans une direction, correspond une solution tout aussi valable relative à une onde qui se propage dans la direction opposée. Poser que nous ne considérons que les ondes sphériques qui s'éloignent constitue donc une hypothèse supplémentaire importante. (On a étudié avec soin une formulation de l'électrodynamique où cette hypothèse supplémentaire n'a pas été introduite. Il est surprenant de constater que dans de nombreuses circonstances cela ne conduit pas à des conclusions physiquement absurdes, mais cela nous entraînerait trop loin d'en discuter ici. Nous en parlerons un peu plus au chapitre 28.)

Notons encore ceci. Dans notre solution de l'onde qui s'éloigne, Éq. (20.35), la fonction $\psi$ est infinie à l'origine. Ce qui est assez étrange. Nous aimerions avoir comme solution une onde partout finie. Notre solution doit représenter physiquement une situation où il y a une source à l'origine. En d'autres termes, nous avons fait une erreur par inadvertance. Nous n'avons pas résolu *partout* l'équation d'onde dans le vide (20.33) ; nous avons résolu l'Éq. (20.33) avec zéro à droite, partout sauf à l'origine. Notre erreur s'était glissée parce que certaines étapes dans notre raisonnement ne sont pas « légales » quand $r = 0$.

Montrons qu'il est facile de faire le même genre d'erreur dans un problème d'électrostatique. Imaginons que l'on cherche une solution de l'équation du potentiel électrostatique dans le vide, $\nabla^2\phi = 0$. Le Laplacien est égal à zéro, parce que nous posons qu'il n'y a aucune charge nulle part. Mais que dire d'une solution à symétrie sphérique de cette équation – c'est-à-dire une fonction $\phi$ qui dépend seulement de $r$ ? Appliquant la formule de l'Éq. (20.32) pour le Laplacien, nous avons

$$\frac{1}{r}\frac{d^2}{dr^2}(r\phi) = 0.$$

Multipliant cette équation par $r$, nous obtenons une équation qu'on intègre immédiatement :

$$\frac{d^2}{dr^2}(r\phi) = 0.$$

Si nous intégrons une fois par rapport à $r$, nous trouvons que la dérivée première de $r\phi$ est une constante ; soit $a$ cette constante :

$$\frac{d}{dr}(r\phi) = a.$$

Intégrant de nouveau, nous trouvons que $r\phi$ est de la forme

$$r\phi = ar + b,$$

où $b$ est une autre constante d'intégration. Nous avons ainsi trouvé que la fonction $\phi$ suivante est une solution pour le potentiel électrostatique dans le vide :

$$\phi = a + \frac{b}{r}.$$

Il y a là évidemment quelque chose de faux. Dans la région où il n'y a pas de charges électriques, nous connaissons la solution pour le potentiel électrostatique : le potentiel est partout constant. Ceci correspond au premier terme de notre solution. Mais nous avons aussi le second terme, selon lequel il y a une contribution au potentiel qui varie comme un sur la distance à l'origine. Nous savons cependant qu'un tel potentiel est celui une charge ponctuelle à l'origine. Est-ce que vous voyez la similitude entre ce qui s'est passé la solution du potentiel dans le vide, notre solution nous donne aussi le champ créé par une charge ponctuelle à l'origine. Est-ce que vous voyez la similitude entre s'est passé maintenant et ce qui s'est passé quand nous avons trouvé la solution à symétrie sphérique de l'équation d'onde ? S'il n'y avait vraiment pas de charges ou de courants à l'origine il ne devrait pas y avoir d'ondes sphériques qui s'en éloignent. Les ondes sphériques doivent, bien sûr, être créées par des sources à l'origine. Dans le chapitre suivant nous établirons les relations entre les ondes électromagnétiques et les courants et tensions qui les créent.

# SOLUTIONS DES ÉQUATIONS DE MAXWELL EN PRÉSENCE DE CHARGES ET DE COURANTS

# 21

## 21.1 LUMIÈRE ET ONDES ÉLECTROMAGNÉTIQUES

Nous avons vu dans le chapitre précédent que parmi leurs solutions, les équations de Maxwell comportent les ondes de l'électricité et du magnétisme. Ces ondes correspondent aux phénomènes de la radio, de la lumière, des rayons X, etc., suivant la longueur d'onde. Nous avons déjà étudié très en détail, la lumière dans le Vol. I. Dans ce chapitre, nous nous proposons de relier les deux sujets – nous voulons montrer que les équations de Maxwell peuvent effectivement constituer la base de notre précédente étude des phénomènes lumineux.

Quand nous avons étudié la lumière, nous avons commencé par écrire une équation pour le champ électrique produit par une charge animée d'un mouvement arbitraire quelconque. Cette équation était

$$\boldsymbol{E} = \frac{q}{4\pi\epsilon_0}\left[\frac{\boldsymbol{e}_{r'}}{r'^2} + \frac{r'}{c}\frac{d}{dt}\left(\frac{\boldsymbol{e}_{r'}}{r'^2}\right) + \frac{1}{c^2}\frac{d^2}{dt^2}\boldsymbol{e}_{r'}\right] \tag{21.1}$$

$$c\boldsymbol{B} = \boldsymbol{e}_{r'} \times \boldsymbol{E}.$$

[Voir l'Éq. (28.3), Vol. I.]

Si une charge se déplace de façon arbitraire quelconque, le champ électrique que nous allons trouver *maintenant* en un point ne dépend que de la position et du mouvement de la charge non pas maintenant, mais *plus tôt* - à un instant qui précède l'instant actuel du temps qu'a mis la lumière, se déplaçant à la vitesse $c$, pour parcourir la distance $r'$ qui sépare la charge du point où l'on calcule le champ. En d'autres termes, si nous voulons le champ électrique au point (1) au temps $t$, il faut calculer la position (2′) de la charge et son mouvement au temps $(t - r'/c)$, où $r'$ est la distance entre le point (1) et la position de la charge (2′) au temps $(t - r'/c)$. L'exposant prime est mis pour vous rappeler que $r'$ est ce qu'on appelle la « distance retardée » du point (2′) au point (1), et non la distance actuelle entre le point (2), position de la charge au temps $t$, et le point (1) (voir Fig. 21.1). Notez que nous utilisons maintenant une convention différente pour la *direction* du vecteur unité $\boldsymbol{e}_r$. Aux chapitres 28 et 36 du Vol. I, il était pratique de

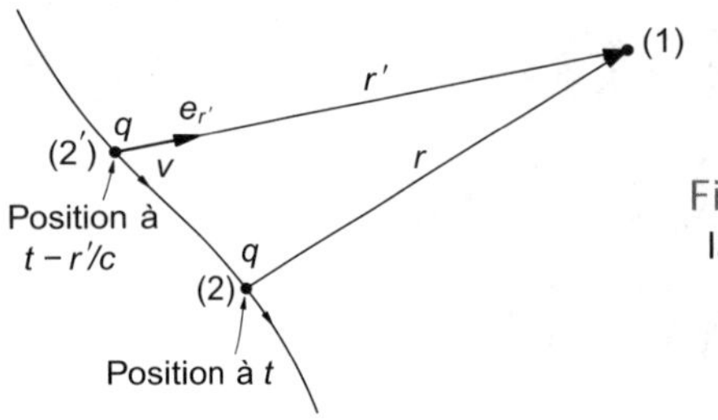


Figure 21.1 – Les champs en (1) au temps $t$ dépendent de la position (2′) occupée par la charge $q$ au temps $(t - r'/c)$.

prendre $\boldsymbol{r}$ (et donc $\boldsymbol{e}_r$) dirigés *vers* la source. Nous suivons maintenant la définition que nous avons prise pour la loi de Coulomb, dans laquelle $r$ est dirigé à *partir* de la charge, en (2), *vers* le point (1). La seule différence est évidemment que nos nouveaux $\boldsymbol{r}$ (et $\boldsymbol{e}_r$) sont les opposés des anciens.

Nous avons vu également que si la vitesse $v$ d'une charge est toujours beaucoup plus petite que $c$, et si nous ne considérons que les points à grande distance de la charge de sorte que seul le dernier terme de l'Éq. (21.1) soit important, les champs peuvent aussi s'écrire

$$\boldsymbol{E} = \frac{q}{4\pi\epsilon_0 c^2 r'}\left[\begin{array}{l}\text{accélération de la charge } (t - r'/c)\\ \text{projetée orthogonalement à } r'\end{array}\right] \tag{21.1'}$$

et

$$c\boldsymbol{B} = \boldsymbol{e}_{r'} \times \boldsymbol{E}.$$

Regardons ce que dit l'équation complète, l'Éq. (21.1), un peu plus en détail. Le vecteur $\boldsymbol{e}_{r'}$, est le vecteur unitaire de la direction qui va de la position retardée (2′) au point (1). Le premier terme est alors celui que nous attendons comme champ coulombien de la charge à sa position retardée – nous pouvons l'appeler « le champ coulombien retardé ». Le champ électrique dépend de l'inverse du carré de la distance et est dirigé en partant de la position retardée de la charge (c'est-à-dire dans la direction de $\boldsymbol{e}_{r'}$).

Mais ce n'est que le premier terme. Les autres termes nous apprennent que les lois de l'électricité ne disent *pas* que tous les champs sont les mêmes que les champs statiques, simplement retardés (ce que les gens se plaisent parfois à dire). Au « champ coulombien retardé », il faut ajouter les deux autres termes. Le second terme dit qu'il y a une « correction » au champ coulombien retardé qui est la *dérivée par rapport au temps* du champ coulombien retardé multipliée par $r'$, le retard. Pour ainsi dire, ce terme tend à *compenser* le retard du premier terme. Les *deux* premiers termes correspondent au calcul du « champ coulombien retardé » puis à son extrapolation vers l'avenir d'un temps $r'/c$, c'est-à-dire *exactement au temps t* ! L'extrapolation est linéaire, comme si nous supposions que « le champ coulombien retardé » allait continuer à varier à l'allure calculée pour la charge au point (2′). Si le champ varie lentement, l'effet de retard est presque complètement compensé par le terme correctif et les deux termes ensemble nous donnent un champ électrique qui est le « champ coulombien instantané » – c'est-à-dire le champ coulombien de la charge au point (2) – avec une très bonne approximation.

Il y a, enfin, un troisième terme dans l'Éq. (21.1) qui est la dérivée seconde du vecteur unitaire $\boldsymbol{e}_{r'}$. Pour notre étude des phénomènes lumineux, nous avons fait usage du fait que loin de la charge les deux premiers termes varient comme l'inverse du carré de la distance et, qu'à grande distance, ils deviennent très petits comparés au dernier terme, qui décroît comme $1/r$. Nous nous sommes donc concentrés sur le dernier terme et nous avons montré qu'il est (toujours, pour de grandes distances) proportionnel à la composante de l'accélération de la charge à angle droit de la ligne de visée. (De plus, dans la majeure partie de notre étude dans le Vol. I, nous avons considéré le cas où les charges se déplacent de façon non relativiste. Nous n'avons envisagé les effets relativistes que dans un chapitre, le chapitre 36.)

Nous voudrions maintenant relier les deux sujets. Nous avons les équations de Maxwell, et nous avons l'Éq. (21.1) pour le champ d'une charge ponctuelle. Nous devrions certainement nous demander si ces deux formulations sont équivalentes. Si nous pouvons déduire l'Éq. (21.1) des équations de Maxwell, nous pouvons certainement comprendre la connexion entre la lumière et l'électromagnétisme. Réaliser cette connexion est le but principal de ce chapitre.

Il se trouve que nous n'allons pas le faire complètement – que les détails mathématiques deviennent trop compliqués pour que nous nous embarquions dans tous leurs sanglants détails. Mais nous en approcherons assez pour que vous puissiez facilement voir comment cette connexion pourrait être faite. Les seules pièces manquantes ne seront que des détails mathématiques. Certains d'entre vous peuvent trouver que les mathématiques de ce chapitre sont assez compliquées, et vous pouvez ne pas avoir envie de suivre le raisonnement de très près. Nous pensons cependant qu'il est important de faire la connexion entre ce que vous avez appris plus tôt et ce que vous apprenez maintenant, ou au moins d'indiquer comment une telle connexion peut se faire. Vous noterez, si vous parcourez les chapitres précédents, que toutes les fois que nous avons pris une certaine proposition comme point de départ pour une discussion, nous avons soigneusement expliqué si c'était une nouvelle « hypothèse », c'est-à-dire une « loi fondamentale », ou si elle pouvait en dernière analyse se déduire d'autres lois. Nous vous devons, dans l'esprit de ces cours, de faire la connexion entre la lumière et les équations de Maxwell. Si par endroits cela devient difficile, eh bien, c'est la vie – il n'y a pas moyen de faire autrement.

## 21.2 Ondes sphériques issues d'une source ponctuelle

Au chapitre 18, nous avons trouvé que les équations de Maxwell peuvent se résoudre en posant

$$\boldsymbol{E} = -\boldsymbol{\nabla}\phi - \frac{\partial \boldsymbol{A}}{\partial t} \tag{21.2}$$

et

$$\boldsymbol{B} = \boldsymbol{\nabla} \times \boldsymbol{A}, \tag{21.3}$$

où $\phi$ et $\boldsymbol{A}$ doivent alors être les solutions des équations

$$\nabla^2\phi - \frac{1}{c^2}\frac{\partial^2\phi}{\partial t^2} = -\frac{\rho}{\epsilon_0} \tag{21.4}$$

et

$$\nabla^2\boldsymbol{A} - \frac{1}{c^2}\frac{\partial^2\boldsymbol{A}}{\partial t^2} = -\frac{\boldsymbol{j}}{\epsilon_0 c^2}, \tag{21.5}$$

et doivent aussi satisfaire la condition

$$\boldsymbol{\nabla}\cdot\boldsymbol{A} = -\frac{1}{c^2}\frac{\partial\phi}{\partial t}. \tag{21.6}$$

Nous allons maintenant chercher la solution des Éq. (21.4) et (21.5). Pour cela, nous avons à trouver la solution $\psi$ de l'équation

$$\nabla^2\psi - \frac{1}{c^2}\frac{\partial^2\psi}{\partial t^2} = -s, \tag{21.7}$$

où $s$, que nous appelons la source, est connue. Bien entendu, $s$ correspond à $\rho/\epsilon_0$, et $\psi$ à $\phi$ pour l'Éq. (21.4), ou $s = j_x/\epsilon_0 c^2$ si $\psi = A_x$ etc., mais nous voulons résoudre l'Éq. (21.7) comme un problème de mathématiques quels que soient physiquement $\psi$ et $s$.

Là où $\rho$ et $\boldsymbol{j}$ sont nuls – dans ce que nous avons appelé l'espace « libre » – les potentiels $\phi$ et $\boldsymbol{A}$, et les champs $\boldsymbol{E}$ et $\boldsymbol{B}$, satisfont tous à l'équation d'onde à trois dimensions sans les sources, dont la forme mathématique est

$$\nabla^2\psi - \frac{1}{c^2}\frac{\partial^2\psi}{\partial t^2} = 0. \tag{21.8}$$

Dans le chapitre 20 nous avons vu que les solutions de cette équation peuvent représenter des ondes de formes diverses : ondes planes dans la direction des $x$, $\psi = f(t-x/c)$ ; ondes planes dans la direction des $y$ ou celle des $z$, ou dans toute autre direction ; ou des ondes sphériques de la forme

$$\psi(x, y, z, t) = \frac{f(t - r/c)}{r}. \tag{21.9}$$

(On peut écrire les solutions de bien d'autres manières encore, par exemple des ondes cylindriques qui partent d'un axe.)

Nous avons remarqué aussi que, physiquement, l'Éq. (21.9) ne représente pas une onde dans l'espace libre – qu'il doit y avoir des charges à l'origine pour faire démarrer l'onde qui s'éloigne. En d'autres termes, l'Éq. (21.9) est une solution de l'Éq. (21.8) partout sauf près de $r = 0$, où elle doit être une solution de l'équation complète (21.7) incluant des sources. Regardons comment cela marche. Quelle sorte de source $s$ dans l'Éq. (21.7) donnerait naissance à une onde telle que l'Éq. (21.9) ?

Supposons que nous ayons l'onde sphérique de l'Éq. (21.9) et regardons ce qui arrive pour $r$ très petit. Le retard $-r/c$ dans $f(t-r/c)$ peut alors être négligé – pourvu que $f$ soit une fonction lentement variable – et $\psi$ devient

$$\psi = \frac{f(t)}{r} \qquad (r \to 0). \tag{21.10}$$

Ainsi $\psi$ est exactement semblable à un champ coulombien pour une charge à l'origine qui varie avec le temps. C'est-à-dire que si nous ajoutons une petite quantité de charge, limitée à une très petite région voisine de l'origine, avec une densité $\rho$, nous savons que

$$\phi = \frac{Q/4\pi\epsilon_0}{r},$$

où $Q = \int \rho dV$. Or nous savons qu'un tel $\phi$ satisfait à

$$\nabla^2\phi = -\frac{\rho}{\epsilon_0}.$$

Selon le même calcul, nous pouvons dire que le $\psi$ de l'Éq. (21.10) satisfait

$$\nabla^2\psi = -s \qquad (r \to 0), \tag{21.11}$$

où $s$ est lié à $f$ par

$$f = \frac{S}{4\pi},$$

avec

$$S = \int s\,dV.$$

La seule différence est que dans le cas général, $s$ et par conséquent $S$, peut être fonction du temps.

L'important maintenant est que si $\psi$ satisfait l'Éq. (21.11) pour $r$ petit, elle satisfait aussi l'Éq. (21.7). Comme nous allons très près de l'origine, la dépendance avec $1/r$ de $\psi$ entraîne que les dérivées par rapport aux coordonnées d'espace deviennent très grandes. Mais les dérivées par rapport au temps gardent les mêmes valeurs. [Elles sont exactement les dérivées de $f(t)$ par rapport au temps.] Ainsi quand $r$ tend vers zéro, le terme $\partial^2\psi/\partial t^2$ dans l'Éq. (21.7) peut être négligé par rapport à $\nabla^2\psi$ et l'Éq. (21.7) devient équivalente à l'Éq. (21.11).

Donc, pour résumer, si la fonction source $s(t)$ de l'Éq. (21.7) est localisée à l'origine et a pour force totale

$$S(t) = \int s(t)\,dV, \tag{21.12}$$

la solution de l'Éq. (21.7) est

$$\psi(x, y, z, t) = \frac{1}{4\pi}\frac{S(t - r/c)}{r}. \tag{21.13}$$

Le seul effet du terme $\partial^2\psi/\partial t^2$ dans l'Éq. (21.7) est d'introduire le retard $(t - r/c)$ dans le potentiel quasi coulombien.

## 21.3 La solution générale des équations de Maxwell

Nous avons trouvé la solution de l'Éq. (21.7) pour une source « ponctuelle ». La question qui vient est : quelle est la solution pour une source étendue ? C'est facile ; nous pouvons considérer toute source $s\ (x, y, z, t)$ comme la somme de nombreuses sources « ponctuelles », une par élément de volume $dV$, ayant la force $s\ (x, y, z, t)\ dV$. Comme l'Éq. (21.7) est linéaire, le champ résultant est la superposition des champs dus à chacun de ces éléments de source.

En utilisant les résultats du paragraphe précédent [Éq. (21.13)], nous savons que le champ $d\psi$ au point $(x_1, y_1, z_1)$ – soit (1) pour simplifier – au temps $t$, dû à un élément de source $s\ dV$ au point $(x_2, y_2, z_2)$ – soit (2) – est donné par

$$d\psi(1, t) = \frac{s(2, t - r_{12}/c)\,dV_2}{4\pi r_{12}},$$

où $r_{12}$ est la distance entre (2) et (1). Ajouter les contributions dues à tous les éléments de source, signifie, évidemment, qu'on intègre sur toutes les régions où $s \neq 0$ ; nous avons donc

$$\psi(1, t) = \int \frac{s(2, t - r_{12}/c)}{4\pi r_{12}}\,dV_2. \tag{21.14}$$

C'est-à-dire que le champ en (1) au temps $t$ est la somme de toutes les ondes sphériques qui quittent les éléments de source située à (2) aux temps $(t - r_{12}/c)$. Ceci est la solution de notre équation d'onde pour un ensemble de sources quelconque.

Nous voyons maintenant comment obtenir une solution générale pour les équations de Maxwell. Si par $\psi$ nous désignons le potentiel scalaire $\phi$, la fonction source $s$ devient $\rho/\epsilon_0$. Ou bien $\psi$ peut représenter n'importe laquelle des trois composantes du potentiel vecteur $\boldsymbol{A}$, en remplaçant $s$ par la composante correspondante de $\boldsymbol{j}/\epsilon_0 c^2$. Donc, si nous connaissons la densité de charge $\rho(x, y, z, t)$ et la densité de courant $\boldsymbol{j}(x, y, z, t)$ partout, nous pouvons écrire immédiatement les solutions des Éq. (21.4) et (21.5). Ce sont

$$\phi(1, t) = \int \frac{\rho(2, t - r_{12}/c)}{4\pi\epsilon_0 r_{12}}\,dV_2 \tag{21.15}$$

et

$$\boldsymbol{A}(1, t) = \int \frac{\boldsymbol{j}(2, t - r_{12}/c)}{4\pi\epsilon_0 c^2 r_{12}}\,dV_2. \tag{21.16}$$

Les champs $\boldsymbol{E}$ et $\boldsymbol{B}$ peuvent être obtenus en dérivant les potentiels, en utilisant les Éq. (21.2) et (21.3). [Soit dit en passant, il est possible de vérifier que les $\phi$ et $\boldsymbol{A}$ obtenus à partir des Éq. (21.15) et (21.16) satisfont bien l'égalité (21.6).]

Nous avons résolu les équations de Maxwell. Étant donné les courants et les charges en n'importe quelle circonstance, nous pouvons trouver directement les potentiels à partir de ces intégrales puis les dériver et en déduire ainsi les champs. Nous en avons ainsi fini avec la théorie de Maxwell. Ceci nous permet aussi de fermer le cercle qui nous ramène à notre théorie de la lumière, parce que pour faire la connexion avec notre étude précédente de la lumière, nous n'avons qu'à calculer le champ électrique dû à une charge en mouvement. Tout ce qui reste à faire est de prendre une charge en mouvement, de calculer les potentiels à partir de ces intégrales, puis de dériver pour trouver $\boldsymbol{E}$ à partir de $-\nabla\phi - \partial \boldsymbol{A}/\partial t$. Nous devons obtenir l'Éq. (21.1). Il se trouve que cela représente un gros travail, mais tel en est le principe.

Voici donc le centre de l'univers de l'électromagnétisme – la théorie complète de l'électricité et du magnétisme, et celle de la lumière ; une description complète des champs produits par des charges en mouvement ; et plus. Tout y est. Telle est la construction réalisée par Maxwell, complète dans toute sa puissance et toute sa beauté. C'est certainement l'une des plus grandes performances de la physique. Pour vous rappeler son importance, nous allons tout réunir dans un beau tableau.

Équations de Maxwell :

$$\nabla \cdot \boldsymbol{E} = \frac{\rho}{\epsilon_0} \qquad \nabla \cdot \boldsymbol{B} = 0$$

$$\nabla \times \boldsymbol{E} = -\frac{\partial \boldsymbol{B}}{\partial t} \qquad c^2 \nabla \times \boldsymbol{B} = \frac{\boldsymbol{j}}{\epsilon_0} + \frac{\partial \boldsymbol{E}}{\partial t}$$

Leurs solutions :

$$\boldsymbol{E} = -\nabla\phi - \frac{\partial \boldsymbol{A}}{\partial t}$$

$$\boldsymbol{B} = \nabla \times \boldsymbol{A}$$

$$\phi(1, t) = \int \frac{\rho(2, t - r_{12}/c)}{4\pi\epsilon_0 r_{12}}\, dV_2$$

$$\boldsymbol{A}(1, t) = \int \frac{\boldsymbol{j}(2, t - r_{12}/c)}{4\pi\epsilon_0 c^2 r_{12}}\, dV_2$$

## 21.4 Champs d'un dipôle oscillant

Nous n'avons pas encore tenu notre promesse de déduire l'Éq. (21.1) pour le champ électrique d'une charge ponctuelle en mouvement. Même avec les résultats que nous avons déjà, c'est une chose relativement compliquée à faire. Nous n'avons trouvé l'Éq. (21.1) nulle part dans la littérature publiée, en dehors du Vol. I de ces cours[1]. Vous devez donc comprendre qu'il n'est pas facile de la déduire. (Les champs d'une charge en mouvement ont été écrits sous de nombreuses autres formes, qui sont naturellement équivalentes.) Nous allons nous limiter ici à seulement montrer que, dans quelques exemples, les Éq. (21.15) et (21.16) donnent les mêmes résultats que l'Éq. (21.1). Nous montrerons d'abord que l'Éq. (21.1) donne les champs corrects avec la seule restriction que le mouvement de la particule chargée ne soit pas relativiste. (Ce cas particulier à lui seul va rendre compte de 90 %, ou plus, de ce que nous avons dit sur la lumière.)

1. Cette formule a été établie par Olivier Heaviside en 1902. Elle fut redécouverte, indépendamment par R. P. Feynman, aux environs de 1950, et présentée dans quelques cours comme un bon moyen de raisonner sur le rayonnement synchroton.

Nous prenons le cas d'un globule de charge qui se déplace d'une certaine manière, dans une petite région, et nous voulons trouver les champs au loin. En d'autres termes, nous cherchons le champ à une distance quelconque d'une charge ponctuelle agitée d'un très petit mouvement. Comme la lumière est habituellement émise par des objets neutres tels que des atomes, nous considérerons que notre charge oscillante $q$ se trouve près d'une charge égale et de signe opposé, au repos. Si la distance entre les centres des charges est $\boldsymbol{d}$, les charges auront un moment dipolaire $\boldsymbol{p} = q\boldsymbol{d}$, que nous considérerons comme fonction du temps. Maintenant, nous devons nous attendre à ce que si nous regardons les champs au voisinage des charges, nous n'ayons pas à nous occuper du retard ; le champ électrique sera exactement le même que celui que nous avons calculé plus tôt pour un dipôle électrostatique – en utilisant, évidemment, le moment instantané $\boldsymbol{p}(t)$ du dipôle. Mais si nous nous éloignons beaucoup, nous devons trouver un terme dans le champ qui varie comme $1/r$ et dépend de l'accélération de la charge perpendiculairement à la ligne de visée. Voyons si nous obtenons un tel résultat.

Commençons par calculer le potentiel-vecteur $\boldsymbol{A}$, en utilisant l'Éq. (21.16). Supposons que notre charge en mouvement soit un petit paquet dont la densité de charge est $\rho(x, y, z)$, et que l'ensemble se déplace à tout instant à la vitesse $\boldsymbol{v}$. La densité de courant $\boldsymbol{j}(x, y, z)$ est égale à $\boldsymbol{v}\rho(x, y, z)$. Il sera commode de prendre notre système de coordonnées tel que l'axe des $z$ ait la direction de $\boldsymbol{v}$ ; la géométrie de notre problème est celle que montre la Fig. 21.2. Nous voulons l'intégrale

$$\int \frac{\boldsymbol{j}(2, t - r_{12}/c)}{r_{12}}\, dV_2. \tag{21.17}$$

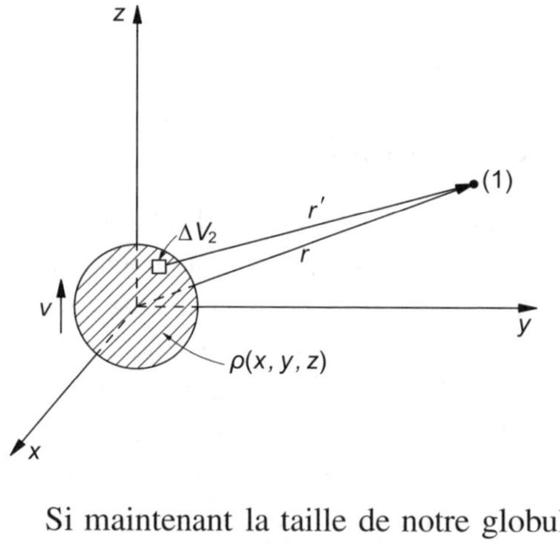


Figure 21.2 – Les potentiels en (1) sont donnés par des intégrales sur la densité de charge $\rho$.

Si maintenant la taille de notre globule de charge est vraiment très petite devant $r_{12}$ nous pouvons dans notre dénominateur remplacer $r_{12}$ par $r$, distance au centre du globule et sortir $r$ de l'intégrale. Ensuite, nous allons aussi poser $r_{12} = r$ au numérateur, bien que cela ne soit pas tout à fait correct. Ce n'est pas correct parce que nous devrions prendre $\boldsymbol{j}$, disons, au sommet du globule à un instant légèrement différent de celui où nous prenons $\boldsymbol{j}$ en bas du globule. Quand nous posons $r_{12} = r$ dans $\boldsymbol{j}(t - r_{12}/c)$, nous prenons la densité du courant pour tout le globule au même instant $(t - r/c)$. C'est une approximation qui ne sera bonne que si la vitesse $v$ de la charge est beaucoup plus petite que $c$. Nous faisons donc un calcul non relativiste. En remplaçant $\boldsymbol{j}$ par $\rho\boldsymbol{v}$, l'intégrale (21.17) devient

$$\frac{1}{r}\int \boldsymbol{v}\rho(2, t - r/c)\, dV_2.$$

Comme toute la charge a la même vitesse, cette intégrale n'est que $v/r$ fois la charge totale $q$. Mais $qv$ n'est que $\partial \boldsymbol{p}/\partial t$, la vitesse à laquelle varie le moment dipolaire – qu'il faut, naturellement, calculer au temps retardé $(-r/c)$. Nous l'écrirons $\dot{\boldsymbol{p}}(t - r/c)$. Nous obtenons donc pour le potentiel-vecteur

$$\boldsymbol{A}(1, t) = \frac{1}{4\pi\epsilon_0 c^2} \frac{\dot{\boldsymbol{p}}(t - r/c)}{r}. \tag{21.18}$$

Notre résultat exprime que le courant d'un dipôle variable produit un potentiel-vecteur sous la forme d'ondes sphériques dont la force de la source est $\dot{\boldsymbol{p}}/\epsilon_0 c^2$.

Nous pouvons obtenir maintenant le champ magnétique à partir de $\boldsymbol{B} = \nabla\times\boldsymbol{A}$. Comme $\dot{\boldsymbol{p}}$ est entièrement dans la direction des $z$, $\boldsymbol{A}$ n'a qu'une composante suivant $z$ ; il n'y a que deux dérivées non nulles dans le rotationnel. Ainsi $B_x = \partial A_z/\partial y$ et $B_y = -\partial A_z/\partial_x$. Voyons d'abord $B_x$ :

$$B_x = \frac{\partial A_z}{\partial y} = \frac{1}{4\pi\epsilon_0 c^2} \frac{\partial}{\partial y} \frac{\dot{p}(t - r/c)}{r}. \tag{21.19}$$

Pour effectuer la dérivation, nous devons nous rappeler que $r = \sqrt{x^2 + y^2 + z^2}$ de sorte que

$$B_x = \frac{1}{4\pi\epsilon_0 c^2}\, \dot{p}(t - r/c) \frac{\partial}{\partial y}\left(\frac{1}{r}\right) + \frac{1}{4\pi\epsilon_0 c^2} \frac{1}{r} \frac{\partial}{\partial y}\, \dot{p}(t - r/c). \tag{21.20}$$

En se rappelant que $\partial r/\partial y = y/r$, le premier terme donne

$$-\frac{1}{4\pi\epsilon_0 c^2} \frac{y\dot{p}(t - r/c)}{r^3}, \tag{21.21}$$

qui décroît en $1/r^2$ comme pour le potentiel d'un dipôle statique (parce que $y/r$ est constant dans une direction donnée).

Le second terme dans l'Éq. (21.20) nous donne les effets nouveaux. En effectuant les dérivations, nous obtenons

$$-\frac{1}{4\pi\epsilon_0 c^2} \frac{y}{cr^2}\, \ddot{p}(t - r/c), \tag{21.22}$$

où $\ddot{p}$ signifie naturellement la dérivée seconde de $p$ par rapport à $t$. Ce terme qui vient de la dérivation du numérateur, est responsable du rayonnement. D'abord, il décrit un champ qui ne décroît avec la distance que en $1/r$. Deuxièmement, il dépend de *l'accélération* de la charge. Vous pouvez commencer à voir comment nous allons obtenir un résultat analogue à l'Éq. (21.1′), qui décrit le rayonnement de la lumière.

Examinons un peu plus en détail comment ce terme de rayonnement apparaît – c'est un résultat tellement intéressant et important. Nous partons de l'expression (21.18), qui varie en $1/r$ et est par conséquent un potentiel coulombien, sauf pour le terme de retard du numérateur. Comment se fait-il alors qu'en dérivant par rapport aux coordonnées d'espace pour obtenir les champs, nous n'obtenions pas un champ en $1/r^2$ – avec évidemment, le retard correspondant ?

Nous pouvons voir pourquoi de la façon suivante : supposons que nous fassions osciller notre dipôle d'un mouvement sinusoïdal. Nous aurions alors

$$p = p_z = p_0 \sin \omega t$$

et

$$A_z = \frac{1}{4\pi\epsilon_0 c^2} \frac{\omega p_0 \cos \omega(t - r/c)}{r}.$$

Si nous portons sur un graphe $A_z$ en fonction de $r$ à un instant donné, nous obtenons la courbe de la Fig. 21.3. L'amplitude des pics décroît en $1/r$, mais il y a, en plus, une oscillation dans l'espace, limitée par l'enveloppe en $1/r$. Quand nous calculons les dérivées d'espace, elles sont proportionnelles à la *pente* de la courbe. Sur la figure, nous voyons qu'il y a des pentes beaucoup plus grandes que celles de la courbe $1/r$ elle-même. En fait, il est évident que pour une fréquence donnée, les pentes des pics sont proportionnelles à l'amplitude de l'onde, qui varie comme $1/r$. Cela explique ainsi la vitesse à laquelle le terme de radiation s'amortit.

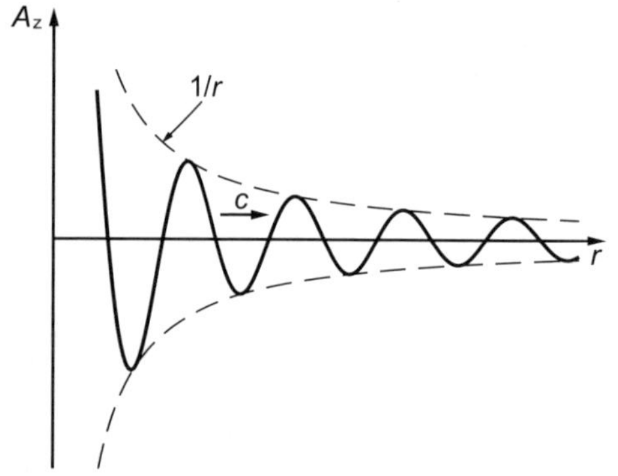


Figure 21.3 – La composante de **A** selon $z$ en fonction de $r$ à l'instant $t$ pour l'onde sphérique d'un dipôle oscillant.

Tout cela vient de ce que les variations *avec le temps* dans la source se traduisent par des variations *dans l'espace* quand les ondes se propagent, et que les champs magnétiques dépendent des dérivés *d'espace* du potentiel.

Revenons *en* arrière finir notre calcul du champ magnétique. Pour $B_x$ nous avons les deux termes (21.21) et (21.22), donc

$$B_x = \frac{1}{4\pi\epsilon_0 c^2}\left[-\frac{y\dot{p}(t - r/c)}{r^3} - \frac{y\ddot{p}(t - r/c)}{cr^2}\right].$$

Le même calcul nous donnerait

$$B_y = \frac{1}{4\pi\epsilon_0 c^2}\left[\frac{x\dot{p}(t - r/c)}{r^3} + \frac{x\ddot{p}(t - r/c)}{cr^2}\right].$$

Nous pouvons tout réunir en une belle formule vectorielle :

$$\boldsymbol{B} = \frac{1}{4\pi\epsilon_0 c^2} \frac{[\dot{\boldsymbol{p}} + (r/c)\ddot{\boldsymbol{p}}]_{t-r/c} \times \boldsymbol{r}}{r^3}. \tag{21.23}$$

Regardons maintenant cette formule. Avant tout, si on est très loin, pour $r$ très grand, seul compte le terme en $\ddot{\boldsymbol{p}}$. La direction de $\boldsymbol{B}$ est donnée par $\ddot{\boldsymbol{p}} \times \boldsymbol{r}$, qui est perpendiculaire au rayon $\boldsymbol{r}$ et également à l'accélération comme le montre la Fig. 21.4. Tout va bien ; c'est également le résultat que nous avons obtenu à partir de l'Éq. (21.1′).

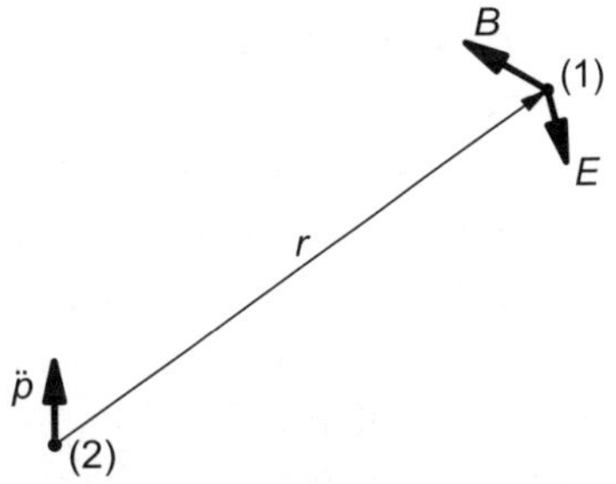


Figure 21.4 – Les champs rayonnants **B** et **E** d'un dipôle oscillant.

Voyons maintenant la chose à laquelle nous ne sommes pas habitués – ce qui se passe plus près. Au paragraphe 14-7, nous avons étudié la loi de Biot et Savart pour le champ magnétique d'un élément de courant. Nous avons trouvé que la contribution de l'élément de courant $\boldsymbol{j}dV$ au champ magnétique est

$$d\boldsymbol{B} = \frac{1}{4\pi\epsilon_0 c^2} \frac{\boldsymbol{j} \times \boldsymbol{r}}{r^3} dV. \tag{21.24}$$

Vous voyez que cette formule ressemble beaucoup au premier terme de l'Éq. (21.23), si on se rappelle que $\dot{\boldsymbol{p}}$ est le courant. Mais il y a une différence. Dans l'Éq. (21.23), le courant doit être évalué au temps $(t - r/c)$, qui n'apparaît pas dans l'Éq. (21.24). Cependant, l'Éq. (21.24) est en fait encore très bonne pour les petits $r$, parce que le *second ensemble* donnent un résultat très proche de l'Éq. (21.24) quand $r$ est petit.

On peut le voir de la façon suivante : quand $r$ est petit, $(t - r/c)$ n'est pas très différent de $t$, on peut donc développer le crochet de l'Éq. (21.23) en série de Taylor. Pour le premier terme,

$$\dot{\boldsymbol{p}}(t - r/c) = \dot{\boldsymbol{p}}(t) - \frac{r}{c}\,\ddot{\boldsymbol{p}}(t) + \text{etc.},$$

et au même ordre en $r/c$,

$$\frac{r}{c}\,\ddot{\boldsymbol{p}}(t - r/c) = \frac{r}{c}\,\ddot{\boldsymbol{p}}(t) + \text{etc.}$$

Quand on fait la somme, les deux termes en $\ddot{\boldsymbol{p}}$ s'annulent, et il nous reste le courant *non retardé* $\dot{\boldsymbol{p}}$ : c'est-à-dire $\dot{\boldsymbol{p}}(t)$ plus des termes d'ordre $(r/c)^2$ ou d'ordre supérieur [par exemple, $\frac{1}{2}(r/c)^2\dddot{\boldsymbol{p}}$ qui seront très petits pour $r$ suffisamment petit pour que $\dot{\boldsymbol{p}}$ ne varie pas trop pendant le temps $r/c$.

L'Éq. (21.23) donne donc des champs très semblables à ceux de la théorie instantanée – bien plus qu'à ceux de la théorie instantanée plus un retard ; les effets du premier ordre dus au retard sont annulés par le second terme. Les formules de la statique sont très précises, bien plus précises que vous pourriez le penser. La compensation n'agit évidemment que pour des points voisins. Pour des points éloignés la correction devient très mauvaise parce que les retards produisent un effet très important, et on obtient le terme important en $1/r$ du rayonnement.

Nous avons encore à calculer le champ électrique et à démontrer qu'il est le même que l'Éq. (21.1′). Pour de grandes distances nous pouvons voir que la réponse va sortir correctement. Nous savons que loin des sources, là où une onde se propage, $\boldsymbol{E}$ est perpendiculaire à $\boldsymbol{B}$ (et aussi à $\boldsymbol{r}$), comme sur la Fig. 21.4, et que $cB = E$. Donc $\boldsymbol{E}$ est proportionnel à l'accélération $\ddot{\boldsymbol{p}}$, comme prévu d'après l'Éq. (21.1′).

Pour obtenir le champ électrique pour toutes les distances, nous avons besoin de résoudre pour trouver le potentiel électrostatique. Quand nous avons calculé l'intégrale du courant pour $\boldsymbol{A}$, pour obtenir l'Éq. (21.18), nous avons fait une approximation en négligeant la faible variation de $r$ dans les termes de retard. Cela ne marchera pas pour le potentiel électrostatique, parce que nous aurions $1/r$ fois l'intégrale de la densité de charge, qui est constante. Cette approximation est trop grossière. Il faut que nous poussions jusqu'à l'ordre supérieur. Au lieu de nous embarquer dans ce calcul d'ordre supérieur, nous pouvons faire quelque chose d'autre – nous pouvons déterminer le potentiel scalaire à partir de l'Éq. (21.6), en utilisant le potentiel-vecteur que nous avons déjà trouvé. La divergence de $\boldsymbol{A}$, dans notre cas, se réduit à $\partial A_z/\partial_z$ – car $A_x$ et $A_y$ sont identiquement nuls. En dérivant de la même façon que précédemment pour trouver $\boldsymbol{B}$,

$$\boldsymbol{\nabla}\cdot\boldsymbol{A} = \frac{1}{4\pi\epsilon_0 c^2}\left[\dot{p}(t-r/c)\frac{\partial}{\partial z}\left(\frac{1}{r}\right) + \frac{1}{r}\frac{\partial}{\partial z}\dot{p}(t-r/c)\right]$$

$$= \frac{1}{4\pi\epsilon_0 c^2}\left[-\frac{z\dot{p}(t-r/c)}{r^3} - \frac{z\ddot{p}(t-r/c)}{cr^2}\right].$$

Ou, encore, sous forme vectorielle,

$$\boldsymbol{\nabla}\cdot\boldsymbol{A} = -\frac{1}{4\pi\epsilon_0 c^2}\frac{[\dot{\boldsymbol{p}} + (r/c)\ddot{\boldsymbol{p}}]_{t-r/c}\cdot\boldsymbol{r}}{r^3}.$$

En utilisant l'Éq. (21.6), nous avons une équation pour $\phi$ :

$$\frac{\partial\phi}{\partial t} = \frac{1}{4\pi\epsilon_0}\frac{[\dot{\boldsymbol{p}} + (r/c)\ddot{\boldsymbol{p}}]_{t-r/c}\cdot\boldsymbol{r}}{r^3}.$$

L'intégration par rapport à $t$ enlève seulement un point sur chacun des $\boldsymbol{p}$, de sorte que

$$\phi(\boldsymbol{r},t) = \frac{1}{4\pi\epsilon_0}\frac{[\boldsymbol{p} + (r/c)\dot{\boldsymbol{p}}]_{t-r/c}\cdot\boldsymbol{r}}{r^3}. \qquad (21.25)$$

(La constante d'intégration correspondrait à un champ statique superposé qui pourrait, évidemment, exister. Pour le dipôle oscillant que nous avons pris, il n'y a pas de champ statique.)

Nous sommes maintenant en mesure de trouver le champ électrique $\boldsymbol{E}$ à partir de

$$\boldsymbol{E} = -\boldsymbol{\nabla}\phi - \frac{\partial \boldsymbol{A}}{\partial t}.$$

Comme le calcul est pénible mais direct [pourvu que vous vous rappeliez que $\boldsymbol{p}(t - r/c)$ et sa dérivée par rapport au temps dépendent de $x$, $y$, $z$ par l'intermédiaire du retard $r/c$], nous ne donnerons que le résultat :

$$\boldsymbol{E}(\boldsymbol{r}, t) = \frac{1}{4\pi\epsilon_0 r^3}\left[\frac{3(\boldsymbol{p}^* \cdot \boldsymbol{r})\boldsymbol{r}}{r^2} - \boldsymbol{p}^* + \frac{1}{c^2}\{\ddot{\boldsymbol{p}}(t - r/c) \times \boldsymbol{r}\} \times \boldsymbol{r}\right] \tag{21.26}$$

avec

$$\boldsymbol{p}^* = \boldsymbol{p}(t - r/c) + \frac{r}{c}\,\dot{\boldsymbol{p}}(t - r/c). \tag{21.27}$$

Bien que cela paraisse plutôt compliqué, le résultat peut s'interpréter facilement. Le vecteur $\boldsymbol{p}^*$ est le moment dipolaire retardé puis « corrigé » pour le retard, de sorte que les deux termes en $\boldsymbol{p}^*$ donnent exactement le champ dipolaire statique quand $r$ est petit. [Voir chapitre 6, Éq. (6.14).] Quand $r$ est grand, le terme en $\ddot{\boldsymbol{p}}$ domine, et le champ électrique est proportionnel à l'accélération des charges, perpendiculairement à $\boldsymbol{r}$, et, en fait, est dirigé le long de la projection de $\ddot{\boldsymbol{p}}$ sur un plan perpendiculaire à $\boldsymbol{r}$.

Ce résultat est en accord avec ce que nous aurions obtenu en utilisant l'Éq. (21.1). L'Éq. (21.1) est évidemment plus générale ; elle convient à n'importe quel mouvement, tandis que l'Éq. (21.26) n'est valable que pour les petits mouvements pour lesquels on peut prendre le retard $r/c$ constant sur toute la source. De toute façon, nous avons maintenant donné les fondements de toute notre discussion précédente de la lumière (excepté certains sujets discutés dans le chapitre 36 du Vol. I), car tout dépend du dernier terme de l'Eq. (21.26). Nous allons maintenant discuter comment les champs peuvent s'obtenir pour des charges se déplaçant plus rapidement (ce qui nous conduira aux effets relativistes du chapitre 36 du Vol. I).

## 21.5 Les potentiels d'une charge en mouvement ; solution générale de Liénard et Wiechert

Dans le dernier paragraphe, nous avons fait une simplification en calculant notre intégrale pour $\boldsymbol{A}$ en ne considérant que de faibles vitesses. Mais en agissant ainsi, nous avons laissé échapper un point important et un point aussi où il est facile de se tromper. Nous allons pat conséquent entreprendre maintenant un calcul des potentiels pour une charge ponctuelle se déplaçant de n'importe quelle façon – même à une vitesse relativiste. Une fois que nous aurons ce résultat, nous aurons l'électromagnétisme complet des charges électriques. Même l'Éq. (21.1) peut être alors déduite en faisant des dérivations. L'histoire sera complète. Soyez donc patients.

Essayons de calculer le potentiel scalaire $\phi(1)$ au point $(x_1, y_1, z_1)$ produit par une charge *ponctuelle*, telle qu'un électron, se déplaçant de n'importe quelle manière. Par charge « ponctuelle » nous entendons une très petite boule de charge, rétrécie autant que vous le voudrez, ayant une densité de charge $\rho(x, y, z)$. On peut trouver $\phi$ à l'aide de l'Éq. (21.15) :

$$\phi(1, t) = \frac{1}{4\pi\epsilon_0} \int \frac{\rho(2, t - r_{12}/c)}{r_{12}} \, dV_2. \tag{21.28}$$

La réponse semblerait être – et presque tout le monde le penserait, à première vue – que l'intégrale de $\rho$ sur une telle charge « ponctuelle » est exactement la charge totale $q$, de sorte que

$$\phi(1, t) = \frac{1}{4\pi\epsilon_0} \frac{q}{r'_{12}} \qquad \text{(faux).}$$

Par $\boldsymbol{r}'_{12}$ nous désignons le rayon vecteur issu de la charge au point (2) vers le point (1) au temps retardé $(t - r_{12}/c)$. C'est faux.

La réponse correcte est

$$\phi(1, t) = \frac{1}{4\pi\epsilon_0} \frac{q}{r'_{12}} \cdot \frac{1}{1 - v_{r'}/c}, \tag{21.29}$$

où $v_{r'}$ est la composante de la vitesse de la charge parallèlement à $r'_{12}$ – plus précisément, vers le point (1). Nous allons maintenant vous montrer pourquoi. Pour rendre la démonstration plùs facile à suivre, nous allons d'abord faire le calcul pour une charge « ponctuelle » qui a la forme d'un petit cube de charge se déplaçant vers le point (1) à la vitesse $v$, comme le montre la Fig. 21.5a. – Soit $a$ l'arête du cube, que nous supposons beaucoup, beaucoup plus petite que $r_{12}$, distance du centre de la charge au point (1).

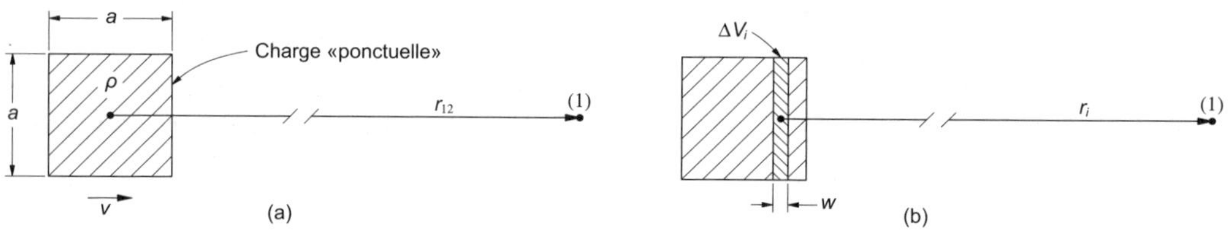


Figure 21.5 – (a) Une charge « ponctuelle » – considérée comme une petite distribution cubique de charge – se déplaçant à la vitesse $v$ vers le point (1). (b) L'élément de volume $\Delta V_i$ utilisé pour calculer les potentiels.

Maintenant, pour évaluer l'intégrale de l'Éq. (21.28), nous allons revenir aux principes de base ; nous allons l'écrire comme la somme

$$\sum_i \frac{\rho_i \, \Delta V_i}{r_i}, \tag{21.30}$$

où $r_i$ est la distance du point (1) au $i$ème élément de volume $\Delta V_i$, et $\rho_i$ la densité de charge dans $\Delta V_i$ au temps $t_i = t - r_i/c$. Comme $r_i \gg a$, toujours, il sera pratique de prendre nos $\Delta V_i$ en forme de fines tranches rectangulaires perpendiculaires à $r_{12}$, comme le montre la Fig. 21.5b.

Supposons que nous commencions par prendre les éléments de volume $\Delta V_i$ avec une épaisseur $w$ bien inférieure à $a$. Les éléments individuels vont apparaître comme ceux de la Fig. 21.6a, où nous en avons placé plus qu'assez pour couvrir la charge. Mais nous n'avons *pas* montré la charge, et cela pour une bonne raison. Où l'aurions-nous dessinée ? Pour chaque élément de volume $\Delta V_i$, nous allons prendre $\rho$ au temps $t_i = (t - r_i/c)$, mais comme la charge *se déplace*, elle occupe une *place différente pour chaque élément de volume* $\Delta V_i$ !

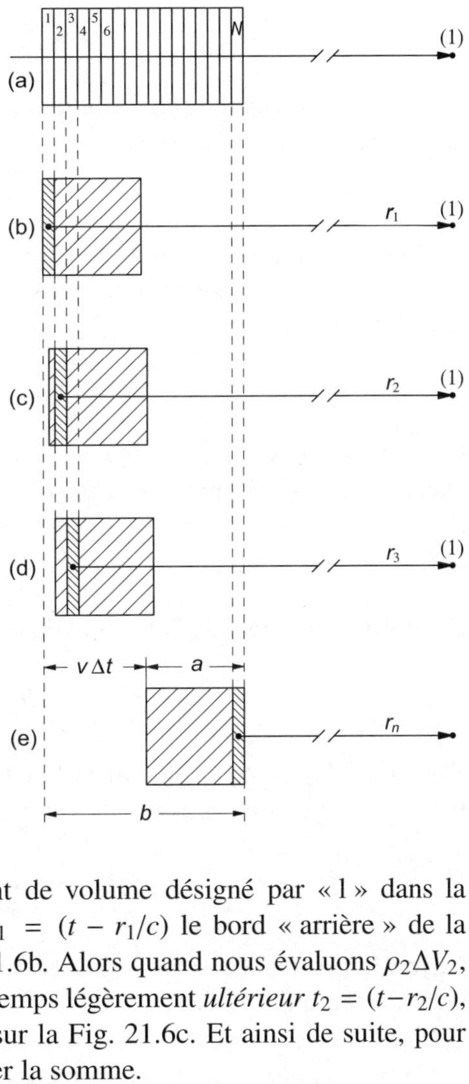


Figure 21.6 – Intégration de $\rho(t - r'/c)dV$ pour une charge mobile.

Disons que nous commençons par l'élément de volume désigné par « 1 » dans la Fig. 21.6a, choisi de telle sorte qu'au temps $t_1 = (t - r_1/c)$ le bord « arrière » de la charge occupe $\Delta V_1$, comme le montre la Fig. 21.6b. Alors quand nous évaluons $\rho_2 \Delta V_2$, nous devons prendre la position de la charge au temps légèrement *ultérieur* $t_2 = (t - r_2/c)$, où la charge sera dans la position représentée sur la Fig. 21.6c. Et ainsi de suite, pour $\Delta V_3$, $\Delta V_4$, etc. Nous pouvons maintenant évaluer la somme.

Comme l'épaisseur de chaque $\Delta V_i$ est $zw$, son volume est $wa^2$. Donc chaque élément de volume qui recouvre la distribution de charge contient la quantité de charge $wa^2\rho$, où $\rho$ est la densité de charge à l'intérieur du cube – que nous avons supposée uniforme. Quand la distance de la charge au point (1) est grande, nous faisons une erreur négligeable en remplaçant tous les $r_i$ aux dénominateurs par une valeur moyenne quelconque, par exemple la position retardée $r'$ au centre de la charge. La somme (21.30) est alors

$$\sum_{i=1}^{N} \frac{\rho w a^2}{r'},$$

où $\Delta V_N$ est le dernier $\Delta V_i$ qui recouvre les distributions de charge, comme le montre la Fig. 21.6e. La somme est, évidemment,

$$N\frac{\rho w a^2}{r'} = \frac{\rho a^3}{r'}\left(\frac{Nw}{a}\right).$$

Or $\rho a^3$ est exactement la charge totale $q$ et $Nw$ est la longueur $b$ indiquée dans la partie (e) de la figure. Nous avons donc

$$\phi = \frac{q}{4\pi\epsilon_0 r'}\left(\frac{b}{a}\right). \tag{21.31}$$

Qu'est-ce que $b$ ? C'est la longueur du cube de charge, *augmentée* de la distance parcourue par la charge entre $t_1 = (t - r_1/c)$ et $t_N = (t - r_N/c)$ qui est la distance parcourue par la charge dans le temps

$$\Delta t = t_N - t_1 = (r_1 - r_N)/c = b/c.$$

Comme la vitesse de la charge est $v$, la distance parcourue est $v\Delta t = vb/c$. Mais la longueur $b$ est cette distance ajoutée à $a$ :

$$b = a + \frac{v}{c}b.$$

En résolvant par rapport à $b$, on obtient

$$b = \frac{a}{1 - (v/c)}.$$

Par $v$ nous désignons évidemment la vitesse au temps retardé $t' = (t - r'/c)$, ce que nous pouvons indiquer en écrivant $[1 - v/c]_{\text{ret}}$, et l'Éq. (21.31) pour le potentiel devient

$$\phi(1, t) = \frac{q}{4\pi\epsilon_0 r'}\frac{1}{[1 - (v/c)]_{\text{ret}}}.$$

Ce résultat est en accord avec notre assertion, l'Éq. (21.29). Il y a un terme correctif qui vient du fait que la charge se déplace pendant que notre intégrale « balaye la charge ». Quand la charge se déplace vers le point (1), sa contribution à l'intégrale est multipliée par le rapport $b/a$. L'intégrale correcte est par conséquent $q/r'$ multiplié par $b/a$, c'est-à-dire $1/[1 - v/c]_{\text{ret}}$.

Si la vitesse de la charge n'est pas dirigée vers le point d'observation (1), vous pouvez voir que ce qui compte est la *composante* de sa vitesse vers le point (1). Appelant $v_r$ cette composante de la vitesse, le facteur de correction est $1/[1 - v_r/c]_{\text{ret}}$. D'autre part, l'analyse que nous avons donnée se fait exactement de la même façon pour une distribution de charge de forme *quelconque* – il n'est pas nécessaire que ce soit un cube. Enfin, comme la « taille » de la charge $a$ n'intervient pas dans le résultat final, le même résultat est valable quand on rétrécit la charge jusqu'à n'importe quelle taille – même jusqu'à être ponctuelle. Le résultat général est que le potentiel scalaire pour une charge ponctuelle se déplaçant à n'importe quelle vitesse est

$$\phi(1, t) = \frac{q}{4\pi\epsilon_0 r'[1 - (v_r/c)]_{\text{ret}}}. \tag{21.32}$$

Cette équation est souvent écrite sous une forme équivalente

$$\phi(1, t) = \frac{q}{4\pi\epsilon_0 [r - (\boldsymbol{v} \cdot \boldsymbol{r}/c)]_{\text{ret}}}, \tag{21.33}$$

où $\boldsymbol{r}$ est le vecteur issu de la charge et allant jusqu'au point (1) où l'on évalue $\phi$, et toutes les quantités entre crochets doivent avoir leurs valeurs prises au temps retardé $t' = t - r'/c$.

Il arrive la même chose quand on calcule $\boldsymbol{A}$ pour une charge ponctuelle, à partir de l'Éq. (21.16). La densité de courant est $\rho v$ et l'intégrale sur $\rho$ est la même que celle que nous avons trouvée pour $\phi$. Le potentiel-vecteur est

$$\boldsymbol{A}(1, t) = \frac{q\boldsymbol{v}_{\text{ret}}}{4\pi\epsilon_0 c^2[r - (\boldsymbol{v} \cdot \boldsymbol{r}/c)]_{\text{ret}}}. \tag{21.34}$$

Les potentiels pour une charge ponctuelle furent déduits sous cette forme pour la première fois par Liénard et Wiechert et sont appelés les *potentiels de Liénard-Wiechert*.

Pour fermer le cercle jusqu'à l'Éq. (21.1) il n'y a plus qu'à calculer $\boldsymbol{E}$ et $\boldsymbol{B}$ à partir de ces potentiels (en utilisant $\boldsymbol{B} = \boldsymbol{\nabla} \times \boldsymbol{A}$ et $\boldsymbol{E} = -\boldsymbol{\nabla}\phi - \partial\boldsymbol{A}/\partial t$). Ce n'est plus que de l'arithmétique. L'arithmétique est cependant assez compliquée, de sorte que nous n'allons pas écrire tous les détails. Vous nous croirez sur parole, peut-être, si nous vous disons que l'Éq. (21.1) est équivalente aux potentiels de Liénard-Wiechert que nous avons déduits[2].

## 21.6 Les potentiels d'une charge se déplaçant à vitesse constante, formule de Lorentz

Nous allons utiliser les potentiels de Liénard-Wiechert dans un cas particulier – pour trouver les champs d'une charge se déplaçant en ligne droite avec une vitesse uniforme. Nous referons ce calcul plus tard, en utilisant le principe de relativité. Nous connaissons déjà les potentiels quand on se place dans le référentiel lié à une charge. Quand la charge se déplace, on peut tout calculer grâce à une transformation relativiste d'un système dans

2. Si vous avez beaucoup de papier et de temps, vous pouvez essayer de le faire vous-mêmes complètement. Nous pouvons alors faire deux suggestions : d'abord n'oubliez pas que les dérivées de $r'$ sont compliquées parce que c'est une fonction de $t'$. Ensuite, n'essayez pas de *déduire* (21.1), mais prenez toutes les dérivées qu'elle comporte, et comparez alors avec $\boldsymbol{E}$ obtenu à partir des potentiels (21.33) et (21.34).

l'autre. Mais la relativité est née de la théorie de l'électricité et du magnétisme. Les formules de la transformation de Lorentz (chapitre 15, Vol. I) sont des découvertes faites par Lorentz quand il étudiait les équations de l'électricité et du magnétisme. Pour vous faire apprécier d'où viennent ces choses, nous aimerions vous montrer que les équations de Maxwell conduisent effectivement à la transformation de Lorentz. Nous commençons en calculant directement les potentiels pour une charge se déplaçant à vitesse uniforme, directement à partir de l'électrodynamique des équations de Maxwell. Nous avons montré que les équations de Maxwell conduisent aux potentiels d'une charge mobile que nous avons obtenus au paragraphe précédent. Donc en utilisant ces potentiels, nous utilisons la théorie de Maxwell.

Supposons qu'on ait une charge se déplaçant le long de l'axe des $x$ à la vitesse $v$. Nous voulons les potentiels au point $P(x, y, z)$, comme le montre la Fig. 21.7. Si $t = 0$ est l'instant où la charge se trouve à l'origine, au temps $t$ la charge est à $x = vt$, $y = z = 0$. Cependant ce que nous avons besoin de connaître, c'est sa position à l'instant retardé

$$t' = t - \frac{r'}{c}, \tag{21.35}$$

où $r'$ est la distance de la charge au point $P$ à *l'instant retardé*. Plus tôt, au temps $t'$, la charge se trouvait à $x = vt'$, et

$$r' = \sqrt{(x - vt')^2 + y^2 + z^2}. \tag{21.36}$$

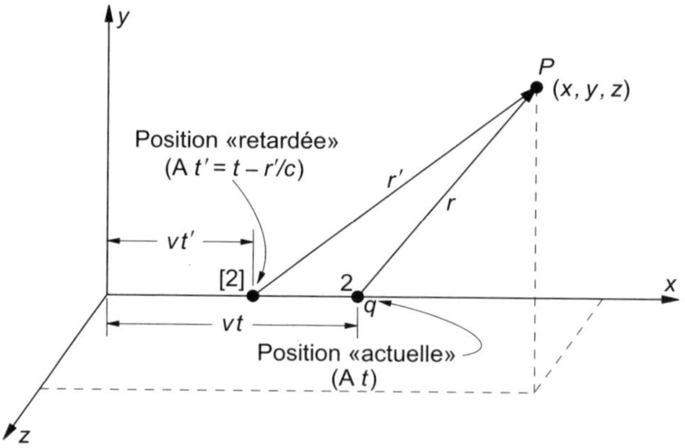


Figure 21.7 – Recherche du potentiel en $P$ dû à une charge se déplaçant avec une vitesse uniforme le long de l'axe des $x$.

Pour trouver $r'$ ou $t'$, il faut combiner cette équation avec l'Éq. (21.35). Nous éliminons d'abord $r'$ en résolvant l'Éq. (21.35) par rapport à $r'$ et en le portant dans l'Éq. (21.36). En élevant les deux membres au carré on obtient

$$c^2(t - t')^2 = (x - vt')^2 + y^2 + z^2,$$

équation quadratique en $t'$. En développant les carrés des binômes et en groupant les termes en $t'$, on obtient

$$(v^2 - c^2)t'^2 - 2(xv - c^2 t)t' + x^2 + y^2 + z^2 - (ct)^2 = 0.$$

En résolvant par rapport à $t'$,

$$\left(1 - \frac{v^2}{c^2}\right)t' = t - \frac{vx}{c^2} - \frac{1}{c}\sqrt{(x - vt)^2 + \left(1 - \frac{v^2}{c^2}\right)(y^2 + z^2)}. \tag{21.37}$$

Pour trouver $r'$, il faut porter cette expression de $t'$ dans

$$r' = c(t - t').$$

Nous sommes alors prêts à trouver $\phi$ à partir de l'Éq. (21.33), qui devient, puisque $\boldsymbol{v}$ est constante,

$$\phi(x, y, z, t) = \frac{q}{4\pi\epsilon_0}\frac{1}{r' - (\boldsymbol{v} \cdot \boldsymbol{r}'/c)}. \tag{21.38}$$

La composante de $\boldsymbol{v}$ dans la direction de $\boldsymbol{r}'$ est $v \times (x - vt')/r'$, donc $\boldsymbol{v} \cdot \boldsymbol{r}'$ est égal à $v \times (x - vt')$, et le dénominateur est

$$c(t - t') - \frac{v}{c}(x - vt') = c\left[t - \frac{vx}{c^2} - \left(1 - \frac{v^2}{c^2}\right)t'\right].$$

En tirant $(1 - v^2/c^2)t'$ de l'Éq. (21.37), on obtient pour $\phi$

$$\phi(x, y, z, t) = \frac{q}{4\pi\epsilon_0}\frac{1}{\sqrt{(x - vt)^2 + \left(1 - \frac{v^2}{c^2}\right)(y^2 + z^2)}}.$$

On comprend mieux cette équation si on la récrit sous la forme

$$\phi(x, y, z, t) = \frac{q}{4\pi\epsilon_0}\frac{1}{\sqrt{1 - \frac{v^2}{c^2}}}\frac{1}{\left[\left(\frac{x - vt}{\sqrt{1 - v^2/c^2}}\right)^2 + y^2 + z^2\right]^{1/2}}. \tag{21.39}$$

Le potentiel-vecteur $\boldsymbol{A}$ a la même expression avec le facteur supplémentaire $\boldsymbol{v}/c^2$ :

$$\boldsymbol{A} = \frac{\boldsymbol{v}}{c^2}\phi.$$

Dans l'Éq. (21.39) vous pouvez facilement voir le début de la transformation de Lorentz. Si la charge était à l'origine dans son référentiel propre, son potentiel serait

$$\phi(x, y, z) = \frac{q}{4\pi\epsilon_0}\frac{1}{[x^2 + y^2 + z^2]^{1/2}}.$$

Nous l'observons dans un système de coordonnées mobile, et on s'aperçoit que les coordonnées doivent être transformées par

$$\begin{aligned} x &\to \frac{x - vt}{\sqrt{1 - v^2/c^2}}, \\ y &\to y, \\ z &\to z. \end{aligned}$$

C'est exactement la transformation de Lorentz et ce que nous venons de faire, c'est essentiellement la façon dont Lorentz l'a découverte.

Mais qu'est-ce que ce facteur supplémentaire $1/\sqrt{1 - v^2/c^2}$ qui apparaît devant l'Éq. (21.39) ? Et comment est apparu le potentiel-vecteur $\boldsymbol{A}$, alors qu'il est partout nul dans le référentiel propre de la particule ? Nous montrerons bientôt que $\boldsymbol{A}$ et $\phi$ *ensemble* constituent un quadri-vecteur, comme la quantité de mouvement $\boldsymbol{p}$ et l'énergie totale $U$ d'une particule. Le facteur supplémentaire $1/\sqrt{1 - v^2/c^2}$ dans l'Éq. (21.39) est le même qui apparaît toujours quand on transforme les composantes d'un quadri-vecteur – exactement comme la densité de charge $\rho$ se transforme en $\rho/\sqrt{1 - v^2/c^2}$. En fait, il est presque évident d'après les Éq. (21.4) et (21.5) que $\boldsymbol{A}$ et $\phi$ sont les composantes d'un quadri-vecteur, parce que nous avons déjà montré au chapitre 13 que $\boldsymbol{j}$ et $\rho$ sont les composantes d'un quadri-vecteur.

Nous reprendrons plus tard la relativité de l'électrodynamique plus en détail ; nous voulions seulement montrer ici comment les équations de Maxwell conduisent tout naturellement à la transformation de Lorentz. Vous ne serez pas étonnés de voir alors que les lois de l'électricité et du magnétisme sont déjà correctes vis-à-vis de la relativité d'Einstein. Nous n'aurons pas à les « aménager » comme nous avons dû le faire pour les lois de Newton de la mécanique.

# INDEX

58999 - (I) - (1,5) - OSB 80° - EPR - VCT
Imprimerie CHIRAT - 42540 Saint-Just-la-Pendue
Dépôt légal : août 2013
N° 201307.0148

*Imprimé en France*